ANSYS 2020机械与结构有限元分析从入门到精通

胡仁喜　康士廷　等编著

机　械　工　业　出　版　社

本书以 ANSYS 2020 为平台，对应用 ANSYS 进行机械与结构有限元分析的基本思路、操作步骤和应用技巧进行了详细介绍，全书从实际应用出发，结合编者使用该软件的经验，对实例部分的操作过程采用 GUI 方式逐步进行了讲解。为了帮助读者熟悉 ANSYS 的相关操作命令，在每个实例的后面均列出了分析过程的命令流文件。

全书共 10 章，第 1 章为绪论，第 2 章介绍了 ANSYS 2020 图形用户界面；第 3 章介绍了建立实体模型，第 4 章介绍了 ANSYS 分析基本步骤，第 5 章介绍了静力分析，第 6 章介绍了非线性分析，第 7 章介绍了动力学分析，第 8 章介绍了热分析，第 9 章介绍了参数化与单元的生和死，第 10 章介绍了子模型。

本书适用于 ANSYS 软件的初、中级用户，可作为理工科院校相关专业高年级本科生、研究生的培训教材，也可作为从事结构分析相关行业的工程技术人员的参考书。

图书在版编目（CIP）数据

ANSYS 2020 机械与结构有限元分析从入门到精通/胡仁喜等编著.—北京：机械工业出版社，2021.10

ISBN 978-7-111-69429-8

Ⅰ.①A… Ⅱ.①胡… Ⅲ.①机械工程－有限元分析－应用软件 Ⅳ.①TH-39

中国版本图书馆 CIP 数据核字(2021)第 213079 号

机械工业出版社（北京市百万庄大街 22 号 邮政编码 100037）
策划编辑：曲彩云 责任编辑：曲彩云
责任校对：陈 越 责任印制：李 昂
北京中兴印刷有限公司印刷
2022 年 1 月第 1 版第 1 次印刷
184mm×260mm・28 印张・693 千字
标准书号：ISBN 978-7-111-69429-8
定价：99.00 元

电话服务 网络服务
客服电话：010-88361066 机 工 官 网：www.cmpbook.com
010-88379833 机 工 官 博：weibo.com/cmp1952
010-68326294 金 书 网：www.golden-book.com
封底无防伪标均为盗版 机工教育服务网：www.cmpedu.com

前　言

有限元法作为数值计算方法中在工程分析领域应用较为广泛的一种计算方法，自 20 世纪中叶以来，以其独有的计算优势得到了广泛的发展和应用，已出现了不同的有限元算法，并由此产生了一批非常成熟的通用和专业有限元分析软件。其中，ANSYS 软件因为有多物理场耦合分析功能而成为 CAE 软件的应用主流，在工程分析中得到了较为广泛的应用。

ANSYS 软件是美国 ANSYS 公司开发的大型通用有限元分析(FEA)软件。作为一款 CAE 软件，它能够进行结构、热、声、流体以及电磁场等方面的研究，在核工业、铁道、石油化工、航空航天、机械制造、能源、交通、国防军工、电子、土木工程、造船、生物医药、轻工、地矿、水利、日用家电等领域有着广泛的应用。ANSYS 软件功能强大，操作简单方便，现在它已成为国际较为流行的有限元分析软件，在历年 FEA 评比中都名列第一。目前，我国有很多所理工院校都采用 ANSYS 软件进行有限元分析或者作为教学用软件。

本书以 ANSYS 2020 为平台，对应用 ANSYS 进行机械与结构有限元分析的基本思路、操作步骤和应用技巧进行了详细介绍，并结合典型工程应用实例详细讲述了 ANSYS 在机械与结构工程中的应用方法。本书从实际应用出发，结合编者使用该软件的经验，对实例部分的操作过程采用 GUI 方式逐步进行了讲解。为了帮助读者熟悉 ANSYS 的相关操作命令，在每个实例的后面均列出了分析过程的命令流文件。

全书共 10 章，第 1 章为绪论，第 2 章介绍了 ANSYS 2020 图形用户界面，第 3 章介绍了建立实体模型，第 4 章介绍了 ANSYS 分析基本步骤，第 5 章介绍了静力分析，第 6 章介绍了非线性分析，第 7 章介绍了动力学分析，第 8 章介绍了热分析，第 9 章介绍了参数化与单元的生和死，第 10 章介绍了子模型。

本书附有电子资料包，其中除了有每一个实例 GUI 实际操作步骤的视频以外，还给出了每个实例的命令流文件，读者可以直接调用，还可以登录百度网盘（地址：https://pan.baidu.com/s/1Ya843fniHdXE4S0U5niJ_Q ，密码：swsw）进行下载。

由于编者的水平有限，缺点和错误在所难免，欢迎读者加入学习交流 QQ 群（180284277）或者登录网站 www.sjzswsw.com 或发邮件至 714491436@qq.com 提出宝贵意见。

编　者

目 录

第 1 章

绪论

本章简要介绍了有限元法的理论基础知识，并由此引申出有限元分析软件 ANSYS 2020。讲述了 ANSYS 的功能模块与新增功能，以及 ANSYS 的启动、配置与程序结构。

- 有限元法简介
- ANSYS 简介
- ANSYS 2020 的启动和配置
- ANSYS 程序结构

1.1 有限元法简介

1.1.1 有限元法的基本思想

1. 物体离散化

将某个工程结构离散为由各种连接单元组成的计算模型，称为单元划分。离散后单元与单元之间利用单元的节点相互连接起来（单元节点的设置、性质、数目等应视问题的性质，以及描述变形形态的需要和计算精度而定，一般情况下，单元划分越细，描述变形情况越精确，即越接近实际变形，但计算量越大），所以有限元法中分析的结构已不是原有的物体或结构物，而是同样的材料由众多单元以一定方式连接成的离散物体。因而，用有限元分析计算所获得的只是近似的结果。如果单元划分数目足够多且合理，则所获得的结果就会与实际情况符合。

2. 单元特性分析

（1）选择未知量模式　在有限元法中，选择节点位移作为基本未知量时称为位移法；选择节点力作为基本未知量时称为力法，取一部分节点力和一部分节点位移作为基本未知量时称为混合法。位移法易于实现计算自动化，所以在有限元法中应用范围最广。

当采用位移法时，物体或结构物离散化后，就可把单元中的一些物理量（如位移、应变和应力等）由节点位移表示。这时可以对单元中位移的分布采用一些能逼近原函数的近似函数予以描述。通常，有限元法中将位移表示为坐标变量的简单函数，这种函数称为位移模式或位移函数，如$y=\sum_{i}^{n}a_i\varphi_i$，其中$a_i$是待定系数，$\varphi_i$是与坐标有关的某种函数。

（2）分析单元的力学性质　根据单元的材料性质、形状、尺寸、节点数目、位置及其含义等找出单元节点力和节点位移的关系式，这是单元分析中的关键一步。此时需要应用弹性力学中的几何方程和物理方程来建立力和位移的方程式，从而导出单元刚度矩阵，这是有限元法的基本步骤之一。

（3）计算等效节点力　物体离散化后，假定力通过节点从一个单元传递到另一个单元。但是，对于实际的连续体，力是从单元的公共边界传递到另一个单元中去的，因而这种作用在单元边界上的表面力、体积力或集中力都需要等效地移到节点上去，也就是用等效的节点力来替代所有作用在单元上的力。

3. 单元组集

利用结构力的平衡条件和边界条件把各个单元按原来的结构重新连接起来，形成整体的有限元方程

$$Kq=f$$

式中　K——整体结构的刚度矩阵；

q ——节点位移列阵；

f ——载荷列阵。

4．求解未知节点位移

求解有限元方程式，得出位移。这里可以根据方程组的具体特点来选择合适的计算方法。

通过上述分析可以看出，有限元法的基本思想是“一分一合”，分是为了进行单元分析，合则是为了对整体结构进行综合分析。

1.1.2 有限元法的基本概型

1．有限元分析

有限元分析是利用数学近似的方法对真实物理系统（几何和载荷工况）进行模拟。利用简单而又相互作用的元素，即单元，就可以用有限数量的未知量模拟无限未知量的真实系统。

2．有限元模型

有限元模型如图 1-1 所示，图中左边的是真实的结构，右边是对应的有限元模型。有限元模型可以看作是真实结构的一种分格，即把真实结构看作是由一个个小的分块部分所构成，或者在真实结构上划线，通过这些线将真实结构分离成一个个单元。

3．自由度

自由度(DOFs)用于描述一个物理场的响应特性，如图 1-2 所示。不同的物理场需要描述的自由度不同，见表 1-1。

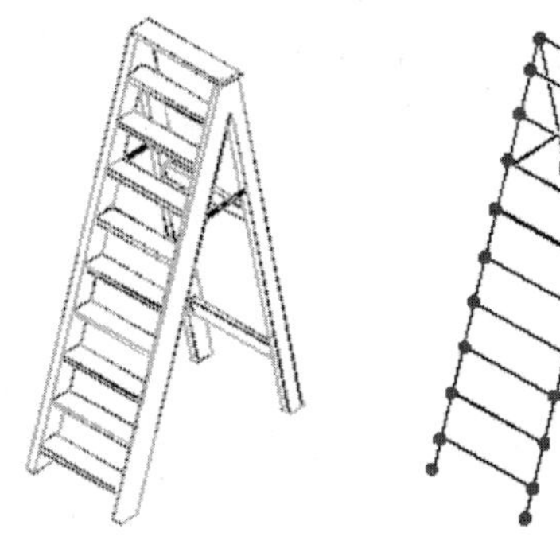
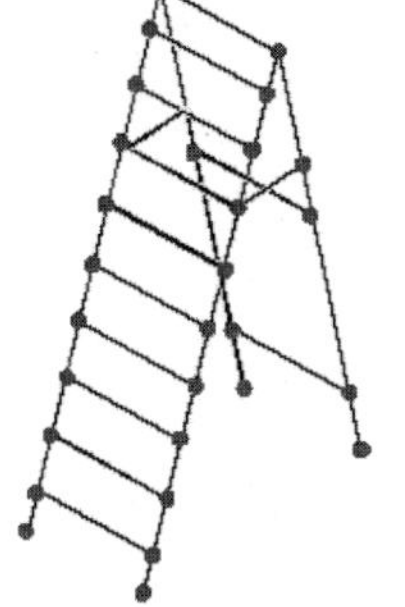

真实结构　　有限元模型

图1-1　有限元模型

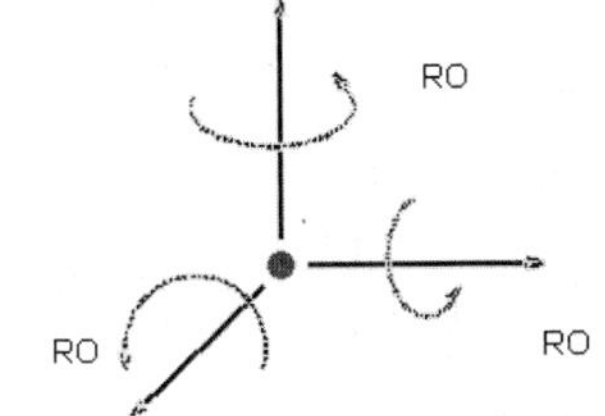

图1-2　结构自由度

表1-1　学科方向与自由度

学科方向	自由度
结构	位移
热	温度
电	电位
流体	压力
磁	磁位

4．节点和单元

节点和单元如图 1-3 所示。

每个单元的特性是通过一些线性方程式来描述的。作为一个整体，单元形成了整体结构的数学模型。

整体结构的数学模型的规模与结构的大小有关，尽管图 1-1 中梯子的有限元模型低于 100 个方程（即“自由度”），然而一个小的 ANSYS 分析就可能有 5000 个未知量，矩阵可能有 25000000 个刚度系数。

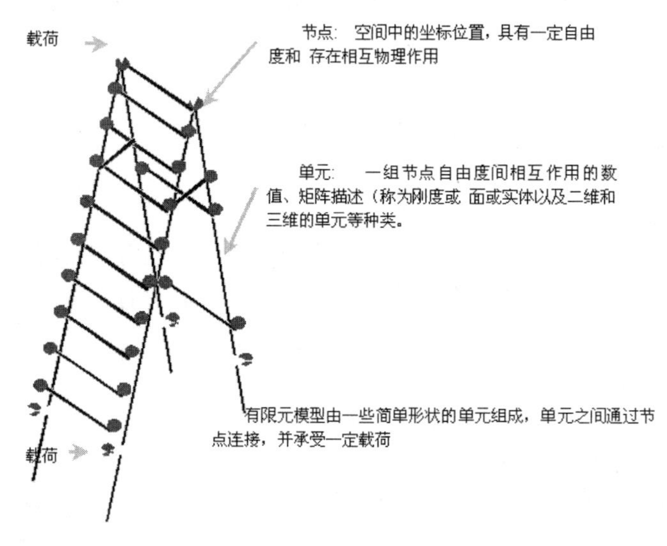

图1-3 节点和单元

单元之间的信息是通过单元之间的公共节点传递的，但是分离节点重叠的单元和 B 单元之间没有信息传递(需进行节点合并处理),具有公共节点的单元之间存在信息传递，单元传递的内容是节点自由度，不同单元之间传递不同的信息。下面列了出常用单元之间传递的自由度信息：

三维杆单元（铰接）UX，UY，UZ。

二维或轴对称实体单元 UX，UY 。

三维实体结构单元 UX，UY，UZ。

三维梁单元 UX，UY，UZ,ROTX，ROTY，ROTZ。

三维四边形壳单元 UX，UY，UZ；ROTX，ROTY，ROTZ。

三维实体热单元 TEMP。

5．单元形函数

FEA（有限元法）仅仅求解节点处的 DOF 值。单元形函数是一种数学函数，规定了从节点 DOF 值到单元内所有点处 DOF 值的计算方法。因此，单元形函数提供了一种描述单元内部结果的“形状”。单元形函数描述的是给定单元的一种假定的特性。单元形函数与真实工作特性吻合得好坏程度直接影响求解精度。

DOF 值可以精确或不太精确地等于在节点处的真实解，但单元内的平均值与实际情况吻合得很好。这些平均意义上的典型解是从单元 DOFs 推导出来的（如结构应力，热梯度）。如果单元形函数不能精确描述单元内部的 DOFs，就不能很好地得到导出数据，因为这些导出数据是通过单元形函数推导出来的。

当选择了某种单元类型时，也就十分确定地选择并接受了该种单元类型所假定的单元形函数。在选定单元类型并随之确定了单元形函数的情况下，必须确保分析时有足够数量的单元和节点来精确描述所要求解的问题。

1.1.3 有限元法的分析步骤

有限元分析是物理现象（几何及载荷工况）的模拟，是对真实情况的数值近似。通过对分析对象划分网格，可求解有限个数值来近似模拟真实环境的无限个未知量。

ANSYS 分析过程中包含 3 个主要的步骤。

1. 创建有限元模型

1）创建或读入几何模型。

2）定义材料属性。

3）划分网格（节点及单元）。

2. 施加载荷并求解

1）施加载荷及载荷选项，设定约束条件。

2）求解。

3. 查看结果

1）查看分析结果。

2）检验结果（分析是否正确）。

1.2 ANSYS 简介

ANSYS 软件可在大多数计算机及操作系统中运行，从 PC、工作站到巨型计算机，ANSYS 文件在其所有的产品系列和工作平台上均兼容。ANSYS 多物理场耦合的功能允许在同一模型上进行各式各样的耦合计算成本，如热-结构耦合、磁-结构耦合以及电-磁-流体-热耦合，在 PC 上生成的模型同样可运行于巨型计算机上，这样就确保了 ANSYS 对多领域多变工程问题的求解。

1.2.1 ANSYS 的发展

ANSYS 能与多数 CAD 软件（如 AutoCAD、I-DEAS、NASTRAN、Alogor 等）结合使用，实现数据共享和交换，是现代产品设计中的高级 CAD 工具之一。

ANSYS 软件提供了一个不断改进的功能清单，具体包括结构高度非线性分析、电磁分析、计算流体力学分析、设计优化、接触分析、自适应网格划分、大应变/有限转动功能以及利用 ANSYS 参数设计语言（APDL）的扩展宏命令功能。基于 Motif 的菜单系统使用户能够通过对话框、下拉菜单和子菜单进行数据输入和功能选择，为用户使用 ANSYS 提供“导航”。

1.2.2 ANSYS 的功能

1．结构分析

◆ 静力分析——用于静态载荷。可以考虑结构的线性及非线性行为，如大变形、大应变、应力刚化、接触、塑性、超弹性及蠕变等。

◆ 模态分析——计算线性结构的自振频率及振型。谱分析是模态分析的扩展，用于计算由随机振动引起的结构应力和应变（也叫作响应谱或 PSD)。

◆ 谐响应分析——确定线性结构对随时间按正弦曲线变化的载荷的响应。

◆ 瞬态动力学分析——确定结构对随时间任意变化的载荷的响应。可以考虑与静力分析相同的结构非线性行为。

◆ 特征屈曲分析——用于计算线性屈曲载荷并确定屈曲模态形状（结合瞬态动力学分析可以实现非线性屈曲分析)。

◆ 专项分析——断裂分析、复合材料分析、疲劳分析。

专项分析用于模拟非常大的变形，惯性力占支配地位，并考虑所有的非线性行为。它的显式方程可用于求解冲击、碰撞、快速成型等问题，是目前求解这类问题最有效的方法。

2．ANSYS 热分析

热分析一般不是单独进行的，其后往往还要进行结构分析，计算由于热膨胀或收缩不均匀引起的应力。热分析包括以下类型：

◆ 相变（熔化及凝固）——金属合金在温度变化时的相变，如钢铁合金中马氏体与奥氏体的转变。

◆ 内热源（如电阻发热等）——存在热源问题，如加热炉中对试件进行加热。

◆ 热传导——热传递的一种方式，当相接触的两物体存在温度差时发生。

◆ 热对流——热传递的一种方式，当存在流体、气体和温度差时发生。

◆ 热辐射——热传递的一种方式，只要存在温度差时就会发生，可以在真空中进行。

3．ANSYS 电磁分析

电磁分析中考虑的物理量是磁通量密度、磁场密度、磁力、磁力矩、阻抗、电感、涡流、耗能及磁通量泄漏等。磁场可由电流、永磁体、外加磁场等产生。磁场分析包括以下类型：

◆ 静磁场分析——计算由于直流电（DC）或永磁体产生的磁场。

◆ 交变磁场分析——计算由于交流电（AC）产生的磁场。

◆ 瞬态磁场分析——计算随时间随机变化的电流或外界引起的磁场。

◆ 电场分析——用于计算电阻或电容系统的电场。典型的物理量有电流密度、电荷密度、电场及电阻热等。

◆ 高频电磁场分析——用于微波及射频无源组件、波导、雷达系统、同轴连接器等。

4．ANSYS 流体分析

流体分析主要用于确定流体的流动及热行为。流体分析包括以下类型：

◆ 耦合流体动力（CFD，Coupling Fluid Dynamic）——ANSYS/FLOTRAN 提供了强大的计算流体动力学分析功能，包括不可压缩或可压缩流体、层流及湍流以及多组分流等。

◆ 声学分析——考虑流体介质与周围固体的相互作用，进行声波传递或水下结构的动力学分析等。

◆ 容器内流体分析——考虑容器内的非流动流体的影响。可以确定由于晃动引起的静力压力。

◆ 流体动力学耦合分析——在考虑流体约束质量的动力响应基础上，在结构动力学分析中使用流体耦合单元。

5. ANSYS 耦合场分析

耦合场分析主要考虑两个或多个物理场之间的相互作用。如果两个物理场之间相互影响，单独求解一个物理场是不可能得到正确结果的，因此需要一个能够将两个物理场组合到一起求解的分析软件。例如：在压电力分析中，需要同时求解电压分布（电场分析）和应变（结构分析）。

1.3 ANSYS 2020 的启动和配置

1.3.1 ANSYS 2020 的启动

用交互式方式启动 ANSYS：选择“开始”>“所有程序”>“ANSYS 2020 R2”>“Mechanical APDL 2020 R2”即可启动，用户界面如图 1-4 所示；选择“开始”>“程序”>“ANSYS 2020 R2”>“Mechanical APDL Product Launcher 2020 R2”进入运行环境设置（见图 1-5），设置完成之后单击“Run”按钮，也可以启动 ANSYS 2020。

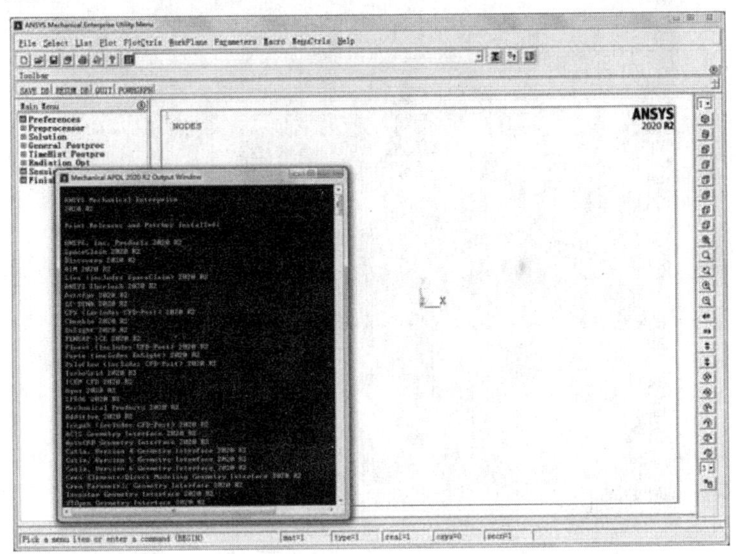

图1-4 启动ANSYS用户界面

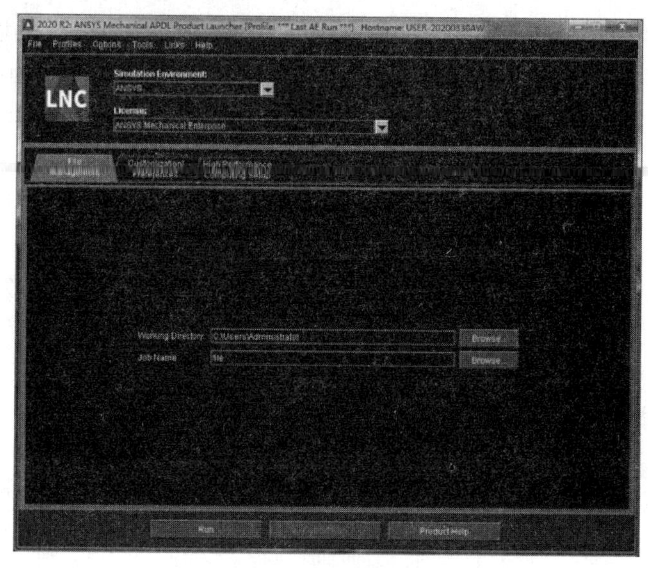

图1-5　ANSYS运行环境设置（1）

1.3.2　ANSYS 2020 运行环境配置

ANSYS 2020 运行环境配置主要是在启动界面设置以下选项。

1. 选择 ANSYS 产品

ANSYS 软件是融合结构、热、流体、电磁、声学于一体的大型通用有限元软件，需要针对不同的分析项目选择不同的 ANSYS 产品。

2. 选择 ANSYS 的工作目录

ANSYS 所有生成的文件都将写在此目录下。默认为上次定义的目录。

3. 选择图形设备名称

一般默认为 win32 选项，如果配置了 3D 显卡则选择 3D，如图 1-6 所示。

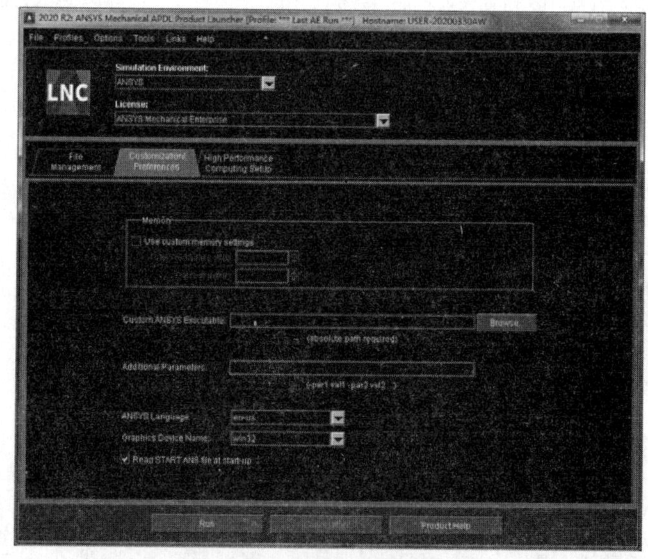

图1-6　ANSYS运行环境设置（2）

4. 设定初始工作文件名

默认为上次运行定义的工作文件名，第一次运行默认为 file。

5. 设定 ANSYS 工作空间及数据库大小

一般选择默认值即可，如图 1-6 所示。

1.4 ANSYS 程序结构

ANSYS 系统把各个分析过程分为一些模块进行操作，一个问题的分析可以通过这些模块的分步操作来实现，各个模块组成了程序的结构。

1.4.1 处理器

- 前处理器。
- 求解器。
- 通用后处理器。
- 时间历程后处理器。
- 优化设计等。

以上 5 个模块基本是按照操作顺序排列的，在分析一个问题时，大致是按照以上模块从上到下的顺序操作的。

1.4.2 文件格式

ANSYS 中涉及的主要文件的类型及格式见表 1-2。

表1-2 文件的类型及格式

文件的类型	文件的名称	文件的格式
日志文件	JobnameX.LOG	文本
错误文件	JobnameX.ERR	文本
输出文件	Jobname.OUT	文本
数据文件	Jobname.DB	二进制
结果文件： 结构或其耦合 热 磁场 流体	Jobname.xxx Jobname.RST Jobname.RTH Jobname.RMG Jobname.RFL	二进制
载荷步文件	Jobname.Sn	文本
图形文件	Jobname.GRPH	文本（特殊格式）
单元矩阵文件	Jobname.EMAT	二进制

1.4.3 输入方式

1. 交互方式运行 ANSYS

交互方式运行 ANSYS，可以通过菜单和对话框来运行 ANSYS 程序，在该方式下，可以很容易地运行 ANSYS 的图形功能、在线帮助和其他工具。也可以根据喜好来改变交互方式的布局。ANSYS 图形交互界面的构成有：应用菜单、工具条、图形窗口、输出窗口、输入窗口和主菜单。

2. 命令方式运行 ANSYS

命令方式运行 ANSYS，是在命令的输入窗口输入命令来运行 ANSYS 程序，该方式比交互式运行要方便和快捷，但对操作人员的要求较高。

1.4.4 输出文件类型

一般来说不同的分析类型有不同的文件类型。除了表 1-2 中列出的文件外，表 1-3 列出了 ANSYS 分析时产生的临时文件类型。

表1-3 临时文件类型

文件名称	文件格式	文件内容
ANO	文本	图形窗口的命令
BAT	文本	从 batch 文件中输入的数据
DO*n*	文本	Do-loop 命令中的计数值
DSCR	二进制	模态分析中的 Scratch 文件
EROT	二进制	单元旋转矩阵
LSCR	二进制	高级模态分析中的 Scratch 文件
LV	二进制	在子结构中产生并随多个载荷矢量传递的 Scratch 文件
LNxx	二进制	从 sparse 求解器产生的 Scratch 文件
MASS	二进制	模态分析中的压缩质量矩阵（子空间方法）
MMX	二进制	模态分析中的工作矩阵（子空间方法）
PAGE	二进制	ANSYS 虚拟内存的页面文件（数据库空间）
PCS	文本	从 PCG 求解器产生的 Scratch 文件
PC*n*	二进制	从 PCG 求解器产生的 Scratch 文件（n=1～10）
SCR	二进制	从雅可比梯度求解器产生的 Scratch 文件
SSCR	二进制	从子结构求解器产生的 Scratch 文件

第 2 章

ANSYS 2020 图形用户界面

ANSYS 功能强大，操作复杂，对一个初学者来说，图形用户界面（GUI）是最常用的界面，几乎所有的操作都是在图形用户界面上进行的。它提供了用户和 ANSYS 程序之间的交互。所以，首先熟悉图形用户界面是很有必要的。

- 图形用户界面的组成
- 通用菜单
- 主菜单
- 个性化界面

2.1 图形用户界面的组成

图形用户界面使用命令的内部驱动机制，使每一个 GUI(图形用户界面)操作对应了一个或若干个命令。操作对应的命令保存在输入日志文件（JobnameX.log(X 为数字 0，1……)）中。图形用户界面可以使用户在对命令了解很少或几乎不了解的情况下完成 ANSYS 分析。ANSYS 提供的图形用户界面还具有直观、分类科学的优点，方便用户学习和应用。

标准的图形用户界面如图 2-1 所示，包括下面几部分。

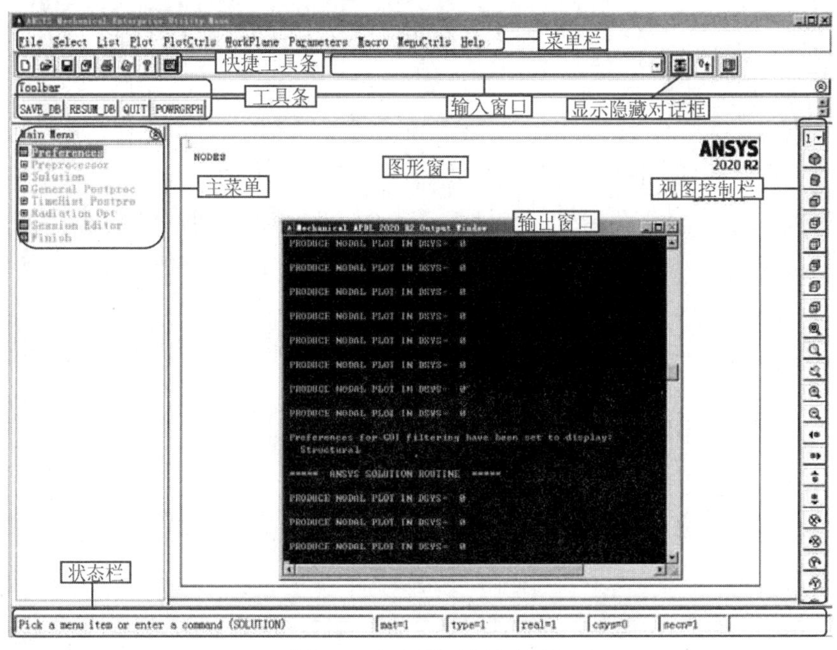

图2-1 标准图形用户界面

1. 菜单栏

菜单栏包括文件操作（File)、选择功能（Select)、数据列表（List)、图形显示（Plot)、视图环境控制（PlotCtrls)、工作平面（WorkPlane)、参数（Parameters)、宏命令（Macro)、菜单控制（MenuCtrls）和帮助（Help）10 个下拉菜单，囊括了 ANSYS 的绝大部分系统环境配置功能。在 ANSYS 运行的任何时候均可以访问该菜单。

2. 快捷工具条

快捷工具条为对于常用的新建、打开、保存数据文件、视图旋转、抓图软件、报告生成器和帮助操作提供了方便快捷方式。

3. 输入窗口

ANSYS 提供了 4 种输入方式：常用的 GUI（图形用户界面）输入、命令输入、使用工具条和调用批处理文件。在这个窗口可以输入 ANSYS 的各种命令，在输入命令过程中，ANSYS 自动匹配待选命令的输入格式。

4. 显示隐藏对话框

在对 ANSYS 进行操作的过程中会弹出很多对话框，重叠的对话框会隐藏，单击输入窗口右侧第一个按钮，便可以迅速显示隐藏的对话框。

5. 工具条

工具条包括一些常用的 ANSYS 命令和函数，是执行命令的快捷方式。用户可以根据需要对该窗口中的快捷命令进行编辑、修改和删除等操作，最多可设置 100 个命令按钮。

6. 图形窗口

该窗口显示 ANSYS 的分析模型、网格、求解收敛过程、计算结果云图、等值线、动画等图形信息。

7. 主菜单

主菜单几乎涵盖了 ANSYS 分析过程中的全部菜单命令，按照 ANSYS 分析过程进行排列，依次是个性设置（Preferences）、前处理（Preprocessor）、求解器（Solution）、通用后处理器（General Postproc）、时间历程后处理（TimeHist Postpro）、辐射选项（Radiation Opt）、进程编辑（Session Editor）和完成（Finish）。

8. 视图控制栏

用户可以利用这些快捷方式方便地进行视图操作，如前视、后视、俯视、旋转任意角度、放大或缩小、移动图形等，将视图调整到用户最佳视图角度。

9. 输出窗口

该窗口的主要功能在于同步显示 ANSYS 对已进行的菜单操作或已输入命令的反馈信息、用户输入命令或菜单操作的出错信息和警告信息等，关闭此窗口，ANSYS 将强行退出。

10. 状态栏

这个位置显示 ANSYS 的命令提示和一些当前信息，如当前所在的模块、材料属性、单元实常数及系统坐标等。

2.2 启动图形用户界面

启动 ANSYS 的方式有两种：命令方式和菜单方式。由于命令方式复杂且不直观，所以不予以介绍。

ANSYS 菜单运行方式有两种：交互方式和批处理方式。

选择“开始”>“所有程序” > “ANSYS 2020 R2”，可以看到如下部分选项：

◆ANSYS Client Licensing：ANSYS 客户许可。里面包括 ANSYS Elastic Client Settings、Client ANSLIC_ADMIN Utility（客户端认证管理）和 User License Preferences（使用者参数认证）等。

◆Mechanical 2020 R2：以图形用户界面方式运行 ANSYS。

◆Mechanical APDL 2020 R2：以经典界面方式运行 ANSYS。

◆Workbench 2020 R2：运行 ANSYS Workbench 仿真平台。

◆Uninstall ANSYS 2020 R2：卸载 ANSYS 2020 R2。

◆Help > ANSYS Help 2020 R2：显示在线帮助或本地帮助。

◆Utility > Animate 2020 R2：播放视频剪辑。

◆Utility > ANS_ADMIN 2020 R2：运行 ANSYS 的设置信息。可以在这里配置 ANSYS 程序，添加或者删除某些许可证号。也可以“ANSYS Cliont Licensing”查看许可证信息。

2.3 对话框及其组件

单击 ANSYS 通用菜单或主菜单，可以看到存在 4 种不同的后缀符号，分别代表不同的含义：

◆ ▶表示可以打开级联菜单。

◆ + 表示将打开一个图形选取对话框。

◆ ...表示将打开一个输入对话框。

◆ 无后缀时表示直接执行一个功能，而不能进一步操作。通常它代表不带参数的命令。

可以看出，对话框提供了数据输入的基本形式。根据不同的用途，对话框内有不同的组件。如文本框、检查按钮、选择按钮、单选列表、多选列表等。另外，还有 OK、Apply 和 Cancel 等按钮。在 ANSYS 菜单方式下进行分析时，经常看到的就是对话框。通常，理解对话框的操作并不困难，重要的是要理解这些对话框操作代表的含义。

2.3.1 文本框

在文本框中可以输入数字或者字符串。注意到在文本框前的提示，就可以方便准确地输入了，ANSYS 软件遵循通用界面规则，所以可以用 Tab 键和 Shift+Tab 键在各文本框间进行切换，也可以用 Enter 键代替单击“OK”按钮。

改变单元材料编号的对话框如图 2-2 所示，用户需要输入单元的编号和材料的编号。这些都应当是数字方式。

确定当前材料库路径的对话框如图 2-3 所示，可以在其中输入字符串。

在文本框中，双击可以高亮显示一个词。

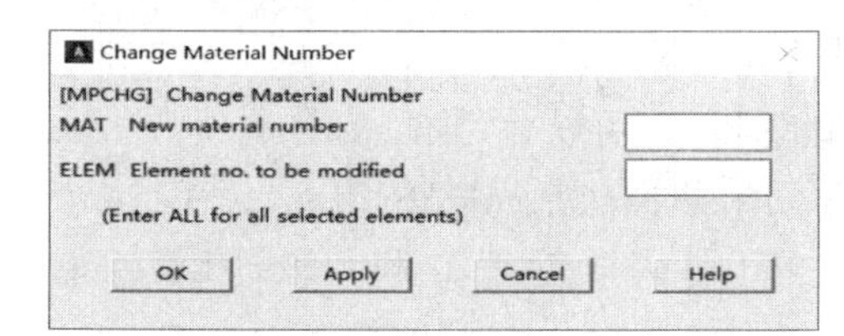

图 2-2 “Change Material Number”对话框

图 2-3 “Set Material Library Path”对话框

2.3.2 单选列表

单选列表允许用户从一个流动列表中选择一个选项。单击想要选择的条目，使其高亮显示，就把它复制到了编辑框中，然后可以进行修改。

实常数项的单选列表如图 2-4 所示，单击“Set 2”选项就选择了第二组实常数 Set2，单击“Edit...”按钮表示对该组实常数进行编辑，单击“Delete”按钮将删除该组实常数。

2.3.3　双列选择列表

双列选择列表允许从多个选择中选取一个。左列是类，右列是类的子项目，根据左边选择的不同，右边将出现不同的选项。采用这种方式可以将所选项目进行分类，以方便选择。

最典型的双列选择列表莫过于单元选取对话框，如图 2-5 所示。左列是单元类，右列是该类的子项目，必须在左右列中都进行选取才能得到想要的项目，如图 2-5 中左列选择了“Beam”选项，右列选择了“2 node 188”选项。

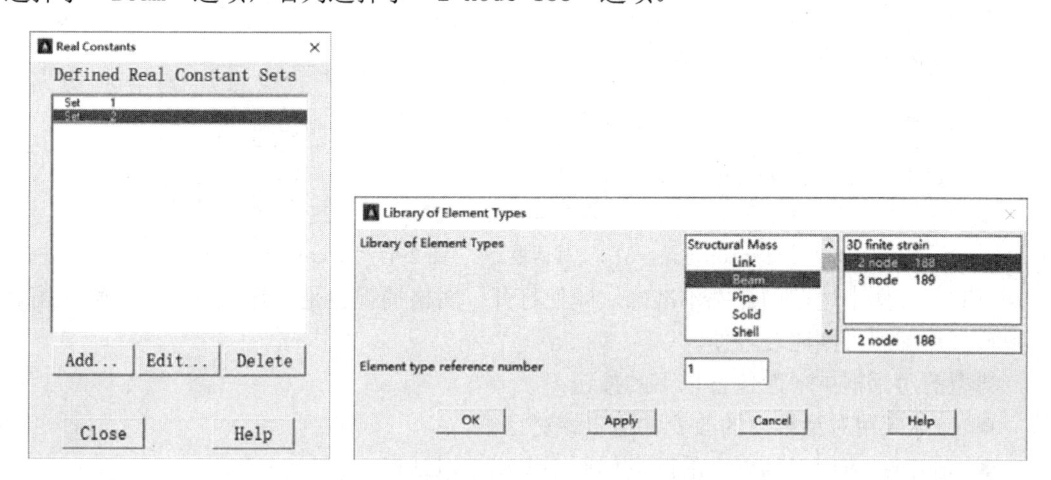

图 2-4　“Real Constants”对话框　　　图 2-5　“Library of Element Types”对话框

2.3.4　标签对话框

标签对话框提供了一组命令集合。通过选择不同的标签，可以打开不同的选项卡。每个选项卡中可能包含文本框、单选列表、多选列表等。求解控制的标签对话框如图 2-6 所示，其中包括基本选项、瞬态选项、求解选项、非线性和高级非线性选项卡。

2.3.5　选取框

ANSYS 中除了输入和选择对话框外，还有一种选取对话框，出现该对话框后，可以在工作平面或全局坐标系或局部坐标系上选取点、线、面和体等。这种对话框也有不同类型，有的只允许选择一个点，而有的则允许拖出一个方框或圆来选取多个图元。

创建直线的选取对话框如图 2-7 所示。出现该对话框后，可以在工作平面上选取两个点并以这两个点为端点连成一条直线。在选取对话框中，“Pick”和“Unpick”指示选取状态，当选中“Pick”单选按钮时表示进行选取操作，当选中“Unpick”单选按钮时表示撤销选取操作。

选取对话框中显示当前选取的结果。如“Count”表示当前的选取次数；“Maximum”“Minimum”和“KeyP No. ”表示必须选取的最大量、必须选取的最小量和当前选取的点的编号。

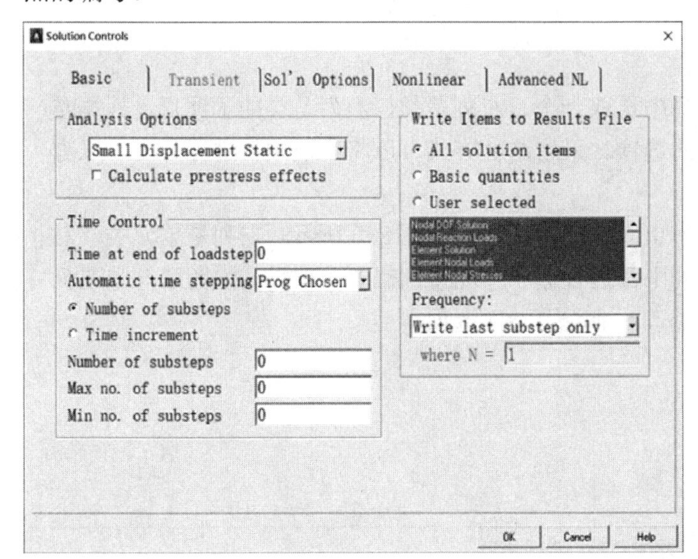

图 2-6 “Solution Controls”对话框

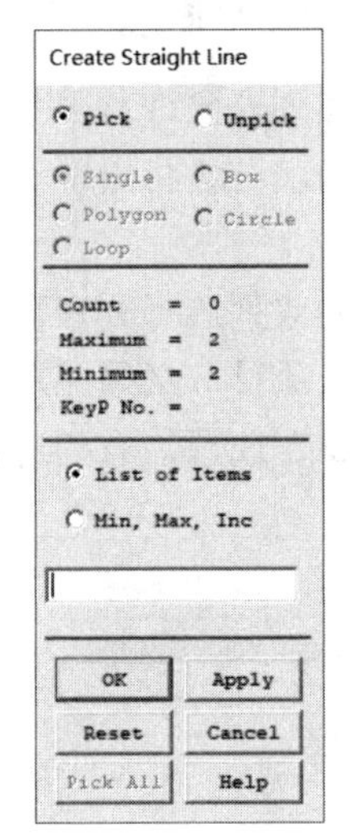

图 2-7 “Create Straight Line”对话框

有时，在图中选取的点并不准确，即使打开了网格捕捉也是一样，这时，从输入窗口中输入点的编号则比较方便。

典型的对话框中一般包含以下的按钮：

◆ OK：应用对话框内的改变并退出该对话框。

◆ Apply：应用对话框内的改变然而不退出该对话框。

◆ Reset：重置对话框内的内容，恢复其默认值。当输入有误时，可能要用到该按钮。

◆ Cancel：不应用对话框内的改变就关闭对话框。“Cancel”和“Reset”按钮的不同在于“Reset”不关闭对话框。

◆ Help：使用命令的帮助信息。

在特殊对话框中可能还有其他一些作用按钮。快速、准确地在对话框中进行输入是提高分析效率的重要环节，但首先要知道如何从菜单中打开想要的对话框。

2.4 通用菜单

通用菜单（Utility Menu）中包含了ANSYS全部的公用函数，如文件控制、选取、图形控制和参数设置等。它采用下拉菜单结构。该菜单具有非模态性质（也就是以非独占形式存在），允许在任何时刻（即在任何处理器下）进行访问，这使得它使用起来更为方便和友好。

每一个菜单都是一个下拉菜单，在下拉菜单中，有的包含了折叠子菜单（以“ > ”符号表示），有的可执行某个动作。可执行的动作有如下 3 种：

◆ 立刻执行一个函数或者命令。

◆ 打开一个对话框（以“...”指示）。

◆ 打开一个选取对话框（以“+”指示）。

可以利用快捷键打开通用菜单，如可以按 Alt+F 键打开 File 菜单。

通用菜单中有 10 个部分，下面对其中的重要部分做简要说明（按 ANSYS 本身的顺序排列）。

2.4.1 文件菜单

“File”（文件）菜单包含了与文件和数据库有关的操作，如清空数据库、存盘、恢复等。有些菜单只能在 ANSYS 开始时使用，如果在后面使用，会清除已经进行的操作，所以要小心使用它们。除非确有把握，否则不要使用“Clear & Start New”菜单操作。

1. 设置工程名和标题

通常，工程名都是在启动对话框中定义，但也可以在文件菜单中重新定义。

◆ File > Clear & Start New...命令用于清除当前的分析过程，并开始一个新的分析。新的分析以当前工程名进行，它相当于退出 ANSYS 后，再以 Run Interactive 方式重新进入 ANSYS 图形用户界面。

◆ File > Change Jobname...命令用于设置新的工程名，后续操作将以新设置的工程名作为文件名。执行该命令后打开的对话框如图 2-8 所示，可在对话框中输入新的工程名。

“New log and error files”选项用于设置是否使用新的记录和错误信息文件，如果选中“Yes”复选框，则原来的记录和错误信息文件将关闭，但并不删除，相当于退出 ANSYS 并重新开始一个工程。取消选中“Yes”复选框时（显示为“No”），表示不追加记录和错误信息到先前的文件中。尽管是使用先前的记录文件，但数据库文件已经改变了名字。

◆ File > Change Directory...命令用于设置新的工作目录，后续操作将以新设置的工作目录进行。执行该命令后打开的对话框如图 2-9 所示，可在打开的“浏览文件夹”对话框中选择工作目录。注意：ANSYS 不支持中文，这里目录要选择英文目录。

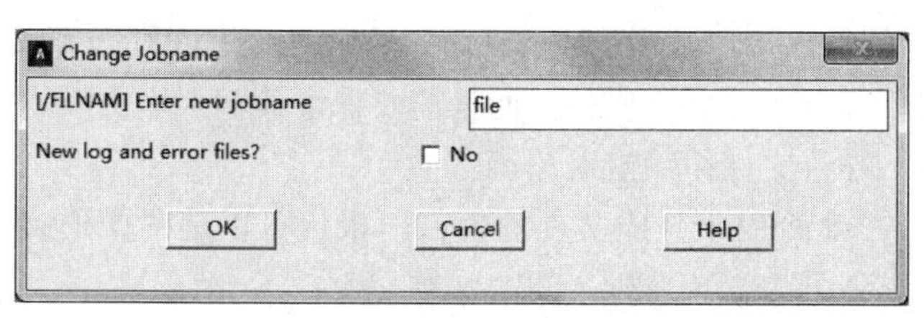

图 2-8 “Change Jobname”对话框

图 2-9 “浏览文件夹”对话框

当完成了建立实体模型操作，但不敢确定划划分网格络操作是否正确时，就可以在建模完成后保存数据库，并设置新的文件名，这样，即使划划分网格络过程中出现不可恢复或恢复起来很复杂的操作，也可以用原来保存的数据库重新划划分网格络。

◆ File > Change Title...命令用于在图形窗口中定义主标题。可以用“%”号来强制进行参数替换。

例如，首先定义一个时间字符串参量 TM，然后在定义主标题中强制替换：

TM=’ 3:05’

/TITLE,TEMPERATURE CONTOURS AT TIME=%TM%

其中“/TITLE”是该菜单操作的对应命令。

这样在图形窗口中显示的将是：

TEMPERATURE CONTOURS AT TIME=3:05。

2．保存文件

要养成经常保存文件的习惯。

◆ File > Save as Jobname.db 命令用于将数据库保存为当前工程名。对应的命令是 SAVE，对应的工具条快捷按钮为 Toolbar > SAVE_DB。

◆ File > Save as ...命令为“另存为”。执行该命令，将打开“Save DataBase”对话框，可以在其中选择路径或更改名称，另存文件。

◆ File > Write DB log file...命令用于把数据库内的输入数据写到一个记录文件中，从数据库写入的记录文件和操作过程的记录可能并不一致。

3．读入文件

有多种方式可以读入文件，包括读入数据库、读入命令记录和输入其他软件生成的模型文件。

◆ File > Resume Jobname.db...命令和 Resume from...命令用于恢复一个工程。前者恢复的是当前正在使用的工程，而后者恢复的是用户选择的工程。但是，只有那些存在数据库文件（.db）的工程才能恢复，这种恢复也就是把数据库读入并在 ANSYS 中解释执行。

◆ File > Read Input from...命令用于读入并执行整个命令序列，如记录文件。当只有记录文件（log）而没有数据库文件时（由于数据库文件通常很大，而命令记录文件很小，所以通常用记录文件进行交流），就有必要用到该命令。如果对命令很熟悉，甚至可以选择喜欢的编辑器来编辑输入文件，然后用该函数读入。它相当于用批处理方式执行某个记录文件。

◆ File > Import 子菜单和 File > Export...命令用于提供与其他软件的接口，如从 Pro/E 中输入几何模型。如果对这些软件很熟悉，在其中创建几何模型可能会比在 ANSYS 中建模方便一些。ANSYS 支持的输入接口有 IGES、CATIA、SAT、Pro/E、UG、PARA 等。其输出接口为 IGES。但是，它们需要 License 支持，而且需要保证其输入输出版本之间的兼容。否则，可能不会识别，导致文件传输错误。

◆ File > Report Generator...命令用于生成文件的报告。报告可以是图像形式告，也可以是文件形式的，这大大提高了 ANSYS 分析之间的信息交流。

4．退出 ANSYS

File > Exit...命令用于退出 ANSYS。选择该命令将打开“Exit”对话框，询问在退出前是否保存文件，或者保存哪些文件，如图 2-10 所示。但是在命令行中使用“Exit”命令前，应当先保存那些以后需要的文件，因为该命令不会给用户提示。在工具条上，“QUIT”按钮也是用于退出 ANSYS 的快捷按钮。

2.4.2 选取菜单

“Select”（选取）菜单包含了选取数据子集和创建组件部件的命令。

1. 选择图元

Select > Entities...命令用于在图形窗口上选择图元。选择该命令时，打开如图 2-11 所示的对话框。

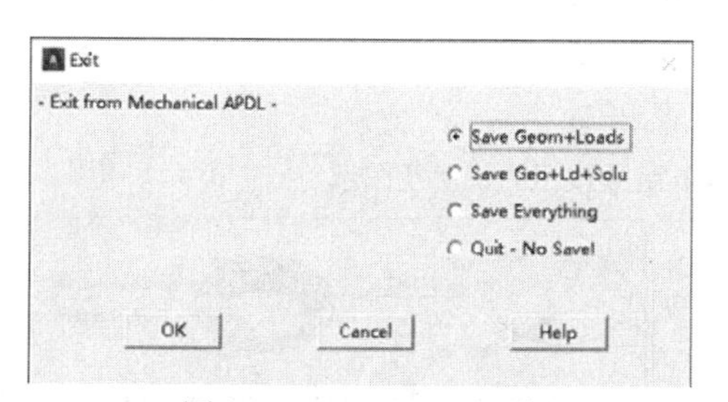

图2-10 “Exit”对话框

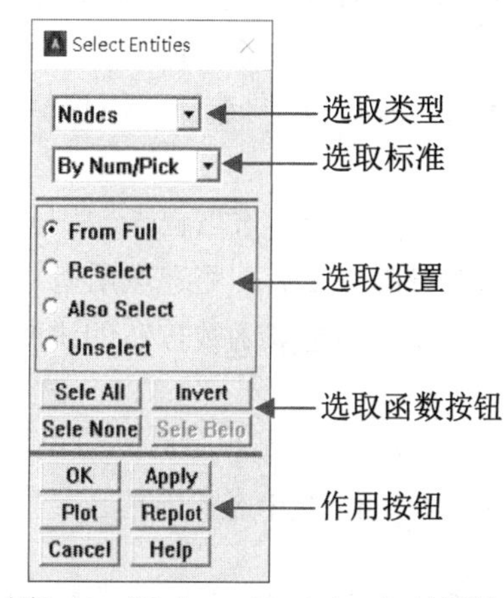

图2-11 “Select Entities”对话框

其中，选取类型表示要选取的图元，包括节点、单元、体、面、线和关键点。每次只能选择一种图元类型。

选取标准表示通过什么方式来选取，包括如下一些选取标准：

◆ By Num/Pick：通过在输入窗口中输入图元号或者在图形窗口中直接选取。

◆ Attached to：通过与其他类型图元相关联来选取，而其他类型图元应该是已选取好的。

◆ By Location：通过定义笛卡儿坐标系的 X、Y、Z 轴来构成一个选择区域，并选取其中的图元。可以一次定义一个坐标，单击“Apply”按钮后，再定义其他坐标内的区域。

◆ By Attribute：通过属性选取图元。可以通过图元或与图元相连的单元的材料号、单元类型号、实常数号、单元坐标系号、分割数目和分割间距比等属性来选取图元。需要设置这些号的最小值、最大值以及增量。

◆ Exterior：选取已选图元的边界，如单元的边界为节点、面的边界为线。如果已经选择了某个面，那么执行该命令就能选取该面边界上的线。

◆ By Results：选取结果值在一定范围内的节点或单元。执行该命令前，必须把所要的结果保存在单元中。

对单元而言，还可以通过单元名称（By Elem Name）选取，或者选取生单元（Live

Elem' s)，或者选取与指定单元相邻的单元。对单元图元类型，除了上述基本方式外，有的还有其独有的选取标准。

选取设置选项用于设置选取的方式。有如下几种方式：

◆ From Full：从整个模型中选取一个新的图元集合。

◆ Reselect：从已选取好的图元集合中再次选取。

◆ Also Select：把新选取的图元加到已存在的图元集合中。

◆ Unselect：从当前选取的图元中去掉一部分图元。

选取函数按钮是即时作用按钮，也就是说，一旦单击该按钮，选取已经发生。也许在图形窗口中看不出来，用 Replot 命令来重画，这时就可以看出其发生了作用。有以下 4 个按钮：

◆ Sele All：全选该类型下的所有图元。

◆ Sele None：撤销该类型下的所有图元的选取。

◆ Invert：反向选择。不选择当前已选取的图元集合，而选取当前没有选取的图元集合。

◆ Sele Belo：选取已选取图元以下的所有图元。例如，如果当前已经选取了某个面，则单击该按钮后，将选取所有属于该面的点和线。

选取设置和选取函数按钮的说明及图示见表 2-1。

表2-1　选取设置和选取函数按钮的说明及图示

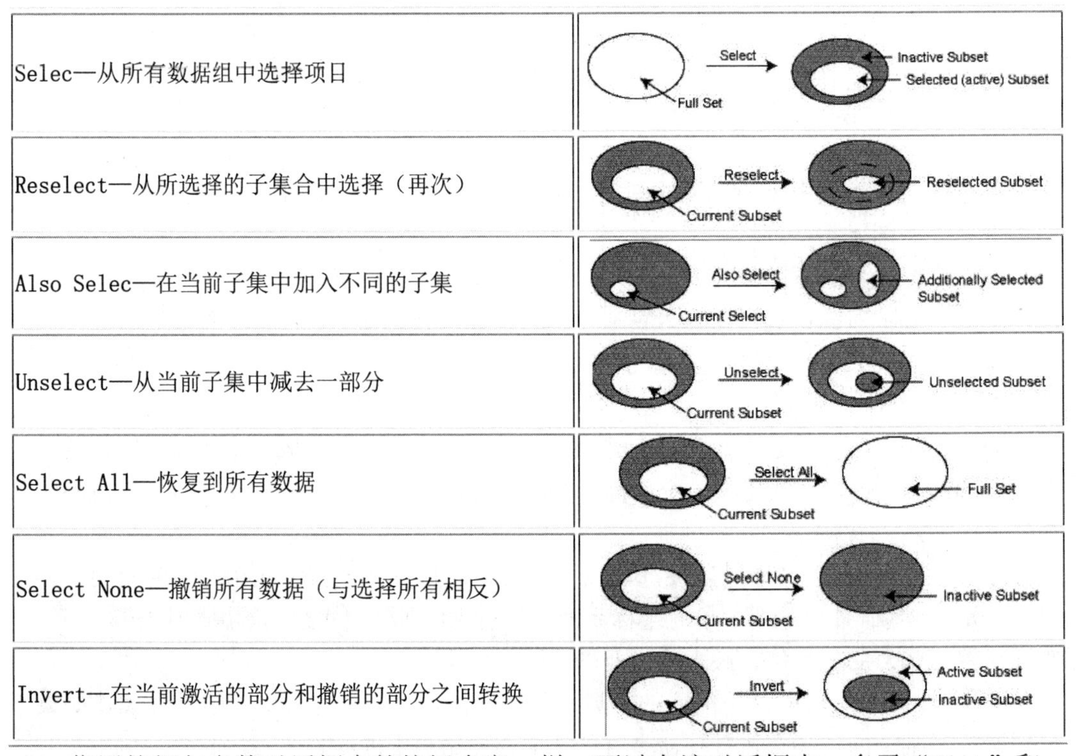

说明	图示
Selec—从所有数据组中选择项目	
Reselect—从所选择的子集合中选择（再次）	
Also Selec—在当前子集中加入不同的子集	
Unselect—从当前子集中减去一部分	
Select All—恢复到所有数据	
Select None—撤销所有数据（与选择所有相反）	
Invert—在当前激活的部分和撤销的部分之间转换	

作用按钮与多数对话框中的按钮含义一样。不过在该对话框中，多了“Plot”和“Replot”按钮可以很方便地显示选择结果。只有那些选取的图元才出现在图形窗口中。使用这项功能时，通常需要单击“Apply”按钮而不是“OK”按钮。

要注意的是，尽管一个图元可能属于另一个项目的图元，但这并不影响选择。例如，当选择了线集合 SL，这些线可能不包含关键点 K1，如果执行线的显示，则看不到关键点 K1，但执行关键点的显示时，K1 依然会出现，表示它仍在关键点的选择集合之中。

2. 组件和部件

Select > Comp/Assembly 菜单用于对组件和部件进行操作。简单地说，组件就是选取的某类图元的集合，部件则是组件的集合。部件可以包含部件和组件，而组件只能包含某类图元。可以创建、编辑、列表和选择组件和部件。通过该子菜单，可以定义某些选取集合，以后直接通过名字即可对该集合进行选取，或者进行其他操作。

3. 全部选择

Select > Everything 子菜单用于选择模型的所有项目下的所有图元，对应的命令是“ALLSEL,ALL”。若要选择某个项目的所有图元，选择 Select > Entities 命令，在打开的对话框中单击“Sele All”按钮。

Select > Everything Below 命令用于选择某种类型以及包含于该类型下的所有图元，对应的命令为“ALLSEL,BELOW”（注意其中的逗号需要在英文输入状态下输入）。

例如，“ALLSEL,BELOW,LINE”命令用于选择所有线及所有关键点，而“ALLSEL,BELOW,NODE”命令用于选取所有节点及其下的体、面、线和关键点。

要注意的是，在许多情况下，需要在整个模型中进行选取或其他操作，而程序仍保留着上次选取的集合，所以要时刻明白当前操作的对象是整个模型或其中的子集。当用户不是很清楚时，一个好的但稍嫌麻烦的方法是：每次选取子集并完成相应的操作后，使用 Select > Everything 命令恢复全选。

2.4.3 列表菜单

“List”（列表）菜单用于列出存在于数据库的所有数据，还可以列出程序不同区域的状态信息和存在于系统中的文件内容。它将打开一个新的文本窗口，其中显示了想要查看的内容。许多情况下，需要用列表菜单来查看信息。图 2-12 所示为列表显示记录文件的结果。

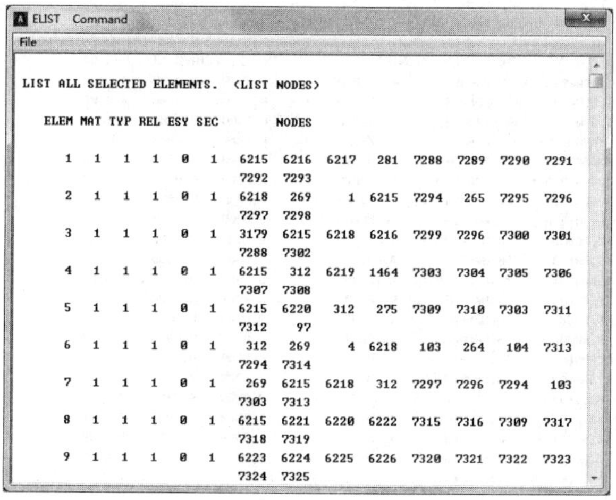

```
ELIST Command
File

LIST ALL SELECTED ELEMENTS.  <LIST NODES>

   ELEM MAT TYP REL ESY SEC        NODES

      1   1   1   1   0   1  6215  6216  6217   281  7288  7289  7290  7291
                             7292  7293
      2   1   1   1   0   1  6218   269     1  6215  7294   265  7295  7296
                             7297  7298
      3   1   1   1   0   1  3179  6215  6218  6216  7299  7296  7300  7301
                             7288  7302
      4   1   1   1   0   1  6215   312  6219  1464  7303  7304  7305  7306
                             7307  7308
      5   1   1   1   0   1  6215  6220   312   275  7309  7310  7303  7311
                             7312    97
      6   1   1   1   0   1   312   269     4  6218   103   264   104  7313
                             7294  7314
      7   1   1   1   0   1   269  6215  6218   312  7297  7296  7294   103
                             7303  7313
      8   1   1   1   0   1  6215  6221  6220  6222  7315  7316  7309  7317
                             7318  7319
      9   1   1   1   0   1  6223  6224  6225  6226  7320  7321  7322  7323
                             7324  7325
```

图2-12 “ELIST Command”窗口

1. 文件和状态列表

List > Files > Log File...命令用于查看记录文件的内容。当然，也可以用其他编辑器打开文件。

List > Files > Error File...命令用于列出错误信息文件的内容。

List > Status 子菜单用于列出各个处理器下的状态，可以获得与模型有关的所有信息。这是一个很有用的操作，对应的命令为“*STATUS”。可以列表的内容包括：

◆ Global Status：列出系统信息。

◆ Graphics：列出窗口设置信息。

◆ Working Plane：列出工作平面信息，如工作平面类型，捕捉设置等。

◆ Parameters：列出参量信息。可以列出所有参量的类型和维数，但对数组参量，要查看其元素值时，则需要指定参量名列表。

◆ Preprocessor：列出预处理器下的某些信息。该菜单操作只有在预处理器下才能使用。

◆ Solution：列出求解器下的某些信息。该操作只有进入求解器后才能使用。

◆ General Postproc：列出后处理器下的某些信息。该操作只有进入通用后处理器后才能使用。

◆ TimeHist Postproc：列出时间历程后处理器下的某些信息。该操作只有进入时间历程后处理器后才能使用。

◆ Radiation Matrix：列出辐射矩阵信息。

◆ Configuration：列出整体的配置信息。它只能在开始级下使用。

2. 图元列表

List > Keypoints 子菜单用于列出关键点的详细信息。可以只列出关键点的位置，也可以列出坐标位置和属性，但它只列出当前选择的关键点，所以为了查看某些关键点的信息，首先需要用 Utility > Select 命令选择好关键点，然后再应用该命令操作（特别是关键点很多时）。列表显示的关键点信息（仅坐标位置）如图 2-13 所示。

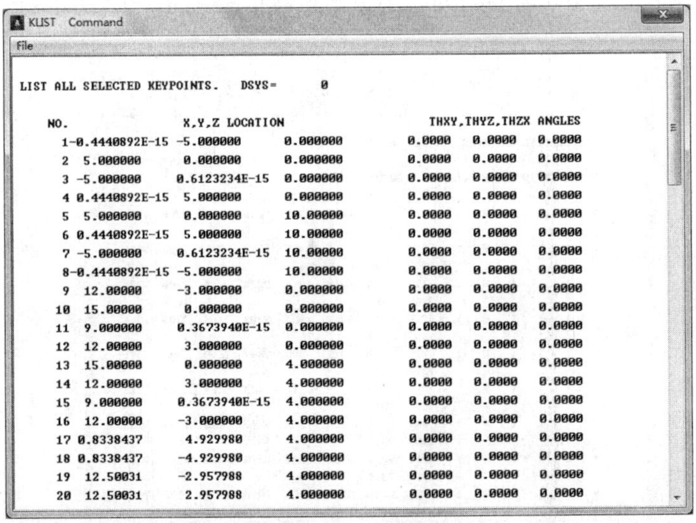

```
KLIST Command
File

LIST ALL SELECTED KEYPOINTS.   DSYS=      0

    NO.              X,Y,Z LOCATION                      THXY,THYZ,THZX ANGLES
      1-0.4440892E-15 -5.000000      0.000000           0.0000   0.0000   0.0000
      2  5.000000      0.000000      0.000000           0.0000   0.0000   0.0000
      3 -5.000000     0.6123234E-15  0.000000           0.0000   0.0000   0.0000
      4 0.4440892E-15  5.000000      0.000000           0.0000   0.0000   0.0000
      5  5.000000      0.000000      10.00000           0.0000   0.0000   0.0000
      6 0.4440892E-15  5.000000      10.00000           0.0000   0.0000   0.0000
      7 -5.000000     0.6123234E-15  10.00000           0.0000   0.0000   0.0000
      8-0.4440892E-15 -5.000000      10.00000           0.0000   0.0000   0.0000
      9  12.00000     -3.000000      0.000000           0.0000   0.0000   0.0000
     10  15.00000      0.000000      0.000000           0.0000   0.0000   0.0000
     11  9.000000     0.3673940E-15  0.000000           0.0000   0.0000   0.0000
     12  12.00000      3.000000      0.000000           0.0000   0.0000   0.0000
     13  15.00000      0.000000      4.000000           0.0000   0.0000   0.0000
     14  12.00000      3.000000      4.000000           0.0000   0.0000   0.0000
     15  9.000000     0.3673940E-15  4.000000           0.0000   0.0000   0.0000
     16  12.00000     -3.000000      4.000000           0.0000   0.0000   0.0000
     17 0.8338437      4.929980      4.000000           0.0000   0.0000   0.0000
     18 0.8338437     -4.929980      4.000000           0.0000   0.0000   0.0000
     19  12.50031     -2.957988      4.000000           0.0000   0.0000   0.0000
     20  12.50031      2.957988      4.000000           0.0000   0.0000   0.0000
```

图 2-13 “KLIST Command”窗口

List > Lines...：用于列出线的信息，如组成线的关键点、线段长度等。

List > Areas：用于列出面的信息。

List > Volumes：用于列出体的信息。

List > Nodes...：用于列出节点信息。在打开的对话框中，可以选择是否列出节点在柱坐标中的位置，选择列表的排序方式，如以节点号排序、以 X 坐标值排序等。

List > Elements 子菜单用于列出单元的信息。

List > Components：用于列出部件或者组件的内容。对组件，将列出其包含的图元；对部件，将列出其包含的组件或其他部件。

3. 模型查询选取器

List > Picked Entities 是一个非常有用的命令，选择该命令将打开一个选取对话框（称为模型查询选取器）。可以从模型上直接选取感兴趣的图元，并查看相关信息，也能够提供简单的集合/载荷信息。当用户在一个已存在的模型上操作，或者想要施加与模型数据相关的力和载荷时，该功能特别有用。

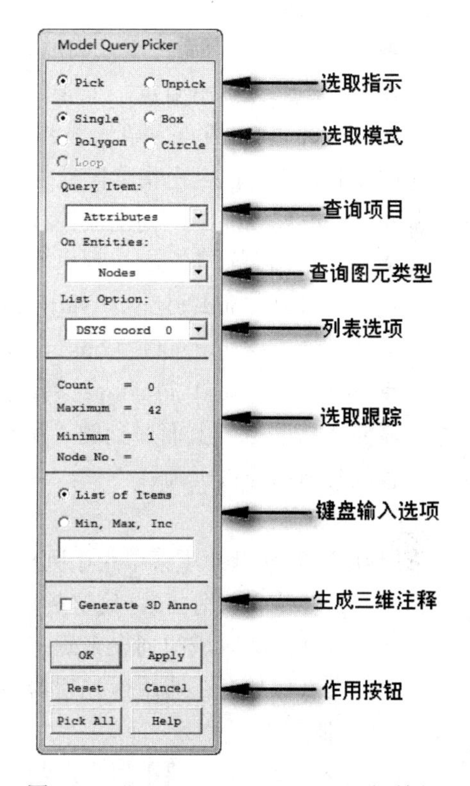

图 2-14 “Model Query Picker”对话框

模型查询选取器的对话框如图 2-14 所示，在该选取器中，选取指示包括“Pick”（选取）和“Unpick”（撤销选取）。可以在图形窗口中单击鼠标右键在选取和撤销选取之间进行切换。

通过选取模式，可以设置是单选图元，可以矩形框、圆形或其他区域来选取包含于其中的图元。当只选取极为少量图元时，建议采用单选。当图元较多并具有一定规则时，就应当采用区域包含方式来选取。

查询项目和列表选项包括属性、距离、面积、其上的各种载荷、初始条件等，可以通过它来显示感兴趣的项目。

选取跟踪是对选取情况的描述，如已经选取的数目、最大最小选取数目、当前选取的图元号。可通过该选取跟踪来确认用户的选取是否正确。

键盘输入选项让用户决定是直接输入图元号，还是通过迭代输入。迭代输入时，用户需要输入其最小值、最大值，以及增长值。在要输入较多个有一定规律的图元号时，用该方法是合适的。这时，需要先设置好键盘输入的含义，然后在文本框中输入数据。

以上方法都是通过打开一个新对话框来显示信息。也可以直接在图形窗口上显示对应信息，这就需要打开三维注释（Generate 3D Anno）功能。由于其具有三维功能，所以旋转视角后，它也能够保持在图元中的适当位置，便于查看。

也可以像其他三维注释一样，修改查询注释。菜单路径为 Utility Menu：PlotCtrls > Annotation > Create 3D Annotation ...。

4. 属性列表

List > Properties 子菜单用于列出单元类型、实常数设置、材料属性等。

对某些BEAM单元，可以列出其截面属性。

对层单元，列出层属性。

对非线性材料属性，可列出非线性数据表。

可以对所有项目都进行列表，也可以只对某些项目的属性列表。

5. 载荷列表

List > Loads 子菜单用于列出施加到模型的载荷方向、大小。这些载荷包括：

◆ DOF Constraints：自由度约束。可以列出全部或者指定节点、关键点、线、面上的自由度约束。

◆ Forces：集中力，可以列出全部或者指定节点或者关键点上的集中力。

◆ Surface：列出节点、单元、线、面上的表面载荷。

◆ Body：列出节点、单元、线、面、体、关键点上的体载荷。可以列出所有图元上的体载荷，也可以列出指定图元上的体载荷。

◆ Inertia Loads：列出惯性载荷。

◆ Solid Model Loads：列出所有实体模型的边界条件。

◆ Initial Conditions：列出节点上的初始条件。

◆ Joint Element DOF Constraints：列出连接单元上的自由度约束。

◆ Joint Element Forces：列出连接单元上的集中力。

需要注意的是，上面提到的“所有”，是依赖于当前的选取状态的。这种列表有助于查看载荷施加是否正确。

6. 结果列表

List > Results 子菜单用于列出求解所得的结果（如节点位移、单元变形等）、求解状态（如残差、载荷步）、定义的单元表、轨线数据等。

通过对感兴趣区域的列表来确定求解是否正确。

该列表操作只有在通用后处理器中把结果数据读入到数据库后才能进行。

7. 其他列表

List > Others 子菜单用于对其他不便于归类的选项进行列表显示，但这并不意味着这些列表选项不重要。可以对如下项目进行列表（这些列表后面都将用到，这里不详细叙述其含义）：

◆ Local Coord Sys：显示定义的所有坐标系。

◆ Master DOF：主自由度。在缩减分析时，需要用它来列出主自由度。

◆ Gap Conditions：缝隙条件。

◆ Coupled Sets：列出耦合自由度设置。

◆ Constraint Eqns：列出约束方程的设置。

◆ Parameters 和 Named Parameter：列出所有参量或者某个参量的定义及值。

◆ Components：列出部件或者组件的内容。

◆ Database Summary：列出数据库的摘要信息。

◆ Superelem Data：列出超单元的数据信息。

◆ Genl Plane Strn：列出广义平面应变的数据信息。

2.4.4 绘图菜单

“Plot”（绘图）菜单用于绘制关键点、线、面、体、节点、单元和其他可以以图形显示的数据。其绘图操作与列表操作有很多对应之处，所以这里简要叙述。

◆ Plot > Replot 命令用于更新图形窗口。许多命令执行之后，并不能自动更新显示，所以需要该操作来更新图形显示。由于其经常使用，所以用命令方式也许更快捷。可以在任何时候输入“/Repl”命令重新绘制。

◆ Keypoints、Lines、Areas、Volumes、Nodes、Elements、Layered Elements 命令用于绘制单独的关键点、线、面、体、节点和单元。

◆ Specified Entities 命令用于绘制指定图元号的范围内的单元，这有利于对模型进行局部观察。也可以首先用“Select”选取，然后用 Plot > Replot 命令绘制。不过用“Specified Entities 命令”更为简单。

◆ Materials 命令用于以图形方式显示材料属性随温度的变化。这种图形显示是曲线图，在设置材料的温度特性时也有必要利用该功能来显示设置是否正确。

◆ Data Tables 命令用于对非线性材料属性进行图示化显示。

◆ Array Parameters 命令用于对数组参量进行图形显示。这时，需要设置图形显示的纵横坐标。对 Array 数组，用直方图显示；对 Table 形数组，则用曲线图显示。

◆ Results 命令用于绘制结果图。可以绘制变形图、等值线图、矢量图、轨线图、流线图、通量图、三维动画等。

◆ Multi-Plots 命令是一个多窗口绘图指令。在建模或者其他图形显示操作中，多窗口显示有很多好处。例如，在建模中，一个窗口显示主视图，一个窗口显示俯视图，一个窗口显示左视图，这样能够方便地观察建模的结果。在使用该菜单操作前，需要用绘图控制设置好窗口及每个窗口的显示内容。

◆ Components 命令用于绘制组件或部件，当设置好组件或部件后，用该操作可以方便地显示模型的某个部分。

2.4.5 绘图控制菜单

“PlotCtrls”（绘图控制）菜单包含了对视图、格式和其他图形显示特征的控制。许多情况下，绘图控制对于输出正确、合理、美观的图形具有重要作用。

1．观察设置

选择 PlotCtrls > Pan, Zoom, Rotate... 命令，打开的对话框如图 2-15 所示。“Window”表示要控制的窗口。多窗口时，需要用该下拉列表框设置控制哪一个窗口。

视角方向代表查看模型的方向，通常，查看的模型是以其质心为焦点的。可以从模型的上（Top）、下（Bot）、前（Front）、后（Back）、左（Left）、右（Right）方向查看模型。“Iso”表示从较近的右上方查看，坐标为（1，1，1）；“Obliq”表示从较远的右上方查看，坐标为（1，2，3）；“WP”表示从当前工作平面上查看。只需要单击对应的按钮就可以切换到相应的观察方向。对三维绘图来说，选择适当的观察方向，与选取适当的工作平面具有同等重要的意义。

为了对视角进行更多控制，可以用 PlotCtrl > View Settings 命令进行设置。

缩放选项通过定义一个方框来确定显示的区域，其中，“Zoom”按钮用于通过中心及其边缘来确定显示区域；“Box Zoom”按钮用于通过两个方框的两个角来确定方框大小，而不是通过中心；“Win Zoom”按钮也是通过方框的中心及其边缘来确定显示区域的大小，但与“Box Zoom”不同，它只能按当前窗口的宽高比进行缩放；“Back Up”按钮用于返回上一个显示区域。

移动、缩放按钮中的点号代表缩放，三角代表移动。

旋转按钮代表围绕某个坐标轴旋转。“+”号表示以坐标轴的正向为转轴。

速率滑动条代表操作的程度。速率越大，每次操作缩放、移动或旋转的程度越大。速率的大小依赖于当前显示需要的精度。

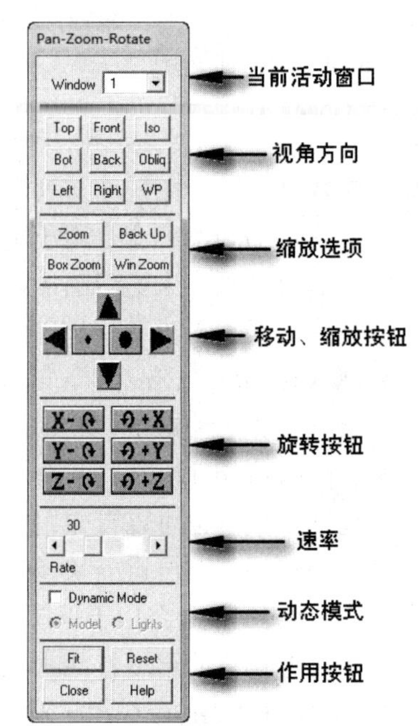

图 2-15 “Pan-Zoom-Rotate”对话框

动态模式表示可以在图形窗口中动态地移动、缩放和旋转模型。其有两个选项：

◆ Model：在 2D 图形设置下，只能使用这种模式。在图形窗口中，按下左键并拖动就可以移动模型，按下右键并拖动就可以旋转模型，按下中键（对两键鼠标，用 Shift+右键）左右拖动表示旋转，按下中键上下拖动表示缩放。

◆ Lights：该模式只能在三维设备下使用。它可以控制光源的位置、强度以及模型的反光率；按下左键并拖动鼠标沿 X 方向移动时，可以增加或减少模型的反光率；按下左键并拖动鼠标沿 Y 方向移动时，将改变入射光源的强度。按下右键并拖动鼠标沿 X 方向移动时，将使得入射光源在 X 方向旋转。按下右键并拖动鼠标沿 Y 方向移动时，将使得入射光源在 Y 方向旋转。按下右键并拖动鼠标沿 Y 方向移动时，将使得入射光源在 X 方向旋转。按下中键并拖动鼠标沿 X 方向移动时，将使得入射光源在 Z 方向旋转，按下中键并拖动鼠标沿 Y 方向移动时，将改变背景光的强度。

可以使用动态模式方便地得到需要的视角和大小，但可能不够精确。

可以不打开“Pan-Zoom-Rotate”对话框直接进行动态缩放、移动和旋转，操作方法是：按住 Ctrl 键不放，图形窗口上将出现动态图标，然后拖动鼠标左键、中键、右键就可以进行移动、缩放或者旋转了。

2. 数字显示控制

PlotCtrls > Numbering... 命令用于设置在图形窗口上显示的数字信息。它也是经常使用的一个命令，选择该命令打开的对话框如图 2-16 所示。

在该对话框中可设置是否在图形窗口中显示图元号，包括关键点号（KP）、线号（LINE）、面号（AREA）、体号（VOLU）、节点号（NODE）。

对单元，可以设置显示的多项数字信息，如单元号、材料号、单元类型号、实常数号、单元坐标系号等这些信息可依据需要在“Elem/Attrib numbering”选项下进行选择。

“TABN”选项用于显示表格边界条件。当设置了表格边界条件并打开该选项时，表格名将显示在图形上。

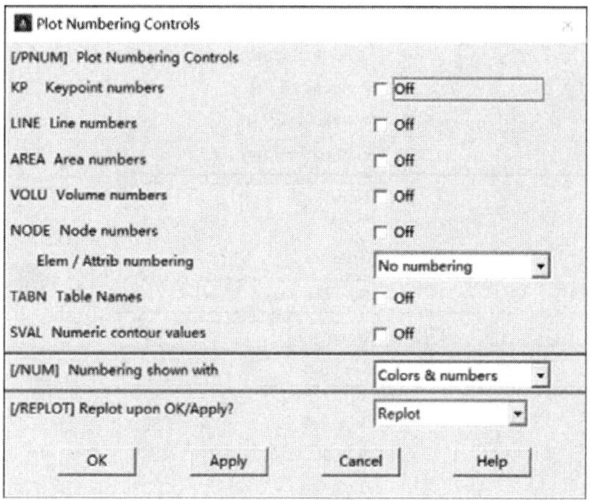

图 2-16 “Plot Numbering Controls”对话框

“SVAL”选项用于在后处理中显示应力值或者表面载荷值。

“/NUM”选项用于控制是否显示颜色和数字。有 4 种方式：

- Colors & numbers：既用颜色又用数字标识不同的图元。
- Colors Only：只用颜色标识不同图元。
- Numbers Only：只用数字标识不同图元。
- No Color/numbers：不标识不同图元。在这种情况下，即使设置了要显示图元号，图形中也不会显示。

通常，当需要对某些具体图元进行操作时，打开该图元数字显示，便于通过图元号进行选取。例如，想对某个面加表面载荷，但又不知道该面的面号时，就可打开面(AREA)号的显示。但要注意，不要打开过多的图元数字显示，否则图形窗口会很凌乱。

3. 符号控制

PlotCtrls > Symbols...命令用于决定在图形窗口中是否出现某些符号，如边界条件符号（/PBC)、表面载荷符号（/PSF)、体载荷符号（/PBF）以及坐标系、线和面的方向线等符号（/PSYMB)。这些符号在需要的时候能提供明确的指示，但当不需要时，它们可能会使图形窗口看起来很凌乱，所以在不需要时最好关闭它们。

符号控制对话框如图 2-17 所示。该对话框中包含了多个命令，每个命令都有丰富的含义，对于更好地建模和显示输出具有重要意义。

4. 样式控制

PlotCtrls > Style 子菜单用于控制绘图样式。它包含的命令如图 2-18 所示，在每个样式控制中都可以指定这种控制所适用的窗口号。

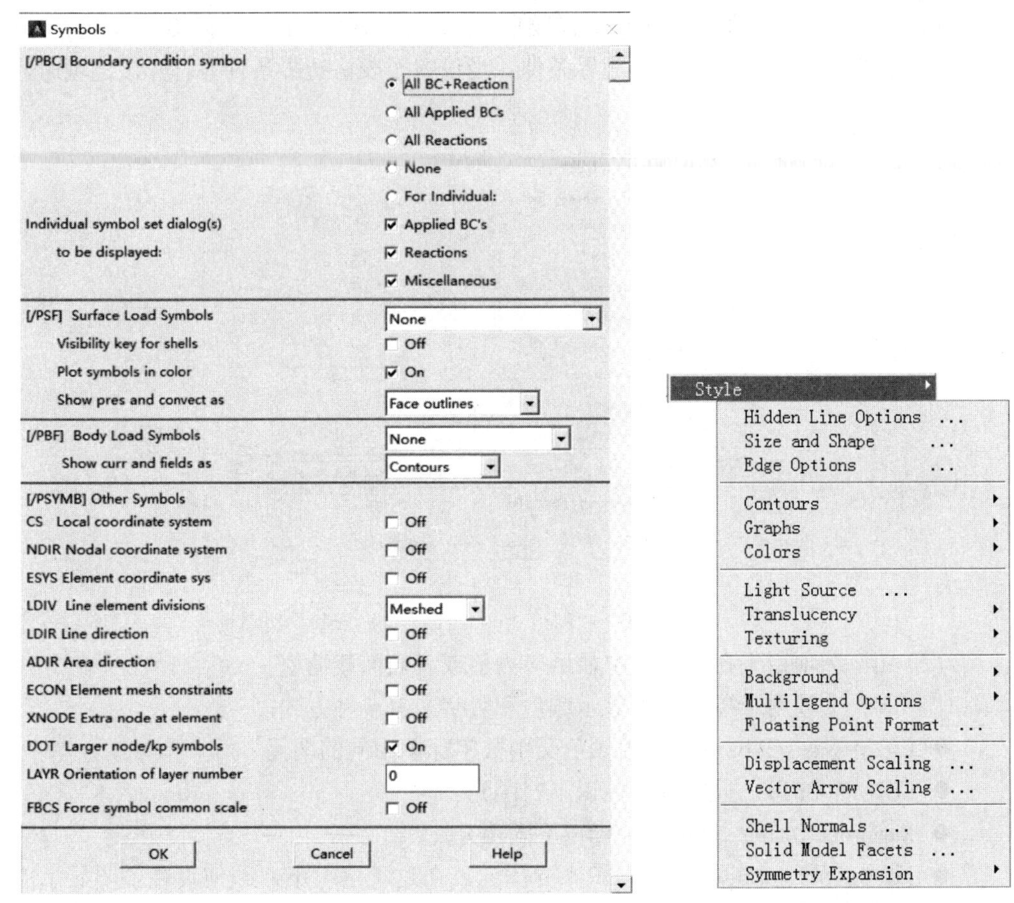

图2-17 “Symbols”对话框　　　　图2-18 绘图样式子菜单

“Hidden Line Options”命令用于设置隐藏线选项。其中有 3 个主要选项：显示类型、表面阴影类型和是否使用增强图形功能（PowerGraphics）。显示类型包括了如下几种：

◆ BASIC 型(Non-hidden)：没有隐藏，也就是说，可以透过截面看到实体内部的线或面。

◆ SECT 型(Section)：平面视图，只显示截面。截面要么垂直于视线，要么位于工作平面上。

◆ HIDC 型(Centroid hidden)：基于图元质心类别的质心隐藏显示。在这种显示模式下，物体不存在透视，只能看到物体表面。

◆ HIDD 型(Face hidden)：面隐藏显示。与“HIDC”类似，但它是基于面质心的。

◆ HIDP 型(Precise hidden)：精确显示不可见部分。与“HIDD”相似，只是其显示计算更为精确。

◆ CAP 型(Capped hidden)：“SECT”和“HIDD”的组合，也就是说，在截面之前存在透视，在截面之后则不存在。

◆ ZBUF 型(Z-buffered)：类似于“HIDD”，但是截面后物体的边线还能看得出来。

◆ ZCAP 型(Capped Z-buffer)：“ZBUF”和“SECT”的组合。

◆ ZQSL 型(Q-Slice Z-buffer)：类似于“SECT”，但是看不出来截面后物体的边线。

◆ HQSL 型(Q-Slice Precise)：类似于“ZQSL”，但是计算更精确。

“Size and Shape”命令用于控制图形显示的尺寸和形状。执行该命令打开的对话框如图 2-19 所示。在该对话框中可控制收缩（Shrink）和扭曲（Distortion），通常情况下，不需要设置收缩和扭曲，但对细长体结构（如流管等），用该选项能够更好地观察模型。此外，还可以控制每个单元边上的显示。例如，设置“ [/EFACET] ”为“2 facets/edge”，当在单元显示时，如果通过 Utility Menu ： PlotCtrls > Numbering 命令设置显示单元号，则在每个单元边上显示两个面号。

“Contours”命令用来控制等值线显示，包括控制等值线的数目、所用值的范围及间隔、非均匀等值线设置、矢量模式下等值线标号的样式等。

“Graphs”命令用于控制曲线图。当绘制轨线图或者其他二维曲线图时，这是很有用的，它可以用来设置曲线的粗细，修改曲线图上的网格，设置坐标和图上的文字等。

“Colors”命令用来设置图形显示的颜色。可以设置整个图形窗口的显示颜色，包括曲线图、等值线图、边界、实体、组件等的颜色。在这里，还可以自定义颜色表，但通常情况下，用系统默认的颜色设置就可以了。还可以选择 Utility Menu： PlotCtrls > Style > Colors > Reverse Video 命令反白显示，当要对屏幕做硬复制时，并且打印输出并非彩色时，原来的黑底并不适合，这时需要首先把背景设置为黑色，然后用该命令使其变成白底。

“Light Source ”命令用于光源控制，“Translucency 命令用于半透明控制，“Texturing”命令用于纹理控制。这些命令都是为了增强显示效果的。”

“Background”命令用于设置背景。通常用彩色或者带有纹理的背景能够增加图形的表现力，但是在某些情况下，则需要使图形变得更为简单朴素。这依赖于用户的需要。

“Multilegend Options”命令用于设置当存在多个图例时，这些图例的位置和内容。文本图例设置的对话框如图 2-20 所示，其中“WN”代表图例应用于哪一个窗口，“Class”代表图例的类型，“Loc”用于设置图例在整个图形中的相对位置。

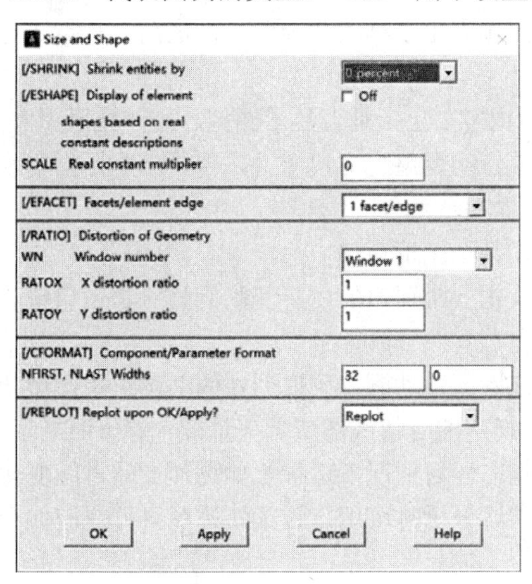

图 2-19 “Size and Shape”对话框

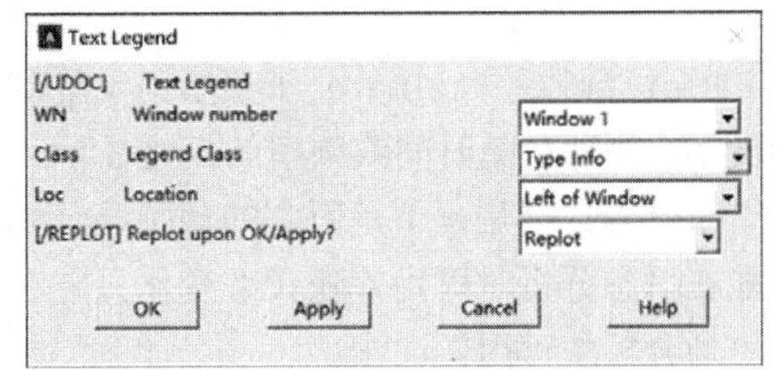

图 2-20 “Text Legend”对话框

“Displacement Scaling”命令用于设置位移显示时的缩放因子。对绝大多数分析而言，物体的位移（特别是形变）都不大，与原始尺寸相比，形变通常在0.1%以下，如果真实显示形变，根本看不出来，该选项就是用来设置形变缩放的。它在后处理的Main Menu：General Postproc > Plot Results > Deformed Shape命令中尤其有用。

“Floating Point Format”命令用于设置浮点数的图形显示格式。该格式只影响浮点数的显示，而不会影响其内在的值。可以选择3种格式的浮点数：G格式、F格式和E格式。可以为显示浮点数设置字长和小数点的位数，如图2-21所示。

“Vector Arrow Scaling”命令用于画矢量图时，设置矢量箭头的长度是依赖于值的大小，还是使用统一的长度。

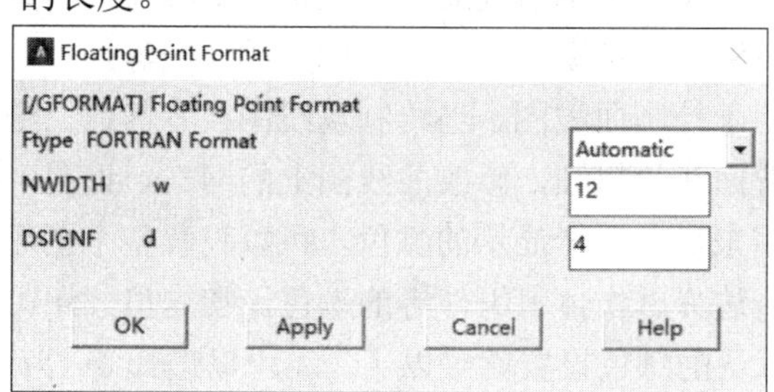

图2-21 “Floating Point Format”对话框

5. 字体控制

“Font Controls”子菜单用于控制显示的文字形式。包括图例上的字体、图元上的字体、曲线图和注释字体。其不但可以控制字体类型，还可以控制字体的大小和样式。

要说明的是，ANSYS目前还不支持中文字体，支持的字号大小也为数较少。

6. 窗口控制

“Window Controls”子菜单用于控制窗口显示，包括如下一些内容：

“Window Layout”用于设置窗口布局，主要是设置某个窗口的位置，可以设置为ANSYS预先定义好的位置，如上半部分、右下部分等；也可以将其放置在指定位置，只需要在打开的对话框中的“Window geometry”下拉列表框中选中“Picked”单选按钮，单击“OK”按钮，再在图形窗口上单击两个点作为矩形框的两个角点，这两个角点决定的矩形框就是当前窗口。

“Window Options”用于控制窗口的显示内容，包括是否显示图例、如何显示图例、是否显示标题、是否显示Windows边框、是否自动调整窗口尺寸、是否显示坐标指示，以及ANSYS产品标志如何显示等。

“Window On or Off”用于打开或者关闭某个图形窗口。

还可以创建、显示和删除图形窗口，以及把一个窗口的内容复制到另一个窗口中。

7. 动画显示

PlotCtrls > Animate子菜单用于控制或者创建动画。可以创建的动画包括：形状和变形、物理量随时间或频率的变化显示、Q切片的等值线图或者矢量图、等值面显示、粒子轨迹等。但是，不是所有的动画显示都能在任何情况下运行，如物理量随时间变化只能在瞬态分析时可用，随频率变化只能在谐波分析时可用，粒子轨迹图只能在流体和电磁场分析中可用。

8. 注释

PlotCtrls > Annotation子菜单用于控制、创建、显示和删除注释。可以创建二维注释，也可以创建三维注释。三维注释使其在各个方向上都可以看见。

注释有多种，包括文字、箭头、符号、图形等。创建三维符号注释的对话框如图 2-22 所示。

注释类型包括 Text（文本）、Lines（线）、Areas（面）、Symbols（符号）、Arrows（箭头）和 Options（选项）。可以只应用一种，也可以综合应用各种注释方式，来对同一位置或者同一项目进行注释。

位置方式设置注释定位于什么图元上。可以定位注释在节点、单元、关键点、线、面和体图元上，也可以通过坐标位置来定位注释的位置，或者锁定注释在当前视图上。如果选定的位置方式是坐标方式，则要求从输入窗口输入注释符号放置的坐标，当使用“On Node”时，就可以通过选取节点或者输入节点来设置注释位置。

符号样式用来选取想要的符号，包括线、空心箭头、实心圆、实心箭头和星号。当在注释类型中选择的类型不同，该符号样式中的选项也不同。

符号尺寸用来设置符号的大小。可以拖动滑动条到想要的大小。这是相对大小，可以尝试变化来获得想要的值。

宽度指的是线宽，只对线和空心箭头有效。

作用按钮控制是否撤销当前注释（Undo），或者刷新显示（Refresh），或者关闭该对话框（Close），或者寻求帮助（Help）。

当在注释类型中选择“Options”选项时的对话框如图 2-23 所示。在选择该选项后，可以复制（Copy）、移动（Move）、尺寸重设（Resize）、删除（Delete 和 Box Delete）注释，“Delete All”按钮用于删除所有注释。“Save”和“Restore”按钮用于保存或者恢复注释的设置及注释内容。

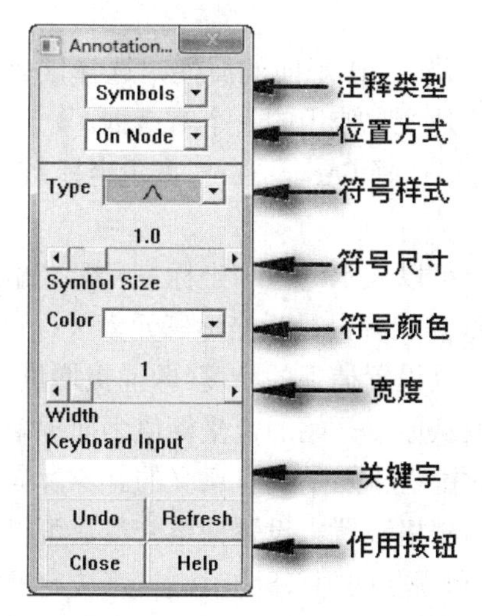

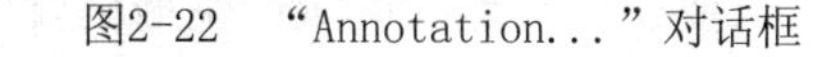

图2-22 “Annotation...”对话框

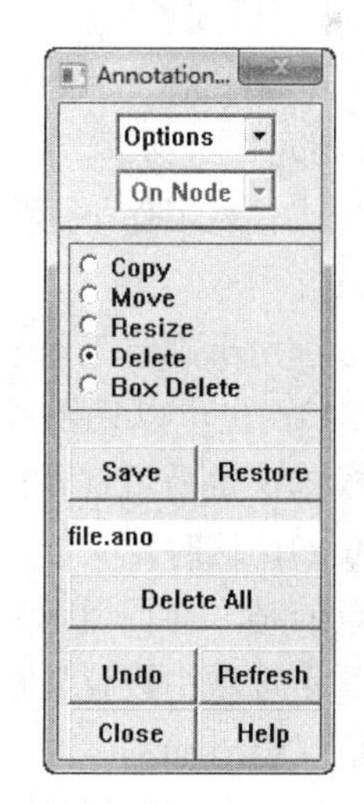

图2-23 “Annotation...”对话框

9. 设备选项

PlotCtrls > Device Options...命令中有一个重要选项“/DEVI”，它控制是否打开矢量模式。当矢量模式打开时，物体只以线框方式显示；当矢量模式关闭光栅模式打开时，物体将以光照样式显示。

10. 图形输出

ANSYS提供了3种图形输出功能：重定向输出、硬复制、输出图元文件。

PlotCtrls > Redirect Plots子菜单用于重定向输出。当在GUI方式时，默认情况下，图形输出到屏幕上，可以利用重定向输出功能使其输出到文件中。输出的文件类型有很多种，如JPEG、TIFF、PNG和VRML等。在批处理方式下运行时，多采用该方式。

PlotCtrls > Hard Copy > To Printer...命令用于把图形硬复制输出到打印机。它提供了图形打印功能。

PlotCtrls > Hard Copy > To File...命令用于把图形硬复制输出到文件。在GUI方式下，用该方式能够方便地把图形输出到文件，并且能够控制输出图形的格式和模式。这种方式支持的文件格式有BMP、TIFF、JPEG和PNG。

PlotCtrls > Captrue Image...命令用于获取当前窗口的快照，然后保存或打印；PlotCtrls > Restore Image命令用于恢复图像，结合使用这两个命令，可以把不同结果同时显示，以方便比较。

PlotCtrls > Write Metafile子菜单用于把当前窗口中的内容作为图元文件输出。它只能在Win32图形设备下使用。

2.4.6 工作平面菜单

“WorkPlane”（工作平面）菜单用于打开、关闭、移动、旋转工作平面或者对工作平面进行其他操作，还可以对坐标系进行操作。图形窗口上的所有操作都是基于工作平面的，对三维模型来说，工作平面相当于一个截面，用户的操作可以只是在该截面上（面命令、线命令等），也可以针对该截面及其纵深。

1. 工作平面属性

WorkPlane > WP Settings ...命令用于设置工作平面的属性，选择该命令，打开“WP Settings”对话框，如图2-24所示，这是经常使用的一个对话框。

坐标形式代表工作平面所用的坐标系，可以选择Cartesian（直角坐标系）或Polar（极坐标系）。

显示选项用于确定工作平面的显示方式。可以显示栅格和坐标三元素（坐标原点、X、Y轴方向），也可以只显示栅格（Grid Only）或者只显示坐标三元素（Triad Only）。

捕捉模式决定是否打开捕捉。当打开时，可以设置捕捉的精度（即捕捉增量Snap Incr或Snap Ang），这时，只能在坐标平面上选取从原点开始的，坐标值为捕捉增量倍数的点。要注意的是，捕捉增量只对选取有效，对键盘输入是没有意义的。

当在显示选项中设置显示栅格时，可以用栅格设置来设置栅格密度。可以通过设置栅格最小值（Minimum）、最大值（Maximum）和栅格间隙（Spacing）来决定栅格密度。通常情况下，不需要把栅格设置到整个模型，只要在感兴趣的区域产生栅格就可以了。

如果选取的点并不在工作平面上，但是在工作平面附近，为了在工作平面上选取到该点，就必须要移动工作平面。此时如果设置适当的容差（Tolerance），就可以在工作平面附近选取。例如，当设置容差为δ时，容差平面就是工作平面向两个方向偏移得到的平面，此时所有容差平面间的点都可以看成是在工作平面上，因此可以被选取到，如图2-25所示。

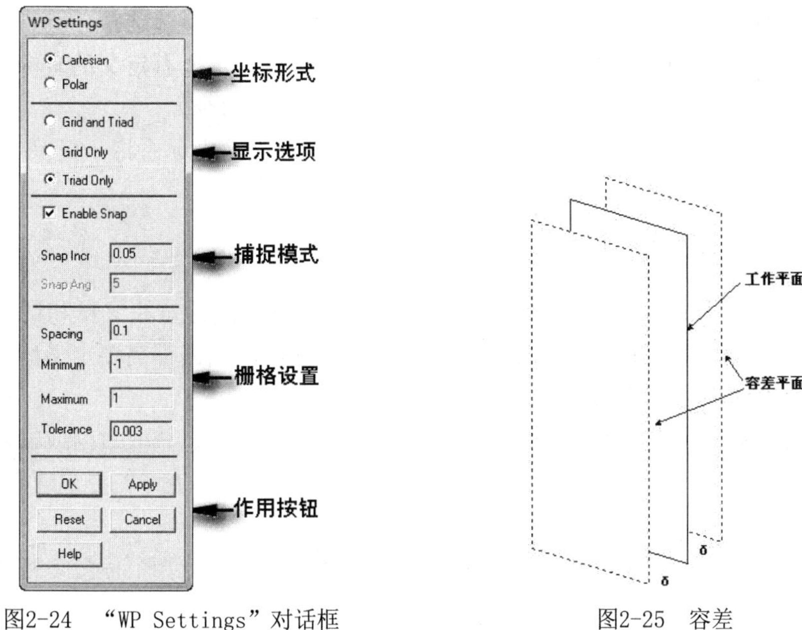

图2-24 “WP Settings”对话框　　图2-25 容差

WorkPlane > Show WP Status 命令用于显示工作平面的设置情况。

WorkPlane > Display Working Plane 命令用来打开或者关闭工作平面的显示。

2. 工作平面的定位

使用 Workplane > Offset WP by Increments...命令或“Offset WP to”子菜单或“Align WP With”子菜单，可以把工作平面设置到某个方向和位置。

“Offset WP by Increment”命令用于设置工作平面原点相对于当前平面原点的偏移，方向相对于当前平面方向的旋转。可以直接输入偏移数值和旋转角度的大小，也可以通过其按钮进行。

“Offset WP to”子菜单用于偏移工作平面原点到某个指定的位置，可以把原点移动到全局坐标系或当前坐标原点，也可以设置工作平面原点到指定的坐标点、关键点或节点。当指定多个点时，原点将位于这些点的中心位置。

Workplane > Align WP With > Keypoints 可以通过 3 个点构成的平面来确定工作平面，其中第一个点为工作平面的原点。也可以让工作平面垂直于某条线，设置工作平面与某坐标系一致。此时，不但其原点在坐标原点，平面方向也与坐标方向一致。而“Offset WP to”子菜单则只改变原点，不改变方向。

3. 坐标系

坐标系在 ANSYS 建模、加载、求解和结果处理中有重要作用。ANSYS 区分了很多坐标系，如结果坐标系、显示坐标系、节点坐标系、单元坐标系等。这些坐标系可以使用全局坐标系，也可以使用局部坐标系。

WorkPlane > Local Coordinate Systems 子菜单提供了对局部坐标系的创建和删除。局部坐标系是用户自己定义的坐标系，能够方便用户建模。可以创建直角坐标系、柱坐标系、球坐标系、椭球坐标系和环面坐标系。局部坐标系的编号一定要大于 10。一旦创建了一个坐标系，它立刻就会成为活动坐标系。

可以设置某个坐标系为活动坐标系（选择 Utility Menu ： WorkPlane > Change

Active CS to 子菜单），也可以设置某个坐标系为显示坐标系（选择 Utility Menu：WorkPlane > Change Display CS to 子菜单），还可以显示所有定义的坐标系状态（选择 Utility Menu： List > Other > Local Coord Sys 命令）。

不管位于什么处理器中，除非做出明确改变，否则当前坐标系将一直保持活动状态。

2.4.7 参量菜单

“Parameters”（参量）菜单用于定义、编辑或者删除标量、矢量和数组参量。对那些经常要用到的数据或者符号以及从 ANSYS 中要获取的数据都需要定义参量。参量是 ANSYS 参数设计语言（APDL）的基础。

如果已经能够大量采用“Parameters”菜单来创建模型、获取数据或输入数据，那么你使用 ANSYS 的水平应该较高了，这时，使用命令输入方式也许能更快速有效地建模。

1. 标量参量

选择 Parameters > Scalar Parameters... 命令，将打开一个标量参数的定义、修改和删除对话框，如图 2-26 所示。

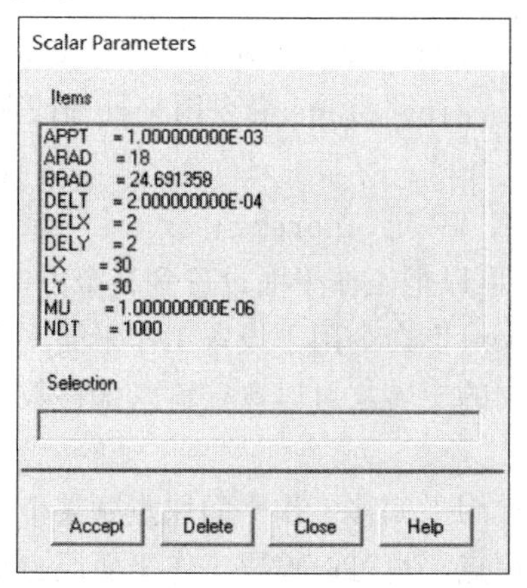

图 2-26 “Scalar Parameters”对话框

用户只需要在“Selection”文本框中输入要定义的参量名及其值并单击“Accept”按钮或按 Enter 键，就可以定义一个参量，重新输入该变量及其值还可以对其进行修改，也可以在“Items”下拉列表框中选择参量，然后在“Selection”文本框中修改值。要删除一个标量有两种方法，一是单击“Delete”按钮，二是输入某个参量名，但不对其赋值。例如，在“Selection”文本框中输入“GRAV=”，按 Enter 键之后将删除“GRAV”参量。

Parameters > Get Scalar Data... 命令用于获取 ANSYS 内部的数据，如节点号、面积、程序设置值、计算结果等。要对程序运行过程控制或者进行优化等操作时，就需要从 ANSYS 程序内部获取值，以进行与程序内部过程的交互。

2. 数组参量

Parameters > Array Parameters 子菜单用于对数组参量进行定义、修改或删除，与标量参量的操作相似。但是，标量参量可以不事先定义而直接使用，数组参量则必须事先定义，包括定义其维数。

ANSYS 除提供了通常的数组 ARRAY 外，还提供了一种称为表数组的参量 TABLE。表数组包含整数或者实数元素，它们以表格方式排列，基本上与 ARRAY 数组相同，但有以下 3 点重要区别：

◆ 表数组能够通过线性插值方式，计算出两个元素值之间的任何值。

◆ 一个表包含了 0 行和 0 列，作为索引值。与 ARRAY 不同的是，该索引参量可以为实数。但这些实数必须定义，如果不定义，则默认对其赋予极小值（7.888609052e-31），并且要以增长方式排列。

◆ 一个页的索引值位于每页的（0，0）位置。

简单地说，表数组就是在 0 行 0 列加入了索引的普通数组。其元素的定义也像普通数组一样，通过整数的行列下标值可以在任何一页中修改，但该修改将应用到所有页。

ANSYS 提供了大量对数组元素赋值的命令，包括直接对元素赋值（Parameters > Array Parameters > Define/Edit...）、把矢量赋给数组（Parameters > Array Parameters > Fill...）、从文件数据读取（Parameters > Array Parameters > Read From File...）、输出到文件（Parameters > Array Parameters > Write To File...）。

Parameters > Array Operations 子菜单能够对数组进行数学操作，包括矢量和矩阵的数学运算、一些通用函数操作和矩阵的傅里叶变换等。

3. 函数定义和载入

Parameters > Functions > Define/Edit... 命令用于定义和编辑函数，并将其保存到文件中。

Parameters > Functions > Read from file... 命令用于将函数文件读入到 ANSYS 中，与 Parameters > Functions > Define/Edit... 命令配合使用，在加载方面具有特别简化的作用，因为该方式允许定义复杂的载荷函数。

例如，当某个平面载荷是距离的函数，而所有坐标系均为直角坐标系时，就需要得到任何一点到原点的距离，此时如果不使用自定义函数，就会有很多的重复输入，但是函数定义则能够相对简化，其步骤为：

1）选择 Parameters > Functions > Define/Edit... 命令，打开“Function Editor”对话框，输入或者通过单击界面上的按钮，使得“Result=”文本框中的内容为“SQRT({X}^2+{Y}^2)*PCONST”，如图 2-27 所示。需要注意的是，尽管可以用输入的方法得到表达式，但是当不确定基本自变量时，建议还是采用单击按钮和选择变量的方式来输入。例如，对结构分析来说，基本自变量为时间 TIME、位置（X、Y、Z）和温度 TEMP，所以在定义一个压力载荷时，就只能使用以上 5 个基本自变量。尽管在定义函数时也可以定义其他的方程自变量（Equation Variable），但在实际使用时，这些自变量必须事先赋值，如图 2-27 中的 PCONST 变量。也可以定义分段函数，这时，需要定义每一段函数的分段变量及范围。用于分段的变量必须在整个分段范围内是连续的。

2）选择 File > Save 命令，在打开的对话框中设置自定义函数的文件名。假设本函数保存的文件名为“PLANEPRE.func”。

3）选择 Parameters > Functions > Read from file... 命令，选择文件“PLANEPRE.func”后并单击“打开”按钮，即可从文件中读入函数，作为载荷边界条件读入到程序中。在打开的对话框中输入的内容如图 2-28 所示。

4）单击“OK”按钮，就可以把函数所表达的压力载荷施加到选定的区域上了。

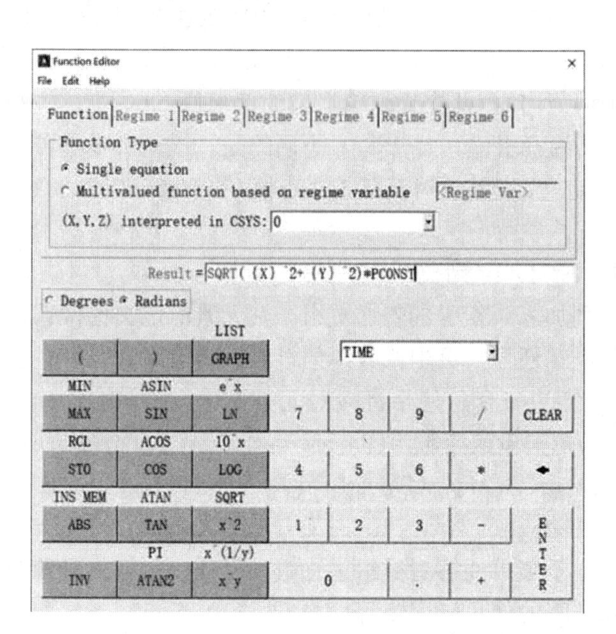

图2-27 “Function Editor”对话框

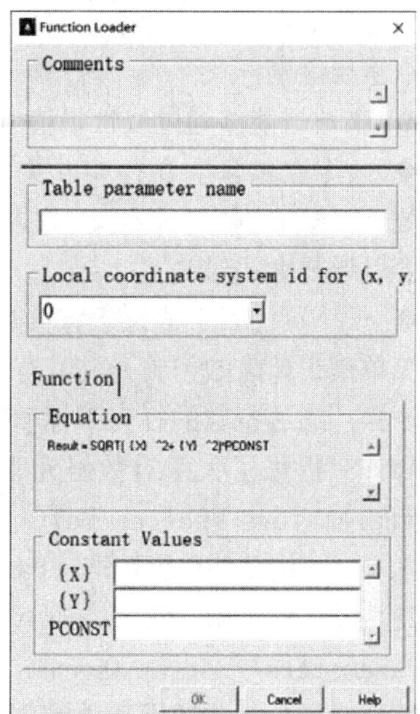

图2-28 “Function Loader”对话框

4. 定义角度单位

Parameters > Angular Units ...命令用于定义角度单位，其中“Radians RAD”选项为弧度，“Degrees DEG”选项为角度。

5. 参量存储和恢复

为了在多个工程中共享参量，需要保存或者读取参量。

Parameters > Save Parameters...命令用于保存参量。参量文件是一个 ASCII 文件，其扩展名默认为 parm。参量文件中包含了大量 APDL 命令“*SET”。所以，也可以用文本编辑器对其进行编辑。以下是一个参量文件：

```
/NOPR
*SET,A                    ,  10.00000000000
*SET,B                    ,  254.0000000000
*SET, C                   ,   'string   '
*SET,_RETURN              ,  0.000000000000E+00
*SET,_STATUS              ,  1.000000000000
*SET,_ZX                  ,     '         '
/GO
```

其中，/NOPR 用于禁止随后命令的输出，/GO 用于打开随后命令的输出。在 GUI 方式下，使用/NOPR 指令，后续输入的操作将不会在输出窗口上显示。

Parameters > Restore Parameters ...命令用于读取参量文件到数据库中。

2.4.8 宏菜单

“Macro”（宏）菜单用于创建、编辑、删除或者运行宏或数据块。也可以对缩略词

（对应于工具条上的快捷按钮）进行修改。

宏是包含一系列命令集合的文件，这些命令序列通常能完成特定功能。可以把多个宏包含在一个文件中，该文件称为宏库文件，这时，每个宏就称为数据块。

创建的宏事实上相当于一个新的 ANSYS 命令。如果使用默认的宏扩展名，并且宏文件在 ANSYS 宏搜索路径之内，则可以像使用其他 ANSYS 命令一样直接使用宏。

1．创建宏

Macro > Create Macro 命令用于创建宏。使用这种方式时，可以创建最多包含 19 条命令的宏。如果宏比较简短，采用这种方式创建宏是方便的；但如果宏很长，则使用其他文本编辑器更好一些。这时，只需要把命令序列加入到文件中即可。

宏文件名可以是任意与 ANSYS 不冲突的文件，扩展名也可以是任意合法的扩展名。但使用 MAC 作为扩展名时，可以像其他 ANSYS 命令一样执行。

宏库文件可以使用任何合法的扩展名。

2．执行宏

Macro > Execute Macro...命令用于执行宏文件。

Macro > Execute Data Block...命令用于执行宏文件中的数据块。

为了执行一个不在宏搜索路径内的宏文件或者库文件，需要选择 Macro > Macro Search Path 命令进行添加搜索路径，以使 ANSYS 能搜索到它。

3．缩略词

Macro > Edit Abbreviations...命令用于编辑缩略词，以修改工具条。默认的缩略词（即工具条上的按钮）有“SAVE_DB”“RESUM_DB”“QUIT”和“POWRGRPH”，如图 2-29 所示。

可以在输入窗口中直接输入缩略词定义，也可以在如图 2-29 所示的对话框的“Selection”文本框中输入。但是要注意，使用命令方式输入时，需要更新才能添加缩略词到工具条上（更新命令为 Utility Menu ： MenuCtrl > Update Toolbar）。输入缩略词的语法为：

```
*ABBR,abbr,string
```

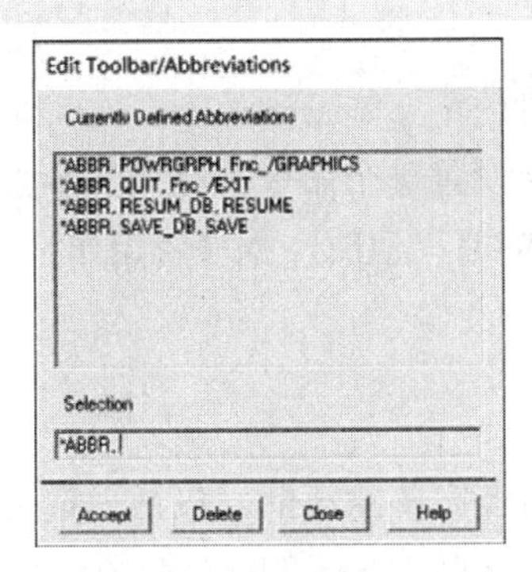

图2-29 “Edit Toolbar/Abbreviations”对话框

其中，“abbr”是缩略词名，也就是显示在工具条按钮上的名称，“abbr”是超不过 8 位的字符串；“string”是想要执行的命令或宏，如果“string”是宏，则该宏一定要位于宏搜索路径之中，如果“string”是选取菜单或者对话框，则需要加入“Fnc_”标志，表示其代表的是菜单函数，例如：

```
*ABBR,QUIT,Fnc_/EXIT
```

“string”可以包含多达 60 个字符，但是，它不能包含字符“$”和如下命令：C**、/COM、/GOPR、/NOPR、/QUIT、/UI 或者*END。

工具条可以嵌套，也就是说，某个按钮可能对应了一个打开工具条的命令，这样，尽管每个工具条上最多可以有 100 个按钮，但理论上可以定义无限多个按钮（缩略词）。

需要注意的是，缩略词不能自动保存，必须选择 Macro > Save Abbr... 命令来保存缩略词，并且退出 ANSYS 后重新进入时，需要选择 Macro > Restore Abbr... 命令对其重新加载。

2.4.9 菜单控制菜单

“MenuCtrls”（菜单控制）菜单决定哪些菜单成为可见的，是否使用机械工具条（Mechanical Toolbar），也可以创建、编辑或者删除工具条上的快捷按钮，决定输出哪些信息。

可以创建自己喜欢的界面布局，然后选择 MenuCtrls > Save Menu Layout 命令保存，下次启动时，将显示保存的布局。

MenuCtrls > Message Controls... 命令用于控制显示和程序运行。选择该命令打开的对话框如图 2-30 所示。

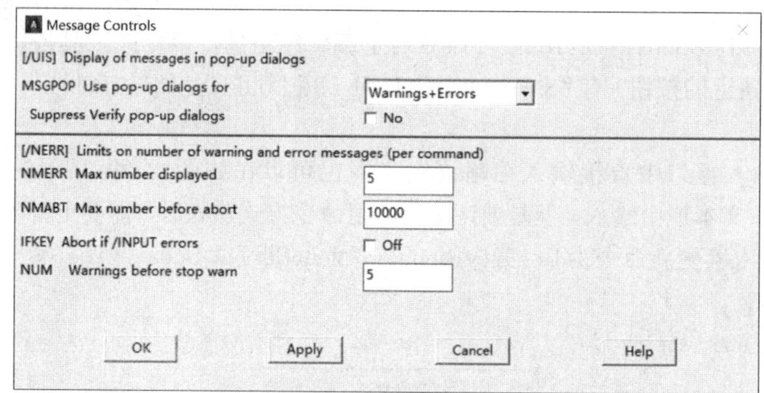

图2-30 “Message Controls”对话框

其中，“NMERR”文本框用于设置每个命令的最大显示警告和错误信息个数。当某个命令的警告和错误个数超过“NMABT”值时，程序将退出。

2.4.10 帮助菜单

ANSYS 提供了功能强大、内容完备的帮助，包括大量关于 GUI、命令、基本概念、单元等的帮助。熟练使用帮助是掌握 ANSYS 的必要条件。这些帮助以 Web 方式显示，可以很容易地访问。

有以下 3 种方式可以打开帮助。

1. 通过 Help 菜单

Utility Menu： Help > Help Topics 命令使用目录表方式提供帮助。选择该命令，将打开如图 2-31 所示的帮助文档，这些文档以 Web 方式显示。从图 2-31 中可以看出，可以通过以下 3 种方式来得到项目的帮助。

◆ 目录方式：使用此方式需要对所查项目的属性有所了解。

◆ 索引方式：以字母顺序排序。

◆ 搜索方式：这种方式简便快捷，缺点是可能搜索到大量条目。

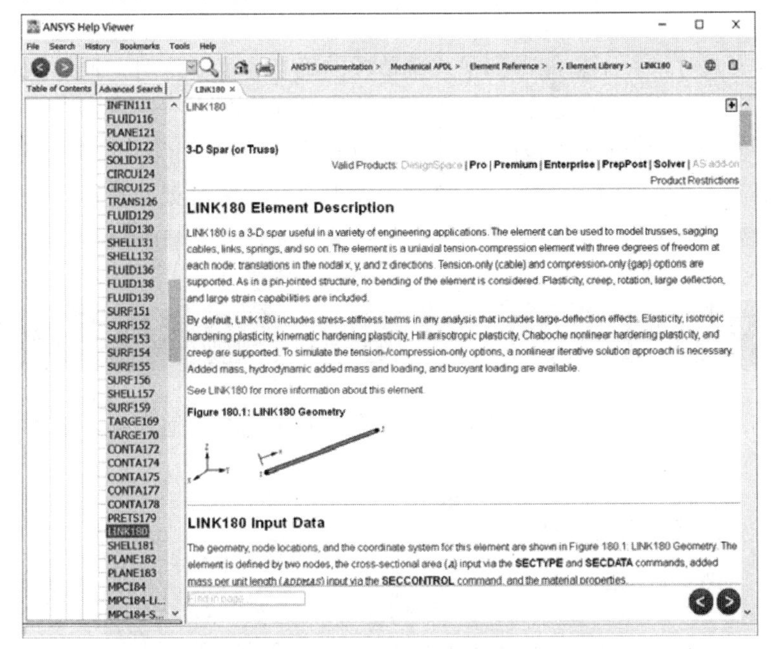

图2-31 ANSYS帮助文档

在浏览某页时，可能会注意到一些不同颜色的词，一般情况下为蓝色，这就是超文本链接。单击该词，就能得到关于该项目的帮助。出现超文本链接的典型项目是命令名、单元类型、用户手册的章节等。

当单击某个超文本链接之后，它将显示不同的颜色。一般情况下，未单击时为蓝色，鼠标在其上面悬停时为冰蓝色。

2. Help 按钮

很多对话框上都有 Help 按钮，单击它就可以得到关于该对话框或对应命令的帮助信息。例如，定义单元 LINK11 实常数的对话框如图 2-32 所示。其中有三个实常数项 K、C 和 M，如果不知道这三个实常数在单元中的具体含义，只要单击“Help”按钮，即可打开 LINK11 的帮助信息，通过阅读帮助，就可以知道其含义了。

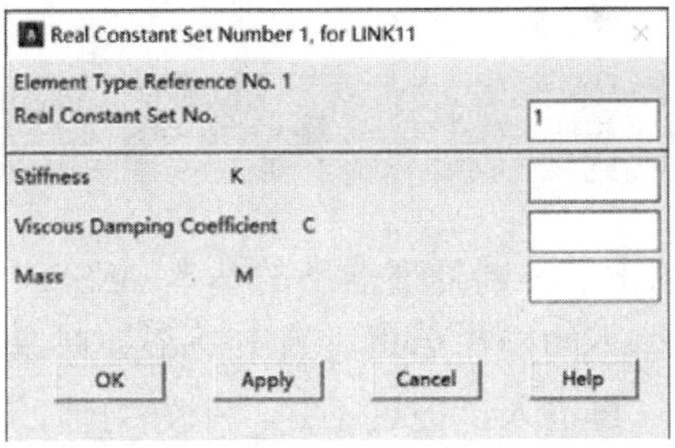

图2-32 “Real Constant Set Number1, for LINK11”对话框

3. 输入Help命令

也可以在命令窗口中输入“Help”命令，以获得关于某个命令或者单元的帮助信息。如上例中，输入“Help,LINK180”或者“Help,180”就可以得到LINE180单元的帮助。

ANSYS在命令输入上采用了联想功能，这能够避免一些错误，也能带来很大的方便。

例如，输入“Help,PLN”时，就可以看到文本框的提示栏中出现了“Help,PLNEAR”的提示。在这种情况下，直接按Enter键就可以了。

使用菜单方式时，并不总能得到某些菜单项的确切含义。这时，通过执行该菜单操作，在记录编辑器（Session Editor）中记录该菜单对应的命令，然后在命令窗口中输入“Help”命令，就能得到详细的关于该命令对应菜单的帮助了。

对新手而言，查看 Help > Tutorials 中的内容有很大好处，它能一步一步地教会用户如何完成某个分析任务。

2.5 输入窗口

输入窗口（Input Window）主要用于直接输入命令或者其他数据，输入窗口包含了4个部分，如图2-33所示。

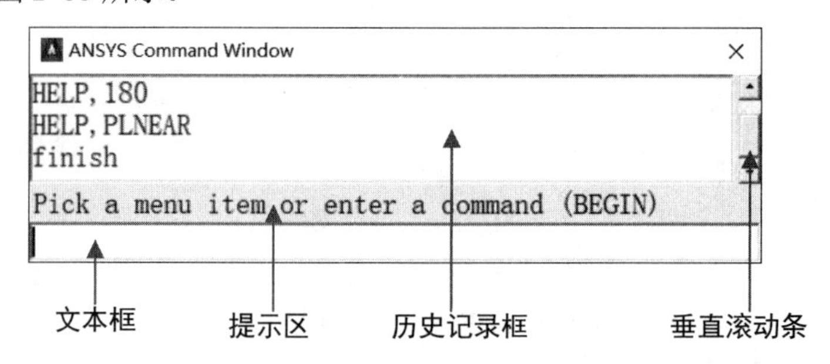

图2-33 “ANSYS Command Window”窗口

◆ 文本框 ：用于输入命令。

◆ 提示区：在文本框与历史记录框之间，提示当前需要进行的操作。要经常注意提示区的内容，以便能够按顺序正确输入或者进行其他操作（如选取）。

◆ 历史记录框：包含所有以前输入的命令。在该框中单击某选项会把该命令复制到文本框，双击则会自动执行该命令。ANSYS 提供了用键盘上的上下箭头来选择历史记录的功能，用上下箭头可以选择命令。

◆ 垂直滚动条：方便选取历史记录框内的内容。

2.6 主菜单

主菜单（Main Menu）包含了不同处理器下的基本 ANSYS 操作。它基于操作的顺序排列，应该在完成一个处理器下的操作后再进入下一个处理器。当然，也可以随时进入任何一个处理器，然后退出，再进入，但这不是一个好习惯，应该是做好详细规划，然后按部就班地进行，这样才能使程序具有可读性，并降低程序运行的代价。

主菜单中的所有函数都是模态的，完成一个函数之后才能进行另外的操作，而通用菜单则是非模态的。例如，如果在工作平面上创建关键点，那么不能同时创建线、面或者体，但是可以利用通用菜单定义标量参数。

主菜单的每个命令都有一个子菜单（用“ > ”指示），或者执行一项操作。主菜单不支持快捷键。默认主菜单提供了11类菜单主题，这里介绍最主要的几种，如图2-34所示。

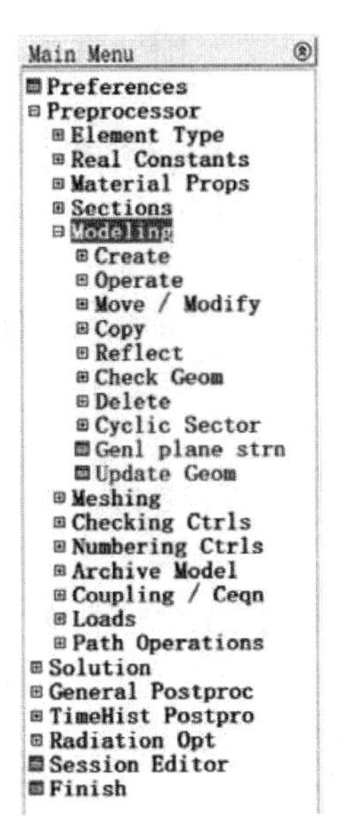

图2-34　主菜单

◆ Preferences（优选项）：打开一个对话框，可以选择某个学科的有限元方法。默认为所有的学科，但这不是一个好的默认，因为通常分析学科是一个或几个，所以尽管选择学科这一步稍微有点麻烦，但它为以后的操作带来了较大方便。

◆ Preprocessor（预处理器）：包含PREP7操作，如建模、划分网格和加载等。但是在本书中，把加载作为求解器中的内容。求解器中的加载菜单与预处理器中的加载菜单相同，两者都对应了相同的命令，并无差别。以后涉及加载时，将只列出求解器中的菜单路径。

◆ Solution（求解器）：包含SOLUTION操作，如分析类型选项、加载、载荷步选项、求解控制和求解等。

◆ General Postproc（通用后处理器）：包含了POST1后处理操作，如结果的图形显示和列表。

◆ TimeHist Postproc（时间历程处理器）：包含了POST26的操作，如对结果变量的定义、列表或者图形显示。

◆ Session Editor（记录编辑器）：用于查看在保存或者恢复之后的所有操作记录。

◆ Finish（结束）：退出当前处理器，回到开始级。

2.6.1　优选项

（Preferences）（优选项）用于选择分析任务涉及的学科，以及在该学科中所用的方法，如图2-35所示。该步骤不是必需的，可以不选，但会导致在以后分析中面临一大堆选择项目。所以，让优选项过滤掉不需要的选项是明智的办法。尽管默认的是所有学科，但这些学科并不是都能在分析任务中使用到。

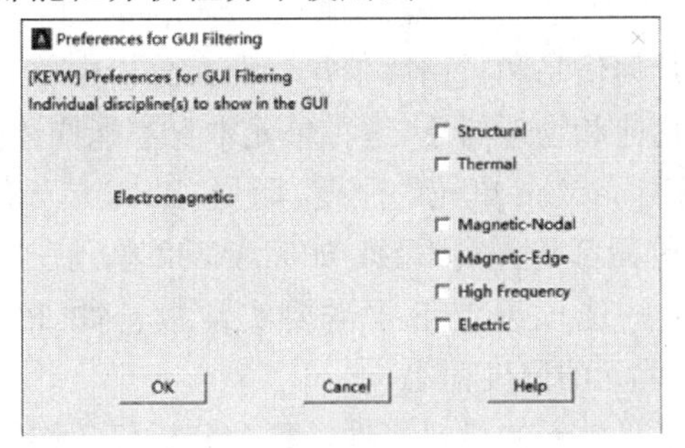

图2-35　“Preferences for GUI Filtering”对话框

2.6.2 预处理器

“Preprocessor”（预处理器）提供了建模、划分网格和加载的函数。从主菜单中选择 Main Menu：Preprocessor 命令或者在命令输入窗口中输入“/PREP7”，都将进入预处理器，不同的是，命令方式并不打开预处理菜单。

预处理器的主要功能包括单元定义、实体建模、划分网格。

1. 单元定义

Main Menu：Preprocessor > Element Type 命令用于定义、编辑或删除单元。如果单元需要设置选项，用该方法比用命令方法更为直观方便。

不可以把单元从一种类型转换到另一种类型，或者为单元添加或删除自由度。单元的转换可以在如下情况下进行：隐式单元和显式单元之间、热单元和结构单元之间、磁单元转换到热单元、电单元转换到结构单元、流体单元转换到结构单元。其他形式的转换都是不合法的。

ANSYS 单元库中包含了 100 多种不同单元，单元是根据不同的号和前缀来识别的。不同前缀代表不同的单元种类，不同的号代表该种类中的具体单元形式。如 BEAM4、PLANE7、SOLID96 等。ANSYS 中有如下一些种类的单元：BEAM、COMBIN、CONTAC、FLUID、HYPER、INFIN、LINK、MASS、MATRIX、PIPE、PLANE、SHELL、SOLID、SOURC、SURF、TARGE、USER、INTER 和 VISCO。

具体选择何种单元，由以下一些因素决定：

- 分析学科：如结构、流体、电磁等。
- 分析物体的几何性质：是否可以近似为二维。
- 分析的精度：是否线性。

例如，MASS21 是一个点单元，有 3 个平移自由度和 3 个转动自由度，能够模拟 3D 空间，而 FLUID79 用于器皿内的流体运动，它只有两个自由度 UX、UY，所以它只能模拟 2D 运动。

可以通过 Help > Help Topic 命令来查看哪种单元适合当前的分析，但是这种适合并不是绝对的，可能有多种单元都适合分析任务。

必须定义单元类型。一旦定义了某个单元，就定义了其单元类型号，后续操作将通过单元类型号来引用该单元。这种类型号与单元之间的对应关系称为单元类型表，单元类型表可以通过菜单命令 Main Menu：Preprocessor > Modeling > Create > Elements > Elem Attributes 来显示和指定。

单元只包含了基本的几何信息和自由度信息，而在分析中单元事实上代表了物体，所以还可能具有其他一些几何和物理信息。这种单元本身不能描述的信息用实常数(Real Constants)来描述，如 Combination 单元的刚度、阻尼，Mass 单元的质量(MASSX、MASSY、MASSZ)等。但不是所有的单元都需要实常数，如 PLANE42 单元在默认选项下就不需要实常数。某些单元只有在某些选项设置下才需要实常数，如 PLANE42 单元，设置其 Keyopt(3)=3，就需要平面单元的厚度信息。

Material Props 用于定义单元的材料属性。每个分析任务都针对具体的实体，这些实体都具有物理特性，所以大部分单元类型都需要材料属性。材料属性可以分为：

◆ 线性材料和非线性材料。

◆ 各向同性、正交各向异性和非弹性材料。

◆ 温度相关和温度无关材料。

2. 实体建模

Main Menu：Preprocessor > Modeling > Create 命令用于创建模型（可以创建实体模型，也可以直接创建有限元模型，这里只介绍创建实体模型）。ANSYS 中有两种基本的实体建模方法：

自底向上建模：首先创建关键点，它是实体建模的顶点；然后把关键点连接成线、面和体。所有关键点都是以笛卡儿直角坐标系上的坐标值定义的，但是不是必须按顺序创建。例如，可以直接连接关键点为面。

自顶向下建模：利用 ANSYS 提供的几何原形创建模型，这些原型是完全定义好了的面或体。创建原型时，程序自动创建较低级的实体。

使用自底向上还是自顶向下的建模方法取决于习惯和问题的复杂程度，通常情况是同时使用两种方式才能高效建模。

Preprocessor > Modeling > Operate 命令用于模型操作，包括拉伸、缩放和布尔操作。布尔操作对于创建复杂形体很有用，可用的布尔操作包括相加（Add）、相减（Subtract）、相交（Intersect）、分解（Divide）、粘接（Glue）、搭接（Overlap）等，不仅适用于简单原型的图元，也适用于从 CAD 系统输入的其他复杂几何模型。在默认情况下，布尔操作完成后输入的图元将被删除，被删除的图元编号变成空号，这些空号将被赋给新创建的图元。

尽管布尔操作很方便，但很耗费机时。也可以直接对模型进行拖动和旋转。例如，拉伸（Extrude）或旋转一个面，就能创建一个体。对存在相同部分的复杂模型，可以使用复制（Copy）和镜像（Reflect）来创建。

Preprocessor > Modeling > Move/Modify 命令用于移动或修改实体模型图元。

Preprocessor > Modeling > Copy 命令用于复制实体模型图元。

Preprocessor > Modeling > Reflect 命令用于镜像实体模型图元。

Preprocessor > Modeling > Delete 命令用于删除实体模型图元。

Preprocessor > Modeling > Check Geom 命令用于检查实体模型图元，如选取短线段、检查退化、检查节点或者关键点之间的距离。

在修改和删除模型之前，如果较低级的实体与较高级的实体相关联（如点与线相关联），那么除非删除高级实体，否则不能删除低级实体。所以，如果不能删除单元和单元载荷，则不能删除与其相关联的体；如果不能删除面，则不能删除与其相关联的线。模型图元的级别见表 2-2。

3. 划分网格

一般情况下，由于存在形体的复杂性和材料的多样性，需要多种单元，所以在划分网格前，定义单元属性是很有必要的。

Preprocessor > Meshing > MeshTool 命令用于划分网格，它将常用划分网格选项集中到一个对话框中，如图 2-36 所示。该对话框能够帮助完成几乎所有的划分网格工作。

但是，如果要用到更高级的划分网格操作，则需要使用“Meshing”子菜单。单元属性用于设置整个的或某个图元的单元属性，首先在下拉列表框中选择想设置的图元，单击“Set”按钮；然后在选取对话框中选取该图元的全部（单击“Pick All”按钮）或部分，设置其单元类型、实常数、材料属性、单元坐标系。

表2-2　图元级别

级别	单元和单元载荷
最高级	节点和节点载荷
↓	体和实体模型体载荷
	面和实体模型表面载荷
	线和实体模型线载荷
最低级	关键点和实体模型点载荷

使用智能网格选项，可以方便地由程序自动划分网格，省去划分网格控制的麻烦。只需要拖动滑块控制划分网格的精度即可。其中，1 为最精细，10 为最粗糙，默认精度为 6。

但是，智能划分网格只适用于自由网格，不宜在映射网格中采用。自由网格和映射网格的区别如图 2-37 所示。

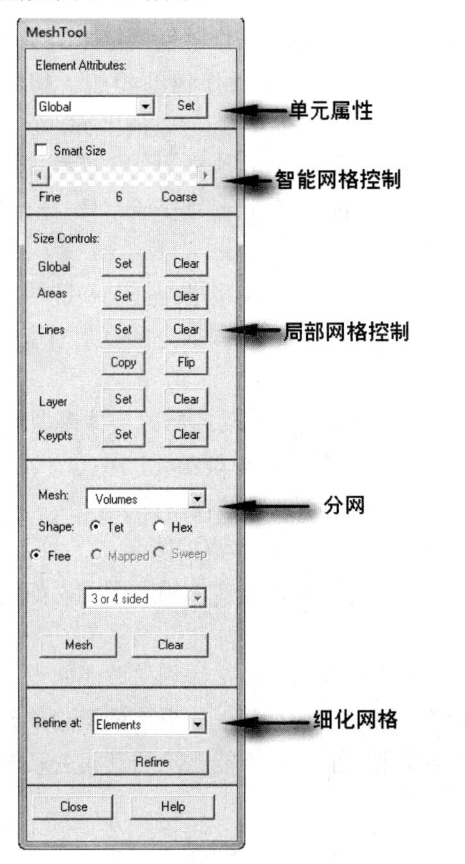

图2-36　“MeshTool”对话框

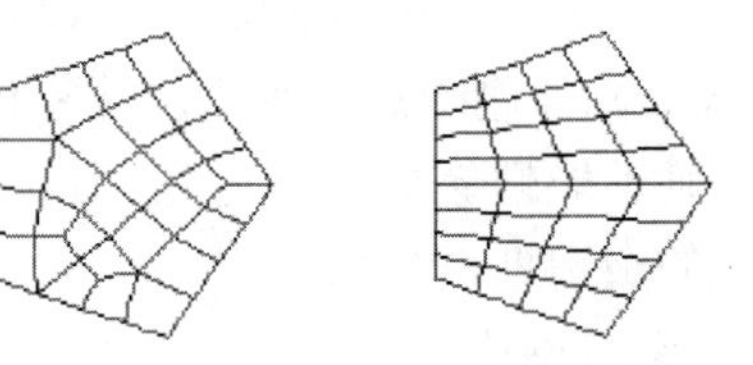

图2-37　自由网格和映射网格

局部网格控制提供了更多更细致的单元尺寸设置。可以设置全部（Global）、面（Areas）、线（Lines）、层（Layer）、关键点（Keypts）的网格密度。对面而言，需要设置单元边长；对线来说，可以设置线上的单元数，也可以用“Clear”按钮来清除设置；

对线单元，可以把一条线的网格设置复制到另外几条线上，把线上的间隔比进行转换（Flip）；对层单元，还可以设置层网格。在某些需要特别注意的关键点上，可以直接通过设置其网格尺寸（Keypts），来设置关键点附近网格单元的边长。

一旦完成了网格属性和网格尺寸设置，就可以进行划分网格操作了，其步骤是：

1）选择对什么图元划分网格，可以对线、面、体和关键点划分网格。

2）选择网格单元的形状（如图2-36所示的Shape选项：对面而言，为三角形或四边形；对体而言，为四面体或六面体；对线和关键点，该选择是不可选的）。

3）确定是自由网格（Free）、映射网格（Mapped）还是扫掠划分网格（Sweep）。对面用映射划分网格时，如果形体是三面体或四面体，则在下拉列表框中选择“3 or 4 sided”选项；如果形体是其他不规则图形，则在下拉列表框中选择“Pick corners”选项。对体划分网格时，四面体网格只能是自由网格，六面体网格则既可以为映射网格，也可以为扫掠网格。当为扫掠时，在下拉列表框中选择“Auto Src/Trg”选项将自动决定扫掠的起点和终点位置，否则，需要用户指定。

4）选择好上述选项之后，单击“Mesh”或“Sweep”（对Sweep体划分网格）按钮，选择要划分网格的图元，就可以完成划分网格了。注意，根据输入窗口的指示来选取面、体或关键点。

对某些网格要求较高的地方，如应力集中区，需要用“Refine”按钮来细化网格。首先选择想要细化的部分，然后确定细化的程度。1细化程度最小，10细化程度最大。

要对划分网格进行更多控制，可以使用“Meshing”级联菜单。该菜单中主要包括如下一些命令：

◆ Size Cntrls：网格尺寸控制。
◆ Mesher Opts：划分网格器选项。
◆ Concatenate：线面的连接。
◆ Mesh：划分网格操作。
◆ Modify Mesh：修改网格。
◆ Check Mesh：网格检查。
◆ Clear：清除网格。

4. 其他预处理操作

Preprocessor > Checking Ctrls 命令用于对模型和形状进行检查。用该命令可以控制实体模型（关键点、线、面和体）和有限元模型（节点和面）之间的联系，控制后续操作中的单元形状和参数等。

Preprocessor > Numbering Ctrls 命令用于对图元号和实常数号等进行操作。包括号的压缩和合并、号的起始值设置、偏移值设置等。例如，当对面1和面6进行操作，形成了一个新面，则面号 1 和面号 6 就空出来了。这时，用压缩面号操作（Compress Numbers）能够把面进行重新编号，原来的2号变为1号，3号变为2号，依次类推。

Preprocessor > Archive Model 命令用于输入输出模型的几何形状、材料属性、载荷或者其他数据，也可以只输入输出其中的某一部分。实体模型和载荷的文件扩展名为IGES，其他数据则是命令序列，文件格式为文本。

Preprocessor > Coupling/Ceqn 命令用于添加、修改或删除耦合约束，设置约束方程。

Preprocessor > Loads 命令用于设定分析类型，载荷的施加、修改和删除。该命令将在 Main Menu：Solution 命令中介绍。

2.6.3 求解器

“Solution”（求解器）包含了与求解器相关的命令，包括分析选项、加载、载荷步设置、求解控制和求解。启动后，选择 Main Menu：Solution 命令打开的求解器菜单如图 2-38 所示。这是一个缩略菜单，用于静态或者完全瞬态分析。可以选择最下面的“Unabridged Menu”命令打开完整的求解器菜单，在完整求解器菜单中选择“Abridged Menu”命令又可以使其恢复为缩略方式。

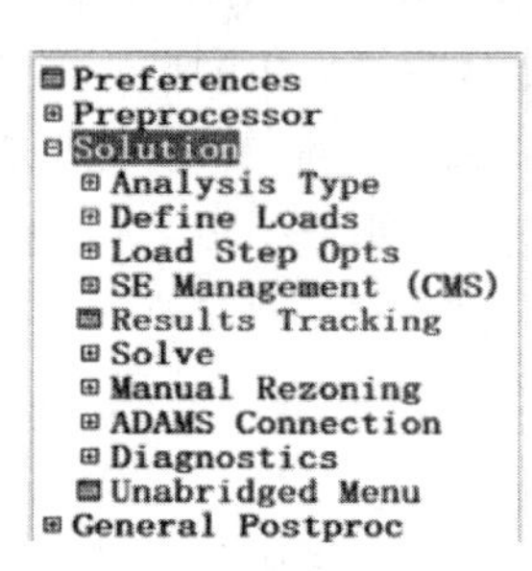

图2-38求解器菜单（缩略）

在完整求解器菜单中，大致有如下几类操作。

1．分析类型和分析选项

Main Menu：Solution > Analysis Type > New Analysis 命令用于开始一次新的分析。在此用户需要决定分析类型。ANSYS 提供了静态分析、模态分析、谐波分析、瞬态分析、功率谱分析、屈曲分析和子结构分析。选择何种分析类型要根据所研究的内容、载荷条件和要计算的响应来决定。例如，要计算固有频率，就必须使用模态分析。一旦选定分析类型后，还应当设置分析选项，其菜单路径为 Main Menu：Solution > Analysis Type > Analysis Option。不同的分析类型有不同的分析选项（需打开完整的求解器菜单）。

Solution > Restart 命令用于进行重启动分析。有两种重启动分析：单点和多点。绝大多数情况下，都应当开始一个新的分析。对静态、谐波、子结构和瞬态分析可使用一般重启动分析，以在结束点或者中断点继续求解。多点重启动分析可以在任何点开始分析，但只适用于静态或完全瞬态结构分析。重启动分析不能改变分析类型和分析选项。

选择 Solution > Analysis Type > Sol’s Control 命令可打开一个求解控制对话框，这是一个标签对话框，包含 5 个选项卡。该对话框只适用于静态和全瞬态分析，它把大多数求解控制选项集成在一起，其中包括“Basic”选项卡中的分析类型、时间设置、输出项目，“Transient”选项卡的完全瞬态选项、载荷形式、积分参数，“Sol’s Option”选项卡的求解方法和重启动控制，“Nonlinear”选项卡中的非线性选项、平衡迭代、蠕变，“Advanced NL”选项卡中的终止条件准则和弧长法选项等。当作静态和全瞬态分析时，使用该对话框很方便。

对某些分析类型，还可能有如下一些分析选项：

◆ ExpasionPass：模态扩展分析。只能用于模态分析、子结构分析、屈曲分析、使用模态叠加法的瞬态和谐波分析。

◆ Model Cyclic Sym：进行模态循环对称分析。在分析类型为模态分析时才能使用。

◆ Master DOFs：主自由度的定义、修改和删除，只能用于缩减谐波分析、缩减瞬态分析、缩减屈曲分析和子结构分析。

◆ Dynamic Gap Cond：间隙条件设置。它只能用于缩减或模态叠加法的瞬态分析中。

2. 载荷和载荷步选项

DOF 约束（Constraints）：用于固定自由度为确定值，如在结构分析中指定位移或者对称边条，在热分析中指定温度和热能量的平行边条。

集中载荷（Forces）：用在模型的节点或者关键点上，如结构分析中的力和力矩、热分析中的热流率、磁场分析中的电流段。

表面载荷（Surface Loads）：应用于表面的分布载荷，如结构分析中的压强、热分析中的对流和热能量。

体载荷（Body Loads）：体积或场载荷，如结构分析中的温度、热分析中的热生成率、磁场分析中的电流密度。

惯性载荷（Inertia Loads）：与惯性（质量矩阵）有关的载荷，如重力加速度、角速度和角加速度，主要用于结构分析中。

耦合场载荷（Coupled-field Loads）：是上面几种载荷的特殊情况，用于使一个学科分析的结果成为另一个学科分析中的载荷，如磁场分析中产生的磁力能够成为结构中的载荷。

这 6 种载荷包括了边界条件、外部或内部的广义函数。在不同的学科中，载荷有不同的含义。

◆ 在结构（Structural）中为位移、力、压强、温度等。

◆ 在热（Thermal）中为温度、热流率、对流、热生成率、无限远面等。

◆ 在磁（Magnetic）中为磁动势、磁通量、磁电流段、流源密度、无限远面等。

◆ 在电（Electric）中为电位、电流、电荷、电荷密度、无限远面等。

◆ 在流体（Fluid）中为速度、压强等。

Solution > Define Loads > Settings 命令用于设置载荷的施加选项，如表面载荷的梯度和节点函数设置，新施加载荷的方式，如图 2-39 所示。其中，最重要的是设置载荷的添加方式，有 3 种方式：改写、叠加和忽略。当在同一位置施加载荷时，如果该位置存在同类型载荷，则其要么重新设置载荷，要么与以前的载荷相加，要么忽略它。默认情况下是改写。

Solution > Define Loads>Apply 命令用于施加载荷。其中包括结构、热、磁、电、流体学科的载荷选项以及初始条件。只有选择了单元后，这些选项才能被激活。

初始条件用来定义节点处各个自由度的初始值，对结构分析而言，还可以定义其初始的速度。初始条件只对稳态和全瞬态分析有效。在定义初始自由度值时，要注意避免这些值发生冲突。例如，在刚性结构分析中，对一些节点定义了速度，而对另外节点定义了初始条件。

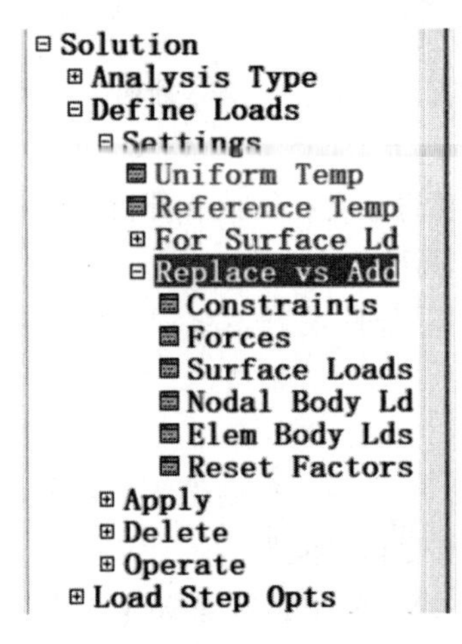

图2-39　载荷设置选项

Solution ＞ Define Loads ＞ Delete 命令用于删除载荷和载荷步（LS）文件。

Solution ＞ Define Loads ＞ Operate 命令用于载荷操作，包括有限元载荷的缩放、实体模型载荷与有限元载荷的转换、载荷步文件的删除等。

Solution ＞ Load Step Opts 命令用于设置载荷步选项。

一个载荷步就是载荷的一个布局，包括空间和时间上的布局，两个不同布局之间用载荷步来区分。一个载荷步只可能有两种时间方式：阶跃方式和斜坡方式。如果有其他形式的载荷，则需要离散为这两种形式，并以不同载荷步近似表达。

◆ 子步是一个载荷步内的计算点，在不同分析中有不同用途。
◆ 在非线性静态或稳态分析中，使用子步以获得精确解。
◆ 在瞬态分析中，使用子步以得到较小的积分步长。
◆ 在谐波分析中，使用子步来得到不同频率下的解。

平衡迭代用于非线性分析，是在一个给定的子步上进行的额外计算，其目的是为了收敛。在非线性分析中，平衡迭代作为一种迭代校正，具有重要作用。

载荷步和子步如图 2-40 所示。

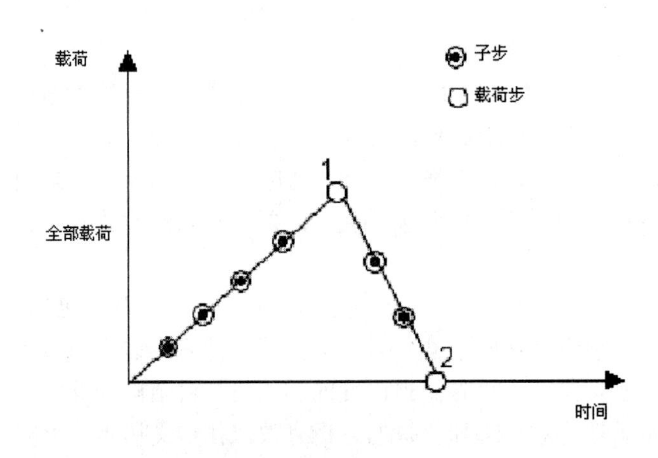

图2-40　载荷步和子步

在载荷步选项菜单中，包含输出控制（Output Ctrls）、时间/频率设置（Time/Frequenc）、非线性设置（Nonlinear）、其他设置（Other）等。

进行载荷设置有3种方式：多步直接设置、利用载荷文件、使用载荷数组参量。其中，Solution > Load Step Opts > Read LS File命令用于读出载荷文件，Solution > Load Step Opts > Write LS File命令用于写入载荷文件。在ANSYS中，载荷文件是以Jobname.snn来定义的，其中nn代表载荷步号。

3. 求解

Solution > Solve > Current LS命令用于指示ANSYS求解当前载荷步。

Solution > Solve > From LS Files命令用于指示ANSYS读取载荷文件中的载荷和载荷选项来求解，可以指定多个载荷步文件。

多数情况下，使用“Current LS”命令就可以了。

2.6.4 通用后处理器

当一个分析运行完成后，需要检查分析是否正确，获得并输出有用结果，这就是后处理器的功能。

后处理器分为通用后处理器和时间历程后处理器，前者用于查看一载荷步和子步的结果，也就是说，它是在某一时间点或频率点上对整个模型显示或列表；后者则用于查看某一空间点上的值随时间的变化情况。为了查看整个模型在时间上的变化，可以使用动画技术。

在命令窗口中，输入“/POST1”可进入通用后处理器，输入“/POST26”可进入时间历程后处理器。

求解阶段计算的两类结果数据是基本数据和导出数据。基本数据是节点解数据的一部分，指节点上的自由度解。导出数据是由基本数据计算得到的，包括节点上除基本数据外解数据。不同学科分析中的基本数据和导出数据见表2-3。在后处理操作中，需要确定要处理的数据是节点解数据，还是单元解数据。

表2-3 基本数据和导出数据

学科	基本数据	导出数据
结构分析	位移	应力、应变、反作用力等
热分析	温度	热流量、热流梯度等
流场分析	速度、压强	压强梯度、热流量等
电场分析	标量电势	电场、电流密度等
磁场分析	磁势	磁能量、磁流密度等

通用后处理器包含了以下一些功能：结果读取、结果显示、结果计算、解的定义和修改等。

1. 结果读取

General Postproc > Data & File Opts命令用于定义从哪个结果文件中读取数据和读入哪些数据。如果不指定结果文件，则从当前分析结果文件中读入所有数据。其文件名为当前工程名，扩展名以R开头。不同学科有不同扩展名，如结构分析的扩展名为

RST，流体动力学分析的扩展名为RFL，热力分析的扩展名为RTH，电磁场分析的扩展名为RMG。

General Postproc > Read Results子菜单用于从结果文件中读取结果数据到数据库，结果读取选项如图2-41所示。ANSYS求解后，结果并不自动读入到数据库，可直接对其进行操作和后处理。正如前面提到的，通用后处理器只能处理某个载荷步或载荷子步的结果，所以只能读入某个载荷步或子步的数据。

◆ First Set：读第一子步数据。

◆ Next Set：读下一子步数据。

◆ Previous Set：读前一子步数据。

◆ Last Set：读最后一子步数据。

◆ By Pick：通过鼠标选择读取子步数据。

◆ By Load Step：通过指定载荷步及其子步来读入数据。

◆ By Time/Freq：通过指定时间或频率点读取数据，具体读入时间或频率的值由所进行的分析决定。当指定的时间或频率点位于分析序列的中间某点时，程序自动用内插法设置该时间点或频率点的值。

◆ By Set Number：直接读取指定步的结果数据。

General Postproc > Options for Outp命令用于控制输出选项。

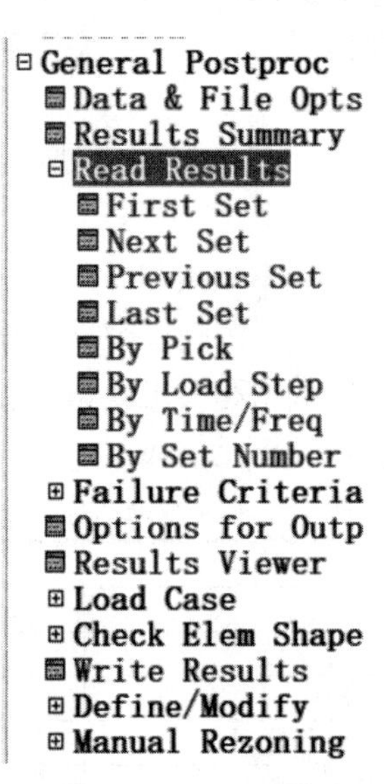

图2-41　结果读取选项

2. 结果显示

在通用后处理器中有3种结果显示：图形显示、列表显示和查询显示。

General Postproc > Plot Results命令用于以显示图形结果。ANSYS提供了丰富的图形显示功能，包括变形显示（Deformed Shape）、等值线图（Contour Plot）、矢量图（Vector Plot）、轨线图（Plot Path Item）、浇混图（Concrete Plot）等。

绘制这些图形之前，必须先定义好所要绘制的内容，如是角节点上的值、中节点的值，还是单元上的值。然后确定对什么结果项目感兴趣，是压强、应力、速度还是变形等。有的图形能够显示整个模型的值，如等值线图，而有的只能显示其中某个或某些点处的值，如流动轨线图。

在 Utility Menu ： Plot > Results 菜单中，也有相应的图形绘制功能。

General Postproc > List Results 命令用于对结果进行列表显示。可以显示节点解数据（Nodal Solution）、单元解数据（Element Solution），也可以列出反作用力（Reaction Solution）或者节点载荷（Nodal Loads）值，还可以列出单元表数据（Element Table Data）、矢量数据（Vector Data）、轨线上的项目值（Path Data）等。

列表结果也可以以某一解的升序或降序排列（Sorted Nodes 和 Sorted Elems）。

在 Utility Menu ： List > Results 菜单中也有相应的列表功能，但用主菜单的列表命令显得按部就班一些，也更符合习惯用法。

Query Results 命令显示结果查询，可直接在模型上显示结果数据。例如，为了显示某点的速度，选择 Query Results > Subgrid Solu 命令，在打开的对话框中选择速度选项，然后在模型中选取要查看的点，即可时解数据出现在模型上。也可以使用三维注释功能，使得在三维模型的各个方向都能看到结果数据，要使用该功能，只要选中查询选取对话框中的“generate 3D Anno”复选框即可。

3. 结果计算

General Postproc > Nodal Calcs 命令用于计算选定单元的合力、总的惯性力矩或者对其他一些变量做选定单元的表面积分。可以指定力矩的主轴，如果不指定，则默认的以结果坐标系(RSYS)轴为主轴。

General Postproc > Element Table 命令用于单元表的定义、修改、删除和其他一些数学运算。

在 ANSYS 中，单元表有两个功能：它是在结果数据中进行数学运算的工作空间；可以通过它得到一些不能直接得到的与单元相关的数据，如某些导出数据。

事实上，单元表相当于一个电子表格，每一行代表了单元，每一列代表了该单元的项目，如单元体积、重心、平均应力等。定义单元表时，要注意以下几项：

General Postproc > Element Table > Define Table 命令只用于对选定单元进行列表。也就是说，只有那些选定单元的数据才能复制到单元表中。通过选定不同单元，可以填充不同的表格行。

相同的顺序号组合可以代表不同单元形式的不同数据。所以，如果模型有单元形式的组合，要注意选择同种形式的单元。

读入结果文件后，或改变数据后，ANSYS 程序不会自动更新单元表。

可用“Define Table”命令来选择单元上要定义的数据项，如压强、应力等，然后使用“Plot Elem Table”命令来显示该数据项的结果，也可以用“List Elem Table”命令对数据项进行列表。

ANSYS 提供了如下一些单元表运算操作（这些运算是对单元上的数据项进行操作）：

◆ Abs Value Option：设置操作单元表时，在加、减、乘和求极值操作之前，是否先对列取绝对值。

◆ Sum of Each Item：列求和。对单元表中的某一列或几列求和，并显示结果。

◆ Add Items：行相加。两列中，对应行相加，可以指定加权因子及其相加常数。

◆ Multiply：行相乘。两列中，对应行相乘，可以指定乘数因子。

◆ Find Maximum 和 Find Minimum：两列中，对应行各乘以一个因子，然后比较并列出其最大或最小值。

◆ Exponentiate：对两列先指数化后相乘。

◆ Cross Product：对两个列矢量取叉积。

◆ Dot Product：对两个列矢量取点积。

◆ Erase Table：删除整个单元表。

General Postproc > Path Operation 命令用于轨线操作。所谓轨线，就是模型上的一系列点，这些点上的某个结果项及其变化是用户关心的。轨线操作就是对轨线定义、修改和删除，并把关心的数据项（称为“轨线变量”）映射到轨线上。轨线操作后就可以对轨线标量进行列表或图形显示了。这种显示通常是以到第一个点的距离为横坐标。

General Postproc > Fatigue 命令用于对结构进行疲劳计算。

General Postproc > Safety Factor 命令用于计算结构的安全系数。它把计算的应力结果转换为安全系数或者安全裕度，然后进行图形或者列表显示。

4. 解的定义和修改

General Postproc > Submodeling 命令用于对子模型数据进行修改和显示。

General Postproc > Define/Modify > Nodal Results 命令用于定义和修改节点解。

General Postproc > Define/Modify > Elem Results 命令用于定义和修改单元解。

General Postproc > Define/Modify > ElemTabl Data 命令用于定义或修改单元表格数据。

首先选取想修改的节点或单元，再选取要修改的数据项，如应力、压强等，然后输入其值，对某些项（如应力项），存在 3 个方向的值，则可能需要输入 3 个方向的数据。即使不进行求解（Solution）运算，也可以定义或修改解结果，并像运算得到结果一样进行显示操作。

General Postproc > Reset 命令用于重要通用后处理器的默认设置。该命令将删除所有单元表、轨线、疲劳数据和载荷组指针，所以要小心使用该命令。

2.6.5 时间历程后处理器

时间历程后处理器（见图 2-42）可以用来观察某点结果随时间或频率的变化，包含图形显示、列表、微积分操作、响应频谱等功能。一个典型的应用是在瞬态分析中绘制结果项与时间的关系，或者在非线性结构中画出力与变形的关系。在 ANSYS 中，该处理器为 POST26。

所有的 POST26 操作都是基于变量的，此时，变量代表了与时间（或频率）相对应的结果项数据。每个变量都被赋予一个参考号，该参考号大于或等于 2，参考号 1 赋给了时间（或频率）。显示、列表或者数学运算都是通过变量参考号进行的。

TimeHist Postpro > Settings 命令用于设置文件和读取的数据范围。默认情况下，最多可以定义 10 个变量，但可以通过 Settings > File 命令来设置多达 200 个变量。默认情况下，POST26 使用 POST1 中的结果文件，但可以使用 Settings > File 命令来指定新的时间历程处理结果文件。

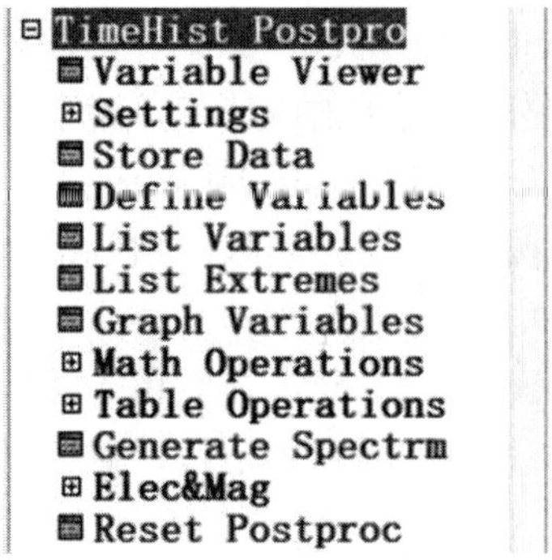

⊟ TimeHist Postpro
- Variable Viewer
- ⊞ Settings
- Store Data
- Define Variables
- List Variables
- List Extremes
- Graph Variables
- ⊞ Math Operations
- ⊞ Table Operations
- Generate Spectrm
- ⊞ Elec&Mag
- Reset Postproc

图2-42 时间历程后处理器

Settings > Data 命令用于设置读取的数据范围及其增量。默认情况下，读取所有数据。

HimeHist Postpro > Define Variables 命令用来定义 POST26 变量，可以定义节点解数据、单元解数据和节点反作用力数据。

HimeHist Postpro > Store Data 命令用于存储变量。定义变量时，就建立了指向结果文件中某个数据指针，但并不意味着已经把数据提取到了数据库中。存储变量则是把数据从结果文件复制到数据库中。有以下 3 种存储变量的方式：

◆ MERGE：添加新定义的变量到以前的存储的变量中。也就是说，数据库中将增加更多列。

◆ NEW：替代以前存储的变量，删除以前计算的变量，存储新定义的变量。当改变了时间范围或其增量时，应当用此方式。因为以前存储的变量与当前的时间范围不同了，也就是说，以前定义的变量与当前的时间点并不存在对应关系了，显然这些变量也就没有意义了。

◆ APPEN：追加数据到以前存储的变量。当要从两个文件中连接同一个变量时，这种方式是很有用的。当然，首先需要选择 Main Menu：TimeHist Postpro > Settings > Files 命令来设置结果文件名。

TimeHist Postpro > List Variables 命令用于以列表方式显示变量值。

TimeHist Postpro > List Extremes 命令用于列出变量的极大（极小）值及对应的时间点，对复数而言，它只考虑其实部。

TimeHist Postpro > Graph Variables 命令用于以图形显示变量随时间/频率的变化。对复数而言，默认情况下显示负值，可以通过 HimeHist Postpro > Setting > Graph 命令进行修改，以显示实部、虚部或者相位角。

TimeHist Postpro > Math Operations 命令用于定义的变量进行数学运算。例如，在瞬态分析时定义了位移变量，将其对时间求导就得到速度变量，再次求导就得到加速度。其他一些数学运算包括加、乘、除、绝对值、方根、指数、常用对数、自然对数、微分、积分、复数的变换和求最大值或最小值等。

TimeHist Postpro > Table Operations 命令用于变量数组和数组之间的赋值。首先设置一个矢量数组，然后把它的值赋给变量，也可以把 POST26 变量值赋给该矢量值数组，还可以直接对变量赋值（Table Operations > Fill Data），此时，可以对变量的元素逐个赋值，如果要赋的值是线性变化的，则可以设置其初始值及变化增量。

TimeHist Postpro > Generate Spectrm 命令允许在给定的位移时间历程中生成位移、速度、加速度响应谱。频谱分析中的响应谱可用于计算整个结构的响应。该菜单操作通常用于单自由度系统的瞬态分析。它需要两个变量，一个是含有响应谱的频率值，另一个是含有位移的时间历程。频率值不仅代表响应谱曲线的横坐标，也代表用于产生响应谱的单自由度激励的频率。

TimeHist Postpro > Reset PostProc 命令用于重置后处理器。这将删除所有定义的变量及设置的选项，使用该命令系统会弹出提示对话框，以进一步确认是否重置。

2.6.6 记录编辑器

记录编辑器（Session Editor）记录了在保存或者恢复操作之后的所有命令。单击该命令后将打开一个编辑器窗口，可以查看其中的操作或者编辑命令，如图 2-43 所示。

窗口上方的菜单具有如下功能：

◆ OK：输入显示在窗口中的操作序列，此菜单用于输入修改后的命令。

◆ Save：将显示在窗口中的命令保存为分开的文件。其文件名为“jobname???.cmds”，其中序号依次递增。可以用“/INPUT”命令输入已经存盘的文件。

◆ Cancel：放弃当前窗口中的内容，回到 ANSYS 主界面中。

◆ Help：显示帮助。

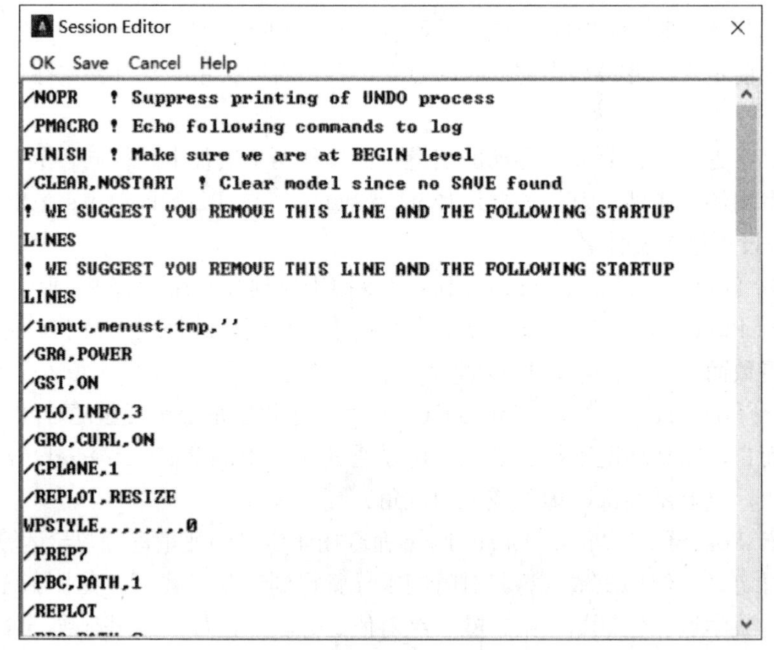

图2-43 “Session Editor”窗口

2.7 输出窗口

输出窗口（Output Window）接受所有从程序来的文本输出，如命令响应、注解、警告、错误以及其他信息。初始时，该窗口可能位于其他窗口之下。

输出窗口的信息能够指导用户进行正确操作。典型的输出窗口如图 2-44 所示。

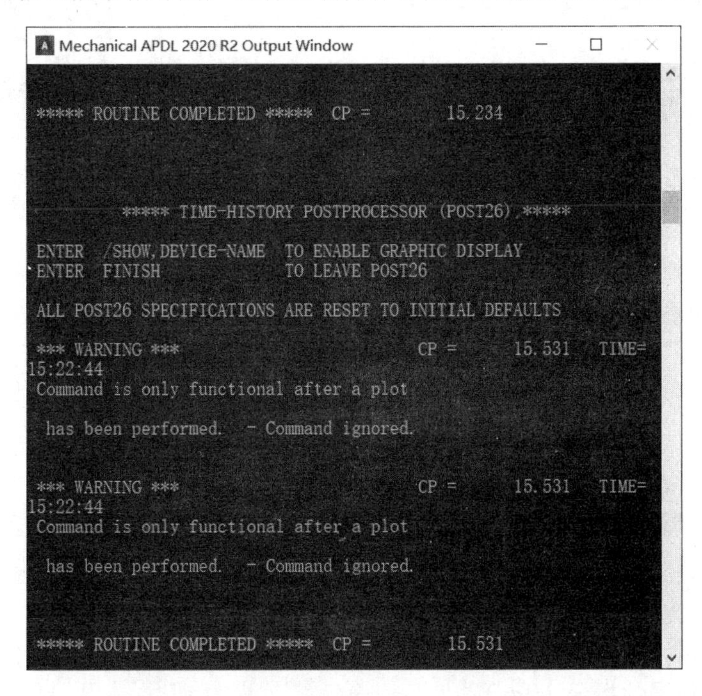

图2-44 “Mechanical APDL 2020 R2 Output Window”窗口

2.8 工具条

工具条（Toolbar）中包含需要经常使用的命令或函数。工具条上的每个按钮对应一个命令或菜单函数或宏。可以通过定义缩写来添加按钮。ANSYS 提供的默认工具条如图 2-45 所示。

Toolbar

SAVE_DB RESUM_DB QUIT POWRGRPH

图2-45 工具条

要添加按钮到工具条，只需要创建缩略词到工具条即可，一个缩略词是一个 ANSYS 命令或者 GUI 函数的别名。有两个途径可以打开创建缩略词的对话框。

选择 Utility Menu ： MenuCtrls > Edit Toolbar... 命令。

选择 Utility Menu ： Macro > Edit Abbreviations... 命令。

工具条上能够立即反映出在该对话框中所做的修改。

在输入窗口中输入“*ABBR”也可以创建缩略词，但使用该方法时，需要选择 Utility

Menu : MenuCtrls > Update Toolbar 命令更新工具条。

缩略词在工具条上的放置顺序由缩略词的定义顺序决定，不能在 GUI 中修改，但可以把缩略词集保存为一个文件，编辑这个文件，就可以改变其次序。其菜单路径为 Utility Menu : MenuCtrls > Save Toolbar 或 Utility Menu : Macro > Save Abbr。

由于有的命令或者菜单函数对应不同的处理器，所以在一个处理器下单击其他处理器的缩略词按钮时，会显示“无法识别的命令”警告。

2.9 图形窗口

图形窗口（Graphics Window）是图形用户界面操作的主窗口，用于显示绘制的图形，包括实体模型、有限元网格和分析结果，它也是图形选取的场所。

ANSYS 能够利用图形和图片描述模型的细节，这些图形可以在显示器上查看、存入文件，或者打印输出。

ANSYS 提供了两种图形模式：交互式图形和外部图形。前者指能够直接在屏幕终端查看的图形，后者指输出到文件中的图形。可以控制一个图形或者图片是输出到屏幕还是到文件。通常，在批处理命令中，是将图形输出到文件。

本节主要介绍图形窗口，并简单介绍如何把图形输出到外部文件。

可以改变图形窗口的大小，但保持其宽高比为 4:3 在视觉上会显得好一些。

图形窗口的标题显示刚完成的命令。当打开多个图形窗口时，这一点很有用。

在 PREP7 模块中时，标题中还将显示如下信息：

- ◆ 当前有限元类型属性指示（Type）。
- ◆ 当前材料属性指示（Mat）。
- ◆ 当前实常数设置属性指示（Real）。
- ◆ 当前坐标系参考号（Csys）。

2.9.1 图形显示

通常，显示一个图形需要两个步骤：

1）选择 Utility Menu：PlotCtrls 菜单设置图形控制选项。

2）选择 Utility Menu：Plot 菜单绘图。可以绘制的图形有很多，包括几何显示，如节点、关键点、线和面等；结果显示，如变形图、等值线图和结果动画等；曲线图显示，如应力应变曲线、时间历程曲线和轨线图等。

在显示之前，或者在绘图建模之前，有必要理解图形的显示模式。在图形窗口中，有两种显示模式：直接模式和 XOR 模式。只能在预处理器中才能切换这两种模式，在其他处理器中，直接模式是无效的。如图 2-46 所示为用于计算无限长圆柱体的模型，可以通过纹理等控制来使模型更真实美观。

1. 直接模式

GUI 在默认情况下，一旦创建了新图元，模型会立即显示到图形窗口中，这就叫直接模式。然而，如果在图形窗口中有菜单或者对话框，移动菜单或对话框将会把图形上的显示破坏掉，而且将改变图形窗口的大小。例如，将图形窗口缩小为图标，然后再恢复时，直接模式显示的图形将不会显示，除非进行其他绘图操作，如用“/REPLOT”命令重新绘制。

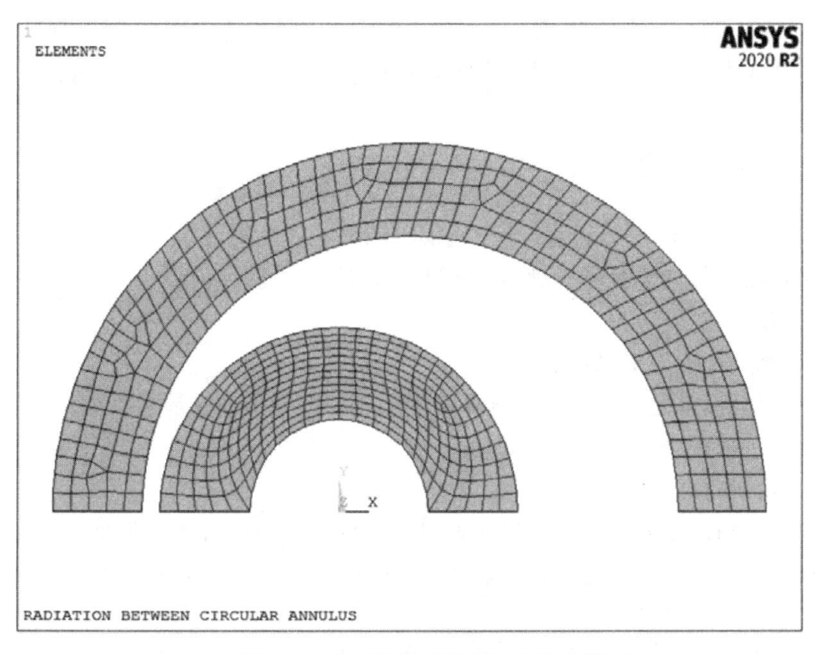

图2-46　用于计算无限长圆柱体的模型

直接模式自动对用户的图形绘制和修改命令进行显示。要注意的是，它只是一个临时性显示，所以当图形窗口被其他窗口覆盖或者图形最小化之后，图形将被毁坏。

窗口的缩放依赖于最近的绘图命令，如果新的实体位于窗口之外，将不能完全显示新的实体。为了显示完整的新的实体，需要一个绘图指令。

数字或者符号（如关键点的序号或者边界符号）以直接模式绘制，所以它们符合上面两条规则，除非在PlotCtrls中明确指出要打开这些数字或符号。

当定义了一个模型但是又不需要立即显示时，可以用下面的操作关闭直接显示模式：

选择Utility Menu：PlotCtrls > Erase Options > Immediate Disply...命令。

在输入窗口中输入“IMMED”命令。

当不用GUI而交互运行ANSYS时，默认情况下，直接模式是关闭的。

2. XOR模式

该模式用来在不改变当前已存在的显示的情况下，迅速绘制或擦除图形。也可以用来显示工作平面。

使用XOR模式的好处是它产生一个即时显示，该显示不会影响窗口中的已有图形，缺点是当在同一个位置两次创建图形时，它将擦除原来的显示。例如，当在已有面上再画一个面时，即使用“/Replot”命令重画图形，也不能得到该面的显示。但是在直接模式下，当打开了面号（Utility Menu： PlotCtrls > Numbering...）时，可以立刻看到新绘制的图形。

3. 矢量模式和光栅模式

矢量模式和光栅模式对图形显示有较大影响。矢量模式只显示图形的线框，光栅模式则显示图形实体；矢量模式用于透视，光栅模式用于立体显示。一般情况下都采用光栅模式，但是在图形查询选取等情况下，用矢量模式是很方便的。

选择 Utility Menu：PlotCtrls > Device Options... 命令，然后选中“Vector mode”复选框，使其变为“On”或者“Off”，可以在矢量模式和光栅模式间切换。

2.9.2 多窗口绘图

ANSYS 提供了多窗口绘图，使得在建模时能够从各个角度观察图形，在后处理时能够方便地比较结果。进行多窗口操作的步骤如下：

1）定义窗口布局。

2）选择想要在窗口中显示的内容。

3）如果要显示单元和图形，则选择用于绘图的单元和图形显示类型。

4）执行多窗口绘图操作，显示图形。

1. 定义窗口布局

所谓窗口布局，即窗口外观，包括窗口的数目、每个窗口的位置及大小。

Utility Menu ： PlotCtrls > Multi-Window Layout... 命令用于定义窗口布局，对应的命令是“/WINDOW”。

在打开的对话框中，包括如下一些窗口布局设置：

◆ One Window：单窗口。

◆ Two(Left-Right)：两个窗口，左右排列。

◆ Two(Top-Bottom)：两个窗口，上下排列。

◆ Three(2Top/Bot)：三个窗口，两个上面，一个下面。

◆ Three(Top/2Bot) ：三个窗口，两个下面，一个上面。

◆ Four(2Top/2Bot) ：四个窗口，两个上面，两个下面。

在该对话框中，“Display upon OK/Apply”选项的设置比较重要。有如下一些选项：

◆ No re-display：单击“OK”按钮或者“Apply”按钮后，并不更新图形窗口。

◆ Replot：重新绘制所有图形窗口的图形。

◆ Multi-Plots：多重绘图。在不同的窗口采用不同的绘图模式时，通常使用该选项，如在一个窗口内绘制矢量图，在另一个窗口内绘制等值线图。

还可以选择 Utility Menu ： PlotCtrls > Window Controls > Window Layout... 命令定义窗口布局，打开的对话框如图 2-47 所示。

首先选择想要设置的窗口号 WN，然后设置其位置和大小，对应的命令是“/WINDOW”。这种设置将覆盖 Multi-Window Layout 设置。具体地说，如果定义了 3 个窗口，两个在上，一个在下，则在上的窗口为 1 和 2，在下的窗口为 3。如果用“/WINDOW”命令设置窗口 3 在右半部分，则它将覆盖窗口 2。

在该对话框中，如果在“Window geometry”下拉列表框中选择“Picked”选项，则可以用鼠标选取窗口的位置和大小，也可以从输入窗口中输入其位置。在输入时，以整个图形窗口的中心作为原点。例如，对原始尺寸来说，设置（-1.0，1.67，1.1）表示原始窗口的全屏幕。Utility Menu：PlotCtrls > Style > Colors > Window Colors...命令用于设置每个窗口的背景色。

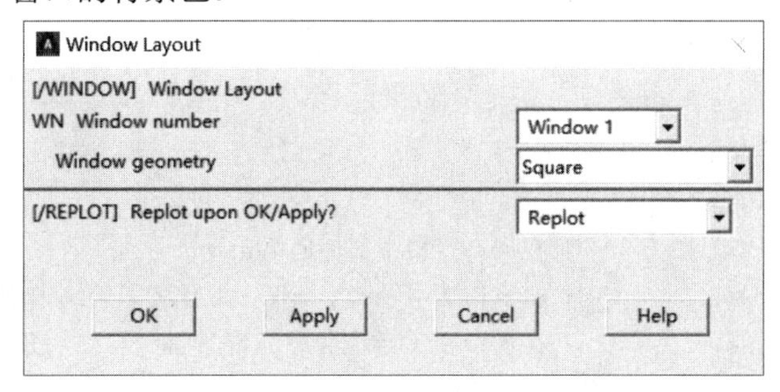

图2-47 “Window Layou”对话框

2．设置显示类型

一旦完成了窗口布局设置，就要选择每个窗口要显示的类型。每个窗口可以显示模型图元、曲线图或其他图形。

Utility Menu：PlotCtrls > Multi-Plot Controls...命令用来设置每个窗口显示的内容。

在打开的对话框中，首先选择要设置的窗口号（Edit Window），但绘制曲线图时，不用设置该选项，因为程序默认情况是绘制模型（实体模型和有限元模型）的所有项目，包括关键点、线、面、体、节点和单元。在单元选项中，可以设置当前的绘图是单元，还是POST1中的变形、节点解、单元解，或者单元表数据的等值线图、矢量图。

这些绘图设置与单个窗口的绘图设置相同，如绘制等值线图或者矢量图打开的对话框与在通用后处理中打开的对话框是一样的。

为了绘制曲线图，应当将“Display Type”设置为“Graph Plots”，这样就可以绘制所有的曲线图，包括材料属性图、轨线图、线性应力和数组变量的列矢量图等。对应的命令为“/GCMD”。

完成这些设置后，还可以对所有窗口进行通用设置，菜单路径为Utility Menu：PlotCtrls > Style。图形的通用设置也就是设置颜色、字体、样式等。

尽管多窗口绘图可以绘制不同类型的图，但是其最主要的用途是在三维建模过程中。在图形用户交互建模过程中，可以设置4个窗口，其中一个显示前视图，一个显示顶视图，一个显示左视图，另一个则显示Iso立体视图。这样，就可以很方便地理解图形并建模。

3．绘图显示

设置好窗口后，选择Utility Menu：Plot > Multi-Plots命令，就可以进行多窗口绘图操作了，对应的命令是“GPLOT”。

以下是一个多窗口绘图的命令及结果（假设已经进行了计算）完整的命令序列（可以在命令窗口内逐行输入）：

```
/POST1
SET,LAST                    ! 读入数据到数据库
/WINDOW,1,LEFT              ! 创建两个窗口，左右排列
```

```
/WINDOW,2,RIGH
/TRIAD,OFF                    ! 关闭全局坐标系显示
/PLOPTS,INFO,0                ! 关闭图例
/GTYPE,ALL,KEYP,0             ! 关闭关键点、线、面、体和节点的显示
/GTYPE,ALL,LINE,0
/GTYPE,ALL,AREA,0
/GTYPE,ALL,VOLU,0
/GTYPE,ALL,NODE,0
/GTYPE,ALL,ELEM,1             ! 在所有窗口中都使用单元显示
/GCMD,1,PLDI,2                ! 在窗口 1 中绘制变形图，2 代表了绘制未变形边界
/GCMD,2,PLVE,U                ! 在窗口 2 中绘制位移矢量图
GPLOT                         ! 执行绘制命令
```

结果如图 2-48 所示。

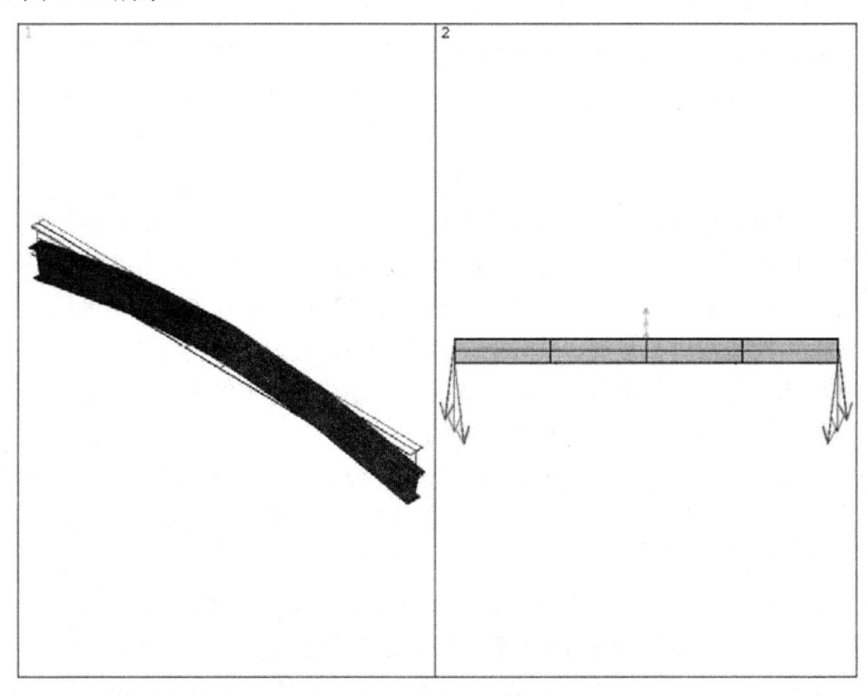

图2-48　多窗口绘图

4. 图形窗口的操作

定义了图形窗口，在完成绘图操作之前或之后，可以对窗口及其内容进行复制、删除、激活或者关闭窗口。

Utility Menu: PlotCtrls > Window Controls > Window On or Off...命令用于激活或者关闭窗口，对应的命令是“/WINDOW,wn,ON”或者“/WINDOW,wn,OFF”。其中 wn 是窗口号。

Utility Menu: PlotCtrls > Window Controls > Delete Window...命令用于删除窗口，对应的命令是“/WINDOW,wn,DELE”。

Utility Menu: PlotCtrls > Window Controls > Copy Window Specs...命令用于把一个窗口的显示设置复制到另一个窗口中。

Utility Menu：PlotCtrls > Erase Options > Erase Between Plots 命令是一个开关操作。如果不选中该选项，则在屏幕显示之间不会进行屏幕擦除。这使得新的显示在原有显示上重叠。有时，这种重叠是有意义的，但多数情况下，它只能使屏幕看起来很乱。其对应的命令是“/NOERASE”和“/ERASE”。

5．捕获图像

捕获图像能够得到一个图像快照，用户通过对该图像存盘或恢复可比较不同视角、不同结果或者其他有明显差异的图像。其菜单路径为Utility Menu:PlotCtrls > Capture Image...。

2.9.3 增强图形显示

ANSYS提供有两种图形显示方式。

全模式显示方式：工具条快捷按钮为Toolbar > POWRGRPH，在打开的对话框中选择“OFF”，对应的命令为“/GRAPHICS,FULL”。

增强图形显示方式：工具条快捷按钮为Toolbar > POWRGRPH，在打开的对话框中选择“ON”，对应的命令为“/GRAPHICS,POWER”。

默认情况下，除存在电路单元外，所有其他分析都使用增强图形显示方式。通常情况下，能用增强图形显示时，尽量使用它，因为它的显示速度比全模式显示方式快很多。但是，有一些绘图操作只支持增强图形显示方式，有一些绘图操作只支持全模式方式。除了显示速度快这个优点外，增强图形显示方式还有很多优点：

对具有中节点的单元绘制二次表面，当设置多个显示小平面（Utility Menu：PlotCtrls > Style > Size and Shape）时，用该方法能够绘制有各种曲率的图形，指定的小平面越多（1～4），绘制的单元表面就越光滑。

对材料类型和实常数不连续的单元，它能够显示不连续结果。

壳单元的结果可同时在顶层和底层显示。

使用增强图形显示方式的缺点如下：

◆ 不支持电路单元。

◆ 当被绘制的结果数据不能被增强图形显示方式支持时，结果将用全模式显示方式绘制出来。

◆ 在绘制结果数据时，它只支持结果坐标系下的结果，而不支持基于单元坐标系的绘制。

◆ 当结果数据要求平均时，增强图形显示方式可只用于绘制或者列表模型的外表面，而全模式显示方式则可对整个外表面和内表面的结果都进行平均。

◆ 使用增强图形显示方式时，图形显示的最大值可能和列表输出的最大值不同，因为图形显示在非连续处不进行结果平均，而列表输出则是在非连续处进行了结果平均。

PowerGraphics还有其他一些使用上的限制，它不能支持如下命令：/CTYPE、/EDGE、/ESHAPE、*GET、/PNUM、/PSYMB、SHELL和*VGET。另外有些命令，不管增强图形显示方式是否打开，都使用全模式显示方式，如/PBF、PRETAB、PRSECT等。

2.10 个性化界面

图形用户界面可以根据用户的需要和喜好来定制，以获得个性化的界面。该界面存在不同的定制水平，由低到高依次为：

- ◆ 改变GUI布局。
- ◆ 改变颜色和字体。
- ◆ 改变GUI的启动菜单。
- ◆ 菜单链接和对话框设计。

2.10.1 改变字体和颜色

可以通过Windows控制面板改变GUI组件的颜色、字体。对于UNIX系统，可以通过编辑X-资源文件来改变字体和颜色。要注意的是，在Windows系统下，如果把字体设为大字体，可能会使屏幕不能显示某些大对话框和菜单的完整组件。

在ANSYS程序内，可以改变出现在图形窗口的数字和文字的属性，如颜色、字体和大小。其菜单路径为Utility Menu：Plot Controls > Font Controls和Utility Menu：PlotCtrls > Style > Colors。

可以改变ANSYS的背景显示，使其显示带有颜色或纹理，以更富有表现力。对应的菜单路径为Utility Menu：PlotCtrls > Style > Background。

2.10.2 改变GUI的启动菜单显示

默认情况下，启动时6个主要菜单（通用菜单、主菜单、工具条、输入窗口、输出窗口和图形窗口）都将出现，但可以用“/MSTART”命令来选择哪些菜单在启动时出现。

首先在“ANSYS Inc\v202\ansys\apdl”文件中找到并打开文件“start.ans”，然后添加“/MSTART”命令。例如，为了在启动时显示“选择图元”对话框和“移动-缩放-旋转”对话框，添加的命令为：

- ◆ /MSTART,SELE,ON
- ◆ /MSTART,ZOOM,ON

用这种方式，在ANSYS启动时要选择读取“start.ans”文件。

2.10.3 改变菜单链接和对话框

这是高级的GUI配置方式。为了分析更为方便，可以改变菜单链接、改变对话框的设计、添加链接于菜单的对话框（其内部形式是宏）。

ANSYS程序在启动时读入“menulist.ans”文件，该文件列出了包含在ANSYS菜单中的所有文件名。通常，该文件存在于“ANSYS Inc\v202\ansys\gui\en-us\UIDL”子目录下。但是，工作目录和根目录下的“menulist.ans”文件也将被ANSYS搜索，从而允许用户设置自己的菜单系统。

如果要修改 ANSYS 菜单和对话框，需要学习 ANSYS 高级 GUI 编程语言 UIDL(User Interface Design Language)。

另一种修改菜单链接和对话框的方法是使用工具命令语言和工具箱 Tcl/Tk(Tool Command Language and Toolkit)。

第3章

建立实体模型

本章将介绍建立有限元模型的两种方法，输入法和创建法。其中创建法分为自顶向下和自底向上两种。

- 几何模型的输入
- 对输入模型修改
- 自主建模

3.1 实例导航——几何模型的输入

建立有限元模型有输入法和创建法两种方法。输入法是直接输入由其他 CAD 软件创建好的实体模型，创建法是在 ANSYS 中从无到有地创建实体模型。两者并不是完全分开的。

3.1.1 输入 IGES 单一实体

1. 清除 ANSYS 的数据库

1）选择实用菜单 Utility Menu：File > Clear & Start New...。

2）在打开的“Clear Database and Start New ”对话框中选择“Read file”，单击“OK”按钮，如图 3-1 所示。

3）在打开的“Verify”对话框中单击“Yes”按钮，如图 3-2 所示。

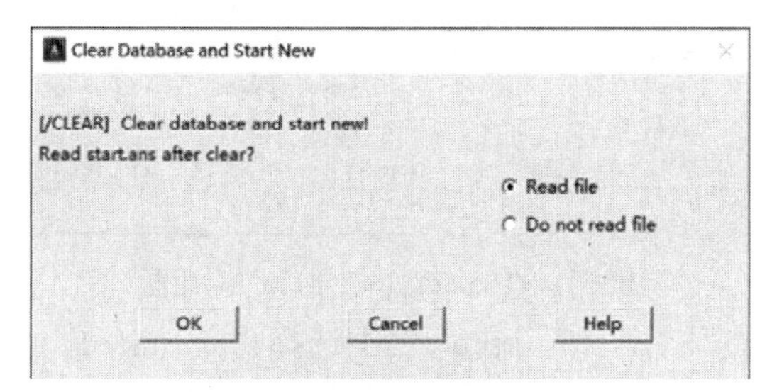

图3-1 “Clear Database and Start New ”对话框

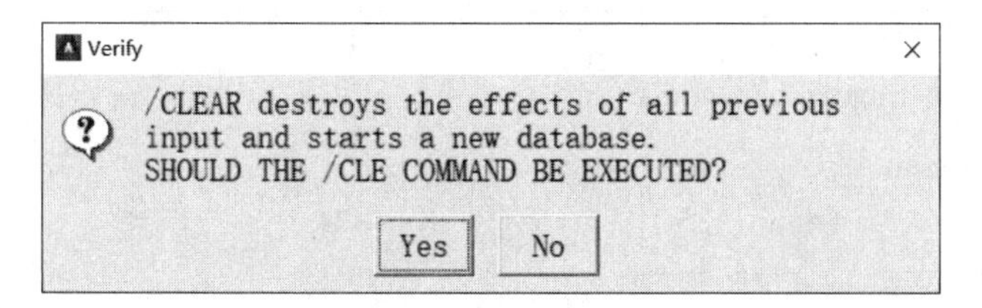

图3-2 “Verify”对话框

2. 改作业名为“actuator”

1）选择实用菜单 Utility Menu：File > Change Jobname...。

2）在打开的“Change Jobname”对话框的文本框中输入“actuator”作为新的作业名，然后单击“OK”按钮，如图 3-3 所示。

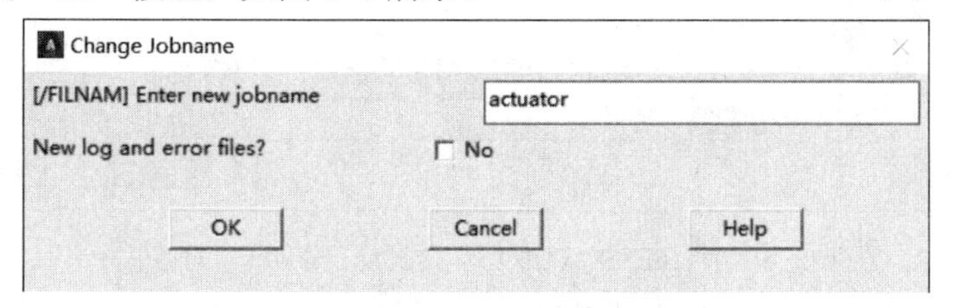

图 3-3 “Change Jobname”对话框

3. 用默认的设置输入“actuator. iges” IGES 文件

1）选择实用菜单 Utility Menu：File > Import > IGES...。

2）在打开的“Import IGES File”对话框中选择导入的参数，然后单击“OK”按钮，如图 3-4 所示。

3）在打开的“Import IGES File”对话框中单击“Browse...”按钮，如图 3-5 所示。

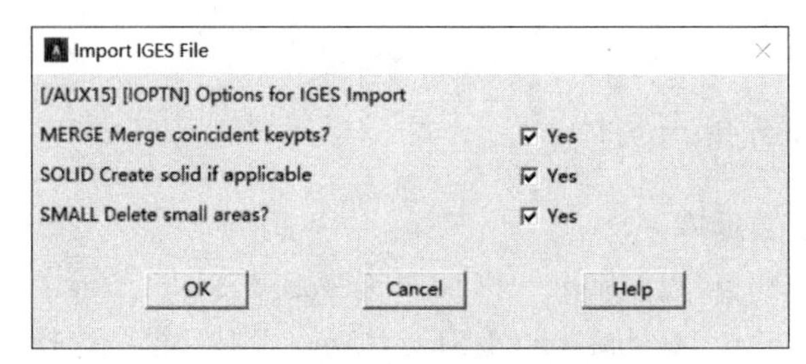

图3-4 “Import IGES File”对话框

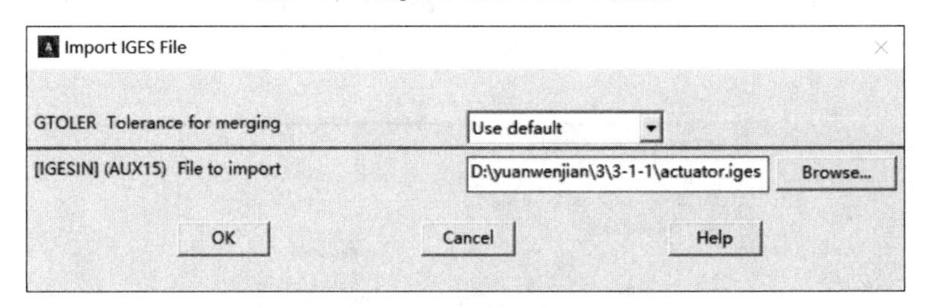

图3-5 “Import IGES File”对话框

4）在打开的对话框“File to import”中选择“actuator. iges”，然后单击“打开”按钮，如图 3-6 所示。

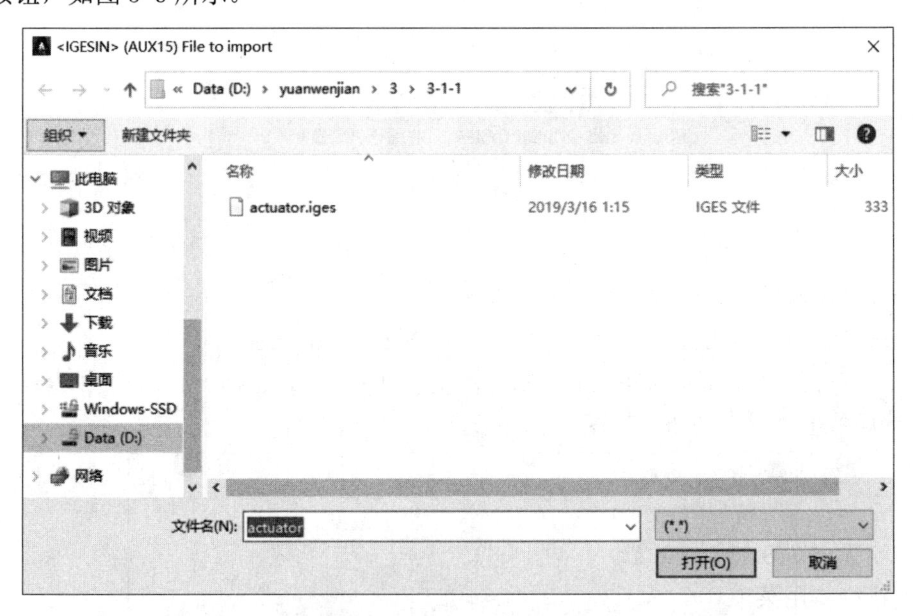

图3-6 “<IGESIN>(AUX15)File to import”对话框

5）得到输入 IGES 文件后的结果如图 3-7 所示。

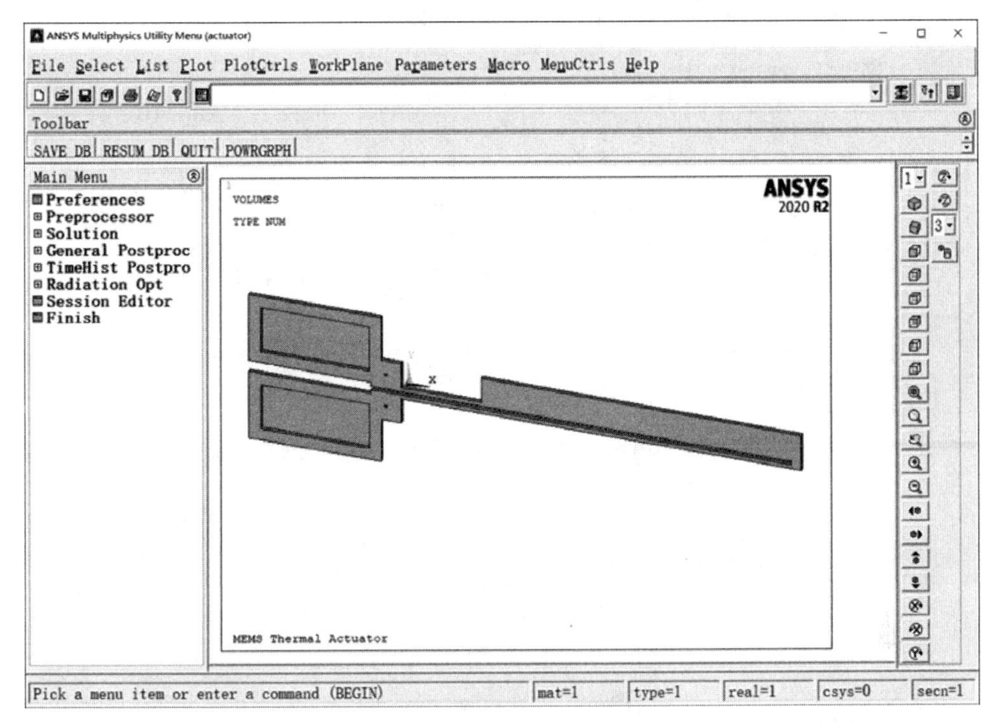

图3-7 输入IGES文件后的结果

4. 保存数据库

在工具条上单击“SAVE_DB”按钮。

本例操作的命令流如下：

```
/CLEAR
! 清除 ANSYS 的数据库
/FILNAME,actuator,0
! 改作业名为“actuator”
/AUX15
!进入导入“IGES”模式
IGESIN,'actuator','iges',' '
!假设该模型位置在 ANSYS 的默认目录
VPLOT
SAVE
! 保存数据库
FINISH
```

3.1.2 输入 SAT 单一实体

1. 清除 ANSYS 的数据库

1）选择实用菜单 Utility Menu：File > Clear & Start New...。

2）在打开的“Clear Database and Start New” 对话框中选择“Read file”单选项，单击“OK”按钮，如图 3-8 所示。

3）在打开的“Verify”对话框中单击“Yes”按钮，如图 3-9 所示。

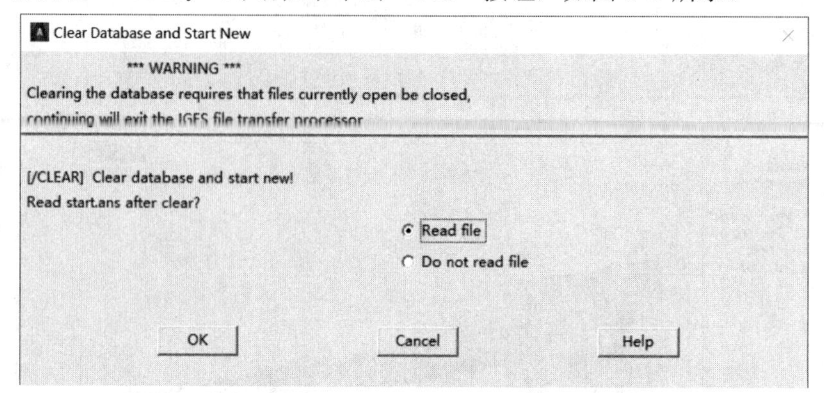

图3-8 “Clear Database and Start New” 对话框

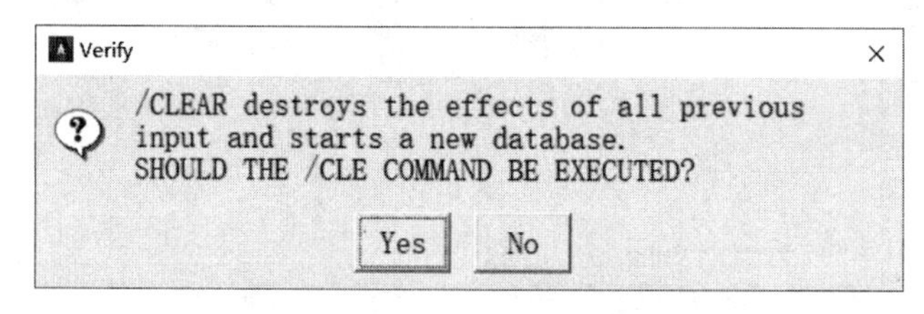

图3-9 “Verify”对话框

2. 改作业名为“bracket”

1）选择实用菜单 Utility Menu：File > Change Jobname...。

2）在打开的“Change Jobname”对话框的文本框中输入“bracket”作为新的作业名，然后单击“OK”按钮，如图 3-10 所示。

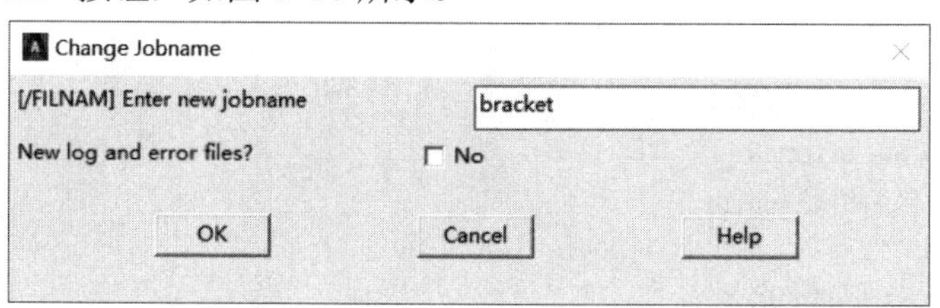

图 3-10 “Change Jobname”对话框

3. 输入“bracket.sat”SAT 文件

1）选择实用菜单 Utility Menu：File > Import > ACIS...，如图 3-11 所示。

2）在打开的对话框中选择“bracket.sat”文件，然后单击“OK”按钮，如图 3-12 所示。

4. 打开“Normal Faceting”。

1）选择实用菜单 Utility Menu：PlotCtrls > Style > Solid Model Facets...。

2）在打开的对话框的下拉列表中选择“Normal Faceting”，然后单击“OK”按钮，如图 3-13 所示。

3）选择实用菜单 Utility Menu：Plot > Replot。

5. 保存数据库

在工具条上单击“SAVE_DB”按钮，得到如图 3-14 所示的结果。

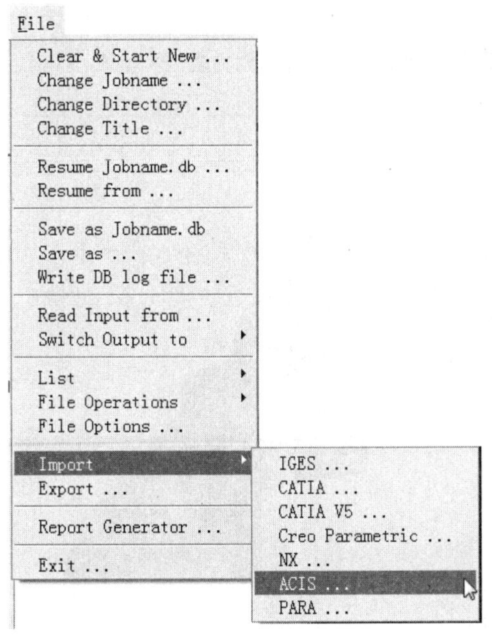

图3-11　输入SAT文件

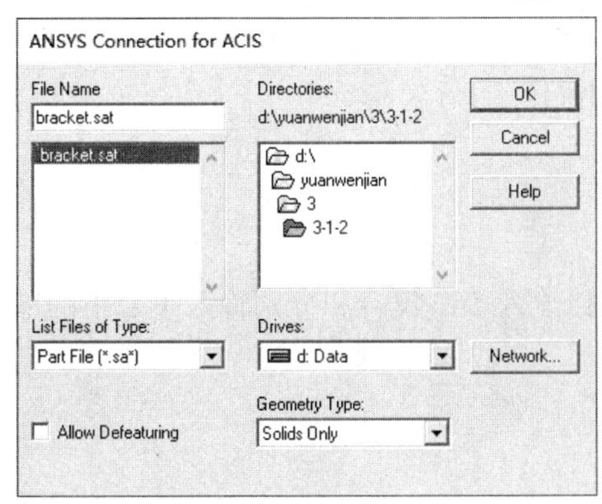

图3-12　“ANSYS Connection for ACIS”对话框

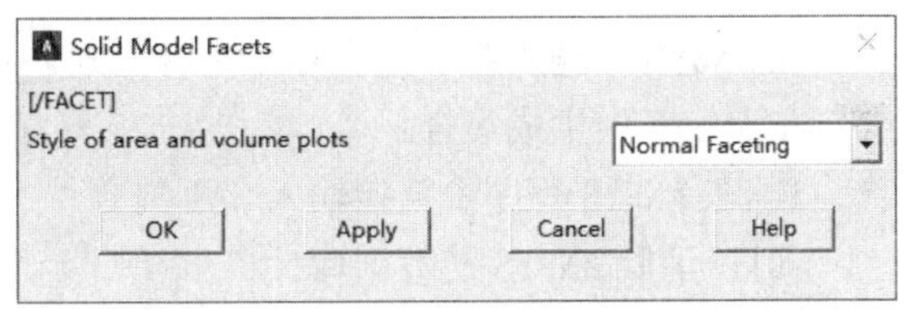

图3-13　“Solid Model Facets”对话框

本例操作的命令流如下：

```
/CLEAR
! 清除 ANSYS 的数据库
/FILNAME,bracket,0
! 改作业名为“bracket”
~SATIN,'bracket', 'sat','D:\yuanwenjian\3\3-1-2\',SOLIDS,0
!假设该模型文件的路径为“D:\yuanwenjian\3\3-1-2\”
/FACET,NORML
! 打开“Normal Faceting”
/REPLOT
SAVE
! 保存数据库
FINISH
```

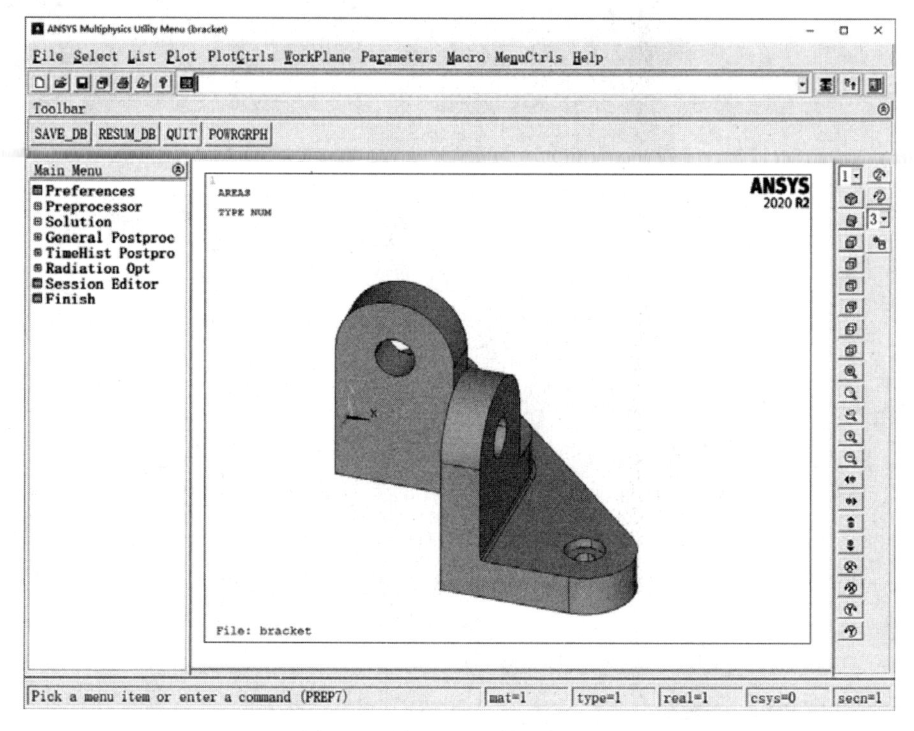

图3-14　输入SAT文件后的结果

3.1.3　输入 SAT 集合

在 ANSYS 中输入 SAT 集合存在两种方式，直接输入 SAT 集合和分别输入集合中的部件以在 ANSYS 中生成集合。

1. 在 ANSYS 程序中直接输入 SAT 集合

（1）清除 ANSYS 的数据库

1）选择实用菜单 Utility Menu： File > Clear & Start New...。

2）在打开的“Clear Database and Start New”对话框中选择“Read file”，单击“OK”按钮。

3）在打开的对话框中单击“Yes”按钮。

（2）改作业名为“bracket-assy”

1）选择实用菜单 Utility Menu：File > Change Jobname...。

2）在打开的“Change Jobname”对话框的文本框中输入“bracket-assy”作为新的作业名，然后单击“OK”按钮。

（3）输入“bracket-assy.SAT”文件

1）选择实用菜单 Utility Menu：File > Import > ACIS...，如图 3-15 所示。

2）在打开的对话框中选择“bracket-assy.SAT”文件，然后单击“OK”按钮，如图 3-16 所示。

（4）打开“Normal Faceting”

1）选择实用菜单 Utility Menu：PlotCtrls > Style > Solid Model Facets...。

2）在打开的对话框中的下拉列表中选择“Normal Faceting”，然后单击“OK”按钮，如图 3-17 所示。

3）选择实用菜单 Utility Menu：Plot > Replot。

（5）打开实体编号开关

1）选择实用菜单 Utility Menu：PlotCtrls > Numbering...。

2）在打开的对话框中将实体编号开关设置为“On”，然后单击“OK”按钮，如图 3-18 所示。

3）选择实用菜单 Utility Menu：Plot > Volumes。

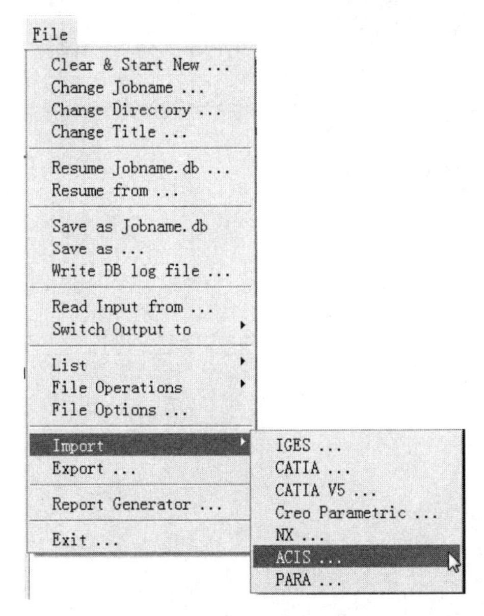

图3-15 输入SAT文件

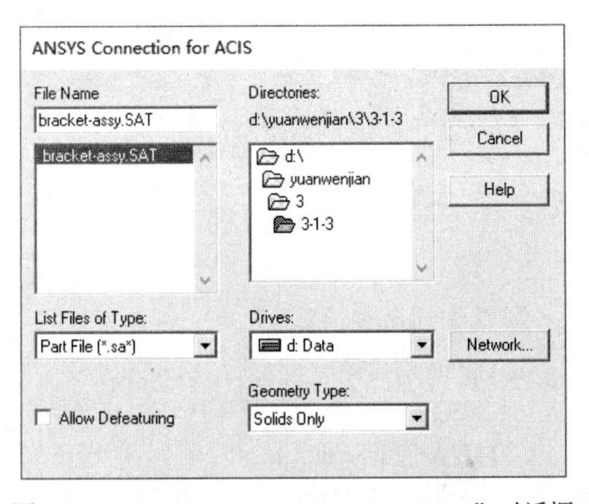

图3-16 “ANSYS Connection for ACIS”对话框

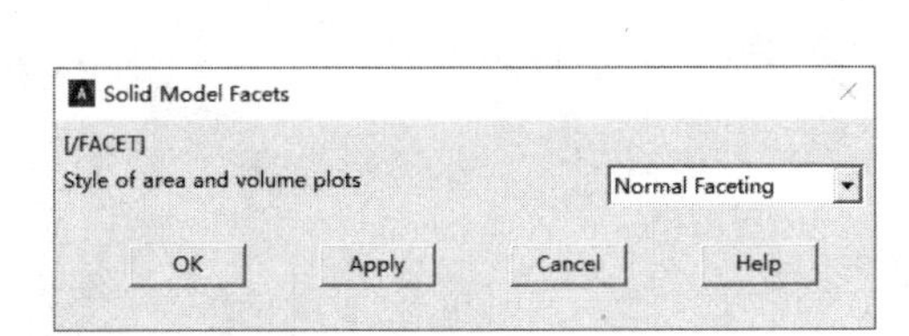

图 3-17 “Solid Model Facets”对话框

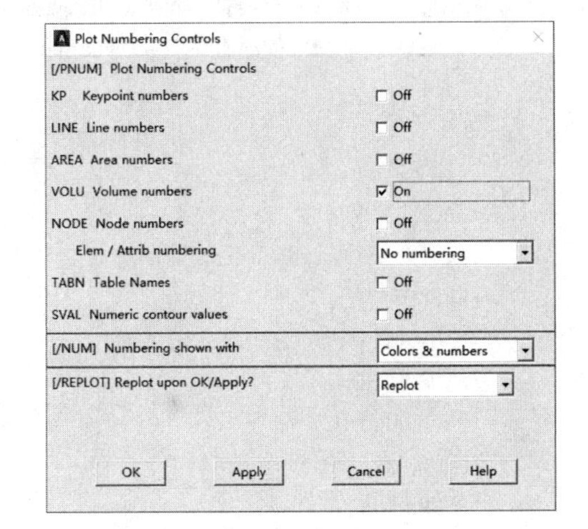

图 3-18 “Plot Numbering Controls”对话框

（6）旋转视图方向　在视图控制栏中单击“Dynimac Model Mode”按钮，用鼠标在图形窗口中调整视图方向。

（7）保存数据库　在工具条上单击“SAVE_DB”按钮，得到如图 3-19 所示的结果。

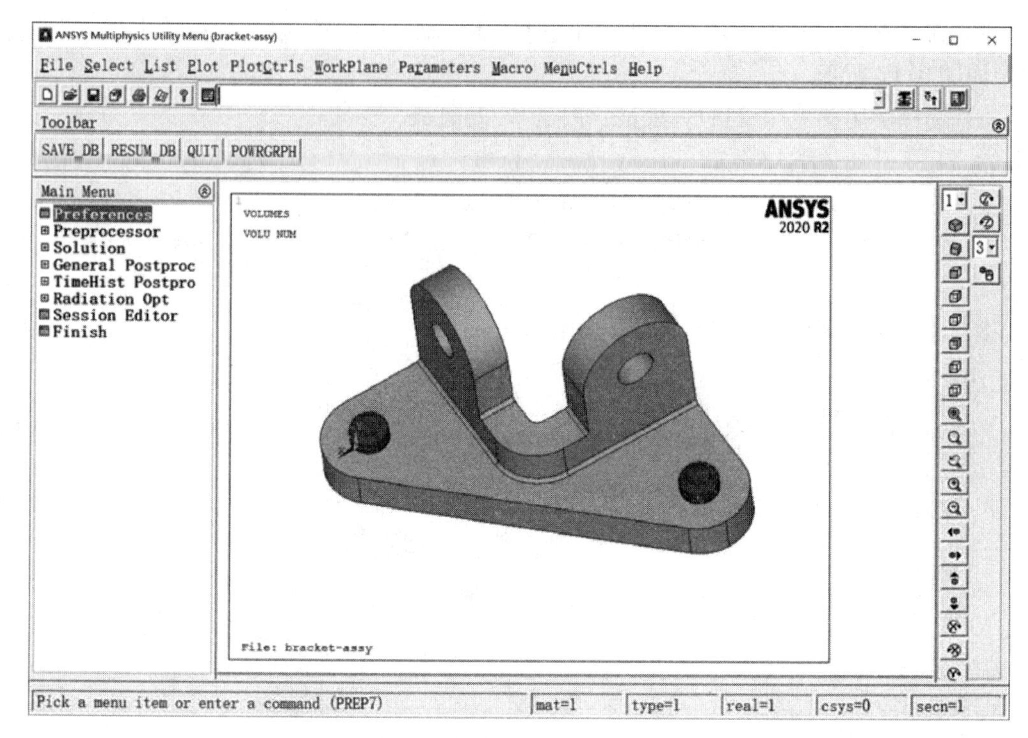

图3-19　输入SAT文件后的结果

本例操作的命令流如下：

```
/CLEAR,START
! 清除ANSYS的数据库
/FILNAME,bracket-assy,0
! 改作业名为“bracket-assy”
~SATIN,'bracket-assy','sat','D:\yuanwenjian\3\3-1-3',SOLIDS,0
!假设该模型文件的路径为“D:\yuanwenjian\3\3-1-3”
/NOPR
/GO
! 输入“bracket-assy.SAT”文件
/FACET,NORML
!打开“Normal Faceting”
/REPLOT
/PNUM,KP,0
/PNUM,LINE,0
/PNUM,AREA,0
/PNUM,VOLU,1
/PNUM,NODE,0
/PNUM,TABN,0
/PNUM,SVAL,0
/NUMBER,0
! 打开实体编号开关
/PNUM,ELEM,0
```

```
/REPLOT
!*
APLOT
/USER,1
/VIEW,1,0.325584783540,0.427291295398,-0.843455213751
/ANG,1,28.6630259312
/REPLO
/VIEW,1,-0.471868259238,0.773098564555,-0.423861953243
/ANG,1,63.6877547685
/REPLO
/VIEW,1,-0.233241627568E-01,0.684391826561,-0.728741251178
/ANG,1,28.9946859905
/REPLO
/VIEW,1,0.245150571720,0.800288431897,-0.547210766485
/ANG,1,8.86560730138
/REPLO
VPLOT
/REPLOT,RESIZE
SAVE
!保存数据库
FINISH
```

2. 在 ANSYS 程序中输入单个 SAT 文件来组成 SAT 集合

（1）清除 ANSYS 的数据库

1）选择实用菜单 Utility Menu：File > Clear & Start New...。

2）在打开的“Clear Database and Start New” 对话框中选择“Read file”，单击“OK”按钮。

3）在打开的对话框中单击“Yes”按钮。

（2）改作业名为“bracket-2”

1）选择实用菜单 Utility Menu：File > Change Jobname...。

2）在打开的“Change Jobname”对话框的文本框中输入“bracket-2”作为新的作业名，然后单击“OK”按钮。

（3）输入单个的 SAT 文件来组成 SAT 集合

1）选择实用菜单 Utility Menu：File > Import > ACIS...。

2）在打开的对话框中选择“bracket.sat”文件，然后单击“OK”按钮。

3）选择实用菜单 Utility Menu：File > Import > ACIS...。

4）在打开的对话框中选择“axi1.sat”文件，然后单击“OK”按钮。

5）选择实用菜单 Utility Menu：File > Import > ACIS...。

6）在打开的对话框中选择“axi2.sat”文件，然后单击“OK”按钮。

（4）打开“Normal Faceting”

1）选择实用菜单 Utility Menu：PlotCtrls > Style > Solid Model Facets...。

2）在打开的对话框的下拉列表中选择“Normal Faceting”，然后单击“OK”按钮。

3）选择实用菜单 Utility Menu：Plot > Replot。

（5）打开实体编号开关

1）选择实用菜单 Utility Menu：PlotCtrls > Numbering...。

2）在打开的对话框中将实体编号开关设为“On”，然后单击“OK”按钮。

3）选择实用菜单 Utility Menu：Plot > Volumes。

（6）保存数据库　在工具条上单击“SAVE_DB”按钮，得到如图 3-20 所示的结果。

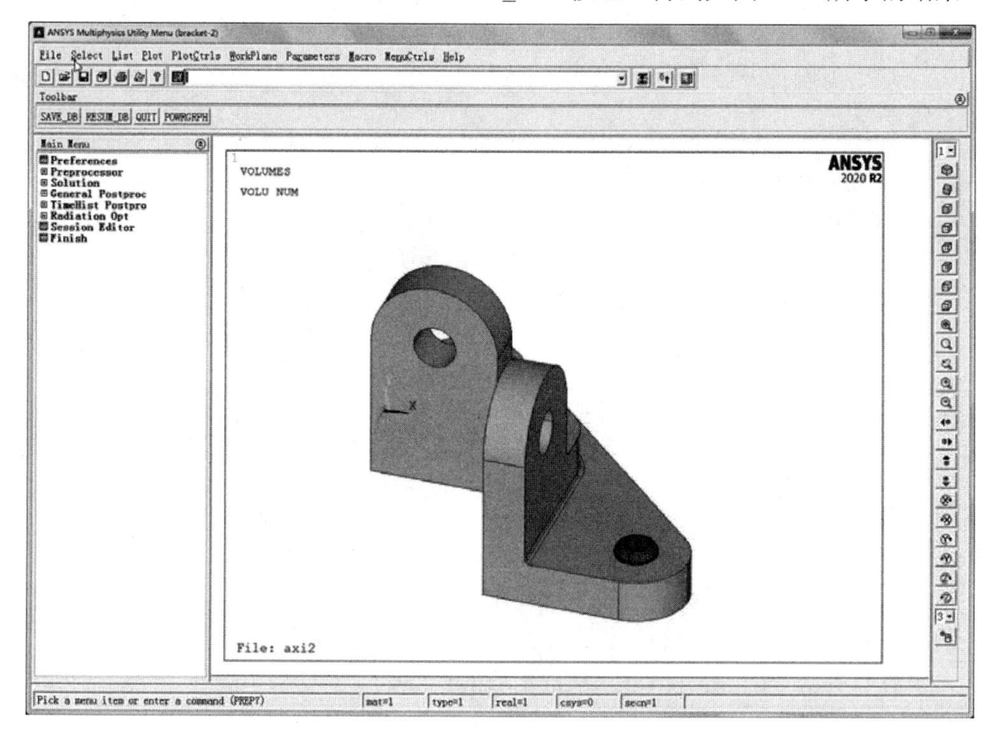

图3-20　输入SAT文件后的结果

3.1.4　输入 Parasolid 单一实体

1. 清除 ANSYS 的数据库

1）选择实用菜单 Utility Menu：File > Clear & Start New...。

2）在打开的“Clear Database and Start New” 对话框中选择“Read file”，单击“OK”按钮。

3）打开确认对话框，单击“Yes”按钮。

2. 改作业名为“replace”

1）选择实用菜单 Utility Menu：File > Change Jobname...。

2）在打开的“Change Jobname”对话框的文本框中输入“replace”作为新的作业名，然后单击“OK”按钮。

3. 输入“replace.x_t”实体参数文件

1）选择实用菜单 Utility Menu：File > Import > PARA...，如图 3-21 所示。

2）在打开的对话框中选择“replace.x_t”文件，然后单击“OK”按钮，如图 3-22

所示。

4. 打开“Normal Faceting”

1）选择实用菜单 Utility Menu：PlotCtrls > Style > Solid Model Facets...。

2）在打开的对话框中的下拉列表中选择“Normal Faceting”，然后单击“OK”按钮，如图 3-23 所示。

3）选择实用菜单 Utility Menu：Plot > Replot。

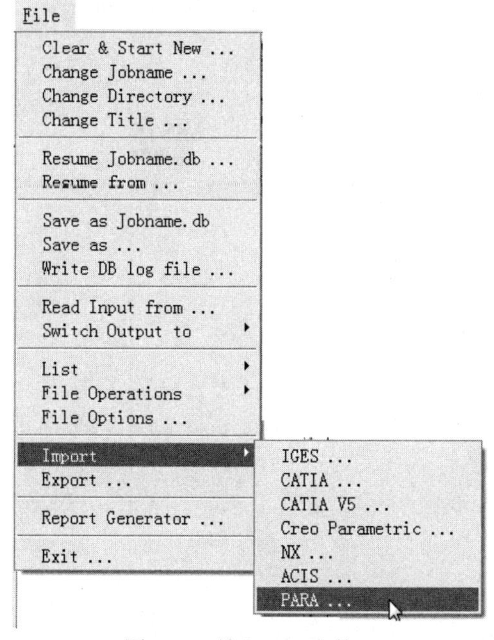

图3-21 输入PARA文件

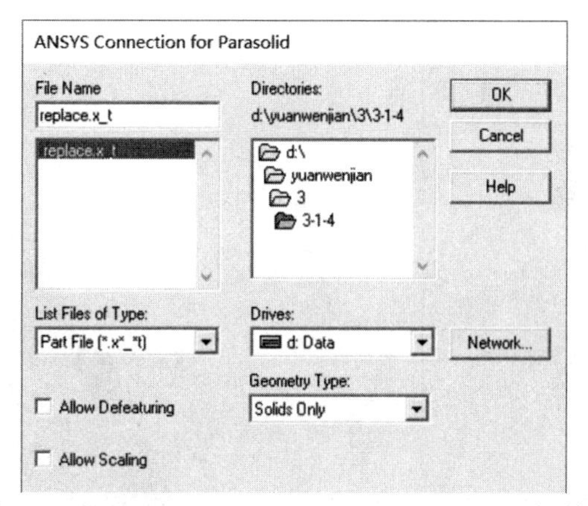

图3-22 “ANSYS Connection for Parasolid”对话框

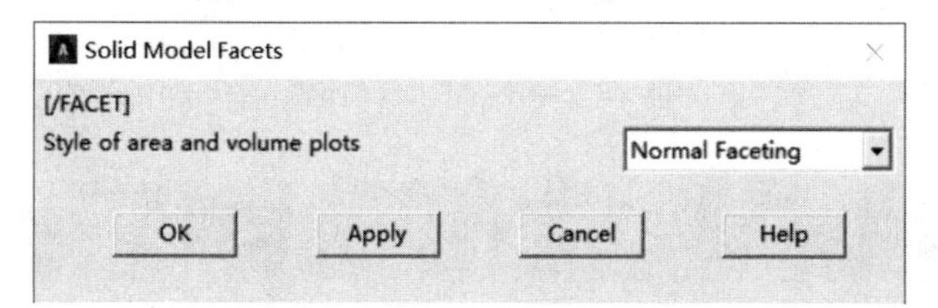

图3-23 “Solid Model Facets”对话框

5. 保存数据库

在工具条上单击“SAVE_DB”按钮，得到如图 3-24 所示的结果。

本例操作的命令流如下：

```
/CLEAR,START
! 清除 ANSYS 的数据库
/FILNAME,replace,0
! 改作业名为“replace”
~PARAIN,'replace','x_t',,SOLIDS,0,0
! 输入“replace.x_t”实体参数文件，假设该模型位置在 ANSYS 的默认工作目录
/NOPR
/GO
/FACET,NORML
```

```
! 打开“Normal Faceting”
/REPLOT
/USER,  1
/VIEW,  1,  0.839796772209    , -0.234843988588     , -0.489478990776
/ANG,   1,  -24.4882476303
/REPLO
/REPLOT,RESIZE
SAVE
FINISH
! 保存数据库
```

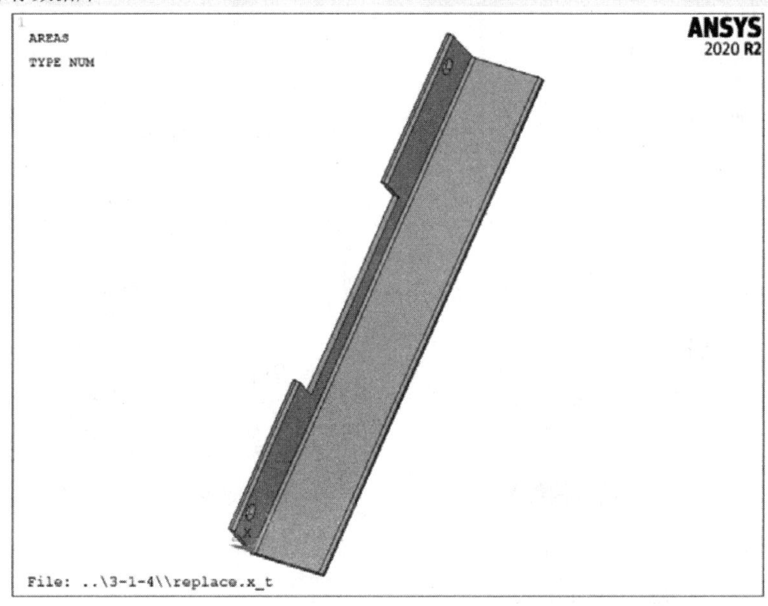

图3-24　输入SAT文件后的结果

3.2 实例导航——对输入模型进行修改

本节的内容是通过实例来介绍对输入的实体进行修改。这一操作是非常重要的。首先按照3.1节介绍的方法输入IGES文件“h_latch.igs”，并用“h_latch”作为作业名。

1. 偏移工作平面到给定位置

1）从实用菜单中选择Utility Menu：WorkPlane > Offset WP to > Keypoints +

2）在ANSYS输入窗口中选择底板右边的内角点，单击“OK”按钮，偏移工作平面到指定位置，结果如图3-25所示。

2. 旋转工作平面

1）从实用菜单中选择Utility Menu：WorkPlane > Offset WP by Increments

2）在弹出的对话框的“XY,YZ,ZX Angles”文本框中输入“0,90,0”，单击“OK”按钮，如图3-26所示。结果如图3-27所示。

3. 将激活的坐标系设置为工作平面坐标系

从实用菜单中选择Utility Menu：WorkPlane > Change Active CS to > Working

Plane。

4. 创建圆柱体

1）从主菜单中选择 Main Menu：Preprocessor > Modeling > Create > Volumes > Cylinder > Solid Cylinder。

2）在弹出的对话框中的“WP X”文本框中输入“0.55”，在“WP Y”文本框中输入“0.55”，在“Radius” 文本框中输入“0.15”， 在“Depth” 文本框中输入“0.3”，如图 3-28 所示，单击“OK”按钮，生成一个圆柱体，结果如图 3-29 所示。

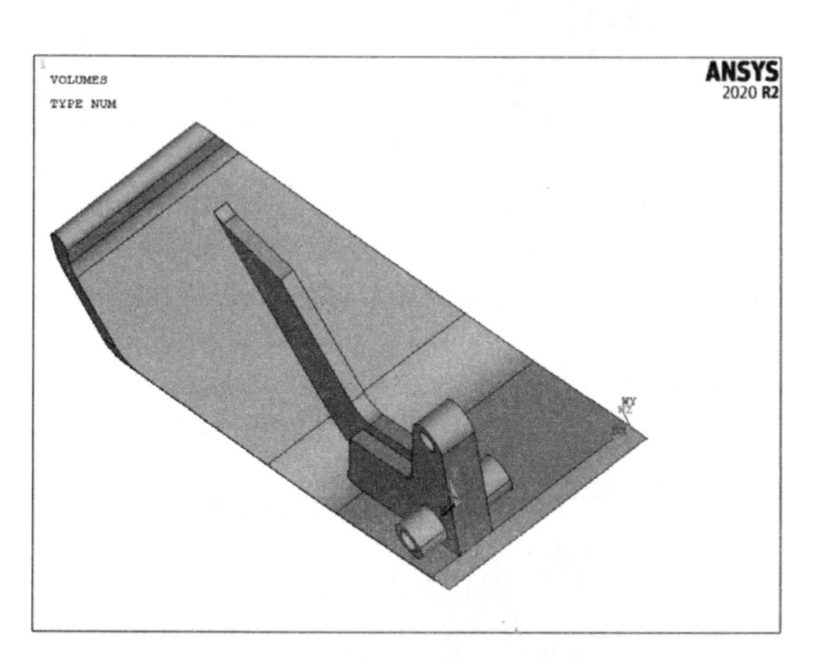

图3-25 偏移工作平面到指定位置

图3-26 “Offset WP”对话框

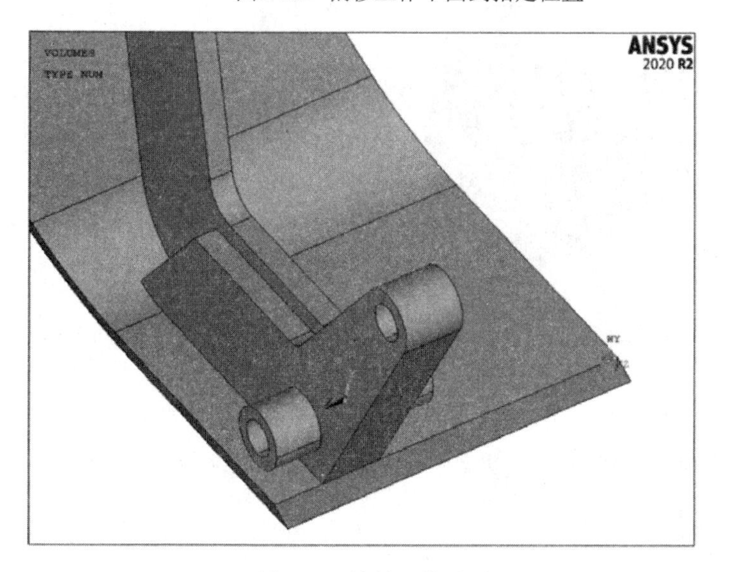

图3-27 旋转工作平面

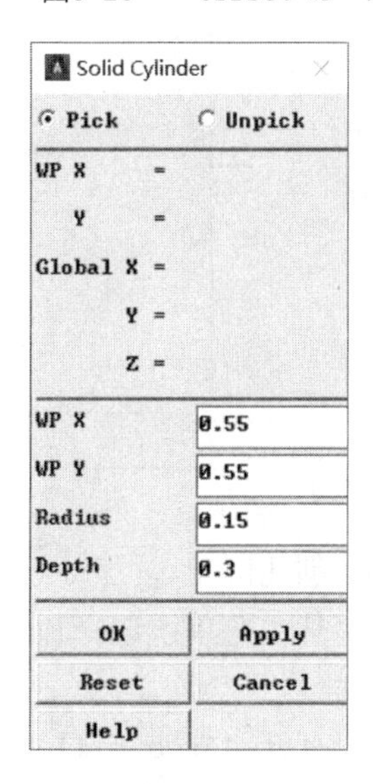

图3-28 “Solid Cylinder”对话框

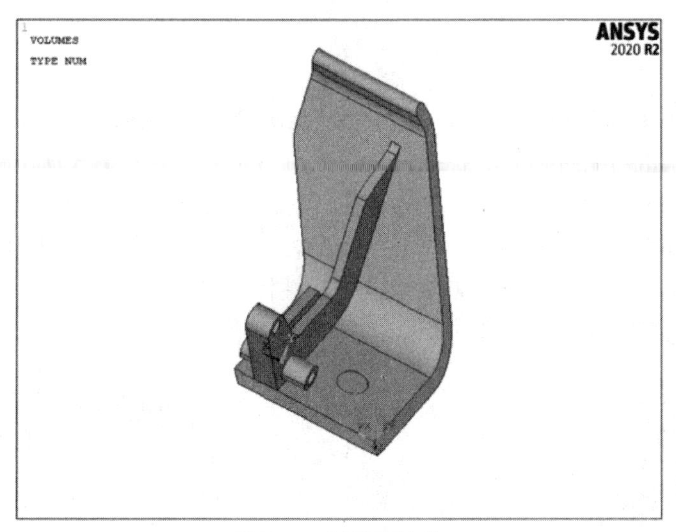

图3-29 创建圆柱体

5. 从总体中“减”去圆柱体生成轴孔

1）从主菜单中选择 Main Menu：Preprocessor > Modeling > Operate > Booleans > Subtract > Volumes。

2）在图形窗口中拾取总体，作为布尔“减”操作的母体，单击“Apply”按钮。

3）拾取刚刚建立的圆柱体作为“减”去的对象，单击“OK”按钮，结果如图 3-30 示。

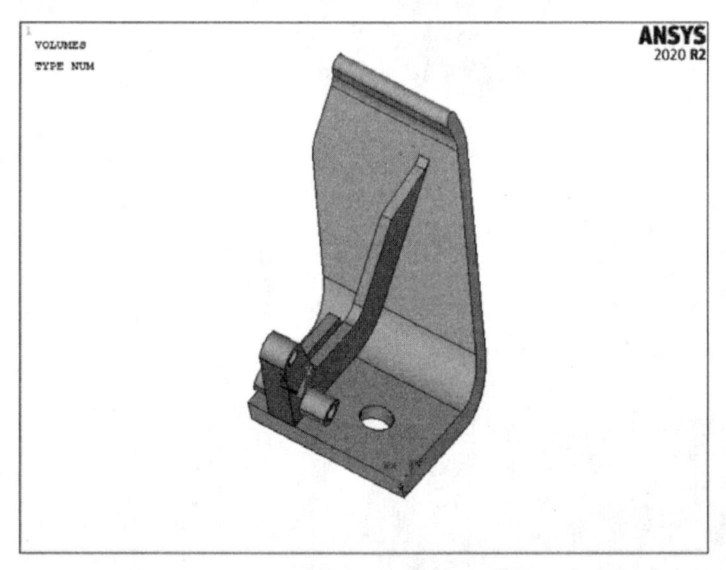

图3-30 创建轴孔

6. 创建圆角

1）从主菜单中选择 Main Menu：Preprocessor > Modeling > Create > Areas > Area Fillet。

2）打开“Area Fillet”对话框，如图 3-31 所示。

3)在图形窗口中选取如图 3-32 所示加强肋的两个面作为要创建圆角的面，单击“OK”按钮。

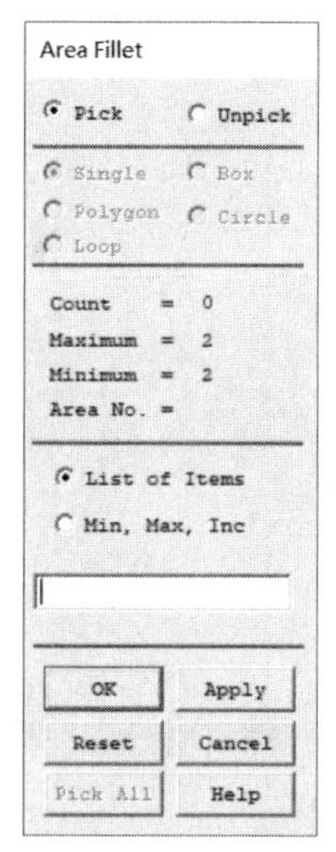

图3-31 “Area Fillet”对话框

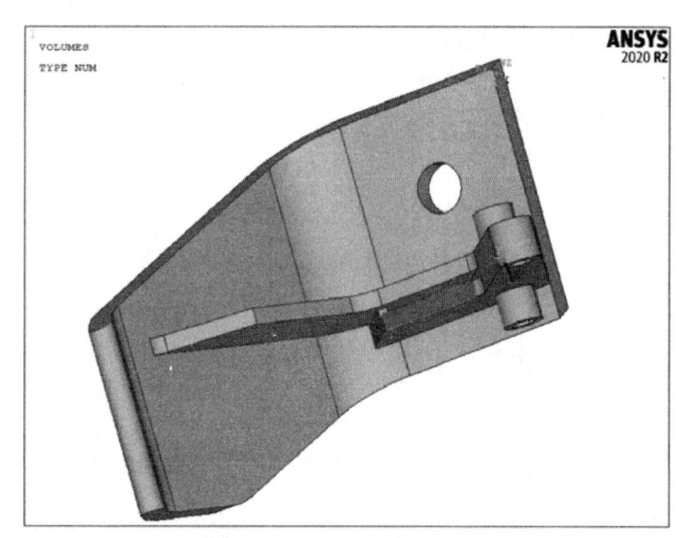

图3-32 选择要创建圆角的面

4）在弹出的对话框的“Fillet radius”文本框中输入“0.1”，单击“OK”按钮，如图 3-33 所示。

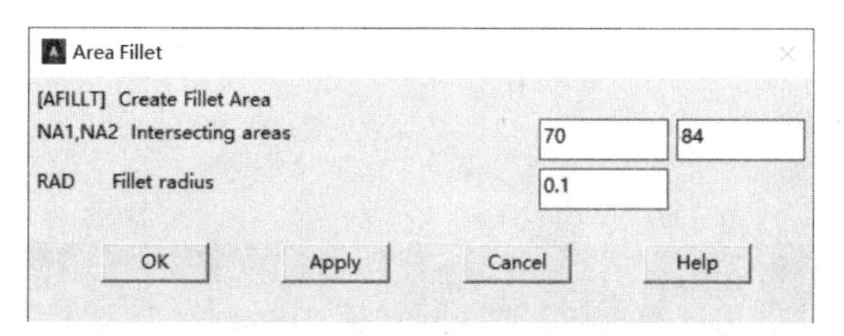

图3-33 “Area Fillet”对话框

创建圆角后的实体如图 3-34 所示。

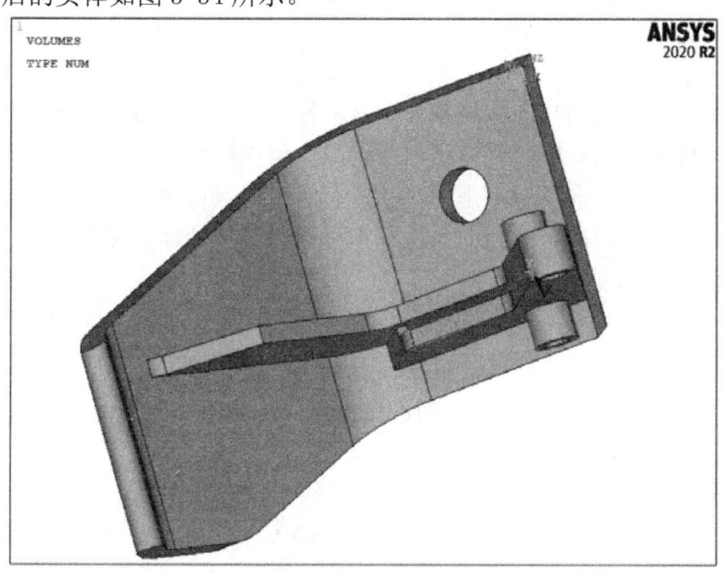

图3-34 创建圆角

本例操作的命令流如下：

```
/CLEAR
```

```
! 清除 ANSYS 的数据库
/FILNAME,h_latch,0
! 改作业名为“h_latch”
/AUX15
!进入导入“IGES”模式
IGESIN,'h_latch','igs',''
!假设该模型位置在 ANSYS 的默认工作目录
KWPAVE,      247
! 偏移工作平面到 247 点
wprot,0,90,0
! 旋转工作平面
CSYS,4
! 将激活的坐标系设置为工作平面坐标系
FINISH
/PREP7
CYL4,0.55,0.55,0.15, , , ,0.3
! 创建圆柱体
VSBV,        1,        2
! 从总体中“减”去圆柱体生成轴孔
AFILLT,84,70,0.1,
! 创建倒角面
```

3.3 实例导航——自主建模

3.3.1 自顶向下建模实例

自顶向下建立模型是指按照从体到面、从面到线、从线到点的顺序进行建模，因为线是由点构成，面是由线构成，而体是由面构成，所以称这个顺序为自顶向下建模。在建立模型的过程中，自顶向下并不是绝对的，有时也用到自底向上的方法。下面通过建立一个联轴体来介绍自顶向下建模的方法。需要创建的联轴体如图 3-35 所示。

创建联轴体的具体步骤如下：

首先从主菜单中选择 Main Menu：Preprocessor，进入前处理(/PREP7)。

1. 创建圆柱体

1）进入 ANSYS 工作目录，按照前面讲过的方法，将“coupling”作为作业名。

2）从主菜单中选择 Main Menu：Preprocessor > modeling > Create > Volumes > Cylinder > Solid Cylinder。

3）在打开的对话框中的“WP X” 文本框中输入 0，在“WP Y”文本框中输入 0，在“Radius” 文本框中输入 5，在“Depth” 文本框中输入 10，如图 3-36 所示，单击“Apply”按钮，生成一个圆柱体。

4）在“WP X” 文本框中输入“12”，在“WP Y” 文本框中输入“0”，在“Radius”

文本框中输入 3，在“Depth” 文本框中输入 4，单击“OK”按钮，生成另一个圆柱体。单击视图控制栏中的“Dynimac Model Mode”按钮，调整视图方向，结果如图 3-37 所示。

5）显示线。从实用菜单中选择 Utility Menu：Plot＞Lines，结果如图 3-38 所示。

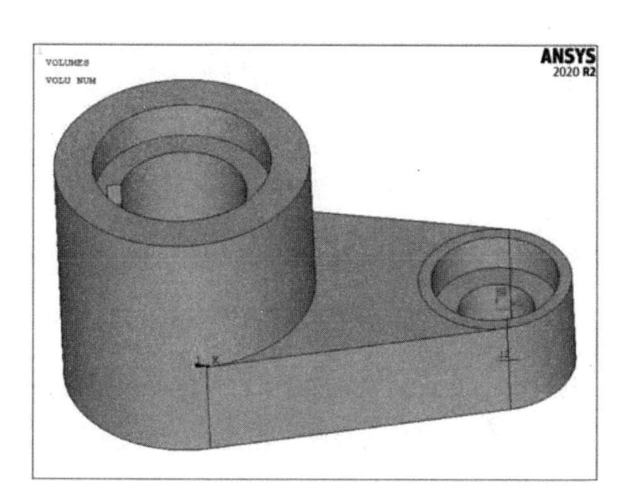

图3-35　需要创建的联轴体

Solid Cylinder
Pick　Unpick
WP X =
Y =
Global X =
Y =
Z =
WP X　0
WP Y　0
Radius　5
Depth　10
OK　Apply
Reset　Cancel
Help

图3-36　“Solid Cylinder”对话框

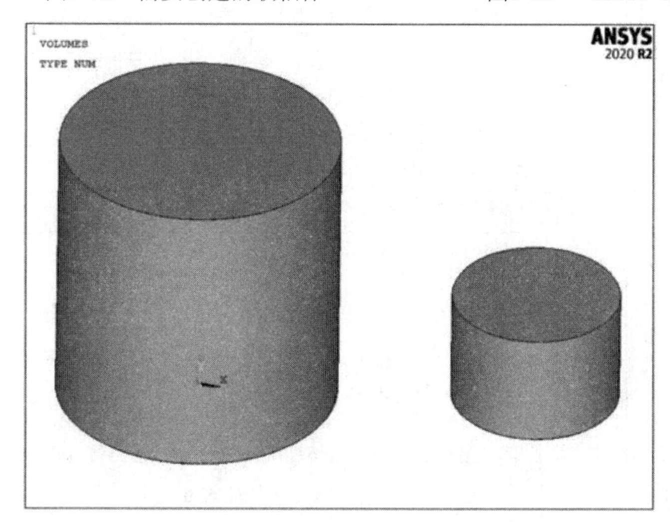

图3-37　生成两个圆柱体

2. 建立两圆柱面相切的 4 个关键点

（1）创建局部坐标系。

1）从实用菜单中选择 Utility Menu：WorkPlane ＞ Local Coordinate Systems ＞ Create Local CS ＞ At Specified Loc +。

2）在打开的对话框中的“Global Cartesian”文本框中输入“0,0,0” 如图 3-39 所示，然后单击“OK”按钮，弹出“Create Local CS at Specified Location”对话框。

3）在“Ref number of new coord sys”文本框中输入 11，在“Type of coordinate system”下拉列表中选择“Cylindrical 1”，在“Origin of coord system”文本框中分别输入“0”“0”“0”，单击“OK”按钮，如图 3-40 所示。

（2）建立与大圆柱面相切的两个关键点。

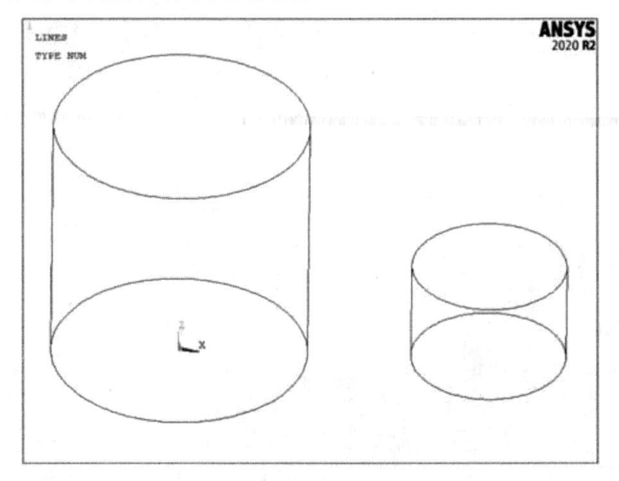

图3-38　线显示

1）从主菜单中选择 Main Menu：Preprocessor > Modeling > Create > Keypoints > In Active CS。

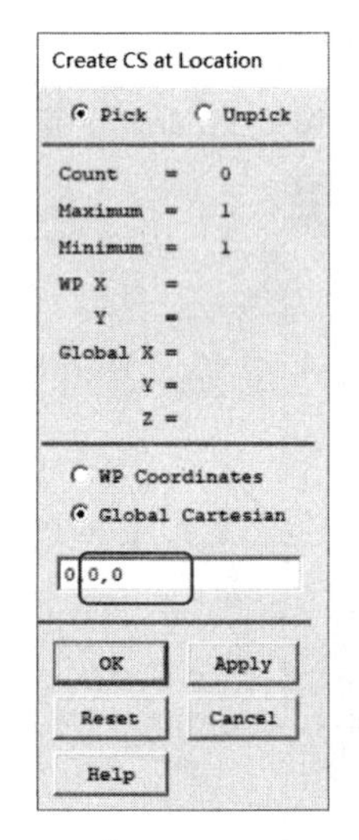

图3-39　“Create CS at Location”对话框

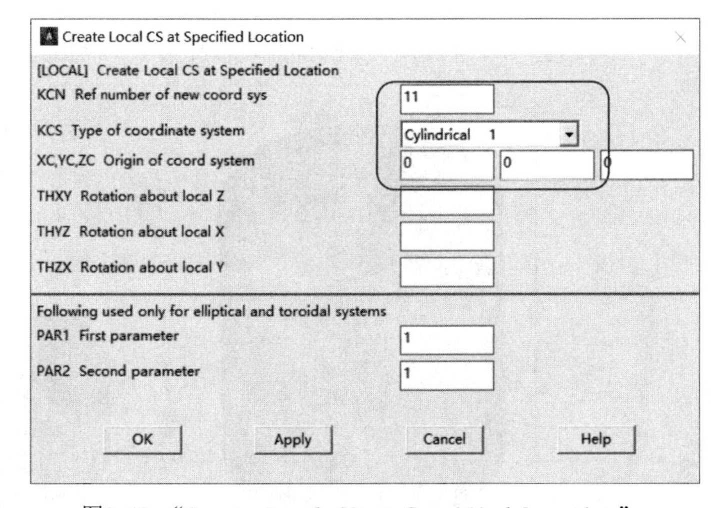

图3-40　“Create Local CS at Specified Location”对话框

2）在弹出的对话框中的“Keypoint number”文本框中输入“110”，在“Location in active CS”文本框中分别输入“5”“-80.4”“0”，如图3-41所示，单击“Apply”按钮，创建一个关键点。在“Keypoint number”文本框中输入120，在“Location in active CS”文本框中分别输入“5”“80.4”“0”，单击“OK”按钮，创建另一个关键点。

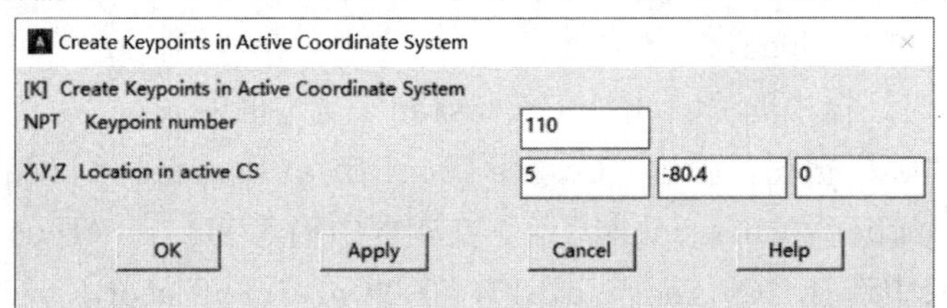

图3-41　“Create Keypoints in Active Coordinate System”对话框

（3）创建局部坐标系。

1）从实用菜单中选择 Utility Menu：WorkPlane > Local Coordinate Systems > Create Local CS > At Specified Loc +。

2）在弹出的对话框中的“Global Cartesian”文本框中输入“12,0,0”，单击“OK”按钮，弹出“Create Local CS At Specified Location”对话框。

3）在“Ref number of new coord sys”文本框中输入 12，在“Type of coordinate system”下拉列表中选择“Cylindrical 1”，在“Origin of coord system”文本框中分别输入“12”“0”“0”，单击“OK”按钮。

（4）建立与小圆柱面相切的两个关键点。

1）从主菜单中选择 Main Menu：Preprocessor > Modeling > Create > Keypoints > In Active CS。

2）在弹出的对话框中的“Keypoint number”文本框中输入 130，在“Location in active CS”文本框中分别输入“3”“-80.4”“0”，单击“Apply”按钮，创建一个关键点；在“Keypoint number”文本框中输入 140，在“Location in active CS”文本框中分别输入“3”“80.4”“0”，单击“OK”按钮，创建另一个关键点。

3. 生成与圆柱底相交的面

（1）用 4 个相切的点创建 4 条直线。

1）从主菜单中选择 Main Menu：Preprocessor > Modeling > Create > Lines > Lines > Straight line。

2）在图形窗口中，依次单击点 110 和点 130、点 120 和点 140、点 110 和点 120、点 130 和点 140，使它们成为 4 条直线，单击“OK”按钮，结果如图 3-42 所示。

（2）创建一个四边形面。

1）从主菜单中选择 Main Menu：Preprocessor > Modeling > Create > Areas > Arbitrary > By Lines。

2）依次按逆时针顺序拾取刚刚建立的 4 条直线，单击如图 3-43 所示对话框中的“OK”按钮。生成的四边形面如图 3-44 所示。

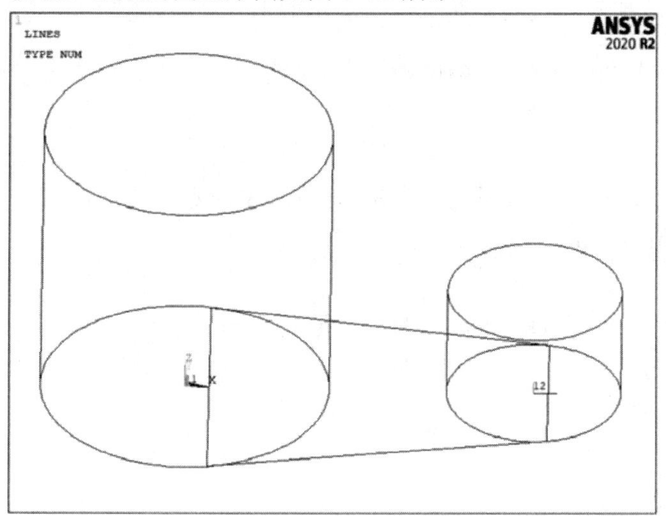

图 3-42　创建 4 条直线

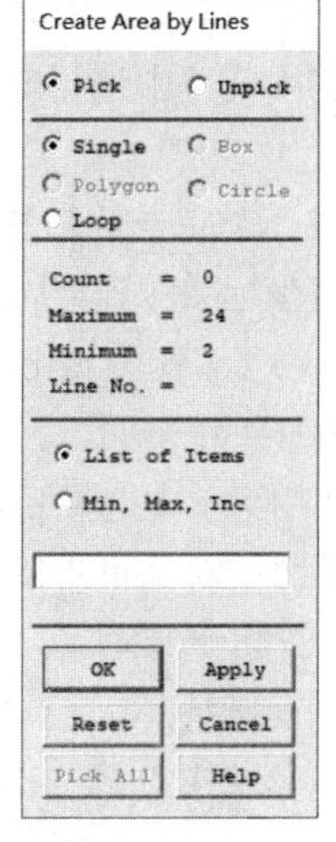

图 3-43　“Create Area By Lines”对话框

4. 沿面的法向拖拽生成一个四棱柱

1）从主菜单中选择 Main Menu：Preprocessor > Modeling > Operate > Extrude > Areas > Along Normal。

2）在图形窗口中拾取刚创建的四边形面，单击如图 3-45 所示对话框中的“OK”按钮。

3）在打开的对话框中的“DIST”文本框中输入 4，设置厚度的方向是向圆柱所在的方向，单击“OK”按钮，如图 3-46 所示。

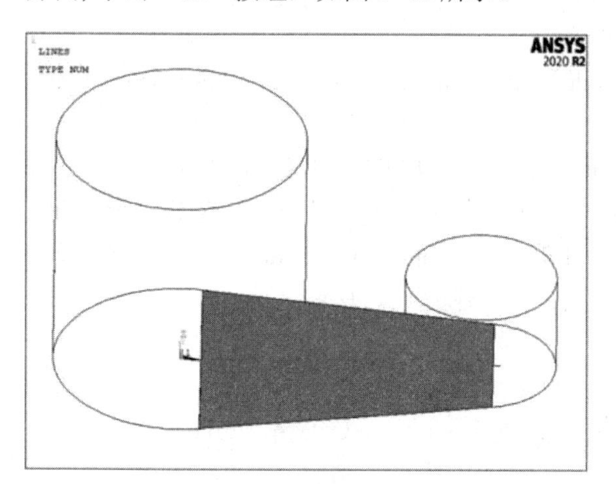

图 3-44　创建四边形面

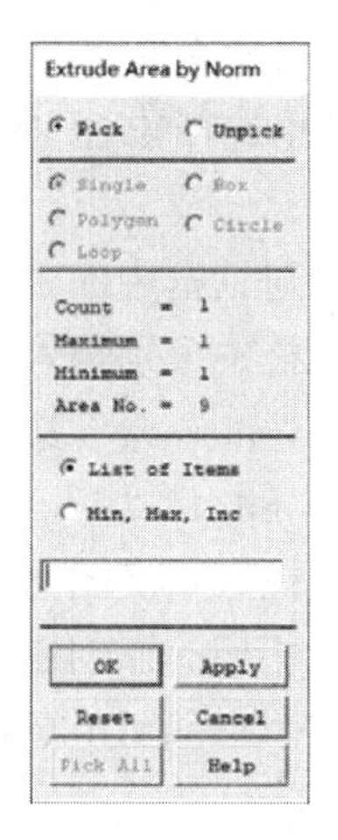

图 3-45　“Extrude Area By Norm”对话框

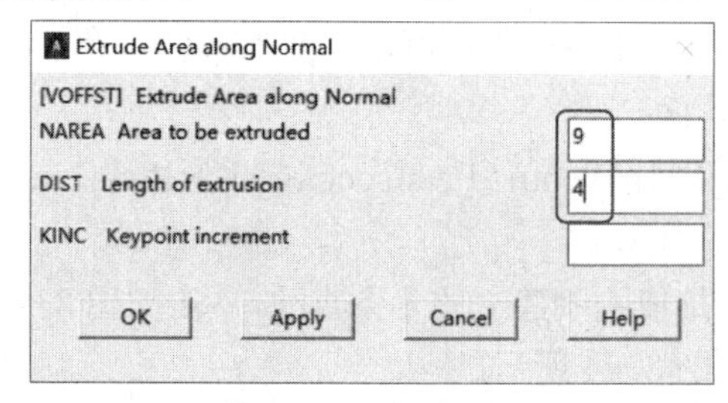

图 3-46　“Extrude Areas along Normal”对话框

4）从实用菜单中选择 Utility Menu：Plot > Volumes，生成四棱柱，结果如图 3-47 所示。

5. 生成一个完全的轴孔

（1）将坐标系转到全局直角坐标系。从实用菜单中选择 Utility Menu：WorkPlane > Change Active CS to > Global Cartesian。

（2）偏移工作平面。

1）从实用菜单中选择 Utility Menu：WorkPlane > Offset WP to > XYZ Locations +。

2）在弹出的对话框中的“Global Cartesian”文本框中输入“0,0,8.5”，单击“OK”按钮，如图 3-48 所示。

（3）创建圆柱体。

1）从主菜单中选择 Main Menu：Preprocessor > Modeling > Create > Volumes > Cylinder > Solid Cylinder。

2）在弹出的对话框中的“WP X” 文本框中输入0，在“WP Y” 文本框中输入0，在“Radius” 文本框中输入3.5，在“Depth” 文本框中输入1.5，单击“Apply”按钮，生成一个圆柱体。

3）在“WP X” 文本框中输入 0，在“WP Y” 文本框中输入 0，在“Radius” 文本框中输入 2.5，在“Depth” 文本框中输入-8.5，单击“OK”按钮，生成另一个圆柱体。创建两个圆柱体后的结果如图3-49所示。

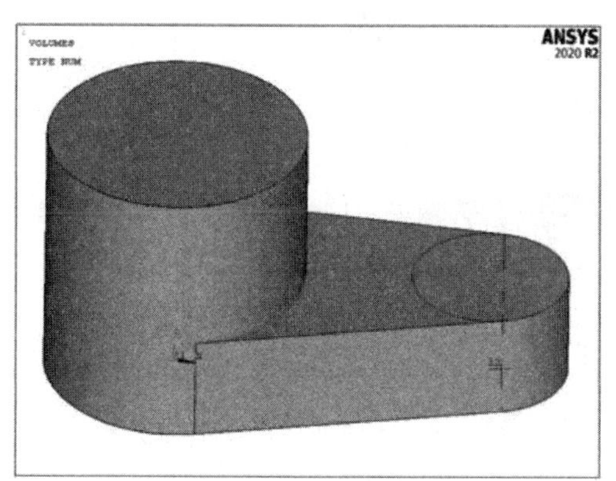

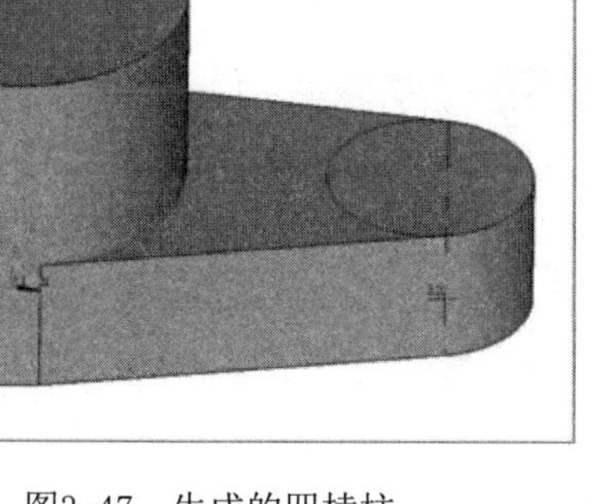

图3-47　生成的四棱柱

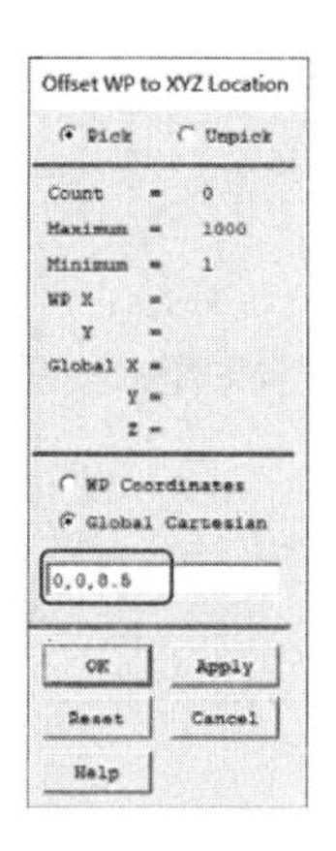

图3-48　“Offset WP to XYZ Locations”对话框

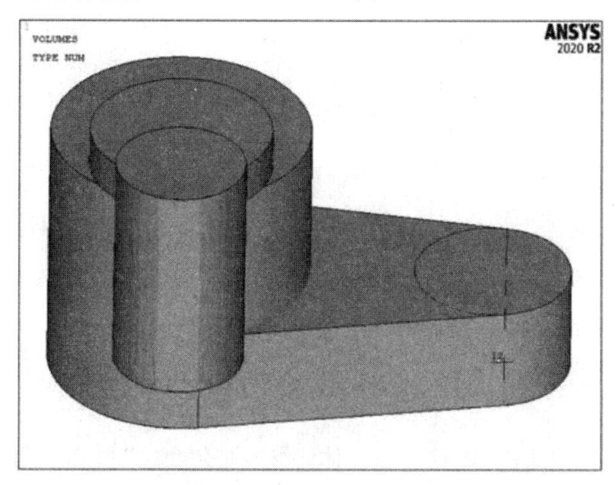

图3-49　生成两个圆柱体

（4）从联轴体中“减”去圆柱体生成轴孔。

1）从主菜单中选择Main Menu：Preprocessor > Modeling > Operate > Booleans > Subtract > Volumes。

2）在图形窗口中拾取联轴体及大圆柱体，作为布尔“减”操作的母体，单击“Apply”按钮。

3）在图形窗口中拾取刚刚建立的两个圆柱体作为“减”去的对象，单击“OK”按钮，生成圆轴孔结果，如图3-50所示。

（5）偏移工作平面。

1）从实用菜单中选择Utility Menu：WorkPlane > Offset WP to > XYZ Locations + 。

2）在弹出的对话框中的“Global Cartesion”文本框中输入“0,0,0”，单击“OK”

按钮。

（6）生成长方体。

1）从主菜单中选择 Main Menu：Preprocessor > Modeling > Create > Volumes > Block > By Dimensions。

2）在弹出的对话框中设置 X1=0, X2=-3, Y1=-0.6, Y2=0.6, Z1=0, Z2=8.5，单击“OK”按钮，如图 3-51 所示。

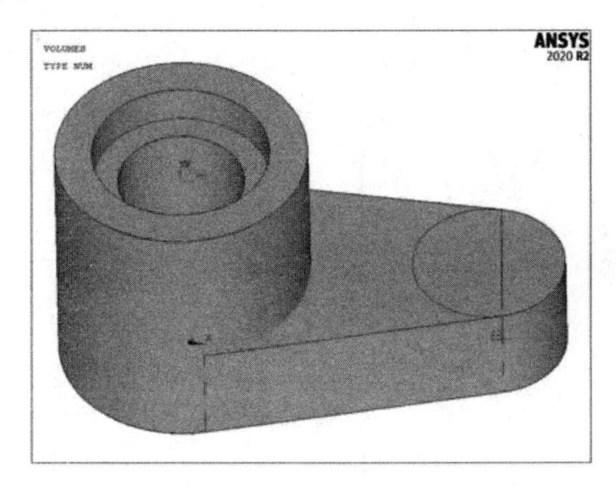

图3-50　生成圆轴孔

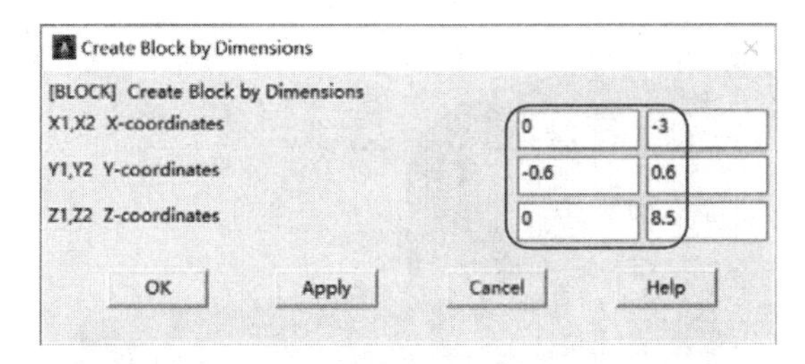

图 3-51　“Create Block By Dimensions”对话框

（7）从联轴体中再“减”去长方体生成完全的轴孔。

1）从主菜单中选择 Main Menu：Preprocessor > Modeling > Operate > Booleans > Subtract > Volumes。

2）在图形窗口中拾取联轴体及大圆柱体，作为布尔“减”操作的母体，单击“Apply”按钮。

3）在图形窗口中拾取刚刚建立的长方体作为“减”去的对象，单击“OK”按钮，生成完全的轴孔，结果如图 3-52 所示。

6. 生成另一个轴孔

（1）偏移工作平面。

1）从实用菜单中选择 Utility Menu：WorkPlane > Offset WP to > XYZ Locations + 。

2）在打开的对话框中的“Global Cartesian”文本框中输入“12, 0, 2.5”，单击“OK”按钮。

（2）创建圆柱体。

1）从主菜单中选择 Main Menu：Preprocessor > Modeling > Create > Volumes >

Cylinder > Solid Cylinder。

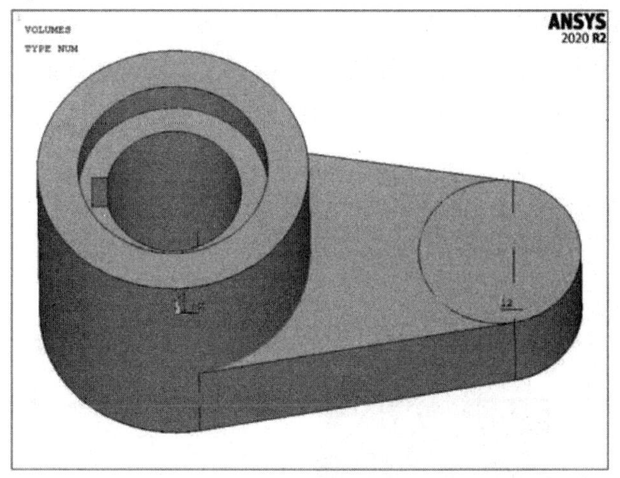

图3-52 生成完全的轴孔

2）在打开的对话框中的“WP X” 文本框中输入 0，在“WP Y”文本框中输入 0，在“Radius” 文本框中输入 2，在“Depth” 文本框中输入 1.5，单击“Apply”按钮。

3）在“WP X” 文本框中输入 0，在“WP Y” 文本框中输入 0，在“Radius” 文本框中输入 1.5，在“Depth”文本框中输入-2.5，单击“OK”按钮，生成另一个圆柱体。

（3）从联轴体中“减”去圆柱体生成轴孔。

1）从主菜单中选择 Main Menu：Preprocessor > Modeling > Operate > Booleans > Subtract > Volumes。

2）在图形窗口中拾取联轴体及小圆柱体，作为布尔“减”操作的母体，单击“Apply”按钮。

3）在图形窗口中拾取刚建立的两个圆柱体作为“减”去的对象，单击“OK”按钮，生成轴孔，结果如图 3-53 所示。

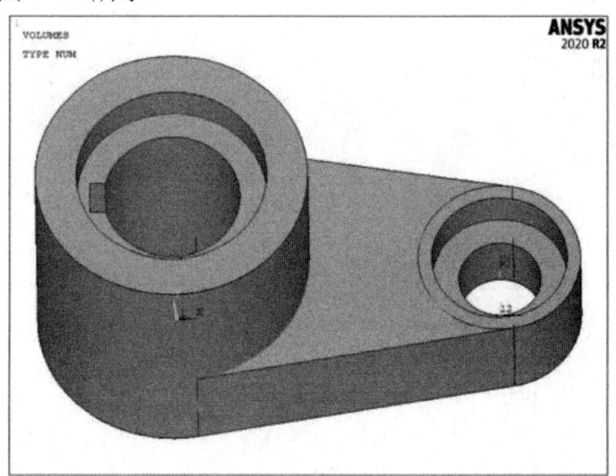

图3-53 生成轴孔

7. 生成联轴体

（1）从主菜单中选择 Main Menu：Preprocessor > Modeling > Operate > Booleans > Add > Volumes。

（2）在弹出的对话框中单击“Pick All”按钮。

（3）打开实体编号开关并生成联轴体。

1）从实用菜单中选择Utility Menu：PlotCtrls > Numbering。

2）设置“Volume numbers”选项为“On”，单击“OK”按钮，生成联轴体，结果如图3-54所示。

8．保存并退出ANSYS

1）单击工具条上的SAVE_DB按钮。

2）单击工具条上的QUIT按钮。

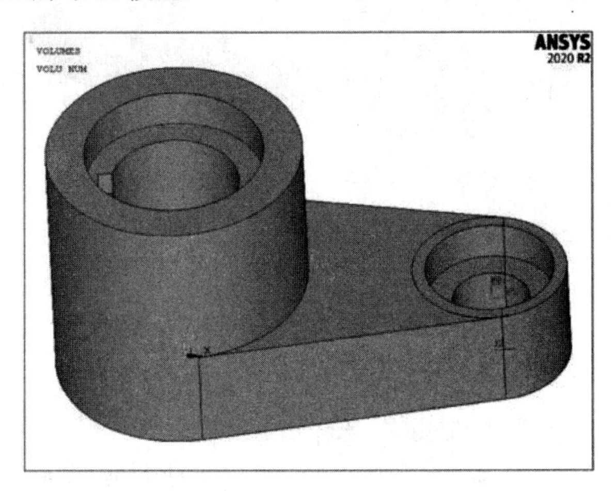

图3-54　生成联轴体

本例操作的命令流如下：

```
/CLEAR,START
/FILNAME,coupling,0
! 将“coupling”作为作业名
/PREP7
CYL4,0,0,5, , , ,10
CYL4,12,0,3, , , ,4
! 创建圆柱体
LPLOT
! 显示线
LOCAL,11,1,0,0,0, , , ,1,1,
! 创建局部坐标系
K,110,5,-80.4,0,
K,120,5,80.4,0,
! 建立左圆柱面相切的两个关键点
LOCAL,12,1,12,0,0, , , ,1,1,
! 创建局部坐标系
K,130,3,-80.4,0,
K,140,3,80.4,0,
! 建立右圆柱面相切的两个关键点
LSTR,     110,     130
```

```
LSTR,       120,       140
LSTR,       130,       140
LSTR,       120,       110
！用四个相切的点创建 4 条直线
FLST,2,4,4
FITEM,2,24
FITEM,2,21
FITEM,2,23
FITEM,2,22
AL,P51X
！创建一个四边形面
VOFFST,9,4, ,
！沿面的法向拖拽生成一个四棱柱,厚度为 4mm
CSYS,0
！将坐标系转到全局直角坐标系
FLST,2,1,8
FITEM,2,0,0,8.5
WPAVE,P51X
!偏移工作平面
CYL4,0,0,3.5, , , ,1.5
CYL4,0,0,2.5, , , ,-8.5
!创建两个圆柱体
FLST,2,2,6,ORDE,2
FITEM,2,1
FITEM,2,3
FLST,3,2,6,ORDE,2
FITEM,3,4
FITEM,3,-5
VSBV,P51X,P51X
！从联轴体中“减”去圆柱体生成轴孔
FLST,2,1,8
FITEM,2,0,0,0
WPAVE,P51X
！偏移工作平面
BLOCK,0,-3,-0.6,0.6,0,8.5,
！生成长方体
VSBV,        7,        1
！从联轴体中再“减”去长方体生成完全的轴孔
FLST,2,1,8
FITEM,2,12,0,2.5
WPAVE,P51X
！偏移工作平面
CYL4,0,0,2, , , ,1.5
CYL4,0,0,1.5, , , ,-2.5
```

```
!创建两个圆柱体
FLST,2,2,6,ORDE,2
FITEM,2,2
FITEM,2,6
FLST,3,2,6,ORDE,2
FITEM,3,1
FITEM,3,4
VSBV,P51X,P51X
! 从联轴体中“减”去圆柱体生成轴孔
FLST,2,3,6,ORDE,3
FITEM,2,3
FITEM,2,5
FITEM,2,7
VADD,P51X
! 生成联轴体
SAVE
FINISH
! 保存并退出ANSYS
```

3.3.2 自底向上建模实例

自底向上建模与自顶向下建模正好相反，是按照从点到线，从线到面，从面到体的顺序建立模型，因为线是由点构成，面是由线构成，而体是由面构成，所以称这个顺序为自底向上建模。在建立模型的过程中，自底向上并不是绝对的，有时也用到自顶向下的方法。下面通过建立一个平面体来介绍自底向上建模的方法。

1. 修改工作目录

进入ANSYS工作目录，按照前面讲过的方法，将“spacer”作为jobname。

2. 创建一个圆面

1）从主菜单中选择Main Menu：Preprocessor > Modeling > Create > Areas > Circle > By Dimensions。

2）在打开的对话框中设置RAD1 = 10，RAD2 = 6，THETA1 = 0，THETA2 = 180，单击“OK”按钮，如图3-55所示。

创建圆面的结果如图3-56所示。

3. 建立另外一个圆面

（1）偏移工作平面到给定位置。

1）从实用菜单中选择Utility Menu：WorkPlane > Offset WP to > XYZ Locations +。

2）在打开的对话框中的文本框中输入“16,0,0”，单击“OK”按钮，如图3-57所示。

（2）将激活的坐标系设置为工作平面坐标系。从实用菜单中选择Utility Menu：WorkPlane > Change Active CS to > Working Plane。

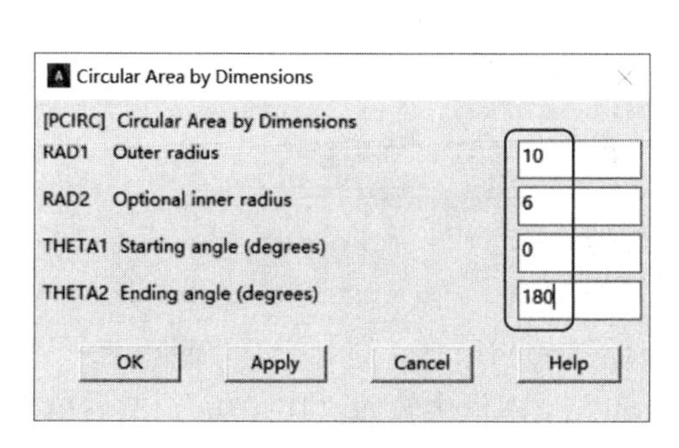

图3-55 “Circular Area by Dimensions”对话框

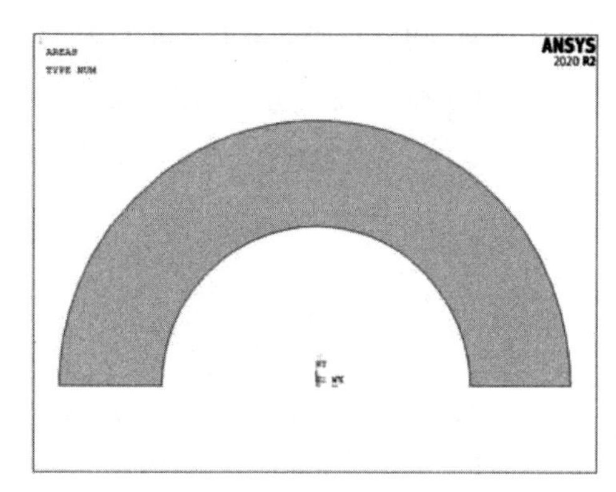

图3-56 创建圆面

(3) 创建另一个圆面。

1) 从主菜单中选择Main Menu: Preprocessor > Modeling > Create > Areas > Circle > By Dimensions。

2) 在打开的对话框中设置 RAD1 = 5, RAD2 = 3, THETA1 = 0, THETA2 = 180, 然后单击“OK”按钮，创建另一个圆，结果如图3-58所示。

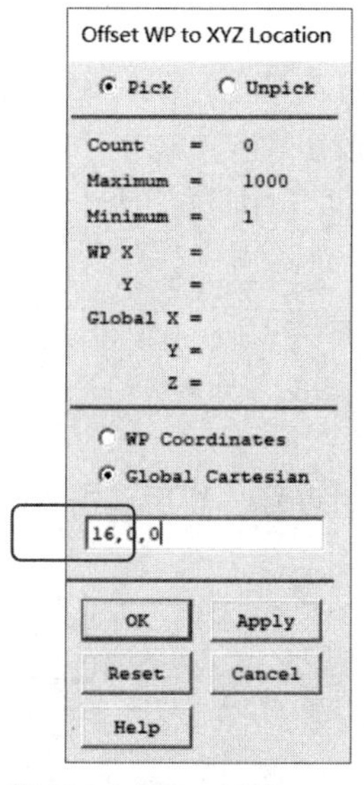

图3-57 “Offset WP to XYZ Location”对话框

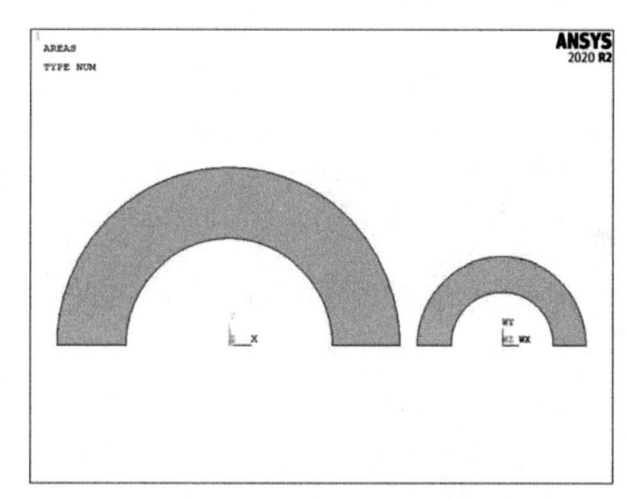

图3-58 创建另一个圆面

4. 创建两圆面的切线

(1) 将激活的坐标系设置为总体柱坐标系。从实用菜单中选择 Utility Menu: WorkPlane > Change Active CS to > Global Cylindrical。

(2) 定义一个新的关键点。

1) 从主菜单中选择Main Menu: Preprocessor > Modeling > Create > Keypoints > In Active CS。

2) 在弹出的对话框中的“Keypoint number”文本框中输入110，在“Location in active CS”文本框中分别输入“10”“73”“0”，单击“OK”按钮，如图3-59所示。

(3) 创建局部坐标系。

1) 从实用菜单中选择 Utility Menu: WorkPlane > Local Coordinate Systems >

Create Local CS > At Specified Loc +。

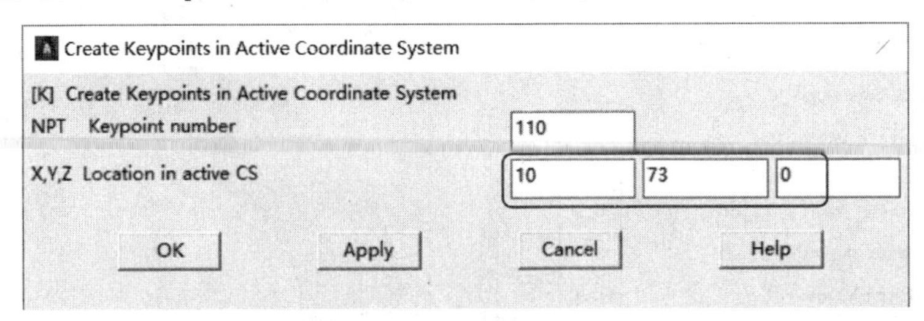

图3-59 “Create Keypoints in Active Coordinate System”对话框

2）在打开的对话框中的“Global Cartesian”文本框中输入“16,0,0”，然后单击“OK”按钮，打开“Create Local CS at Specified Location”对话框。

3）在“Ref number of new coord sys”中输入11，在“Type of coordinate system”下拉列表中选择“Cylindrical 1”，在“Origin of coord system”文本框中分别输入“16”“0”“0”，单击“OK”按钮，如图3-60所示。

（4）定义另一个新的关键点。

1）从主菜单中选择Main Menu：Preprocessor > Modeling > Create > Keypoints > In Active CS。

2）在打开的对话框中的“Keypoint number”文本框中输入120，在“Location in active CS”文本框中分别输入“5”“73”“0”，单击“OK”按钮。

（5）将激活的坐标系设置为总体笛卡儿坐标系。从实用菜单中选择Utility Menu：WorkPlane > Change Active CS to > Global Cartesian。

（6）在刚刚建立的关键点（点110和点120）之间创建直线。

1）从主菜单中选择 Main Menu：Preprocessor > Modeling > Create > Lines > Lines > Straight Line。

2）在弹出的如图3-61所示的文本框中输入两个关键点的点号，然后单击“OK”按钮。

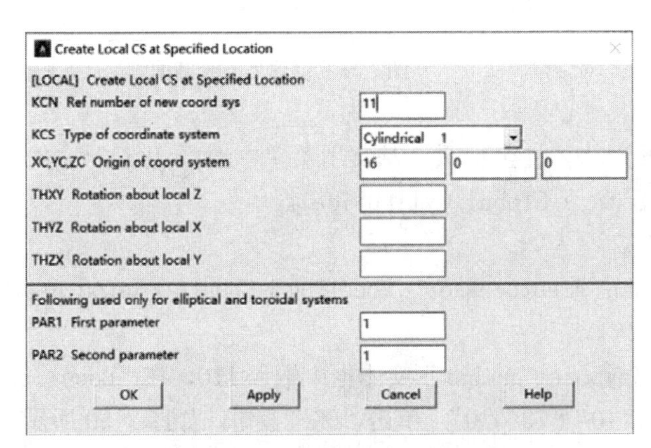

图3-60 “Create Local CS at Specified Location”对话框

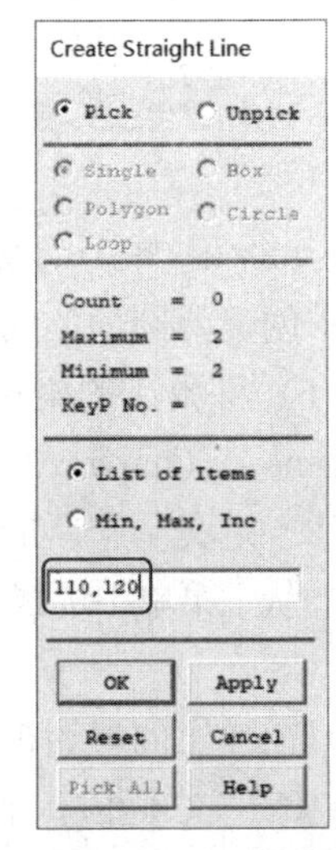

图3-61 “Create Straight Line”对话框

（7）创建切线。从实用菜单中选择 Utility Menu： Plot > Lines。

创建切线的结果如图 3-62 所示。

5. 创建两圆柱面之间的连接面

（1）将激活的坐标系设置为总体柱坐标系。从实用菜单中选择 Utility Menu：WorkPlane > Change Active CS to > Global Cylindrical。

（2）创建弧线。

1）从主菜单中选择 Main Menu：Preprocessor > Modeling > Create > Lines > Lines > In Active Coord。

2）拾取图 3-62 中的大圆小段圆弧上的两个关键点，然后单击“OK”按钮，创建弧线，结果如图 3-63 所示。

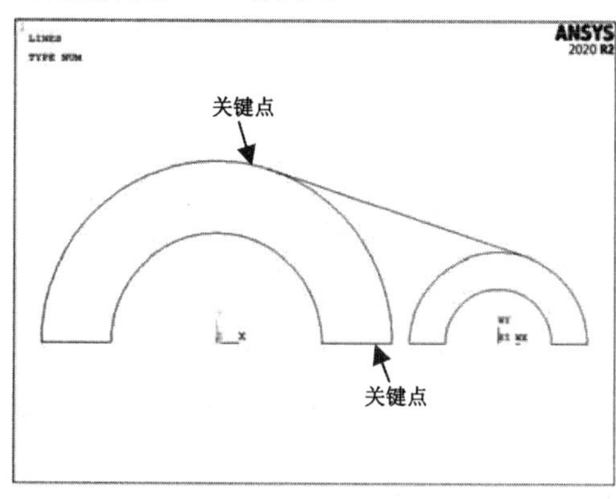

图3-62　创建切线

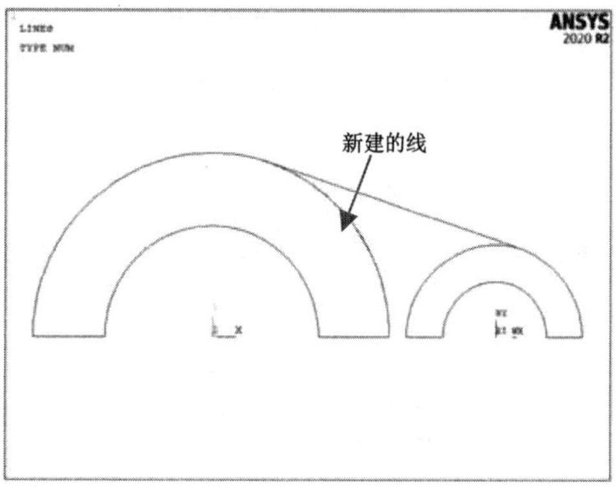

图3-63　创建弧线

（3）将激活的坐标系设置为局部柱面坐标系。

1）从实用菜单中选择 Utility Menu：WorkPlane > Change Active CS to > Specified Coord Sys。

2）在弹出的对话框的“Coordinate system number ”文本框中输入坐标系编号 11，单击“OK”按钮，如图 3-64 所示。

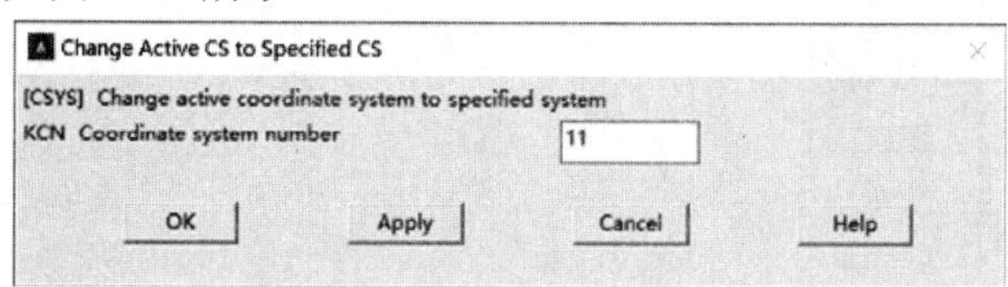

图3-64　“Change Active CS to Specified CS”对话框

（4）在局部柱面坐标系中创建线。

1）从主菜单中选择 Main Menu：Preprocessor > Modeling > Create > Lines > Lines > In Active Coord。

2）拾取如图 3-65 所示的关键点 6 和 120、点 1 和 6，然后单击“OK”按钮，创建一条直线和一条弧线，结果如图 3-66 所示。

（5）将激活的坐标系设置为总体笛卡儿坐标系。从实用菜单中选择 Utility Menu：WorkPlane > Change Active CS to > Global Cartesian。

（6）由前面定义的线创建一个新的面。

1）从主菜单中选择 Main Menu：Preprocessor > Modeling > Create > Areas >

Arbitrary > By Lines。

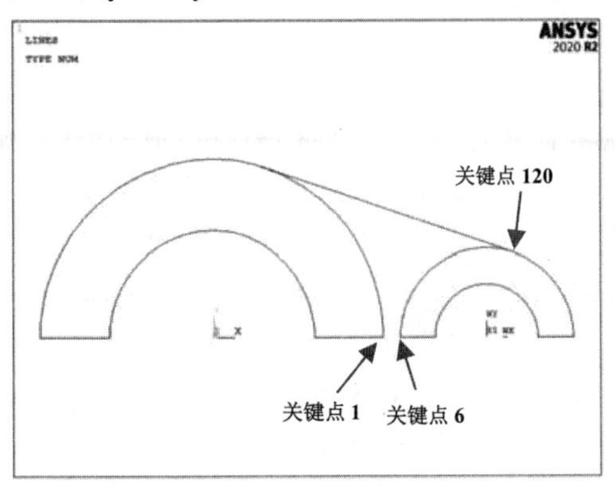

图3-65　拾取关键点

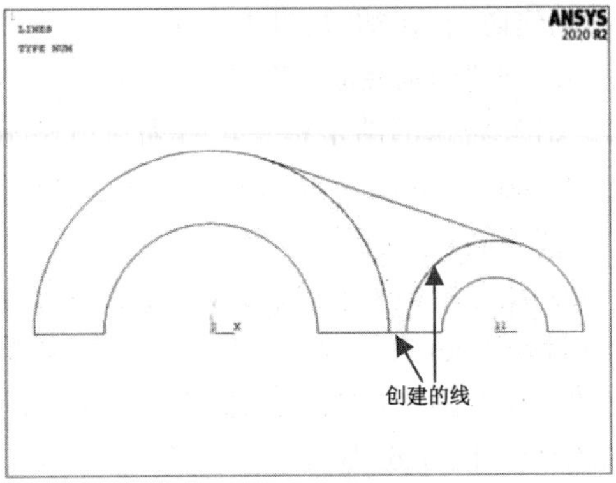

创建的线

图3-66　创建线

2）从图形窗口中拾取刚刚建立的 4 条线，完成拾取后的对话框如图 3-67 所示。然后单击“OK”按钮。

（7）打开点、线、面的编号。

1）从实用菜单中选择 Utility Menu：PlotCtrls > Numbering。

2）打开点、线、面的编号，单击“OK”按钮，结果如图 3-68 所示。

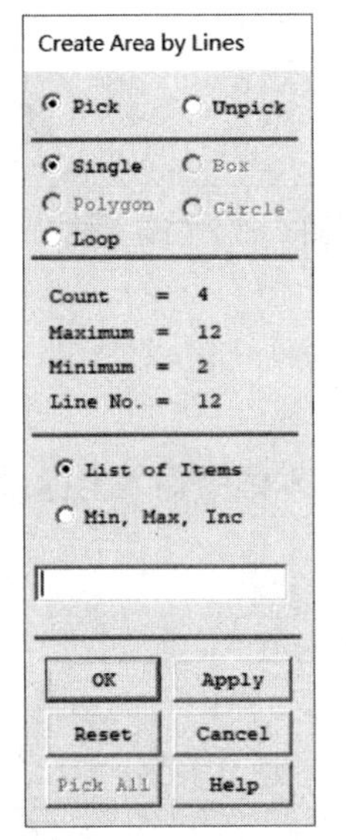

图 3-67　“Create Area by Lines”对话框

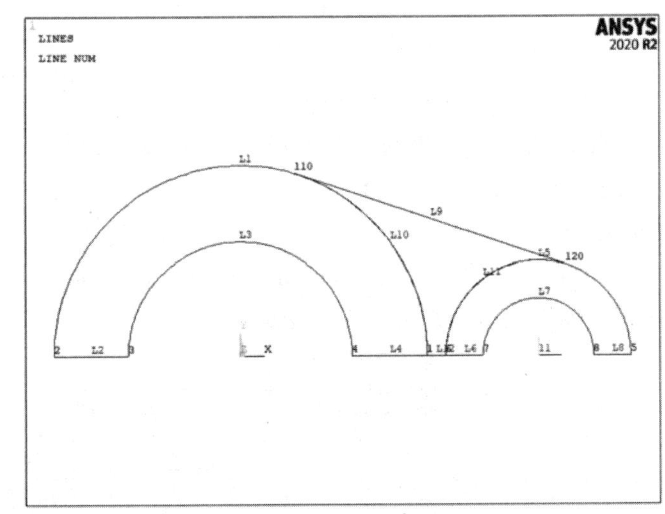

图 3-68　打开点、线、面编号

（8）从实用菜单中选择 Utility Menu：Plot > Areas。

6．把所有面加起来生成一个面

（1）从主菜单中选择 Main Menu：Preprocessor > Modeling > Operate > Booleans > Add > Areas。

（2）在打开的对话框中选择“Pick All”，将面进行相加，结果如图 3-69 所示。

7．生成一个矩形孔

（1）创建一个矩形面。

1）从实用菜单中选择 Utility Menu：WorkPlane > Offset WP to > Global Origin。

2）从主菜单中选择 Main Menu：Preprocessor > Modeling > Create > Areas >

Rectangle > By Dimensions。

3）在弹出的对话框中设置 X1 = -2，X2 = 2，Y1 = 0，Y2 = 8，单击“OK”按钮，如图 3-70 所示。

创建矩形面的结果如图 3-71 所示。

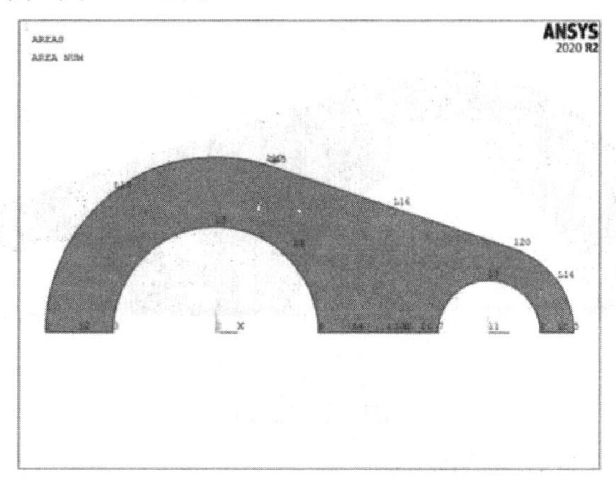

图3-69 将面相加的结果

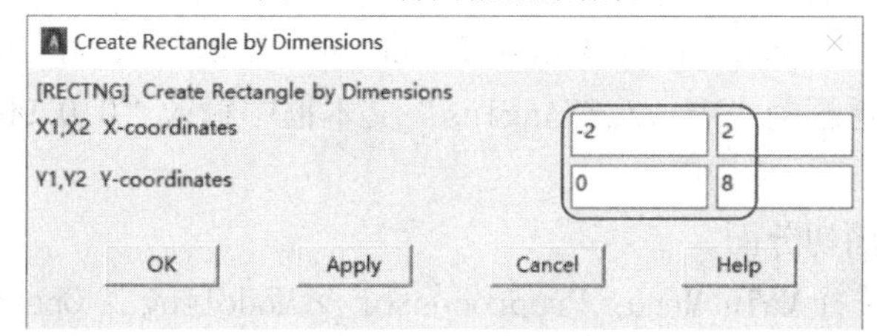

图3-70 “Create Rectangle by Dimensions”对话框

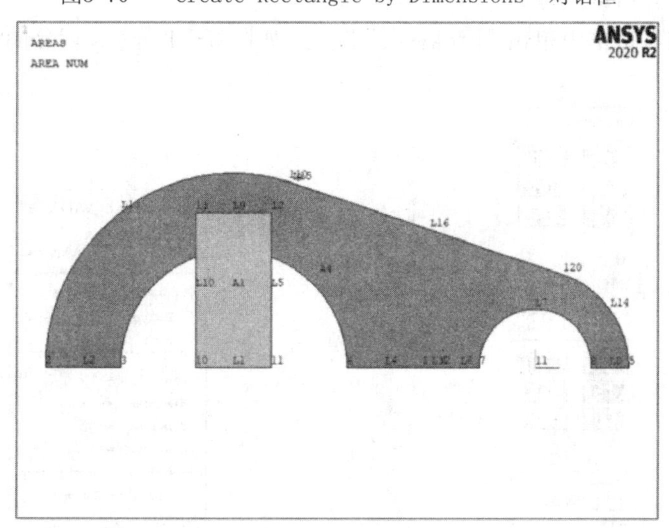

图3-71 创建矩形面

（2）从总体面中“减”去矩形面生成孔。

1）从主菜单中选择 Main Menu：Preprocessor > Modeling > Operate > Booleans > Subtract > Areas。

2）在图形窗口中选择总体面，作为布尔“减”操作的母体，单击“Apply”按钮。

3）拾取刚刚建立的矩形面作为“减”去的对象，单击“OK”按钮，减去孔，结果如图 3-72 所示。

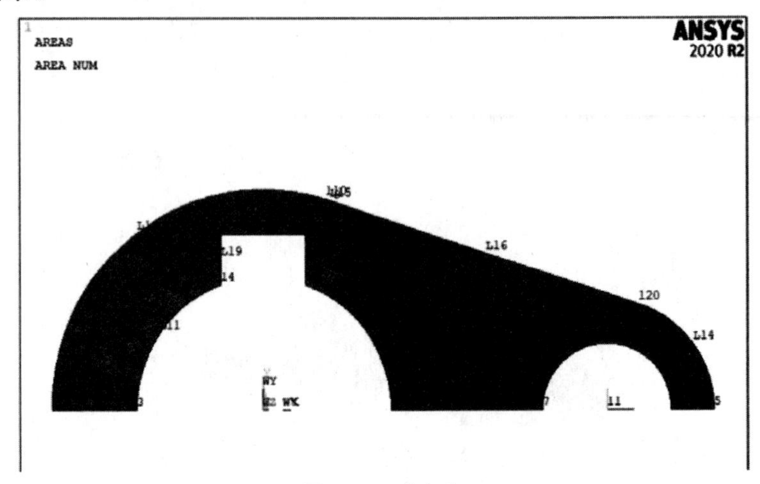

图3-72 减去孔

8．将面进行映射得到完全的面

（1）旋转工作平面。

1）从实用菜单中选择 Utility Menu：WorkPlane > Offset WP by Increments。

2）在弹出的对话框的“XY,YZ,ZXAngles”文本框中输入“0,0,90”，如图 3-73 所示，单击“OK”按钮。

（2）用工作平面切分面。

1）从主菜单中选择 Main Menu：Preprocessor > Modeling > Operate > Booleans > Divide > Area by WrkPlane。

2）在弹出的对话框中单击“Pick All”按钮，如图 3-74 所示。切分面结果如图 3-75 所示。

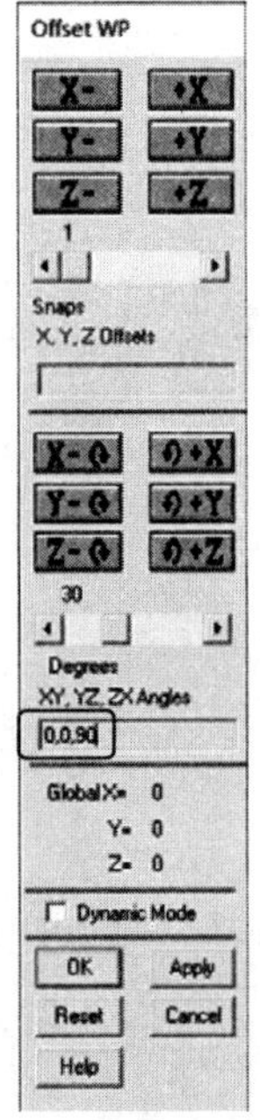

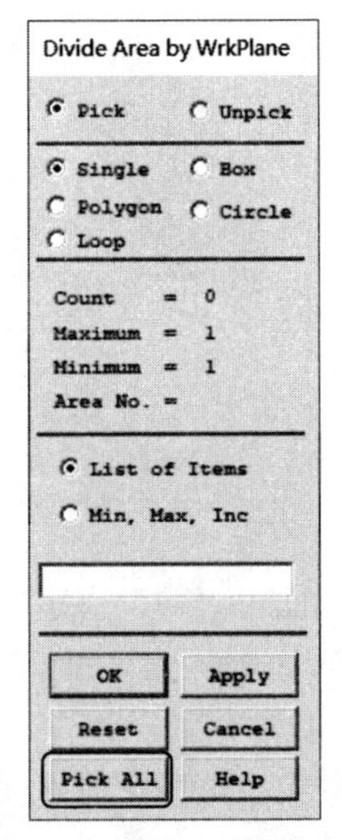

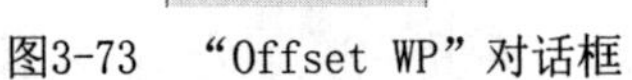

图3-73 “Offset WP”对话框　　图3-74 “Divide Area by WrkPlane”对话框

（3）删除左边的面。

1)从主菜单中选择 Main Menu:Preprocessor > Modeling > Delete > Area and Below。

2）选择左边的面，单击“OK”按钮，删除左边的面结果如图 3-76 所示。

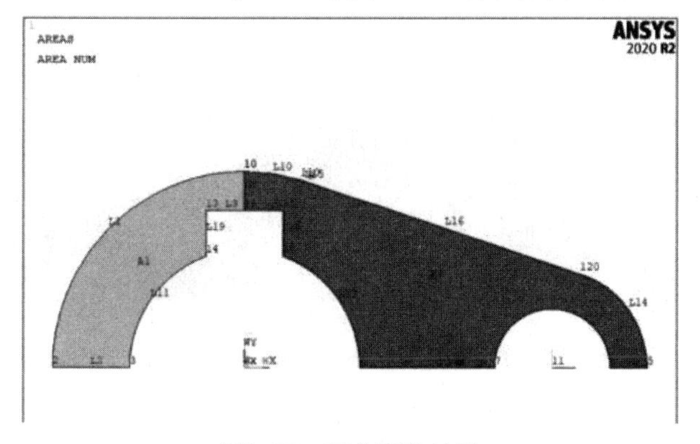

图3-75　切分面的结果

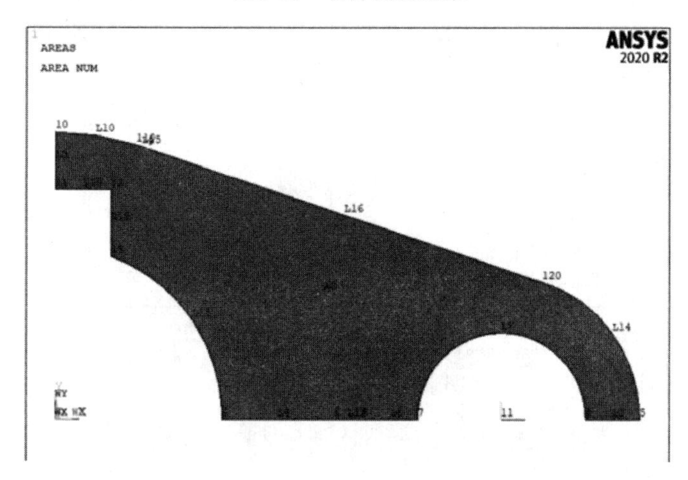

图3-76　删除左边的面

（4）将面沿 Y-Z 面进行映射(在 X 方向)。

1）从主菜单中选择 Main Menu: Preprocessor > Modeling > Reflect > Areas 。

2）单击“Pick All”按钮，选择“Y-Z plane X”，如图 3-77 所示。单击“OK”按钮，将面沿 Y-Z 面进行映射的结果如图 3-78 所示。

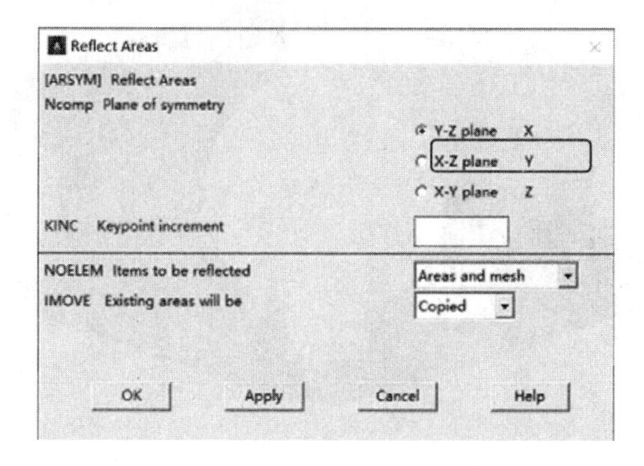

图3-77　“Reflect Areas”对话框

（5）将面沿 X—Z 面进行映射（在 Y 方向）。

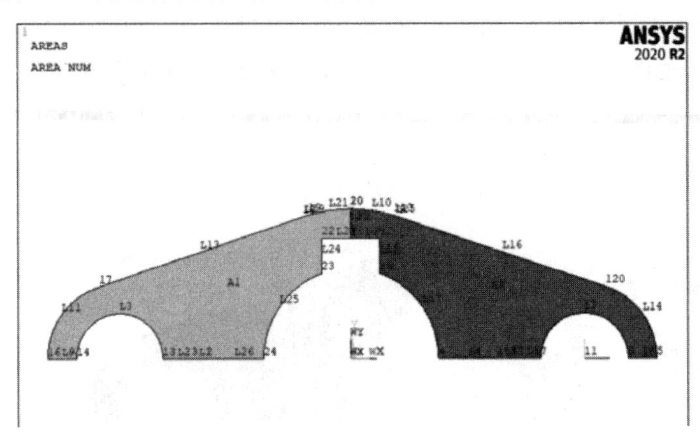

图3-78　将面沿Y-Z面进行映射的结果

1）从主菜单中选择 Main Menu：Preprocessor > Modeling > Reflect > Areas。

2）单击“Pick All”按钮，选择“”X-Z plane Y，如图 3-79 所示。单击“OK”按钮，将面沿 X—Z 面进行映射的结果如图 3-80 所示。

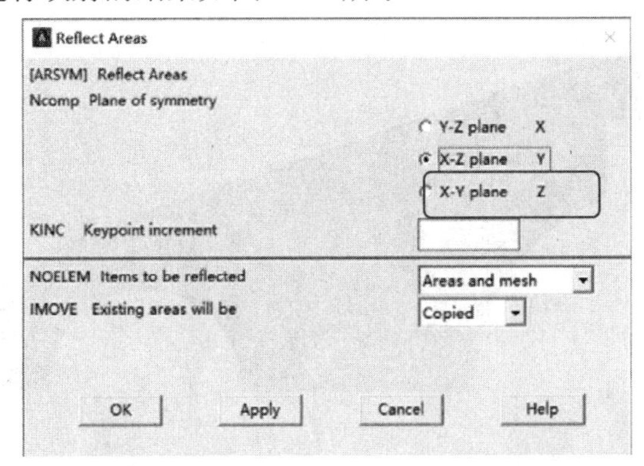

图3-79　“Reflect Areas”对话框

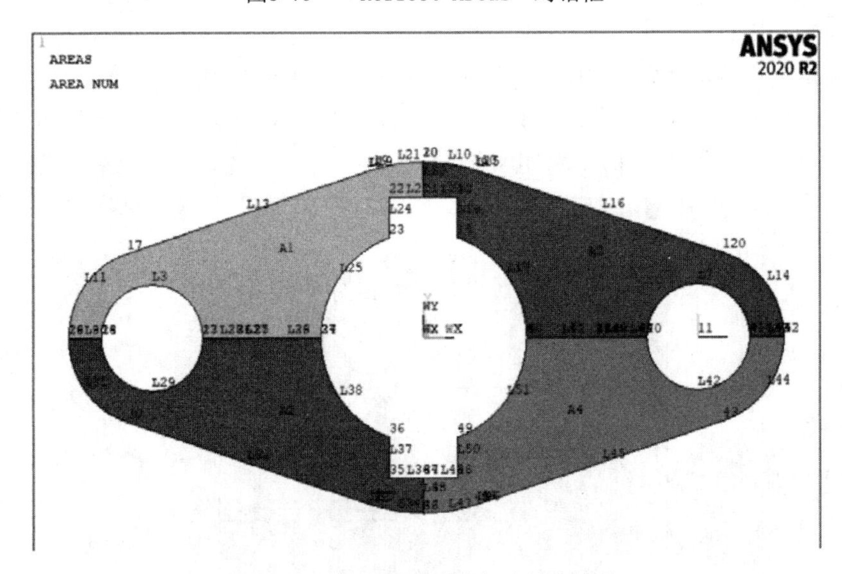

图3-80　将面沿X-Z面进行映射的结果

9．存储数据库并退出 ANSYS

1）在工具条上单击“SAVE_DB”按钮。

2）单击工具条上的“QUIT”按钮。

本例操作的命令流如下：

```
/CLEAR, START
/FILNAME, spacer, 0
！将“spacer”作为作业名
/PREP7
PCIRC, 10, 6, 0, 180,
！创建两个圆面
FLST, 2, 1, 8
FITEM, 2, 16, 0, 0
！偏移工作平面到给定位置
WPAVE, P51X
CSYS, 4
！将激活的坐标系设置为工作平面坐标系
PCIRC, 5, 3, 0, 180,
！创建另两个圆面
CSYS, 1
！将激活的坐标系设置为总体柱坐标系
K, 110, 10, 73, ,
！定义一个新的关键点
LOCAL, 11, 1, 16, 0, 0, , , , 1, 1,
！创建局部坐标系
K, 120, 5, 73, ,
！定义另一个新的关键点
CSYS, 0
！将激活的坐标系设置为总体笛卡儿坐标系
LSTR,       110,       120
！在刚刚建立的关键点（点 110 和点 120）之间创建直线
LPLOT
！显示线
CSYS, 1
！将激活的坐标系设置为总体柱坐标系
L,       110,        1
！创建直线
CSYS, 11,
！将激活的坐标系设置为局部柱面坐标系
L,         1,         6
L,         6,       120
！在局部柱面坐标系中创建圆弧线
CSYS, 0
！将激活的坐标系设置为总体笛卡儿坐标系
```

```
FLST,2,4,4
FITEM,2,10
FITEM,2,11
FITEM,2,12
FITEM,2,9
AL,P51X
! 由前面定义的线创建一个新的面
/PNUM,KP,1
/PNUM,LINE,1
/PNUM,AREA,1
/PNUM,VOLU,0
/PNUM,NODE,0
/PNUM,TABN,0
/PNUM,SVAL,0
/NUMBER,0
!*
/PNUM,ELEM,0
/REPLOT
!*
APLOT
! 打开点、线、面的编号
FLST,2,3,5,ORDE,2
FITEM,2,1
FITEM,2,-3
AADD,P51X
! 把所有面加起来生成一个面
CSYS,0
WPAVE,0,0,0
CSYS,0
RECTNG,-2,2,0,8,
! 创建一个矩形面
ASBA,       4,       1
! 从总体面中“减”去矩形面生成孔
wprot,0,0,90
! 旋转工作平面
ASBW,        2
! 用工作平面切分面
ADELE,        1, , ,1
! 删除左边的面
FLST,3,1,5,ORDE,1
FITEM,3,3
ARSYM,X,P51X, , , ,0,0
! 将面沿Y-Z面进行映射(在X方向)
FLST,3,2,5,ORDE,2
```

```
FITEM,3,1
FITEM,3,3
ARSYM,Y,P51X, , , ,0,0
! 将面沿 X-Z 面进行映射（在 Y 方向）
/REPLOT,RESIZE
SAVE
FINISH
! 存储数据库并退出 ANSYS
```

第 4 章

ANSYS 分析基本步骤

本章将介绍用 ANSYS 进行有限元分析的一般步骤。首先对所要进行求解的问题进行分析以确定其范围；接着创建有限元模型，包括创建或读入几何模型、定义材料属性、划分单元（节点及单元）等，以及进一步施加载荷进行求解；最后查看分析结果。

- 分析问题
- 建立有限元模型
- 施加载荷、求解
- 后处理

4.1 分析问题

在遇到一个分析问题时，通常要考虑该问题所在的学科领域、分析该问题所要达到的目标等。制订分析方案是很重要的，它是对问题的总体把握，它需要考虑下列几点：

- ◆ 分析领域。
- ◆ 分析目标。
- ◆ 线性/非线性问题。
- ◆ 静力/动力问题。
- ◆ 分析细节的考虑。
- ◆ 几何模型的对称性。

制订的分析方案好坏会直接影响分析的精度和成本（消耗工时、计算机资源等）。通常情况下，精度和成本是相互冲突的，特别是分析较大规模和具有切割边界的模型时更为明显。一个糟糕的分析方案可能会导致分析资源紧张并使分析方式受到限制。

4.1.1 问题描述

遇到问题时需要对问题有一个初步的了解，也就是存在一个问题描述的过程。在这个过程当中必须弄懂下面几个问题。

1．分析目的

分析目的直接决定分析近似模型的确定。分析目的，就是解决“利用 FEA（有限元法）要想研究哪些方面的情况？”

2．结构分析

要想得到极高精度的应力结果，必须保证影响精度的任何结构部位都有理想的单元网格，不对几何形状进行细节上的简化。应力收敛应当得到保证，而任何位置所做的任何简化都可能引起明显误差。

在忽略细节的情况下，可使用相对较粗糙的单元网格计算转角和法向应力。

复杂的模型要求具有较好的均匀单元网格，并允许忽略细节因素。

3．模态分析

简单模态振型和频率可以忽略细节因素而使用相对较粗糙的单元网格进行分析计算。

4．热分析

温度分布梯度变化不大时，可以忽略细节，划分均匀且相对稀疏的单元网格。

当温度场梯度较大时，可在梯度较大的方向划分细密的单元网格。梯度越大，单元划分就要越细密。

可利用一个能同时模拟两个物理场的模型求解温度和热耗散应力，但热和应力模型都是相对独立的。

4.1.2 确定问题的范围

在对问题有了初步了解之后，还要进一步弄明白问题涉及的领域，即确定问题的范围。

1．确定学科领域

要确定问题的范围，首先要确定分析学科领域，然后再确定学科领域内的子领域，如结构分析中的静态分析、动态分析和线性（非线性）分析。分析学科领域见表 4-1。

表4-1 问题描述与分析学科领域

问题描述	分析学科领域
实体运动，承受压力或实体间存在接触	结构
施加热、高温或存在温度变化	热
恒定的磁场或磁场电流（直流或交流）	磁
电流（直流或交流）	电
气（液）体的运动，或受限制的气（液）体	流体
以上各种情况的耦合	耦合场

2．在结构分析中进一步考虑非线性问题

首先考虑需要分析的物理系统是在线性还是非线性状态下工作，线性求解是否能满足需要的精度，如果不能，则必须考虑采用哪种非线性分析。许多情况和物理现象都要求进行非线性计算。非线性分析的例子如图 4-1 所示。

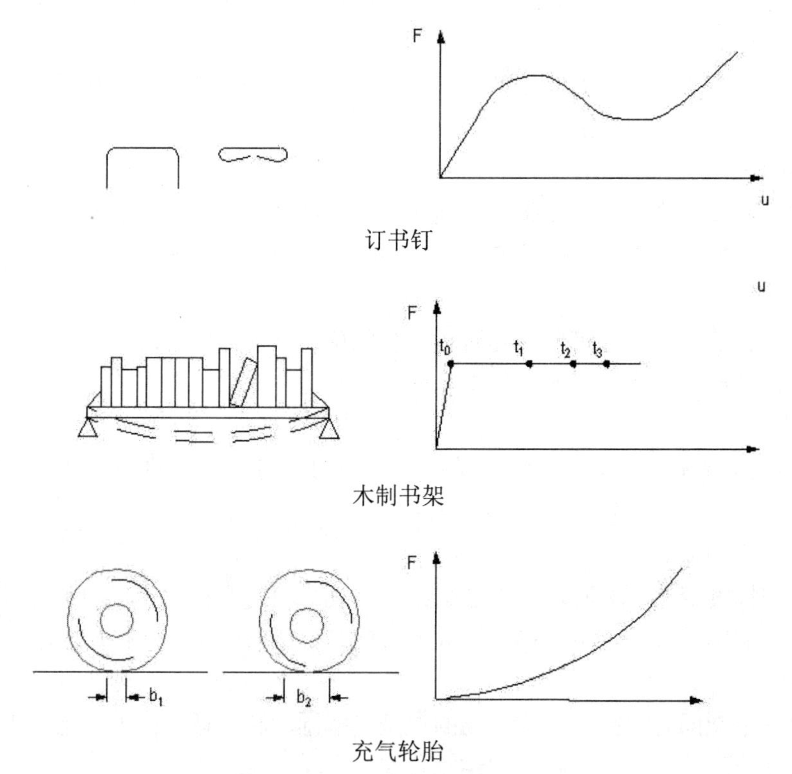

图4-1 非线性分析

非线性最大的特点就是变结构刚度，它由多种原因引起，其中主要有以下 3 个方面的因素：

（1）几何非线性（大变形/大转角） 当结构位移相对于结构最小尺寸显得较大时，该因素不可忽略。例如，钓鱼竿前梢承受较小的横向载荷时，会产生很大的弯曲变形，随着载荷增加，钓鱼竿的变形增大而使弯矩的力臂减小，结构刚度增加，这个问题实际上涉及了应力刚化问题，如图 4-2 所示。

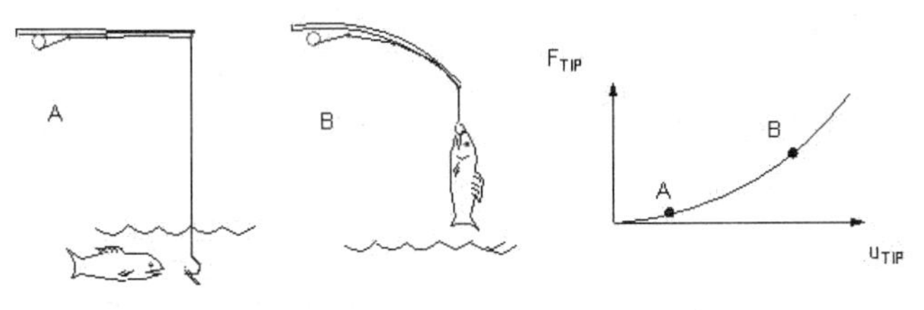

图4-2 几何非线性

应力刚化，也称作几何或微分刚化，当一个方向的应力明显引起其他方向的刚度变化时，这个效应十分重要，受拉缆绳和薄膜，或者旋转结构都是典型的例子。使用 ANSYS，只要做简单设置就能将几何非线性考虑进来，并建议完全不考虑几何非线性时也最好打开应力刚化开关。

（2）材料非线性 线弹性是基于材料的应力和应变关系是常数关系的假设，以弹性模量为常数。而非线性材料的应力应变关系是非线性的，如图 4-3 所示。

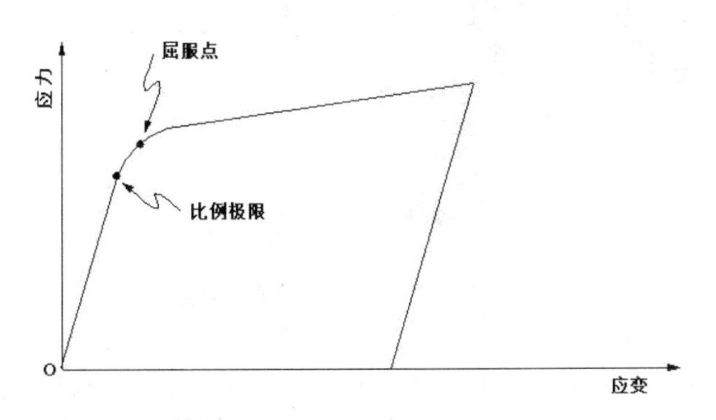

图4-3 材料非线性

实际上，没有哪种材料的应力应变关系是完全遵循线性关系的，线性假设只不过是一种近似处理。对于大多数工程材料而言，在外载荷不足以使结构破坏的情况下，这种近似，能较好地确定设计中的许多应力或应力限值。

ANSYS 规定的非线性材料特性如下：塑性是永久的，不随时间变化而变形，蠕变也是永久的，但随时间变化而变形。一些结构存在局部屈服，即在一些小的区域内应力超过了屈服强度。与结构线性假设相反，充分考虑材料非线性特性并不会改变远离屈服区域的应力场，甚至不改变这些区域内的总应变（弹性和塑性应变之和）。低周疲劳破坏计算完全不受其影响。

（3）接触和其他状态改变的非线性 这类非线性特性是随状态变化的。例如，只能承受张力的缆索的松弛与张紧，滚轮与支撑的接触与脱开，冻土的冻结与解冻，随着它们状态的变化，它们的刚度在不同值之间显著变化。

4.2 建立有限元模型

在确定问题的范围之后，就可以进行有限元模型的建立工作了。

4.2.1 创建实体模型

创建实体模型分为创建一维、二维和三维实体模型，在创建实体时有以下的几个概念和操作会在创建过程中用到：

1. 实体模型

1）区别实体模型和有限元模型。现今几乎所有的有限元分析模型都用实体模型建模。类似于CAD、ANSYS以数学的方式表达结构的几何形状，实体模型可用于在里面填充节点和单元，还可以在几何模型边界上方便地施加载荷。但是，几何实体模型并不参与有限元分析。所有施加在几何实体边界上的载荷或约束必须最终传递到有限元模型上（节点或单元上）进行求解，如图4-4所示。

由几何模型创建有限元模型的过程叫作网格划分（meshing）。

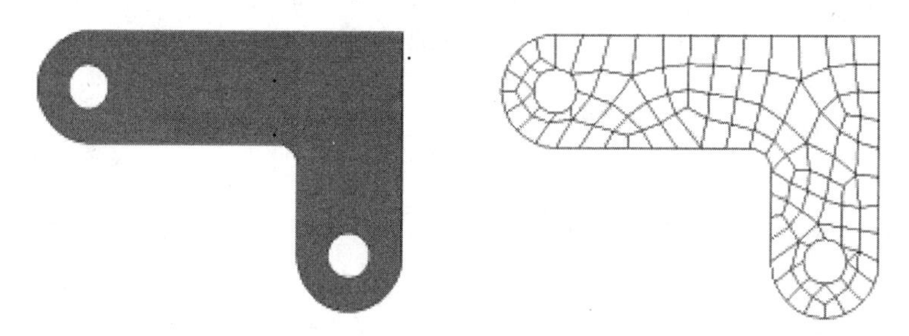

图4-4 实体模型划分网格成为有限元模型

2）4类实体模型图元以及它们之间的层次关系（即使想从CAD模型中传输实体模型，也应该知道如何使用ANSYS建模工具修改传入的模型）是从下到上的。

4类实体模型图元：

◆ 体（3D模型）由面围成，代表三维实体。

◆ 面（表面）由线围成，代表实体表面、平面形状或壳（可以是三维曲面）。

◆ 线（可以是空间曲线）以关键点为端点，代表物体的边。

◆ 关键点（位于3D空间）代表物体的角点。

从最低阶到最高阶，模型图元的层次关系为：

◆ 关键点（Keypoints）。

◆ 线（Lines）。

◆ 面（Areas）。

◆ 体（Volumes）。

如果低阶的图元连在高阶图元上，则低阶图元不能删除。

2. 工作平面创建与调整

（1）工作平面的概念　工作平面（WP）是一个可移动的参考平面，类似于“绘图板”。

工作平面菜单中包含工作平面控制、移动工作平面和有关坐标系统的选项三部分，如图 4-5 所示。打开的工作平面如图 4-6 所示。

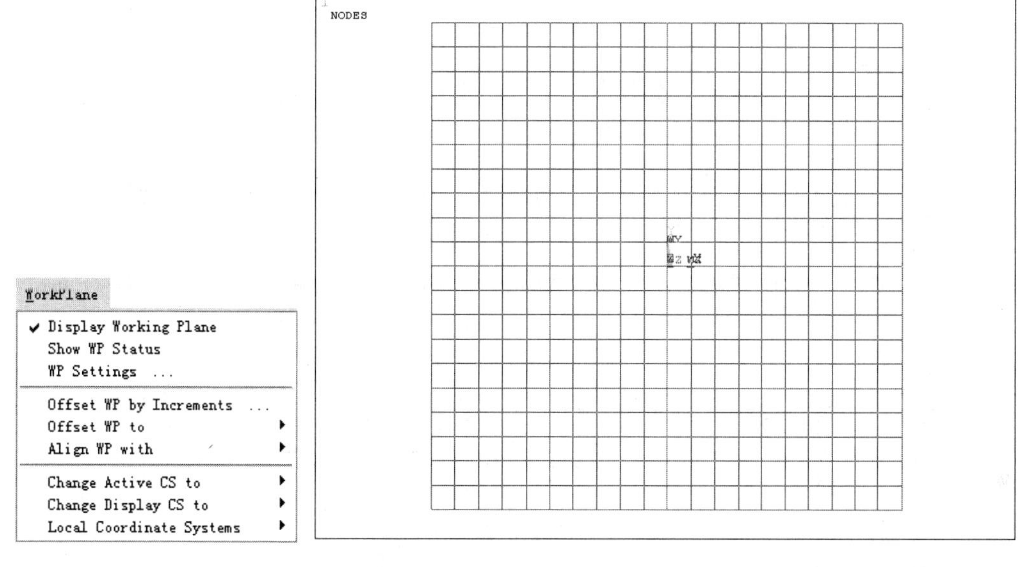

图4-5 工作平面菜单　　　　图4-6 工作平面

（2）显示工作平面　显示工作平面，其步骤为：

1）从实用菜单中选择 Utility Menu：WorkPlane > Display Working Plane 命令。

2）这时显示工作平面标记，表示工作平面的原点在图形的中心，如图 4-7 所示。

（3）工作平面的辅助网格　可以打开和关闭工作平面辅助网格，其步骤为：

1）从实用菜单中选择 Utility Menu：WorkPlane > WP Settings... 命令。

2）在打开的对话框中选取打开或关闭，显示工作平面辅助网格其中的任意一个，然后单击“OK”按钮或“Apply”按钮，如图 4-8 所示。

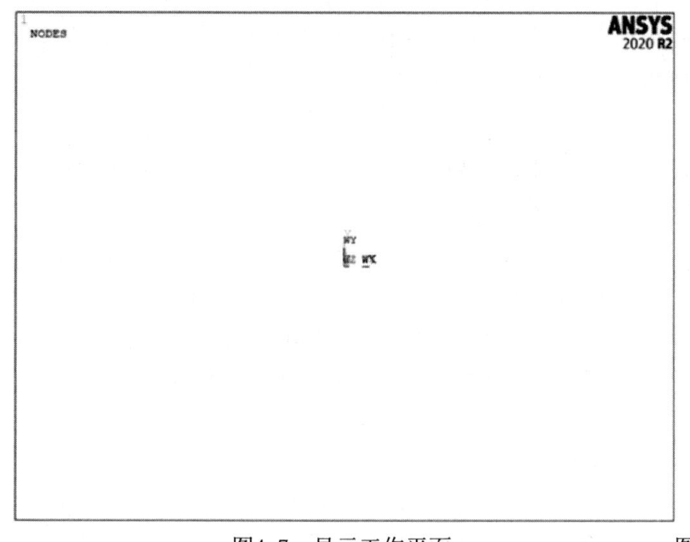

图4-7 显示工作平面

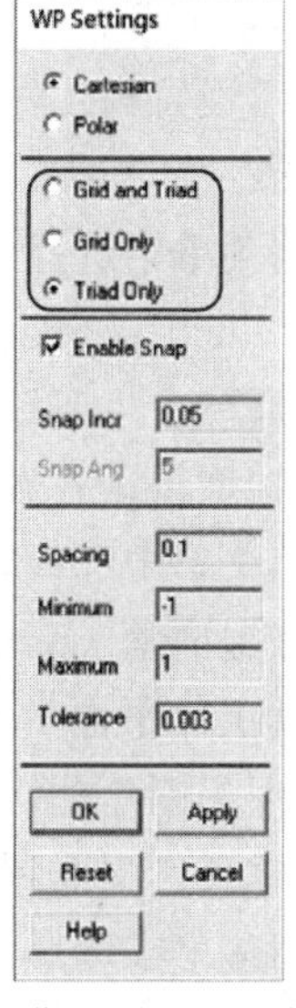

图4-8 “WP Settings”对话框

可以改变辅助网格的间距，其步骤为：

1）从实用菜单中选择 Utility Menu：WorkPlane > WP Settings...命令。

2）在打开的对话框中输入间距值，然后单击“OK”按钮或“Apply”按钮。设置了间距值的工作平面如图 4-9 所示。

（4）工作平面的捕捉设置　在徒手创建几何图元时，捕捉功能用离散的、可控的增量代替光滑移动，可更精确地选取坐标或关键点等。

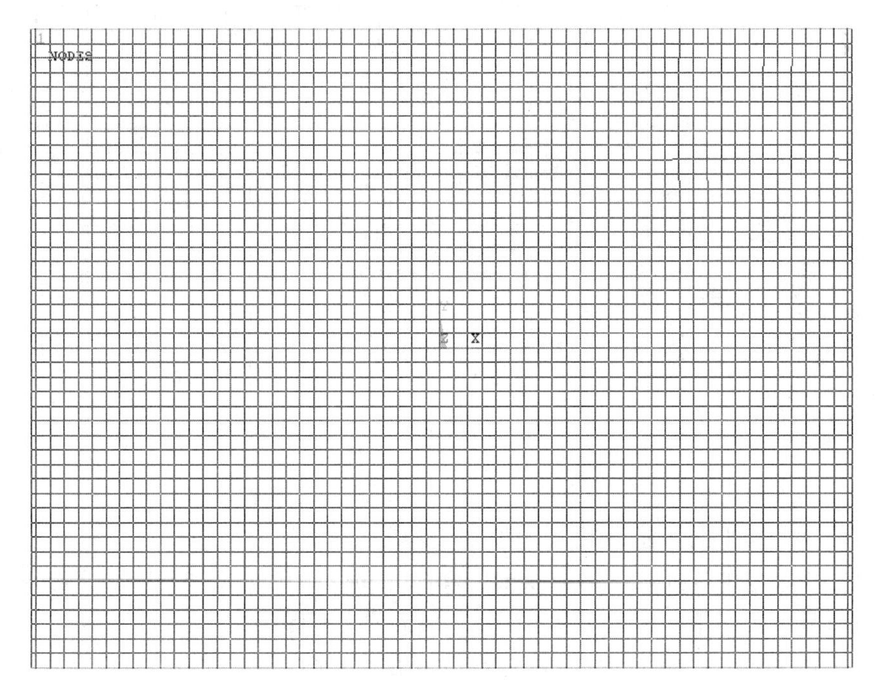

图4-9　设置间距值的工作平面

捕捉功能的特点如下：

◆ 捕捉可以打开或关闭。

◆ 捕捉增量可调。

捕捉增量可设置与工作平面间距相等（相当于在坐标纸上绘图）。

可以打开或关闭捕捉，其步骤为：

1）从实用菜单中选择 Utility Menu：WorkPlane > WP Settings...命令。

2）勾选“Enable Snap”复选框则打开捕捉，取消勾选“Enable Snap”复选框则关闭捕捉，然后单击“OK”按钮或“Apply”按钮。

要修改捕捉增量，其步骤为：

1）从实用菜单中选择 Utility Menu：WorkPlane > WP Settings ...命令。

2）输入捕捉增量（Snap Incr），然后单击“OK”按钮或“Apply”按钮。

（5）移动工作平面　工作平面原点的默认位置与总体坐标原点重合，但可以偏移工作平面，以便于创建几何模型。

例如，偏移工作平面到给定位置，其步骤为：

1）从实用菜单中选择 Utility Menu：WorkPlane > Offset WP to > Keypoints +。

2）在 ANSYS 图形窗口选择需要到达的点，单击“OK”按钮。

3）偏移工作平面到给定位置，结果如图 4-10 所示。

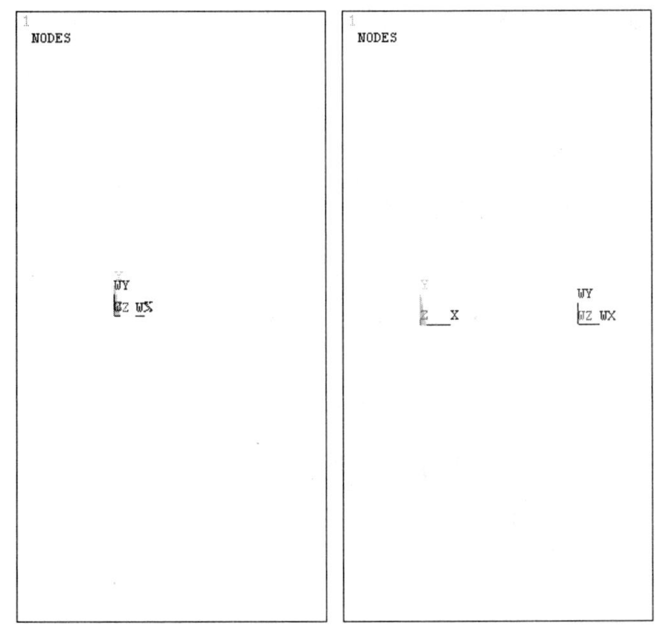

偏移前　　　　偏移后

图4-10　偏移工作平面

3. 体素“primitive”

（1）体素“primitive”的概念　体素是指预先定义好的、具有共同形状的面或体。图 4-11 所示为 ANSYS 中的一些体素。

（2）创建体素　可以很方便地创建体素，其步骤为：

1）从主菜单中选择 Main Menu：Preprocessor > Modeling > Create > ……命令。

2）选择以“↗”图标开始的菜单，将打开拾取菜单，提示通过拾取方式创建体素。

3）选择以“▦”图标开始的菜单，将打开对话框，提示输入体素的坐标。

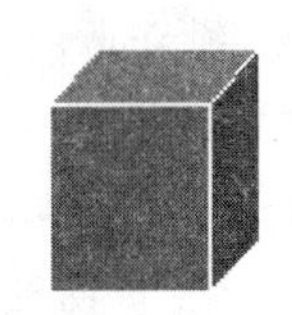
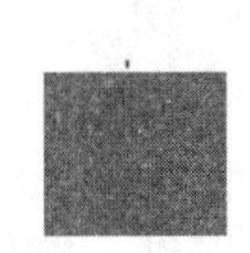

图4-11　体素

如果创建了一个矩形，等于自动创建了 9 个图元：4 个关键点、4 条线和 1 个面。创建的面将位于工作平面内，定义取决于工作平面的坐标系。ANSYS 将自动对每个图元编号，如图 4-12 所示。

4. 图元的绘制、编号及删除

（1）绘制体、面、线及关键点　图元是图形的单位，它与体素的区别为：体素是规则的几何体而图元可以是任意形状的。

例如，创建关键点，其步骤为：

1）从主菜单中选择 Main Menu：Preprocessor > Modeling > Create > Keypoints > In Active CS 命令。

2)在弹出的对话框中的“Keypoint number”文本框中输入 2，在“Location in active CS”文本框中分别输入“12.838”“0”“0”，单击“OK”按钮，如图 4-13 所示。

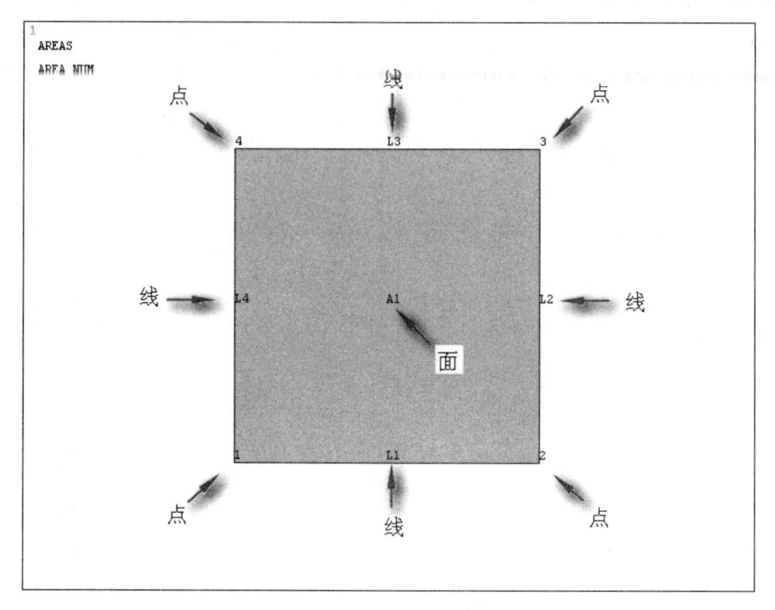

图4-12 创建体素

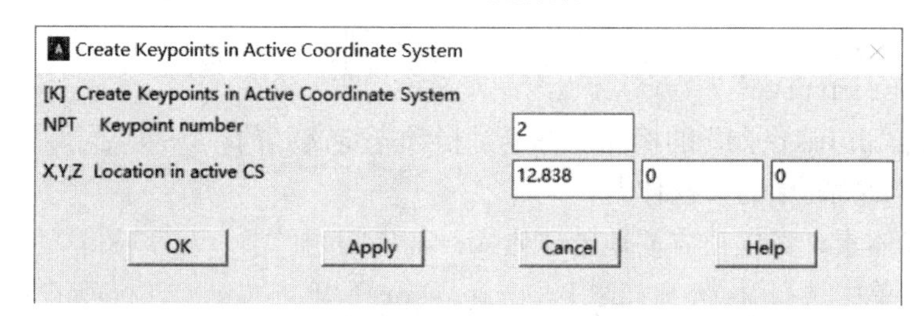

图4-13 “Create Keypoints in Active Coordinate System”对话框

(2) 在图形窗口中区分图元 当多个图元同时在图形窗口中显示时，可以通过打开图元类型编号来区分它们。这些图元以不同的编号和颜色显示。

打开编号显示的步骤为：

1) 从实用菜单中选择 Utility Menu: PlotCtrls > Numbering... 命令。

2) 在打开的对话框中选取需要的项目，然后单击“OK”按钮，如图 4-14 所示。

控制是否编号和颜色同时显示（默认），也可以选择只显示编号，或只显示颜色。

编号显示在图元的“热点”上。对于面或体，热点为图形中心。

需要在图形窗口拾取图元时，应该选取图形的热点，以确保拾取所需要的图元。这对于有多个图形重叠的情况非常重要。

在 PC 上运行 ANSYS，默认的编号字体比较小，可按下述方法放大：

1) 从实用菜单中选择 Utility Menu: PlotCtrls > Font Controls > Entity Font... 命令。

2) 在打开的对话框中选择需要的字体、字形及大小等。

3) 单击“确定”按钮，如图 4-15 所示。

4) 从实用菜单中选择 Utility Menu: Plot > Replot 命令。

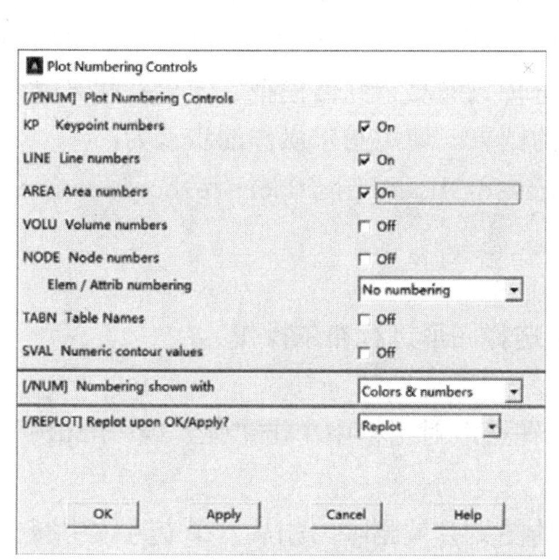

图4-14 “Plot Numbering Controls”对话框

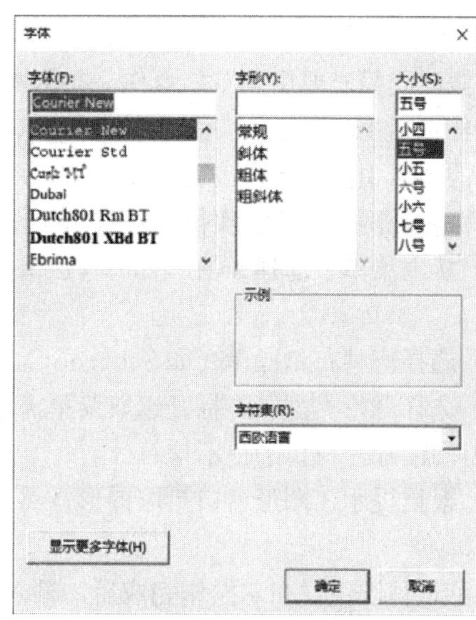

图14-15 “字体”对话框

（3）删除体、面、线及关键点　当删除图元时，ANSYS 提供两种选择：可以只删除指定的图元，保留这个图元所包含的低阶图元；也可以连这个图元包含的低阶图元一块删去。

例如，只删除面，保留面上的线及关键点；删除面以及面所包含的低阶图元（线，关键点）。删除一个或多个图元，其步骤为：

1）从主菜单中选择 Main Menu: Preprocessor > Modeling > Delete > ……命令。

2）在图形窗口中拾取一个或多个图元，然后单击“OK”按钮，如图 4-16 所示。

（4）使用“Multi-Plots”　使用“Multi-Plots”功能，ANSYS 将在图形窗口中同时显示所有数据（包括体、面、线、关键点，以及节点、单元）。

1）从实用菜单中选择 Utility Menu: Plot > Multi-Plots 命令。

2）根据编号对话框中的设置，显示编号及颜色，如图 4-17 所示。

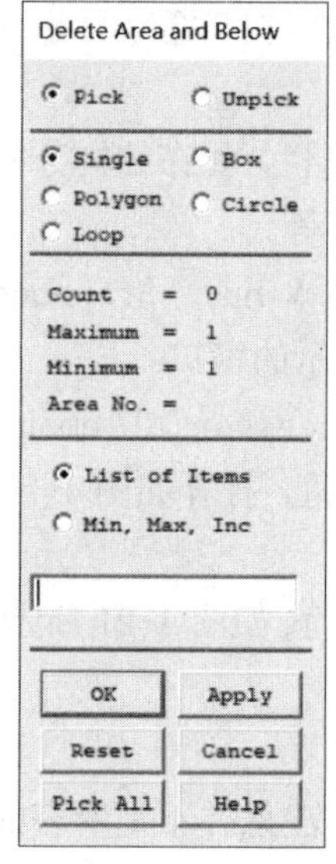

图4-16 “Delete Area and Below”对话框

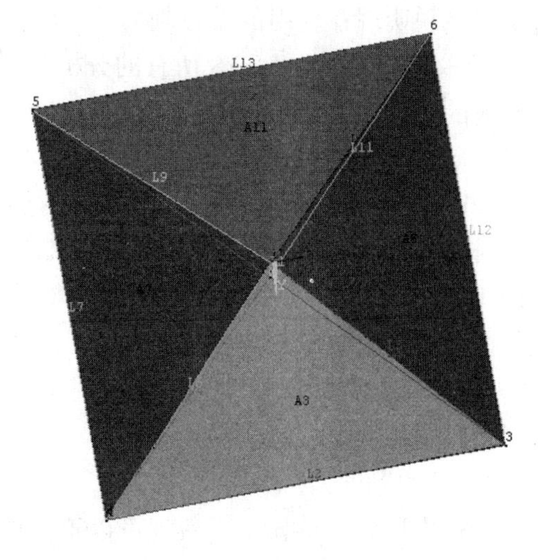

图4-17 按照设置显示编号及颜色

5．布尔操作

有限元建模时要用到布尔操作，布尔操作是指对几何图元进行组合计算。ANSYS 的布尔操作包括 Intersect、Add、Subtract、Divide、Glue 以及 Overlap。它们不仅适用于简单的体素中的图元，也适用于从 CAD 系统传入的复杂几何模型。一个看起来复杂的模型，可以是两个简单的实体通过布尔操作的结果。使用布尔操作的步骤为：

1）从主菜单中选择 Main Menu：Preprocessor>Modeling>Operate>Booleans>……命令。

2）选择一种布尔操作（如 Subtract）。

3）选择图形类型（将打开选取菜单提示选择图形进行布尔操作）。

4）阅读输入窗口的提示信息。

5）根据提示在图形窗口拾取图形，然后在选取对话框中单击“OK”或“Apply”按钮。

在默认情况下，布尔操作完成后，输入的图元会被删除，如从一个立方体中减去球体后的结果如图 4-18 所示。

被删除的图元编号将变成“自由”的（这些自由的编号将附给新创建的图元，从最小的自由编号开始）。

6．单元属性

单元属性是指在划分网格以前必须指定的所分析对象的特征。这些特征包括：

◆ 材料属性。

◆ 单元类型。

◆ 实常数。

（1）ANSYS 单位制　ANSYS 分析中的单位制将影响输入的实体模型尺寸、材料属性、实常数以及载荷等。

除了磁场分析以外，不需要告诉 ANSYS 使用的是什么单位制，只需要自己决定使用何种单位制，然后确保所有输入的值的单位制保持统一即可（ANSYS 并不转换单位制）。ANSYS 读入输入的数值，并不检验单位制是否正确（注意：“/UNITS”命令只是一种简单的记录，用来说明现在使用的单位制）。

（2）定义材料属性　ANSYS 所有的分析都需要输入材料属性，如在结构分析中至少要输入材料的弹性模量，在热分析中至少要输入材料的热导率等。

定义恒定的各向同性材料属性，可从主菜单中选择 Main Menu： Preprocessor > Material Props > Material Models 命令，打开如图 4-19 所示的窗口。

（3）设定单元类型　从主菜单中选择 Main Menu：Preprocessor > Element Type > Add/Edit/Delete 命令，在弹出的对话框中单击“Add...”按钮，打开如图 4-20 所示的对话框，在其中可设置单元类型。

（4）ANSYS 实常数　“实常数”是针对某一单元的几何特征，如图 4-21 所示。例如：

◆ 复合单元的刚度、阻尼等。

◆ 壳单元的厚度。

对于分析中用到的单元实常数，可以查阅单元在线帮助。注意并不是所有的单元都需要设置实常数。

（5）定义截面参数　从主菜单中选择 Main Menu：Preprocessor > Sections > ……命令，可对线或面的单元类型定义几何数据。

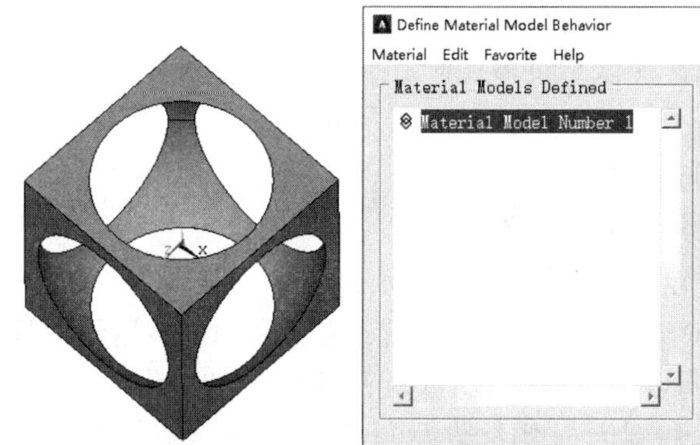

图4-18　体相减的结果 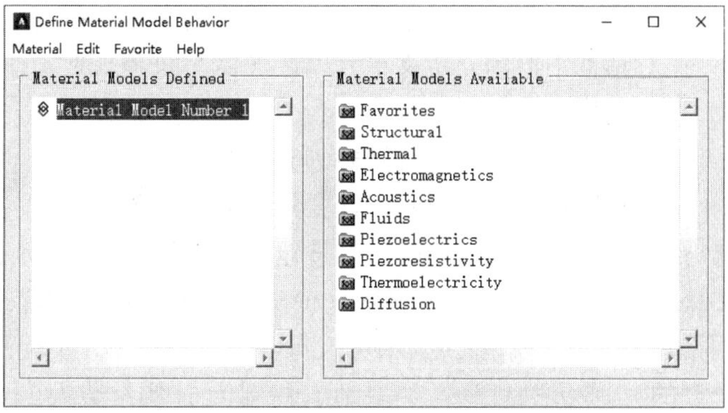　　图4-19　“Define Material Model Behavior”窗口

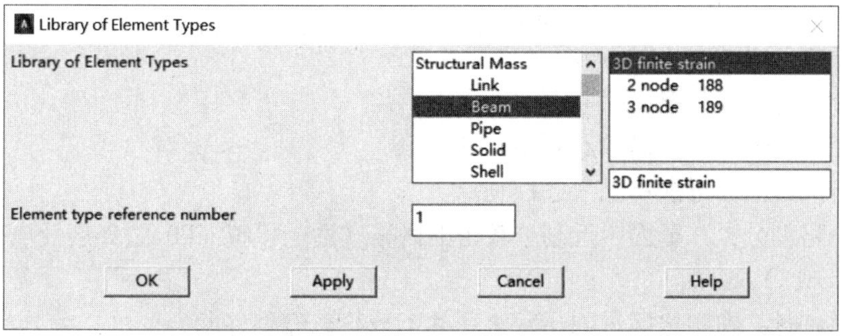

图4-20　“Library of Element Types”对话框

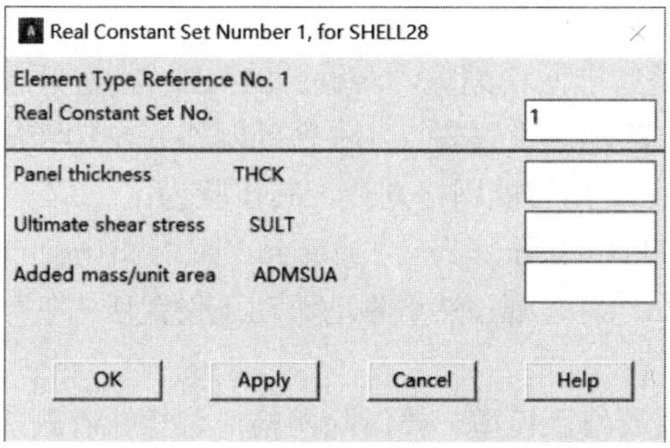

图4-21　“Real Constant Set Number1, for SHELL28”对话框

4.2.2　对实体模型进行网格划分

模型建立之后，需要划分网格，它涉及以下 4 个方面：

1）选择单元属性 （单元类型、实常数、材料属性）。

2）设定网格尺寸控制（控制网格密度）。

3）网格划分以前保存数据库。

4）进行网格划分。

下面着重介绍默认设置划分网格、单元尺寸和模型修正。

1. 使用默认设置划分网格

1)要进行网格划分,从主菜单中选择Main Menu:Preprocessor > Meshing > MeshTool命令。

2)在对话框中给图元定义单元属性(体、面等)。

3)设定网格密度控制。

4)保存数据库,然后进行网格划分。

5)出现拾取对话框,提示拾取要划分网格的图元。

拾取后单击"OK"或"Apply"按钮,结果如图4-22所示。

如果没有对网格进行任何控制,ANSYS将使用默认设置:对于自由网格划分,即四边形网格划分(2-D模型),其中可能包含少量三角形,单元尺寸由ANSYS确定(通常是比较合理的)。单元属性为:类型为1,材料为1,实常数为1。

2. 单元尺寸

ANSYS网格划分中有许多不同的单元尺寸控制方式:

◆ 智能划分"Smart Sizing"。

◆ 总体"Global"单元尺寸。

◆ 指定线上的单元分割数及间距控制。

◆ 给定关键点附近的单元尺寸控制。

◆ 层网格划分:在壁面附近划分较密的网格(适于模拟CFD边界层及电磁分析中的skin effects)。

◆ 网格细化:在指定区域细化网格(并不清除已经划好的)。

上述每种控制方法都有自己特定的用途。尽管它们可以混合使用,但有些会有冲突。通常一次使用1或2种控制方法。

最高效的控制方法是智能网格划分"Smart Sizing"。它考虑几何图形的曲率以及线与线的接近程度。可将滚动条设置在1(最密的网格)~10(最粗的网格)之间,一般建议设定在4~8之间。使用智能网格划分,其步骤为:

1)从主菜单中选择Main Menu:Preprocessor > Meshing > MeshTool命令。

2)选择"Smart Size"复选框,然后移动滚动条设置所需的数值,如图4-23所示。

3. 模型修正

划分网格阶段有时需要修正模型,要清除网格,这意味着删除节点和单元。要清除网格,必须知道节点和单元与图元的层次关系。

1)要清除网格,可从主菜单中选择Main Menu:Preprocessor > Meshing > MeshTool命令。

2)单击对话框中的"Clear"按钮,如图4-24所示。

要修正一个已经划分了网格的模型,可按照下面4步进行:

◆ 清除要修正的模型的节点和单元。

◆ 删除实体模型图元(由高阶到低阶)。

◆ 创建新的实体模型,代替旧模型。

◆ 对新的实体模型划分网格,如图4-25所示。

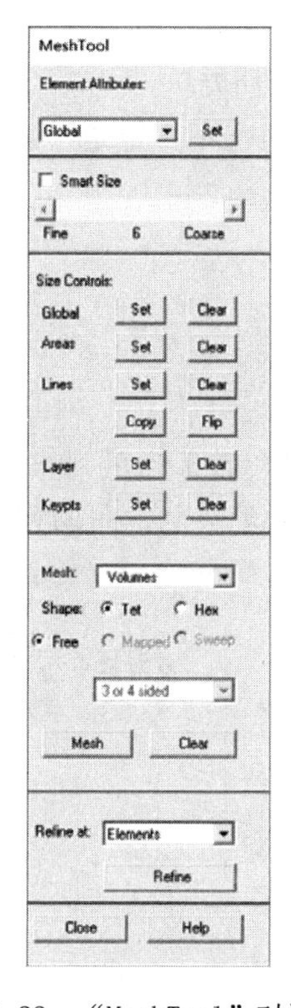

图4-22 “MeshTool”对话框

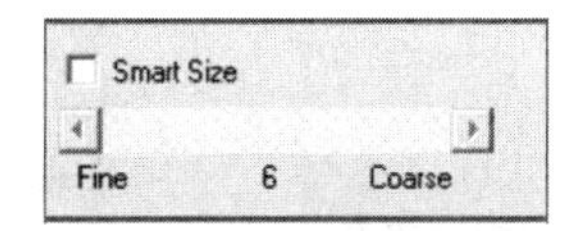

图4-23 “Smart Size”对话框

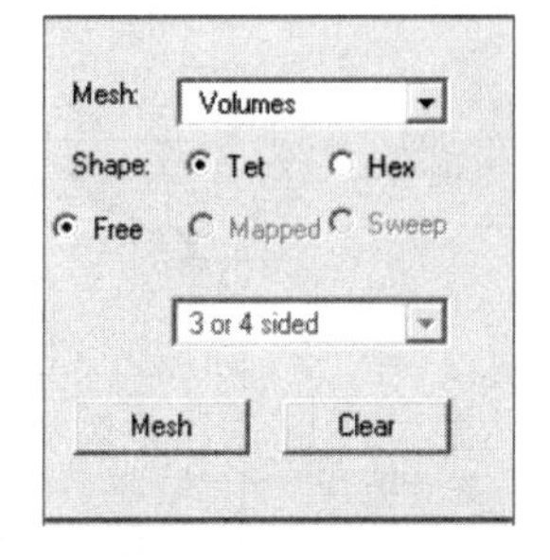

图4-24 清除网格

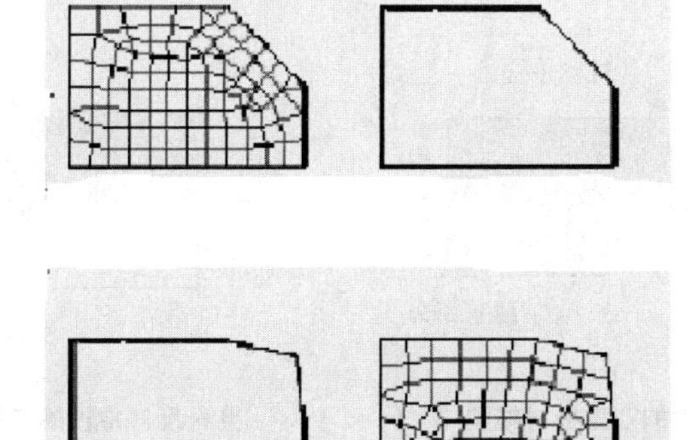

图4-25 修正划分了网格的模型

4.3 施加载荷

载荷是指加在有限元模型（或实体模型，但最终要将载荷转化到有限元模型上）上的位移、力、温度、热、电磁等。施加载荷时必须考虑下面几个问题。

1．分析载荷类别

与其他单个分析因素相比，选择合适的载荷对分析结果的影响更大，而将载荷添加到模型上一般比确定是什么载荷要简单得多，施加载荷的关键在于确定载荷的类别。

2．载荷分类

载荷包括边界条件和内外环境对物体的作用。可以分成以下几类：

1）自由度约束，就是给某个自由度（DOF）指定一已知数值（不一定是零）。在结构分析中就是固定位移（零或者非零值）。

自由度约束用于以下几个方面：

◆ 指定对称性边界条件或者称作“Built-in”边界条件。

◆ 指定刚体位移。

◆ 热分析中的指定温度。

对称性或反对称边界条件可以添加到线、面或平面的节点上（它们中的每一个最后成为各个节点上的一组约束）。在大多数情况下，ANSYS 将自动确定约束的方向，如图 4-26 所示。

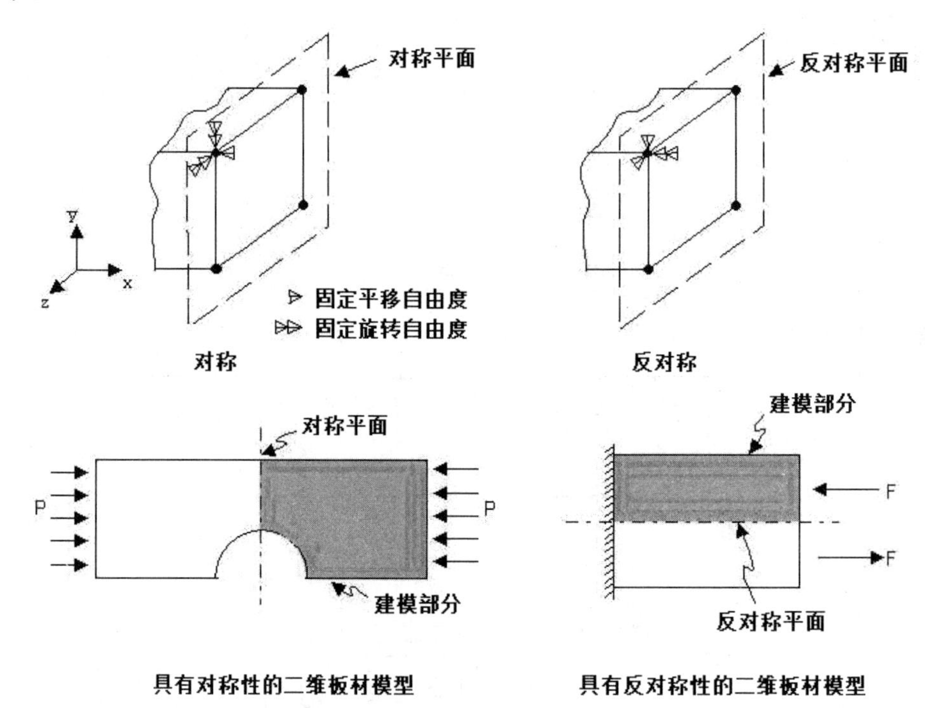

图4-26　约束的方向

图 4-27 所示为方块上下面受压。它需要仔细选择 6 个平移自由度，并约束它们的刚体运动，但不能引起附加扭曲应力。

2）集中载荷，就是作用在模型的一个点上的载荷。实际上是没有真正的集中载荷的，此载荷是对比较集中的载荷的一种抽象，如图 4-28 所示。例如，结构分析中的力和弯矩，热分析中的热流率。

集中载荷可以添加到节点和关键点上（添加到关键点上的力将自动转化到相连的对应节点上）。

集中载荷通常是向由梁（beam）、杆（spars）和弹簧（springs）构成的非连续性的模型添加载荷的一种途径。

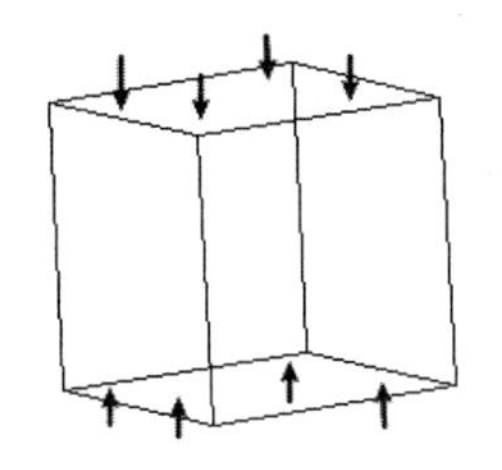

图4-27 方块上下面受压

对于由壳单元（Shells）、平面单元（XY plane elements）或者三维实体单元（3-D solids）等组成的连续性模型，集中载荷意味着存在应力异常点。

可以用等效集中载荷代替静力分布载荷，并添加到模型上。如果不考虑（集中载荷作用）节点处的应力，这样做是可以接受的。

3）面载荷，就是作用在单元表面上的分布载荷，如图 4-29 所示。面载荷涉及梯度的概念。

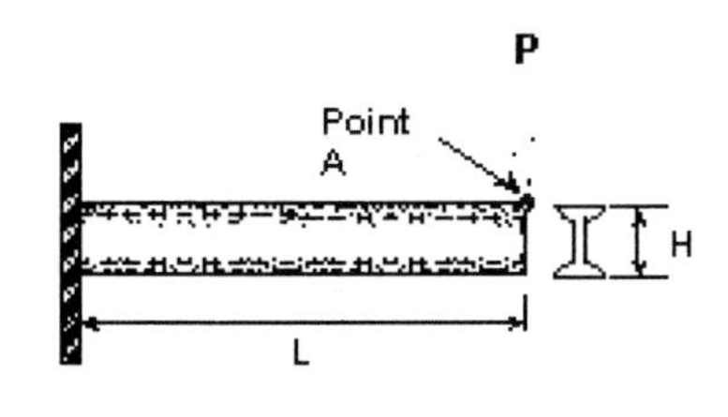

图4-28 集中载荷

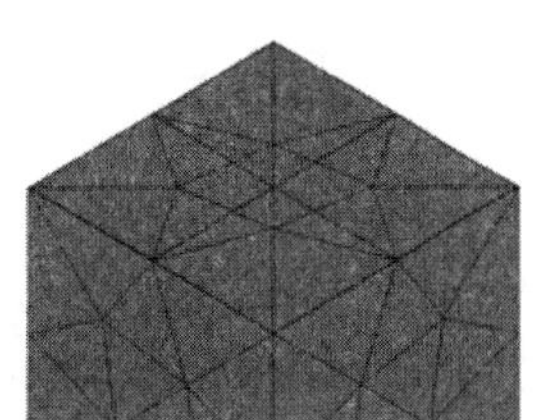

图4-29 面载荷

可以给按线性变化的面载荷指定一个梯度，如水工结构在深度方向上受到静水压，存在面载荷不垂直于表面的情形，如图 4-30 所示。

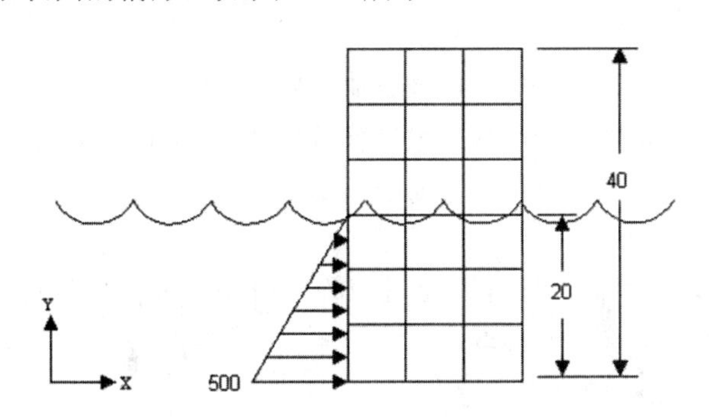

图4-30 梯度载荷

某些类型的载荷只能作用在面效应单元上，这些单元的作用是将载荷传递到模型的其他单元，如结构实体单元的切向（或其他方向）压力、实体热单元的辐射描述。

在这种情况下，就需要使用到面效应单元，目前，ANSYS 中提供的面效应单元有用于 2-D 模型的 SURF151、SURF153 和用于 3-D 模型的 SURF152、SURF154、SURF156 及 SURF159，其单元几何形状如图 4-31 所示。”

4）体载荷，是分布于整个体内或场内的载荷，如结构分析中的温度载荷、热分析中的生热率、电磁场分析中的电流密度。

体载荷可以添加到关键点或节点上（关键点上的体载荷最终将转化成各个节点上的一组体载荷）。

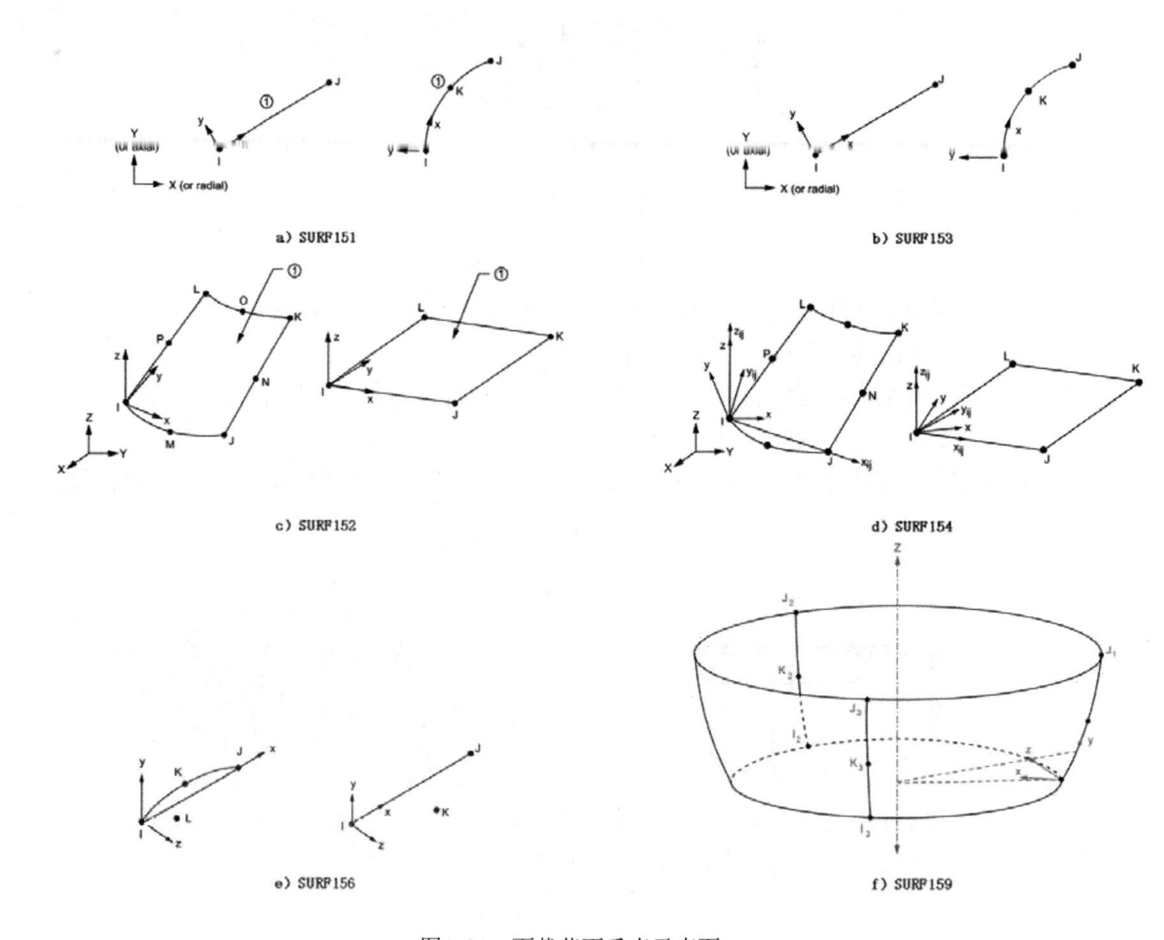

图4-31　面载荷不垂直于表面

体载荷分布一般都很复杂，必须通过其他分析才能得到，如通过热应力分析获得温度分布。在某些情况下，体载荷是由当前分析结果决定的，这就需要进行耦合场分析，如图 4-32 所示。

5）惯性载荷，是由物体的惯性（质量矩阵）引起的载荷，如重力加速度、加速度以及角加速度。惯性载荷有以下特点：

◆ 惯性载荷只有在结构分析中存在。

◆ 惯性载荷是对整个结构定义的，独立于实体模型和有限元模型。

◆ 考虑惯性载荷就必须定义材料密度（材料特性“DENS”）。

3．添加载荷应遵循的原则

◆ 简化的假定越少越好。

◆ 使施加的载荷与结构的实际承载状态保持吻合。

◆ 如果没法做得更好，只要其他位置的结果正确也是可以认为是正确的，但是必须忽略“不合理”边界附近的一定区域内的应力。

◆ 加载时，必须十分清楚各个载荷的施加对象。

◆ 除了对称边界外，实际上不存在真正的刚性边界。

◆ 不要忘记泊松效应。

◆ 添加刚体运动约束，但不能添加过多的（其他）约束。一块二维平面应力、平面应变、梁或杆模型至少需要 3 个约束，轴对称模型至少需要 1 个（轴向）约束，三维实体或壳模型至少需要 6 个约束。

◆ 实际上，集中载荷是不存在的，然而只要不考虑集中载荷作用区域的应力，完全可以把集中载荷添上。

◆ 轴对称模型具有一些独一无二的边界特性。在 360°的基础上输入集中力和输出反力，载荷大小等于整个周向力的总和。轴对称实体结构，如实体杆件，应当约束对称轴方向上的自由度 UX，限制理论上可能存在的不真实零变形，如图 4-33 所示。

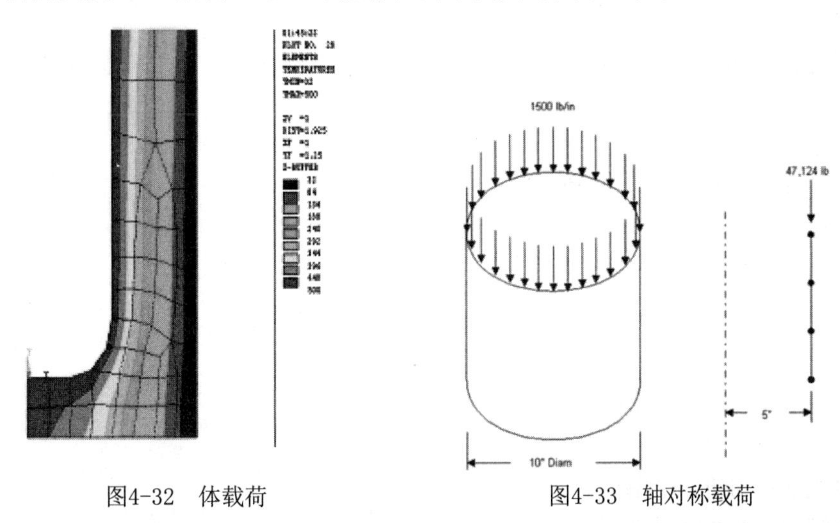

图4-32 体载荷　　图4-33 轴对称载荷

4.4 进行求解

在所有的前处理工作完成后，即可进行求解。求解过程包括选择求解器、对求解进行检查、求解的实施及解决求解过程中出现的问题等。

4.4.1 求解器的类别

求解器的功能是求解关于结构自由度的联立线性方程组，这个过程可能需要花费几分钟（1000 个自由度）到几个小时或者几天（100000～1000000 个自由度），基本上取决于问题的规模和所用计算机的速度。对于简单分析，可能需要一两次求解。对于复杂的瞬态或非线性分析，可能需要进行几十次、几百次甚至几千次求解。

ANSYS 提供了 3 个求解器用于一般的求解：

◆ 波前（Wavefront）求解器：经常发出“主对角值”或“主元”为小或负的警告或错误信息，指出求解发生异常。任何一条信息都指出某个特定的自由度从约束中忽略掉。

◆ Power 求解器：不检验求解的异常问题。存在异常的情况下，它仍可以计算求解，或者结果不收敛，但仍然进行所有的 PCG 迭代计算，并输出错误信息。

◆ 稀疏矩阵求解器（Sparse solver）：主要用于非线性问题。

4.4.2 求解检查

求解结果保存在数据库中并输出到结果文件（Jobname.rst、Jobname.rth、Jobname.rmg，或 Jobname.rfl），进行求解前需要检查模型是否准备就绪。

在求解初始化前，应进行分析数据检查，包括下面内容：

◆ 统一的单位。

◆ 单元类型和选项。

◆ 材料性质参数。考虑惯性时应输入材料密度，热应力分析时应输入材料的线胀系数。

◆ 实常数（单元特性）。

◆ 单元实常数和材料类型的设置。

◆ 实体模型的质量特性。

◆ 模型中不应存在的缝隙。

◆ 壳单元的法向。

◆ 节点坐标系。

◆ 集中载荷、体积载荷。

◆ 面力方向。

◆ 温度场的分布和范围。

◆ 热膨胀分析的参考温度。

4.4.3 求解的实施

求解的实施比较简单，单步求解只需要求解当前步，多步求解需要先把各步写入步骤文件，再对这些文件的内容进行求解。其中单步求解过程如下：

1）求解前保存数据库。

2）从主菜单中选择 Main Menu：Solution > Solve > Current LS 命令。

3）ANSYS 会打开如图 4-34 所示的对话框，让用户确认求解信息的正误，将该对话框提到最前面，以便查看求解信息。确定信息无误后，单击“OK”按钮。

4）进入求解过程，求解完成后，出现 “Solution is done!”提示，如图 4-35 所示，单击“Close”按钮关闭此对话框。在求解过程中，应将如图 4-34 所示的对话框提到最前面。ANSYS 求解过程中的一系列信息都将显示在此对话框中，如图 4-36 所示。主要信息包括：

◆ 模型的质量特性：模型质量是精确的，质心和质量矩的值有一定误差。

◆ 单元矩阵系数：当单元矩阵系数最大/最小值的比值> 1.0E8 时，将预示模型中的材料性质、实常数或几何模型可能存在问题，当比值过高时，求解可能中途退出。

◆ 模型尺寸和求解统计信息。

◆ 汇总文件和大小。

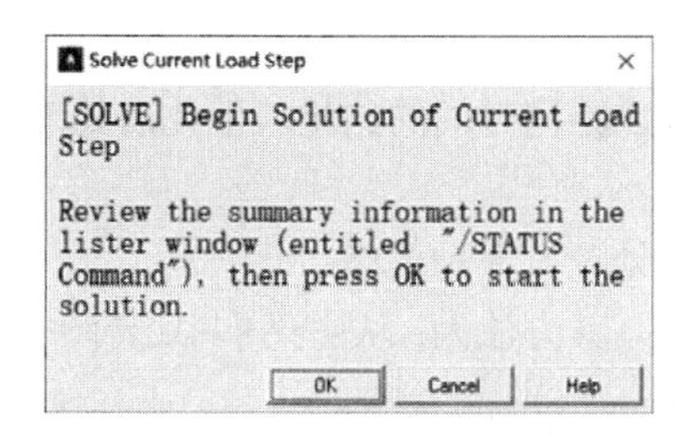

图4-34 “Solve Current Load Step”对话框

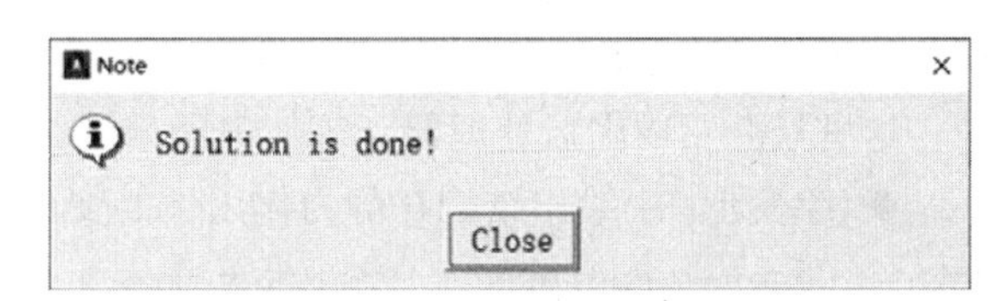

图4-35 “Note”对话框

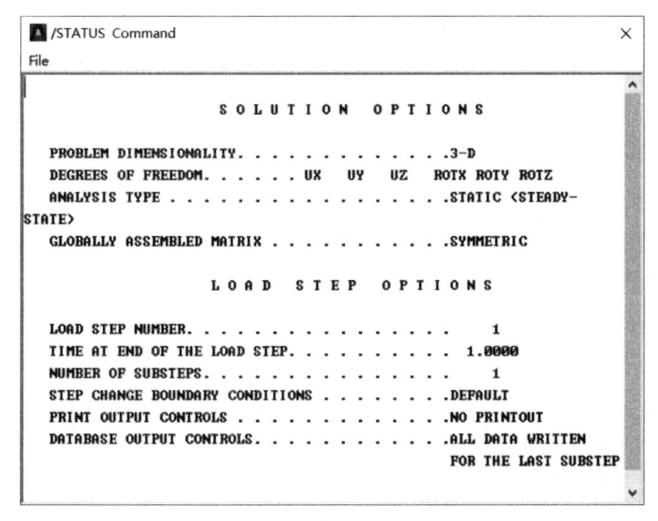

图4-36 “/STATUS Command”对话框

4.4.4 求解会碰到的问题

求解有时会得不到结果，其原因是求解输入的模型不完整或存在错误，典型原因有：

◆ 约束不够（这是常出现的问题）。

◆ 当模型中有非线性单元，如缝隙（gaps）、滑块（sliders）、铰（hinges）、索（cables）等时，整体或部分结构会出现崩溃或“松脱”。

◆ 材料性质参数有负值，如密度或瞬态热分析时的比热容。

◆ 未约束铰接结构，如两个水平运动的梁单元在竖直方向没有约束。

◆ 屈曲。当应力刚化效应为负（压）时，在载荷作用下整个结构刚度弱化。当刚度减小到零或更小时，求解存在异常，因为整个结构已发生屈曲。

遇到求解进行不下去的情况时，需要针对以上几个方面进行检查和修改。

4.5 后处理

分析问题的最后一步工作是进行后处理，后处理就是对求解所得到的结果查看、分析和操作。ANSYS 有两个后处理器：通用后处理器和时间历程后处理器。

通用后处理器 （即“POST1”）只能观看整个模型在某一时刻的结果（如结果的照

相“snapshot”)。

时间历程后处理器 (即“POST26”)可观看模型在不同时间的结果。但此后处理器只能用于处理瞬态和/或动力分析结果。

这里只介绍通用后处理器，该处理器分析结果后处理有5种选择：

◆ 绘变形图：绘出结构在静力作用下的变形结果。其方法为：从主菜单中选择 Main Menu: General Postproc > Plot Results > Deformed Shape 命令。

◆ 变形动画：以动画方式模拟结构在静力作用下的变形过程，其方法为：从实用菜单中选择 Utility Menu: PlotCtrls > Animate > Deformed Shape... 命令。

◆ 支反力列表：在任一方向，支反力总和必等于在此方向的载荷总和。可以对节点反力列表，其方法为：从主菜单中选择 Main Menu: General Postproc > List Results > Reaction Solu 命令。

◆ 等值线图：应力等值线方法可清晰地描述一种结果在整个模型中的变化，可以快速确定模型中的“危险区域”。

显示应力等值线的方法：从主菜单中选择 Main Menu: General Postproc > Plot Results > Contour Plot > Nodal Solu 命令。

◆ 等值线动画：得到等值线结果动画。其方法为：从实用菜单中选择 Utility Menu: PlotCtrls > Animate > Deformed Results... 命令，如图 4-37 所示。

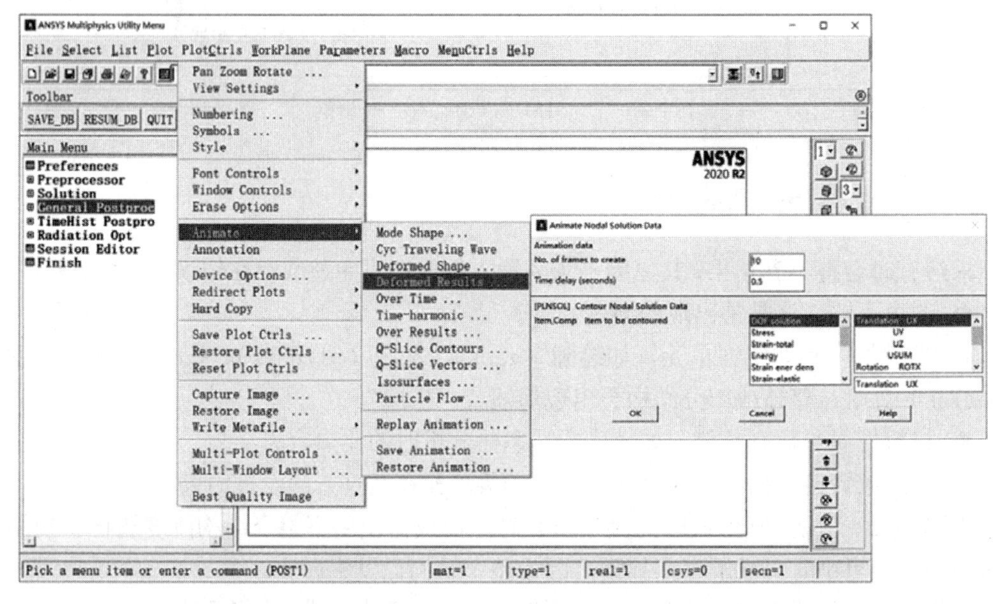

图4-37 “ANSYS Multiphysics Utility Menu”对话框

处理器分析结果后处理会用到 PowerGraphics。PowerGraphics 是一种图形显示技术，特点如下：

◆ 快速重画、图形轮廓分明。

◆ 模型显示光滑、具有相片的真实感。

◆ 支持单元类型(lines、pipes、elbows、contact 等)和几何实体(lines、areas、volumes 等)。

在后处理中要对网格精度进行验证。网格密度影响分析结果的精度，因此有必要验证网格的精度是否足够。进行网格精度检查有 3 种方法。

1. 观察

1）画出非平均（unaveraged）应力等值线，如画出单元应力而不是节点应力。

2）显示每个单元的应力。

3）寻找单元应力变化大的区域，这些区域应进行网格加密（在 MeshTool 中对网格加密非常方便），如图 4-38 所示。

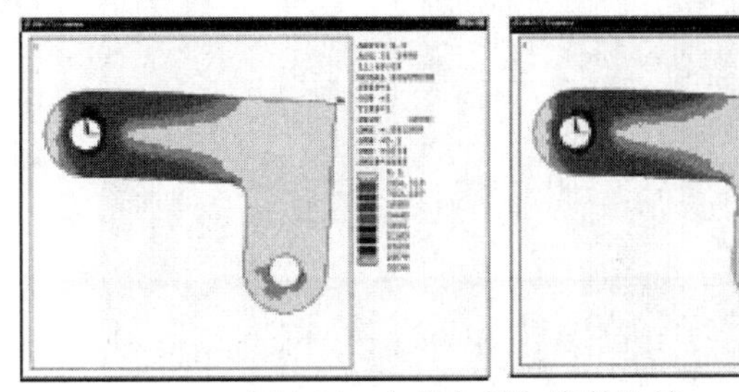

图4-38 加密与不加密的比较

2. 误差估计

ANSYS 对平均应力和非平均应力采用几种不同的误差计算方法，误差估计只在进入后处理前 PowerGraphics 被关闭的情况下进行（如果进入后处理后关闭 PowerGraphics 则 ANSYS 将重新计算误差因子）。有以下几种方式可以进行误差估计：

1）关闭 PowerGraphics，应力等值线图可显示应力分布和最大最小值范围，这可表明误差的大小。

2）通过结构能画出误差的等值线图，可显示误差较大的区域，这些区域需要网格加密。

3）画出所有单元的应力偏差图，可给出每个单元的应力误差值（平均应力和非平均应力不同）。

4）将不连续的应力进行平均。

ANSYS 有限元法（FEA）的计算结果包括通过计算直接得到的初始量和导出量。

任一节点处的 DOF 结果（UX、UY、TEMP 等）是初始量。它们只是在每个节点计算出来的初始值。其他量，如应力应变，是由 DOF 结果通过单元计算导出而得到的。因此，在给定节点处，可能存在不同的应力值。这是由与此节点相连的不同单元计算而产生的。

“节点结果”（nodal solution）画出的是在节点处导出量的平均值，而“单元结果”（element solution ）画出的是非平均量。一般在下列情况下会出现应力不连续：

◆ 在弹性模量不同的材料交界处，应力分量会不连续（PowerGraphics 自动考虑到这一点并对此界面不进行平均处理），如图 4-39 和图 4-40 所示。

◆ 在不同厚度的壳单元的交界处，大多数应力会不连续 （PowerGraphics 自动考虑到这一点并对此界面不进行平均处理），如图 4-41 所示。

◆ 在壳单元构成的尖角或连接处，某些应力分量不连续，如图 4-42 和图 4-43 所示。

3. 将网格加密一倍，重新求解并比较两者结果

如果对以上两种方法不满意，可将网格加密一倍，重新求解并比较两者结果。

图4-39　非平均单元应力显示不连续的应力

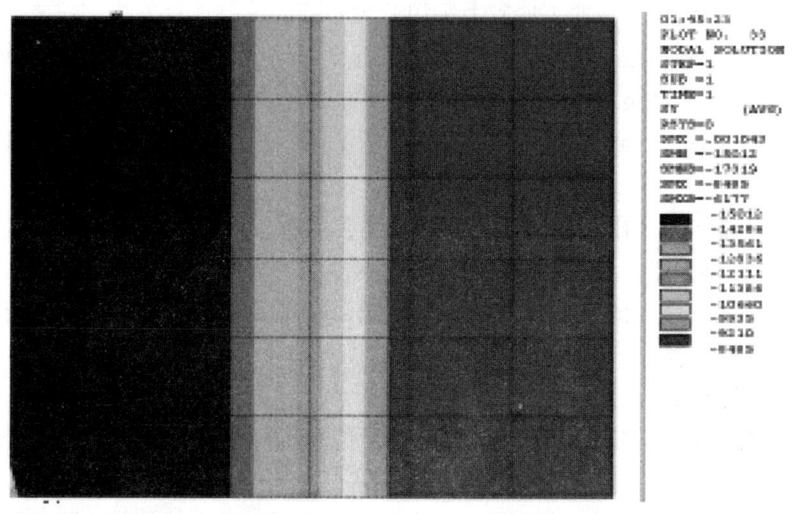

图4-40　平均的节点应力显示连续的应力

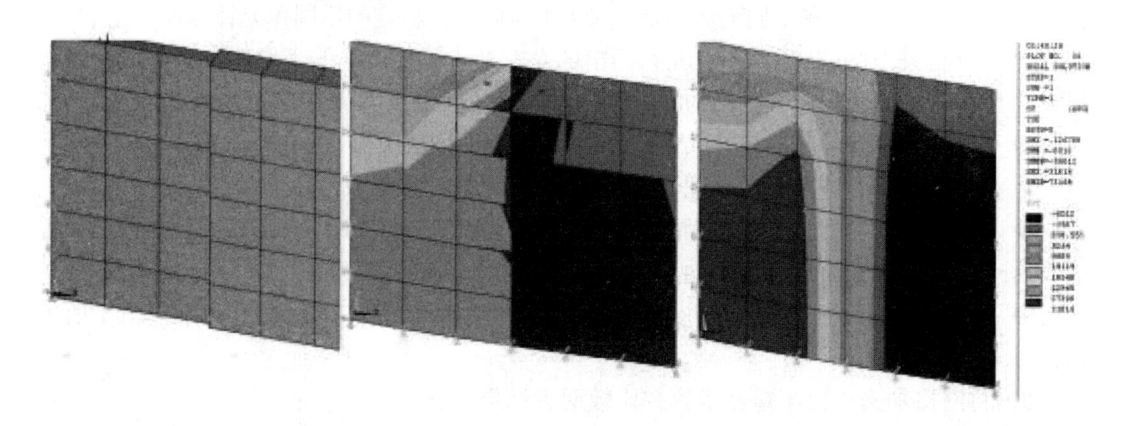

图4-41　PowerGraphics 自动对界面不进行平均处理

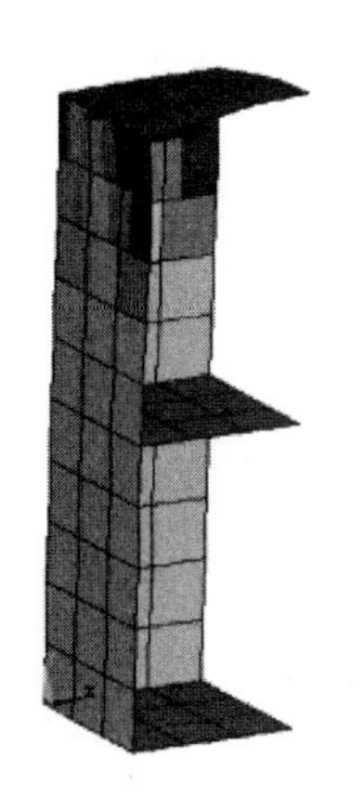
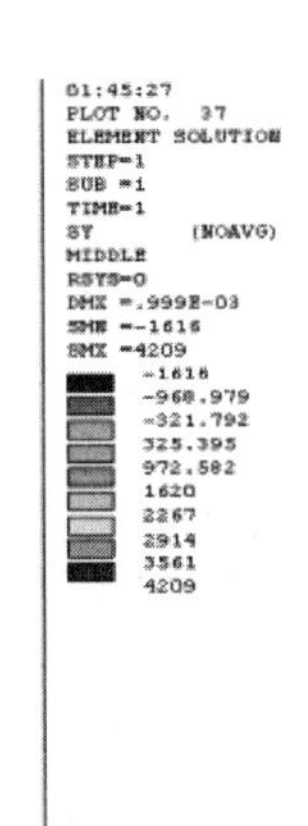

图4-42 非平均单元应力显示不连续的应力

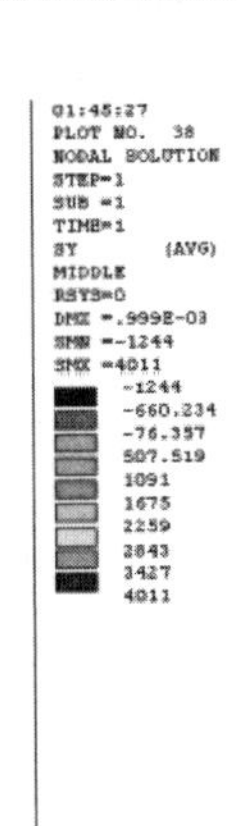

图4-43 平均的节点应力显示掩盖了应力的不连续性

4.6 分析步骤示例——悬臂梁

本节将对一个悬臂梁进行静力分析。学习完本节后，读者将对 ANSYS 分析有一个全面的认识。

4.6.1 分析问题

使用 ANSYS 分析一个截面为正方形的悬臂梁。悬臂梁如图 4-44 所示。

图4-44 悬臂梁

求解在力 P 作用下的变形，已知条件如下：

端部压力：P = 4000lbf

梁的长度：L = 72in

梁的高度：H = 10in

截面惯性矩：I = 833in^4

弹性模量：E = 29×10^6psi

4.6.2 建立有限元模型

1. 启动 ANSYS

以交互模式进入 ANSYS，工作文件名为“example4-6”。

1）从主菜单中选择 Main Menu：File > Clear & Start New...命令。

2）在打开的“Clear Database and Start New”对话框中选择“Read file”，如图 4-45 所示。单击“OK”按钮。

3）打开“Verify”对话框，单击“Yes”按钮，如图 4-46 所示。

4）从主菜单中选择 Main Menu：File > Change Jobname...命令。

5）打开“Change Jobname”对话框，在文本框中输入“example4-6”作为新的工作名，然后单击“OK”按钮，如图 4-47 所示。

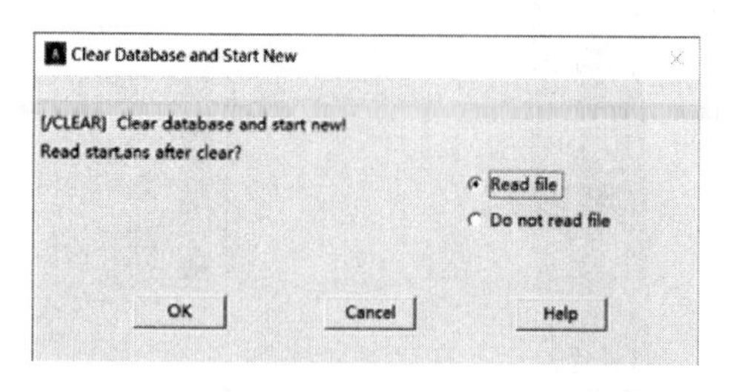

图4-45 “Clear Database and Start New”对话框

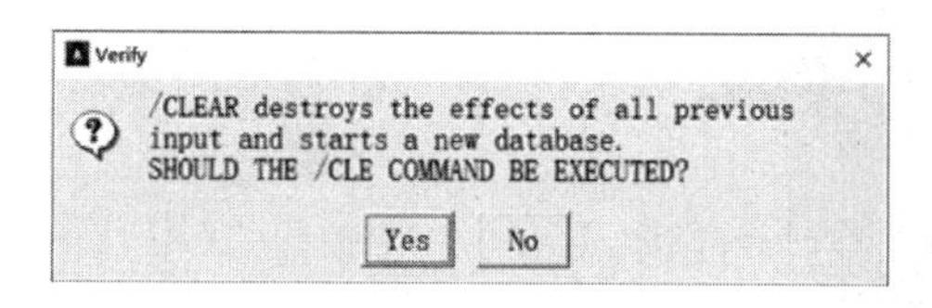

图4-46 “Verify”对话框

2. 创建基本模型

使用带有两个关键点的线模拟梁，梁的高度及横截面积将在单元的实常数中设置。

1）从主菜单中选择 Main Menu：Preprocessor > Modeling > Create > Keypoints > In Active CS... 命令。

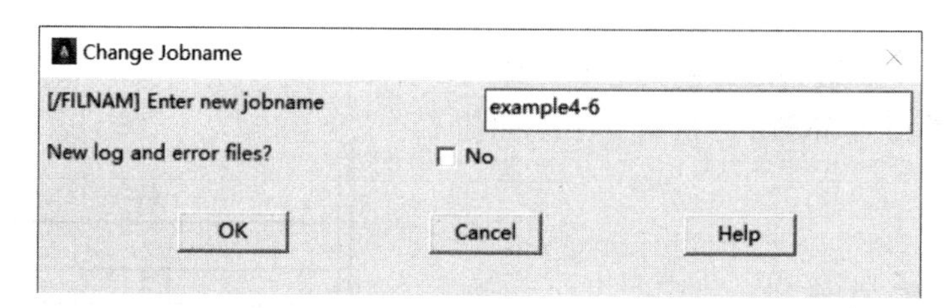

图4-47 “Change Jobname”对话框

2）在弹出的对话框中的“Keypoint namber”文本框中输入关键点编号 1。

3）在弹出的对话框中的“X,Y,Z”文本框中分别输入“0”“0”“0”。

4）单击“Apply”按钮，如图 4-48 所示。

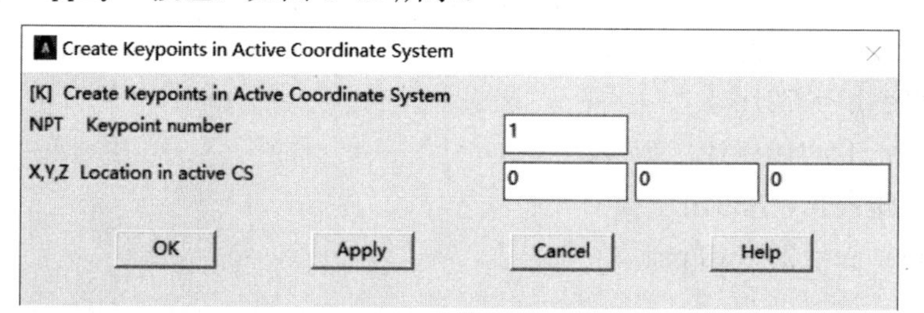

图4-48 “Create Keypoints in Active Coordinate System”对话框

5）在“Keypoint namber”文本框中分别输入关键点编号 2。

6）在“X,Y,Z” 文本框中分别输入“72”“0”“0”。

7）单击“OK”按钮。

8）从主菜单中选择 Main Menu：Preprocessor > Modeling > Create > Lines > Lines > Straight Line 命令。

9）在图形窗口中选取两个关键点 1、2，如图 4-49 所示。

10）在拾取菜单中单击“OK”按钮。

创建好的悬臂梁模型如图 4-50 所示。

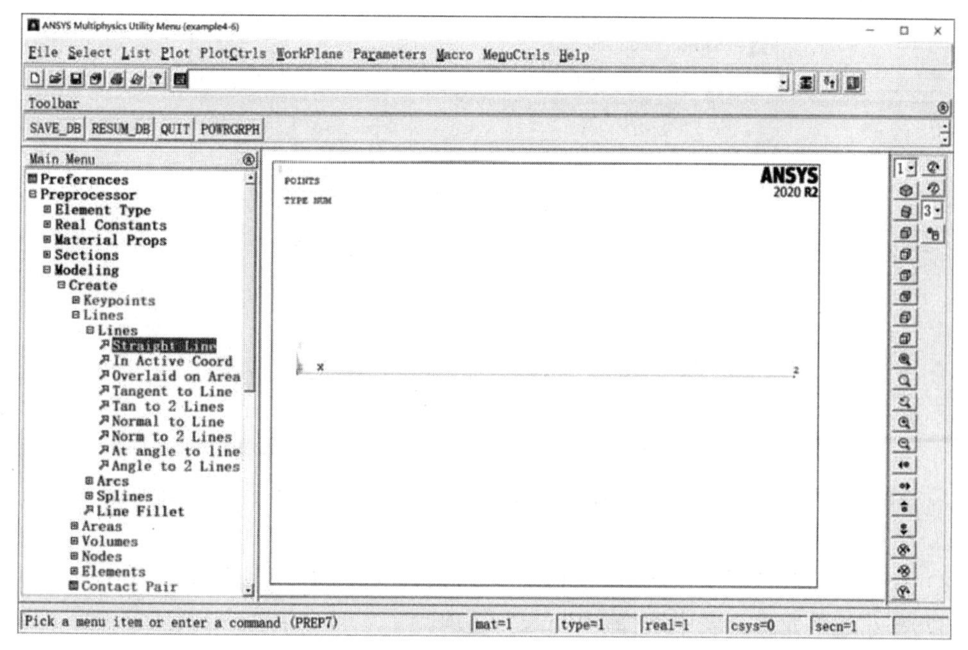

图 4-49 “ANSYS Multiphysics Utility Menu(example4-6)”对话框

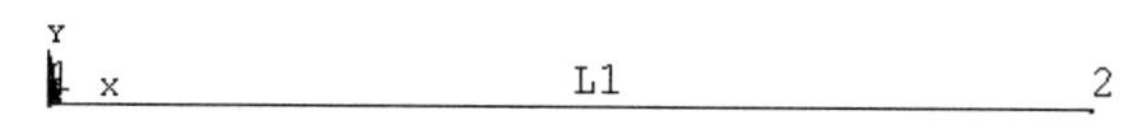

图4-50 悬臂梁模型

3. 存储 ANSYS 数据库

拾取 Toolbar 中的“SAVE_DB”按钮。

ANSYS 数据库是当用户在建模求解时 ANSYS 保存在内存中的数据。由于在 ANSYS 初始对话框中定义的工作文件名为“example4-6”，因此存储的数据库到名为“example4-6.db”的文件中。经常存储数据库文件名是必要的，这样在进行错误操作后，可以恢复上次存储的数据库文件。存储及恢复操作，既可以单击工具条，也可以选择菜单：从实用菜单中选择 Utility Menu：File > Save as Jobname.db 命令。

4. 设定分析模块

1）从主菜单中选择 Main Menu：Preferences 命令。

2）选择“Structural”选项。

3）单击“OK”按钮，如图 4-51 所示。

使用“Preferences”对话框选择分析模块，便于对菜单进行过滤。如果不进行选择，所有的分析模块的菜单都将显示出来。例如，这里选择了结构模块，那么所有热、电磁、流体的菜单都将被过滤掉，可使菜单更简洁明了。

创建好几何模型以后，就要准备单元类型、实常数、材料属性，然后划分网格。

5. 设定单元类型相应选项

对于任何分析，必须从单元类型库中选择一个或几个适合的分析单元类型。单元类型决定了附加的自由度（位移、转角、温度等）。许多单元还要设置一些单元的选项，如单元特性和假设、单元结果的打印输出选项等。对于本问题，只需选择 BEAM188 并默认单元选项即可。

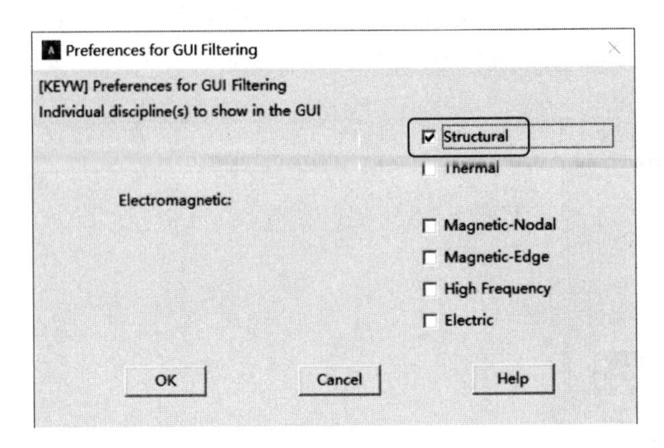

图4-51 “Preferences for GUI Filtering”对话框

1）从主菜单中选择 Main Menu: Preprocessor > Element Type > Add/Edit/Delete 命令。

2）在弹出的对话框中，单击“Add ...”按钮，如图 4-52 所示。

3）在左边单元库列表中选择 “Beam”选项。

4）在弹出的对话框中的右边单元列表中选择“2 node 188”（BEAM188），如图 4-53 所示。

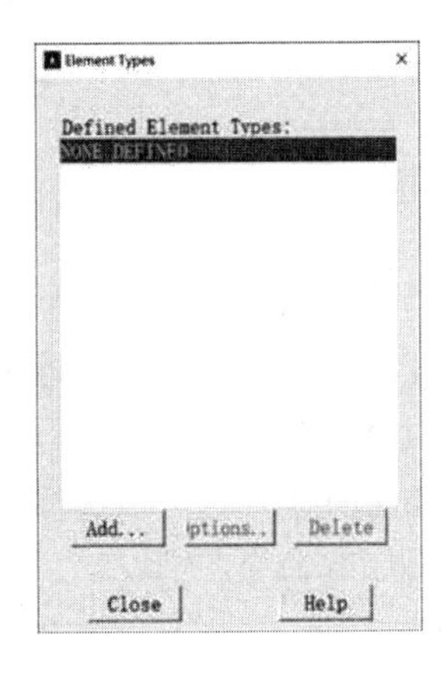

图4-52 “Element Types”对话框

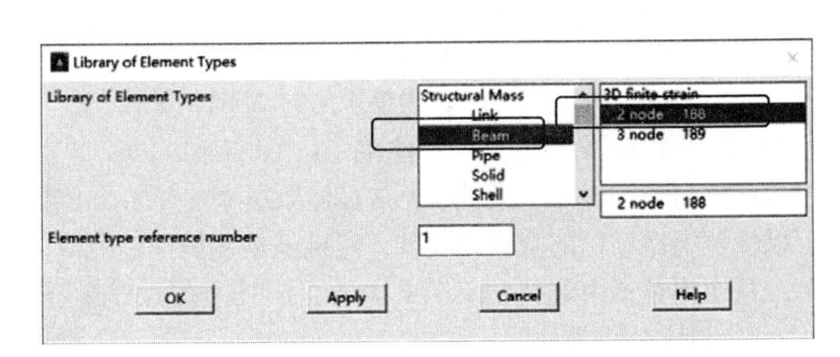

图4-53 “Library of Element Types”对话框

5）单击“OK”按钮接受单元类型并关闭“Library of Element Types”对话框。

6）单击“Close”按钮，关闭“Element Types”对话框，结果如图 4-54 所示。

6. 定义截面

有些单元的几何特性不能仅用其节点的位置充分表示出来，需要提供截面信息。典型的截面有矩形、三角形、圆形和工字形等。

1）从主菜单中选择 Main Menu: Preprocessor > Sections > Beam > Common Sections 命令。

2）弹出“Beam Tool”对话框，如图 4-55 所示。

3）输入矩形的高和宽均为 10，单击“OK”按钮定义横截面积。

7. 定义材料属性

材料属性是与几何模型无关的结构属性，如弹性模量、密度等。虽然材料属性并不与单元类型联系在一起，但由于计算单元矩阵时需要材料属性，ANSYS 为了使用方便，还是对每种单元类型列出了相应的材料类型。根据不同的应用，材料属性可以是线性或非线性的。与单元类型及实常数类似，一个分析中可以设定多种材料，每种材料设定一个材料编号。对于本问题，只需定义一种材料，这种材料只需定义一个材料属性——弹性模量 29×10^6psi。定义材料属性的具体步骤为：

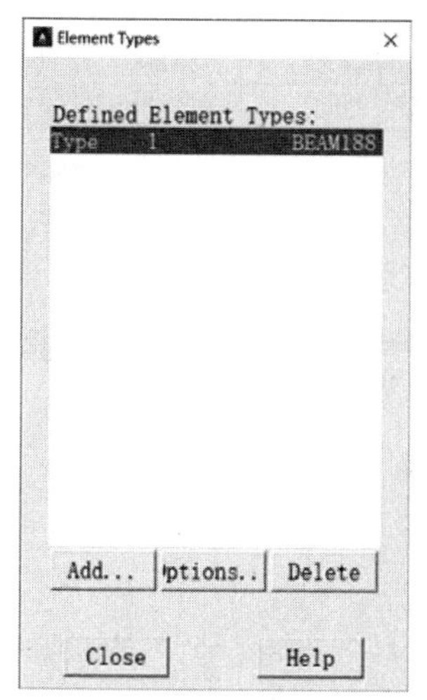

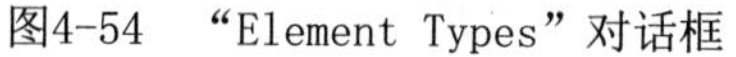

图4-54 “Element Types”对话框

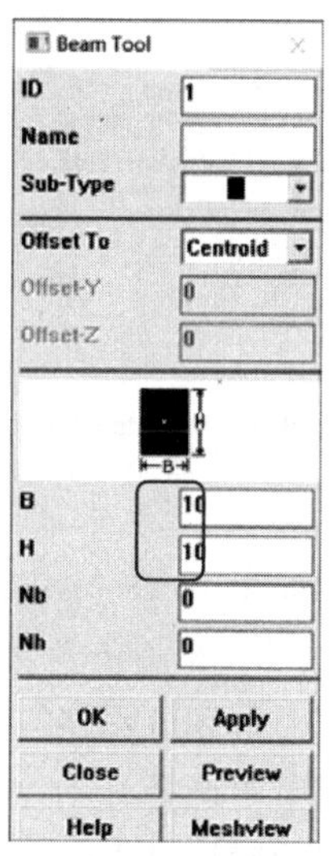

图4-55 “Beam Tool”对话框

1）从主菜单中选择 Main Menu：Preprocessor > Material Props > Material Models 命令。

2）在弹出的窗口中依次单击 Structural > Linear > Elastic > Isotropic，如图 4-56 所示。

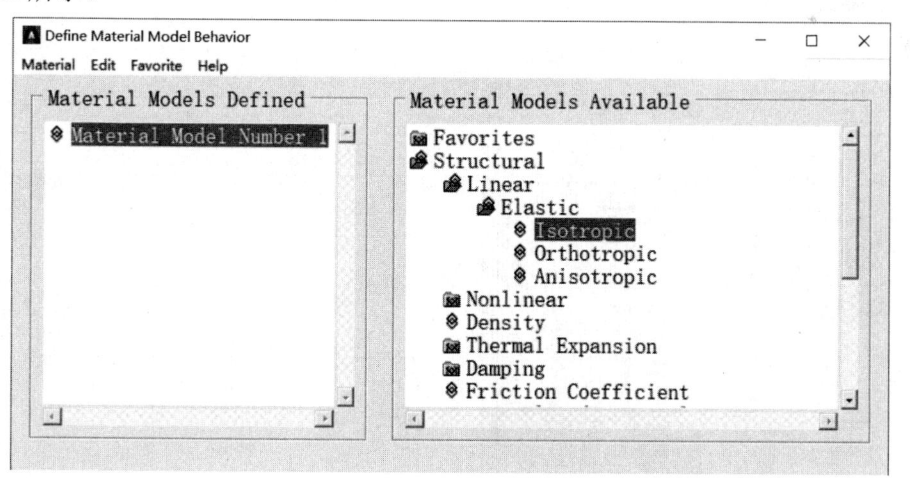

图4-56 “Define Material Model Behavior”窗口

3）在弹出的对话框中的“EX”文本框中输入“29e6”（弹性模量），单击“OK”按钮，如图 4-57 所示。

4）选择对话框中的菜单 Material > Exit，完成定义材料属性并关闭对话框。

8．保存 ANSYS 数据库文件“example4-6geom.db”

在划分网格以前，用表示几何模型的文件名保存数据库文件，一旦需要返回重新划分网格时将很方便，因为此时需要恢复数据库文件。

1）从实用菜单中选择 Utility Menu：File > Save as 命令。

2）输入文件名“example4-6geom.db”，如图 4-58 所示。

3）单击“OK”按钮保存文件并退出对话框。

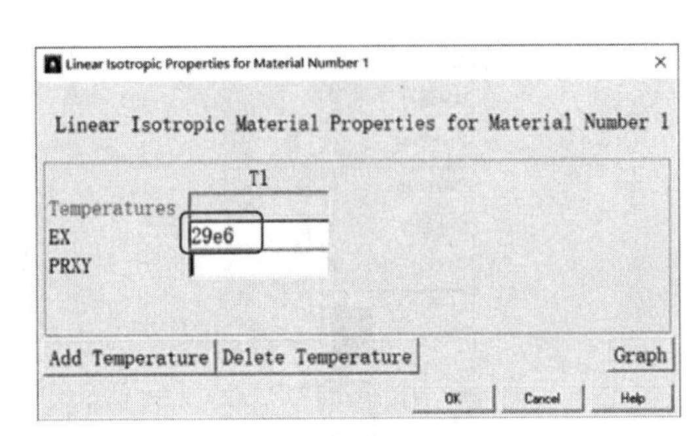

图 4-57 “Linear Isotropic Properties for Material Number1”对话框

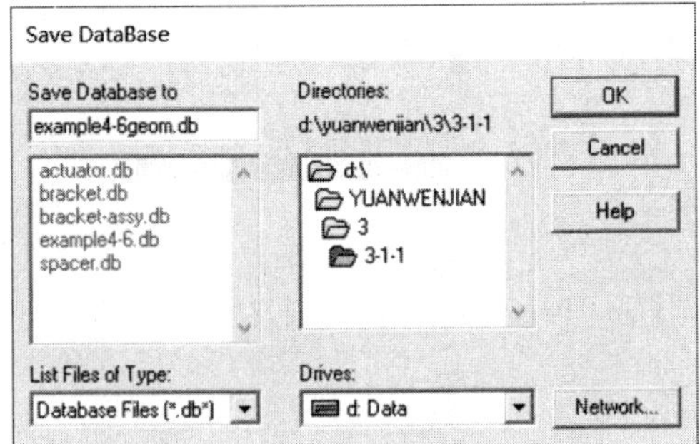

图 4-58 “Save DataBase ”对话框

9. 对几何模型划分网格

1）从主菜单中选择 Main Menu： Preprocessor > Meshing > MeshTool 命令。

2）在弹出的对话框中单击“Mesh”按钮，如图 4-59 所示。

3）在图形上拾取所绘制的直线。

4）在拾取对话框中单击“OK”按钮，如图 4-60 所示。

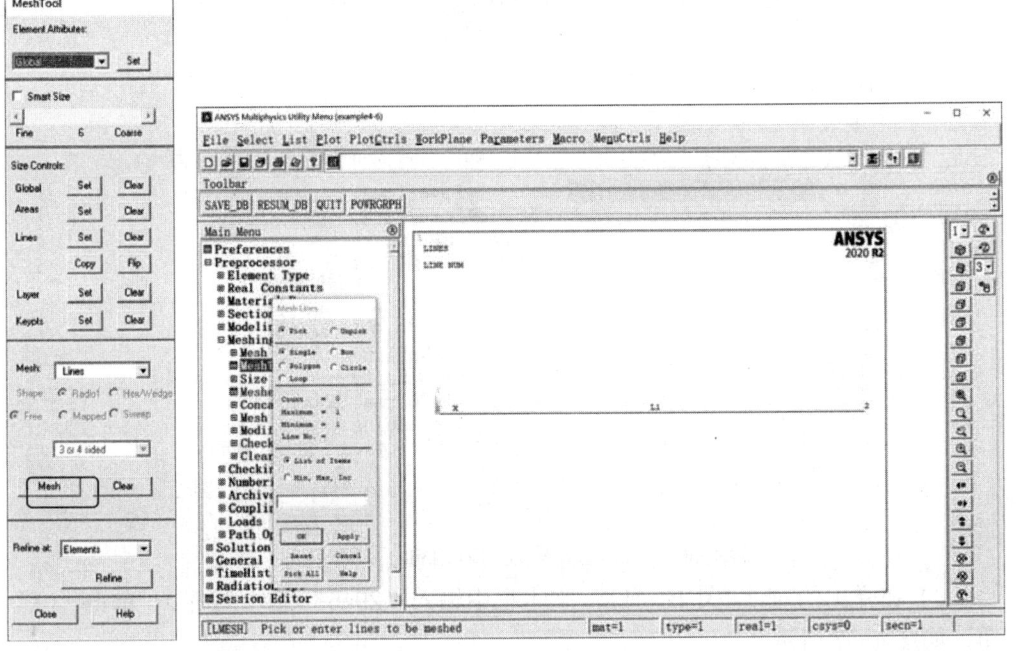

图4-59 “MeshTool”对话框　图4-60 “ANSYS Multiphysics Utility Menu(example4-6)”对话框

5)（可选）在“MeshTool”对话框中单击“Close”按钮。

10. 保存 ANSYS 数据库文件到“example4-6mesh.db”

1）从实用菜单中选择 Utility Menu： File > Save as 命令。

2）输入文件名“example4-6mesh.db”。

3）单击“OK”按钮保存文件并退出对话框。

4.6.3　施加载荷

1. 施加载荷及约束

1）从主菜单中选择 Main Menu：Solution > Difine Loads > Apply > Structural > Displacement > On Nodes 命令。

2）拾取最左边的节点。

3）在对话框中单击“OK”按钮，如图 4-61 所示。

4）选择“All DOF”。

5）单击“OK”按钮（如果不输入任何值，位移约束默认为 0），如图 4-62 所示。

6）从主菜单中选择 Main Menu：Solution > Difine Loads > Apply > Structural > Force/Moment > On Nodes 命令。

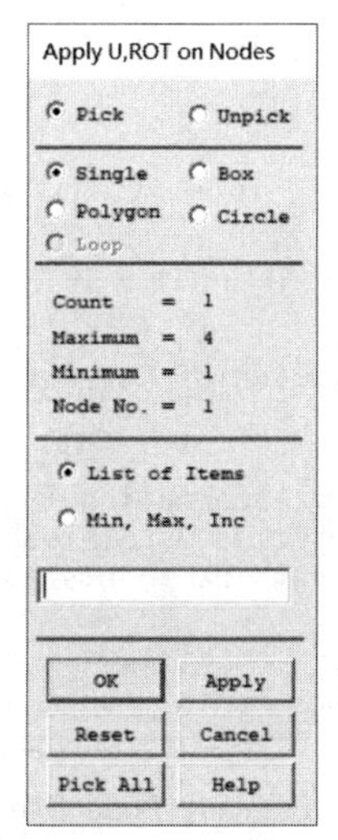

图4-61　“Apply U,ROT on Nodes”对话框

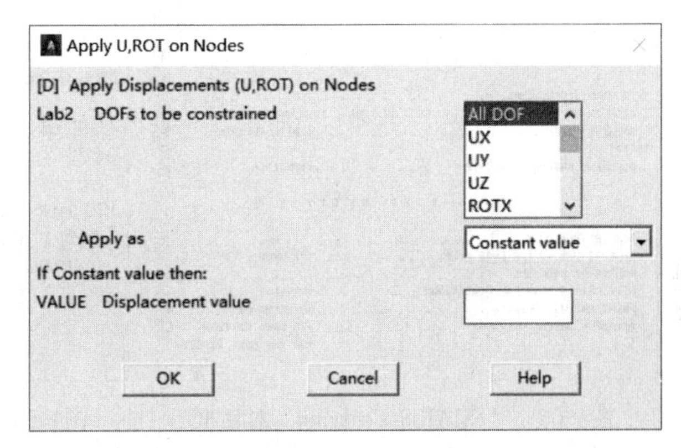

图4-62　“Apply U,ROT on Nodes”对话框

7）拾取最右边的节点。

8）在选取对话框中单击“OK”按钮。

9）选择“FY”选项。

10）在“VALUE”文本框中输入-4000。

11）单击“OK”按钮，如图 4-63 所示。

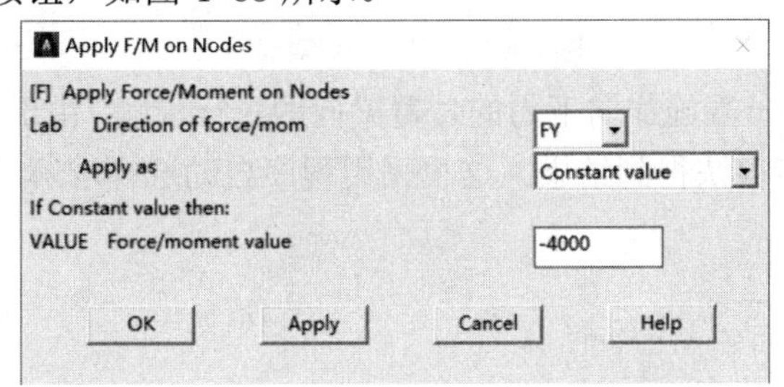

图4-63　“Apply F/M On Nodes”对话框

12）施加约束所得图形如图 4-64 所示。

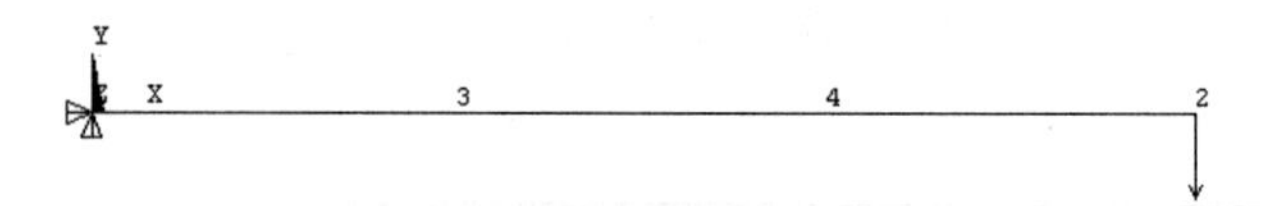

图4-64　施加约束

2. 保存数据库文件到“example4-6load.db”

1）从实用菜单中选择 Utility Menu：File > Save as 命令。

2）输入文件名“example4-6load.db”。

3）单击“OK”按钮保存文件，关闭对话框。建议再以“example4-6load2.db”文件名保存数据库。

4.6.4　进行求解

1）从主菜单中选择 Main Menu：Solution > Solve > Current LS 命令。

2）查看状态对话框中的信息，如图 4-65 所示。然后选择 File > Close。

3）单击“OK”按钮开始计算，如图 4-66 所示。

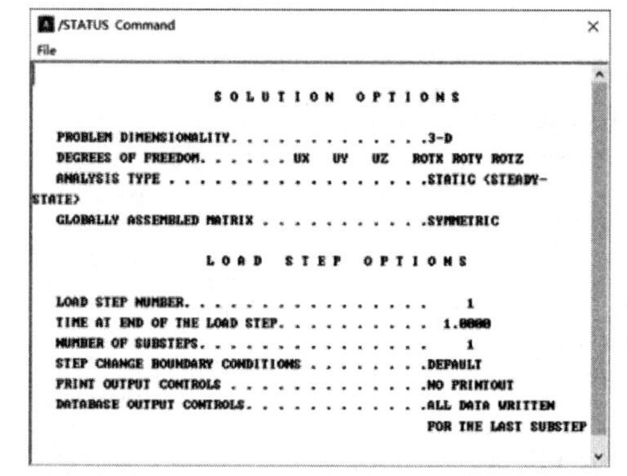

图4-65　“/STATUS Command”对话框

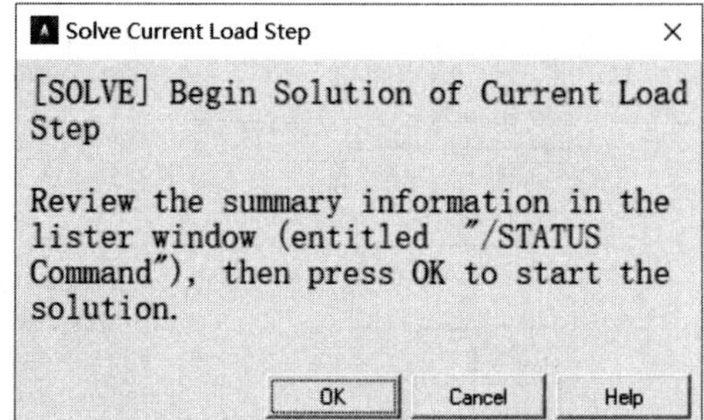

图4-66　“Solve Current Load Step”对话框

4）求解完毕会出现“Solution is done!”提示，如图 4-67 所示。单击“Close”按钮关闭此对话框。

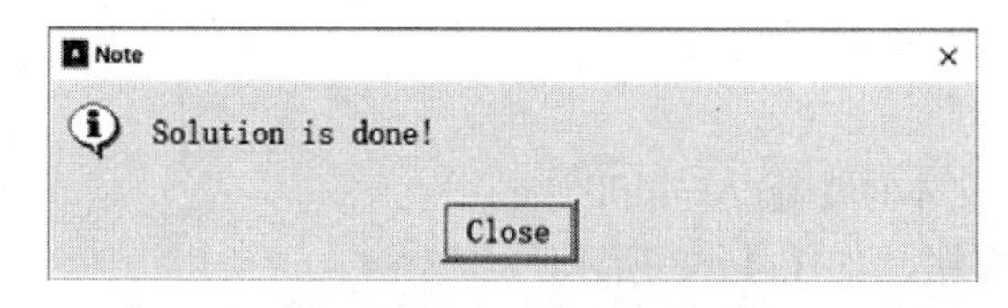

图4-67　“Note”对话框

将对一端固支、另一端施加向下力的悬臂梁问题进行求解。由于这个问题比较简单，故使用任何求解器都能很快得到结果。这里采用程序自动选择求解器。

4.6.5　后处理

后处理用于通过图形或列表方式显示分析结果。通用后处理器（POST1）用于观察指定载荷步的整个模型的结果。本问题只有一个载荷步需进行后处理。

1. 进入通用后处理读取分析结果

从主菜单中选择 Main Menu：General Postproc > Read Results > First Set 命令。

2. 图形显示变形

1）从主菜单中选择 Main Menu：General Postproc > Plot Results > Deformed Shape 命令。

2）在弹出的对话框中选择“Def + undeformed”选项，如图 4-68 所示。

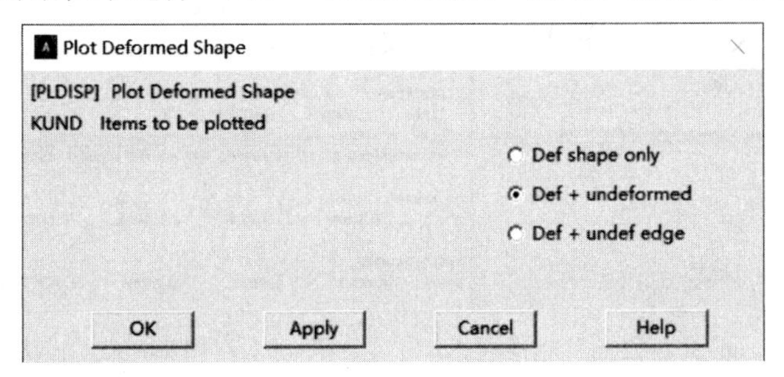

图4-68 “Plot Deformed Shape ”对话框

3）单击“OK”按钮，梁变形前后的图形（见图 4-69）都将显示出来，以便进行对比。

梁变形前后的图形都将显示出来，以便进行对比，如图 4-69 所示。

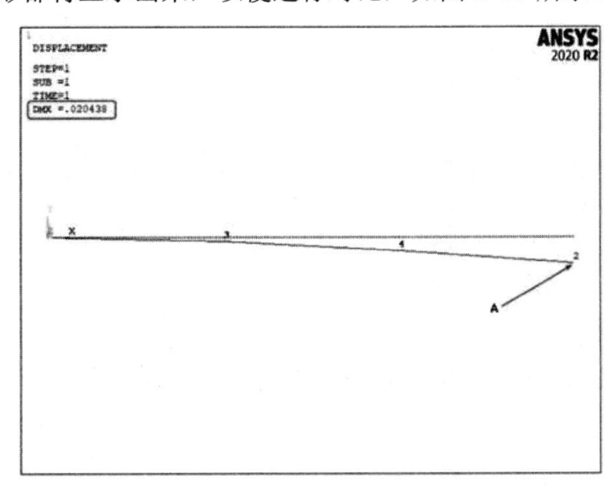

图4-69 梁变形前后的图形

注意由于力 P 对结构引起的 A 点的变形最大。最大变形值在图形的左边标记为“DMX”，其数值为 0.020438。可以将此数值计算结果与理论结果进行对比。

根据弹性梁理论，悬臂梁自由端受集中荷载作用时，自由端最大挠度的计算公式为：Ymax=（PL^3）/（3EI）=0.0206in。数值计算结果与理论结果之间相对误差小于 1%。”

3.（可选）列出反作用力

1）从主菜单中选择 Main Menu：General Postproc > List Results > Reaction Solu 命令。

2）在弹出的对话框中单击“OK”按钮，列出所有项目，并关闭对话框，如图 4-70 所示。

3）查看完结果后，选择 File ＞ Close 关闭对话框，如图 4-71 所示。可以列出所有的反作用力。

4．退出 ANSYS

1）在工具条中单击“Quit”按钮。

2）选择“Quit - No Save!”，如图 4-72 所示。

3）单击“OK”按钮，退出 ANSYS。

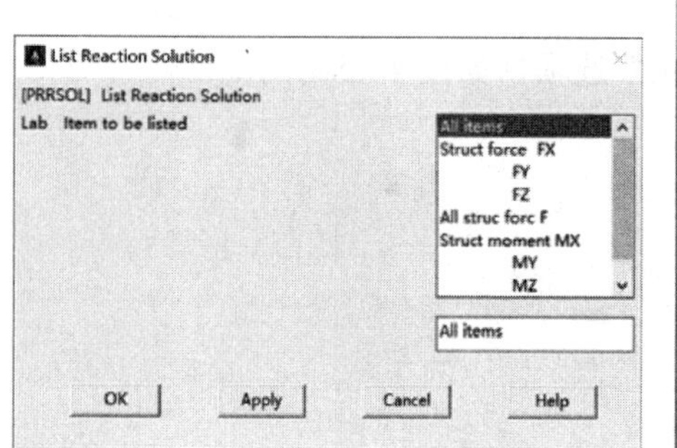

图4-70 “List Reaction Solution”对话框

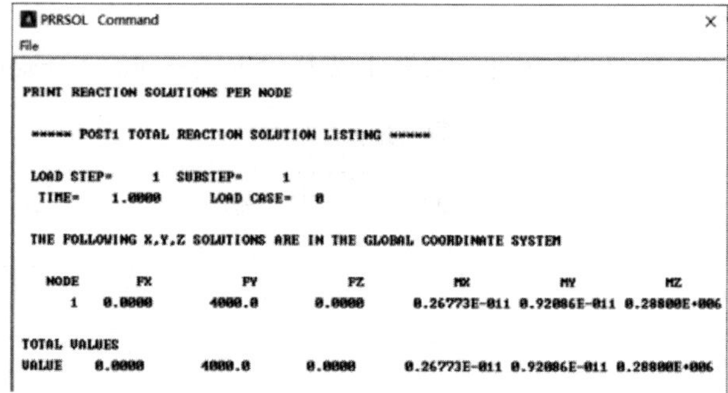

图4-71 “PRRSOL Command”对话框

“Exit”对话框中各保存选项的含义：

◆ Save Geom+Loads（geometry+loads）（default）——保存模型和载荷。

◆ Save Geo+Ld+Solu（geometry+loads+solution）（1 set of results）——保存模型、载荷和第一步结果。

◆ Save Everything（geometry+loads+solution+postprocessing）(即保存所有项目)，——保存所有数据。

◆ Quit - No Save!——不做任何新的保存。

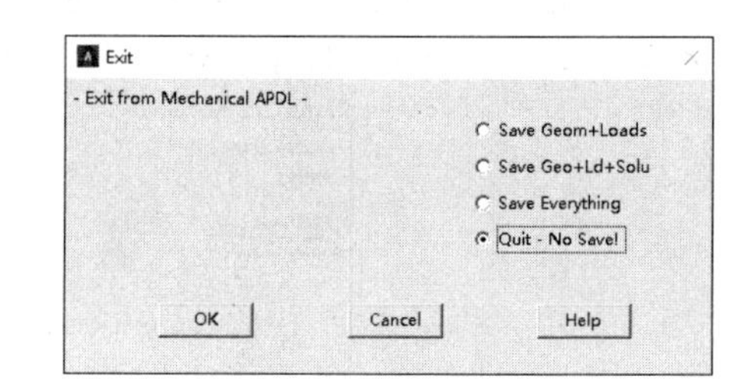

图4-72 “Exit”对话框

应该慎重选择保存方式。

到现在为止，读者已经能够完成一个完整的结构分析了。

4.6.6 命令流

```
/CLEAR,START
!更改文件名称
/FILNAME,example4-6,1
!进入预处理模块
/PREP7
!创建点
K,1,,,,
K,2,72,,,
!创建线
L,      1,      2
```

```
!选择 BEAM188 单元类型
ET,1,BEAM188
!定义截面属性
SECTYPE,   1, BEAM, RECT, , 0
SECOFFSET,CENT
SECDATA,10,10,,,,,,,,,,
!定义材料弹性模量
MPTEMP,,,,,,,,
MPTEMP,1,0
MPDATA,EX,1,,29e6
!划分网格
LMESH,       1
!完成预处理
FINISH
!进入求解模块
/SOL
!施加约束
FLST,2,1,1,ORDE,1
FITEM,2,1
/GO
D,P51X, , , , , ,ALL, , , , ,
!施加载荷
FLST,2,1,1,ORDE,1
FITEM,2,2
/GO
F,P51X,FY,-4000
!求解
/STATUS,SOLU
SOLVE
FINISH
!完成求解
!进入后处理模块
/POST1
!读取分析结果
SET,FIRST
!显示变形
PLDISP,1
!列出反作用力
PRRSOL,
!完成后处理
FINISH
!退出
! /EXIT,ALL
```

第5章 静力分析

结构静力分析是有限元法中常用的一个方法。结构是一个广义的概念，它包括土木工程结构（如桥梁和建筑物）、汽车结构（如车身骨架）、海洋结构（如船舶结构）、航空结构（如飞机机身等），同时还包括机械零部件（如活塞和传动轴等）。

学习要点

- 静力分析介绍
- 平面问题静力分析实例
- 轴对称结构静力分析实例
- 周期对称结构的静力分析实例
- 任意三维结构的静力分析实例

5.1 静力分析介绍

5.1.1 结构静力分析简介

在 ANSYS 产品中有 7 种结构分析的类型。结构分析中计算得出的基本未知量（节点自由度）是位移，其他的一些未知量，如应变、应力和反力可通过节点位移导出。各种分析的具体含义如下：

◆ 静力分析：用于求解静力载荷作用下结构的位移和应力等。静力分析包括线性和非线性分析，而非线性分析涉及塑性、应力刚化、大变形、大应变、超弹性、接触面和蠕变。

◆ 模态分析：用于计算结构的固有频率和模态。

◆ 谐波分析：用于确定结构在随时间正弦变化的载荷作用下的响应。

◆ 瞬态动力分析：用于计算结构在随时间任意变化的载荷作用下的响应，并且可进行上述提到的静力分析中所有的非线性性质分析。

◆ 谱分析：用于计算由于响应谱或 PSD 输入（随机振动）引起的应力和应变。

◆ 屈曲分析：用于计算屈曲载荷和确定屈曲模态。ANSYS 可进行线性（特征值）和非线性屈曲分析。

◆ 显式动力分析：ANSYS/LS-DYNA 可用于计算高度非线性动力学和复杂的接触问题。

此外，前面提到的 7 种分析类型还有如下特殊的分析应用：

◆ 断裂力学。

◆ 复合材料。

◆ 疲劳分析。

◆ p-Method。

绝大多数的 ANSYS 单元类型可用于结构分析，所用的单元类型从简单的杆单元和梁单元一直到较为复杂的层合壳单元和大应变实体单元。

从计算的线性和非线性的角度可以把结构分析分为线性分析和非线性分析，从载荷与时间的关系又可以把结构分析分为静力分析和动态分析，而线性静力分析是最基本的分析。

静力分析的定义：静力分析可以计算在固定不变的载荷作用下结构的效应，它不考虑惯性和阻尼的影响，如结构随时间变化载荷的情况。可是，静力分析可以计算那些固定不变的惯性载荷对结构的影响（如重力和离心力），以及那些可以近似为等价静力作用的随时间变化载荷（如通常在许多建筑规范中所定义的等价静力风载和地震载荷）。线性分析是指在分析过程中结构的几何参数和载荷参数只发生微小的变化，以至可以忽略这种变化，而把分析中的所有非线性项去掉。

静力分析中的载荷：静力分析用于计算由那些不包括惯性和阻尼效应的载荷作用

于结构或部件上引起的位移、应力、应变和力。固定不变的载荷和响应是一种假定，即假定载荷和结构的响应随时间的变化非常缓慢。

静力分析所施加的载荷包括以下几种：

◆ 外部施加的作用力和压力。
◆ 稳态的惯性力（如重力和离心力）。
◆ 位移载荷。
◆ 温度载荷。

5.1.2 静力分析的类型

静力分析可分为线性静力分析和非线性静力分析，静力分析既可以是线性的也可以是非线性的。非线性静力分析包括所有的非线性类型，如大变形、塑性、蠕变、应力刚化、接触（间隙）单元、超弹性单元等。本节主要讨论线性静力分析。

从结构的几何特点上讲，无论是线性的还是非线性的静力分析都可以分为平面问题、轴对称问题和周期对称问题及任意三维结构。

5.1.3 静力分析基本步骤

1. 建模

建模即建立结构的有限元模型。在使用 ANSYS 软件进行静力分析时，建立的有限元模型是否正确、合理，会直接影响到分析结果的准确可靠程度。因此，在开始建立有限元模型时就应当考虑要分析问题的特点，对需要划分的有限元网格的粗细和分布情况有一个大概的计划。

2. 施加载荷和边界条件并求解

在上一步建立的有限元模型上施加载荷和边界条件并求解，需要完成的工作包括：指定分析类型和分析选项，根据分析对象的工作状态和环境施加边界条件和载荷，对结果输出内容进行控制，最后根据设定的情况进行有限元求解。

3. 结果评价和分析

求解完成后查看分析结果文件 Jobname.rst。结果文件由以下数据构成：

◆ 基本数据——节点位移（UX、UY、YZ、ROTX、ROTY、ROTZ）。
◆ 导出数据——节点单元应力、节点单元应变、单元集中力、节点反力等。

可以用 POST1 或 POST26 检查结果。POST1 可以检查基于整个模型的指定子步（时间点）的结果，POST26 可用于非线性静力分析追踪特定的结果。

5.2 平面问题静力分析实例——平面齿轮

平面问题是对实际结构在特殊情况下的一种简化，在实际问题中，任何一个物体严格地说都是空间物体，它所受的载荷一般都是空间的。但是，当工程问题中某些结构或机械零件的形状和载荷情况具有一定特点时，只要经过适当的简化和抽象化处理，就可以将其归结为平面问题。这种问题的特点是，将一切现象都看作是在一个平面内发生的。平面问题的模型可以大大简化而不失精度。平面问题可分为平面应力问题和平面应变问题。它们的区别只是单元行为方式选择的设置不同，平面应力问题要求选择的是Plane Stress，而平面应变问题选择Plane Strain。

本节通过对高速旋转的齿轮进行应力分析，来介绍ANSYS平面问题的分析过程。

5.2.1 分析问题

本实例为考查齿轮在高速运转时，发生了多大的径向位移，从而判断其变形情况，以及齿轮运转过程中齿面受到的压力作用。齿轮模型如图5-1所示。

标准齿轮，最大转速为62.8rad/s，计算其应力分布。

齿顶直径：48mm

齿底直径：30mm

齿数：10

厚度：4mm

弹性模量：2.06e11Pa

密度：7.8e3g/mm^3

图5-1 齿轮模型

5.2.2 建立模型

建立模型包括设置分析文件名和标题，定义单元类型和实常数，定义材料属性，建立几何模型，划分有限元网格。

1. 设置分析文件名和标题

在进行一个新的有限元分析时，通常需要修改数据库名，并在图形输出窗口中定义一个标题来说明当前进行的工作内容。另外，对于不同的分析范畴（结构分析、热分析、流体分析、电磁场分析等），ANSYS所用的主菜单的内容也不相同，为此，需要在分析开始时选定分析内容的范畴，以便ANSYS显示出与其相对应的菜单选项。

1）从实用菜单中选择Utility Menu：File > Change Jobname命令，打开“Change Jobname（修改文件名）”对话框，如图5-2所示。

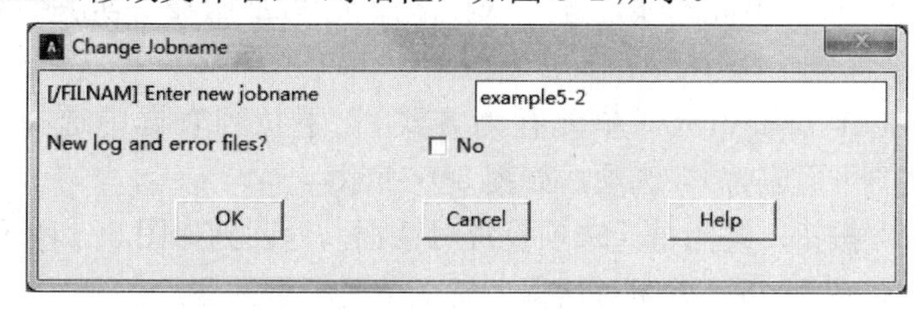

图5-2 “Change Jobname”对话框

2）在“Enter new jobname（输入新的文件名）”文本框中输入文字“example5-2”，设置分析实例的数据库文件名。

3）单击“OK”按钮，完成文件名的设置。

4）从实用菜单中选择 Utility Menu：File > Change Title 命令，打开“Change Title（修改标题）”对话框，如图 5-3 所示。

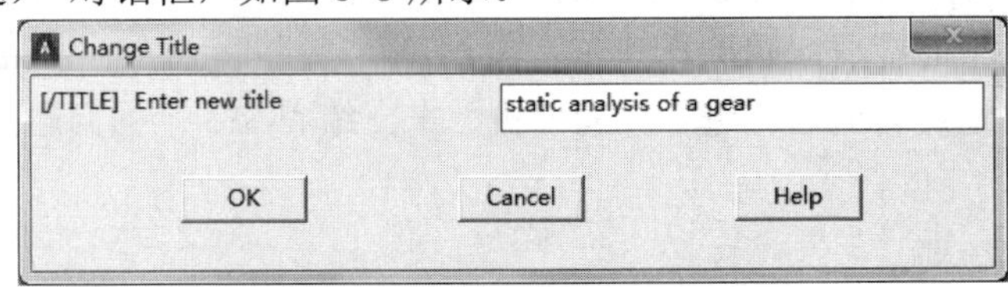

图5-3 “Change Title”对话框

5）在“Enter new title（输入新标题）”文本框中输入“static analysis of a gear”，设置本分析实例的标题名。

6）单击“OK”按钮，完成对标题名的设置。

7）从实用菜单中选择 Utility Menu：Plot > Replot 命令，设置的标题“static analysis of a gear”将显示在图形窗口的左下角。

8）从主菜单中选择 Main Menu：Preferences 命令，打开“Preferences of GUI Filtering（菜单过滤参数选择）”对话框，选中“Structural”复选框，单击“OK”按钮确定。

2. 定义单元类型

在进行有限元分析时，应根据分析问题的几何结构、分析类型和所分析的问题精度要求等选定适合的单元类型。本例选用 4 节点四边形板单元 PLANE182。PLANE182 不仅可用于计算平面应力问题，还可以用于分析平面应变和轴对称问题。

1）从主菜单中选择 Main Menu：Preprocessor > Element Type > Add/Edit/Delete 命令，打开“Element Type（单元类型）”对话框。

2）单击“Add...”按钮，打开“Library of Element Types(单元类型库)”对话框，如图 5-4 所示。

3）在对话框中左边的列表选择“Solid”选项（选择实体单元类型）。

4）在对话框右边的列表框中选择“Quad 4 node 182”选项（选择 4 节点四边形板单元 PLANE182）。

5）在对话框中单击“OK”按钮，添加 PLANE182 单元，并关闭对话框，同时返回到步骤 1 打开的对话框，如图 5-5 所示。

6）在打开的对话框中单击“Options...”按钮，打开如图 5-6 所示的“PLANE182 element type options（单元选项设置）”对话框，对 PLANE182 单元进行设置，使其可用于计算平面应力问题。

7）在“Element behavior（单元行为方式）”下拉列表框中选择“Plane strs w/thk（带有厚度的平面应力）”选项，如图 5-6 所示。

8）单击“OK”按钮，关闭单元选项设置对话框，返回到如图 5-5 所示的对话框。

9）单击“Close”按钮，关闭对话框，结束单元类型的添加。

3. 定义实常数

本实例选用带有厚度的平面应力行为方式的 PLANE182 单元。需要设置其厚度实常数。

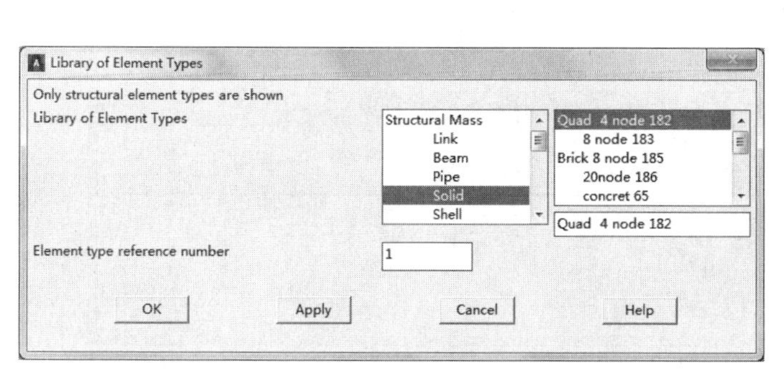

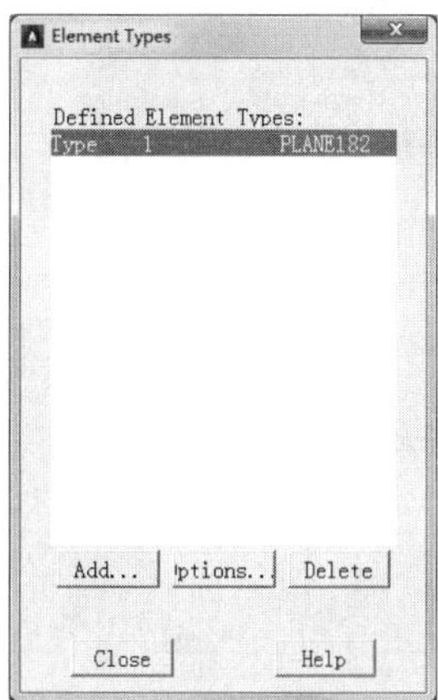

图5-4 “Library of Element Types”对话框　　图5-5 “Element Types”对话框

1）从主菜单中选择 Main Menu：Preprocessor > Real Constants > Add/Edit/Delete 命令，打开如图 5-7 所示的“Real Constants（实常数）”对话框。

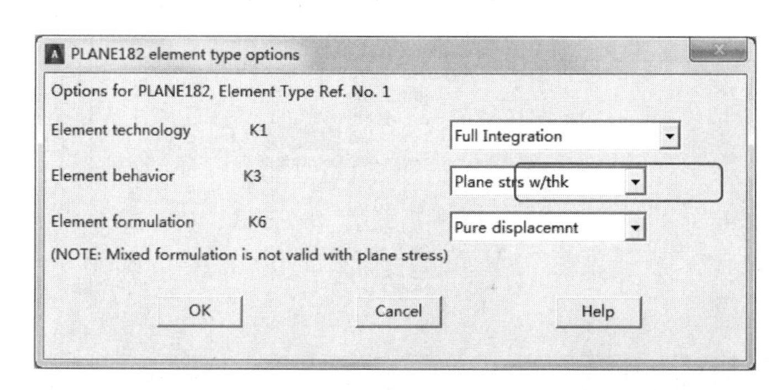

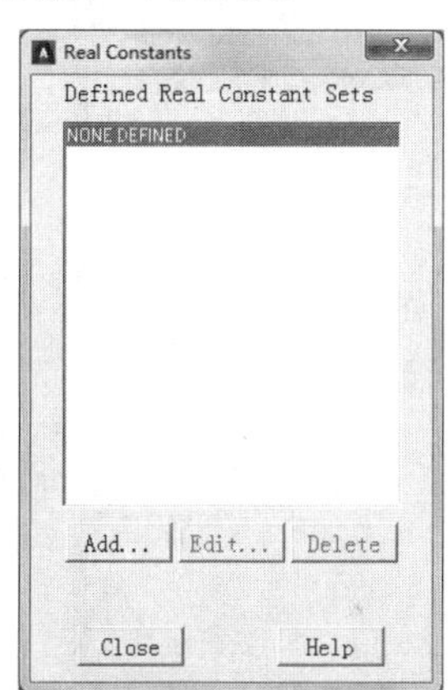

图5-6 “PLANE182 element type options”对话框　　图5-7 “Real Constants”对话框

2）单击“Add...”按钮，打开如图5-8所示的“Element Type for Real Constants”（实常数单元类型）”对话框，选择欲定义实常数的单元类型。

本例中只定义了一种单元类型，在已定义的单元类型列表中选择“Type 1 PLANE182”，将为PLANE182单元类型定义实常数。

3）单击“OK”按钮，打开该单元类型“Real Constant Set Number1, for PLANE182（实常数集）”对话框，如图 5-9 所示。

4）在“Thickness（厚度）”文本框中输入 4。

5）单击“OK”按钮，关闭对话框，返回到“Real Constants”对话框，如图 5-10 所示。其中显示已经定义了一组实常数。

6）单击“Close”按钮，关闭对话框。

4. 定义材料属性

惯性力的静力分析中必须定义材料的弹性模量和密度。具体步骤如下：

1）从主菜单中选择 Main Menu：Preprocessor > Material Props > Material Models 命令，打开“Define Material Model Behavior（定义材料模型属性）”窗口，如图 5-11 所示。

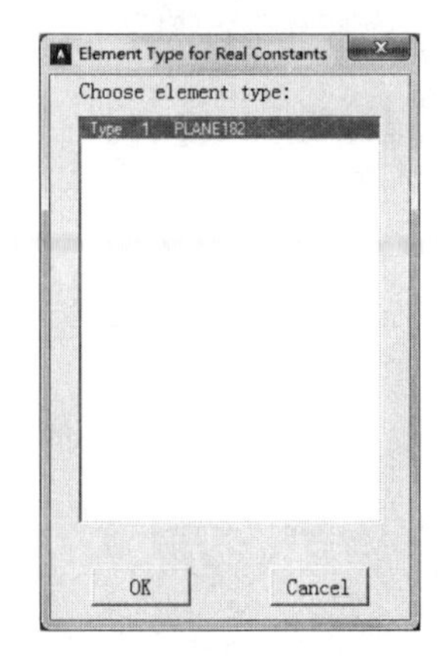

图5-8 “Element Type for Real Constants”对话框

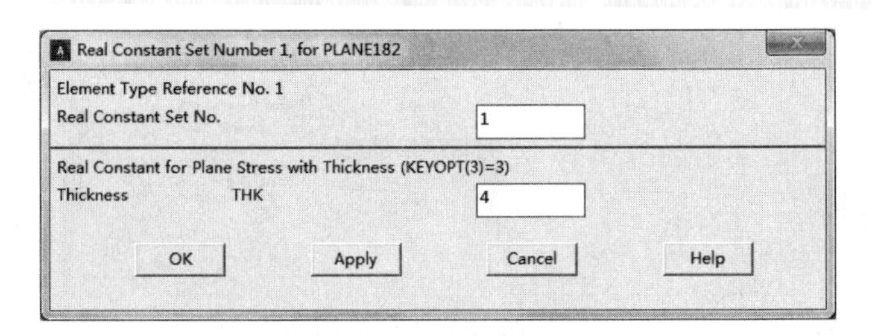

图5-9 “Real Constant Set Number1, for PLANE182”对话框

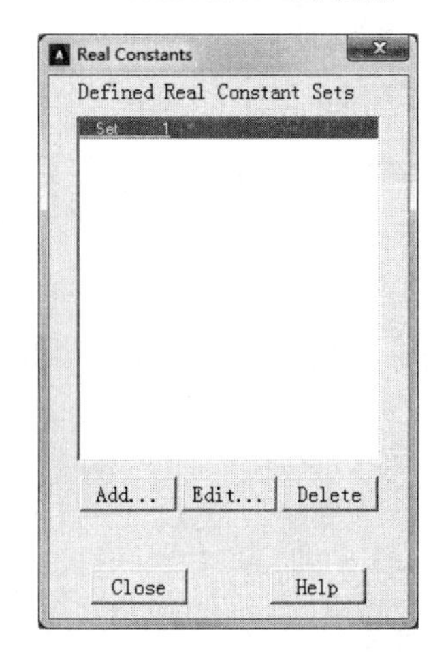

图5-10 “Real Constants”对话框

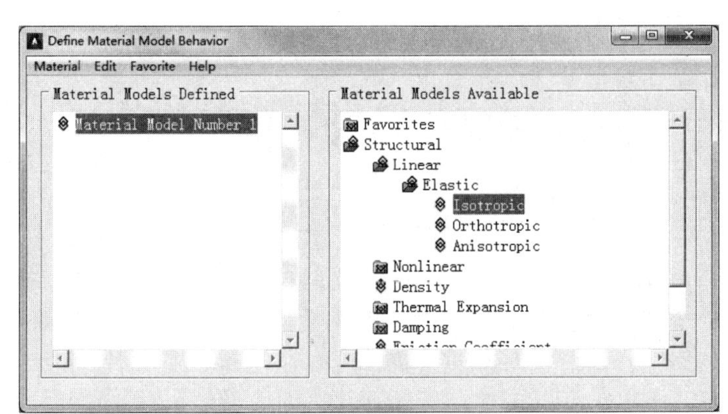

图5-11 “Define Material Model Behavior”窗口

2）依次单击 Structural > Linear > Elastic > Isotropic，展开材料属性的树形结构，并打开1号材料的弹性模量和泊松比的定义对话框，如图5-12所示。

3）在对话框的“EX”文本框中输入弹性模量“2.06e11”，在“PRXY”文本框中输入泊松比0.3。

4）单击“OK”按钮，关闭对话框，并返回到“Define Material Model Behavior（定义材料模型属性）”窗口，在左边的列表框中可以看到刚刚定义的编号为1的材料属性。

5）依次单击 Structural > Density，打开“Density for Material Number1（定义材料密度）”对话框，如图5-13所示。

6）在“DENS”文本框中输入密度数值“7.8e3”。

7）单击“OK”按钮，关闭对话框，并返回到“Define Material Model Behavior（定义材料模型属性）”窗口，在左边的列表框中可以看到编号为1的材料属性下方的密度选项。

8）在“Define Material Model Behavior”窗口中的菜单中选择 Material > Exit 命令，或者单击右上角的关闭按钮，退出该窗口，完成对模型材料属性的定义。

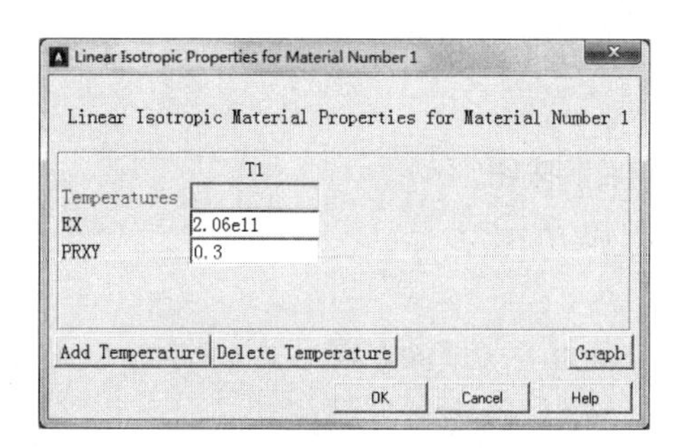

图5-12 “Linear Isotropic Properties for Material Number1”对话框

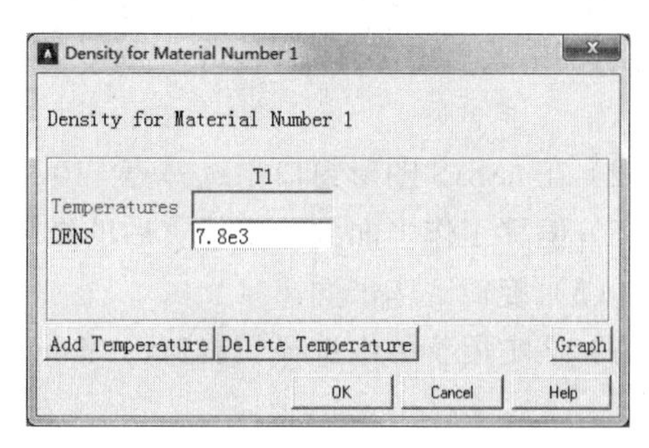

图5-13 “Density for Material Number1”对话框

5. 建立齿轮面模型

在使用 PLANE 系列单元时，要求模型必须位于全局 XY 平面内。默认的工作平面即全局 XY 平面，因此可以直接在默认的工作平面内创建齿轮面。

（1）将激活的坐标系设置为总体柱坐标系。从实用菜单中选择 Utility Menu：WorkPlane > Change Active CS to > Global Cylindrical 命令。

（2）定义一个关键点。

1）从主菜单中选择 Main Menu：Preprocessor > Modeling > Create > Keypoints > In Active CS 命令。

2）在弹出的对话框中的“Keypoint number”文本框中输入 1，在“Location in active CS”文本框中分别输入“15”“0”“0”（0 的输入可以省略），单击“OK”按钮，如图 5-14 所示。

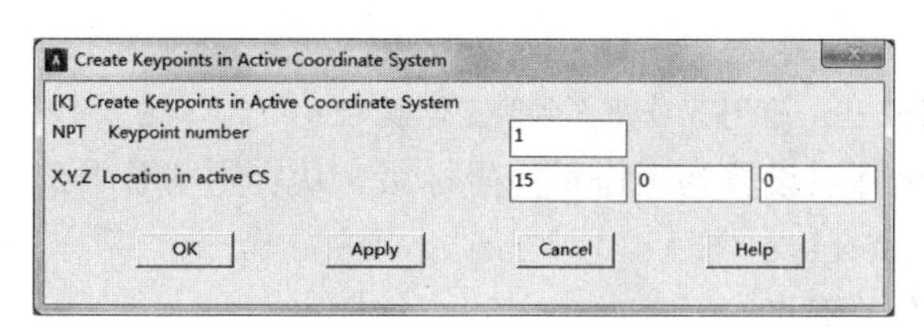

图5-14 “Create Keypoints in Active Coordinate System”对话框

（3）定义一个点作为辅助点。

1）从主菜单中选择 Main Menu：Preprocessor >Modeling> Create >Keypoints > In Active CS 命令。

2）在弹出的对话框中的“Keypoint number”文本框中输入 110，在“Location in active CS”文本框中分别输入“12.5”“40”“0”，单击“OK”按钮，如图 5-15 所示。

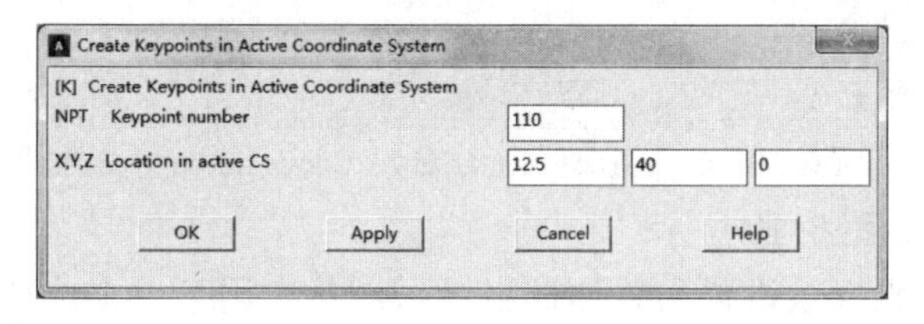

图5-15 “Create Keypoints in Active Coordinate System”对话框

（4）偏移工作平面到给定位置。

1）从实用菜单中选择 Utility Menu： WorkPlane > Offset WP to > Keypoints +命令。

2）在 ANSYS 图形窗口中选择点 110，单击“OK”按钮。

3）偏移工作平面到给定位置后的结果如图 5-16 所示。

（5）旋转工作平面。

1）从实用菜单中选择 Utility Menu：WorkPlane > Offset WP by Increments 命令。

2）在打开的对话框中的“XY,YZ,ZX Angles”文本框中输入“-50,0,0”，单击“OK”按钮，如图 5-17 所示。

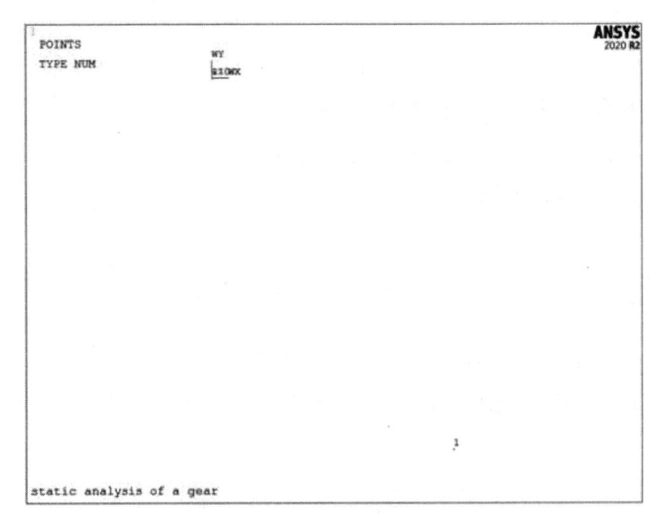

图5-16　偏移工作平面到给定位置

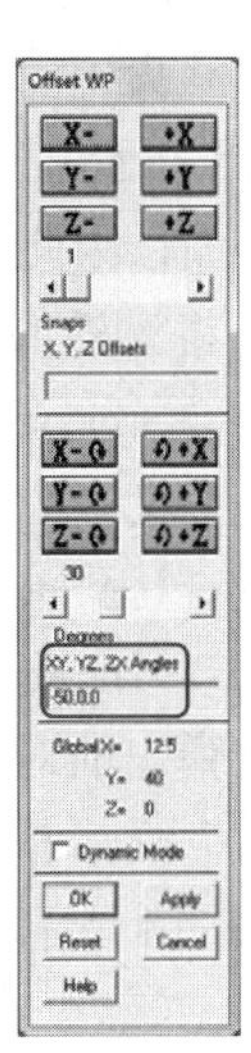

图5-17　“Offset WP”对话框

（6）将激活的坐标系设置为工作平面坐标系。从实用菜单中选择 Utility Menu：WorkPlane > Change Active CS to > Working Plane 命令。

（7）建立第二个关键点。

1）从主菜单中选择 Main Menu：Preprocessor>Modeling > Create > Keypoints> In Active CS 命令。

2）在弹出的对话框中的“Keypoint number”文本框中输入 2，在“Location in active CS”文本框中分别输入“10.489”“0”“0”，单击“OK”按钮，如图 5-18 所示。

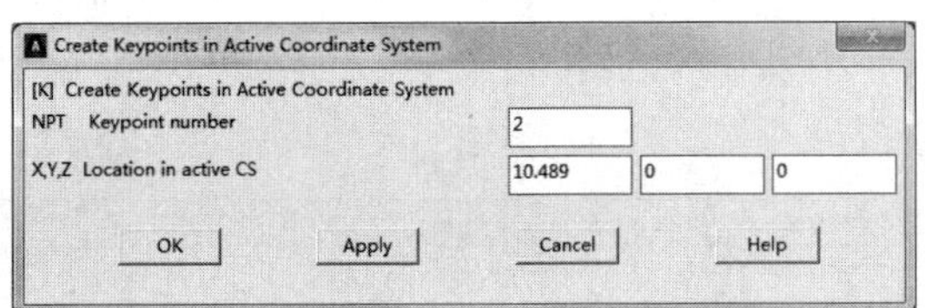

图5-18　“Create Keypoints in Active Coordinate System”对话框

3）所得的结果如图 5-19 所示。

（8）将激活的坐标系设置为总体柱坐标系。从实用菜单中选择 Utility Menu：WorkPlane > Change Active CS to > Global Cylindrical 命令。

（9）建立其余的辅助点。按照步骤（3）建立其余的辅助点，将其编号分别设置为 120、130、140、150、160，其坐标分别为（12.5,44.5）、（12.5,49）、（12.5,53.5)、(12.5,58)、(12.5,62.5)，所得的结果如图 5-20 所示。

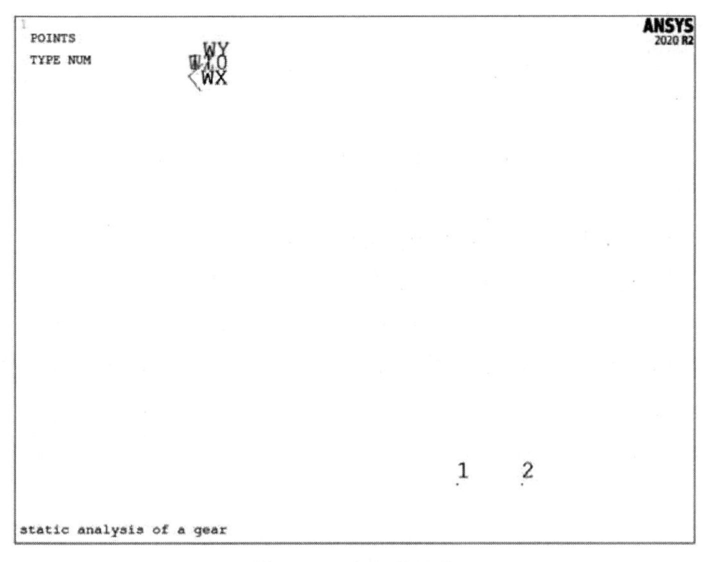

图5-19　建立关键点

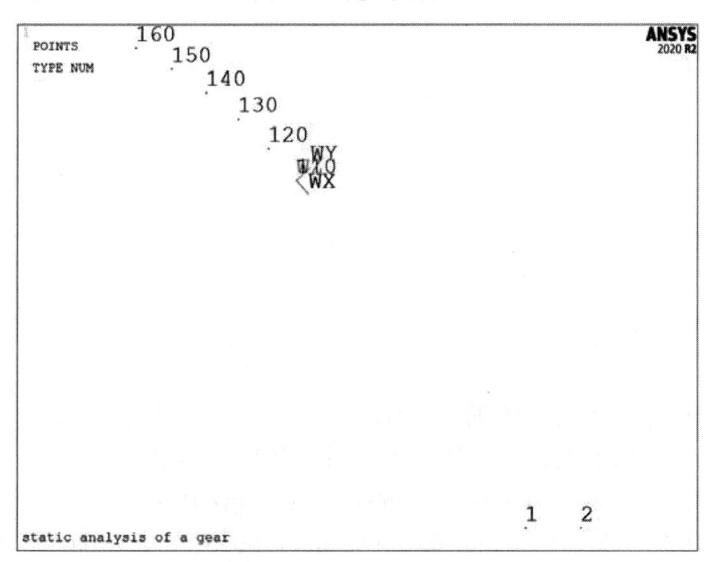

图5-20　建立其余的辅助点

（10）将工作平面平移到第二个辅助点。

1）从实用菜单中选择 Utility Menu：WorkPlane > Offset WP to > Keypoints + 命令。

2）在 ANSYS 图形窗口中选择点 120，单击“OK”按钮。

（11）旋转工作平面。

1）从实用菜单中选择 Utility Menu：WorkPlane > Offset WP by Increments ...命令。

2）在弹出的对话框中的“XY,YZ,ZX Angles”文本框中输入“4.5,0,0”，单击“OK”按钮。

（12）将激活的坐标系设置为工作平面坐标系。从实用菜单中选择 Utility Menu： WorkPlane > Change Active CS to > Working Plane。

（13）建立第三个关键点。

1）从主菜单中选择 Main Menu： Preprocessor > Modeling > Create > Keypoints > In Active CS 命令。

2）在弹出的对话框中的“Keypoint number”文本框中输入 3，设置 X=12.221、Y=0,单击“OK”按钮。

（14）重复以上步骤，建立其余的辅助点和关键点。按照步骤（10）～（13），分别把工作平面平移到编号为 130、140、150、160 的辅助点，然后旋转工作平面，设置旋转角度均为 4.5,0,0，再将工作平面设置为当前坐标系，在工作平面中分别建立编号为 4、5、6、7 的关键点，其坐标分别为（14.182,0）、（16.011,0）、（17.663,0）、（19.349,0）。建立辅助点和关键点的结果如图 5-21 所示。

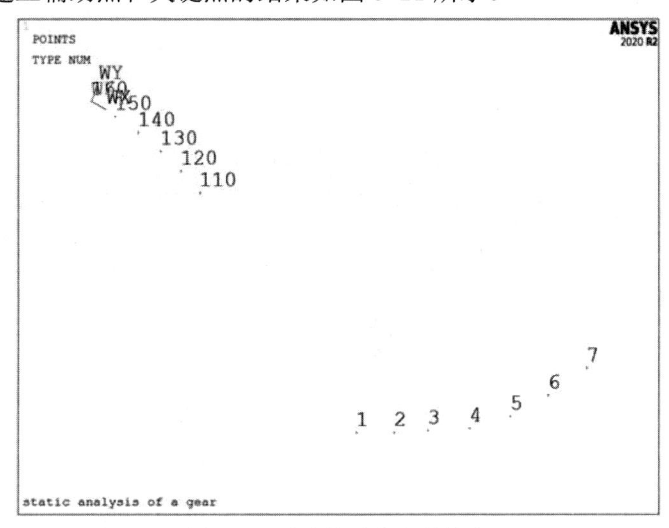

图5-21　建立辅助点和关键点

（15）建立编号为 8、9、10 的关键点。

1）将激活的坐标系设置为总体柱坐标系：从实用菜单中选择 Utility Menu：WorkPlane > Change Active CS to > Global Cylindrical 命令。

2）从主菜单中选择 Main Menu：Preprocessor>Modeling> Create > Keypoints > In Active CS 命令。

3）在弹出的对话框中的“Keypoint number”文本框中输入 8，设置 X=24、Y=7.06，单击“OK”按钮。

4）从主菜单中选择 Main Menu： Preprocessor > Modeling > Create > Keypoints > In Active CS 命令。

5）在弹出的对话框中的“Keypoint number”文本框中输入 9，设置 X=24、Y=9.87，单击“OK”按钮。

6）从主菜单中选择 Main Menu：Preprocessor>Modeling> Create > Keypoints > In Active CS 命令。

7）在弹出的对话框中的“Keypoint number”文本框中输入 10，设置 X=15、Y=-

8.13，单击“OK”按钮，结果如图 5-22 所示。

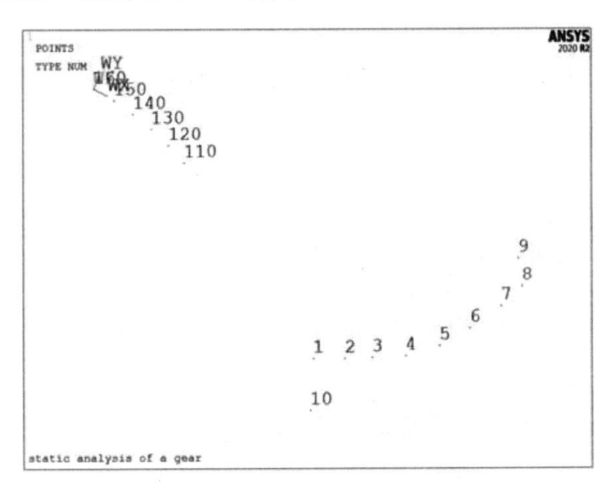

图5-22 建立编号为8、9、10的关键点

（16）在柱面坐标系中创建圆弧线。

1）从主菜单中选择 Main Menu： Preprocessor > Modeling > Create > Lines > Lines > Straight Line 命令，弹出如图 5-23 所示的对话框。

2）分别拾取关键点 10 和 1、1 和 2、2 和 3、3 和 4、4 和 5、5 和 6、6 和 7、7 和 8、8 和 9，然后单击“OK”按钮。

3）创建圆弧线的结果如图 5-24 所示。

（17）把齿轮边上的线加起来，使其成为一条线。

1）从主菜单中选择 Main Menu： Preprocessor > Modeling > Operate > Booleans > Add > Lines 命令。

2）在图形窗口中拾取刚刚建立的齿轮边上的线，在如图 5-25 所示的对话框中单击“OK”按钮。

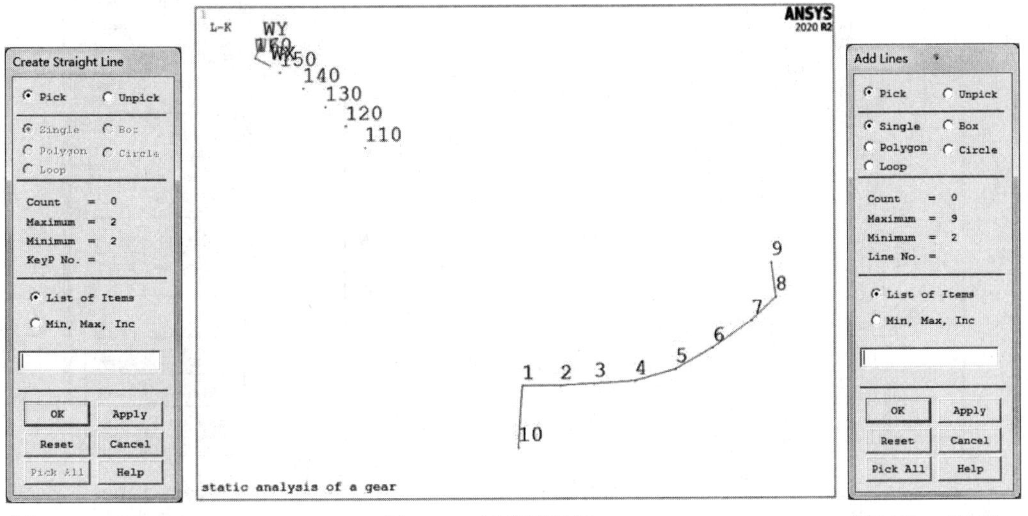

图5-23 “Create Straight Line”对话框　　图5-24 创建圆弧线　　图5-25 “Add Lines”对话框

3）ANSYS 会提示是否删除原来的线，在下拉列表中选择“Deleted”选项，单击

“OK”按钮，如图 5-26 所示。

线相加的结果如图 5-27 所示。

（18）偏移工作平面到总坐标系的原点。从实用菜单中选择 Utility Menu：WorkPlane > Offset WP to > Global Origin 命令。

（19）将工作平面与总体直角坐标系对齐。从实用菜单中选择 Utility Menu：WorkPlane > Align WP with > Global Cartesian 命令。

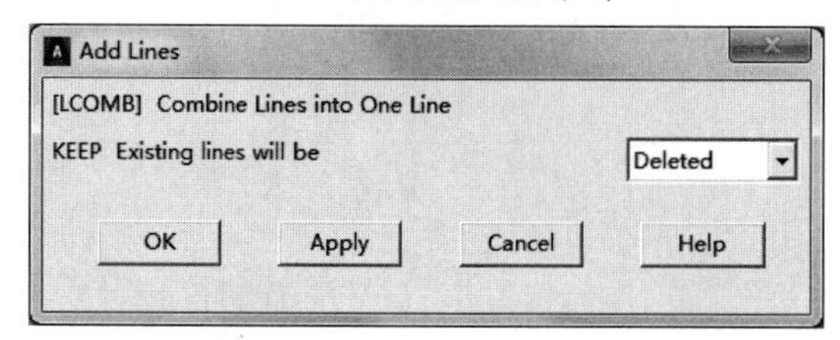

图5-26 “Add Lines”对话框

（20）将工作平面旋转 9.87°。

1）从实用菜单中选择 Utility Menu：WorkPlane > Offset WP by Increments 命令。

2）在打开的对话框中的“XY,YZ,ZX Angles”文本框中输入“9.87,0,0”，单击“OK”按钮。

（21）将激活的坐标系设置为工作平面坐标系。从实用菜单中选择 Utility Menu： WorkPlane > Change Active CS to > Working Plane 命令。

（22）将所有线沿 X-Z 面进行镜像(在 Y 方向)。

1）从主菜单中选择 Main Menu： Preprocessor > Modeling > Reflect > Lines 命令。

2）在弹出如图 5-28 所示的对话框中单击“Pick All”按钮。

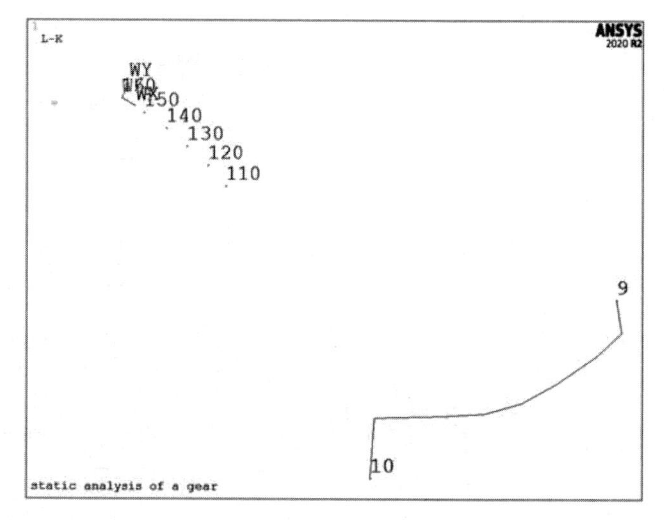

图5-27 线相加的结果

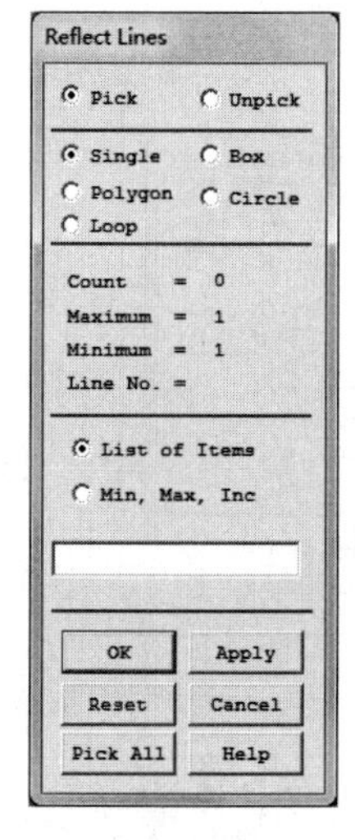

图5-28 “Reflect Lines”对话框

3）ANSYS 会提示选择镜像的面和编号增量，选择 X-Z 面，在增量中输入 1000，选择“Copied”选项，单击“OK”按钮，如图 5-29 所示。

4）将所有线镜像后的结果如图 5-30 所示。

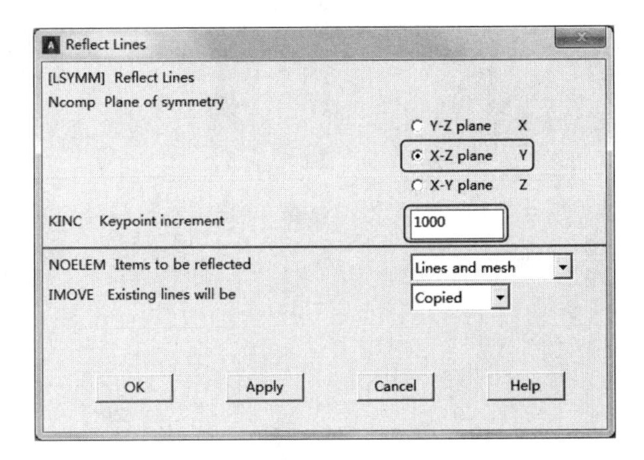

图5-29 “Reflect Lines”对话框

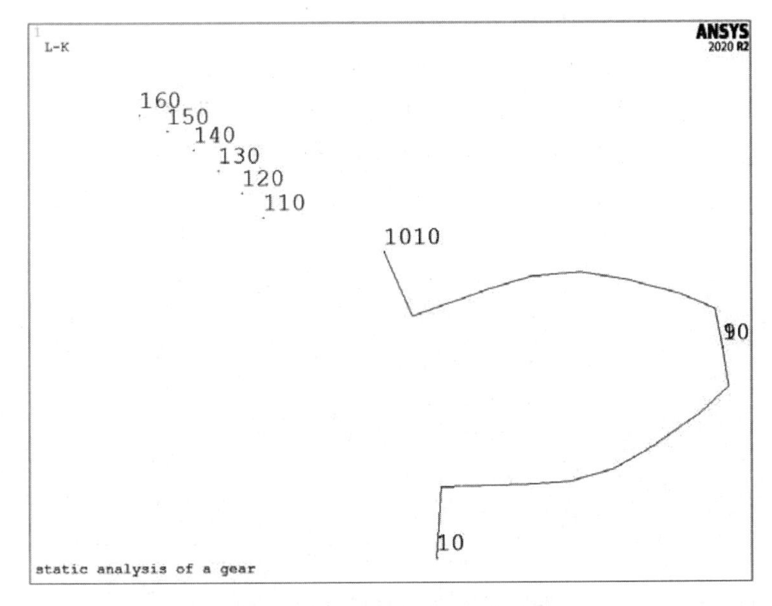

图5-30 将所有线镜向后的结果

（23）把齿顶上的两条线粘接起来。

1）从主菜单中选择 Main Menu：Preprocessor > Modeling > Operate > Booleans > Glue > Lines 命令。

2）选择齿顶上的两条线，单击“OK”按钮。

（24）把齿顶上的两条线加起来，成为一条线。

1）从主菜单中选择 Main Menu：Preprocessor > Modeling > Operate > Booleans > Add > Lines 命令。

2）选择齿顶上的两条线，单击“OK”按钮，所得结果如图 5-31 所示。

（25）在柱坐标系下复制线。

1）将激活的坐标系设置为总体柱坐标系。从实用菜单中选择 Utility Menu：WorkPlane > Change Active CS to > Global Cylindrical 命令。

2）从主菜单中选择 Main Menu：Preprocessor > Modeling > Copy > Lines 命令。

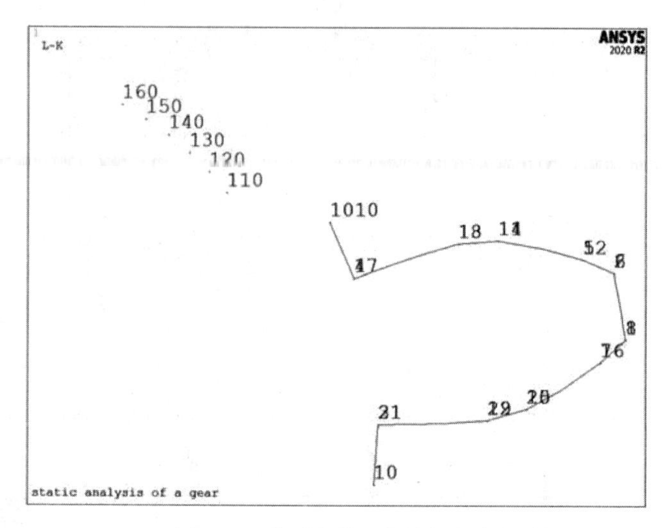

图5-31　齿顶上的两条线加起来的结果

3）在弹出的如图 5-32 所示的对话框中单击“Pick All”按钮，。

4）ANSYS 会提示复制的数量和偏移的坐标，在“Number of copies”文本框中输入 10，在“Y-offset in active CS”文本框中输入 36，单击“OK”按钮，如图 5-33 所示。

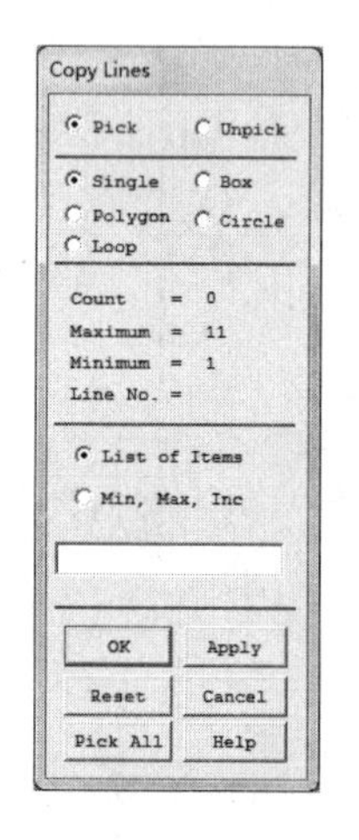

图5-32　“Copy Lines”对话框

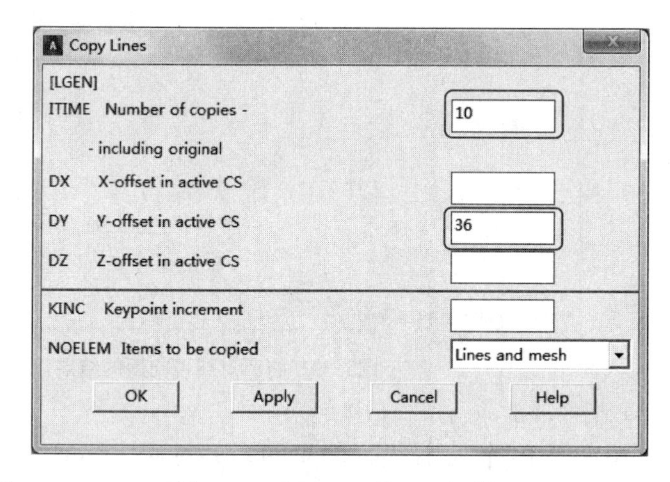

图5-33　“Copy Lines”对话框

5）在柱坐标系下复制线后的结果如图 5-34 所示。

（26）把齿底上的所有线粘接起来。

1）从主菜单中选择 Main Menu：Preprocessor>Modeling> Operate > Booleans > Glue > Lines 命令。

2）分别选择齿底上的两条线，单击“OK”按钮。

（27）把齿底上的所有线加起来。

1）从主菜单中选择 Main Menu：Preprocessor > Modeling > Operate > Booleans > Add > Lines 命令。

2）分别选择齿底上的两条线，单击“OK”按钮。

3）把齿底上的所有线加起来的结果如图 5-35 所示。

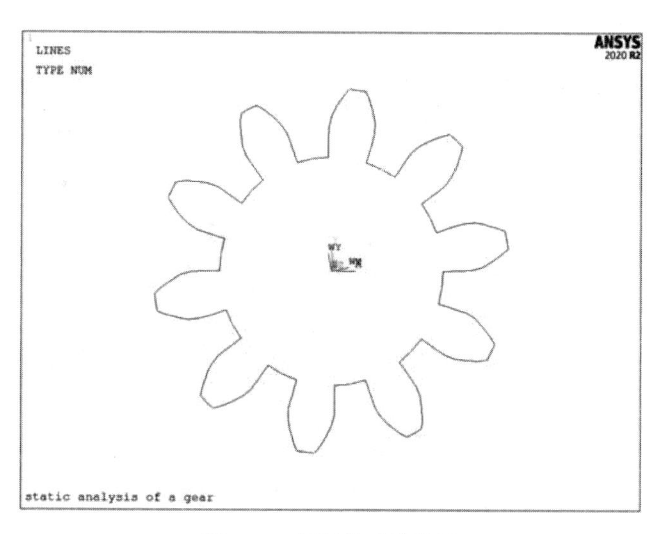

图5-34　复制线后的结果

（28）把所有线粘接起来。

1）从主菜单中选择 Main Menu：Preprocessor > Modeling > Operate > Booleans > Glue > Lines 命令。

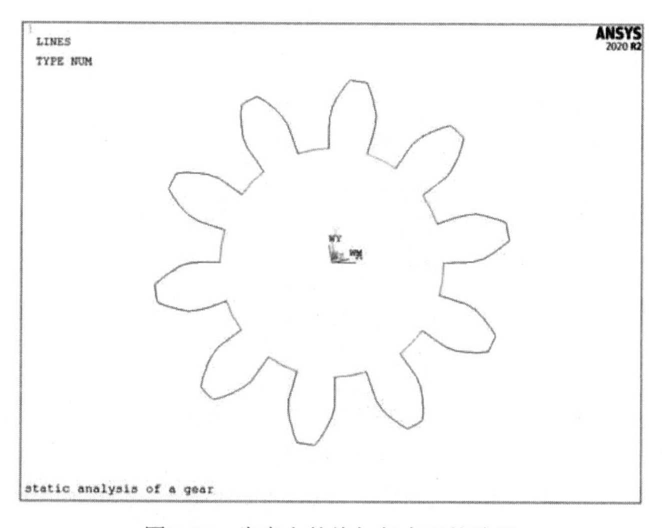

图5-35　齿底上的线加起来后的结果

2）在弹出的对话框中单击“Pick All”按钮。

（29）用当前定义的所有线创建一个面。

1）从主菜单中选择 Main Menu： Preprocessor > Modeling > Create > Areas > Arbitrary > By Lines 命令。

2）选择所有的线，单击“OK”按钮。

3）用当前定义的所有线创建一个面的结果如图 5-36 所示。

（30）创建圆面。

1）从主菜单中选择 Main Menu： Preprocessor > Modeling > Create > Areas > Circle > Solid Circle... 命令。

2）在弹出的对话框中设置 X = 0、Y = 0、Radius = 5，然后单击“OK”按钮，如

图 5-37 所示。

3）创建圆面后的结果如图 5-38 所示。

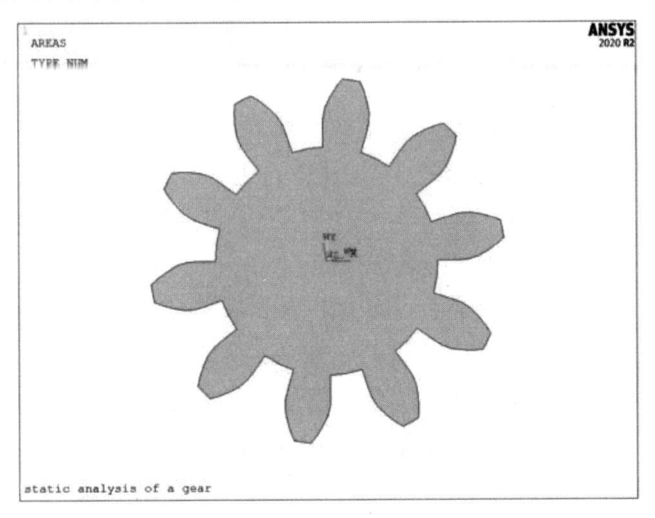

图5-36　用所有线创建一个面的结果

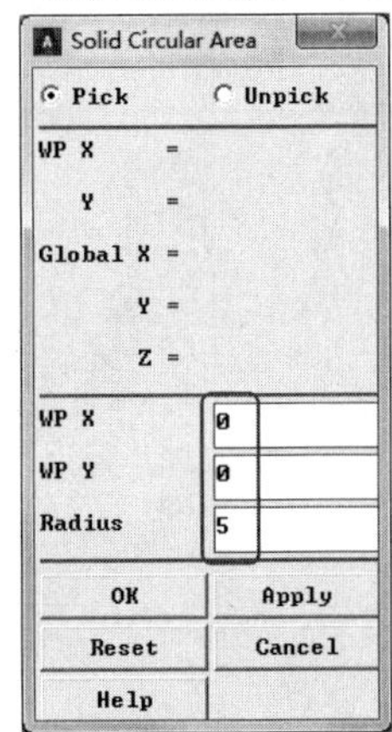

图5-37　“Solid Circular Area”对话框

（31）从齿轮面中“减”去圆面形成轴孔。

1）从主菜单中选择 Main Menu：Preprocessor > Modeling > Operate > Booleans > Subtract > Areas 命令。

2）拾取齿轮面，作为布尔“减”操作的母体，单击“Apply”按钮，如图 5-39 所示。

3）拾取刚刚建立的圆面作为“减”去的对象，单击“OK”按钮，所得结果如图 5-40 所示。

（32）存储 ANSYS 数据库。在工具条中单击“SAVE_DB”按钮。

6. 对盘面划分网格

本例选用 PLANE182 单元对盘面划分映射网格。其具体步骤如下：

1）从主菜单中选择 Main Menu：Preprocessor > Meshing > MeshTool 命令，打开“Mesh Tool（网格工具）”对话框，如图 5-41 所示。

2）单击“Lines”中的“Set”按钮，打开线选择对话框，要求选择定义单元划分数的线。单击“Pick All”按钮。

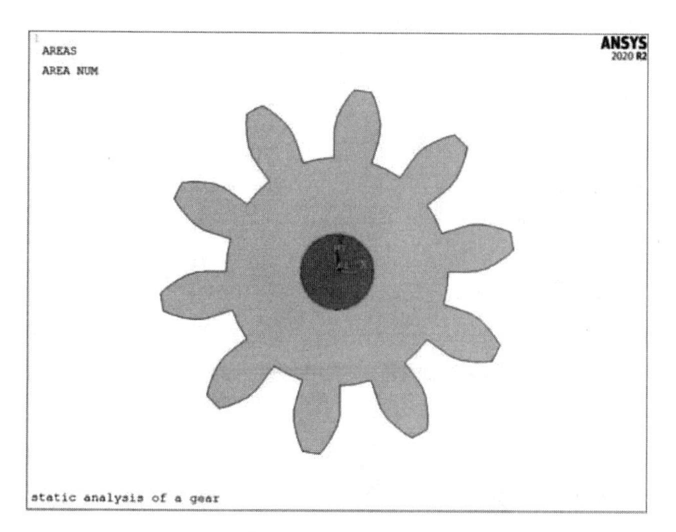

图5-38 创建圆面

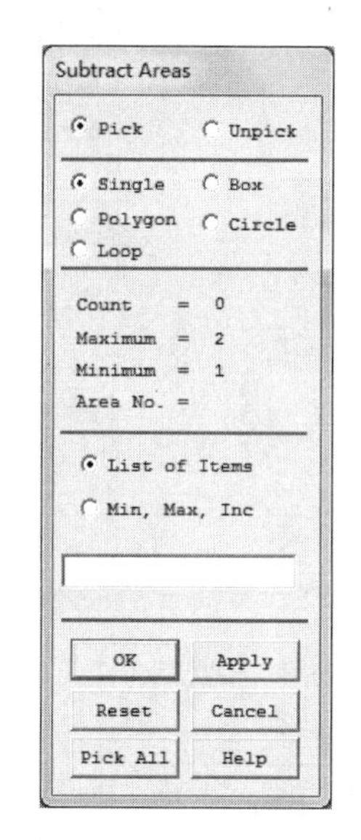

图5-39 “Subtract Areas”对话框

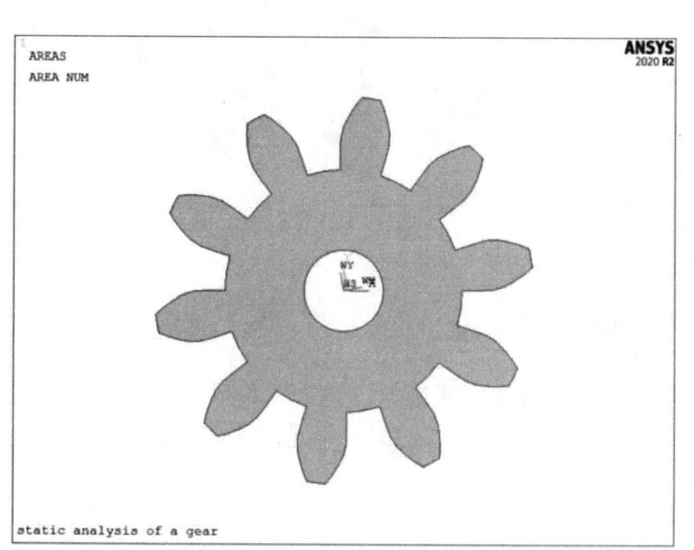

图5-40 减去圆两个面的结果

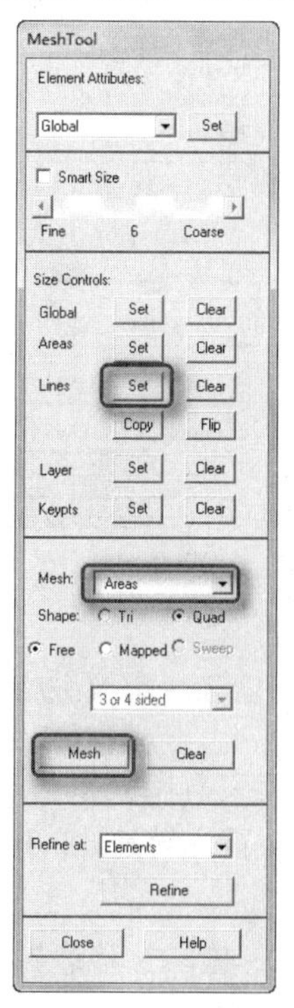

图5-41 “MeshTool”对话框

3）ANSYS 会提示线划分控制的信息，在“No. of element divisions（划分单元的分数）”文本框中输入 10，单击“OK”按钮，如图 5-42 所示。

4）选择“Mesh”下拉列表中的“Areas”选项，然后单击“Mesh”按钮，打开如图 5-43 所示的对话框，要求选择要划分数的面。单击“Pick All”按钮。

5）ANSYS 将对面进行网络划分。划分后的面如图 5-44 所示。

6）单击“Close”按钮，关闭“Mesh Tool（网格工具）”对话框。

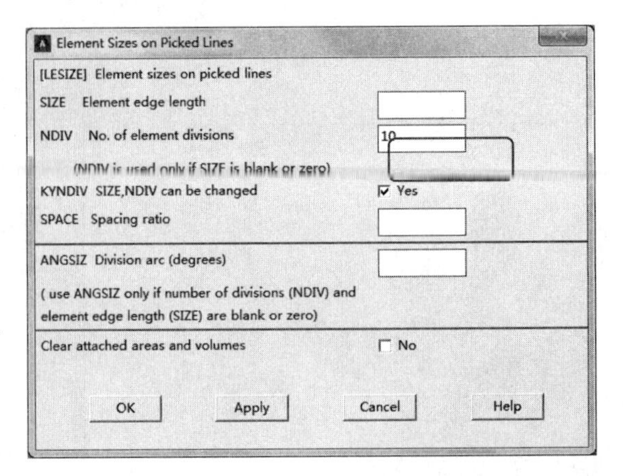

图5-42 “Element Sizes on Picked Lines”对话框

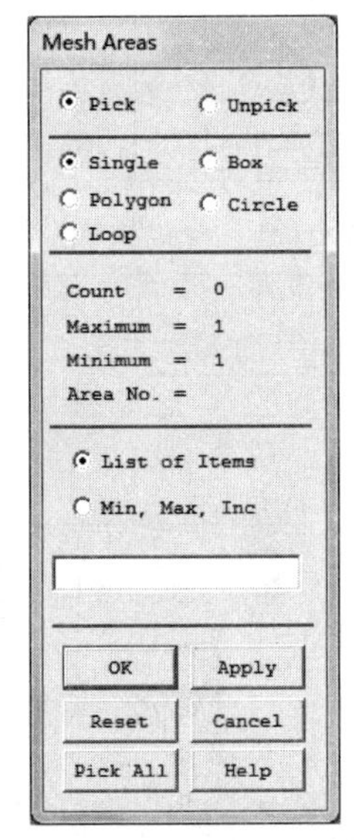

图5-43 “Mesh Areas”对话框

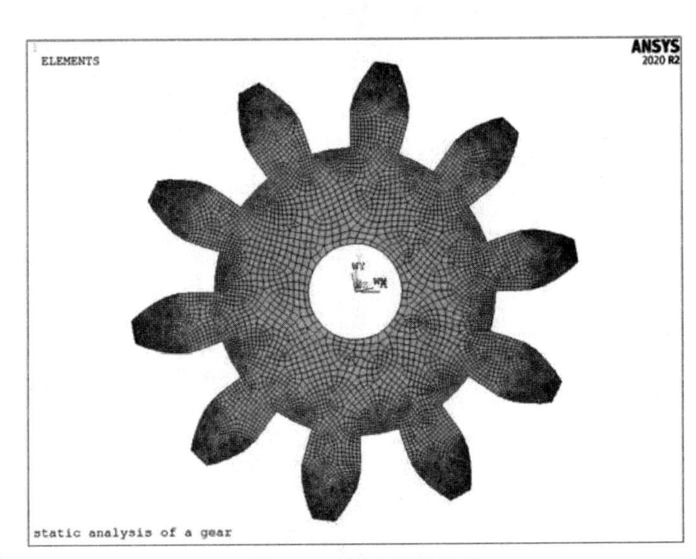

图5-44 划分面的结果

5.2.3 定义边界条件并求解

建立有限元模型后，即可定义分析类型和施加边界条件及载荷，然后求解。本实例中载荷为转速62.8rad/s形成的离心力，位移边界条件是内孔边缘节点的周向位移固定。

1. 施加位移边界

本实例的位移边界条件为将内孔边缘节点的周向位移固定，为施加周向位移，需要将节点坐标系旋转到柱坐标系下。具体步骤如下：

1）从实用菜单中选择 Utility Menu：WorkPlane > Change Active CS to > Global Cylindrical 命令，将激活坐标系切换到总体柱坐标系下。

2）从主菜单中选择 Main Menu：Preprocessor > Modeling > Move/Modify > Rotate Node CS > To Active CS 命令，打开节点选择对话框，要求选择欲旋转的坐标系的节点。

3）单击“Pick All”按钮，选择所有节点，所有节点的节点坐标系都将被旋转到当前激活坐标系（即总体柱坐标系）下。

4）从实用菜单中选择 Utility Menu：Select > Entities 命令，打开“Select Entities”(实体选择)对话框，如图 5-45 所示。

5）在第一个下拉列表框中选择“Nodes （节点)”选项，如图 5-45 所示。

6）在下面的下拉列表框中选择“By Location（通过位置选取)”选项。

7）在位置选项中列出了位置属性的 3 个可用项（即标识位置的 3 个坐标分量），单击“X coordinates（X 坐标)”单选按钮将其选中，表示要通过 X 坐标来进行选取。注意，此时激活坐标系为柱坐标系，X 代表的是径向。

8）在文本框中输入用最大值和最小值构成的范围。本实例为输入 5，表示选择径向坐标为 5 的节点，即内孔边上的节点。

9）单击“OK”按钮，将符合要求的节点添加到选择集中。

10）从主菜单中选择 Main Menu：Solution > Define Loads > Apply > Structural > Displacement > on Nodes 命令，打开节点选择对话框，要求选择欲施加位移约束的节点。

11）单击“Pick All”按钮，选择当前选择集中的所有节点（当前选择集中的节点为第 4）～9）步中选择的内孔边上的节点)，打开“Apply U,Rot on Nodes（在节点上施加位移约束)”对话框，如图 5-46 所示。

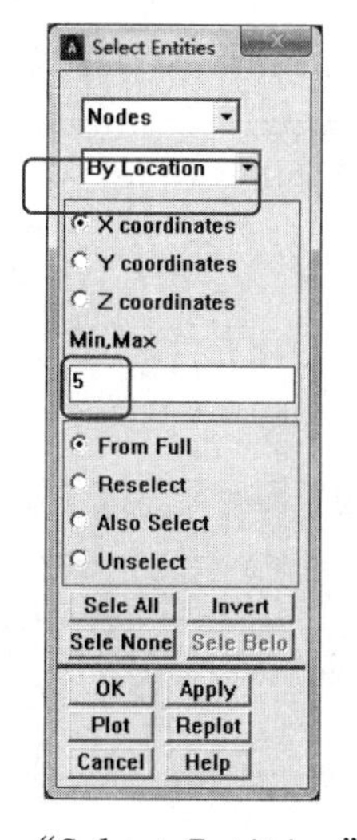

图5-45 “Select Entities”对话框

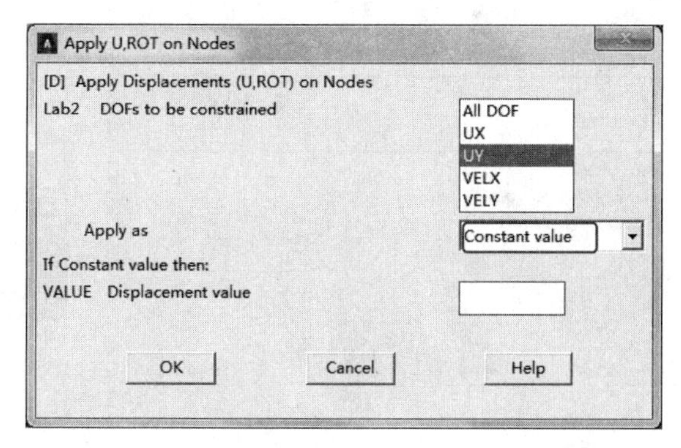

图5-46 “Apply U,ROT on Nodes”对话框

12）选择“UY”(Y 方向位移)。此时节点坐标系为柱坐标系，Y 方向为周向，即施加周向位移约束。

13）单击“OK”按钮，在选定节点上施加指定的周向位移约束，如图 5-47 所示。

14）从实用菜单中选择 Utility Menu：Select > Everything 命令，选取所有图元、单元和节点。

2. 施加转速惯性载荷及压力载荷并求解

1）从主菜单中选择 Main Menu：Solution > Define Loads > Apply > Structural > Inertia > Angular Veloc > Global 命令，打开“Apply Angular

Velocity（施加角速度）”对话框，如图 5-48 所示。

2）在“Global Cartesian Z-comp（总体 Z 轴角速度分量）”文本框中输入 62.8，需要注意的是，转速是相对于总体笛卡儿坐标系施加的，单位是 rad/s。

3）单击“OK”按钮，施加转速引起的惯性载荷。

4）从主菜单中选择 Main Menu：Solution>Define Loads> Apply > Structural > Pressure > On lines 命令，打开线选择对话框，选择两个相邻的齿边，单击“OK”按钮，打开“Apply PRES on lines”对话框，在“Load PRES value”文本框中输入“5e6”，如图 5-49 所示。单击“OK”按钮，施加齿轮啮合产生的压力。

5）单击“SAVE-DB”按钮，保存数据库。

6）从主菜单中选择 Main Menu：Solution > Solve > Current LS 命令，打开如图 5-50 所示的确认对话框和状态列表，要求查看列出的求解选项。

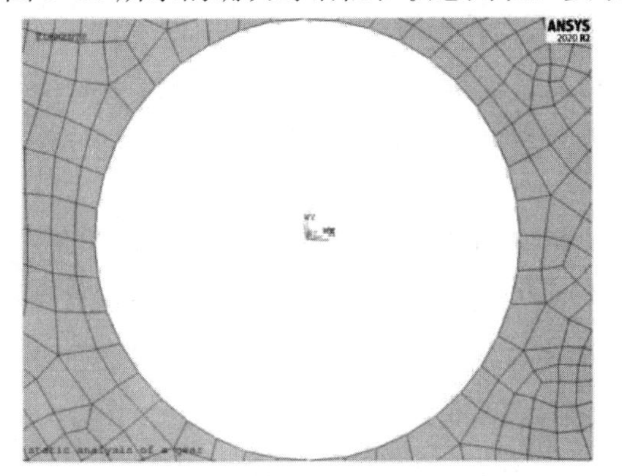

图5-47　施加的周向位移约束

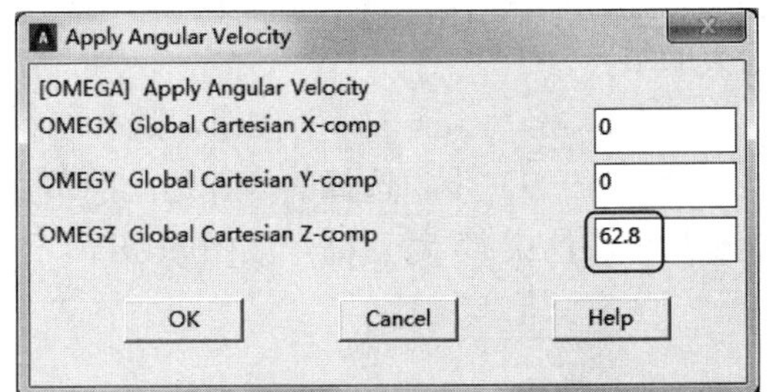

图5-48　“Apply Angular Velocity”对话框

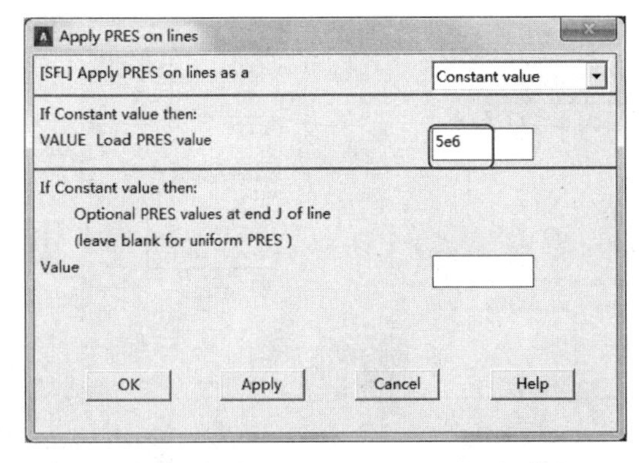

图5-49　“Apply PRES on lines”对话框

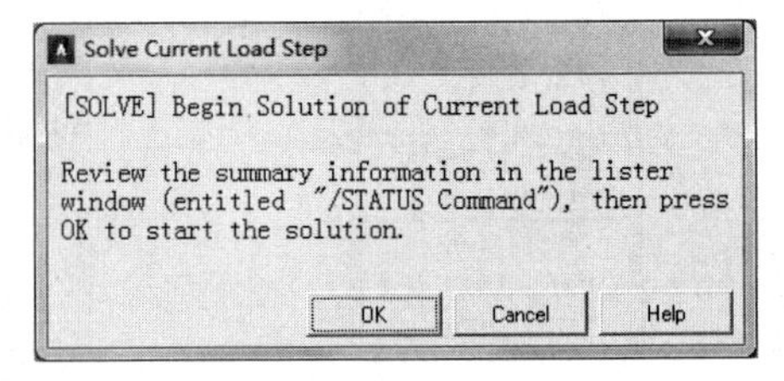

图5-50　“Solve Current Load Step”对话框

7）确认列表中的信息无误后，单击“OK”按钮，开始求解。

8）求解完成后打开如图 5-51 所示的提示求解结束对话框。

9）单击“Close”按钮，关闭提示求解结束对话框。

图5-51　“Note”对话框

5.2.4 查看结果

求解完成后，就可以利用 ANSYS 软件生成的结果文件（静力分析为 Jobname.RST）进行后处理，静力分析通常通过 POST1 后处理器处理和显示大多数感兴趣的结果数据。

1. 旋转结果坐标系

对于旋转件，在柱坐标系下查看结果会比较方便，因此在查看变形和应力分布之前，首先将结果坐标系旋转到柱坐标系下。

1）从主菜单中选择 Main Menu：General Postproc > Options for Outp 命令，打开“Options for Output（结果输出选项）”对话框，如图 5-52 所示。

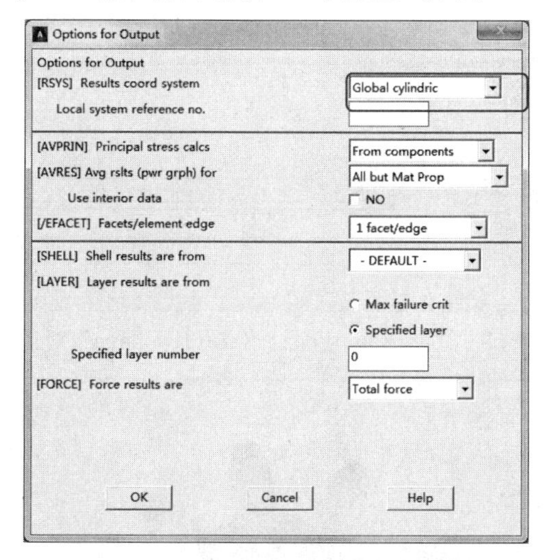

图5-52 “Options for Output”对话框

2）在“Results coord system（结果坐标系）”下拉列表中选择“Global cylindric（总体柱坐标系）”选项。

3）单击“OK”按钮，关闭对话框。

2. 查看变形

关键的变形为径向变形，在高速旋转时，径向变形过大，可能会导致边缘与齿轮壳发生摩擦。

1）从主菜单中选择 Main Menu：General Postproc>Plot Result>Contour Plot > Nodal Solu 命令，打开“Contour Nodal Solution Data（等值线显示节点解数据）”对话框，如图 5-53 所示。

2）在“Item to be contoured（等值线显示结果项）”域中选择“DOF solution（自由度解）”选项。

3）选择“X-Component of displacement（X 向位移）”选项。此时，结果坐标系为柱坐标系，X 向位移即为径向位移。

4）在“Undisplaced shape key”下拉列表中选择“Deformed shape with undeformed edge（变形后和未变形轮廓线）”选项。

5）单击“OK”按钮，在图形窗口中显示出变形图（包含变形前的轮廓线），如

图 5-54 所示。图中下方的色谱表明不同的颜色对应的数值（带符号）。

可以看出，在边缘处的最大径向位移只有 0.458 左右，变形还是很小的。

3. 查看径向应力

齿轮高速旋转时的主要应力是径向应力，因此需要查看径向应力。

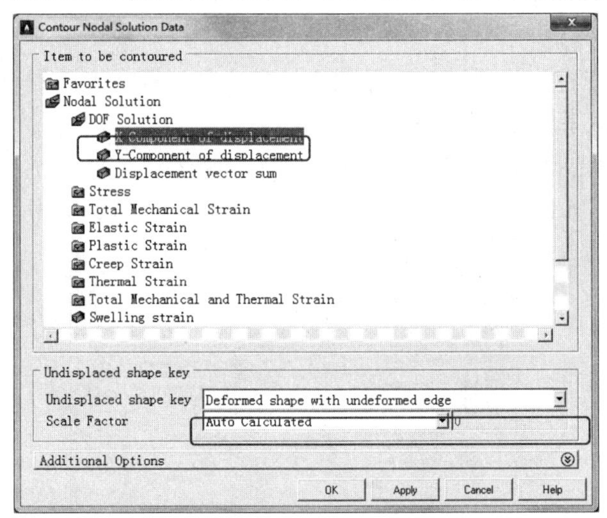

图5-53 “Contour Nodal Solution Data”对话框

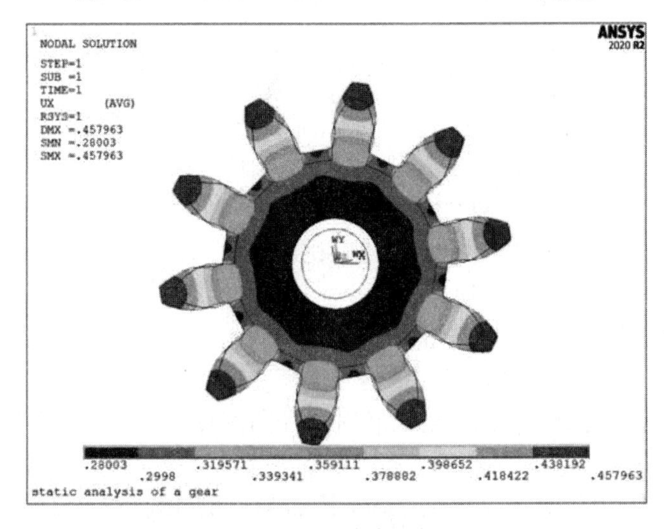

图5-54 径向变形图

1）进入通用后处理器读取分析结果。从主菜单中选择 Main Menu：General Postproc > Read Results > First Set 命令。

2）从主菜单中选择 Main Menu：General Postproc > Plot Results > Contour Plot > Nodal Solu 命令，打开“Contour Nodal Solution Data（等值线显示节点解数据）”对话框，如图 5-55 所示。

3）在“Item to be contoured（等值线显示结果项）”中选择“Stress（应力）”选项。

4）选择“X-Component of stress（X 方向应力）”选项。

5）在“Undisplaced shape key”下拉列表中选择“Deformed shape only（仅显

示变形后模型)”选项。

6）单击“OK”按钮，图形窗口中显示出 X 方向（径向）应力分布图，如图 5-56 所示。

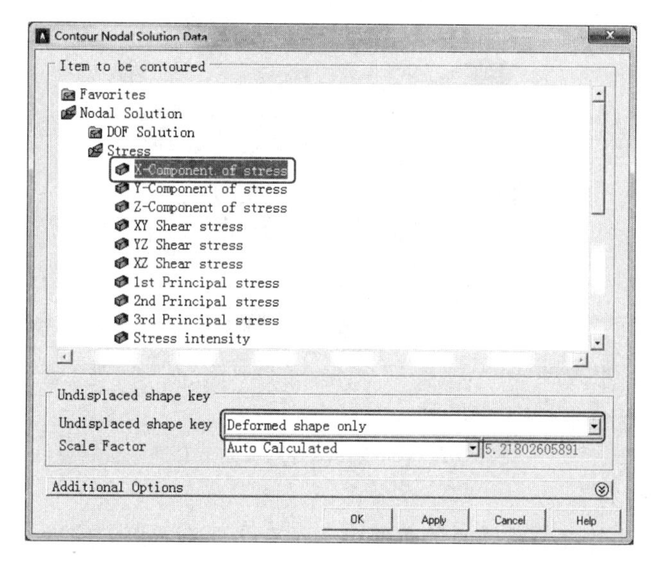

图5-55 “Contour Nodal Solution Data”对话框

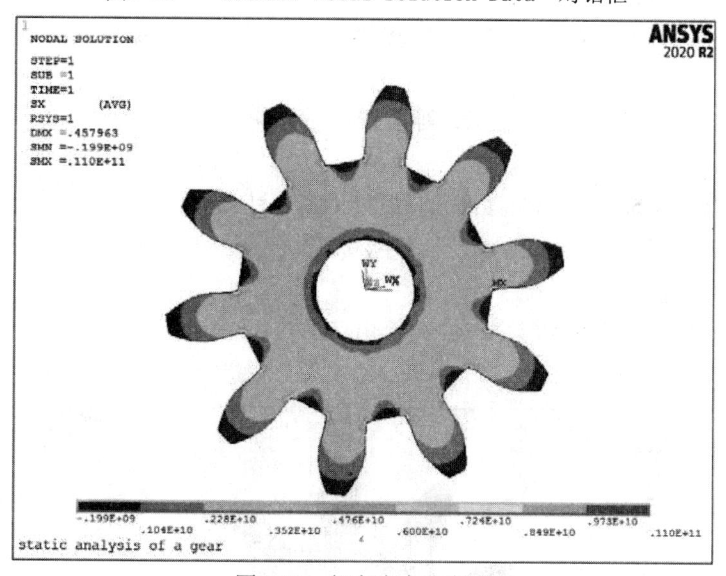

图5-56 径向应力分布图

7）从主菜单中选择 Main Menu: General Postproc > Plot Results > Contour Plot > Nodal Solu 命令，打开“Contour Nodal Solution Data”对话框。

8）在“Item to be contoured”中选择“Stress”选项。

9）选择“von Mises stress”选项。

10）在“Undisplaced shape key”下拉列表中选择“Deformed shape only”选项。

11）单击“OK”按钮，图形窗口中显示出“von Mises”等效应力分布图，如图 5-57 所示。

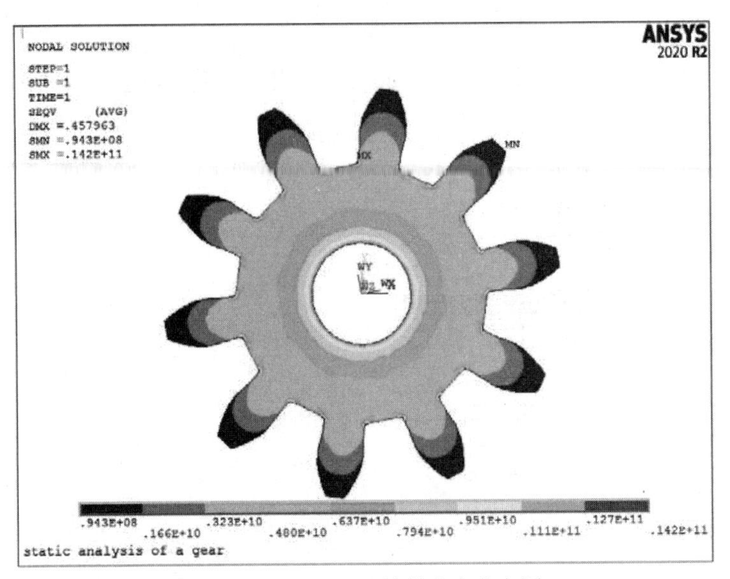

图5-57　von Mises等效应力分布图

4. 查看周向应力

周向应力也是齿轮高速旋转时的主要应力，有必要查看周向应力。

1）从主菜单中选择 Main Menu：General Postproc > Plot Results > Contour Plot > Nodal Solu 命令，打开“Contour Nodal Solution Data（等值线显示节点解数据）”对话框。

2）在“Item to be contoured（等值线显示结果项）”中选择“Stress（应力）”选项。

3）选择“Y-Component of stress（Y 方向应力）”选项。

4）在“Undisplaced shape key”下拉列表中选择“Deformed shape only（仅显示变形后模型）”选项。

5）单击“OK”按钮，图形窗口中显示出 Y 方向（周向）应力分布图，如图 5-58 所示。

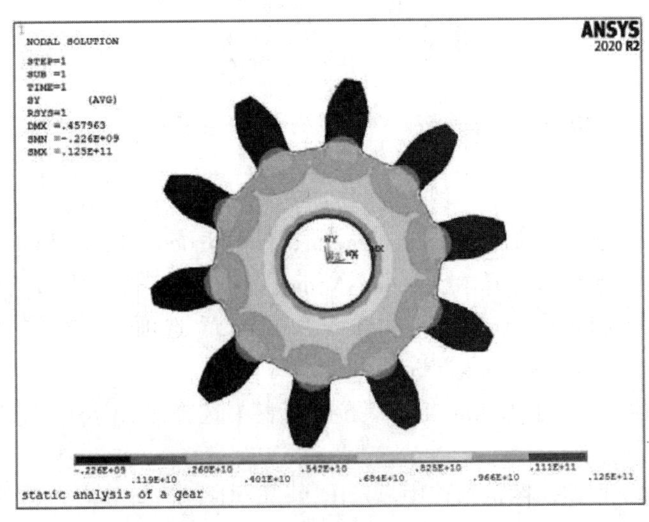

图5-58　周向应力分布图

通过以上分析可见，高速旋转的齿轮由于旋转引起的应力和变形都很小。

读者如果感兴趣，还可以画出应力、应变、位移等变量的动态显示图。

5.2.5 命令流方式

命令流执行方式这里不做详细介绍，读者可参见电子资料包中的内容。

5.3 轴对称结构静力分析实例——旋转外轮

在工程中，有些结构的几何形状和约束都是对称于一个轴（设置为 Z 轴），如果所受的外载荷也对称于 Z 轴，则其所有的应力分量、应变分量和位移分量也都对称于 Z 轴。此时，用柱坐标系表达则较为方便，因为所有分量都只是径向距离 r 和高度 Z 的函数而与方位角 θ 无关。这种问题称为空间轴对称问题（或称为轴对称问题）。利用轴对称可以使问题大大简化。

本节将分析旋转轮，旋转外轮的边缘同时受到压力的作用，可以把轮看作是轴对称问题进行分析。

5.3.1 分析问题

如图 5-59 所示的轮一方面高速旋转（角速度为 62.8rad/s），另一方面在边缘受到压力的作用（压力的大小为 1e6Pa）。轮的内径为 5，外径为 8，具体的尺寸可以参见建立模型部分。

图5-59 问题模型

5.3.2 建立模型

建立模型包括设置分析文件名和标题、定义单元类型和实常数、定义材料属性、建立几何模型、划分有限元网格。

1. 设定分析文件名和标题

1）从实用菜单中选择 Utility Menu：File > Change Jobname 命令，打开“Change Jobname（修改文件名）”对话框，如图 5-60 所示。

2）在“Enter new jobname（输入新的文件名）”文本框中输入“example5-3”，设置本分析实例的数据库文件名。

3）单击“OK”按钮，完成数据库文件名的设置。

4）从实用菜单中选择 Utility Menu：File > Change Title 命令，打开“Change Title（修改标题）”对话框，如图 5-61 所示。

5）在“Enter new title（输入新标题）”文本框中输入“static analysis of a roter”，设置本分析实例的标题名。

6）单击“OK”按钮，完成对标题名的设置。

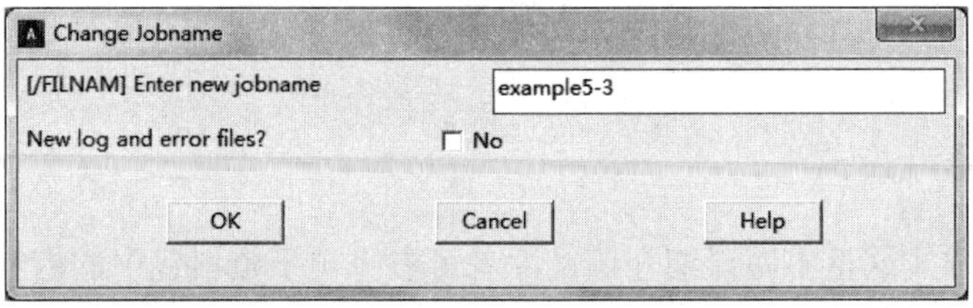

Change Jobname
[/FILNAM] Enter new jobname　example5-3
New log and error files?　No
OK　Cancel　Help

图5-60　“Change Jobname”对话框

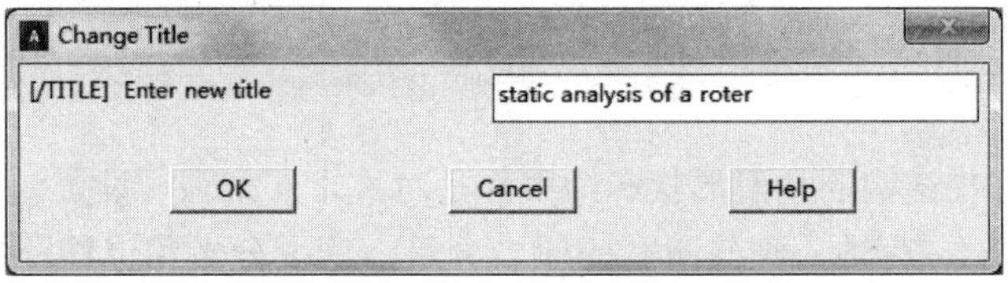

Change Title
[/TITLE] Enter new title　static analysis of a roter
OK　Cancel　Help

图5-61　“Change Title”对话框

7）从实用菜单中选择 Utility Menu：Plot > Replot 命令，设置的标题名“static analysis of a roter”将显示在图形窗口的左下角。

8）从主菜单中选择 Main Menu：Preference 命令，打开“Preference of GUI Filtering（菜单过滤参数选择）”对话框，选中“Structural”复选框，单击“OK”按钮确定。

2. 定义单元类型

本例选用4节点四边形板单元PLANE182。

1）从主菜单中选择 Main Menu：Preprocessor > Element Type > Add/Edit/Delete 命令，打开“Element Type（单元类型）”对话框。

2）单击“Add...”按钮，打开“Library of Element Types(单元类型库)”，如图5-62所示。

3）在中选择“Solid”选项，选择实体单元类型。

4）在右边的列表框中选择“Quad 4 node 182”选项，选择4节点四边形板单元PLANE182。

5）单击“OK”按钮，添加PLANE182单元，并关闭对话框，同时返回到步骤1）打开的对话框，如图5-63所示。

6）单击“Options...”按钮，打开如图5-64所示的“PLANE182 element type options（单元选项设置）”对话框。在该对话框中可对PLANE182单元进行设置，使其可用于计算平面应力问题。

7）在“Element behavior（单元行为方式）”下拉列表框中选择“Axisymmetric（轴对称）”选项。

8）单击“OK”按钮，关闭对话框，返回到如图5-63所示的对话框。

9）单击“Close”按钮，关闭对话框，结束单元类型的添加。

3. 定义材料属性

本实例中选用的单元类型不需定义实常数，故略过定义实常数这一步而直接定义材料属性。

在惯性力的静力分析中必须定义材料的弹性模量和密度。具体步骤如下：

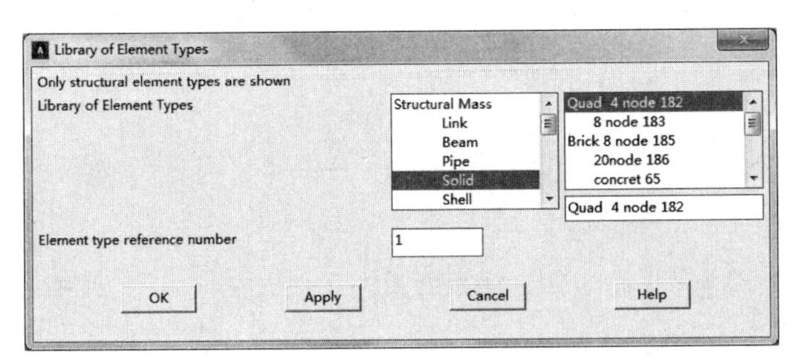

图5-62 “Library of Element Types”对话框

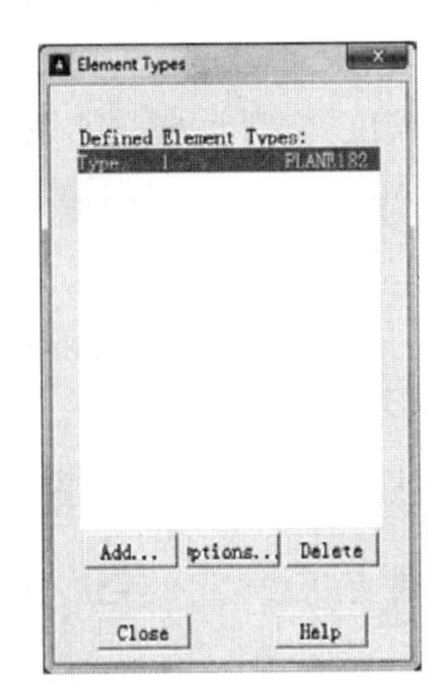

图5-63 “Element Types”对话框

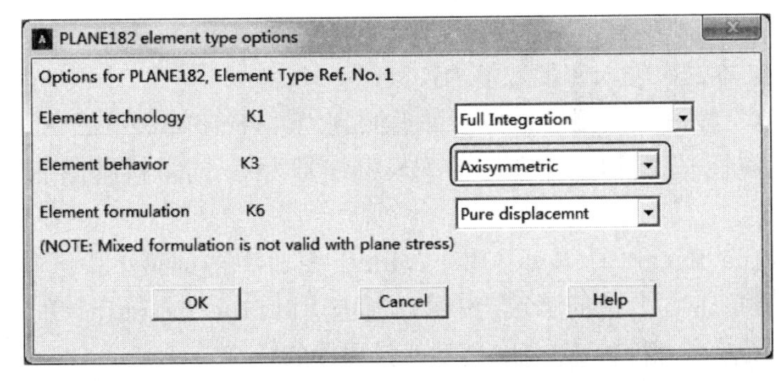

图5-64 “PLANE182 element type options”对话框

1）从主菜单中选择 Main Menu：Preprocessor > Material Props > Material Models 命令，打开“Define Material Model Behavior（定义材料模型属性）”窗口，如图 5-65 所示。

2）依次单击 Structural > Linear > Elastic > Isotropic，展开材料属性的树形结构，打开 1 号材料的弹性模量 EX 和泊松比 PRXY 的定义对话框，如图 5-66 所示。

3）在对话框的“EX”文本框中输入弹性模量“2.06e11”，在“PRXY”文本框中输入泊松比 0.3。

4）单击“OK”按钮，关闭对话框，并返回到“Define Material Model Behavior（定义材料模型属性）”窗口，在左边的列表框中显示出刚刚定义的编号为 1 的材料属性。

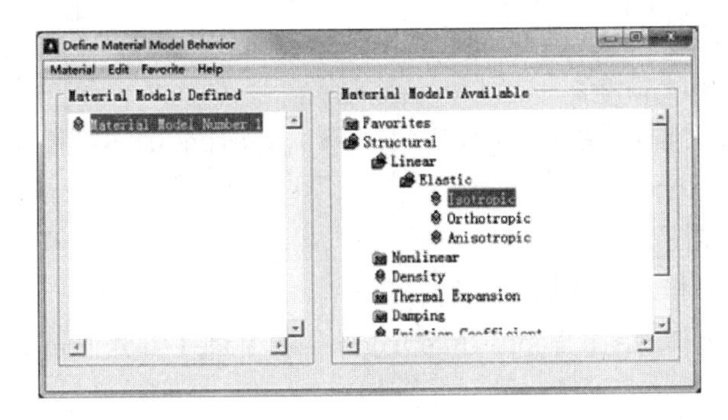

图5-65 “Define Material Model Behavior”窗口

5）依次单击 Structural > Density，打开“Density for Material Number1（定义材料密度）”对话框，如图 5-67 所示。

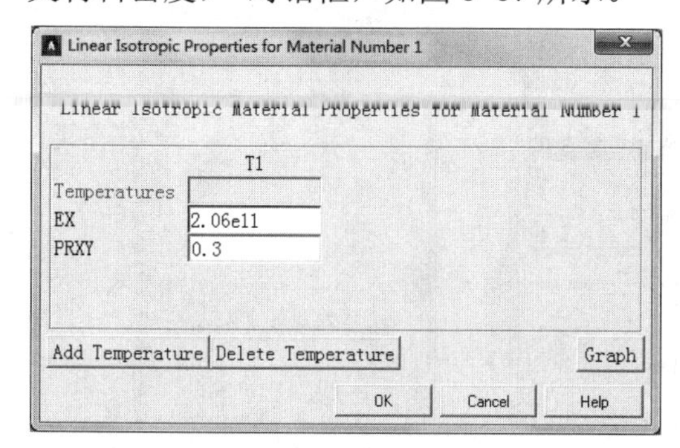

图5-66 “Linear Isotropic Properties for Material Number1”对话框

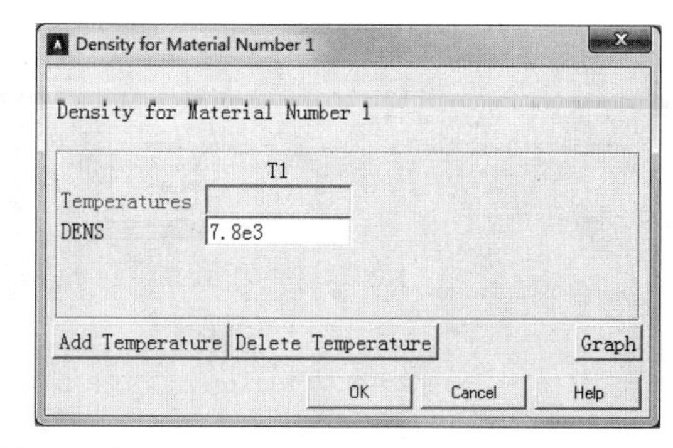

图5-67 “Density for Material Number1”对话框

6）在 DENS 文本框中输入密度数值“7.8e3”。

7）单击“OK”按钮，关闭对话框，并返回到“Define Material Model Behavior（定义材料模型属性）”窗口，在左边的列表框编号为 1 的材料属性下方显示出密度项。

8）在“Define Material Model Behavior”窗口中得到菜单中选择 Material > Exit 命令，或者单击右上角的“X”按钮，退出“Define Material Model Behavior（定义材料模型属性）”窗口，完成对模型材料属性的定义。

4. 建立轮的截面

在使用 PLANE 系列单元时，要求模型必须位于全局 XY 平面内。默认的工作平面即全局 XY 平面，因此可以直接在默认的工作平面内创建轮的截面。其具体步骤为：

（1）建立 3 个矩形。

1）从主菜单中选择 Main Menu： Preprocessor > Modeling > Create > Areas > Rectangle > By Dimensions 命令。

2）在弹出的对话框中依次输入 x1=5，x2=5.5，y1=0，y2=5，单击“Apply”按钮，如图 5-68 所示。

3）输入 x1=5.5，x2=7.5，y1=1.5，y2=2.25，单击“Apply”按钮。

4）输入 x1=7.5，x2=8，y1=0.5，y2=3.75，单击“OK”按钮。

（2）建立一个圆。

1）从主菜单中选择 Main Menu： Preprocessor > Modeling > Create > Areas > Circle > Solid Circle 命令。

2）在弹出的对话框中输入 X=8，Y=1.875，Radius=0.5，单击“OK”按钮，如图 5-69 所示。

3）所得的结果如图 5-70 所示。

（3）将 3 个矩形和一个圆加在一起。

1）从主菜单中选择 Main Menu：Preprocessor>Modeling> Operate > Booleans > Add > Areas 命令。

2）打开“Add Areas”对话框，要求选择进行相加的面，单击“Pick All”按钮，如图 5-71 所示。

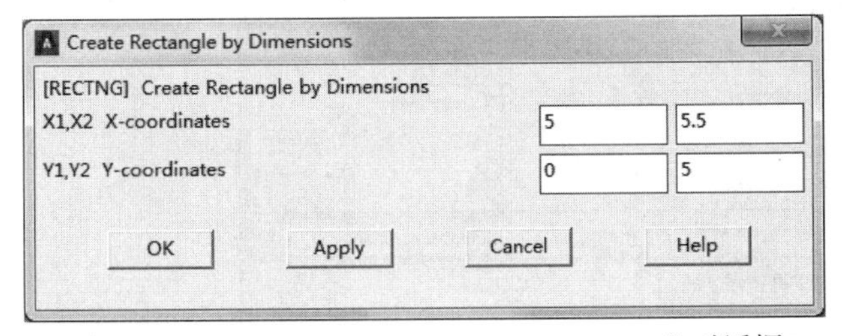

图5-68 “Create Rectangle by Dimensions”对话框

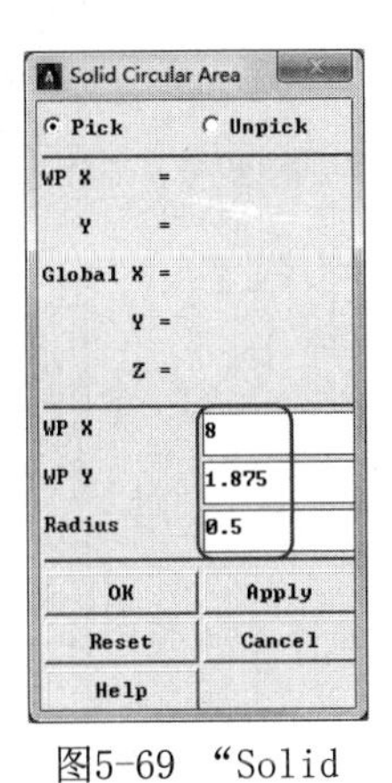

图5-69 “Solid Circular Area”对话框

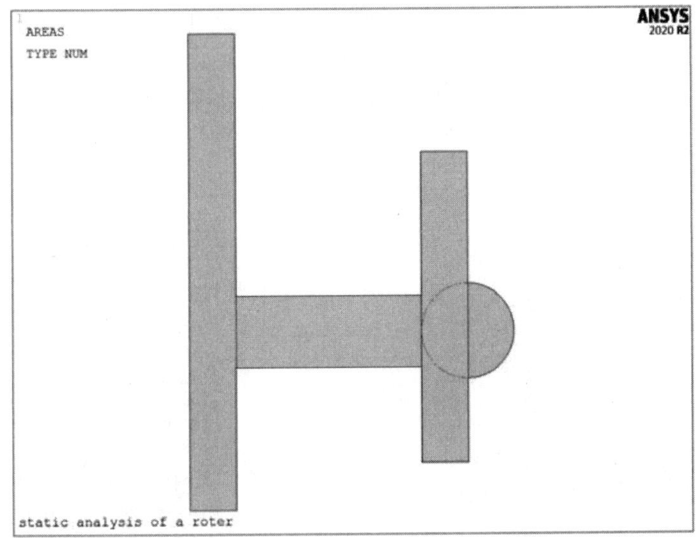

图5-70 绘制矩形和圆的结果

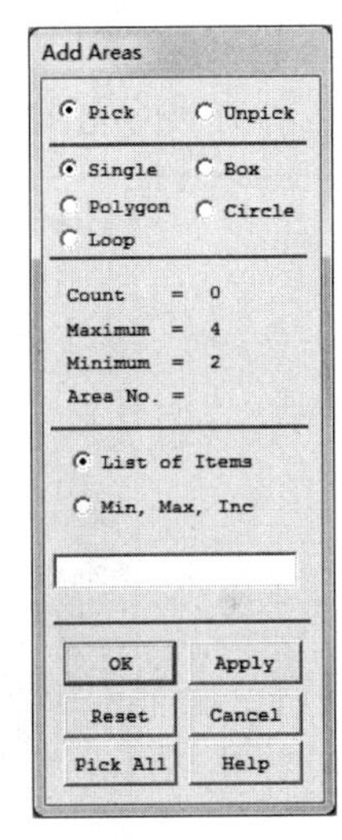

图5-71 “Add Areas”对话框

（4）显示线编号。

1）从实用菜单中选择 Utility Menu：PlotCtrls > Numbering 命令。

2）将线编号“LINE”设置为“On”，并设置“[/NUM]”为“Colors & numbers”，单击“OK”按钮，如图 5-72 所示。

3）显示线编号的结果如图 5-73 所示。

（5）分别对线 18 和 7、7 和 20、5 和 17、5 和 19 进行圆角，设置圆角半径为 0.5。

1）从主菜单中选择 Main Menu： Preprocessor > Modeling > Create > Lines > Line Fillet 命令。

2）拾取线 18 与 7，单击“Apply”按钮，输入圆角半径 0.5，单击“Apply”按钮，如图 5-75 所示。

3）拾取线 7 与 20，单击“Apply”按钮，输入圆角半径 0.5，单击“Apply”按钮。

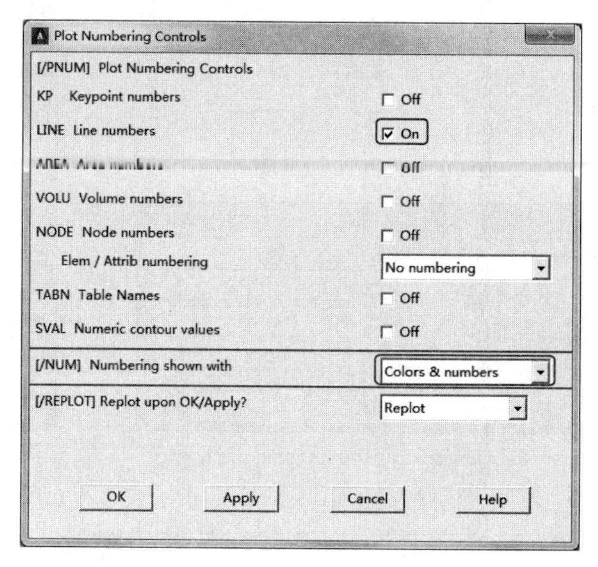

图5-72 “Plot Numbering Controls”对话框

4）打开“Line Fillet”对话框，要求选择进行圆角的线，如图5-74所示。

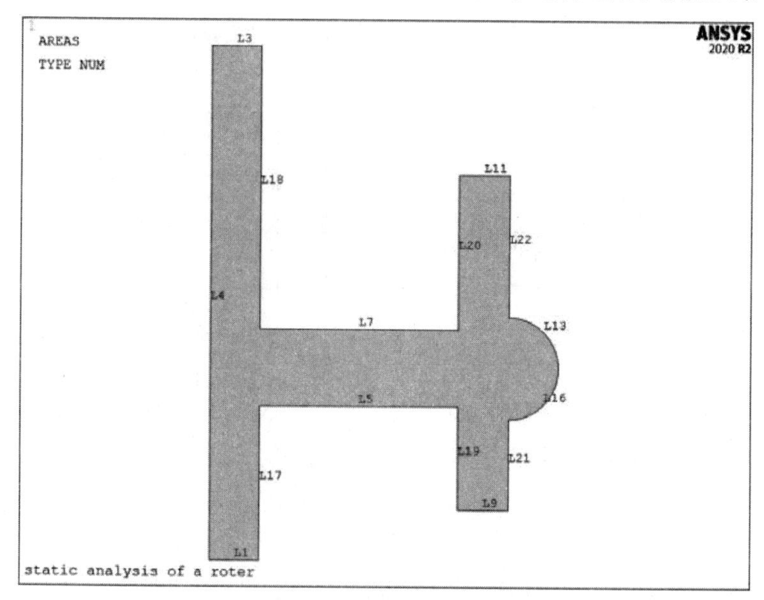

图5-73 显示线编号

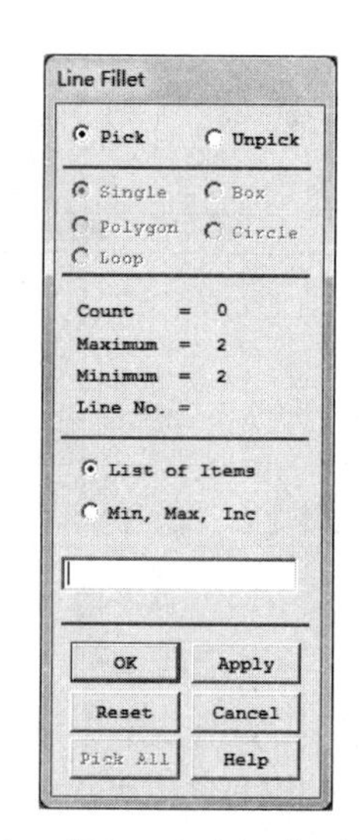

图5-74 “Line Fillet”对话框

5）拾取线 5 与 17，单击“Apply”按钮，输入圆角半径 0.5，单击“Apply”按钮。

6）拾取线5与19，单击“Apply”按钮，输入圆角半径0.5，单击“OK”按钮。

（6）显示关键点编号。

1）从实用菜单中选择Utility Menu： PlotCtrls > Numbering命令。

2）将线编号“LINE”设置为“Off”，将点编号“KP”设置为“On”，并使“[/NUM]”设置为“Colors & numbers”。单击“OK”按钮，显示的结果如图 5-76 所示。

（7）通过三点画圆弧。

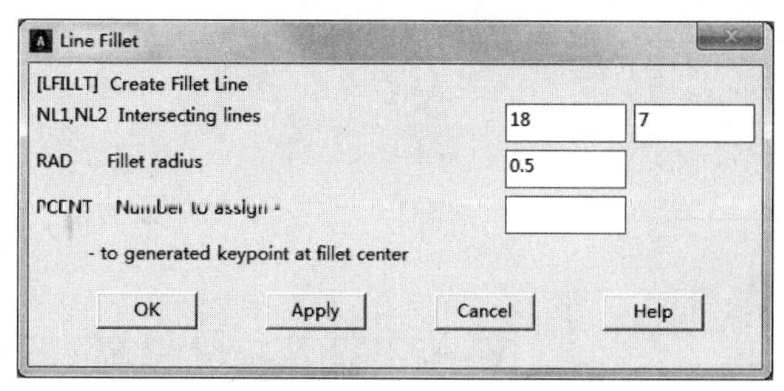

图5-75 “Line Fillet”对话框

1）从主菜单中选择 Main Menu：Preprocessor > Modeling > Create > Lines > Arcs > By End KPs & Rad 命令，打开“Arc by End KPs & Rad”对话框，如图 5-77 所示。

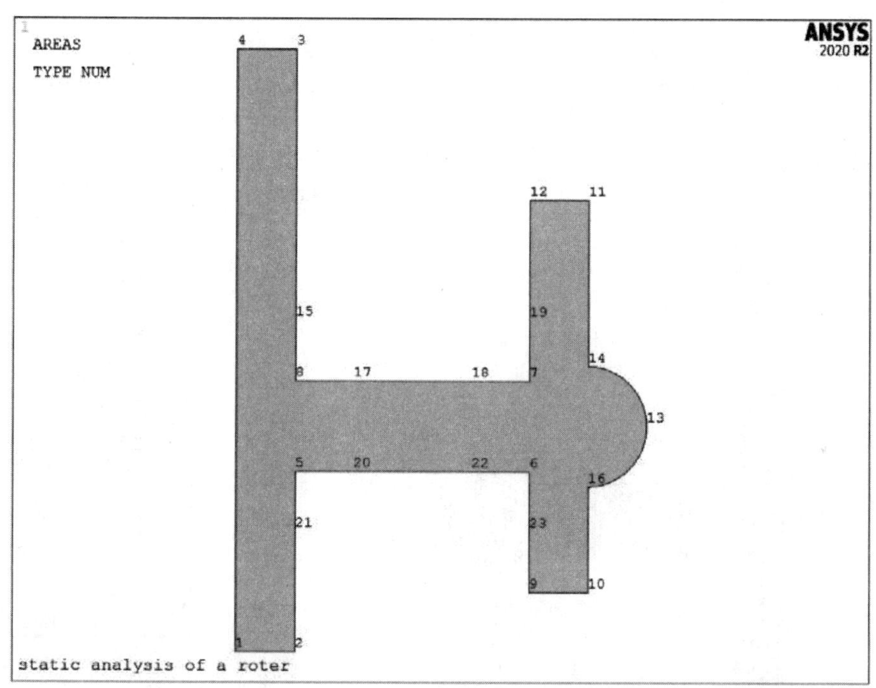

图5-76 打开关键点编号结果

2）拾取 12 及 11 点，单击“Apply”按钮；再拾取点 10，单击“Apply”按钮；输入圆弧半径 0.4，单击“Apply”按钮，如图 5-78 所示。拾取点 9 和 10，单击“Apply”按钮；再拾取点 11，单击“Apply”按钮；输入圆弧半径 0.4，单击“OK”按钮。

3）生成的圆弧如图 5-79 所示。

（8）显示线编号。

1）从实用菜单中选择 Utility Menu： PlotCtrls > Numbering。

2）将线编号“LINE”设置为“On”，将点编号“KP”设置为“Off”，并使“[/NUM]”设置为“Colors & numbers”，单击“OK”按钮。

（9）由曲线生成面。

1）从主菜单中选择 Main Menu： Preprocessor > Modeling > Create > Areas > Arbitrary > By Lines 命令。

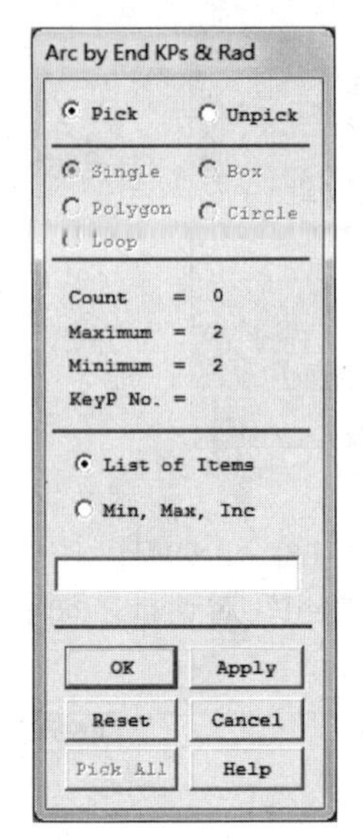

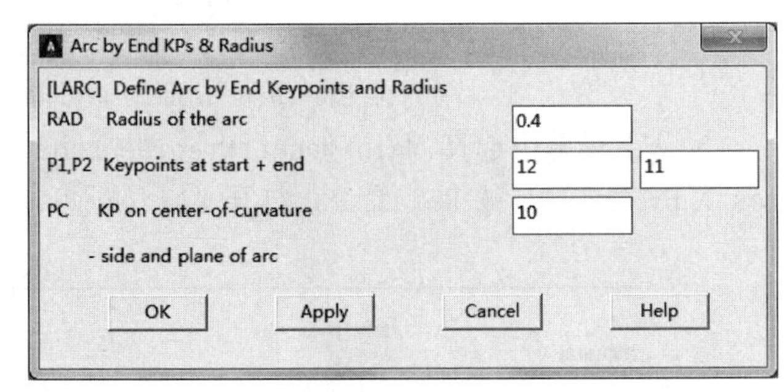

图5-77 “Arc by End KPs & Rad”对话框　　　图5-78 “Arc by End KPs & Radius”对话框

2）打开“Create Area by Lines”对话框，如图5-80所示。

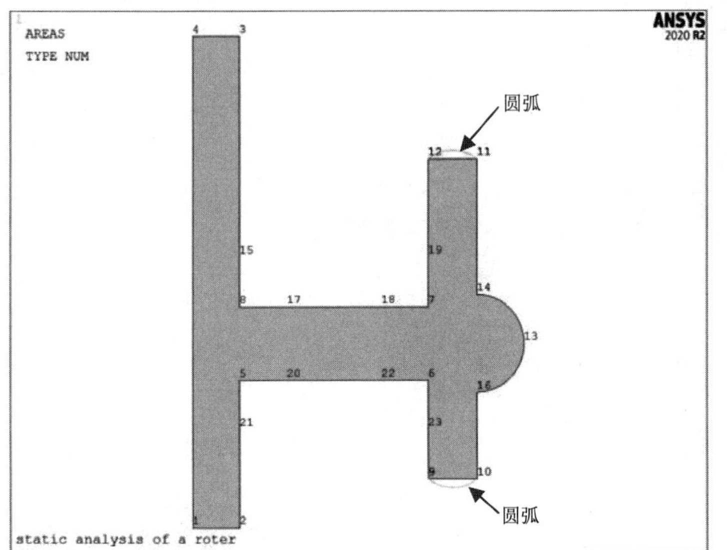

图5-79 生成圆弧的结果

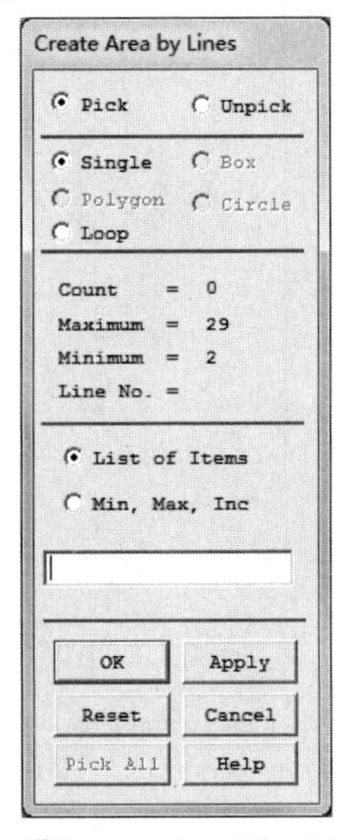

图5-80 “Create Area by Lines”对话框

3）拾取线6、8、2，单击“Apply”按钮。

4）拾取线25、26、27，单击“Apply”按钮。

5）拾取线15、23、24，单击“Apply”按钮。

6）拾取线10、12、14，单击“Apply”按钮。

7）拾取线11、28，单击“Apply”按钮。

8）拾取线9、29，单击“OK”按钮，生成的结果如图5-81所示。

（10）将所有的面加在一起。

1）从主菜单中选择Main Menu：Preprocessor>Modeling> Operate > Booleans > Add > Areas命令。

2）在弹出的对话框中单击“Pick All”按钮，选择所有的面，结果如图5-82所示。

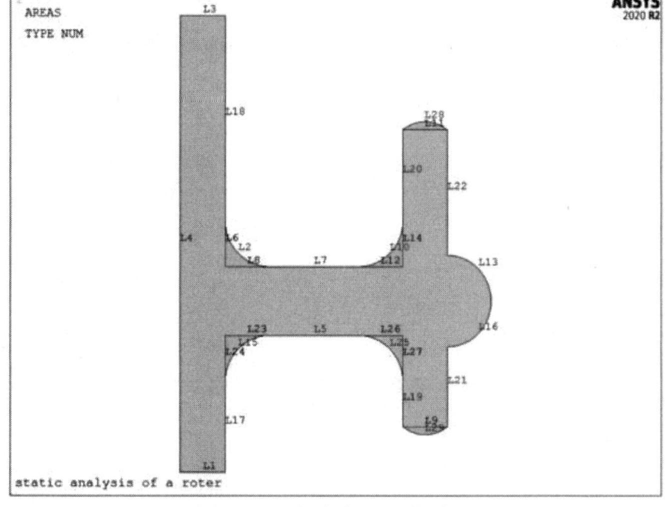

图5-81　由线生成面的结果

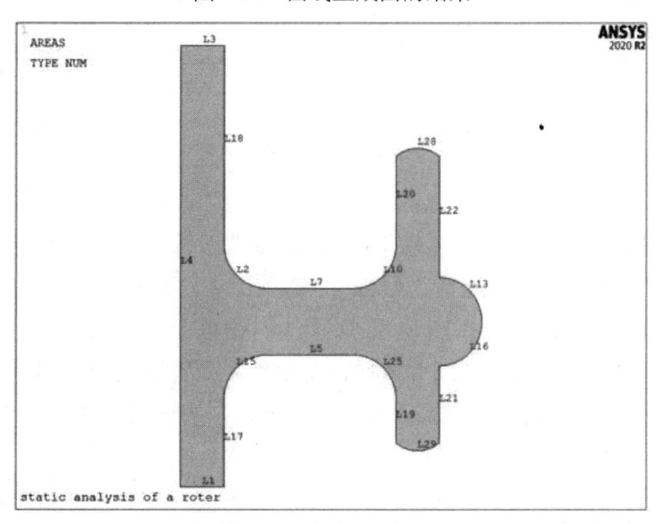

图5-82　所有面加在一起

（11）定义两个关键点。

1）从主菜单中选择 Main Menu：Preprocessor>Modeling> Create > Keypoints > In Active CS 命令。

2）在弹出的对话框中的“NPT”文本框中输入 50，单击“Apply”按钮；在“NPT”文本框中输入51，设置Y=6，单击“OK”按钮。如图5-83所示。

5．对轮的截面进行网格划分

本例选用PLANE182单元划分网格。

1）选择实用菜单Utility Menu：Plot > Areas命令。

2）从主菜单中选择 Main Menu：Preprocessor > Meshing > MeshTool 命令，打开“Mesh Tool（网格工具）”，如图5-84所示。

3）单击“Lines”后面的的“Set”按钮，打开线选择对话框，要求选择定义单元划分数的线。选择L4，单击“Apply”按钮，弹出如图5-85所示的对话框。

4）在“No.of element divisions”文本框中输入 20，将 L4 线分成 20 份，单击“Apply”按钮。

5）选择 L2、L7、L10、L20、L28，单击“OK”按钮，在“No.of element divisions”文本框中输入 5，将它们分成 5 份，单击“OK”按钮。

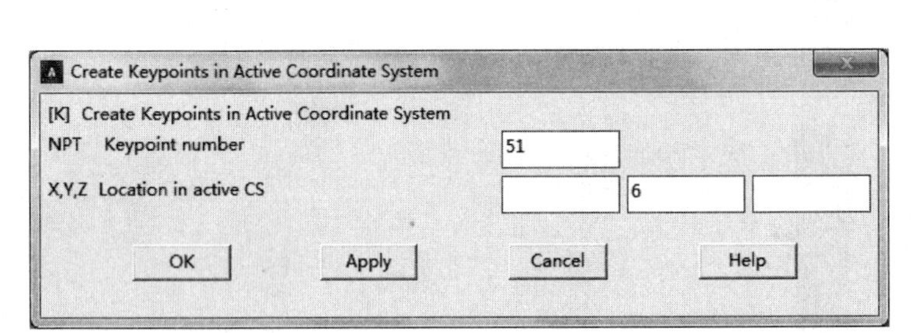

图5-83 “Create Keypoints in Active Coordinate System”对话框

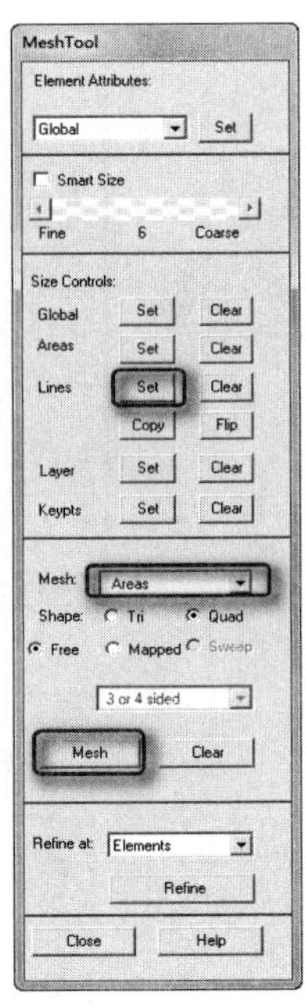

图5-84 “MeshTool”对话框

6）在“Mesh”下拉列表中选择“Areas”选项，在“Shape”选项中选择“Free”选项，单击“Mesh”按钮，弹出如图 5-86 所示的对话框。

7）在对话框中单击“Pick All”按钮，ANSYS 将按照对线的控制进行网格划分，期间会出现如图 5-87 所示的警告信息，单击“Close”按钮将其关闭。

8）划分面的结果如图 5-88 所示。

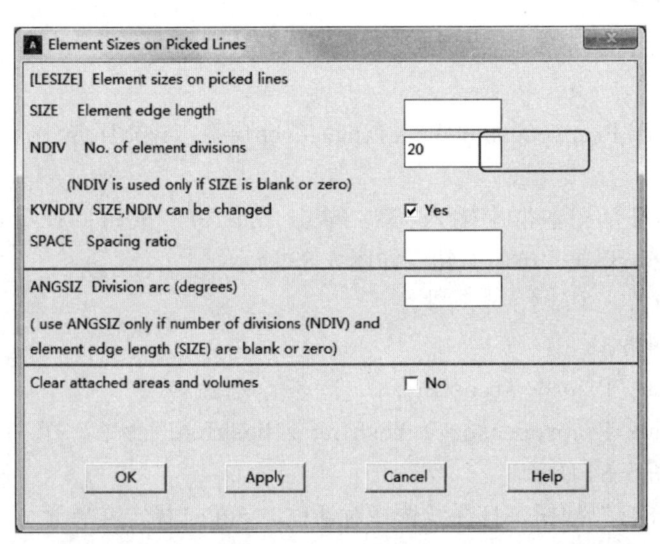

图5-85 “Element Sizez on Picked Lines”对话框

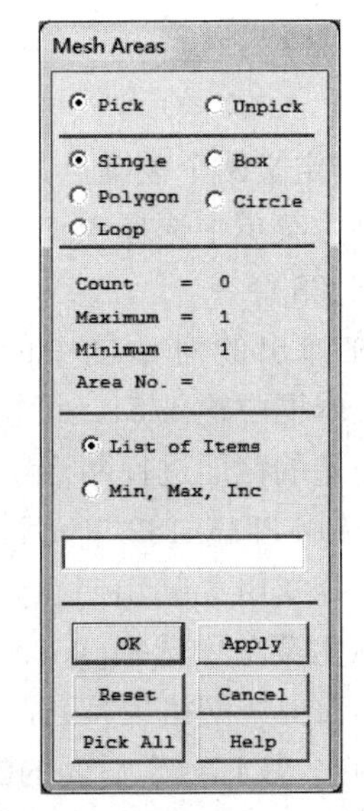

图5-86 “Mesh Areas”对话框

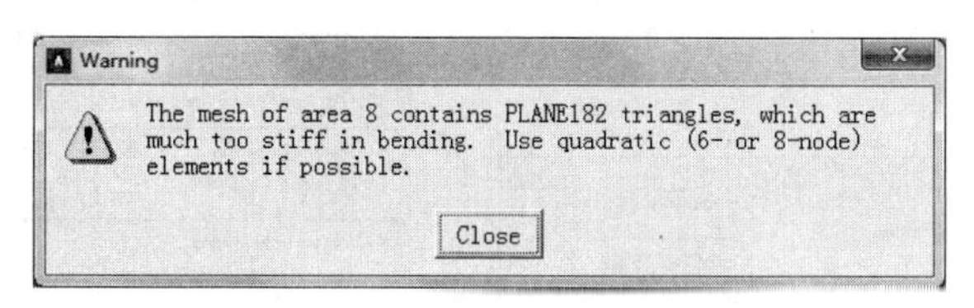

图5-87 “Warning”对话框

5.3.3 定义边界条件并求解

1. 加轴对称的位移

1）从主菜单中选择 Main Menu: Solution>Define Loads> Apply > Structural > Displacement > Symmetry B.C. > On lines 命令。

2）打开“Apply SYMM on Lines”对话框，如图 5-89 所示。选择内径上的线 L4，单击“OK”按钮。

2. 施加固定位移

1）从主菜单中选择 Main Menu: Solution>Define Load > Apply > Structural > Displacement > On lines 命令。

2）这时会出现线选择对话框，选择内径上的线 L4，单击“OK”按钮，打开“Apply U,ROT on Lines”对话框，选择“All DOF”选项，单击“OK”按钮，如图 5-90 所示。

3. 施加压力载荷

1）从主菜单中选择 Main Menu: Solution> Define Load> Apply > Structural > Pressure > On lines 命令，打开线选择对话框，选择轮截面的外缘，单击“OK”按钮，打开“Apply PRES on lines” 对话框，在“Load PRES value”文本框中输入“1e6”，单击“OK”按钮，施加压力，如图 5-91 所示。

2）施加压力的结果如图 5-92 所示。

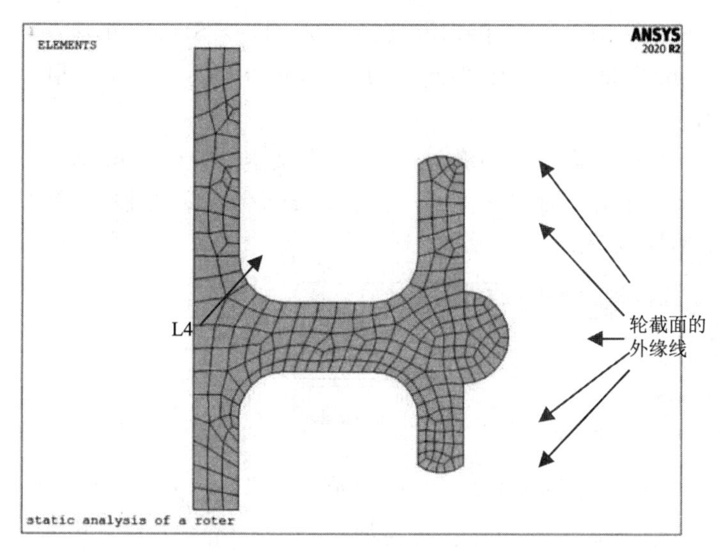

图5-88 划分面

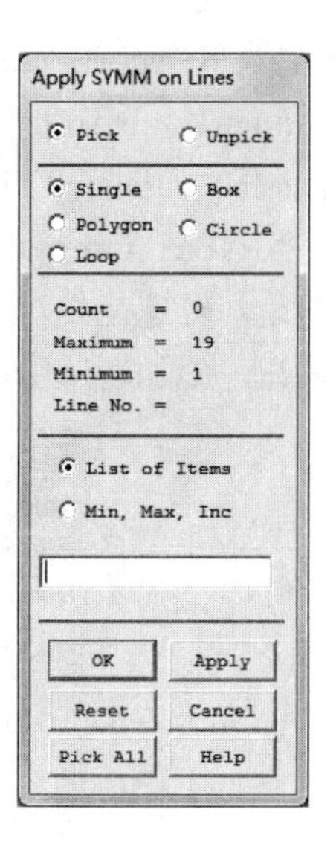

图5-89 “Apply SYMM on Lines”对话框

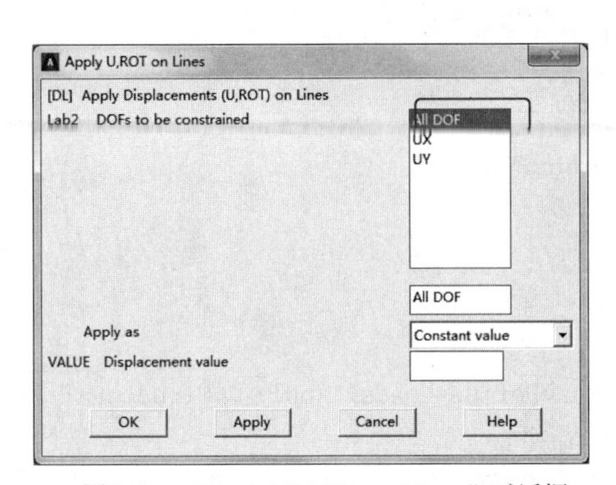

图5-90 “Apply U, ROT on Lines”对话框

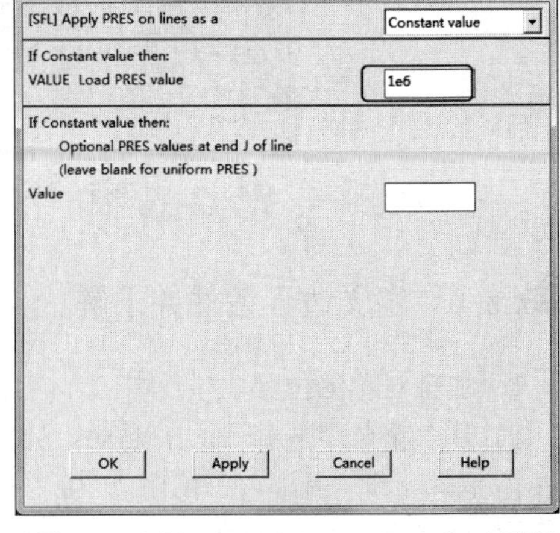

图5-91 “Apply PRES on lines”对话框

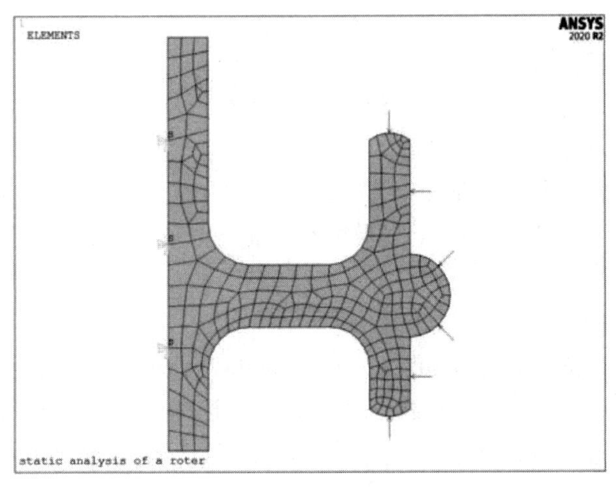

图5-92 施加压力的结果

4. 施加速度载荷

1）从主菜单中选择 Main Menu: Solution> Define Load> Apply > Structural > Inertia > Angular Veloc > Global 命令，打开“Apply Angular Velocity（施加角速度）”对话框，如图 5-93 所示。

2）在“Global Cartesian Z-comp（总体 Z 轴角速度分量）”文本框中输入 62.8。需要注意的是，转速是相对于总体笛卡儿坐标系施加的，单位是 rad/s（弧度/秒）。单击“OK”按钮，施加转速引起的惯性载荷。

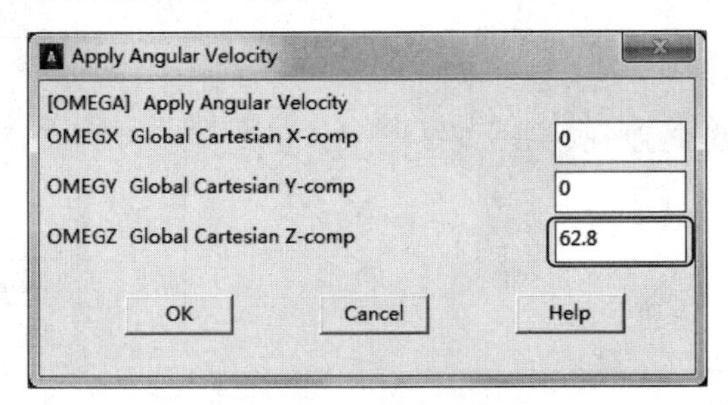

图5-93 “Apply Angular Velocity”对话框

5. 进行求解

1）从主菜单中选择 Main Menu：Solution > Solve > Current LS 命令，打开如图 5-94 所示的确认对话框和状态列表，要求查看列出的求解选项。

2）确认列表中的信息无误后，单击“OK”按钮，开始求解。

3）求解完成后，打开如图 5-95 所示的提示求解完成对话框。

4）单击“Close”按钮，关闭提示求解完成对话框。

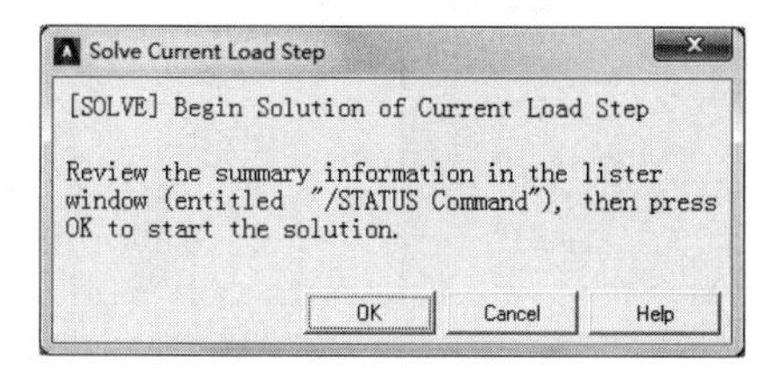

图5-94 “Solve Current Load Step”对话框

图5-95 “Note”对话框

5.3.4 查看结果

1. 旋转结果坐标系

对于旋转件，在柱坐标系下查看结果会比较方便，因此在查看变形和应力分布之前，首先将结果坐标系旋转到柱坐标系下。

1）从主菜单中选择 Main Menu：General Postproc > Options for Outp 命令，打开“Options for Output（结果输出选项）”对话框，如图 5-96 所示。

2）在“Results coord system（结果坐标系）”下拉列表中选择“Global cylindric（总体柱坐标系）”选项。

3）单击“OK”按钮，关闭对话框。

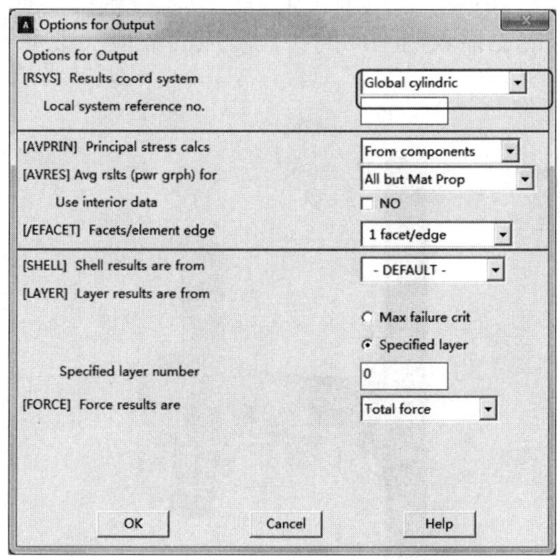

图5-96 “Options for Output”对话框

2. 查看变形

本例中关键的变形为径向变形，轮在高速旋转时，径向变形过大，可能会导致边缘与齿轮壳发生摩擦。

1）从主菜单中选择 Main Menu：General Postproc > Plot Result > Contour Plot > Nodal Solu 命令，打开“Contour Nodal Solution Data（等值线显示节点解数据）”对话框，如图 5-97 所示。

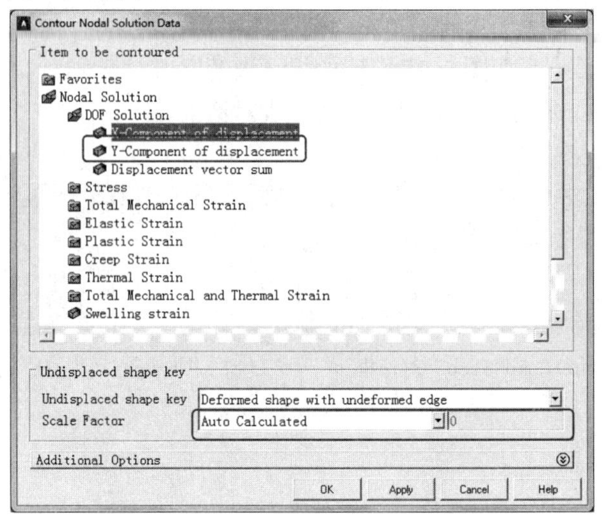

图5-97 “Contour Nodal Solution Data”对话框

2）在“Item to be contoured（等值线显示结果项）”中选择“DOF Solution（自由度解）”选项。

3）选择“X-Component of displacement（X 向位移）”选项。此时，结果坐标系为柱坐标系，X 向位移即为径向位移。

4）在“Undisplaced shape key”下拉列表中选择“Deformed shape with undeformed edge（变形后和未变形轮廓线）”选项。

5）单击“OK”按钮，在图形窗口中显示出径向变形图，包含变形前的轮廓线，如图 5-98 所示，图中下方的色谱表明不同的颜色对应的数值（带符号）。

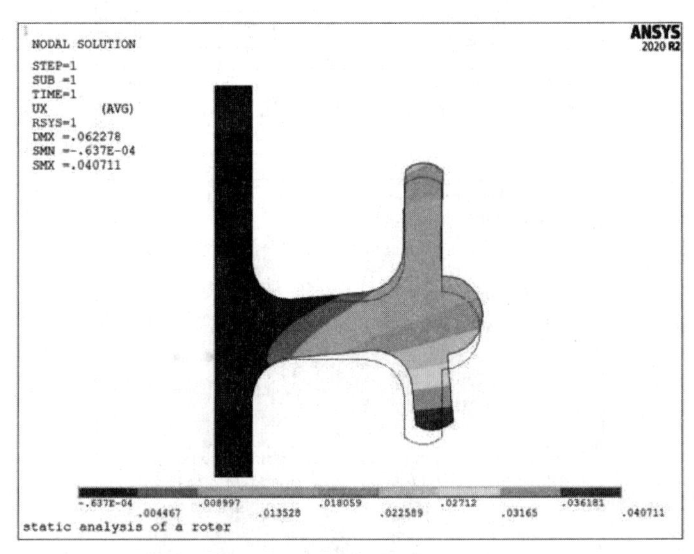

图5-98 径向变形图

6）用同样的方法显示周向位移，如图 5-99 所示。

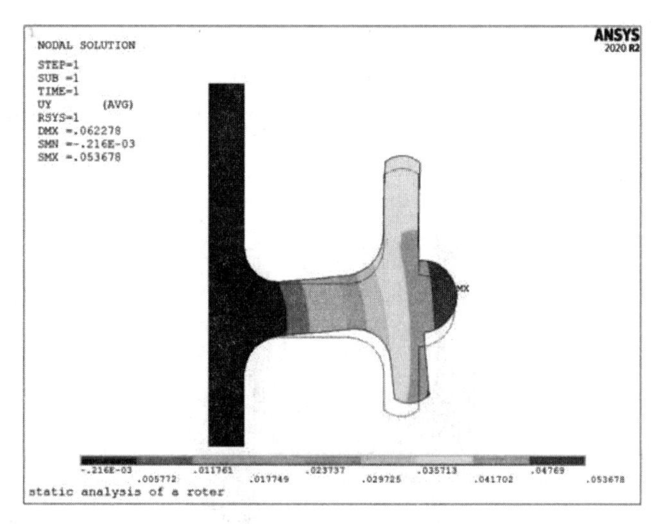

图5-99 周向变形图

3. 查看应力

齿轮高速旋转时的主要应力也是径向应力，有必要查看一下径向应力。

1）进入通用后处理器读取分析结果。从主菜单中选择 Main Menu：General Postproc > Read Results > First Set 命令。

2）从主菜单中选择 Main Menu：General Postproc > Plot Results > Contour Plot > Nodal Solu 命令，打开“Contour Nodal Solution Data（等值线显示节点解数据）”对话框，如图 5-100 所示。

3）在“Item to be contoured（等值线显示结果项）”中选择“Stress（应力）”选项。

4）选择“X-Component of stress（X 方向应力）”选项。

5）在“Undisplaced shape key”下拉列表中选择“Deformed shape only（仅显示变形后模型）”选项。

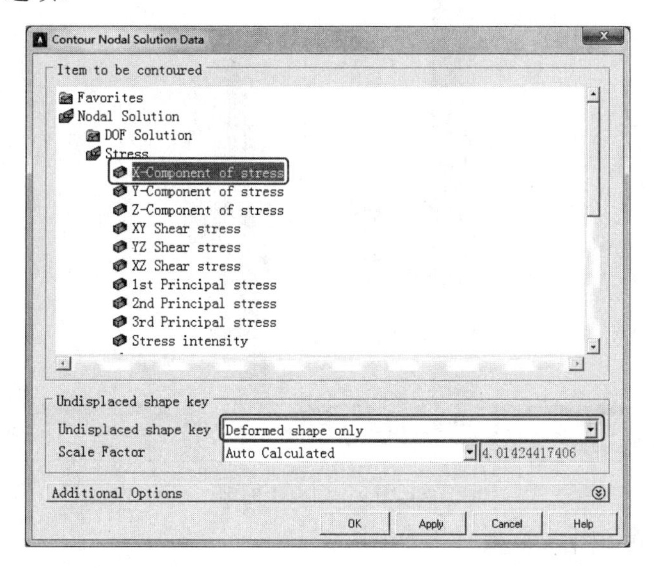

图5-100 “Contour Nodal Solution Data”对话框

6）单击“OK”按钮，图形窗口中显示出 X 方向（径向）应力分布图，如图 5-101 所示。

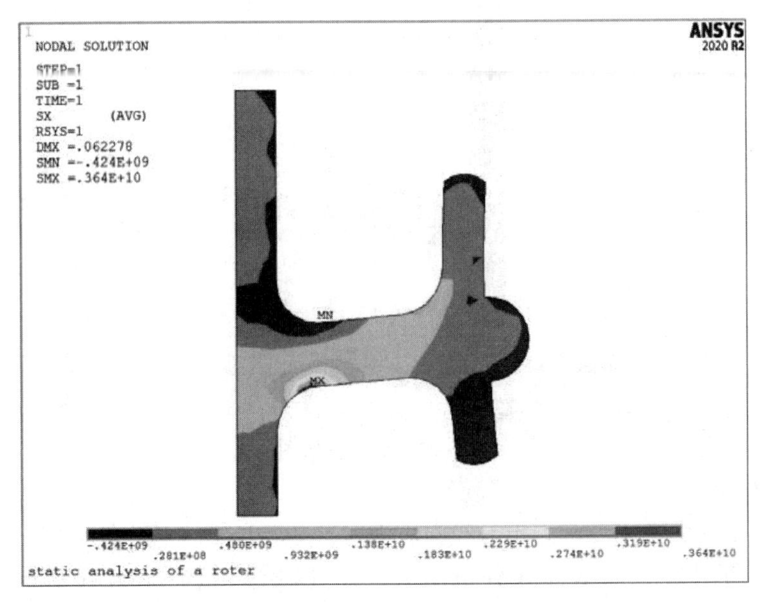

图5-101 径向应力分布图

7）从主菜单中选择 Main Menu: General Postproc > Plot Results > Contour Plot > Nodal Solu 命令，打开“Contour Nodal Solution Data”对话框。

8）在“Item to be contoured”中选择“Stress”选项。

9）选择“Y-Component of stress(Y 方向应力)”选项，即轴向应力。

10）单击“OK”按钮，图形窗口中显示出周向应力分布图，如图 5-102 所示。

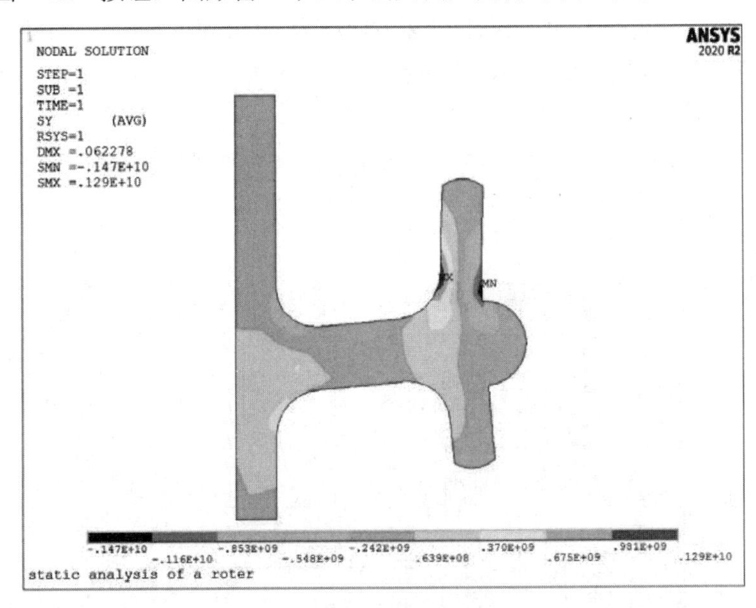

图5-102 周向应力图

4．查看三维立体图

1）从实用菜单中选择 Utility Menu: PlotCtrls>Style> Symmetric Expansion >

2D Axi-Symmetric...命令，打开“2D Axi-Symmetric Expansion”对话框，如图 5-103所示。

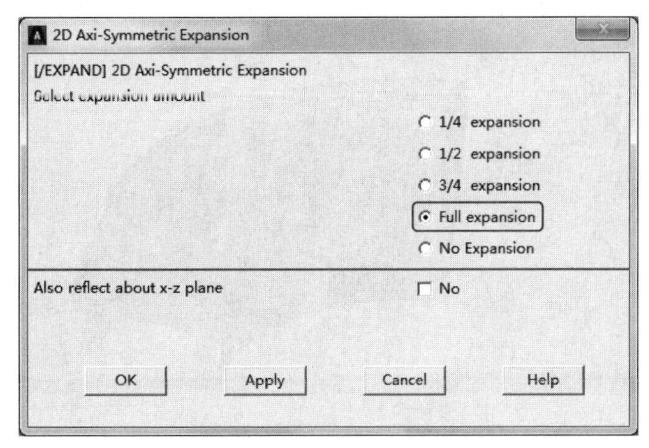

图5-103 “2D Axi-Symmetric Expansion”对话框

2）在“Select expansion amount”后面的单选按钮中选择“Full expansion”。

3）单击“OK”按钮。

得到的结果如图 5-104 所示。

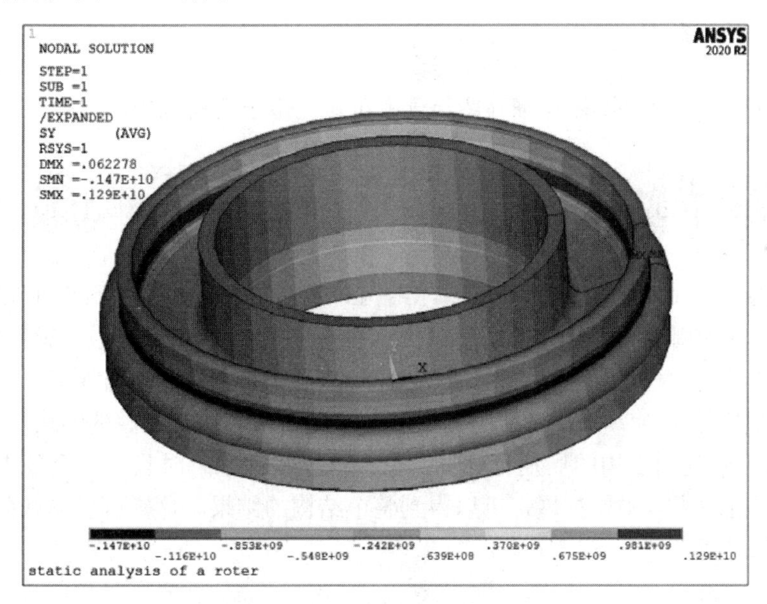

图5-104 三维立体图

4）从实用菜单中选择 Utility Menu：PlotCtrls > Style > Symmetric Expansion > 2D Axi-Symmetric 命令，打开“2D Axi-Symmetric Expansion”对话框。

5）在“Select expansion amount”后面的单选按钮中选择“1/4 expansion”选项。

6）单击“OK”按钮。

得到的结果如图 5-105 所示。

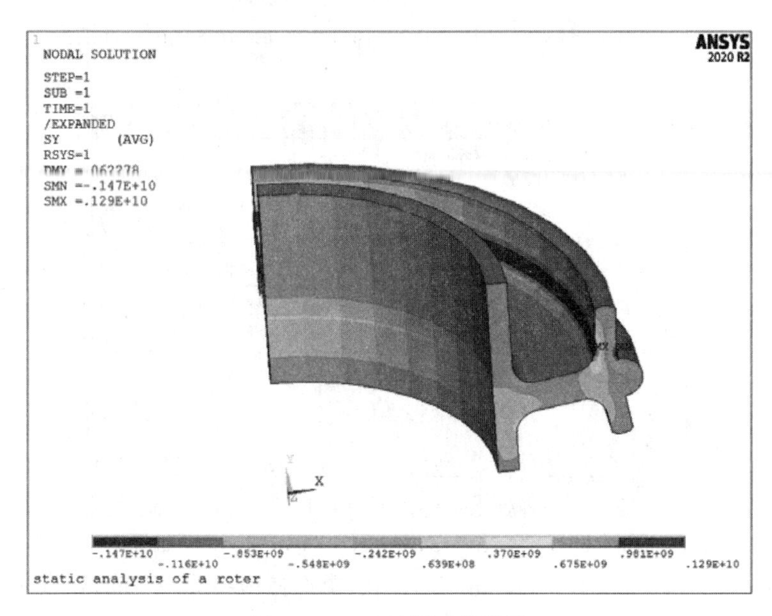

图5-105 1/4扩展后的结果

5.3.5 命令流方式

命令流执行方式这里不做详细介绍，读者可参见电子资料包中的内容。

5.4 周期对称结构的静力分析实例——标准齿轮

如果结构绕某个轴旋转一个角度后，结构（包括材料常数）与旋转前完全相同，则将这种结构称为周期对称结构（循环对称结构）。符合这一条件的最小旋转角 α 称为旋转周期，从结构中任意取出夹角为 α 的部分都可以称为结构的基本扇区。由基本扇区绕其轴旋转复制 N（$=2\pi/\alpha$，N必为整数）份，则可得到整个完整的结构。

在 ANSYS 中利用结构的周期对称性，在建立模型和求解时只对一个基本扇区建模和分析，在后处理中再进行扩展，可以得到整个结构的结果。这样可以降低分析的工作量，节省计算时间。

5.4.1 分析问题

对带有圆孔、齿边厚中间薄的齿轮进行离心力分析。

标准齿轮的最大转速为62.8rad/s，计算其应力分布。

齿顶直径：48mm

齿底直径：40mm

齿数：10

弹性模量：2.06e11Pa

密度：7.8e3g/mm^3

齿轮如图 5-106 所示。

图5-106 齿轮

5.4.2 建立模型

建立模型包括设定分析文件名和标题、定义单元类型和实常数、定义材料属性、建立几何模型、划分有限元网格。

1. 设置分析文件名和标题

1）从实用菜单中选择 Utility Menu：File > Change Jobname 命令，将打开“Change Jobname（修改文件名）”对话框，如图 5-107 所示。

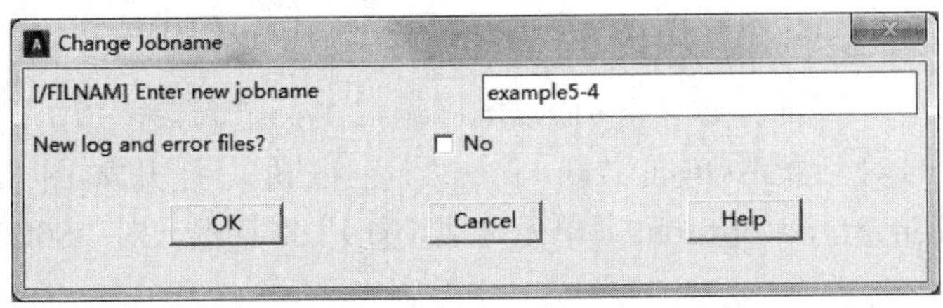

图5-107 “Change Jobname”对话框

2）在“Enter new jobname（输入新的文件名）”文本框中输入“example5-4”，设置本分析实例的数据库文件名。

3）单击“OK”按钮，完成数据库文件名的设置。

4）从实用菜单中选择 Utility Menu：File > Change Title 命令，打开“Change Title（修改标题）”对话框，如图 5-108 所示。

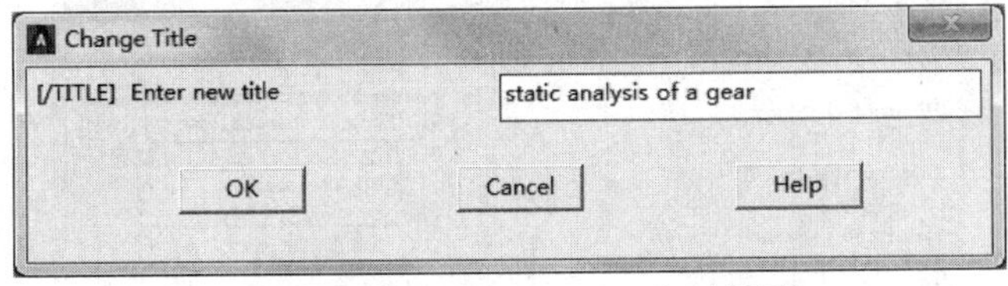

图5-108 “Change Title”对话框

5）在“Enter new title（输入新标题）”文本框中输入文字“static analysis of a gear”，设置本分析实例的标题名。

6）单击“OK”按钮，完成对标题名的设置。

7）从实用菜单中选择 Plot > Replot 命令，设置的标题“static analysis of a gear”将显示在图形窗口的左下角。

8）从主菜单中选择“Preference”命令，打开“Preference of GUI Filtering（菜单过滤参数选择）”对话框，选中“Structural”复选框，单击“OK”按钮确定。

2. 定义单元类型

本实例选用8节点六面体单元SOLID185。SOLID185不需要设定实常数。

1）从主菜单中选择Main Menu：Preprocessor > Element Type> Add/Edit /Delete命令，打开“Element Types（单元类型）”对话框。

2）单击“Add...”按钮，将打开“Library of Element Types(单元类型库)”对话框，如图5-109所示。

3）在左边的列表框中选择“Solid”选项，选择实体单元类型。

4）在右边的列表框中选择“Brick 8 node 185”选项，选择8节点六面体单元SOLID185。

5）单击“OK”按钮，添加SOLID185单元，并关闭对话框，同时返回到步骤1）打开的对话框。

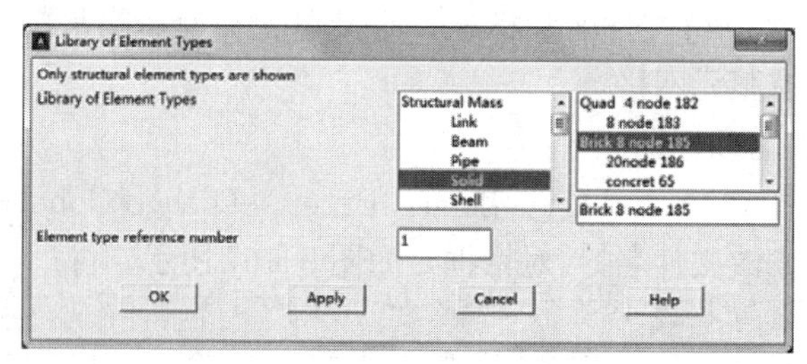

图5-109 “Library of Element Types”对话框

6）在打开的对话框中单击“Options...”按钮，打开如图5-110所示的“SOLID185 element type options（单元选项设置）”对话框，对“SOLID185”单元进行设置。

7）在“Element technology”下拉列表框中选择“Simple Enhanced Strn”选项，如图5-110所示。

8）单击“OK”按钮，关闭单元选项设置对话框，返回到“Element Type（单元类型）”对话框。

9）单击“Close”按钮，关闭”对话框，结束单元类型的添加。

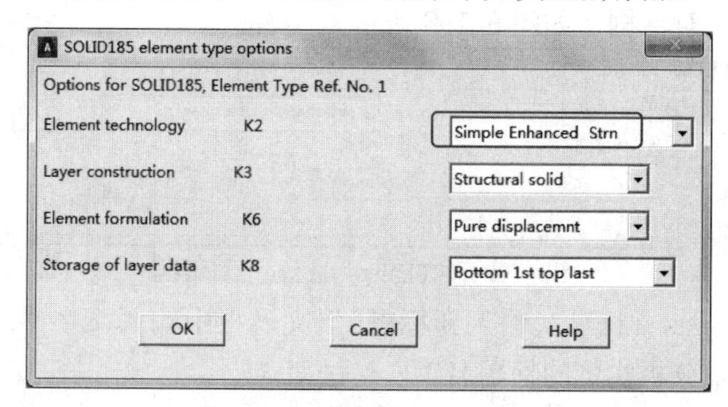

图5-110 “SOLID185 element type options”对话框

3. 定义材料属性

本实例中选用的单元类型不需定义实常数，故略过定义实常数这一步而直接定义材料属性。

惯性力的静力分析中必须定义材料的弹性模量和密度。具体步骤如下：

1）从主菜单中选择 Main Menu：Preprocessor > Material Props > Material Models 命令，打开“Define Material Model Behavior（定义材料模型属性）”窗口，如图 5-111 所示。

2）依次单击 Structural > Linear > Elastic > Isotropic，展开材料属性的树形结构，打开 1 号材料的弹性模量 EX 和泊松比 PRXY 的定义对话框，如图 5-112 所示。

3）在对话框的“EX”文本框中输入弹性模量“2.06e11”，在“PRXY”文本框中输入泊松比 0.3。

4）单击“OK”按钮，关闭对话框，并返回到“Define Material Model Behavior（定义材料模型属性）”窗口，在左边的列表框中显示出刚刚定义的编号为 1 的材料属性。

5）依次单击 Structural > Density，打开“Define for Material Number1（定义材料密度）”对话框，如图 5-113 所示。

6）在“DENS”文本框中输入密度数值“7.8e3”。

7）单击“OK”按钮，关闭对话框，并返回到“Define Material Model Behavior（定义材料模型属性）”窗口，在左边列表框编号为 1 的材料属性下方显示出密度项。

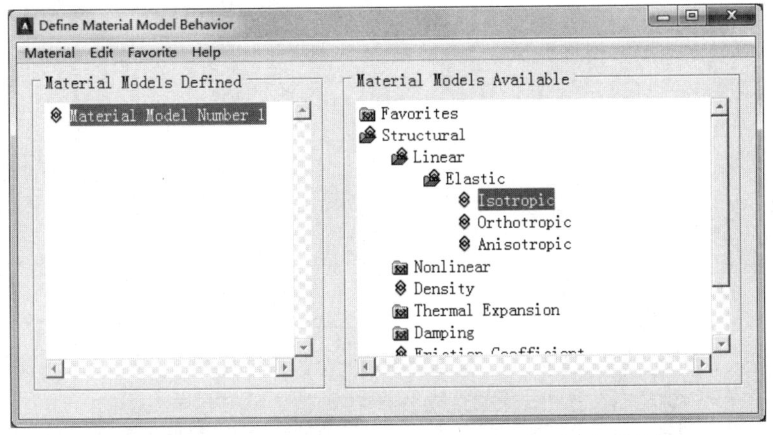

图5-111 “Define Material Model Behavior”窗口

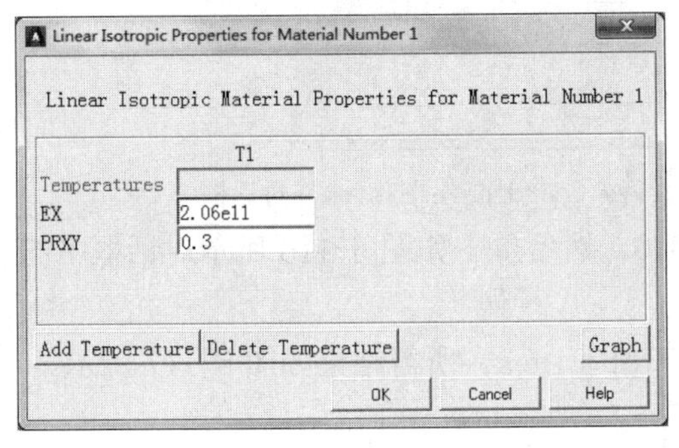

图5-112 “Linear Isotropic Properties for Material Number1”对话框

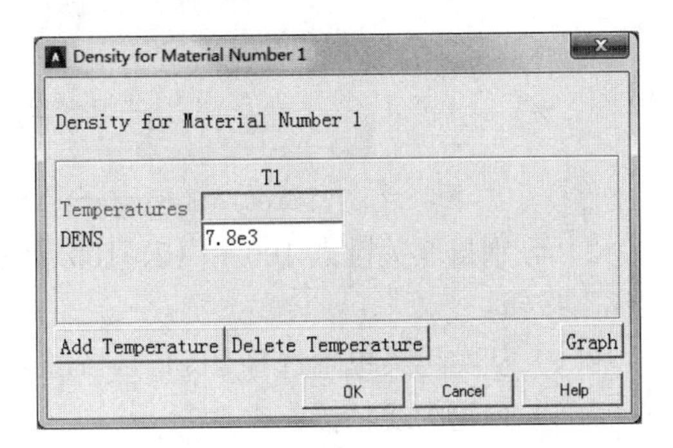

图5-113 “Define for Material Number1”对话框

8）在“Define Material Model Behavior”窗口中的菜单中选择 Material >

Exit 命令，或者单击右上角的关闭按钮，退出该窗口，完成对模型材料属性的定义。

4. 建立齿轮的一个扇形模型

按照 5.2 节的方法建立齿轮的一个齿的轮廓线，结果如图 5-114 所示。

（1）将激活的坐标系设置为总体直角坐标系。从实用菜单中选择 Utility Menu: WorkPlane > Change Active CS to > Global Cartesian 命令。

（2）创建关键点 100。

1）从主菜单中选择 Main Menu: Preprocessor>Modeling> Create > Keypoints > In Active CS 命令。

2）在“Keypoint number”文本框中输入 100，设置 X=0、Y=0, 单击“OK”按钮，如图 5-115 所示。

（3）创建直线。

1）从主菜单中选择 Main Menu: Preprocessor > Modeling > Create > Lines > Lines > Straight Line 命令。

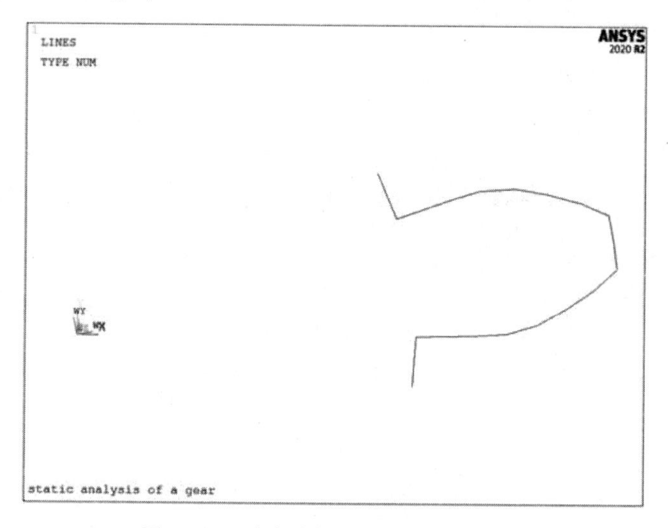

图5-114 建立齿轮的一个齿的轮廓线

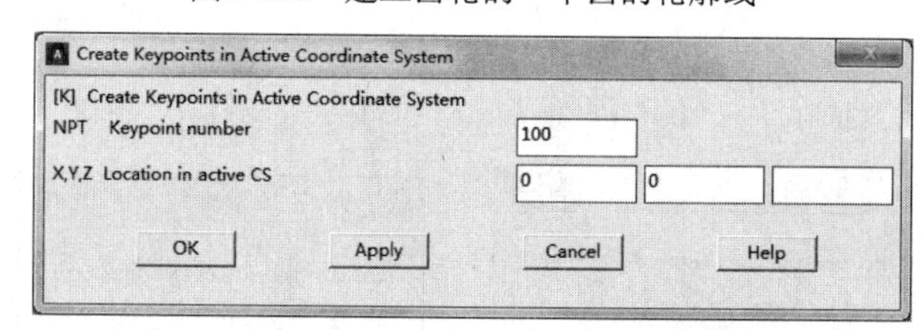

图5-115 “Create Keypoints in Active Coordinate System”对话框

2）分别拾取关键点 100 和 10、100 和 1010，然后单击如图 5-116 所示对话框中的“OK”按钮。

（4）从实用菜单中选择 Utility Menu: Plot>Lines。所得结果如图 5-117 所示。

（5）把轮廓线粘接起来。

1）从主菜单中选择 Main Menu: Preprocessor>Modeling> Operate > Booleans > Glue > Lines 命令。

2）选择齿上的所有线，单击“OK”按钮。

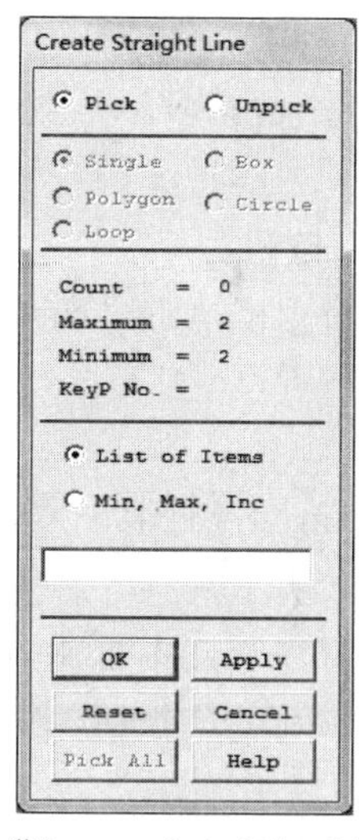

图5-116 “Create Straight Line”对话框

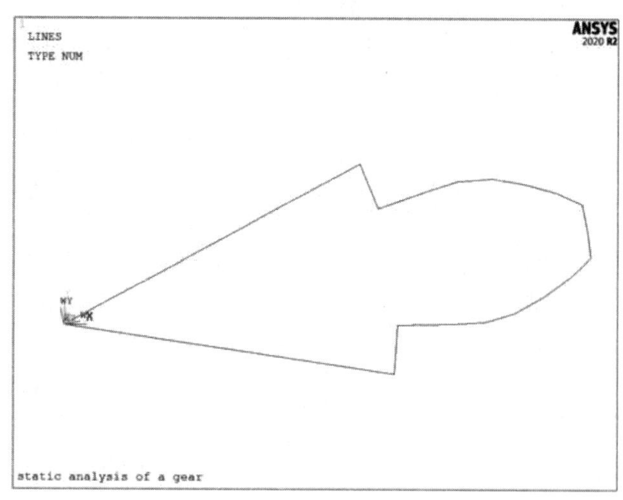

图5-117 创建直线

（6）把齿上轮廓线粘接起来。

1）从主菜单中选择 Main Menu：Preprocessor>Modeling> Operate > Booleans > Glue > Lines 命令。

2）再次选择齿上的所有线，单击“OK”按钮。

（7）用当前定义的所有线创建面。

1）从主菜单中选择 Main Menu：Preprocessor>Modeling>Create>Areas> Arbitrary > By Lines 命令。

2）按顺时针顺序依次选择所有的线，单击如图5-118所示对话框中的“OK”按钮。

（8）从实用菜单中选择 Utility Menu： Plot > Area。用当前定义的所有线创建一个面的结果如图5-119所示。

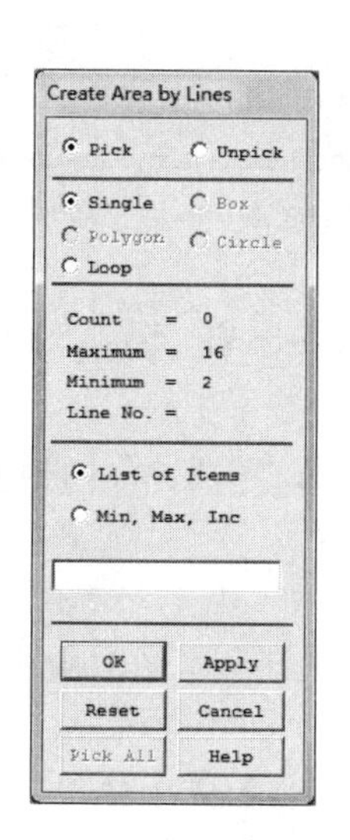

图5-118 “Create Areas by Lines”对话框

图5-119 创建面

（9）用当前定义的面创建体。

1）从主菜单中选择 Main Menu：Preprocessor>Modeling > Operate > Extrude > Areas > Along Normal 命令。

2）选择创建的面，单击如图 5-120 所示对话框中的“OK”按钮。

3）打开“Extrude Area along Normal”对话框，在“Length of extrusion”文本框中输入-8，单击“OK”按钮，如图 5-121 所示。

（10）创建两个圆柱体。

1）从主菜单中选择 Main Menu：Preprocessor > Modeling > Create > Volumes > Cylinder > Solid Cylinder 命令。弹出的对话框如图 5-122 所示。

2）在弹出的对话框中的“WP X”文本框中输入 0，“WPY”文本框中输入 0，“Radius”文本框中输入 5，“Depth”文本框中输入 8，单击“Apply”按钮，生成一个圆柱体。

3）在弹出的对话框中的“WPX”文本框中输入 0，“WPY”文本框中输入 0，“Radius”文本框中输入 10，“Depth”文本框中输入 2.5，单击“OK”按钮，生成另一个圆柱体。

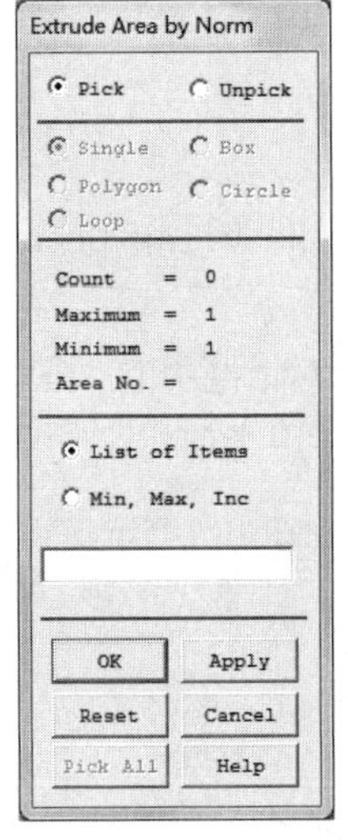

图5-120 “Extrude Area by Norm”对话框

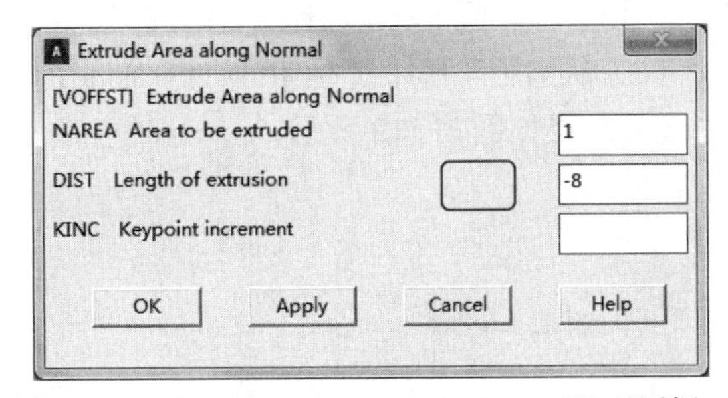

图5-121 “Extrude Area along Normal”对话框

（11）偏移工作平面。

1）从实用菜单中选择 Utility Menu：WorkPlane > Offset WP to > XYZ Locations 命令。

2）在弹出的对话框中的“Global Cartesion”文本框中输入“0,0,8”，单击“OK”按钮，如图 5-123 所示。

（12）再创建一个圆柱体。

1）从主菜单中选择 Main Menu：Preprocessor > Modeling > Create > Volumes > Cylinder > Solid Cylinder 命令。

2）在弹出的对话框中的“WP X”文本框中输入 0，“WP Y”文本框中输入 0，“Radius”文本框中输入 10，“Depth”文本框中输入-2.5，单击“OK”按钮。生成圆柱体。

（13）从齿轮体中“减”去 3 个圆柱体。

1）从主菜单中选择 Main Menu：Preprocessor>Modeling> Operate>Booleans > Subtract > Volumes 命令。

2）拾取齿轮体，作为布尔“减”操作的母体，单击如图 5-124 所示对话框中的“Apply”按钮。

3）拾取刚刚建立的 3 个圆柱体作为“减”去的对象，单击“OK”按钮。

（14）从实用菜单中选择 Utility Menu： Plot > Volumes 命令，所得结果如图 5-125 所示。

（15）将激活的坐标系设置为总体柱坐标系。从实用菜单中选择 Utility Menu：WorkPlane > Change Active CS to > Global Cylindrical 命令。

（16）定义一个关键点。

1）从主菜单中选择 Main Menu：Preprocessor > Modeling > Create > Keypoints > In Active CS 命令。

2）在弹出的对话框中的“NPT”文本框中输入 1000，设置 X=7.5，Y=-5，单击“OK”按钮，完成关键点的创建。

（17）偏移工作平面到给定位置。

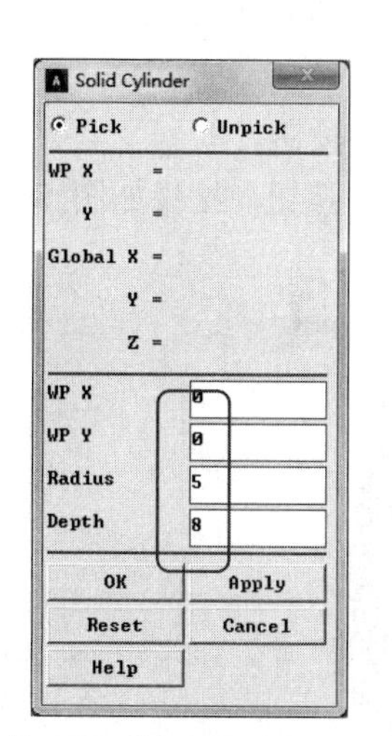

图5-122 “Solid Cylinder”对话框

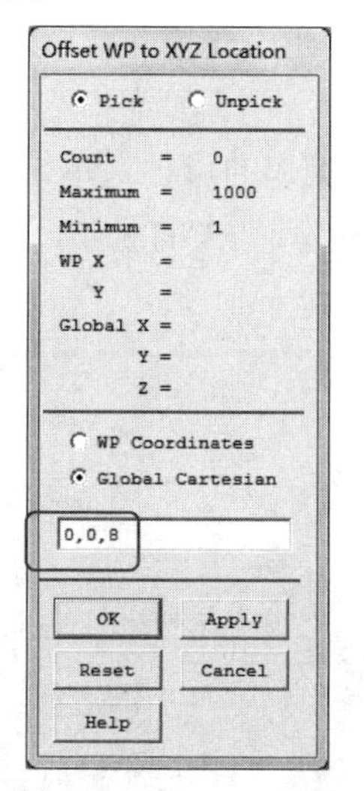

图5-123 “Offset WP to XYZ Location”对话框

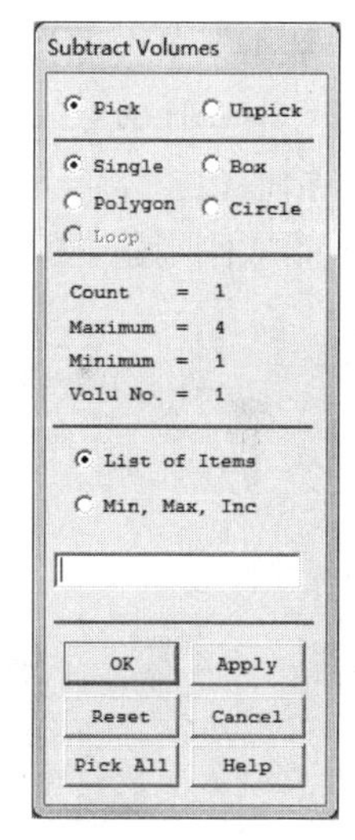

图5-124 “Subtract Volumes”对话框

1）从实用菜单中选择 Utility Menu：WorkPlane > Offset WP to > Keypoints 命令。

2）在 ANSYS 图形窗口选择刚刚建立的关键点，单击“OK”按钮。

（18）将激活的坐标系设置为工作平面坐标系。从实用菜单中选择 Utility Menu： WorkPlane > Change Active CS to > Working Plane 命令。

（19）创建圆柱体。

1）从主菜单中选择 Main Menu：Preprocessor> Modeling > Create > Volumes > Cylinder > Solid Cylinder 命令。

2）在弹出的对话框中的“WP X”文本框中输入 0，“WP Y”文本框中输入 0，

“Radius”文本框中输入1.75，“Depth”文本框中输入8，单击“OK”按钮，生成圆柱体。

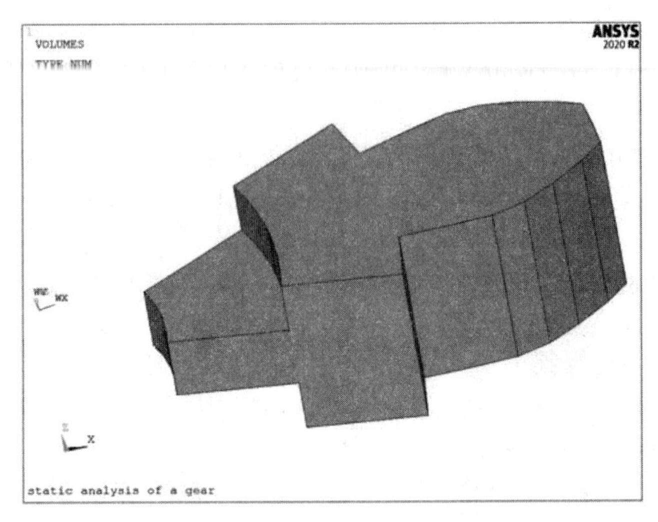

图5-125 减去圆柱体

（20）从齿轮体中“减”去圆柱体。

1）从主菜单中选择 Main Menu：Preprocessor>Modeling> Operate > Booleans > Subtract > Volumes 命令。

2）拾取齿轮体作为布尔“减”操作的母体，单击“Apply”按钮。

3）拾取刚刚建立的圆柱体作为“减”去的对象，单击“OK”按钮，结果如图 5-126 所示。

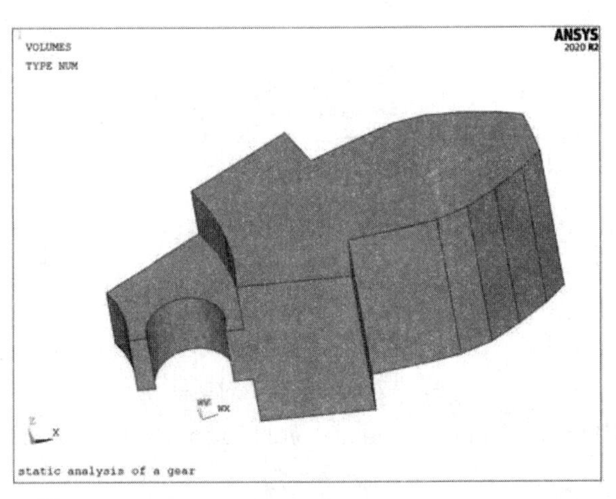

图5-126 减去圆柱体

（21）存储数据库 ANSYS。单击“SAVE_DB”按钮。

5．对齿体进行划分网格

本实例选用 SOLID185 单元对盘面划分映射网格。

1）从主菜单中选择 Preprocessor > Meshing > MeshTool 命令，打开“Mesh Tool（网格工具）”如图 5-127 所示。

2）勾选“Smart Size”，将滑标设置为 3，单击“Mesh”按钮，弹出“Mesh

Volumes”对话框，单击“Pick All”按钮，如图 5-128 所示。

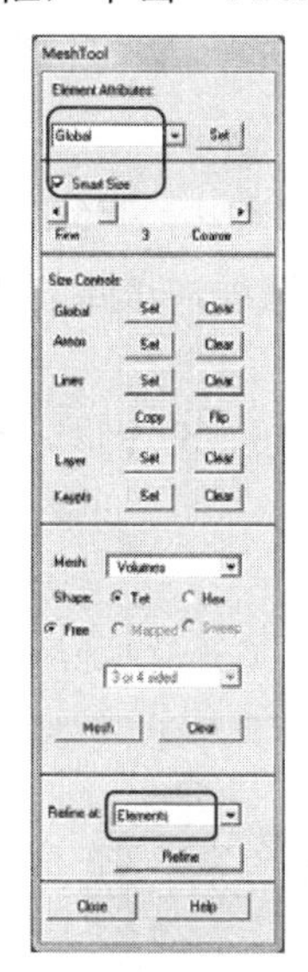

图5-127 “MeshTool”对话框

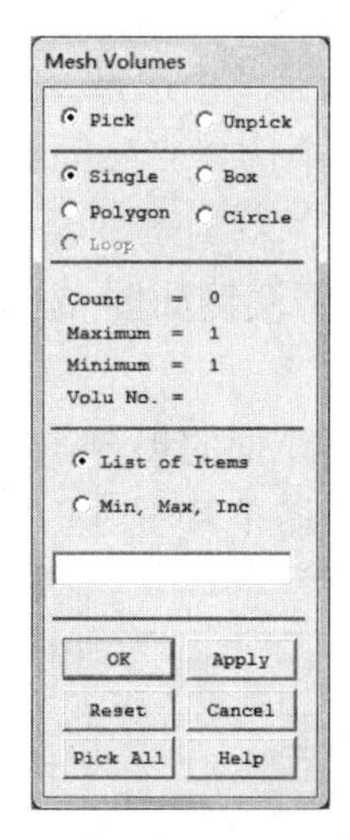

图5-128 “Mesh Volumes”对话框

3）ANSYS 会出现两个警告信息，如图 5-129 和图 5-130 所示。单击“Close”按钮将其关闭。

4）划分完网格后，单击“Close”按钮，结果如图 5-131 所示。

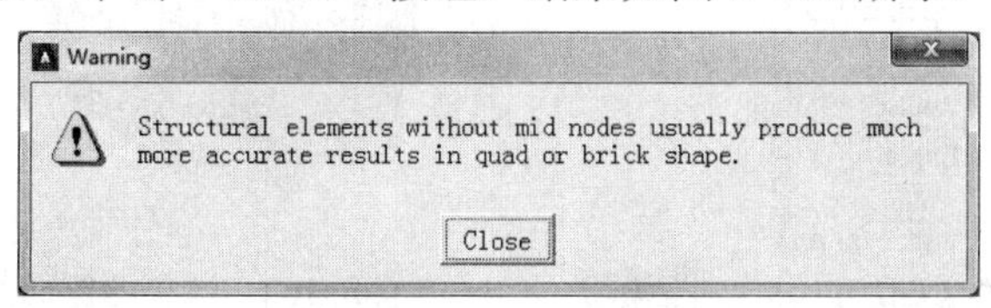

图5-129 “Warning”对话框

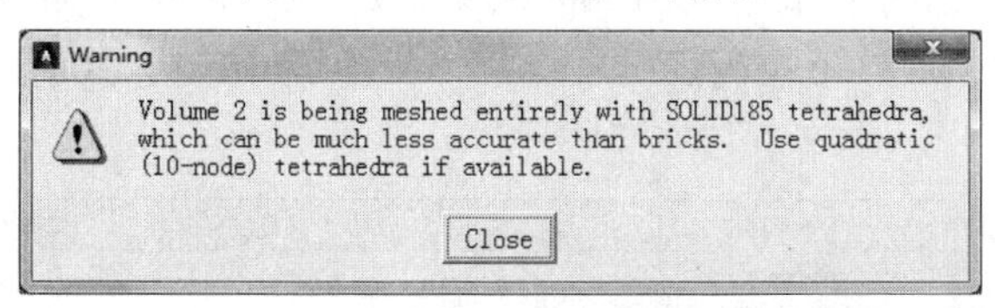

图5-130 “Warning”对话框

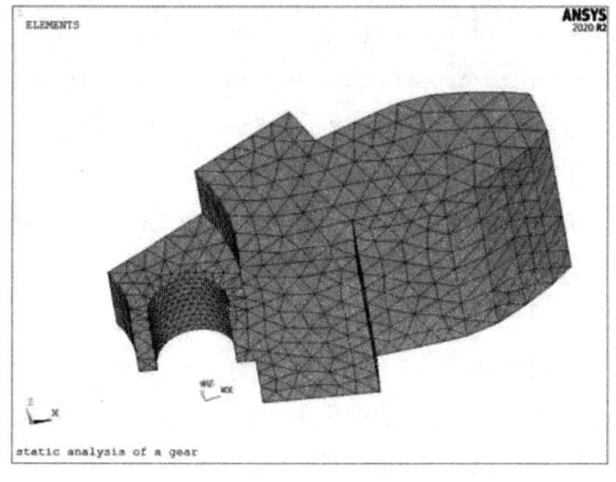

图 5-131 划分网格

5.4.3 定义边界条件并求解

（1）从实用菜单中选择 Utility Menu： Plot > Areas 命令。

（2）从实用菜单中选择 Utility Menu：Select > Entities 命令，在弹出的对话框中的下拉列表中选择“Areas”选项和“By Num/Pick”选项，单击“OK”按钮，如图 5-132 所示。

在图形中选择两侧如图 5-133 所示的 A19、A22、A39 的 3 个面，单击“OK”按钮。

（3）定义一个面的集合。

1）从实用菜单中选择 Utility Menu： Select > Comp/Assembly > Create Component 命令。

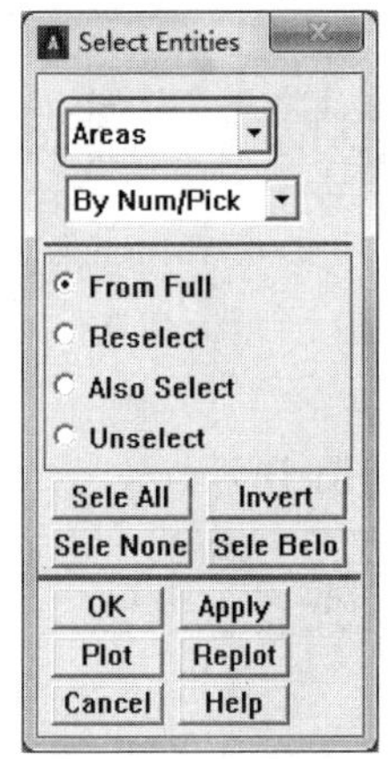

图5-132 “Select Entities”对话框

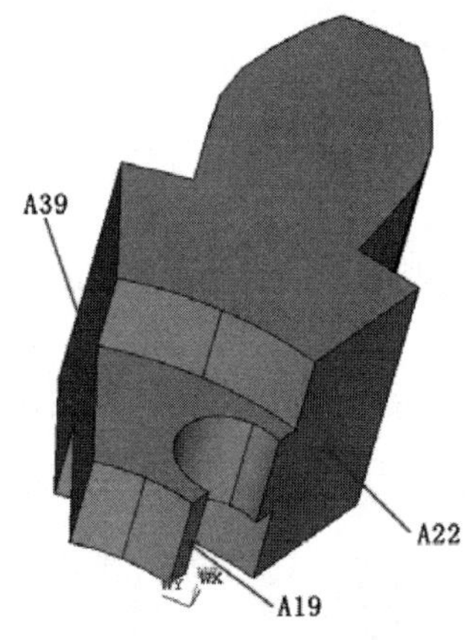

图5-133 选择两侧的面

2）在弹出的对话框中的“Component name”文本框中输入“areas-1”，在“Component is made of”下拉列表框中选择“Areas”，单击“OK”按钮，如图 5-134 所示。

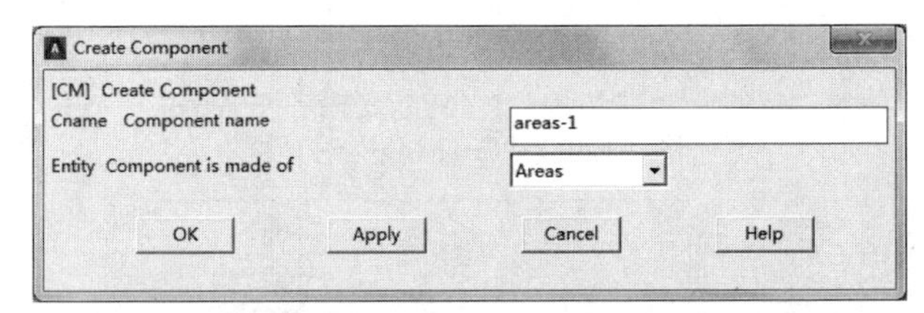

图5-134 “Create Component”对话框

（4）在选择面上施加对称边界条件。

1）从主菜单中选择 Main Menu：Solution>Define Loads> Apply > Structural > Displacement > Symmetry B.C. > On Areas 命令。

2）在弹出的如图 5-135 所示对话框中单击“Pick All”按钮。

（5）选择全部实体并重画面。

1）从实用菜单中选择 Utility Menu：Select > Everything 命令。

2）从实用菜单中选择 Utility Menu：Plot > Areas 命令。

（6）为防止刚性位移，约束65关键点 Z 方向位移。

1）从主菜单中选择 Main Menu：Solution>Define Loads> Apply > Structural > Displacement > On Keypoints 命令。

2）在图形窗口中选择65号关键点或在文本框中输入65，如图5-136所示。单击“OK”按钮。

3）在“DOFs to be constrained”列表框中选择UZ，如图5-137所示。单击“OK”按钮。

（7）施加转速惯性载荷及压力载荷并求解。

1）从主菜单中选择 Main Menu：Solution>Define Load > Apply > Structural > Inertia > Angular Veloc > Global 命令，打开“Apply Angular Velocity（施加角速度）”对话框，如图5-138所示。

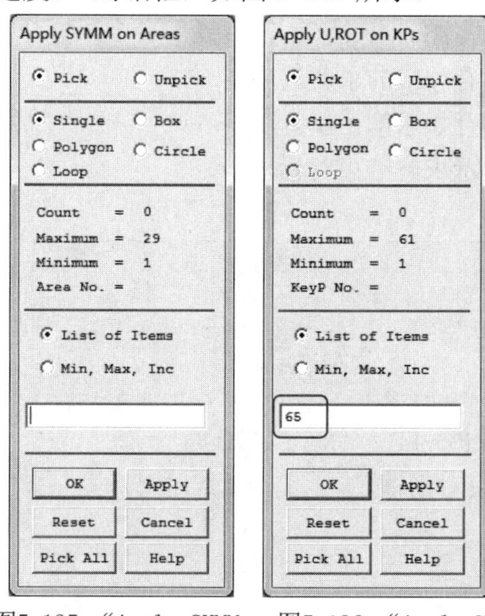

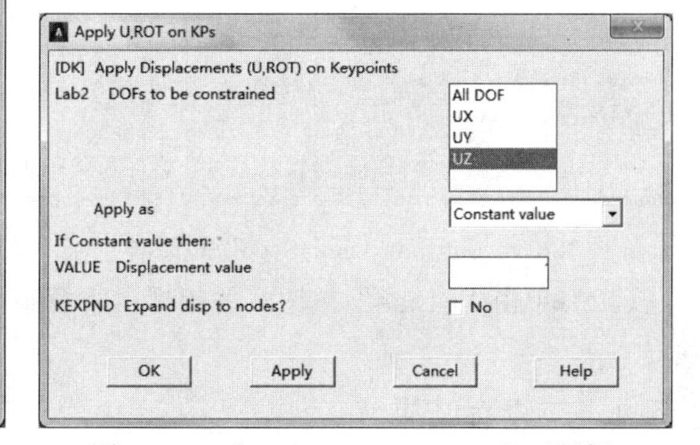

图5-135 “Apply SYMM on Areas”对话框　　图5-136 “Apply U, ROT on KPS”对话框　　图5-137 “Apply U,ROT On KPS”对话框

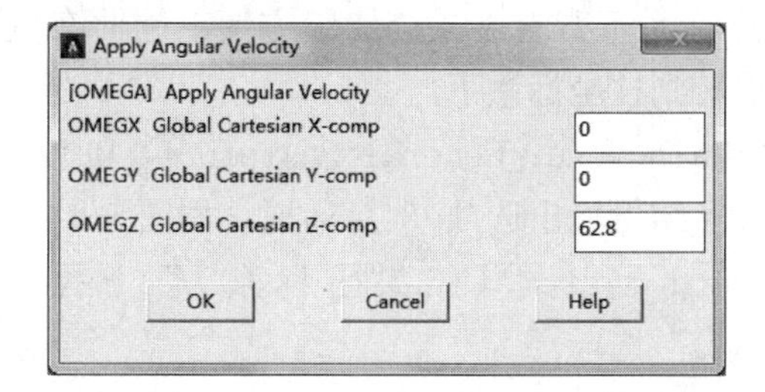

图5-138 “Apply Angular Velocity”对话框

2）在“Global Cartesian Z-comp（总体Z轴角速度分量）”文本框中输入62.8。需要注意的是，转速是相对于总体笛卡儿坐标系施加的，单位是rad/s。

3）单击“OK”按钮，施加转速引起的惯性载荷。

（8）选择“Sparse direct”求解器。

1）从主菜单中选择 Main Menu：Solution>AnalysisType>Sol’n Control 命令。

2）选择“Sol’n Options”选项卡，选择“Sparse direct”求解器，单击

"OK"按钮，如图 5-139 所示。

（9）单击"SAVE-DB"按钮，保存数据库。

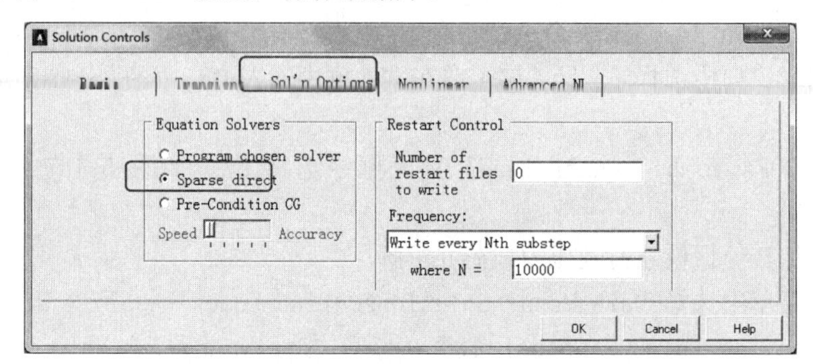

图5-139 "Solution Controls"对话框

（10）从主菜单中选择 Main Menu：Solution > Solve > Current LS 命令，打开如图 5-140 所示的确认对话框和状态列表，要求查看列出的求解选项。

确认列表中的信息无误后，单击"OK"按钮，开始求解。

（11）求解完成后，打开如图 5-141 所示的提示求解结束对话框。

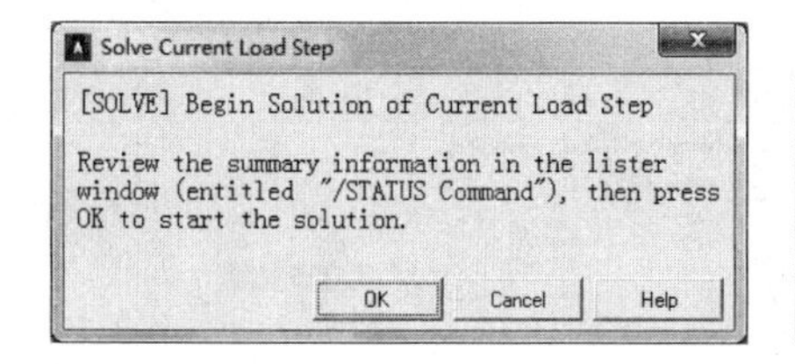

图5-140 "Solve Current Load Step"对话框

图5-141 "Note"对话框

（12）单击"Close"按钮，关闭提示求解结束对话框。

5.4.4 查看结果

1. 旋转结果坐标系

对于旋转件，在柱坐标系下查看结果会比较方便，因此在查看变形和应力分布之前，首先将结果坐标系旋转到柱坐标系下。

1）从主菜单中选择 Main Menu：General Postproc > Option for Outp 命令，打开"Options for Output（结果输出选项）"对话框，如图 5-142 所示。

2）在"Result coord system（结果坐标系）"下拉列表中选择"Global cylindric（总体柱坐标系）"选项。

3）单击"OK"按钮，关闭对话框。

2. 查看变形

齿轮关键的变形为径向变形，在高速旋转时，径向变形过大，可能会导致边缘与齿轮壳发生摩擦。

1）从主菜单中选择 Main Menu：General Postproc > Plot Results > Contour Plot > Nodal Solu 命令，打开"Contour Nodal Solution Data（等值线显示节点解数据）"对话框，如图 5-143 所示。

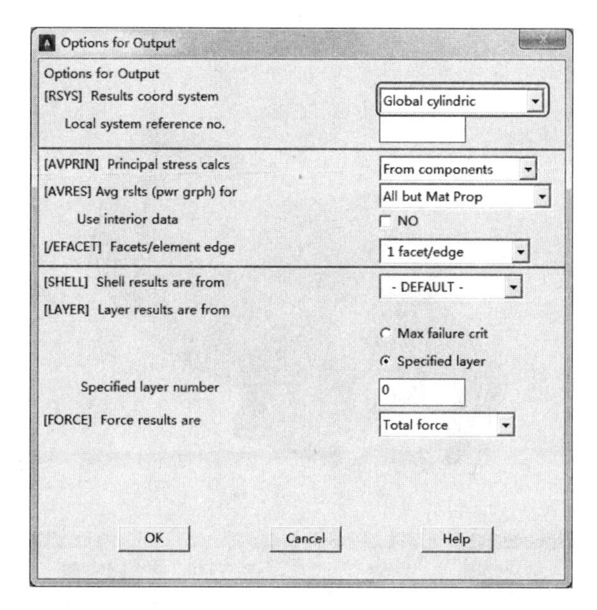

图5-142 “Options for Output”对话框

2）在“Item to be contoured（等值线显示结果项）”中选择“DOF solution（自由度解）”选项。

3）选择“X-Component of displacement（X 向位移）”选项，此时，结果坐标系为柱坐标系，X 向位移即为径向位移。

4）在“Undisplaced shape key”下拉列表中选择“Deformed shape with undeformed edge（变形后和未变形轮廓线）”选项。

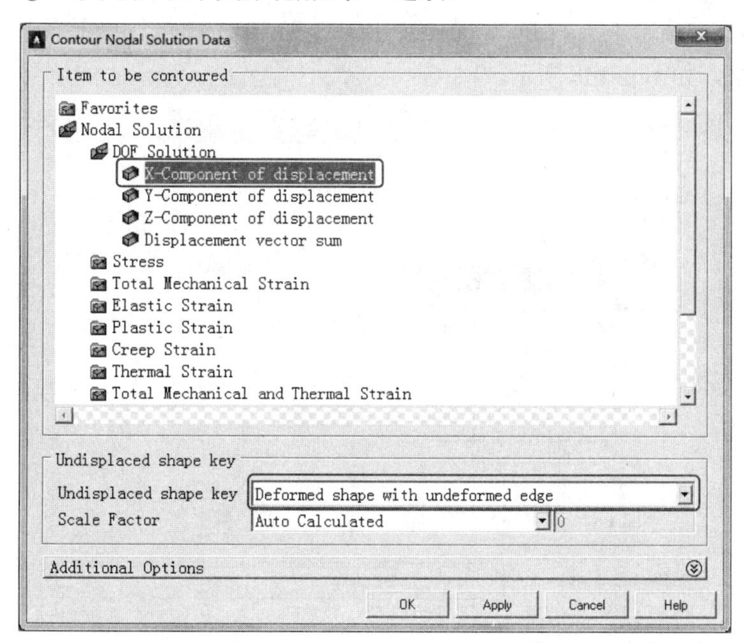

图5-143 “Contour Nodal Solution Data”对话框

5）单击“OK”按钮，在图形窗口中显示出径向变形图，包含变形前的轮廓线，如图 5-144 所示。图中下方的色谱表明不同的颜色对应的数值（带符号）。

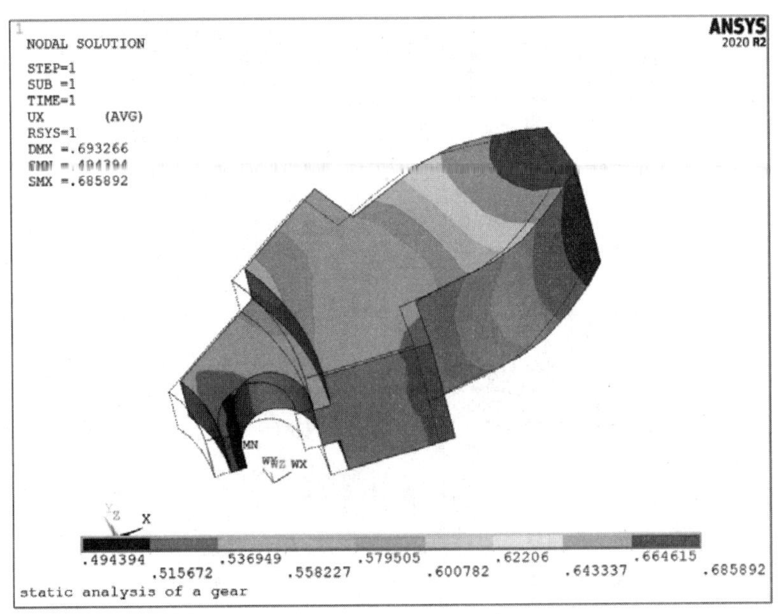

图5-144　径向变形图

可以看出，在边缘处的最大径向位移只有 0.7 左右，变形还是很小的。

3. 查看径向应力

径向应力也是高速旋转时的主要应力，因此有必要查看径向应力。

1）进入通用后处理器读取分析结果。从主菜单中选择 Main Menu：General Postproc > Read Results > Last Set 命令。

2）从主菜单中选择 Main Menu：General Postproc > Plot Results > Contour Plot > Nodal Solu 命令，打开“Contour Nodal Solution Data（等值线显示节点解数据)”对话框，如图 5-145 所示。

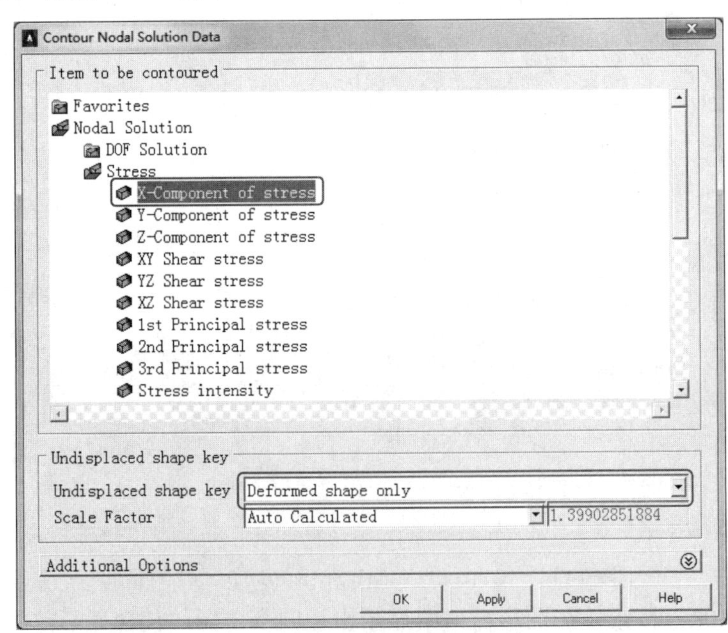

图5-145　“Contour Nodal Solution Data”对话框

3）在“Item to be contoured（等值线显示结果项）”中选择“Stress（应力）”选项。

4）选择“X-Component of stress（X 方向应力）”选项。

5）在“Undisplaced shape key”下拉列表中选择“Deformed shape only（仅显示变形后模型）”选项。

6）单击“OK”按钮，图形窗口中显示出 X 方向（径向）应力分布图，如图 5-146 所示。

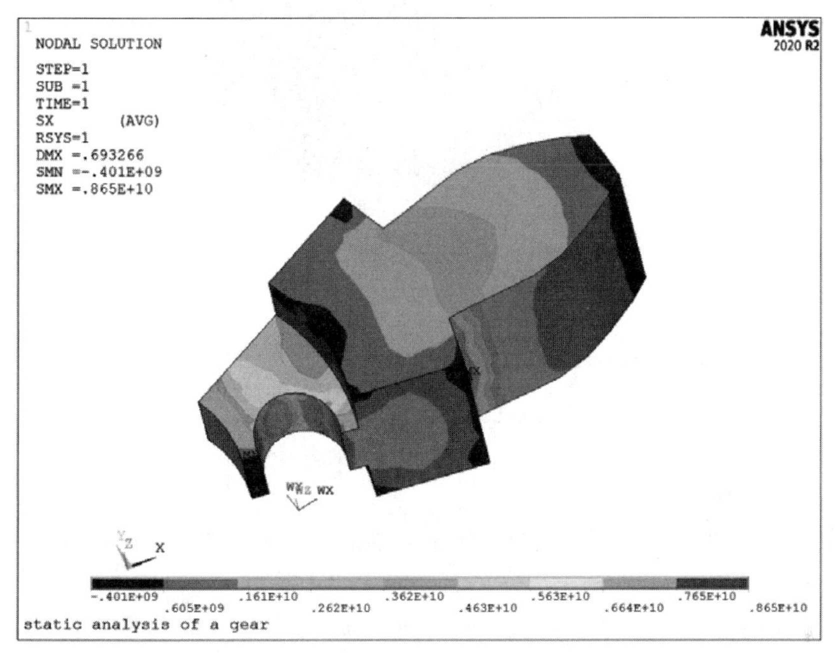

图5-146 径向应力分布图

7）从主菜单中选择 Main Menu：General Postproc > Plot Results > Contour Plot > Nodal Solu 命令，打开“Contour Nodal Solution Data”对话框。

8）在“Item to be contoured”中选择“Stress”选项。

9）选择“von Mises stress”选项。

10）在“Undisplaced shape key”下拉列表中选择“Deformed shape only”选项。

11）单击“OK”按钮，图形窗口中显示出“von Mises”等效应力分布图，如图 5-147 所示。

4. 沿 Z 轴扩展查看结果

（1）建立局部柱坐标系 11。

1）从实用菜单中选择 Utility Menu：WorkPlane > Local Coordinate Systems > Create Local CS > At Specified Loc +命令。

2）在打开的对话框中的文本框中输入“0,0,0”，单击“OK”按钮，如图 5-148 所示。

3）打开“Create Local CS at Specified Location”对话框，在“Ref number of new coord sys”文本框中输入 11，在“Type of coordinate system”下拉列表框

中选择“Cylindrical 1”，在“Rotation about local Z”文本框中输入“-8.13”，单击“OK”按钮，如图5-149所示。

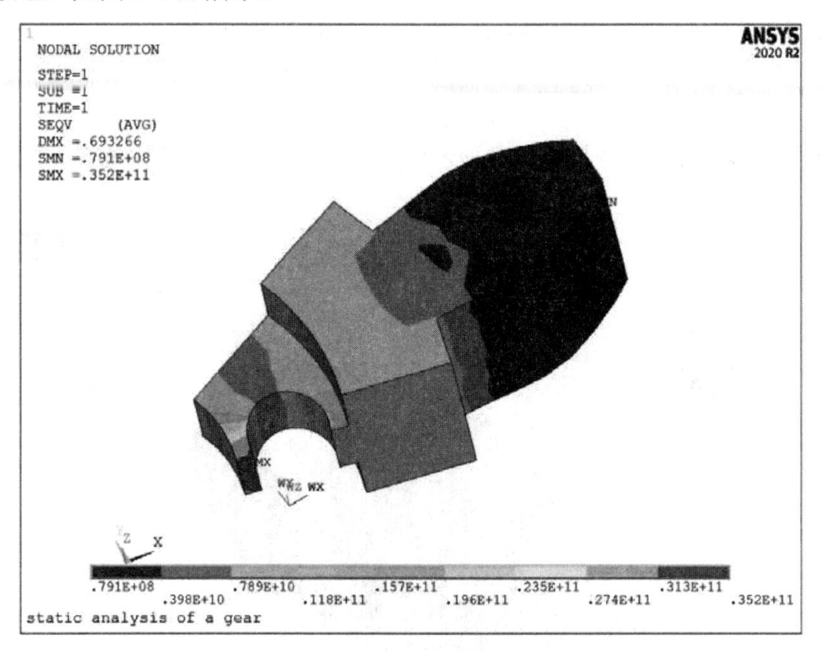

图5-147 “von Mises”等效应力分布图

（2）激活局部坐标系11。

1）从实用菜单中选择Utility Menu：WorkPlane > Change Active CS to > Specified Coord Sys...命令。

2）在弹出的对话框中的“Coordinate system number ”文本框中输入11，单击“OK”按钮，如图5-150所示。

（3）显示沿局部坐标系11的Z轴扩展结果。

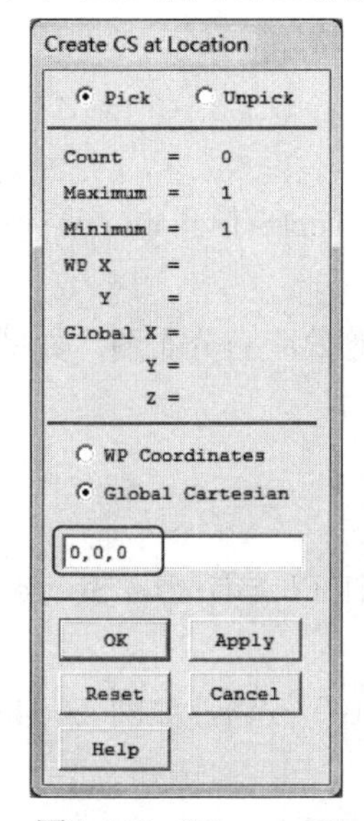

图5-148 “Create CS at Location”对话框

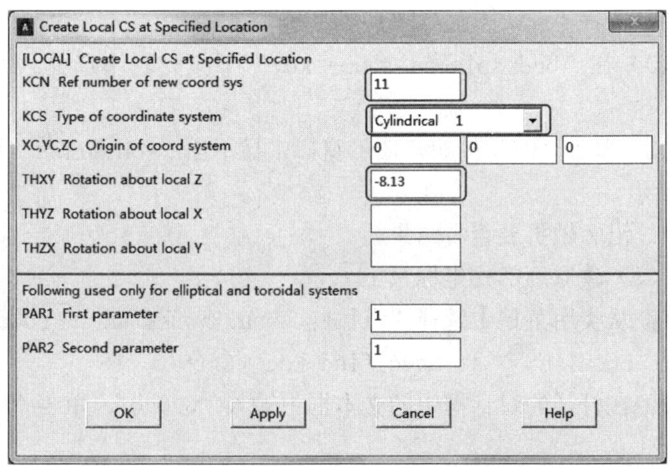

图5-149 “Create Local CS at Specified Location”对话框

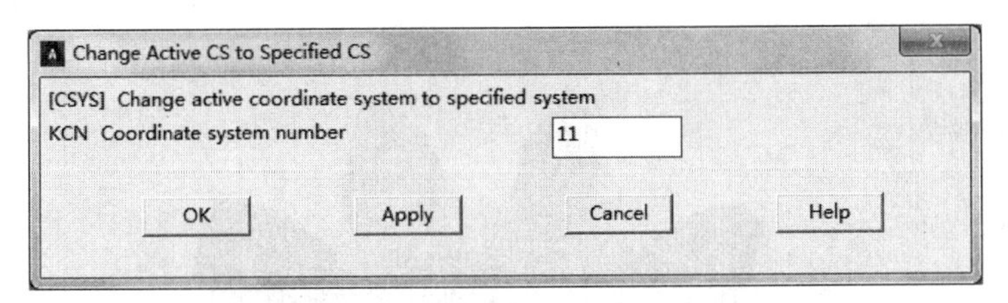

图5-150 “Change Active CS to Specified CS”对话框

1）从实用菜单中选择 Utility Menu：PlotCtrls>Style > Symmetry Expansion > User-Specifed Expansion...命令。

2）在弹出的对话框中的“No. of repetitions”文本框中输入 10，在“Type of expansion”下拉列表框中选择“Local Polar”，在“Repeat Pattern”下拉列表框中选择“Alternate Symm”，设置 DY=36，单击“OK”按钮，如图 5-151 所示。

所得结果如图 5-152 所示。可以看出，扩展的结果是一个三维的整个圆周上的实体。

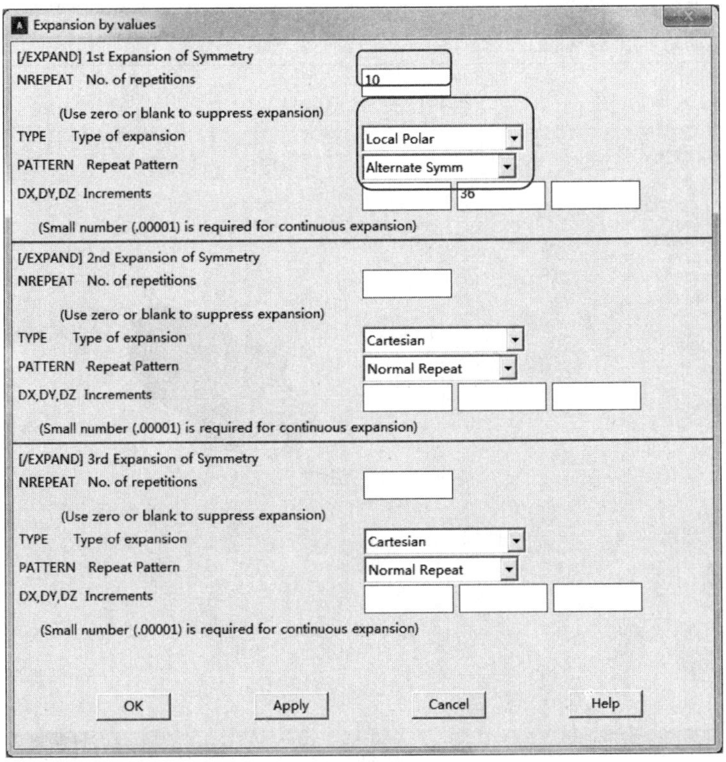

图5-151 “Expansion by Values”对话框

（4）关闭扩展。

1）从实用菜单中选择 Utility Menu：PlotCtrls>Style > Symmetry Expansion > No Expansion...命令。

2）从实用菜单中选择 Utility Menu：Plot > Replot 命令。

所得结果如图 5-153 所示。

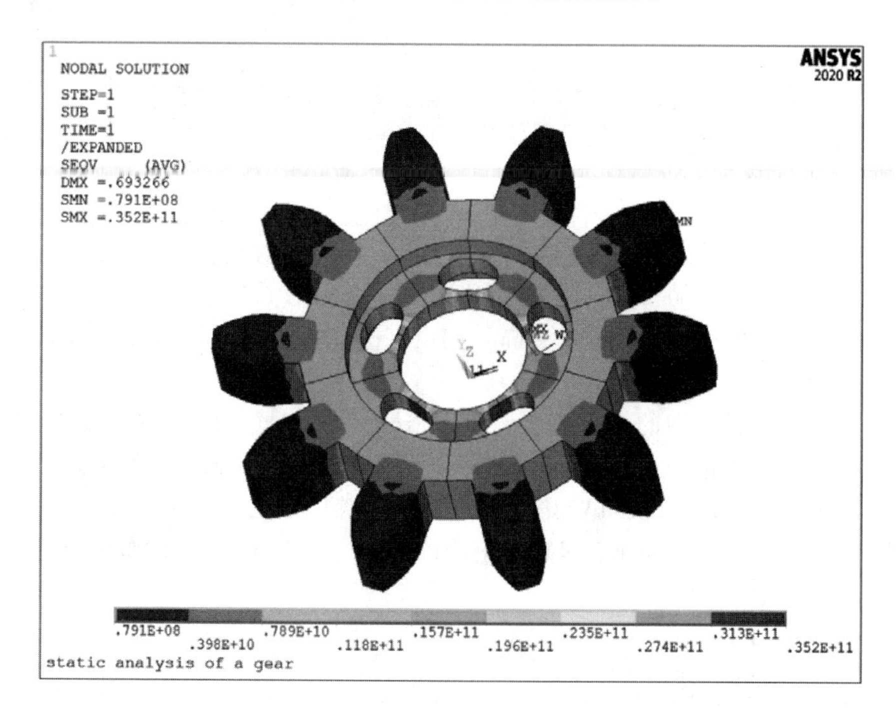

图5-152 扩展的结果

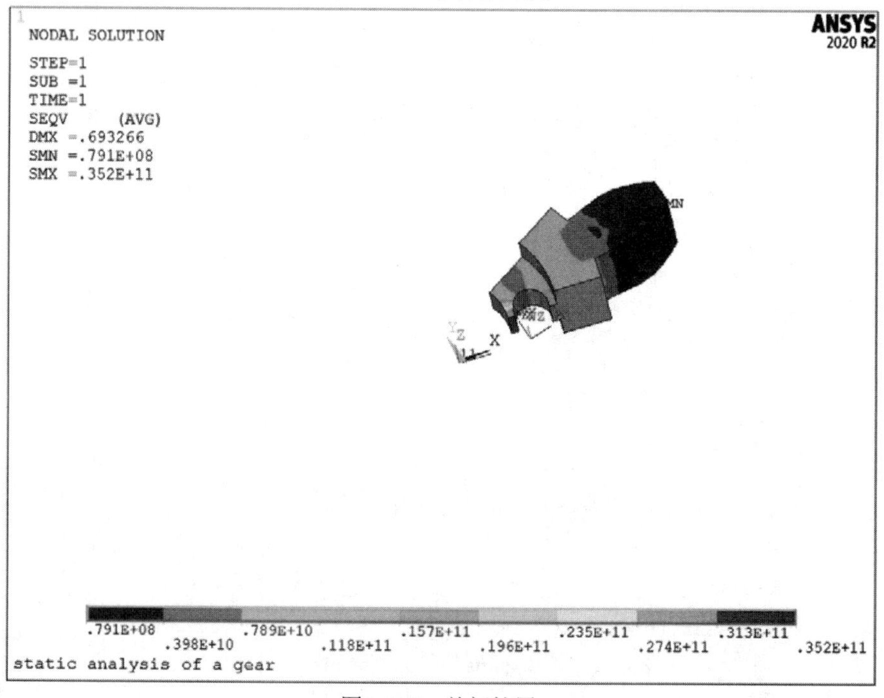

图5-153 关闭扩展

5.4.5 命令流方式

命令流执行方式这里不做详细介绍，读者可参见电子资料包中的内容。

5.5 任意三维结构的静力分析实例——联轴器

本节将介绍工程中最常见的问题：三维问题。实际上，任何一个物体严格地说都是空间物体，它所受的一般都是空间的载荷，任何简化分析都会带来误差。

下面通过对联轴器应力分析来介绍 ANSYS 三维问题的分析过程。

5.5.1 分析问题

考查联轴器在工作时发生的变形和产生的应力。如图 5-154 所示，联轴器在底面的四周边界不能发生上下运动（即不能发生沿轴向的位移），在底面的两个圆周上不能发生任何方向的运动，在小轴孔的孔面上分布有 1e6Pa 的压力，在大轴孔的孔台上分布有 1e7Pa 的压力，在大轴孔的键槽的一侧受到 1e5Pa 的压力。

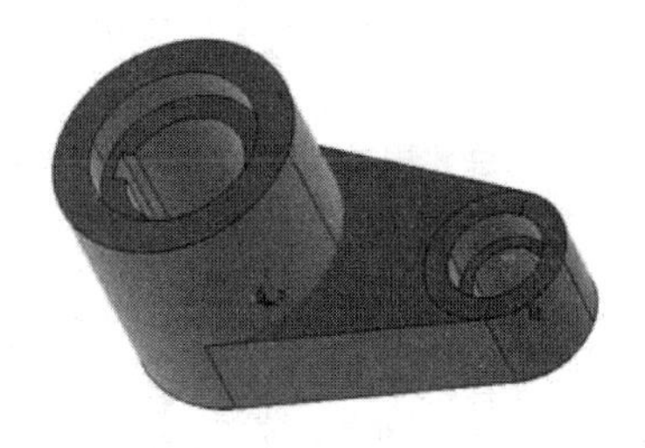

图5-154 联轴器

5.5.2 建立模型

建立模型包括设置分析文件名和标题，定义单元类型和实常数，定义材料属性，建立几何模型，划分有限元网格。

1．设置分析文件名和标题

1）从实用菜单中选择 Utility Menu： File > Change Jobname 命令，打开“Change Jobname（修改文件名）”对话框，如图 5-155 所示。

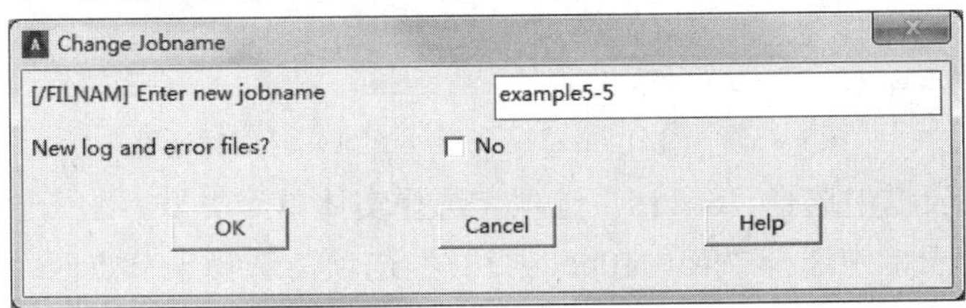

图5-155 “Change Jobname”对话框

2）在“Enter new jobname（输入新的文件名）”文本框中输入“example5-5”，设置本分析实例的数据库文件名。

3）单击“OK”按钮，完成数据库文件名的设置。

4）从实用菜单中选择 Utility Menu： File > Change Title 命令，打开“Change Title（修改标题）”对话框，如图 5-156 所示。

5）在“Enter new title（输入新标题）”文本框中输入文字“static analysis of a rod”，设置本分析实例的标题名。

6）单击“OK”按钮，完成对标题名的设置。

7）从实用菜单中选择 Utility Menu： Plot > Replot 命令，设置的标题

“static analysis of a rod”将显示在图形窗口的左下角。

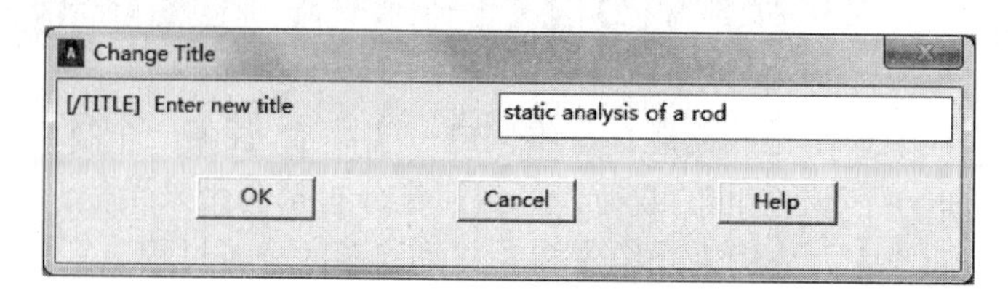

图5-156 “Change Title”对话框

8）从主菜单中选择 Main Menu: Preference 命令，打开“Preference of GUI Filtering（菜单过滤参数选择）”对话框，选中“Structural”复选框，单击“OK”按钮确定。

2．定义单元类型

在进行有限元分析时，首先应根据分析问题的几何结构、分析类型和所分析的问题精度要求等，选定适合具体分析的单元类型。本例中选用十节点四面体实体结构单元 Tet 10node 187。Tet 10node 187 可用于计算三维问题。

1）从主菜单中选择 Main Menu：Preprocessor ＞ Element Type ＞ Add/Edit /Delete 命令，将打开“Element Type（单元类型）”对话框。

2）单击“Add...”按钮，将打开“Library of Element Types(单元类型库)”，如图 5-157 所示。

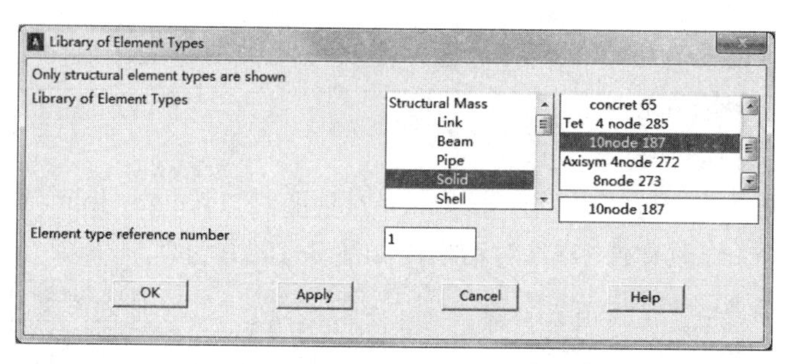

图5-157 “Library of Element Types”对话框

3）在左侧列表框中选择“Solid”选项，选择实体单元类型。

4）在右侧列表框中选择“Tet 10node 187”选项，选择十节点四面体实体结构单元“Tet 10node 187”。

5）单击“OK”按钮，添加“Tet 10node 187”单元，并关闭对话框，同时返回到步骤 1）打开的对话框，如图 5-158 所示。

6）该单元不需要进行单元选项设置，单击“Close”按钮，关闭对话框，结束单元类型的添加。

3．定义实常数

本实例选用 10 节点四面体实体结构单元“Tet 10node 187”单元，不需要设置实常数。

4．定义材料属性

惯性力的静力分析中必须定义材料的弹性模量和密度。具体步骤如下：

1）从主菜单中选择 Main Menu：Preprocessor ＞ Material Props ＞ Material

Models 命令，打开“Define Material Model Behavior（定义材料模型属性）”窗口，如图 5-159 所示。

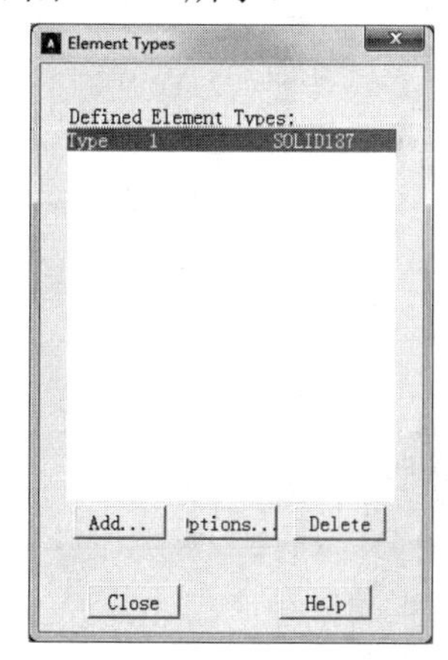

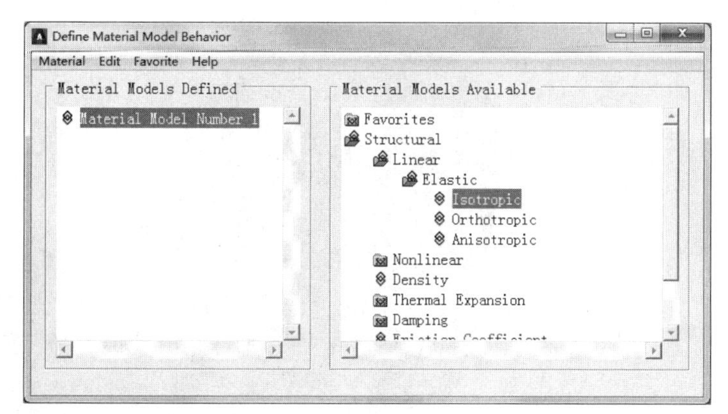

图5-158 “Element Types”对话框　　图5-159 “Define Material Model Behavior”窗口

2）依次单击 Structural > Linear > Elastic > Isotropic，展开材料属性的树形结构，打开 1 号材料的弹性模量“EX”和泊松比“PRXY”的定义对话框，如图 5-160 所示。

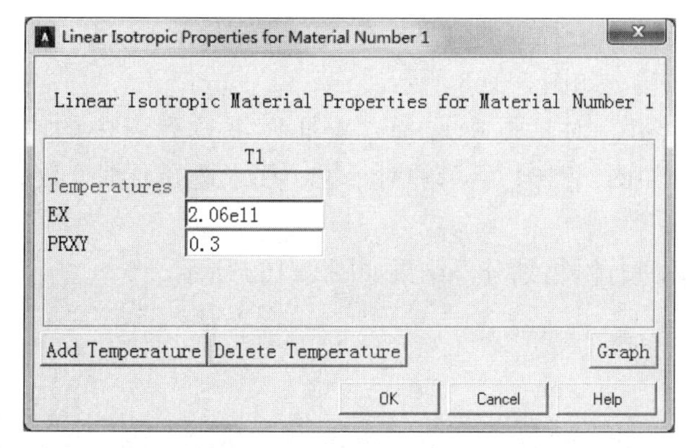

图5-160 “Linear Isotropic Properties for Material Number1”对话框

3）在对话框的“EX”文本框中输入弹性模量“2.06e11”，在“PRXY”文本框中输入泊松比 0.3。

4）单击“OK”按钮，关闭对话框，并返回到“Define Material Model Behavior（定义材料模型属性）”窗口，在左边的列表框中显示出刚刚定义的编号为 1 的材料属性。

5）在“Define Material Model Behavior”的菜单中选择 Material > Exit 命令，或者单击右上角关闭按钮，退出该窗口，完成对模型材料属性的定义。

5. 建立联轴器的三维实体模型

按照 3.3 节的中介绍的方法建立联轴器的三维实体模型，如图 5-161 所示。

6. 划分网格

本实例选用 Tet 10Node 187 单元对三维实体划分自由网格。

1）从主菜单中选择 Main Menu： Preprocessor > Meshing > MeshTool 命令，打开“MeshTool（网格工具）”，如图 5-162 所示。

2）单击“Line”中的“Set”按钮，打开线选择对话框，要求选择定义单元划分数的线。选择大轴孔圆周，单击“OK”按钮。

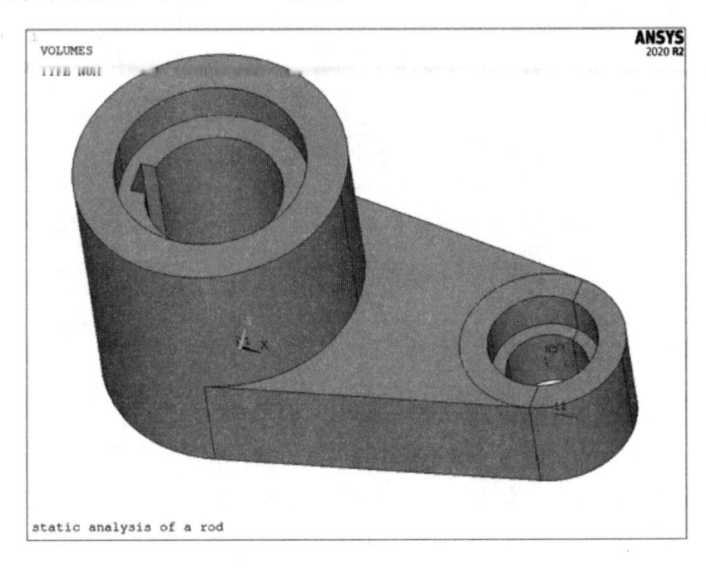

图5-161　建立联轴器三维模型

3）ANSYS 会提示线划分控制的信息，在“No. of element divisions”文本框中输入 10，单击“OK”按钮，如图 5-163 所示。

4）在“Mesh Tool”对话框中选择“Mesh”下拉列表中的“Volumes”，单击“Mesh”按钮，打开如图 5-164 所示的对话框，要求选择要划分数的体。单击“Pick All”按钮。

5）ANSYS 将对体进行网格划分，结果如图 5-165 所示。

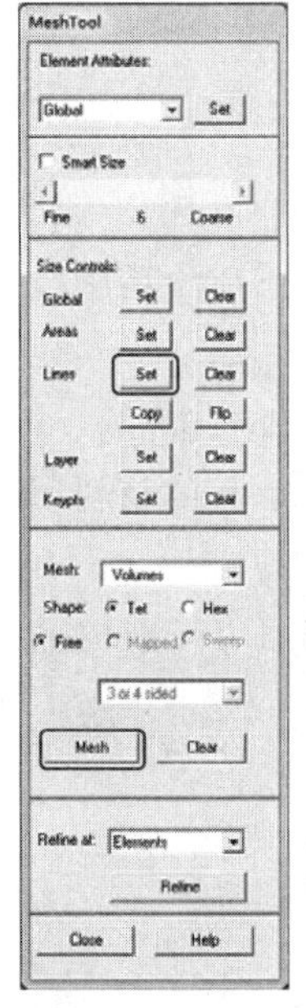

图5-162　“Mesh Tool”对话框

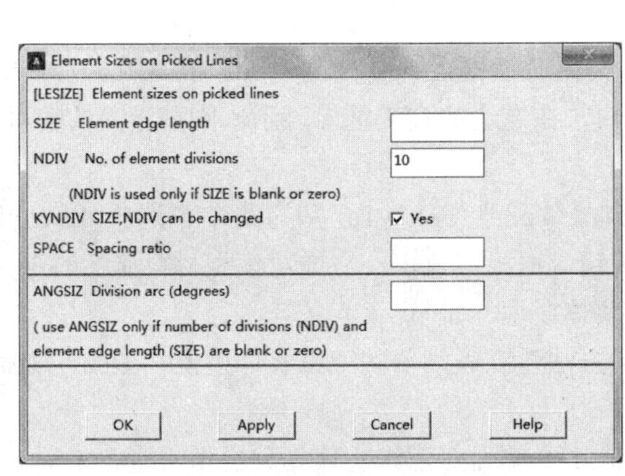

图5-163　“Element Sizes on Picked Lines”对话框

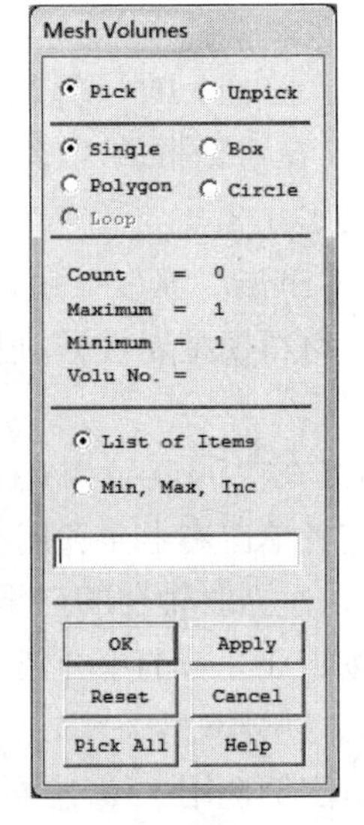

图5-164　“Mesh Volumes”对话框

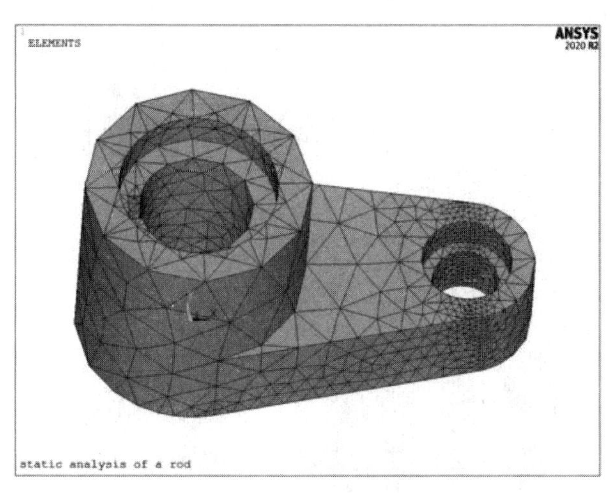

图5-165　划分后的体

5.5.3　定义边界条件并求解

1．基座的底部施加位移约束

1）从主菜单中选择 Main Menu：Solution>Define Loads>Apply> Structural > Displacement > on Lines 命令。

2）拾取基座底面的所有外边界线，单击如图 5-166 所示对话框中的“OK”按钮。

3）在弹出的对话框中选择 “UZ ”作为约束自由度，如图 5-167 所示。单击“OK”按钮。

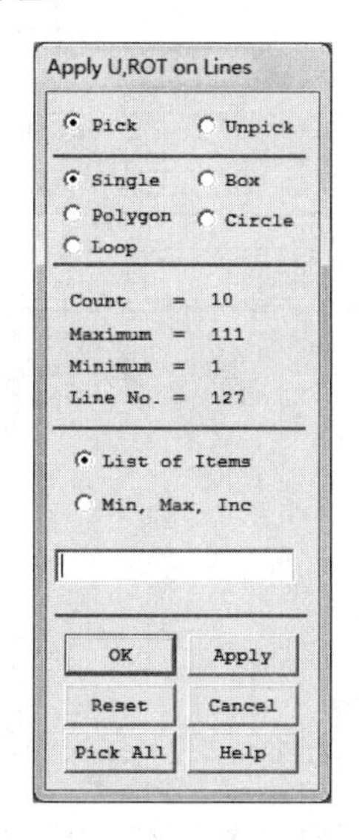

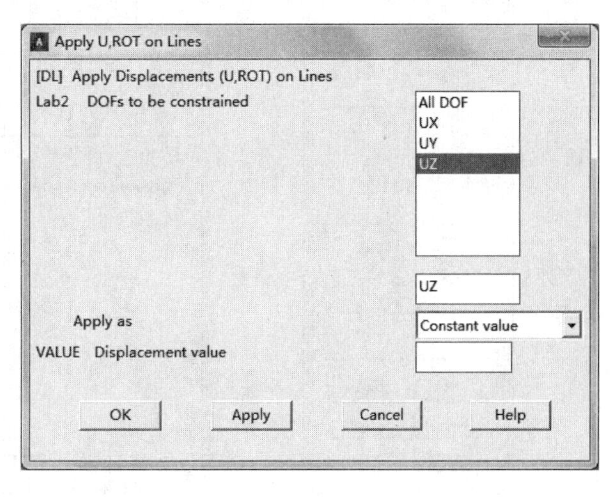

图5-166　“Apply U,ROT on Lines”对话框　　图5-167　“Apply U,ROT On Lines”对话框

4）从主菜单中选择 Main Menu：Solution>Define Loads>Apply> Structural > Displacement > on Lines 命令。

5）拾取基座底面的两个圆周线，单击“OK”按钮。选择“ All DOF ”按钮作为约束自由度，单击“OK”按钮，结果如图 5-168 所示。

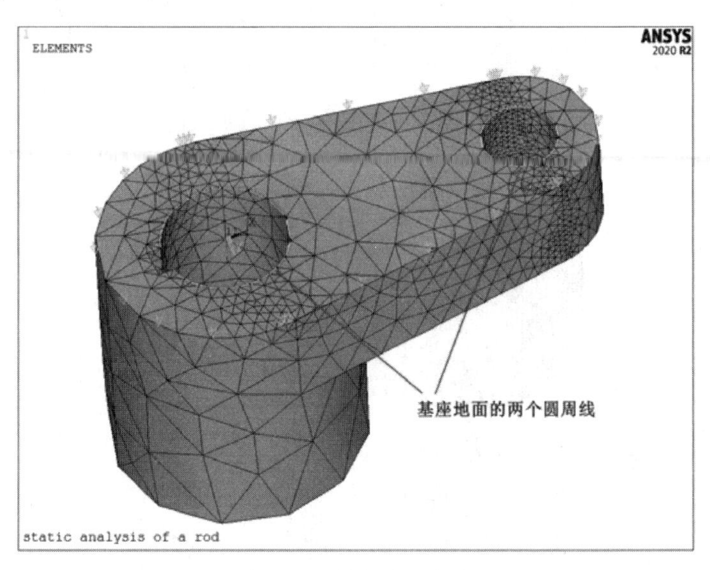

图5-168　施加位移约束

2．在小轴孔圆周面上、大轴孔轴台上和键槽的一侧施加压力载荷

1）从主菜单中选择 Main Menu：Solution>Define Loads> Apply > Structural > Pressure > On Areas 命令。

2）选择小轴孔的内圆周面和小轴孔的圆台，即 A13、A15、A41、A42、A43、A46，单击如图 5-169 所示对话框中的“OK”按钮。

3）打开“Apply PRES on Areas”对话框，在“Load PRES value”文本框中输入 1e6，如图 5-170 所示。单击“OK”按钮。

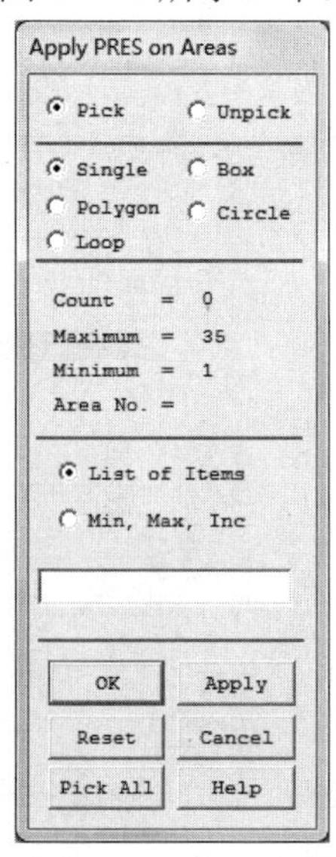

图5-169　“Apply PRES on Areas”对话框

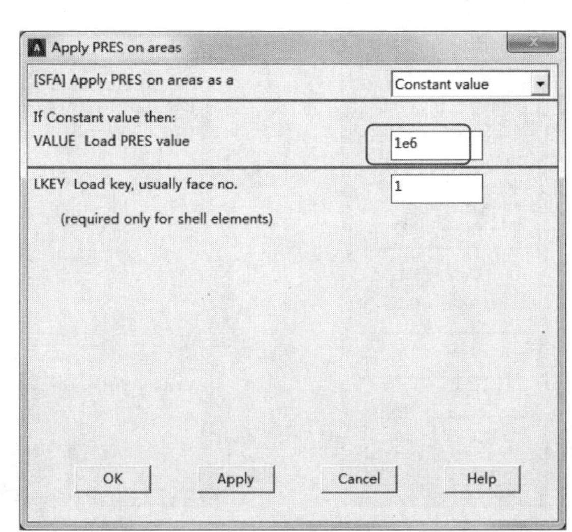

图5-170　“Apply PRES on areas”对话框

所得结果如图 5-171 所示。

4）用同样方法，在大轴孔轴台上（A34）和键槽的一侧（A19 或 A16）分别施加大小为 1e7 和 1e5 的压力载荷。

5）从实用菜单中选择 Utility Menu： PlotCtrls > Symbols ...命令，在弹出的

对话框中的“Show pres and convect as”下拉列表中选择“Face outlines”，单击“OK”按钮，如图 5-172 所示。

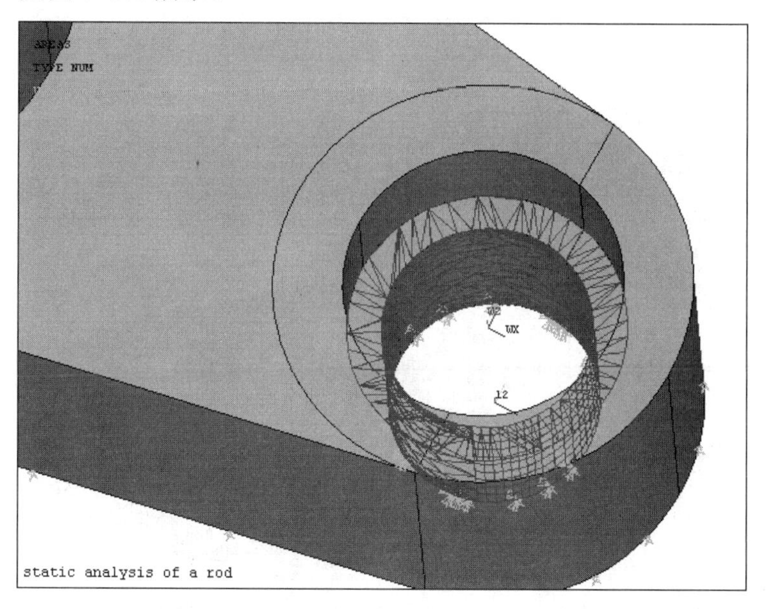

图5-171 在圆周面上施加压力载荷

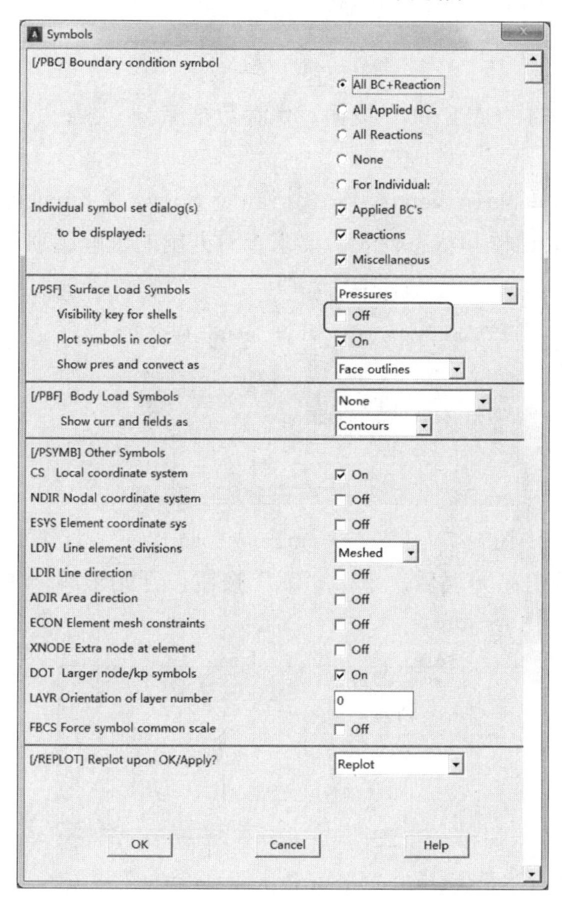

图5-172 “Symbols”对话框

6）从实用菜单中选择 Utility Menu：Plot > Areas 命令，显示载荷，结果如图 5-173 所示。

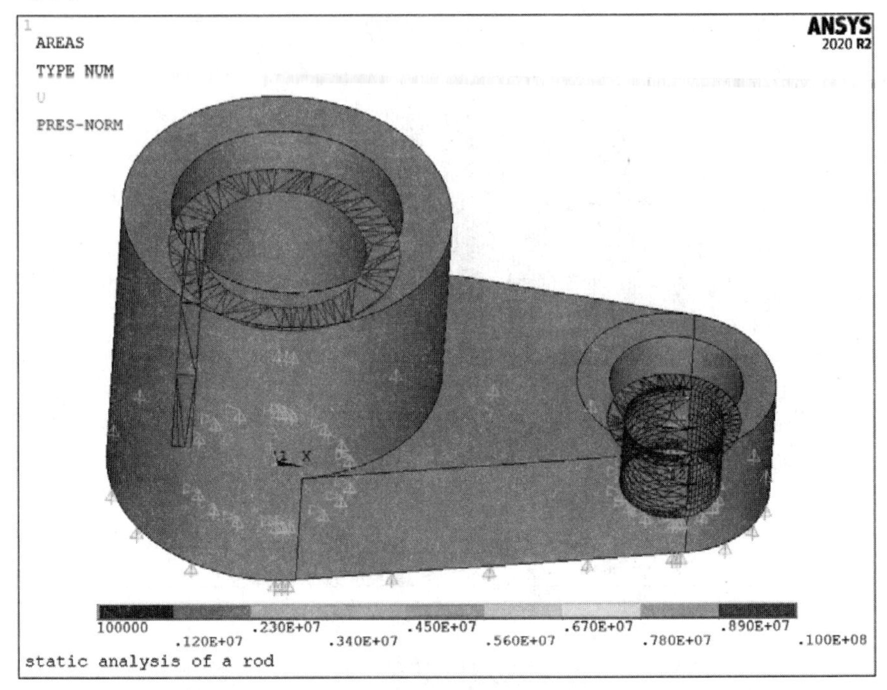

图5-173　显示载荷

7）单击工具条中的“SAVE-DB”按钮，保存数据库。

3. 进行求解

1）从主菜单中选择 Main Menu： Solution > Solve > Current LS 命令，打开如图 5-174 所示的确认对话框和状态列表，要求查看列出的求解选项。

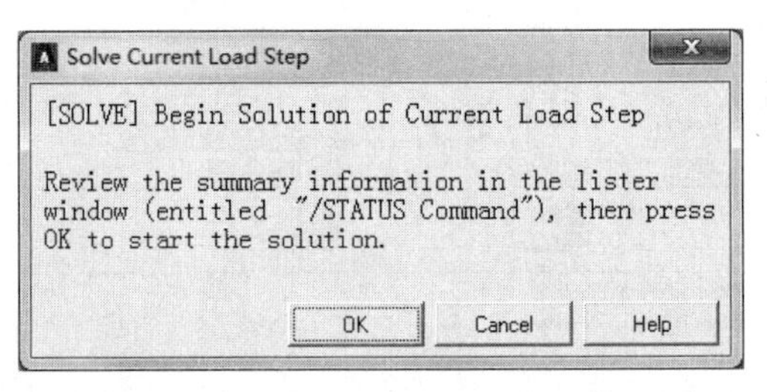

图5-174　“Solve Current Load Step”对话框

2）确认列表中的信息无误后，单击“OK”按钮，开始求解。求解过程中会有一些进度的显示，如图 5-175 所示。

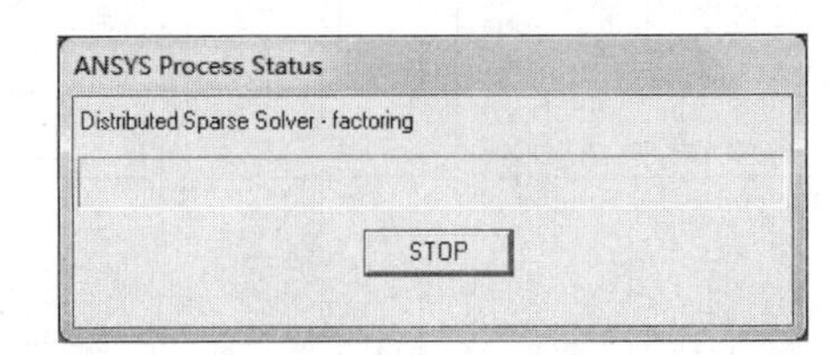

图5-175　“ANSYS Process Status”对话框

3）求解完成后打开如图 5-176 所示的提示求解结束对话框。

4）单击“Close”按钮，关闭提示求解结束对话框。

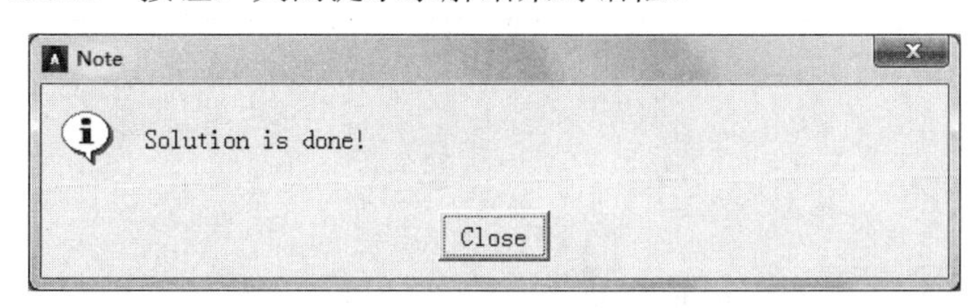

图5-176 “Note”对话框

5.5.4 查看结果

1. 查看变形

三维实体需要查看3个方向的变形和总的变形。

1）从主菜单中选择 Main Menu： General Postproc > Plot Result > Contour Plot > Nodal Solu 命令，打开“Contour Nodal Solution Data（等值线显示节点解数据）”对话框，如图5-177所示。

2）在“Item to be contoured（等值线显示结果项）”中选择“DOF solution（自由度解）”选项。

3）选择“X-Component of displacement（X向位移）”选项。

4）在“Undisplaced shape key”下拉列表中选择“Deformed shape with undeformed edge（变形后和未变形轮廓线）”单选按钮。

5）单击“OK”按钮，在图形窗口中显示出X方向变形图，包含变形前的轮廓线，如图5-178所示。图中下方的色谱表明不同的颜色对应的数值（带符号）。

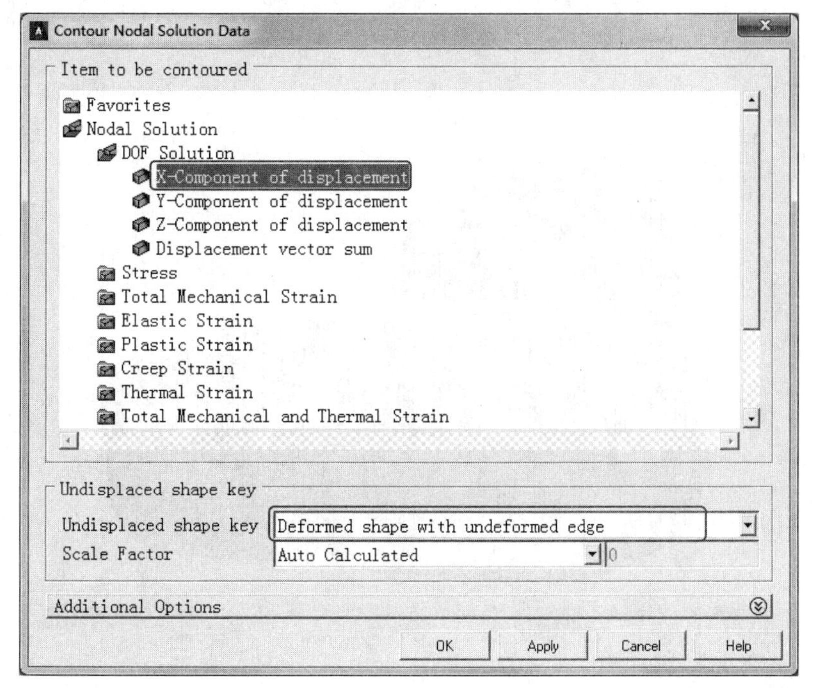

图5-177 “Contour Nodal Solution Data”对话框

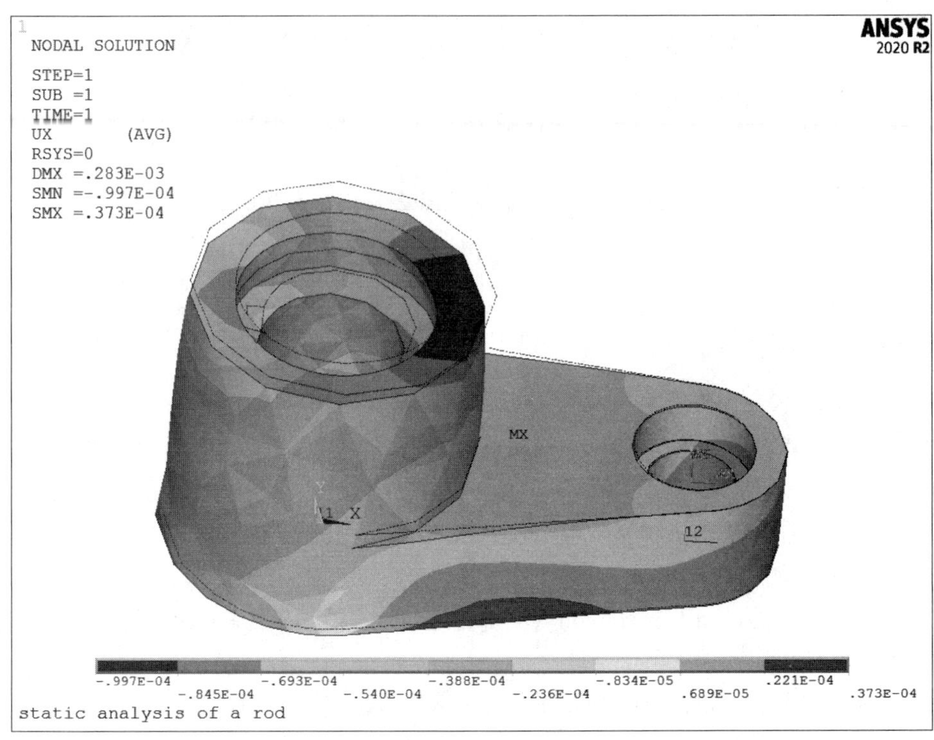

图5-178 X方向变形

6）用同样的方法查看 Y 方向的变形，如图 5-179 所示。

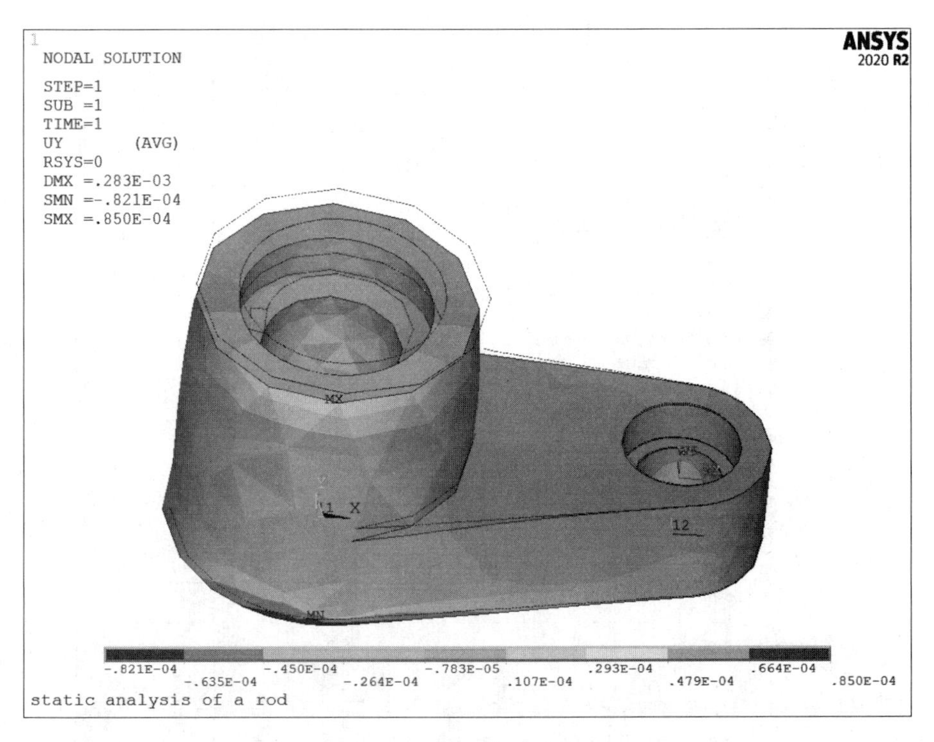

图5-179 Y方向的变形

7）用同样的方法查看 Z 方向的变形，如图 5-180 所示。

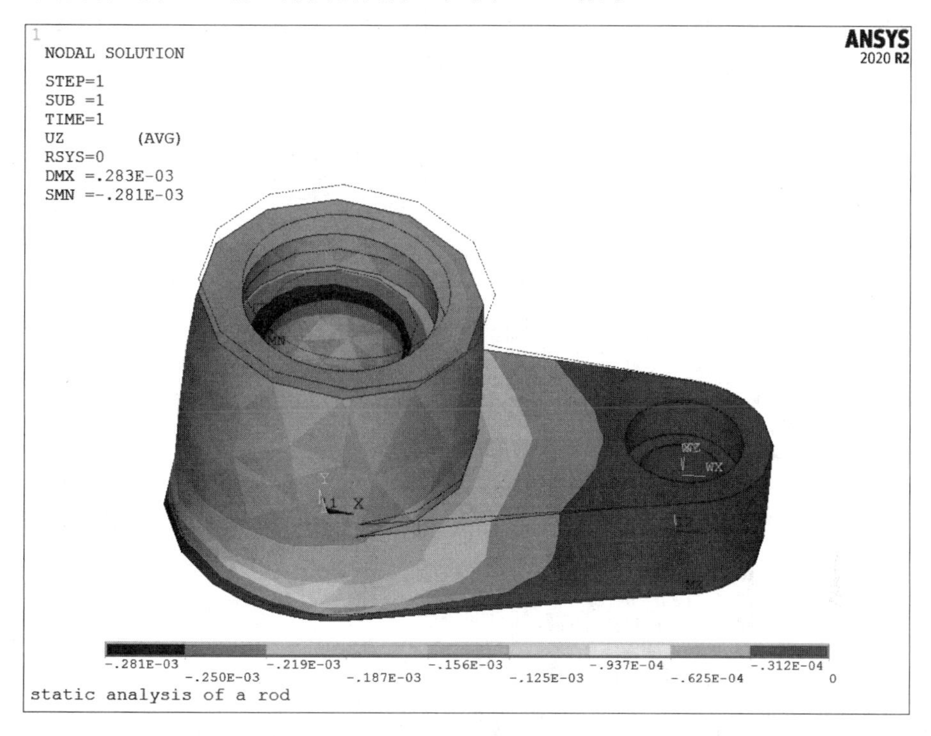

图5-180 Z方向的位移

8）用同样的方法查看总的变形，如图 5-181 所示。

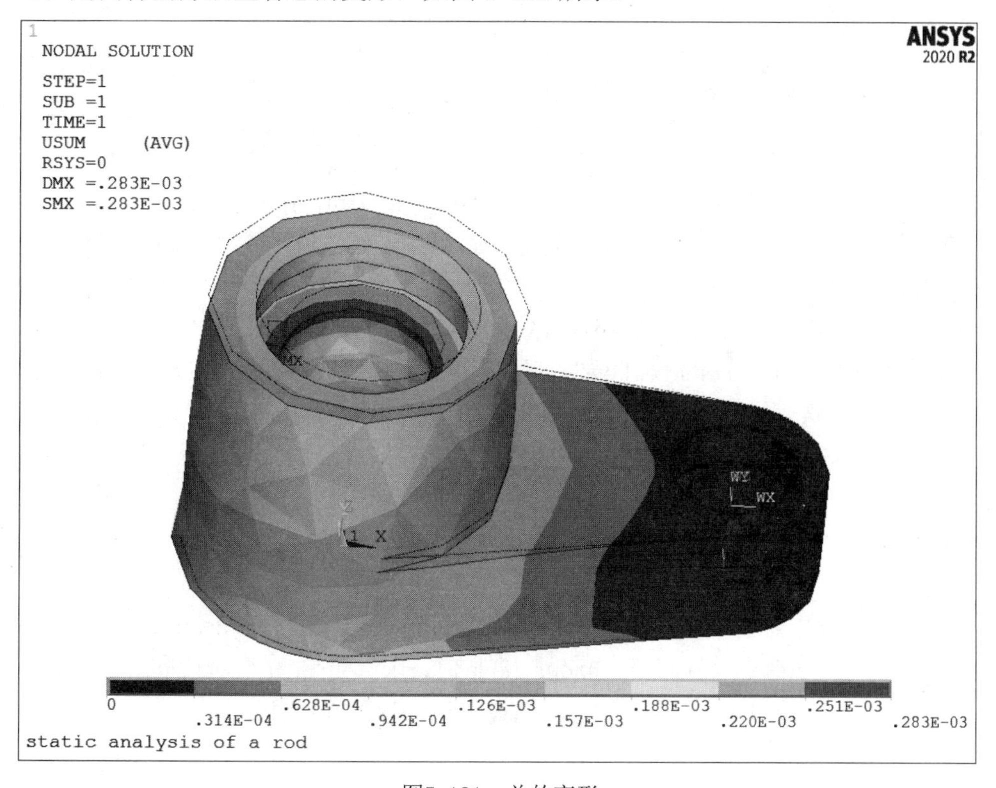

图5-181 总的变形

2．查看应力

1）进入通用后处理器读取分析结果。从主菜单中选择 Main Menu：General Postproc > Read Results > Last Set 命令。

2）从主菜单中选择 Main Menu：General Postproc > Plot Results > Contour Plot > Nodal Solu 命令，打开“Contour Nodal Solution Data（等值线显示节点解数据）”对话框，如图 5-182 所示。

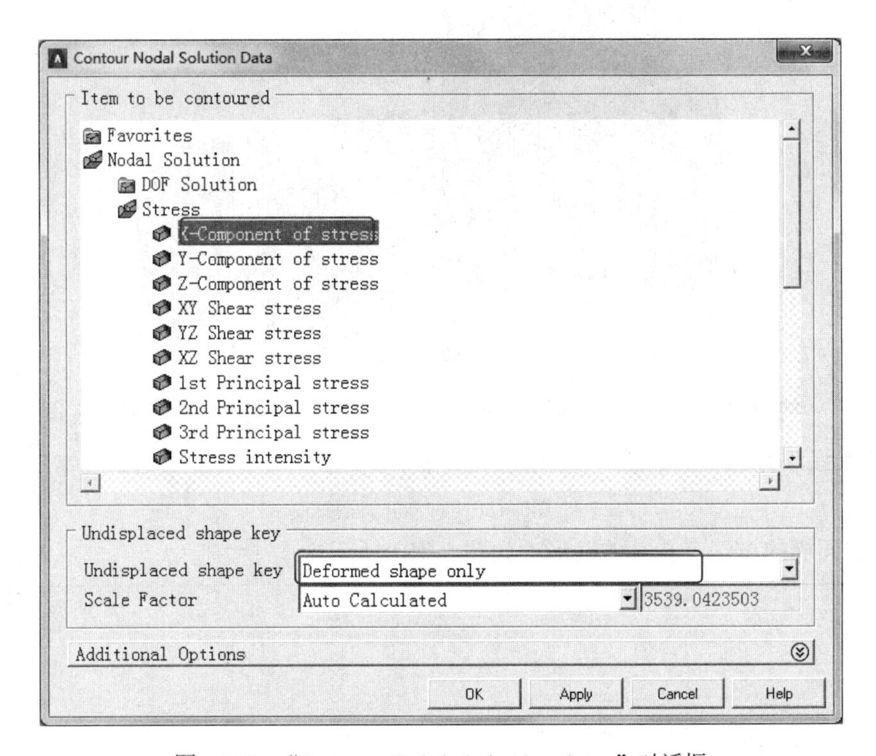

图5-182 “Contour Nodal Solution Data”对话框

3）在“Item to be contoured（等值线显示结果项）”中选择“Stress（应力）”选项。

4）选择“X-Component of stress（X 方向应力）”选项。

5）在“Undisplaced shape key”下拉列表中选择“Deformed shape only（仅显示变形后模型）”选项。

6）单击“OK”按钮，在图形窗口中显示出 X 方向（径向）应力分布图，如图 5-183 所示。

7）用同样的方法查看 Y 方向上的应力，加工如图 5-184 所示。

8）用同样的方法查看 Z 方向上的应力，结果如图 5-185 所示。

9）从主菜单中选择 Main Menu：General Postproc > Plot Results > Contour Plot > Nodal Solu 命令，打开“Contour Nodal Solution Data”对话框。

10）在“Item to be contoured”中选择“Stress”选项。

11）选择“von Mises stress”选项。

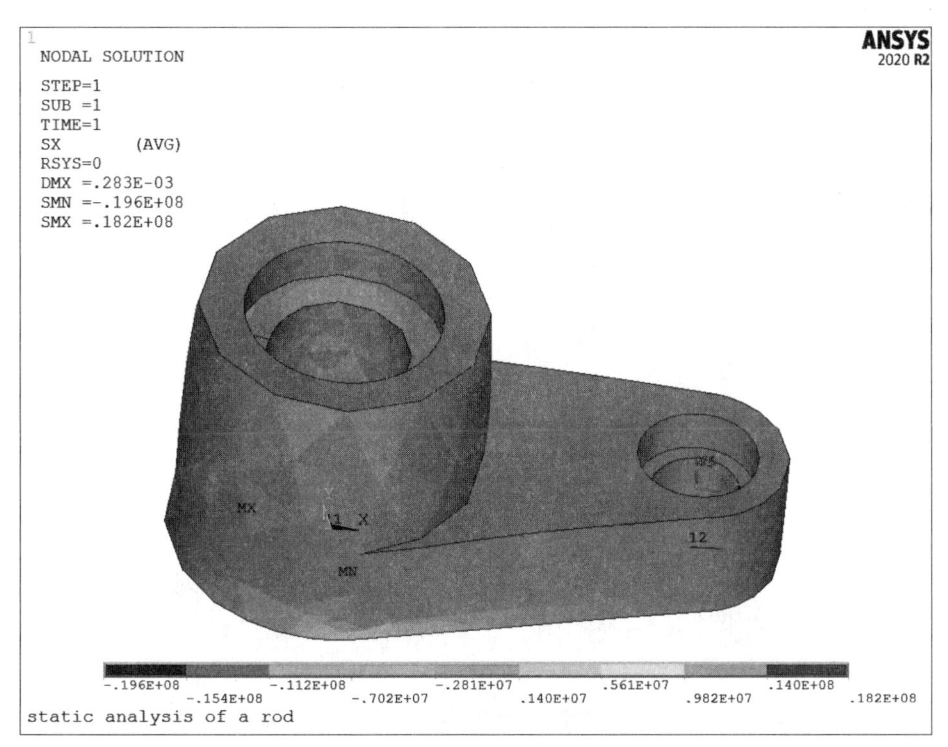

图5-183 X方向应力分布图

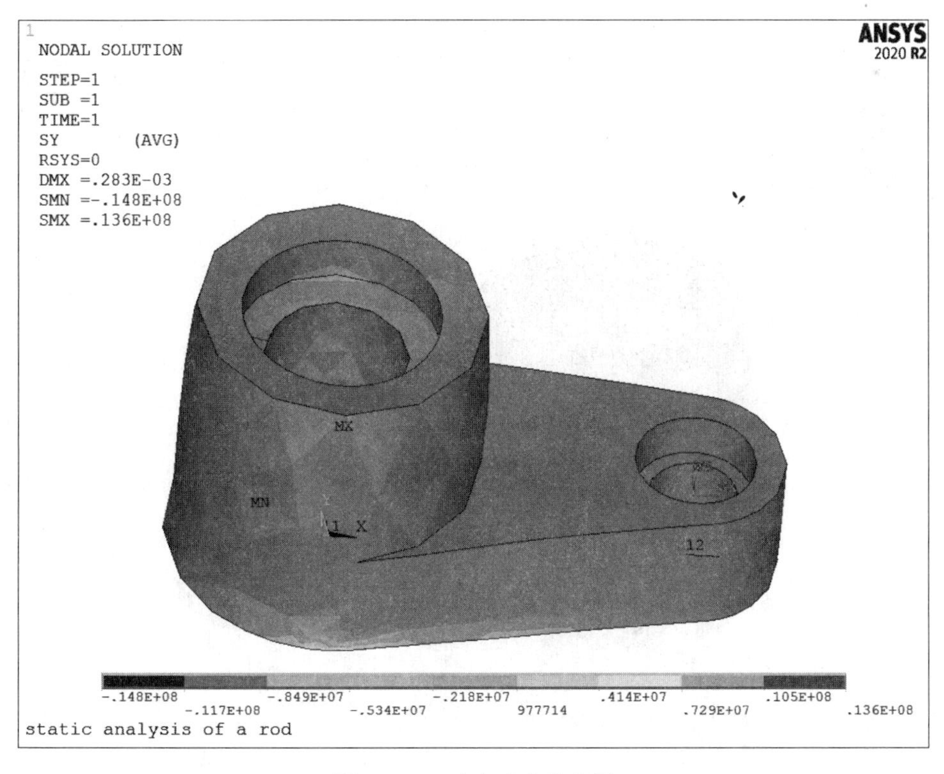

图5-184 Y方向应力分布图

12）在“Undisplaced shape key”下拉列表中选择“Deformed shape only”选项。

13）单击“OK”按钮，在图形窗口中显示出“von Mises”等效应力分布图，如图5-186所示。

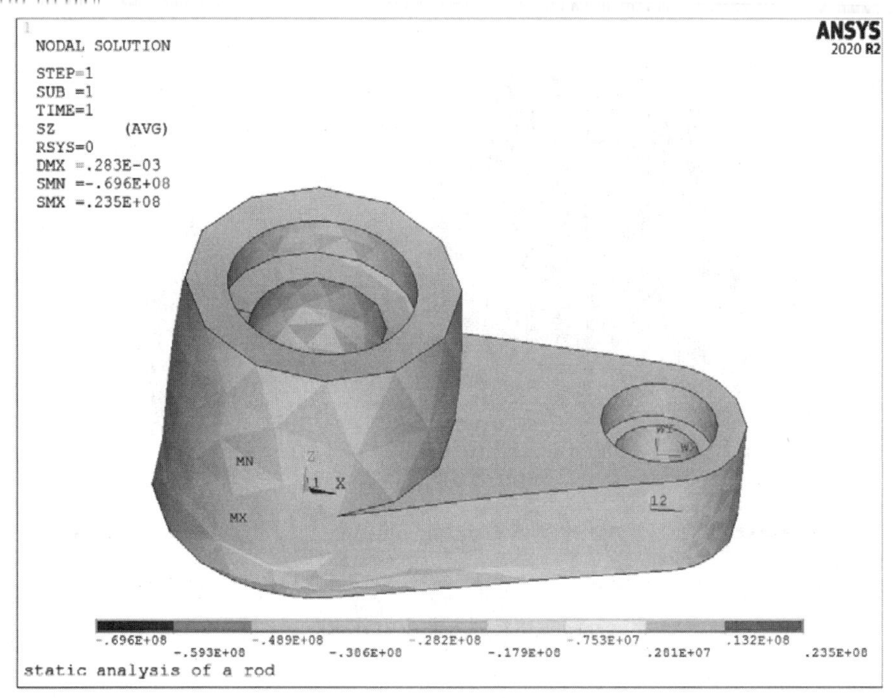

图5-185 Z方向应力分布图

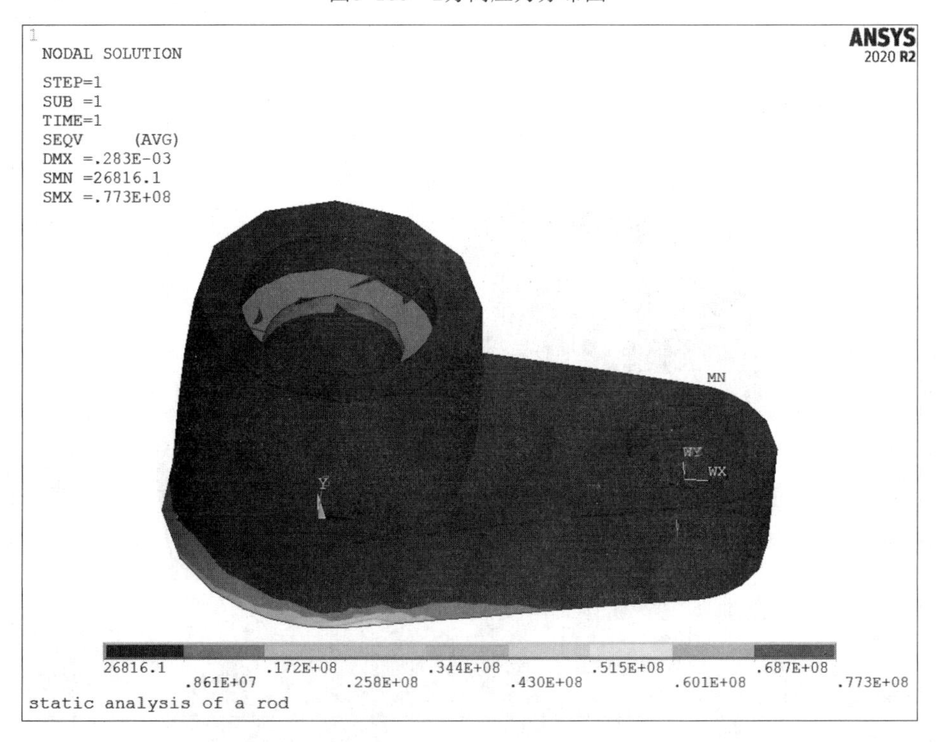

图5-186 “von Mises”等效应力分布土

3．应力动画

1）从实用菜单中选择 Utility Menu： PlotCtrls > Animate > Deformed Results ...命令，打开“Animate Nodal Solution Data”对话框。

2）在左侧列表框中选择“Stress”选项，在右侧列表框中选择“von Mises SEQV”选项，如图 5-187 所示。单击“OK”按钮。

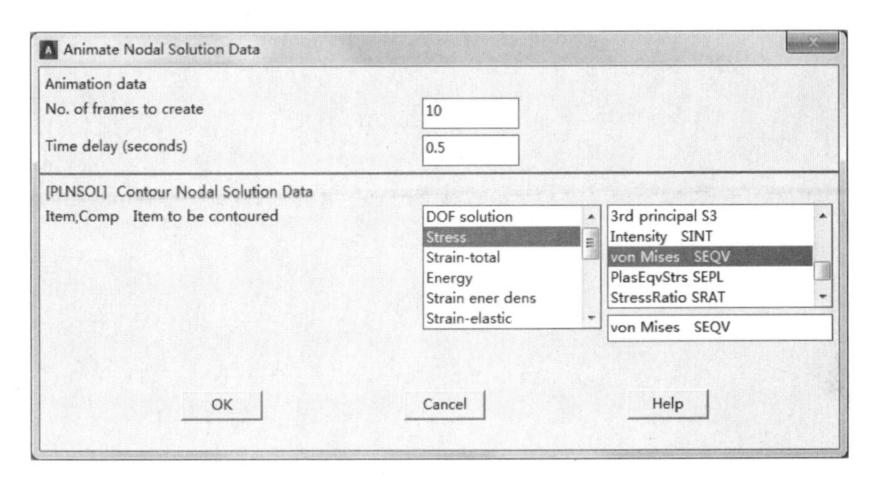

图5-187 “Animate Nodal Solution Data”对话框

3）要停止播放变形动画，可单击如图 5-188 所示对话框中的“Stop”按钮。

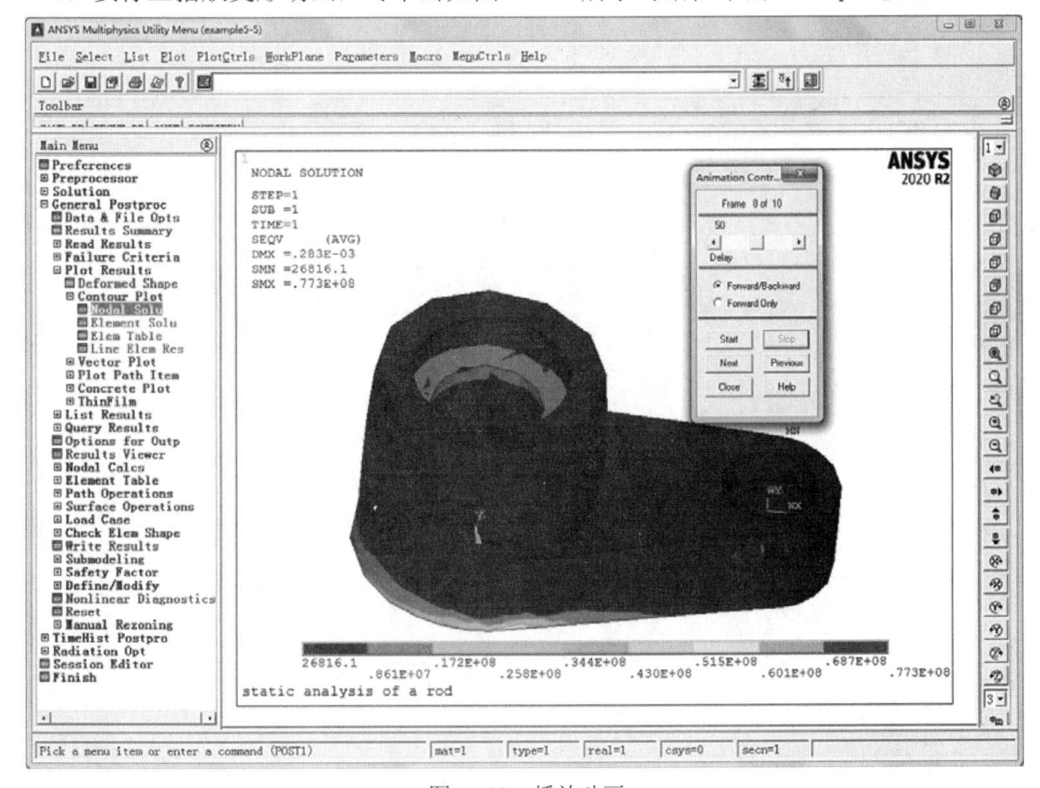

图5-188 播放动画

5.5.5 命令流方式

命令流执行方式这里不做详细介绍，读者可参见电子资料包中的内容。

第6章

非线性分析

非线性问题表现出与线性问题不同的性质。在日常生活中，经常会遇到结构非线性现象。例如，无论何时用订书器钉书，金属订书钉都会永久地弯曲成一个不同的形状，如果在一个木架上放置重物，随着时间的推移它将越来越下垂。当在汽车上装货时，它的轮胎和下面路面间的接触将随货物重量的变化而变化。

- 非线性分析介绍
- 几何非线性分析
- 材料非线性分析
- 状态非线性分析
- 非线性蠕变分析

6.1 非线性分析介绍

6.1.1 非线性分析简介

在日常生活中会经常遇到结构非线性现象。例如，无论何时用订书器订书，金属订书钉都会永久地弯曲成一个不同的形状(见图 6-1 左上图)；如果在一个木架上放置重物，随着时间的推移它将越来越下垂（见图 6-1 左中图)；当在汽车或卡车上装货时，它的轮胎与下面路面间的接触情况将随货物重量的不同而变化（见图 6-1 左下图)。如果将上面例子的载荷变形曲线画出来，将发现它们都显示了非线性结构的基本特征——变化的结构刚性。

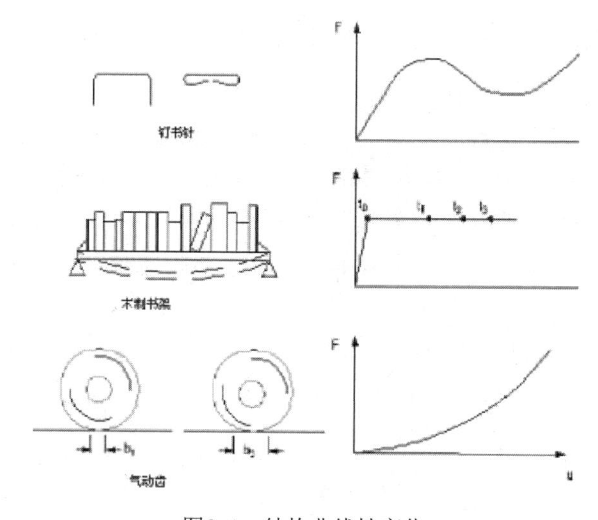

图6-1　结构非线性变化

6.1.2 非线性分析的类型

1．结构非线性行为的原因

引起结构非线性的原因很多,它可以被分成由于结构的状态发生改变造成的非线性、由于结构的形状变化造成的非线性和由于结构材料的性质的变化造成非线性 3 种主要类型。

2．状态变化（包括接触）

许多普通的结构表现出一种与状态相关的非线性行为，例如，一根能拉伸的电缆可能是松散的,也可能是绷紧的；轴承套可能是接触的,也可能是不接触的；冻土可能是冻结的,也可能是融化的。这些系统的刚度都会由于系统状态的改变而发生。状态改变也许和载荷直接有关（如在电缆情况中），也可能由某种外部原因引起（如在冻土中的紊乱热力学条件）。ANSYS 程序中单元的激活与杀死选项可用来给这种状态的变化建模。

接触是一种很普遍的非线性行为,是状态变化非线性类型中一个特殊而重要的子集。

3. 几何非线性

如果结构发生大变形，它变化的几何形状可能会引起结构的非线性响应。一个如图 6-2 所示，钓鱼竿随着垂向载荷的增加，竿不断弯曲，使得动力臂明显地减小，导致竿端显示出在较高载荷下不断增长的刚性。

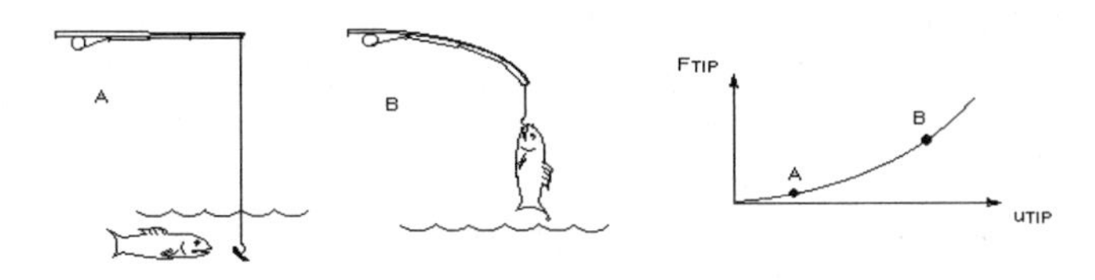

图6-2 钓鱼竿示范几何非线性

4. 材料非线性

非线性的应力-应变关系是结构非线性的常见原因。许多因素可以影响材料的应力-应变性质，包括加载历史（如在弹-塑性响应状况下）、环境状况（如温度）、加载的时间总量（如在蠕变响应状况下）。

6.1.3 非线性分析基本步骤

尽管非线性分析比线性分析更加复杂，但处理过程基本相同，只是在非线性分析的过程中添加了需要考虑的非线性特性。这里着重介绍应用最广泛的非线性静态分析。

非线性静态分析是静态分析的一种特殊形式。静态分析的处理流程主要由 4 个主要步骤组成。

1. 建模

建模对线性和非线性分析都是必需的。非线性分析在建模过程中可能包括特殊的单元或非线性材料性质。如果模型中包含大应变效应，那么应力-应变数据必须依据真实应力和真实（或对数）应变表示。

2. 加载和求解

在这一步中，需要定义分析类型和选项，指定载荷步选项，进行有限元求解。非线性求解经常要求多个载荷增量，且总是需要平衡迭代，这点不同于线性求解。处理过程如下：

1）进入 ANSYS 求解器。

2）定义分析类型及分析选项。分析类型和分析选项在第一个载荷步后（也就是在执行第一个“SOLVE”命令之后）不能被改变。ANSYS 提供了下列选项用于静态分析：

- 静态（ANTYPE）。
- 大变形或大应变选项（GEOM）。
- 应力刚化效应（SSTIF）。
- 牛顿-拉普森选项（NROPT）。
- 方程求解器。
- 普通选项。
- 非线性选项。

◆ 输出控制选项。

3）进行新的分析。

3．考察结果

非线性静态分析的结果主要由位移、应力、应变以及反作用力组成。可以用 POST1 通用后处理器，也可以用 POST26 时间历程后处理器来考察这些结果。

注意

用 POST1 一次仅可以读取一个子步，且来自那个子步的结果应当已被写入 Jobname.rst（载荷步选项命令 OUTRES 控制那一个子步的结果被存入 Jobname.rst）。典型的 POST1 后处理顺序将在后面介绍。

4．终止正在运行的工作，重启动

在特殊情况下，可以通过产生一个“abort”文件（Jobname.abt)停止一个非线性分析。一旦求解成功完成，或者收敛失败，发生程序也将停止分析。

如果一个分析在终止前已成功地完成了一次或多次迭代，则可以屡次重启动它。

6.2 几何非线性分析实例——薄圆盘

几何非线性分析是由于位移增大而产生的，一个有限元已移动的坐标可以以多种方式改变结构的刚度。一般来说这类问题总是非线性的，需要进行迭代才能获得一个有效的解。

几何非线性来自于大应变效应，一个结构的总刚度依赖于它的组成部件（单元）的方向和刚度。当一个单元的节点发生位移后，这个单元对总体结构刚度的贡献可以以两种方式改变：一种是如果这个单元的形状发生改变，则它的单元刚度将发生改变（见图 6-3 上图)；另一种是如果这个单元的取向发生改变，则它的局部刚度转化到全局部件的变换也将发生改变（见图 6-3 下图）。小的变形和小的应变分析即假定位移小到使所得到的刚度改变无足轻重。这种刚度不变假定意味着使用基于最初几何形状的结构刚度的一次迭代足以计算出小变形分析中的位移。什么时候使用“小”变形和“小”应变，依赖于特定分析中要求的精度等级。

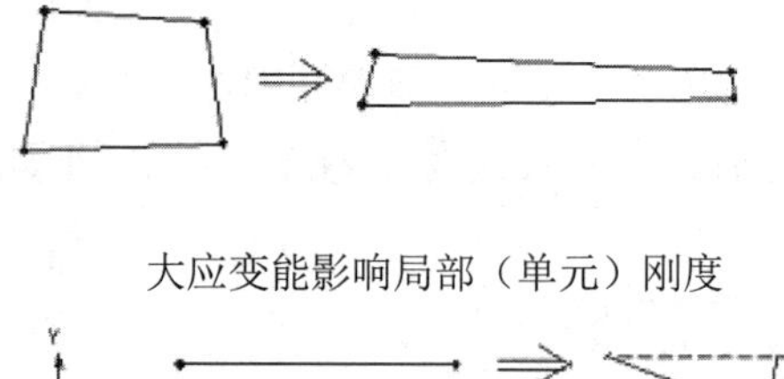

大应变能影响局部（单元）刚度

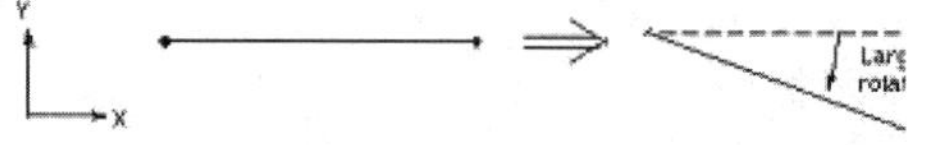

大转动能影响单元刚度对总体刚度的贡献

图6-3　大应变和大转动

相反，大应变分析说明由单元的形状和取向改变导致的刚度改变。因为刚度受位移影响，且反之亦然，所以在大应变分析中需要迭代求解来得到正确的位移。通过执行"NLGEOM，ON"命令（GUI 路径：Main Menu > Solution > Analysis Options），来激活大应变效应。大应变效应改变单元的形状和取向，且随着单元转动，表面载荷的方向也随之发生变化（集中载荷和惯性载荷保持它们最初的方向）。在大多数实体单元（包括所有的大应变和超弹性单元）以及部分的壳单元中大应变特性是可用的。在ANSYS/Linear Plus 程序中大应变效应是不可用的。

本实例将用轴对称单元模拟圆盘，通过单一载荷步来求解，进行一个圆盘的几何非线性分析。

6.2.1 分析问题

一个薄圆盘边缘被固定，在圆盘的盘面上受到均匀的压力作用，压力的大小为1e6Pa。盘的半径为10m，厚为0.01m，弹性模量为2.06E11Pa，泊松比为0.3。

6.2.2 建立模型

1. 设置分析文件名和标题

1）从实用菜单中选择 Utility Menu：File > Change Jobname 命令，打开"Change Jobname(修改文件名)"对话框，如图 6-4 所示。

2）在"Enter new jobname（输入新的文件名）"文本框中输入"thin_disc"，为本分析实例的数据库文件名。

3）单击"OK"按钮，完成数据库文件名的设置。

4）从实用菜单中选择 Utility Menu：File > Change Title 命令，打开"Change Title（修改标题）"对话框，如图 6-5 所示。

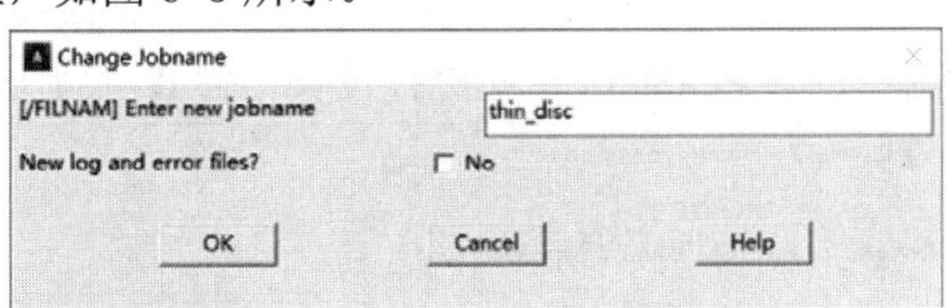

图6-4 "Change Jobname"对话框

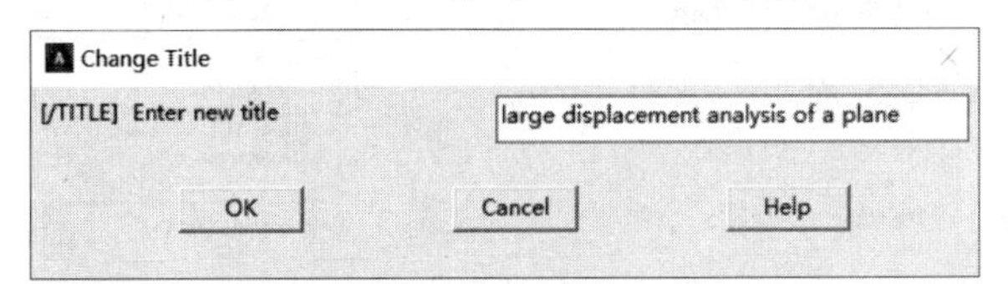

图6-5 "Change Title"对话框

5）在"Enter new title（输入新标题）"文本框中输入"large displacement analysis of a plane"，设置本分析实例的标题名。

6）单击"OK"按钮，完成对标题名的设置。

7）从实用菜单中选择 Utility Menu：Plot > Replot 命令，设置的标题"large

displacement analysis of a plane”将显示在图形窗口的左下角。

8)从主菜单中选择 Main Menu:Preference 命令,打开“Preference of GUI Filtering(菜单过滤参数选择)”对话框,选中“Structural”复选框,单击“OK”按钮确定。

2. 定义单元类型

本例选用 4 节点四边形板单元 PLANE42。PLANE42 不仅可用于计算平面应力问题,还可以用于分析平面应变和轴对称问题。

1)从主菜单中选择 Main Menu: Preprocessor > Element Type > Add/Edit/Delete 命令,打开“Element Types(单元类型)”对话框。

2)单击“Add...”按钮,打开“Library of Element Types(单元类型库)”,如图 6-6 所示。

3)在单元类型文本框中直接输入 42。

4)单击“OK”按钮,添加 PLANE42 单元,并关闭对话框,同时返回到步骤 1)打开的对话框,如图 6-7 所示。

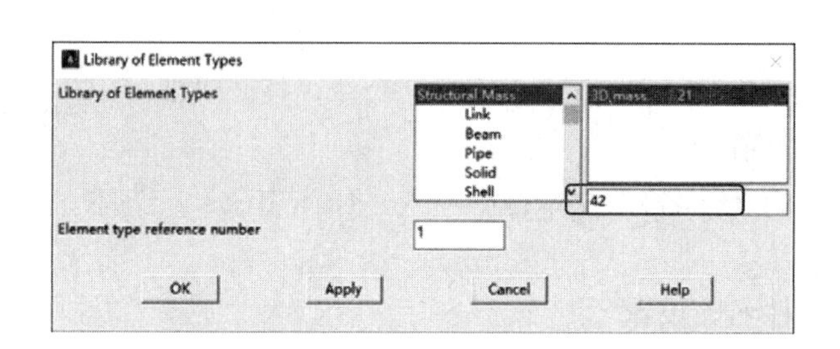

图6-6 “Library of Element Types”对话框

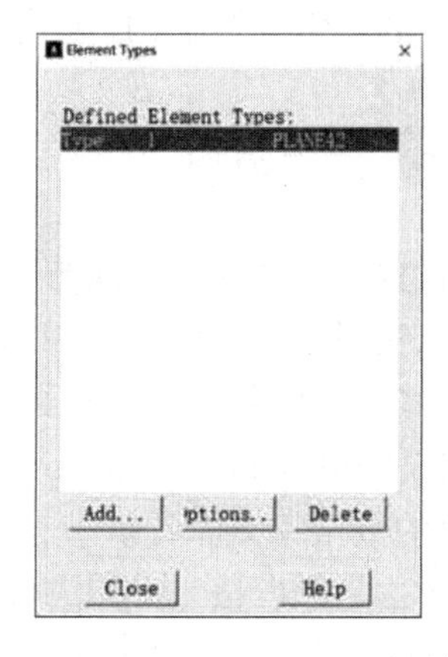

图6-7 “Element Types”对话框

5)单击“Options...”按钮,打开如图 6-8 所示的“PLANE42 element type options(单元选项设置)”对话框,对 PLANE42 单元进行设置,使其可用于计算轴对称问题。

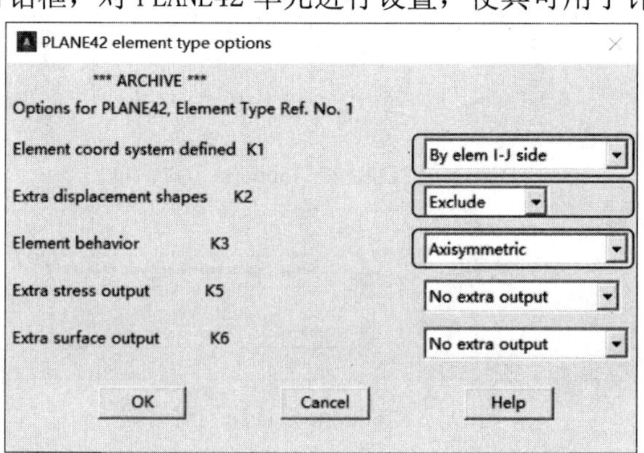

图6-8 “PLANE42 element type options”对话框

6)在“K1”下拉列表框中选择“By elem I-J side”选项。

7)在“K2”下拉列表框中选择“Exclude”选项。

8)在“K3”下拉列表框中选择“Axisymmetric(轴对称)”选项。

9）单击“OK”按钮，关闭对话框，返回到如图6-7所示的单元类型对话框。

10）单击“Close”按钮，关闭对话框，结束单元类型的添加。

3. 定义材料属性

本实例中选用的单元类型不需定义实常数，故略过定义实常数这一步而直接定义材料属性。

本实例不考虑惯性力，只需要定义材料的弹性模量和泊松比。具体步骤如下：

1）从主菜单中选择 Main Menu：Preprocessor > Material Props > Materia Models 命令，将打开“Define Material Model Behavior（定义材料模型属性）”窗口，如图6-9所示。

2）在右边的列表框中依次单击 Structural > Linear > Elastic > Isotropic，展开材料属性的树形结构。将打开1号材料的弹性模量（EX）和泊松比（PRXY）的定义对话框，如图6-10所示。

3）在“EX”文本框中输入弹性模量2.06e11，在PRXY文本框中输入泊松比0.3。

4）单击“OK”按钮，关闭对话框，并返回到“Define Material Model Behavior”窗口，在左边的列表框中显示出刚刚定义的编号为1的材料属性。

5）在“Define Material Model Behavior”窗口中的菜单中选择 Material > Exit 命令，或者单击右上角的关闭按钮，退出该窗口，完成对模型材料属性的定义。

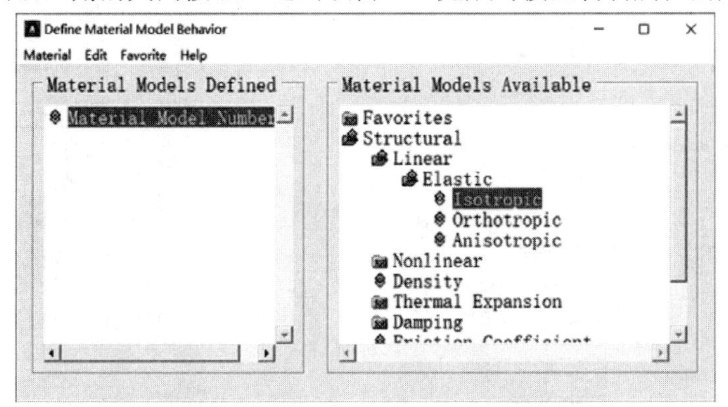

图6-9　“Define Material Model Behavior”窗口

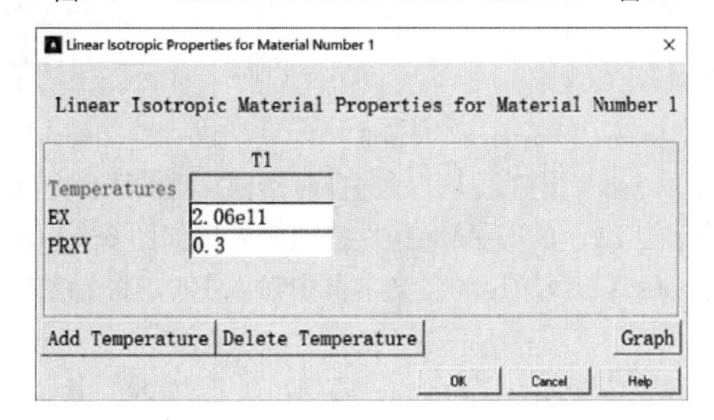

图6-10　“Linear Isotropic Properties for Material Number1”对话框

4. 建立薄圆盘的截面

在使用PLANE系列单元时，要求模型必须位于全局XY平面内。默认的工作平面即为全局XY平面，因此可以直接在默认的工作平面内创建薄圆盘的截面。建立一个矩形面作为分析的薄圆盘的截面。

1）从主菜单中选择 Main Menu： Preprocessor > Modeling > Create > Areas > Rectangle > By 2 Corners 命令。

2）在弹出的如图 6-11 所示的对话框中输入 X 为 0、Y 为 0、Width 为 10、Height 为 0.01，单击“OK”按钮。

5. 对薄圆盘的截面进行网格划分

本节选用 PLANE42 单元对盘面划分映射网格。

1）从主菜单中选择 Main Menu：Preprocessor > Meshing > MeshTool 命令，打开“Mesh Tool（网格工具)”对话框，如图 6-12 所示。

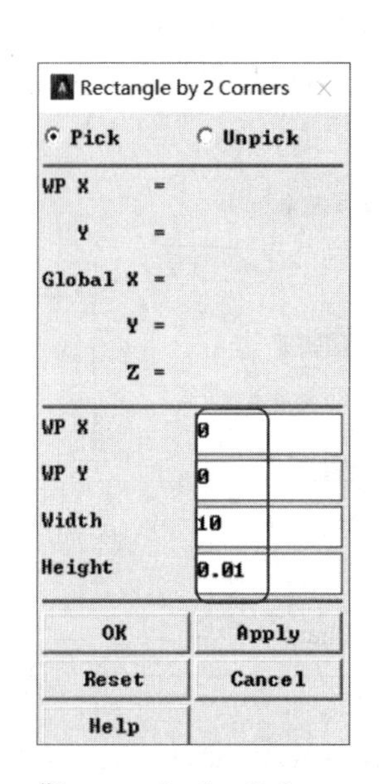

图6-11 “Rectangle by 2 Corners”对话框

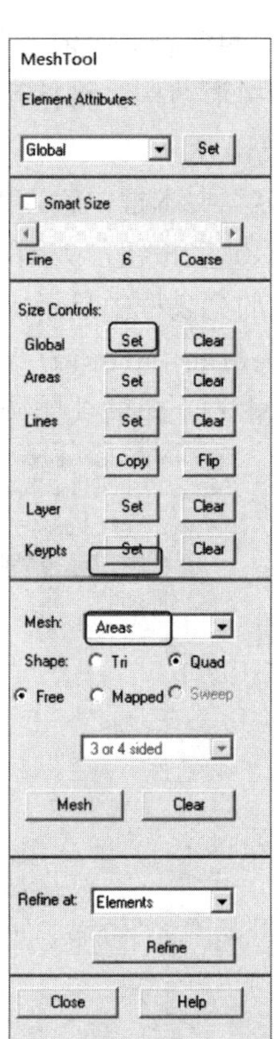

图6-12 “MeshTool”对话框

2）单击“Line 中的 Set”按钮，打开线选择对话框，要求选择定义单元划分数的线。在图上选择盘界面的下边 L1，单击“Apply”按钮，弹出如图 6-13 所示的对话框。

3）在“No. of element divisions”文本框中输入 100，将 L1 线分成 100 份，单击“OK”按钮。

4）在“Mesh”下拉列表中选择“Areas”选项，在“Shape”中选择“Mapped”选项，进行映射网格划分。单击“Mesh”按钮，弹出如图 6-14 所示的对话框。

5）单击“Pick All”按钮，ANSYS 将按照对线的控制进行网格划分，期间会出现如图 6-15 所示的警告信息，单击“Close”按钮将其关闭。

6）单击“MeshTool”对话框中的“Close”按钮，关闭该对话框。

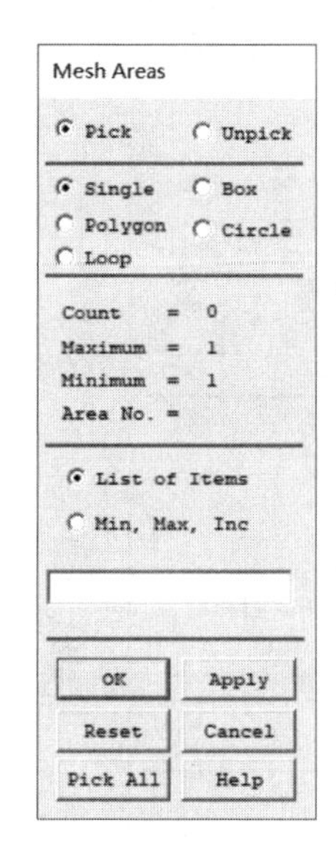

图6-13 “Element Sizes on Picked Lines”对话框　　图6-14 “Mesh Areas”对话框

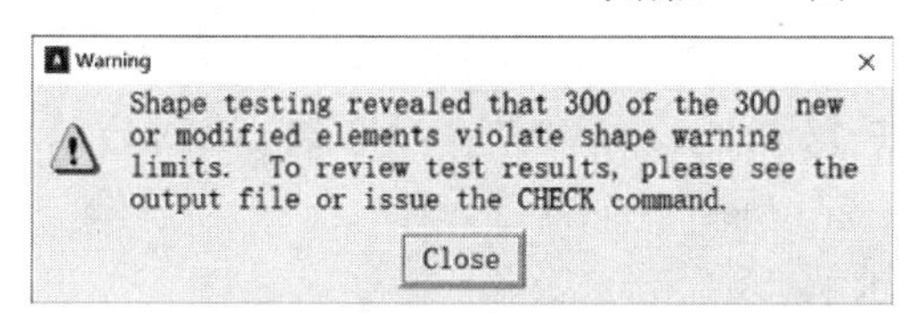

图6-15 “Warning”对话框

6.2.3 定义边界条件并求解

1. 加轴对称的位移

1）从主菜单中选择 Main Menu：Solution > Define Loads > Apply > Structural > Displacement > Symmetry B.C. > On lines 命令。

2）弹出“Apply SYMM on Lines”对话框，如图 6-16 所示。选择内径上的线 L4（左端竖直线），单击“OK”按钮。

2. 施加固定位移

1）从主菜单中选择 Main Menu：Solution > Define Loads > Apply > Structural > Displacement > On lines 命令。

2）弹出“Apply U,ROT on Lines（线选择）”对话框，如图 6-17 所示。选择内径上的线 L2（右端竖直线），单击“OK”按钮。

3）弹出“Apply U,ROT on Lines”对话框，选择“All DOF”选项，如图 6-18 所示，单击“OK”按钮。

3. 施加压力载荷

1）从主菜单中选择 Main Menu：Solution > Define Load > Apply > Structural > Pressure > On lines 命令，打开，如图 6-19 所示的对话框。选择盘截面的下边 L1，单击“OK”按钮。

2）打开“Apply PRES on lines”对话框，在“Load PRES value”文本框中输入“1e6”，

如图 6-20 所示。单击“OK”按钮，施加压力。

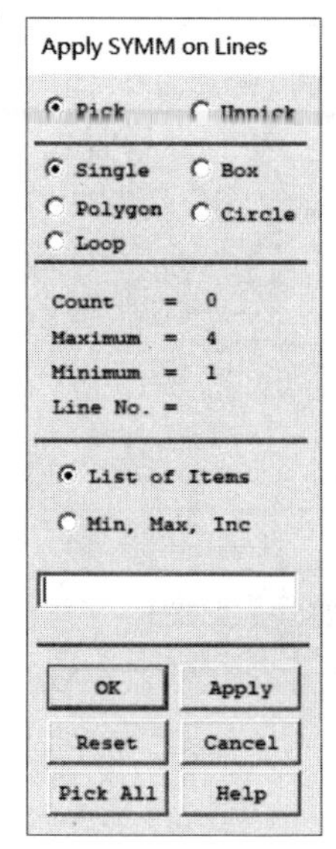

图6-16 “Apply SYMM on Lines”对话框

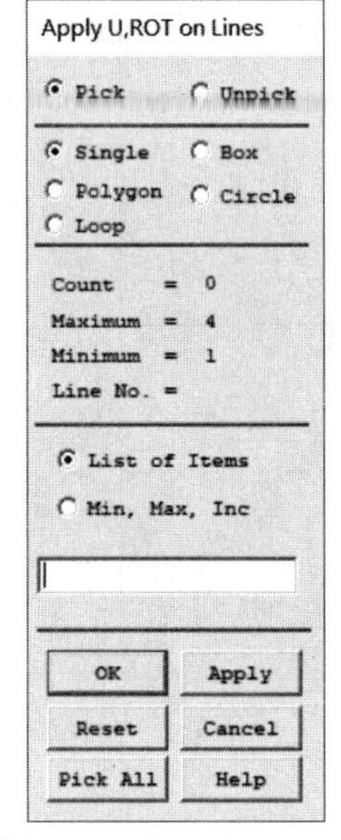

图6-17 “Apply U,ROT on Lines”对话框

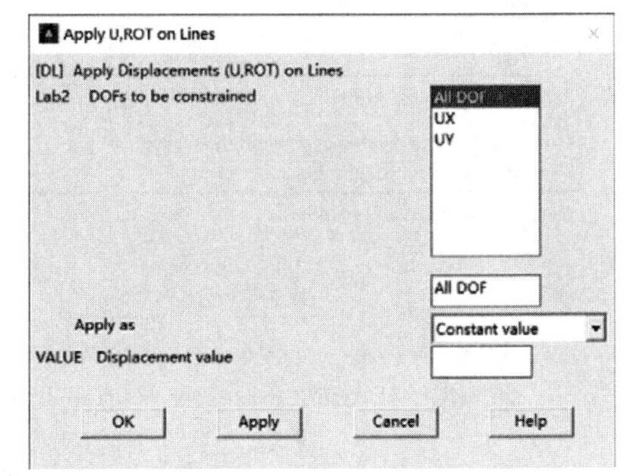

图6-18 “Apply U,ROT on Lines”对话框

4. 进行求解设置并求解

1）从主菜单中选择 Main Menu：Solution > Analysis Type > Sol’n Controls 命令，打开“Solution Controls”对话框，如图 6-21 所示。

2）在“Basic”选项卡中的“Analysis Options”下拉列表框中选择“Large Displacement Static”，如图 6-21 所示。

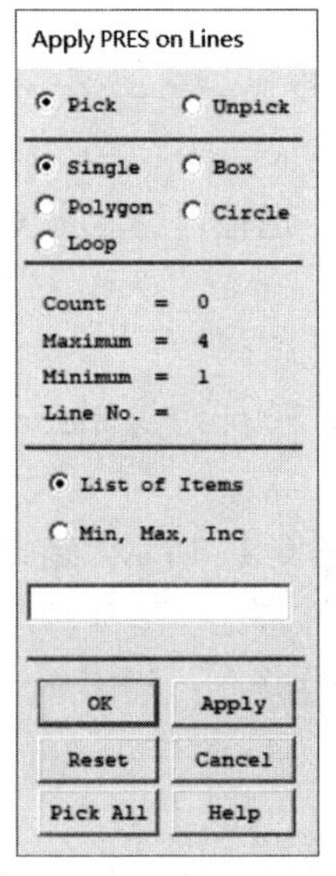

图6-19 “Apply PRES on Lines”对话框

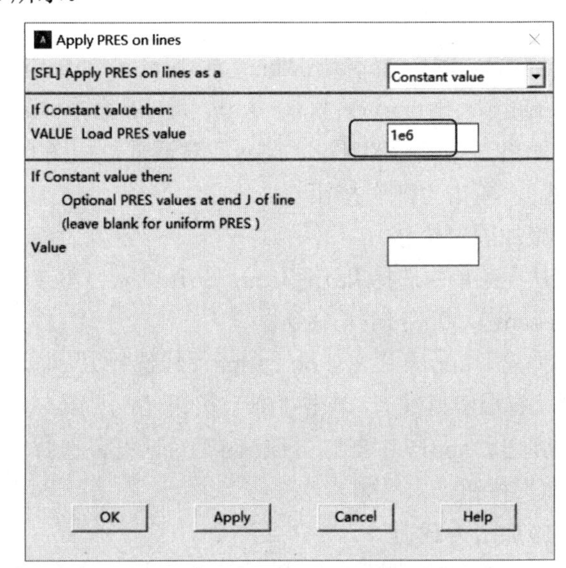

图6-20 “Apply PRES on Lines”对话框

3）单击“Nonlinear”标签，在“Nonlinear”选项卡中单击“Set convergence criteria...”按钮，如图 6-22 所示。

4）在弹出的如图 6-23 所示的对话框中单击“Replace...”按钮。

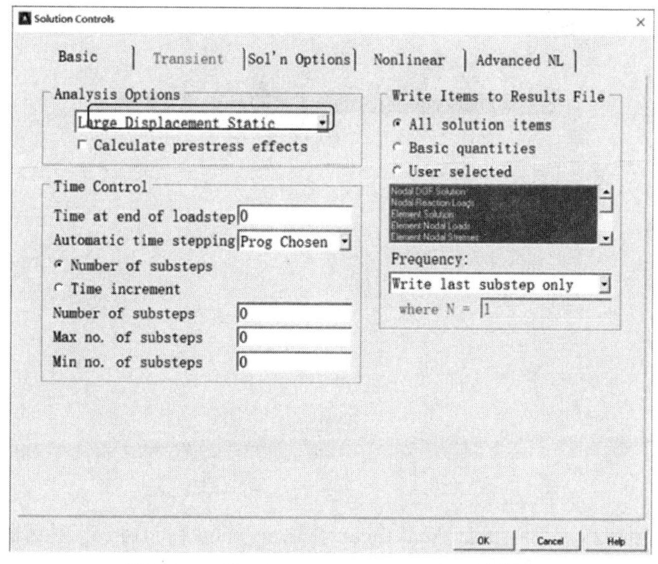

图6-21 “Solution Controls”对话框

5）在弹出的对话框中的“Convergence is based on”左边列表框中选择“Structural”，在右边的列表框中选择“Force F”，在“Minimum reference value”文本框中输入1，单击“OK”按钮，如图6-24所示。单击“Close”按钮，关闭对话框。

6）在“Solution Controls”对话框中单击“OK”按钮，结束求解控制的设置。

7）从主菜单中选择Main Menu：Solution > Solve > Current LS命令，打开如图6-25所示的确认对话框和状态列表，要求查看列出的求解选项。

8）确认列表中的信息无误后，单击“OK”按钮，开始求解。

9）ANSYS会显示非线性求解过程的收敛过程，如图6-26所示。

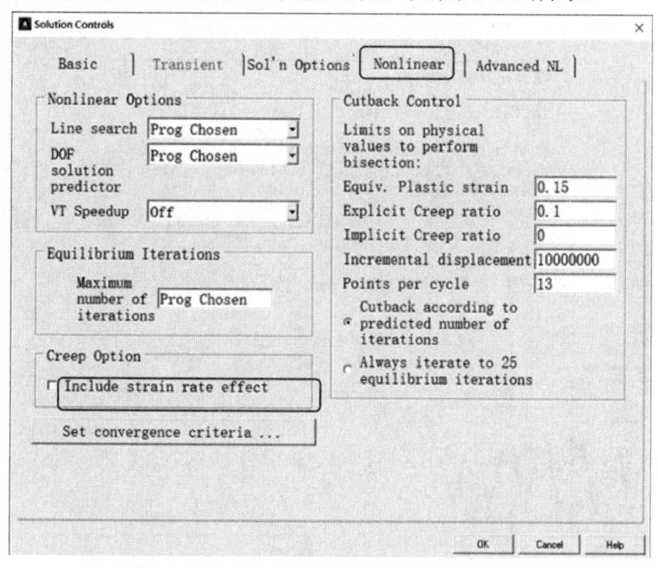

图6-22 “Solution Controls”对话框

10）求解完成后打开如图6-27所示的提示求解完成对话框。

11）单击“Close”按钮，关闭提示求解完成对话框。

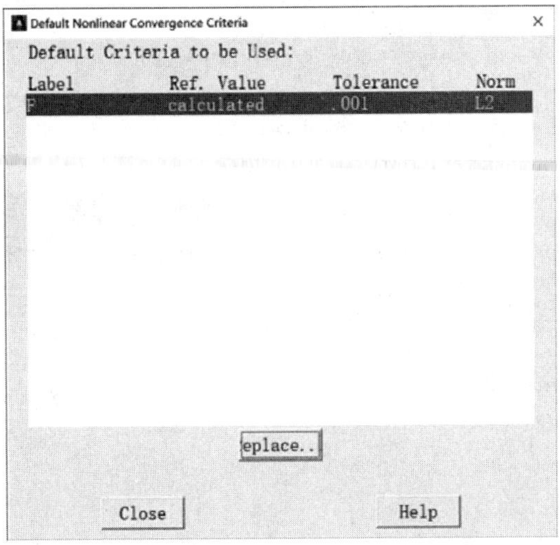

Default Nonlinear Convergence Criteria
Default Criteria to be Used:
Label Ref. Value Tolerance Norm
F calculated .001 L2
eplace..
Close
Help

图6-23 “Default Nonlinear Convergence Criteria”对话框

Nonlinear Convergence Criteria
[CNVTOL] Nonlinear Convergence Criteria
Lab Convergence is based on
Structural
Thermal
Magnetic
Electric
Fluid/CFD
Force F
Moment M
Displacement U
Rotation ROT
Force F
VALUE Reference value of Lab
TOLER Tolerance about VALUE
0.001
NORM Convergence norm
L2 norm
MINREF Minimum reference value
1
(Used only if VALUE is blank. If negative, no minimum is enforced)
OK
Cancel
Help

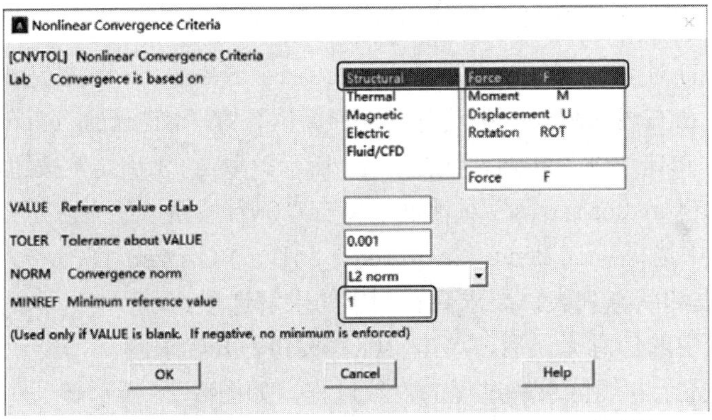

图6-24 “Nonlinear Convergence criteria”对话框

Solve Current Load Step
[SOLVE] Begin Solution of Current Load Step
Review the summary information in the lister window (entitled "/STATUS Command"), then press OK to start the solution.
OK
Cancel
Help

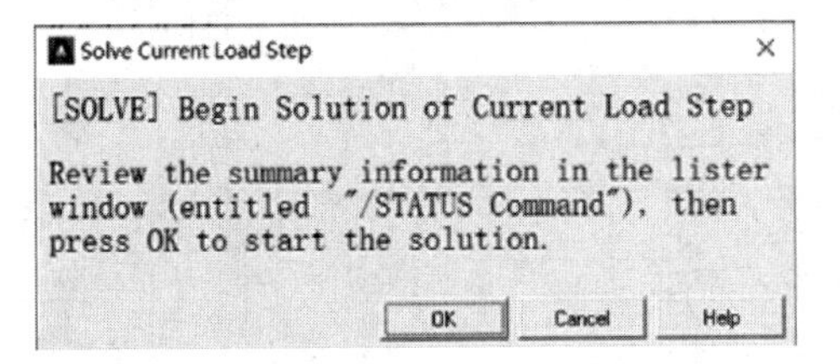

图6-25 “Solve Current Load Step”对话框

Time = 1
Absolute Convergence Norm
Cumulative Iteration Number
F L2
U CRIT

图6-26 显示收敛过程

Note
Solution is done!
Close

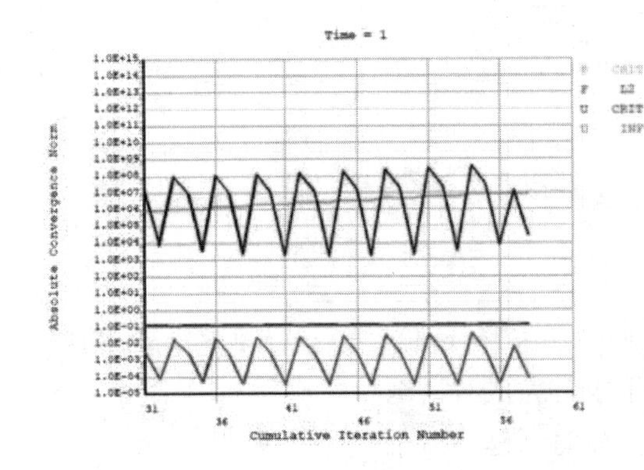

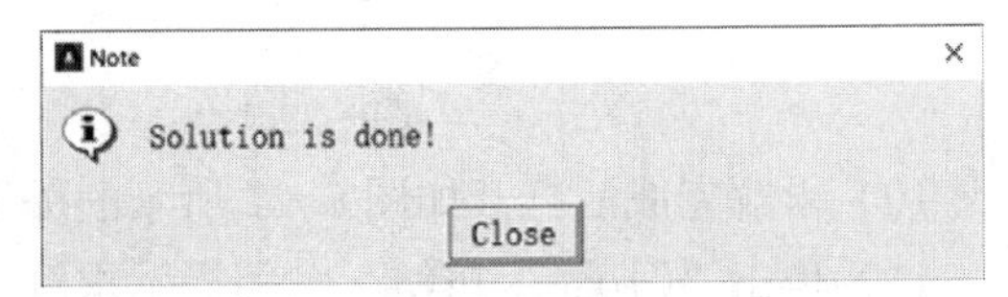

图6-27 “Note”对话框

6.2.4 查看结果

求解完成后，可以利用 ANSYS 软件生成的结果文件（静力分析为 Jobname.RST）进行后处理。静力分析通常通过 POST1 后处理器处理和显示大多数感兴趣的结果数据。

1. 查看变形

1）从主菜单中选择 Main Menu：General Postproc > Plot Results > Contour Plot > Nodal Solu 命令，打开“Contour Nodal Solution Data（等值线显示节点解数据）”对话框，如图 6-28 所示。

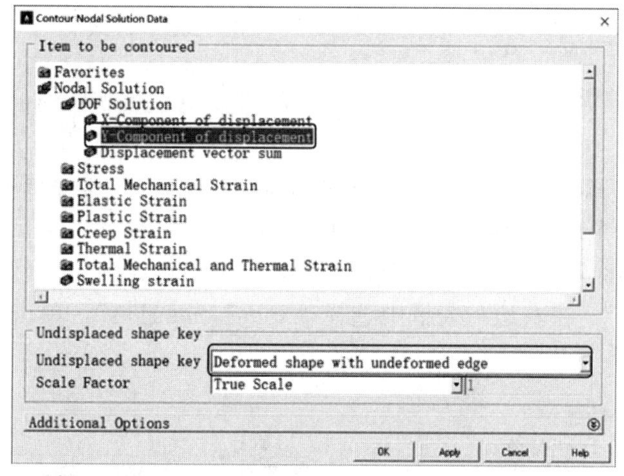

图6-28 “Contour Nodal Solution Data”对话框

2）在“Item to be contoured（等值线显示结果项）”中选择“DOF solution（自由度解）”选项。

3）选择“Y-Component of displacement（Y 向位移）”选项。

4）在“Undisplaced shape key”下拉列表中选择“Deformed shape with undeformed edge（变形后和未变形轮廓线）”选项。

5）单击“OK”按钮，在图形窗口中显示出 Y 向变形图，包含变形前的轮廓线，如图 6-29 所示。图中下方的色谱表明不同的颜色对应的数值（带符号）。

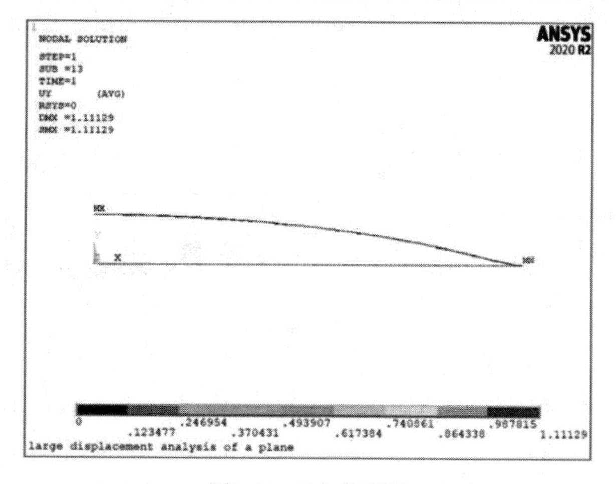

图6-29 Y向变形图

2. 列表查看位移

1）从主菜单中选择Main Menu：General Postproc > Read Results > By Load Step命令，打开“Read Results by Load Step Number”对话框，单击“OK”按钮，如图6-30所示。

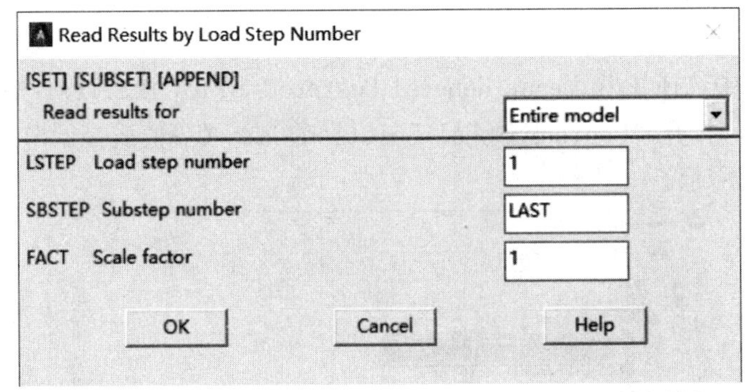

图6-30 “Read Results by Load Step Number”对话框

2）从实用菜单中选择Utility Menu：Parameters > Get Scalar Data...命令，打开“Get Scalar Data”对话框，在“Type of data to be retrieved”左边列表框中选择“Results data”，在右边列表框中选择“Nodal results”，单击“OK”按钮，如图6-31所示。

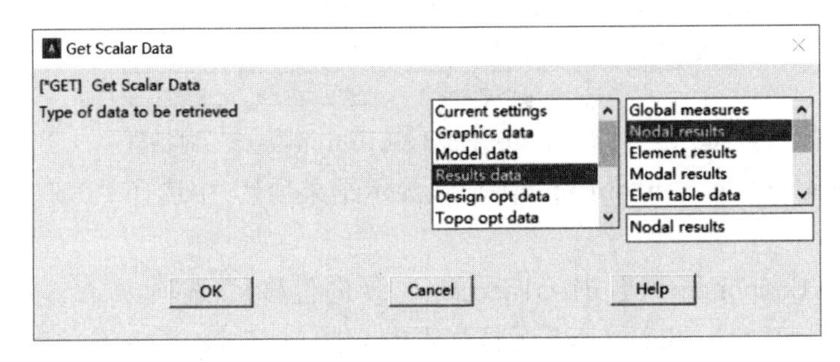

图6-31 “Get Scalar Data”对话框

3）在打开的“Get Nodal Results”对话框中，“Name of parameter to be defined”文本框中输入“UY”，在“Node number N”文本框中输入1，在“Results data to be retrieved”左、右列表框中分别选择“DOF solution”“UY”，单击“OK”按钮，如图6-32所示。

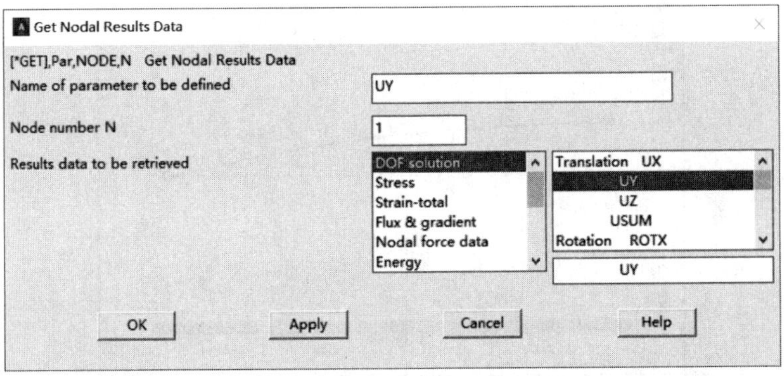

图6-32 “Get Nodal Results Data”对话框

4）从主菜单中选择 Main Menu：General Postproc > Element Table > Define Table 命令，打开“Element Table Data”对话框，如图 6-33 所示。单击“Add...”按钮。

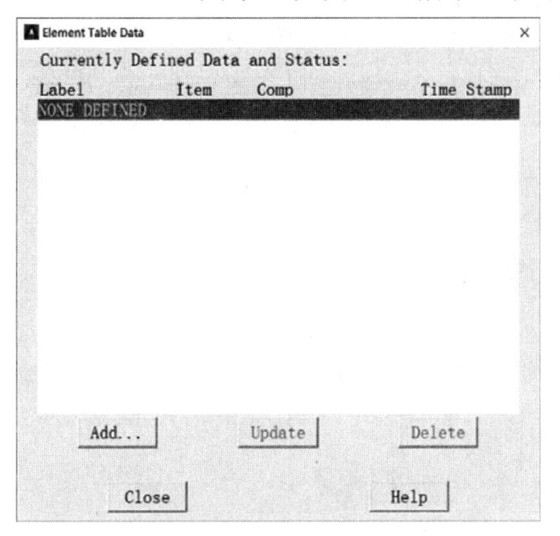

图6-33 “Element Table Data”对话框

5）在打开的“Define Additional Element Table Items”对话框中的“Eff NU for EQV strain”文本框中输入“CENT”，在“User label for item”文本框中输入“EUY”，在“Results data item”左边列表框中选择“DOF solution”选项，在右边列表框中选择“UY”，如图 6-34 所示。单击“OK”按钮。

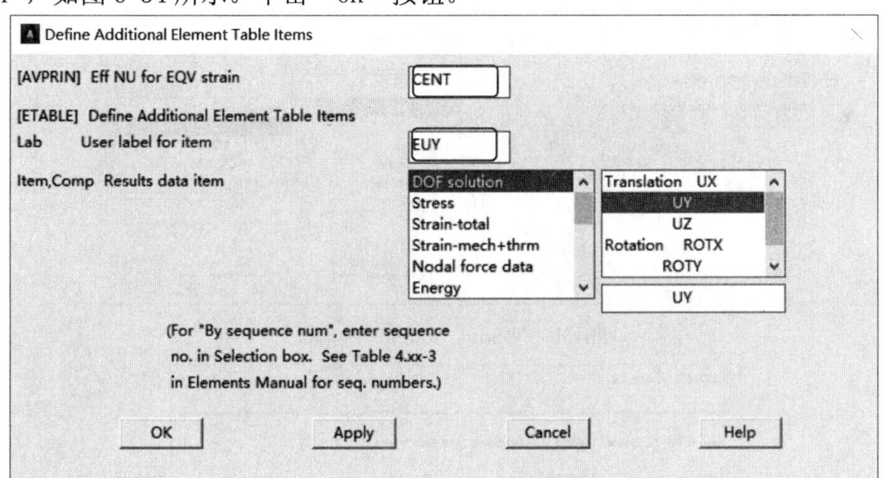

图 6-34 “Define Additional Element Table Items”对话框

6）弹出“Element Table Data”对话框，如图 6-35 所示。单击“Close”按钮。

7）从主菜单中选择 Main Menu：General Postproc > List Results > Sorted Listing > Sort Nodes 命令，在弹出的对话框中的“Number of nodes for sort”文本框输入 5，其余设置如图 6-36 所示，单击“OK”按钮。

8）打开如图 6-37 所示的列表显示的对话框，查看后关闭。

9）从实用菜单中选择 Utility Menu：Parameters > Get Scalar Data 命令，打开“Get Scalar Data”对话框，在“Type of data to be retrieved”左边列表框中选择“Results data”，在右边列表框中选择“Other operations”，如图 6-38 所示。单击“OK”

按钮。

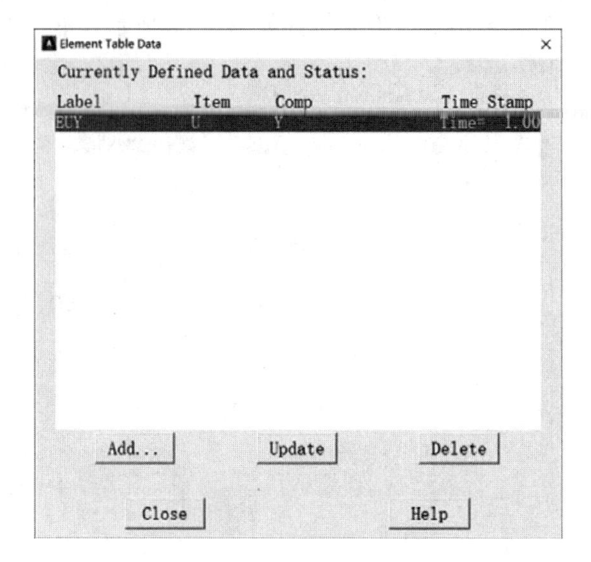

图6-35 “Element Table Data”对话框

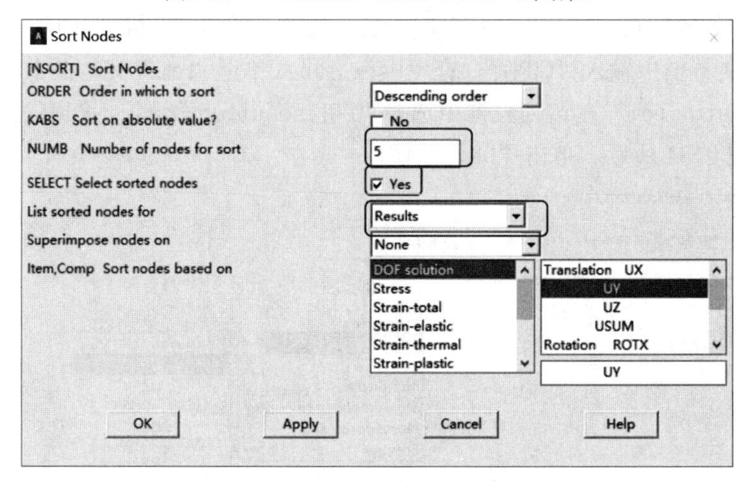

图6-36 “Sort Nodes”对话框

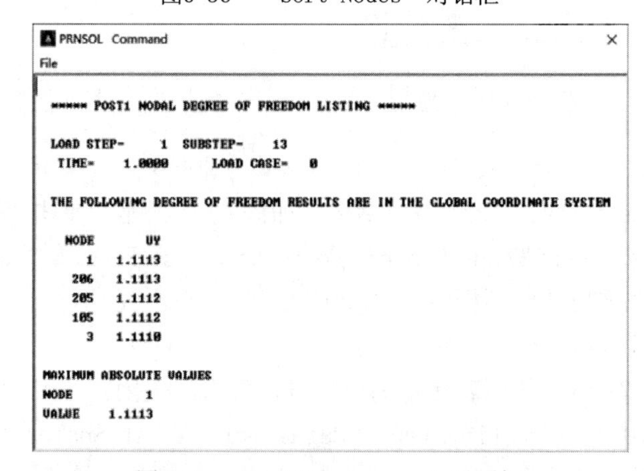

图6-37 “PRNSOL Command”对话框

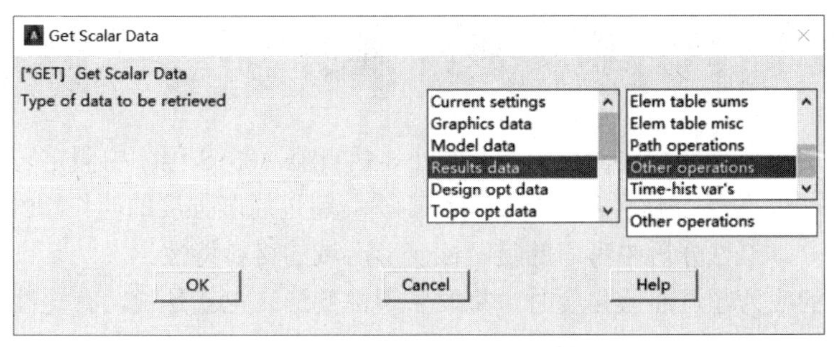

图6-38 “Get Scalar Data”对话框

10）在打开的“Get Data from Other POST1 Operations”对话框中的“Name of parameter to be defined”文本框中输入“PRSCNT”，在“Data to be retrieved”左边列表框中选择“From sort oper’n”，在右边列表框中选择“Maximum value”，如图6-39所示。单击“OK”按钮。

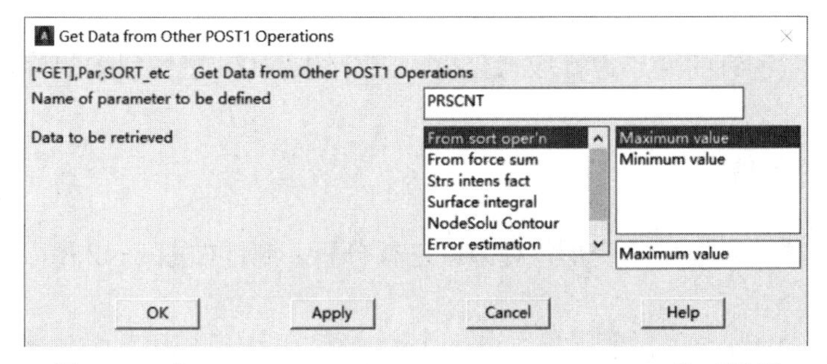

图6-39 “Get Data from Other POST1 Operations”对话框

11）ANSYS的“Output Window”会显示出“MAX”值可供查看，如图6-40所示。

12）从实用菜单中选择Utility Menu：Parameters > Scalar Parameters命令，打开“Scalar Parameters”对话框，如图6-41所示。

6.2.5 命令流方式

命令流执行方式这里不做详细介绍，读者可参见电子资料包的内容。

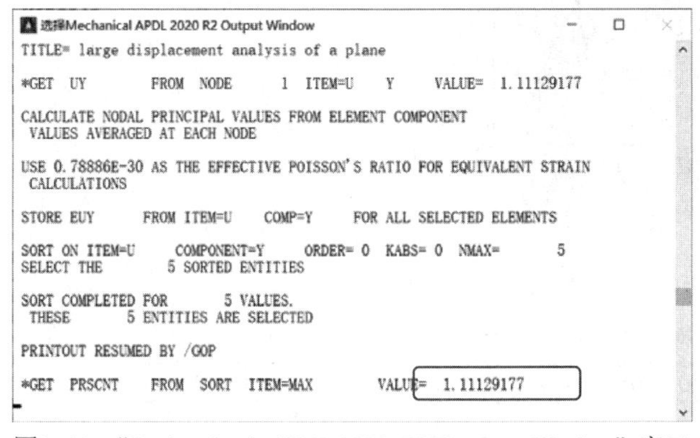

图6-40 “Mechanical APDL 2020 R2 Output Window”窗口

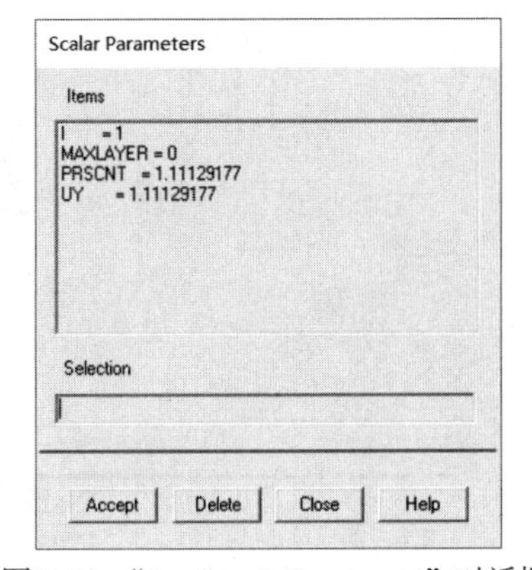

图6-41 “Scalar Parameters”对话框

6.3 材料非线性分析实例——铆钉

由于材料的屈服强度和比例极限相差很小，因此在ANSYS程序中假定它们相同。在应力-应变曲线中，低于屈服强度的叫作弹性部分，超过屈服强度的叫作塑性部分，也叫作应变强化部分。塑性分析中考虑的是塑性变形区域的材料特性。

当材料中的应力超过屈服强度时，将发生塑性变形（也就是说，有塑性应变发生）。而应力本身可能是下列某个参数的函数：

- 温度。
- 应变率。
- 以前的应变历史。
- 侧限压力。
- 其他参数。

本节将通过对铆钉的冲压进行应力分析，来介绍ANSYS塑性问题的分析过程。

6.3.1 分析问题

考查铆钉在冲压时发生的变形，对铆钉进行分析。铆钉如图6-42所示。铆钉的参数如下：

铆钉圆柱高：10mm

铆钉圆柱外径：6mm

铆钉内孔孔径：3mm

铆钉下端球径:15mm

弹性模量：2.06E11Pa

泊松比：0.3

铆钉材料的应力应变关系见表6-1。

图6-42 铆钉

表6-1 铆钉材料的应力应变关系

应变/mm	0.003	0.005	0.007	0.009	0.011	0.02	0.2
应力/MPa	618	1128	1317	1466	1510	1600	1610

6.3.2 建立模型

1. 设置分析文件名和标题

1）从实用菜单中选择 Utility Menu：File > Change Jobname 命令，打开“Change Jobname(修改文件名)”对话框，如图 6-43 所示。

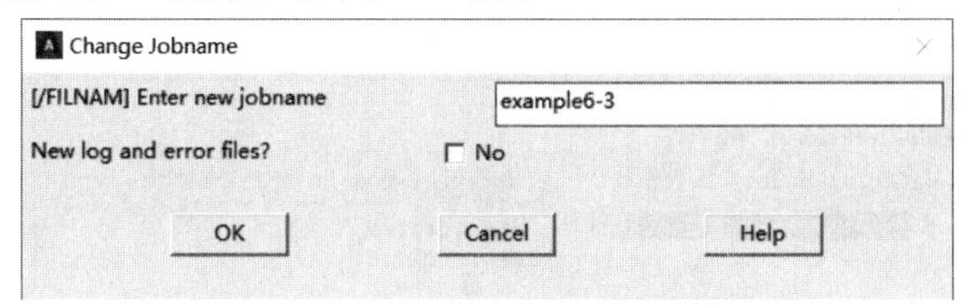

图6-43 “Change Jobname”对话框

2）在“Enter new jobname（输入新的文件名）”文本框中输入“example6-3”，设置本分析实例的数据库文件名。

3）单击“OK”按钮，完成数据库文件名的设置。

4）从实用菜单中选择 Utility Menu：File > Change Title 命令，打开“Change Title（修改标题）”对话框，如图 6-44 所示。

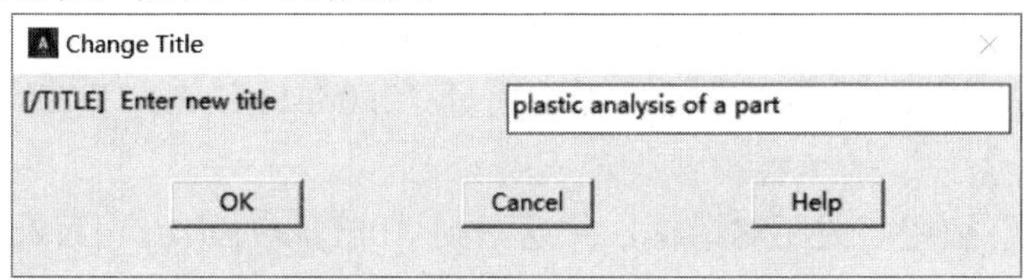

图6-44 “Change Title”对话框

5）在“Enter new title（输入新标题）”文本框中输入“plastic analysis of a part”，为本分析实例的标题名。

6）单击“OK”按钮，完成对标题名的指定。

7）从实用菜单中选择 Utility Menu：Plot > Replot 命令，指定的标题“plastic analysis of a part”将显示在图形窗口的左下角。

8）从主菜单中选择 Main Menu：Preference 命令，将打开“Preference of GUI Filtering（菜单过滤参数选择）”对话框，选中“Structural”复选框，单击“OK”按钮确定。

2. 定义单元类型

本例中选用 4 节点四边形实体单元 SOLID45。SOLID45 可用于计算三维应力问题。

在输入窗口中输入命令

```
/PREP7
ET,1,SOLID45
```

3. 定义实常数

本实例中选用三维的 SOLID45 单元，不需要设置实常数。

4. 定义材料属性

应力分析中必须定义材料的弹性模量和泊松比，塑性问题中必须定义材料的应力应变关系。具体步骤如下：

1）从主菜单中选择 Main Menu：Preprocessor > Material Props > Materia Models 命令，打开“Define Material Model Behavior（定义材料模型属性）”窗口，如图 6-45 所示。

2）依次单击 Structural > Linear > Elastic > Isotropic 命令，展开材料属性的树形结构，打开 1 号材料的弹性模量（EX）和泊松比（PRXY）的定义对话框，如图 6-46 所示。

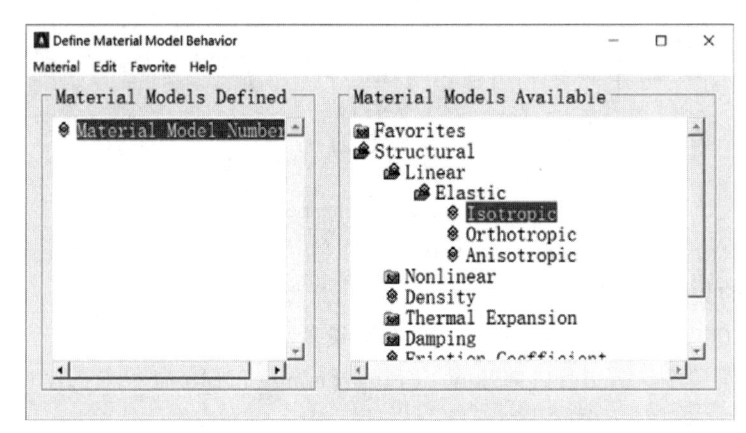

图6-45 “Define Material Model Behavior”窗口

3）在对话框的“EX”文本框中输入弹性模量“2.06e11”，在“PRXY”文本框中输入泊松比 0.3。

4）单击“OK”按钮，关闭对话框，并返回到“Define Material Model Behavior（定义材料模型属性）”窗口，在左边的列表框中显示出刚刚定义的编号为 1 的材料属性。

5）依次单击 Structural > Nonlinear > Elastic > Multilinear Elastic，如图 6-47 所示。

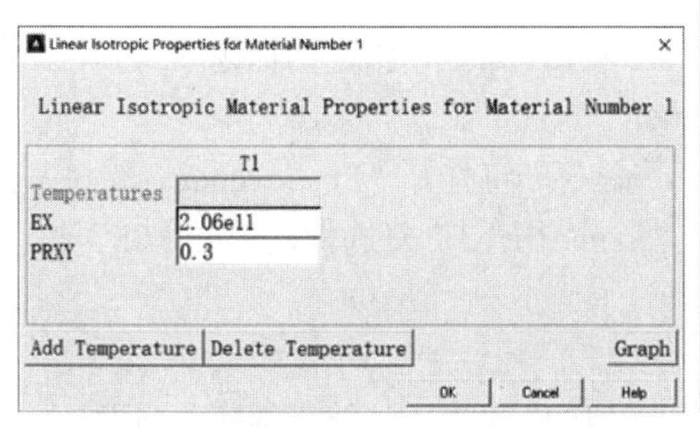

图6-46 “Linear Isotropic Properties for Material Number1”对话框

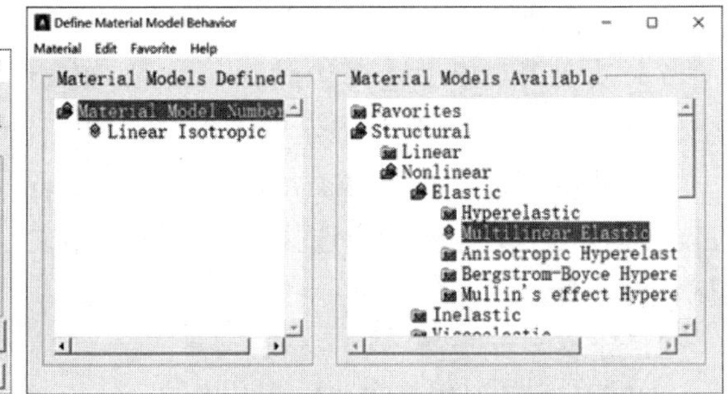

图6-47 “Define Material Model Behavior”窗口

6）在弹出的“Multilinear Elastic for Material Number1”对话框中单击“Add Point”按钮，添加材料的关系点数据，如图 6-48 所示。

7）单击“OK”按钮，关闭对话框，并返回到“Define Material Model Behavior”窗口。

8）在“Define Material Model Behavior”窗口的菜单中选择 Material > Exit 命令，或者单击右上角的关闭按钮，退出该窗口，完成对模型材料属性的定义。

5. 建立实体模型

（1）创建一个球。

1）从主菜单中选择 Main Menu： Preprocessor > Modeling > Create > Volumes > Sphere > Solid Sphere 命令。

2）在弹出的对话框的文本框中输入 X 为 0、Y 为 3、Radius 为 7.5，单击“OK”按钮，如图 6-49 所示。

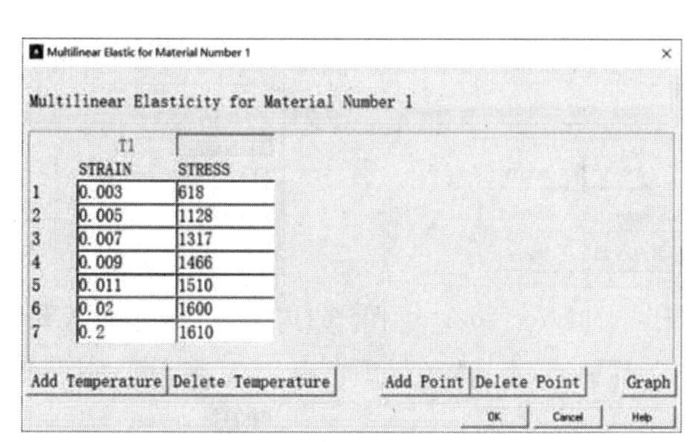

图6-48 “Multilinear Elastic for Material Number1”对话框

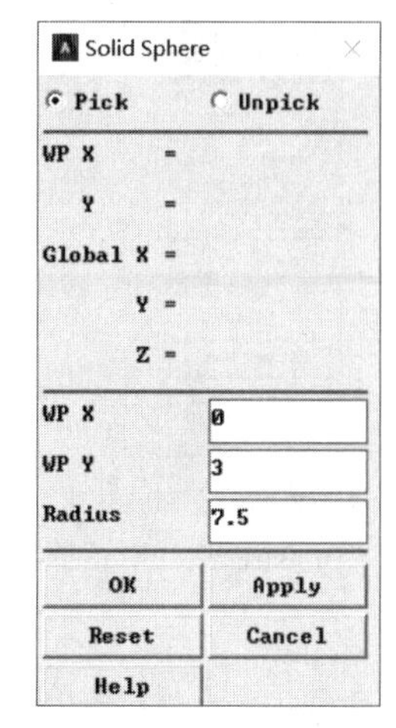

图6-49 “Solid Sphere”对话框

（2）将工作平面旋转 90°。

1）从实用菜单中选择 Utility Menu：WorkPlane > Offset WP by Increments... 命令。

2）在“XY,YZ,ZX Angles”文本框中输入“0,90,0”，如图 6-50 所示。单击“OK”按钮。

（3）用工作平面分割球。

1）从主菜单中选择 Main Menu： Preprocessor > Modeling > Operate > Booleans > Divide > Volu by WrkPlane 命令。

2）选择刚刚建立的球，单击如图 6-51 所示对话框中的“OK”按钮。

（4）删除上半球。

1）从主菜单中选择 Main Menu：Preprocessor > Modeling > Delete > Volume and Below 命令。

2）选择球的上半部分，单击如图 6-52 所示对话框中的 “OK”按钮。

删除上半球的结果如图 6-53 所示。

（5）创建一个圆柱体。

1）从主菜单中选择 Main Menu：Preprocessor > Modeling > Create > Volumes > Cylinder > Solid Cylinder 命令。

2）在弹出的对话框的“WP X”文本框中输入 0，“WP Y”文本框中输入 0，“Radius”文本框中输入 3，“Depth”文本框中输入-10，单击“OK”按钮。生成一个圆柱体，如图 6-54 所示。

（6）偏移工作平面到总坐标系的某一点。

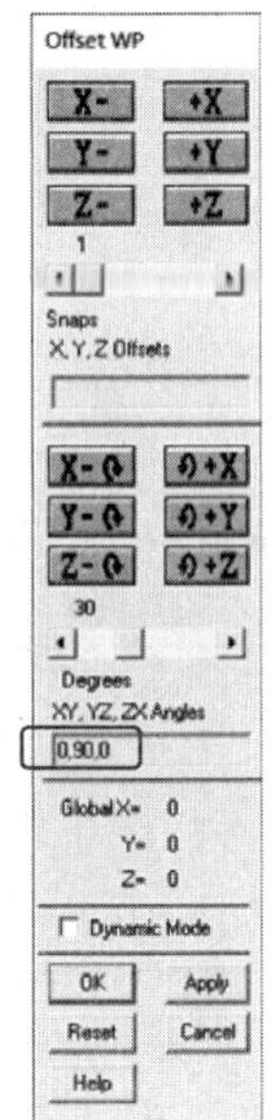

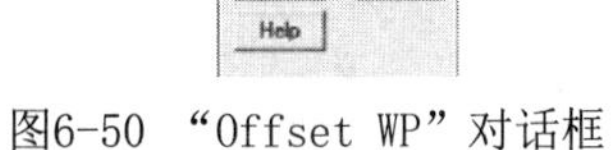

图6-50 “Offset WP”对话框

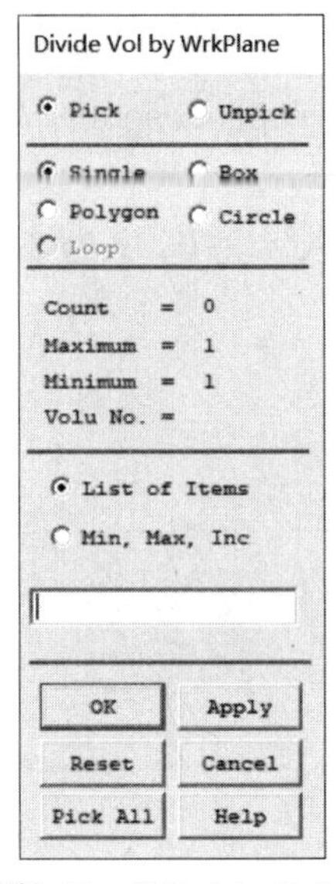

图6-51 “Divide Vol by WrkPlane”对话框

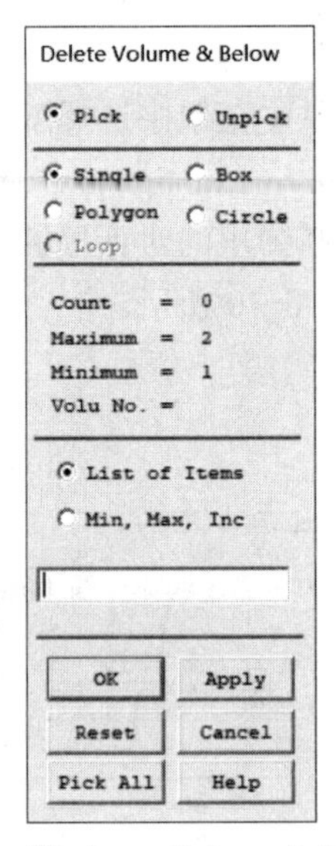

图6-52 “Delete Volume & Below”对话框

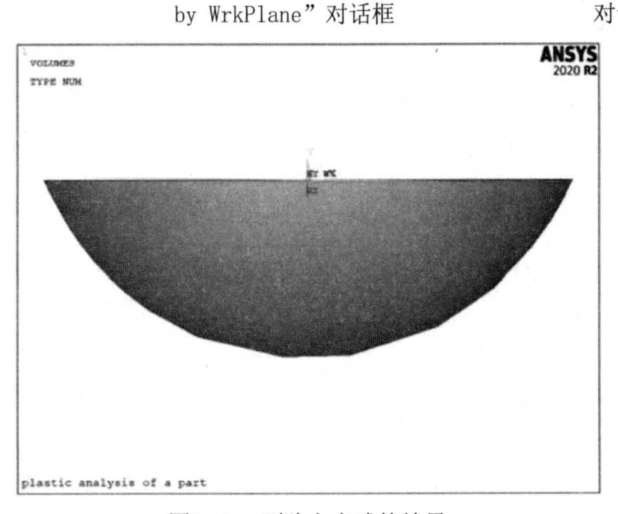

图6-53 删除上半球的结果

1）从实用菜单中选择 Utility Menu：WorkPlane > Offset WP to > XYZ Locations +命令，如图 6-54 所示。

2）在“Global Cartesian”文本框中输入“0,10,0”，单击“OK”按钮，如图 6-55 所示。

（7）创建另一个圆柱体。

1）从主菜单中选择 Main Menu：Preprocessor > Modeling > Create > Volumes > Cylinder > Solid Cylinder 命令。

2）在弹出的对话框中的“WP X”文本框中输入 0，“WP Y”文本框中输入 0，“Radius”文本框中输入 1.5，“Depth”文本框中输入 4，单击“OK”按钮，生成另一个圆柱体。

（8）从大圆柱体中“减”去小圆柱体。

1）从主菜单中选择 Main Menu： Preprocessor > Modeling > Operate > Booleans

> Subtract > Volumes 命令 。

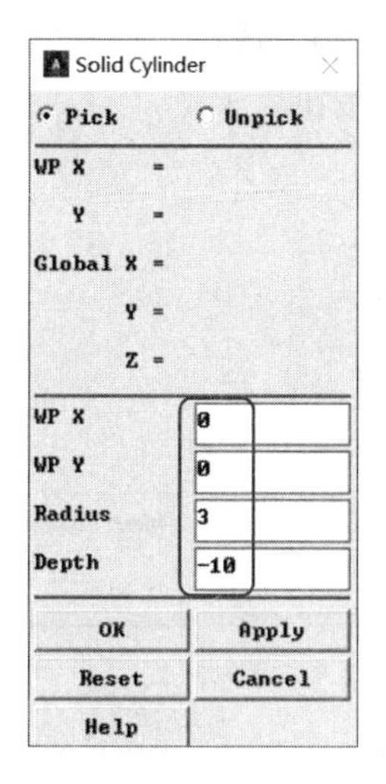

图6-54 “Solid Cylinder”对话框

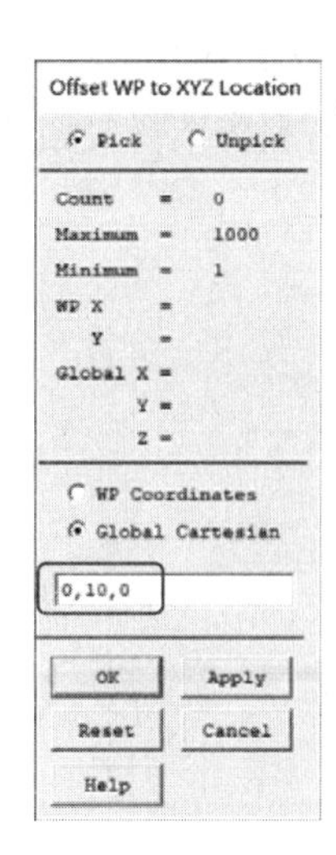

图6-55 “Offset WP to XYZ Location”对话框

2)拾取大圆柱体,作为布尔“减”操作的母体,单击如图 6-56 所示对话框中的“Apply”按钮。

3）拾取刚刚建立的小圆柱体作为减去的对象，单击“OK”按钮。

4）从大圆柱体中减去小圆柱体的结果如图 6-57 所示。

（9）将大圆柱体中减去小圆柱体的结果与下半球相加。

1）从主菜单中选择 Main Menu： Preprocessor > Modeling > Operate > Booleans > Add > Volumes 命令。

2）单击如图 6-58 所示对话框中的“Pick All”按钮。

（10）存储 ANSYS 数据库。在工具条中单击“SAVE_DB”按钮。

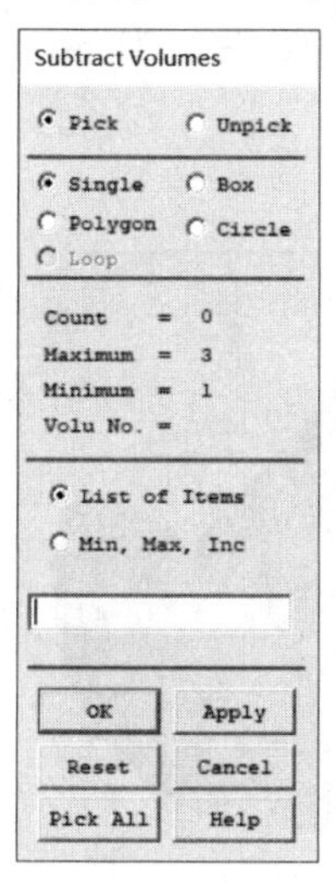

图6-56 “Subtract Volumes”对话框

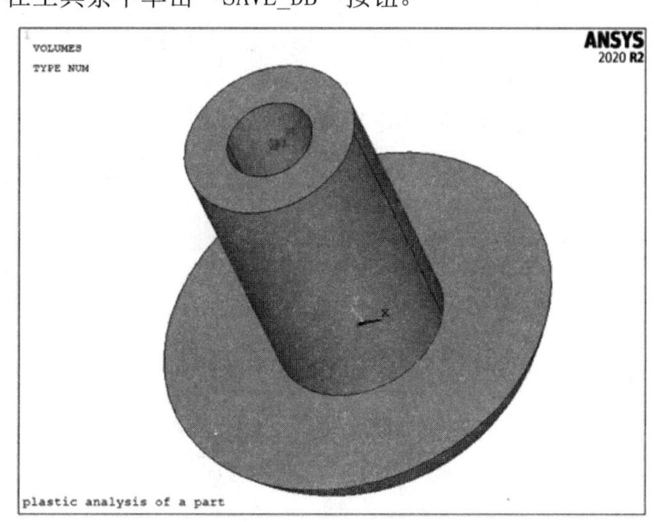

图6-57 减去小圆柱体

6. 对铆钉划分网格

本例选用 SOLID45 单元对铆钉进行网格划分。

1）从主菜单中选择 Main Menu：Preprocessor > Meshing > MeshTool 命令，打开

“Mesh Tool（网格工具）”对话框，如图6-59所示。

2）选择“Mesh”下拉列表中的“Volumes”，单击“Mesh”按钮，打开如图6-60所示的对话框，要求选择要划分数的体。单击“Pick All”按钮。

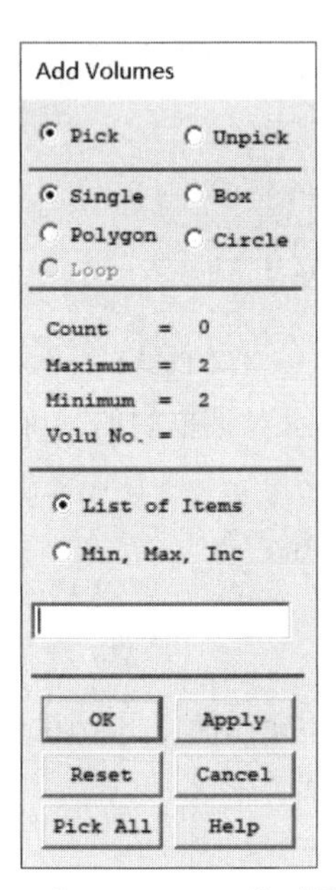

图6-58 “Add Volumes”对话框

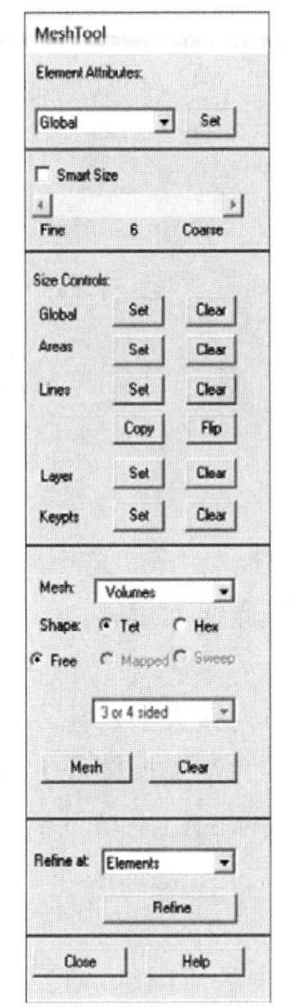

图6-59 “Mesh Tool”对话框

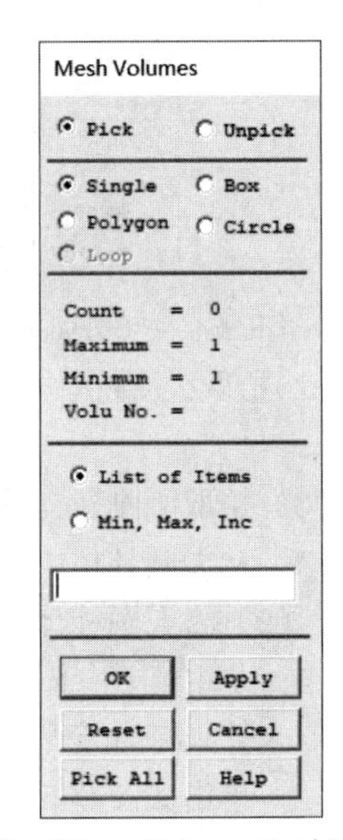

图6-60 “Mesh Volumes”对话框

3）ANSYS将对体进行网络划分。划分过程中ANSYS会出现如图6-61所示的警告信息，单击“Close”按钮，将其关闭。

划分后的体如图6-62所示。

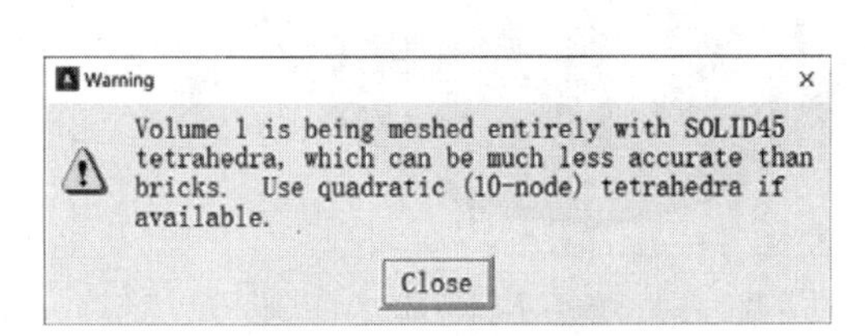

图6-61 “Warning”对话框

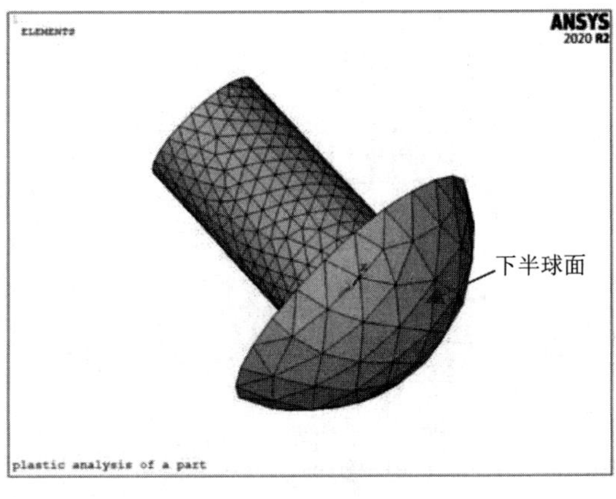

图6-62 划分体

6.3.3 定义边界条件并求解

建立有限元模型后，即可定义分析类型和施加边界条件及载荷，然后求解。本实例中载荷为上圆环形表面的位移载荷，位移边界条件是下半球面所有方向上的位移固定。

1. 施加位移约束

1）从主菜单中选择 Main Menu：Solution > Define Loads > Apply > Structural > Displacement > on Areas 命令，打开面选择对话框，要求选择欲施加位移约束的面。

2）选择下半球面，单击“OK”按钮，打开“Apply U,ROT on Areas（在面上施加位移约束）”对话框，如图 6-63 所示。

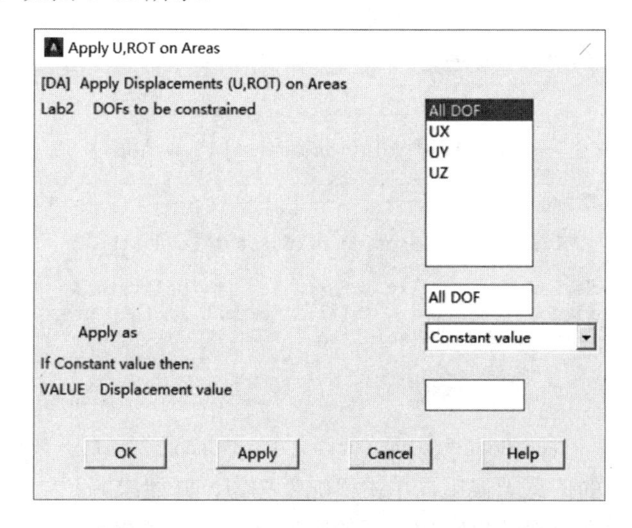

图6-63 “Apply U,ROT on Areas”对话框

3）选择“All DOF”选项（所有方向上的位移）。

4）单击“OK”按钮，在选定面上施加指定的位移约束。

2. 施加位移载荷并求解

1）从主菜单中选择 Main Menu：Solution > Define Loads > Apply > Structural > Displacement > on Areas 命令，打开面选择对话框，要求选择欲施加位移载荷的面。

2）选择上面的圆环面，单击“OK”按钮，打开如图 6-63 所示的对话框。

3）选择“UY（Y 方向上的位移）”，在“Displacement value”文本框中输入 0.2。

4）单击“OK”按钮，在选定面上施加指定的位移载荷。

5）单击“SAVE_DB”按钮，保存数据库。

6）从主菜单中选择 Main Menu：Solution > Analysis Type > Sol’n Controls 命令，打开“Solution Controls”对话框，如图 6-64 所示。

7）在“Basic”选项卡中的“Analysis Options”下拉列表框中选择“Large Displacement Static”。

8）在“Write Items to Results File”中选择“All solution items”，在下面的“Frequency”下拉列表中选择“Write every substep”。

9）在“Time at end of loadstep”文本框中输入 1；在“Number of substeps” 文

本框中输入 20，单击“OK”按钮。

10）从主菜单中选择 Main Menu：Solution > Solve > Current LS 命令，打开如图 6-65 所示的确认对话框和状态列表，要求查看列出的求解选项。

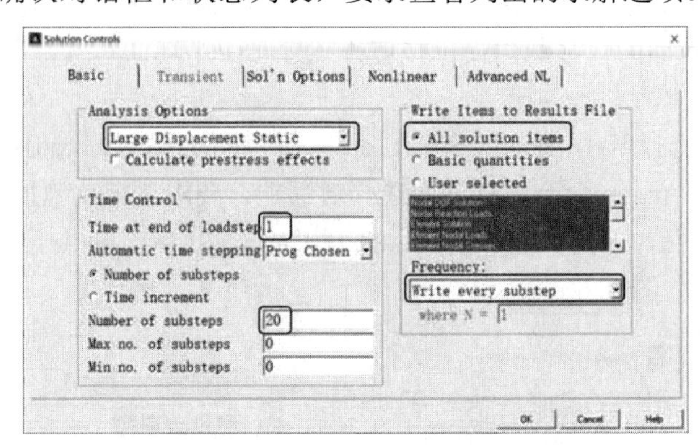

图6-64 “Solution Controls”对话框

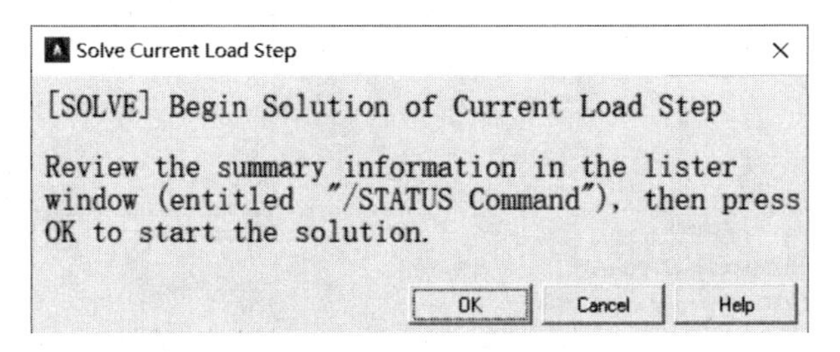

图6-65 “Solve Current Load Step”对话框

11）确认列表中的信息无误后，单击“OK”按钮，开始求解。

12）求解过程中会出现结果收敛与否的图形显示，如图 6-66 所示。

13）求解完成后打开如图 6-67 所示的提示求解完成对话框。

14）单击“Close”按钮，关闭提示求解完成对话框。

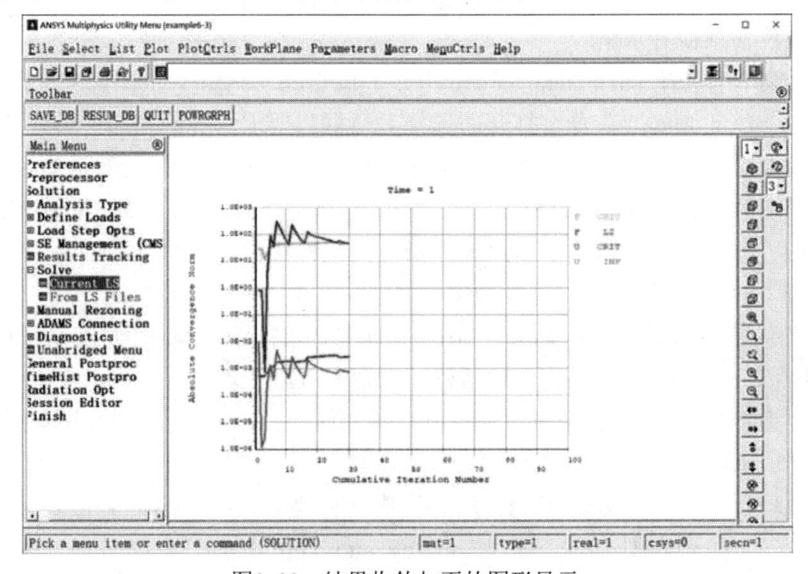

图6-66 结果收敛与否的图形显示

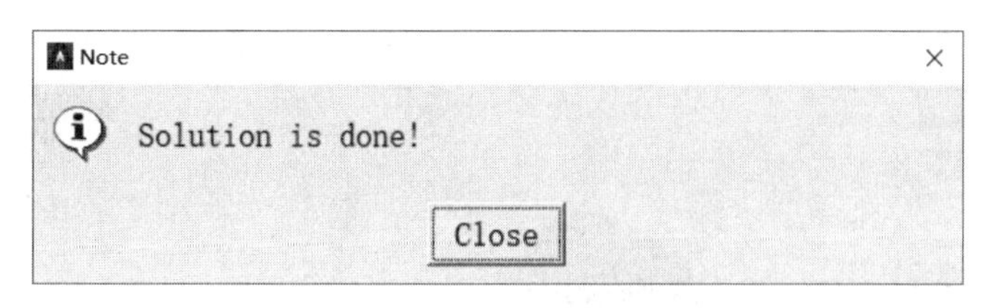

图6-67 “Note”对话框

6.3.4 查看结果

1．查看变形

1）从主菜单中选择Main Menu：General Postproc > Plot Result > Contour Plot > Nodal Solu命令，打开“Contour Nodal Solution Data（等值线显示节点解数据）”对话框，如图6-68所示。

2）在“Item to be contoured（等值线显示结果项）”中选择“DOF Solution（自由度解）”选项。

3）选择“Y-Component of displacement（Y向位移）”选项，Y向位移即为铆钉高方向的位移。

4）在“Undisplaced shape key”下拉列表中选择“Deformed shape with undeformed edge（变形后和未变形轮廓线）”选项。

5）单击“OK”按钮，在图形窗口中显示Y向出变形图，包含变形前的轮廓线，如图6-69所示。图中下方的色谱表明不同的颜色对应的数值（带符号）。

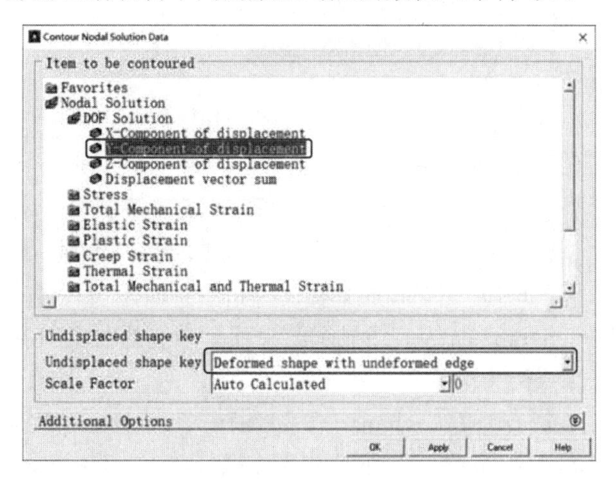

图6-68 “Contour Nodal Solution Data”对话框

2．查看应变

1）从主菜单中选择Main Menu：General Postproc > Read Results > By Load Step命令，打开“Read Results By Load Step Number”对话框，采用默认设置，单击“OK”按钮。

2）从主菜单中选择Main Menu：General Postproc > Plot Results > Contour Plot > Nodal Solu命令，打开“Contour Nodal Solution Data（等值线显示节点解数据）”对

话框，如图 6-70 所示。

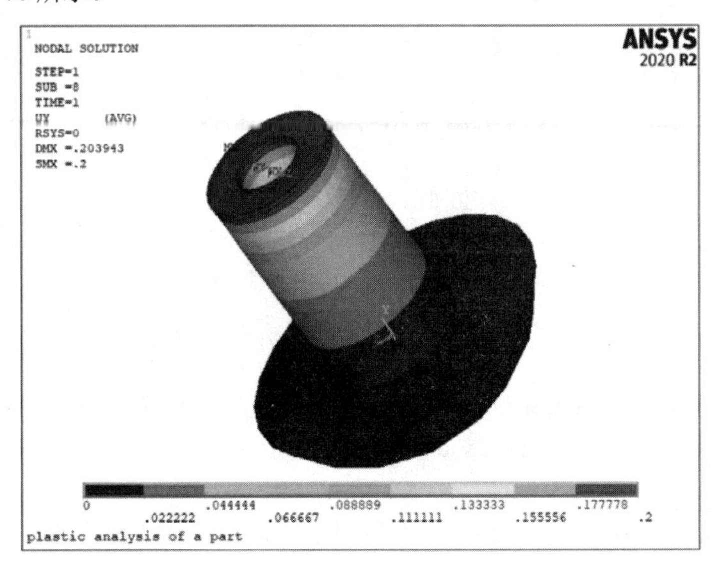

图6-69　Y向变形图

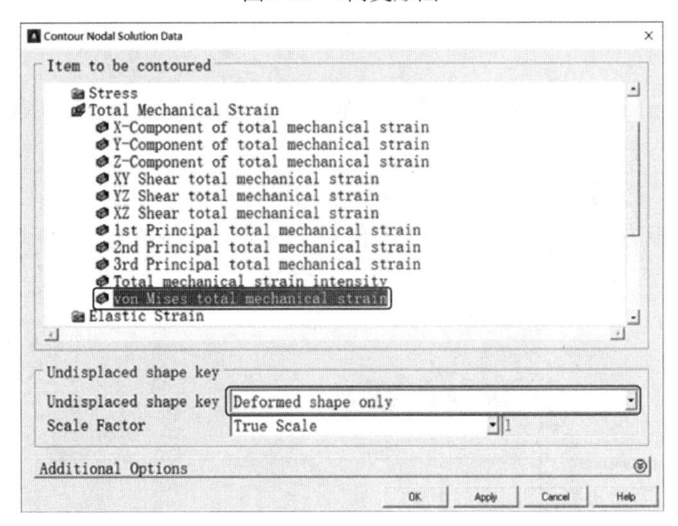

图 6-70　“Contour Nodal Solution Data” 对话框

3)在“Item to be contoured(等值线显示结果项)”中选择“Total Mechanical Strain（应变)” 选项。

4) 选择 “von Mises total mechanical strain (von Mises 应变)” 选项。

5) 在 “Undisplaced shape key” 下拉列表中选择 “Deformed shape only (仅显示变形后模型)” 单选按钮。

6) 单击 “OK” 按钮，图形窗口中显示出 “von Mises” 应变分布图，如图 6-71 所示。

3. 查看截面

1) 从实用菜单中选择 Utility Menu: PlotCtrls > Style > Hidden Line Options 命令，打开 “Hidden-Line Options” 对话框，如图 6-72 所示。

2) 在 “Type of Plot” 下拉列表框中选择 “Capped hidden” 选项。

3) 单击 “OK” 按钮，图形窗口中显示出截面上的分布图，如图 6-73 所示。

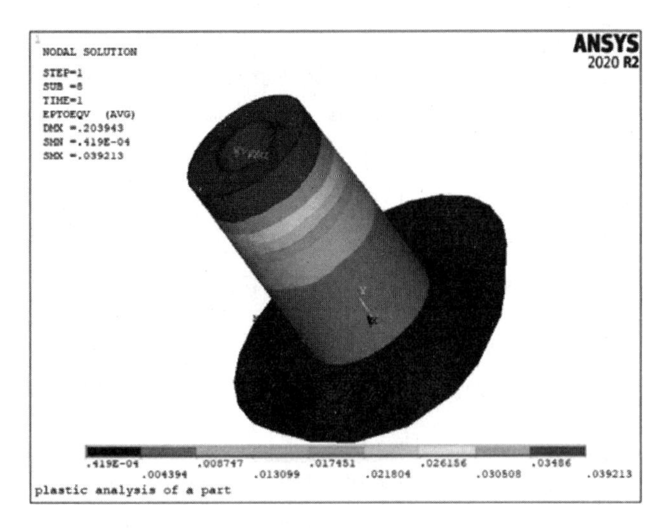

图6-71 “von Mises”应变分布图

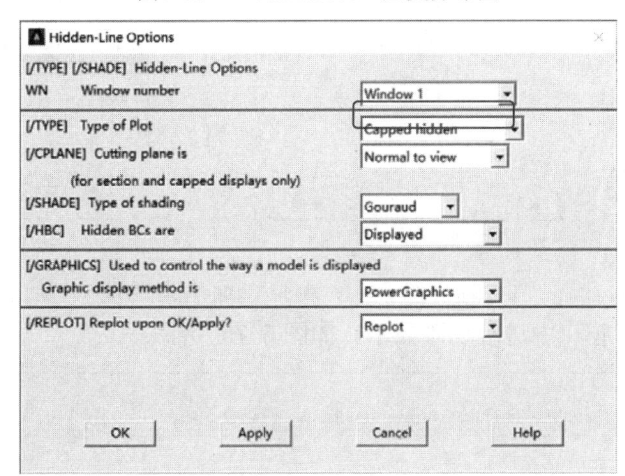

图6-72 “Hidden-Line Options”对话框

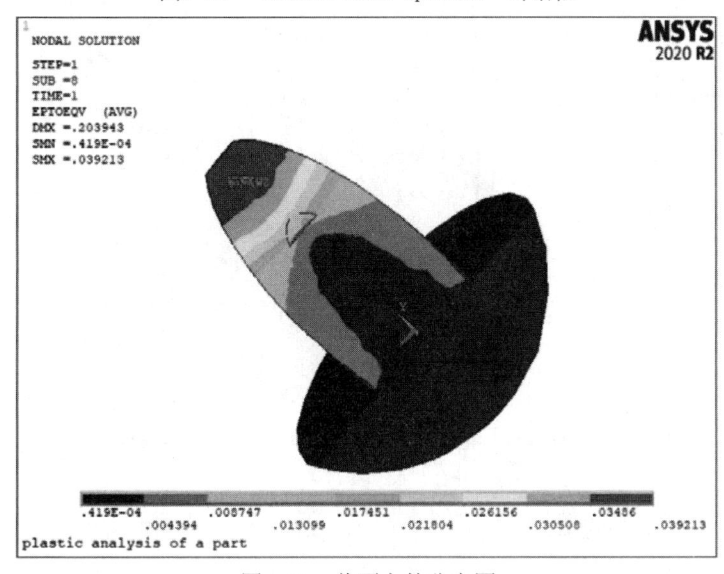

图6-73 截面上的分布图

4. 动画显示模态形状

1）从实用菜单中选择Utility Menu： PlotCtrls > Animate > Mode Shape... 命令。

2）打开如图 6-74 所示的对话框，在“Display Type”左边列表框中选择 “DOF solution”，在右边列表框中选择“UY”，单击“OK”按钮。

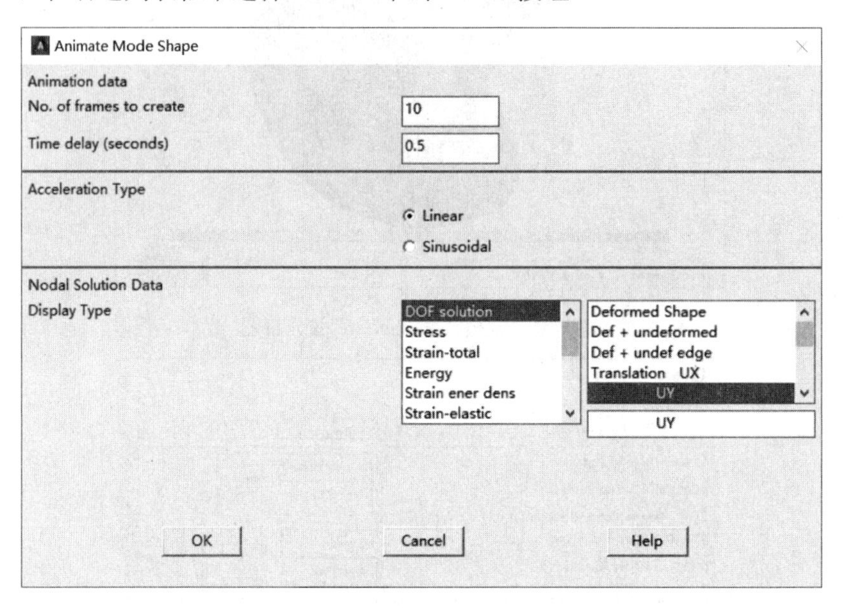

图6-74 “Animate Mode Shape”对话框

ANSYS 将在图形窗口中进行动画显示，如图 6-75 所示。

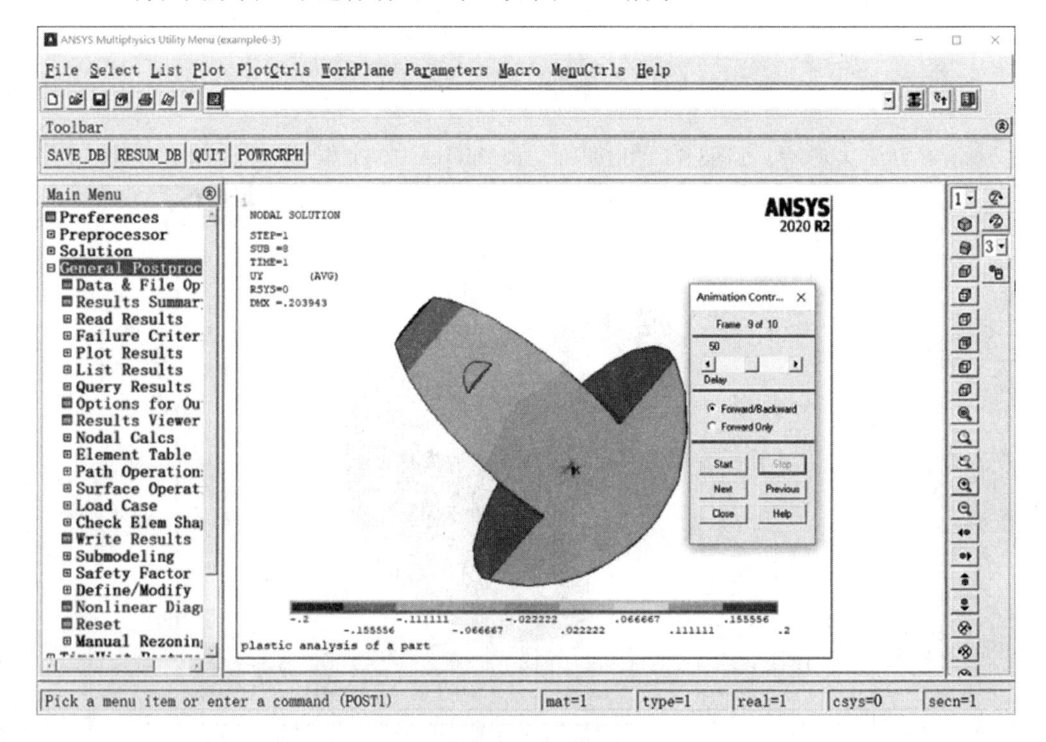

图6-75 动画显示

6.3.5 命令流方式

命令流执行方式这里不做详细介绍，读者可参见电子资料包中的内容。

6.4 状态非线性分析实例——齿轮啮合

接触问题存在两个较大的难点：其一，在求解问题之前，并不知道接触区域，物体之间的表面是接触或分开是未知的，这随载荷、材料、边界条件和其他因素的变化面改变；其二，大多数的接触问题需要计算摩擦，可供选择的几种摩擦和模型都是非线性的，摩擦使问题的收敛性变得困难。

接触问题分为两种基本类型：刚体-柔体的接触和柔体-柔体的接触。在刚体-柔体的接触问题中，接触面的一个或多个被当作刚体（与它接触的变形体相比，有大得多的刚度）。一般情况下，一种软材料和一种硬材料接触时，问题可以被假定为刚体-柔体的接触，许多金属成形问题归为此类接触。柔体-柔体的接触是一种更普遍的类型，在这种情况下，两个接触体都是变形体（有近似的刚度）。

本节将通过对一对接触的齿轮进行接触应力分析，来介绍 ANSYS 接触问题的分析过程。

6.4.1 分析问题

一对啮合的齿轮在工作时产生接触，分析其接触的位置、面积和接触力的大小。

齿轮模型如图 6-76 所示。齿轮的参数如下：

齿顶圆直径：48mm

齿根圆直径：30mm

齿数：10

模数：4mm

弹性模量：2.06e11Pa

泊松比：0.3

摩擦系数：0.3

中心距：40mm

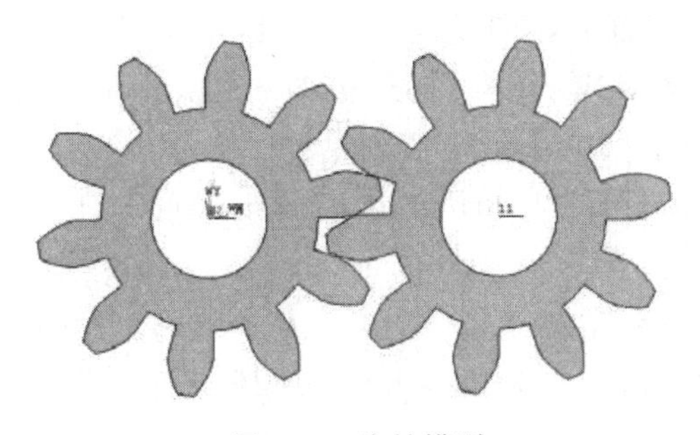

图6-76 齿轮模型

6.4.2　建立模型

1. 设置分析文件名和标题

1）从实用菜单中选择 Utility Menu：File > Change Jobname 命令，打开“Change Jobname(修改文件名)”对话框，如图 6-77 所示。

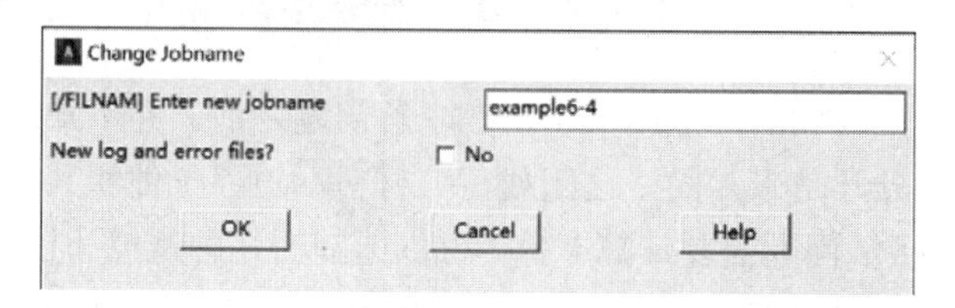

图6-77　“Change Jobname”对话框

2）在“Enter new jobname（输入新的文件名）”文本框中输入“example6-4”，为本分析实例的数据库文件名。

3）单击“OK”按钮，完成数据库文件名的设置。

4）从实用菜单中选择 Utility Menu：File > Change Title 命令，将打开“Change Title（修改标题）”对话框，如图 6-78 所示。

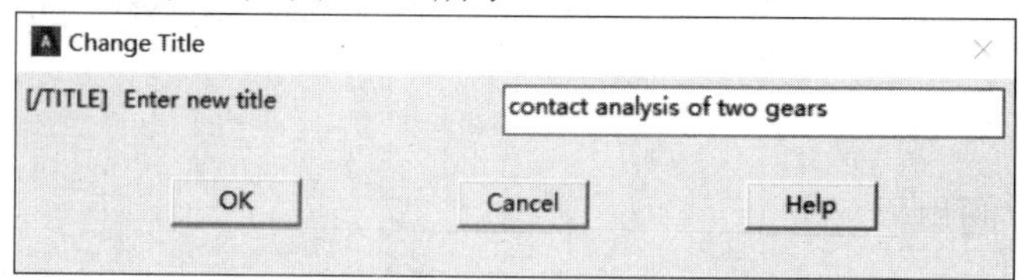

图6-78　“Change Title”对话框

5）在“Enter new title（输入新标题）”文本框中输入“contact analysis of two gears”，设置本分析实例的标题名。

6）单击“OK”按钮，完成对标题名的指定。

7）从实用菜单中选择 Utility Menu：Plot > Replot 命令，设置的标题“contact analysis of two gears”将显示在图形窗口的左下角。

8)从主菜单中选择 Main Menu:Preference 命令，打开“Preference of GUI Filtering（菜单过滤参数选择）”对话框，选中“Structural”复选框，单击“OK”按钮确定。

2. 定义单元类型

本例中选用 4 节点四边形板单元 PLANE182。PLANE182 不仅可用于计算平面应力问题，还可以用于分析平面应变和轴对称问题。

1）从主菜单中选择 Main Menu：Preprocessor > Element Type > Add/Edit/Delete 命令，打开“Element Type（单元类型）”对话框。

2）单击“OK”按钮，打开“Library of Element Types(单元类型库)”对话框，如图 6-79 所示。

3）在左边的列表框中选择“Solid”选项（选择实体单元类型）。

4）在右边的列表框中选择“Quad 4 node 182”选项（选择 4 节点四边形板单元 PLANE182）。

5）单击“OK”按钮，添加 PLANE182 单元，并关闭对话框，同时返回到步骤 1）打开的对话框，如图 6-80 所示。

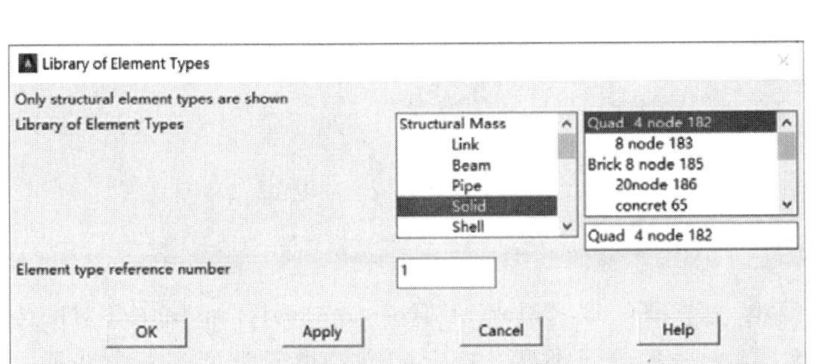

图6-79 “Library of Element Types”对话框

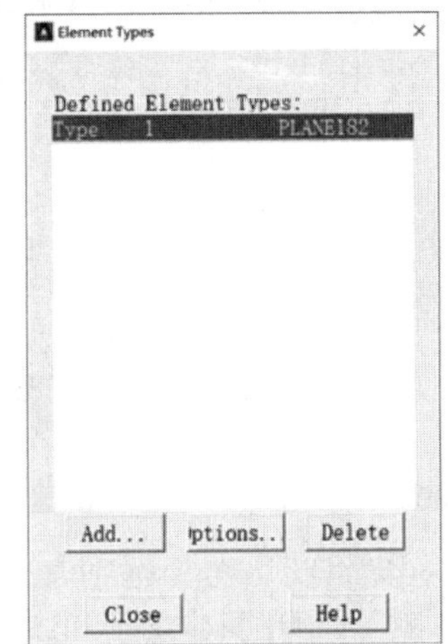

图6-80 “Element Types”对话框

6）单击“Options...”按钮，打开如图 6-81 所示的“PLANE182 element type options（单元选项设置）”对话框，对“PLANE182”单元进行设置，使其可用于计算平面应力问题。

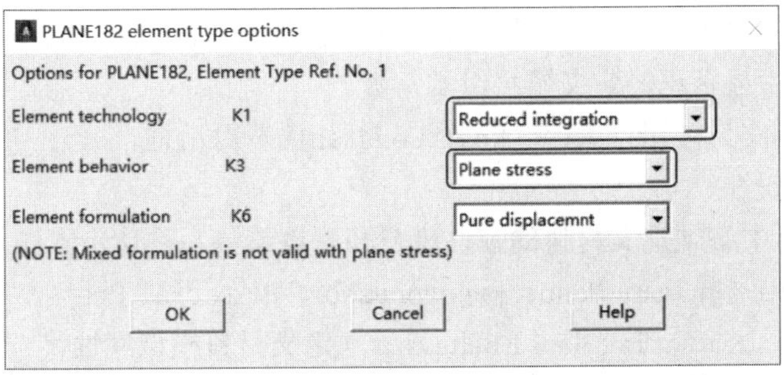

图6-81 “PLANE182 element type options”对话框

7）在“Element technology”下拉列表框中选择“Reduced integration（由沙漏控制的均匀缩减积分）”选项。

8）在“Element behavior（单元行为方式）”下拉列表框中选择“Plane stress（平面应力）”选项。

9）单击“OK”按钮，关闭对话框，返回到如图 6-80 所示的对话框。

10）单击“Close”按钮，关闭单元类型对话框，结束单元类型的添加。

3．定义实常数

本实例中 PLANE182 单元选择了“Reduced integration（由沙漏控制的均匀缩减积分）”选项，需要在实常数中设置沙漏刚度比例因子。

1）从主菜单中选择 Main Menu：Preprocessor > Real Constants > Add/Edit/ Delete 命令，打开如图 6-82 所示的“Real Constants（实常数）”对话框。

2）单击“Add”按钮，打开如图 6-83 所示的“Element Type for Real Constants（实常数单元类型）”对话框，要求选择欲定义实常数的单元类型。

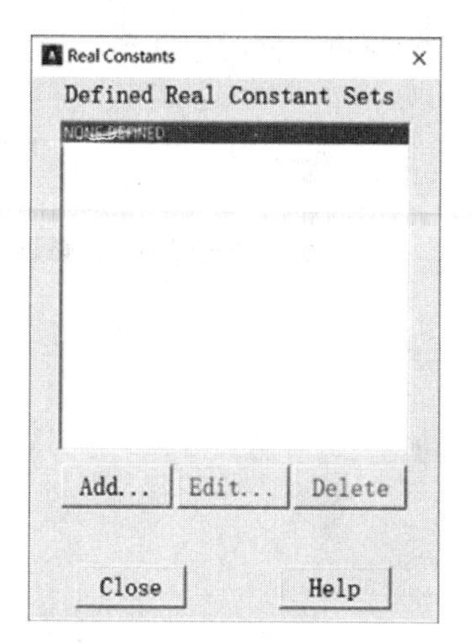

图6-82 “Real Constants”对话框

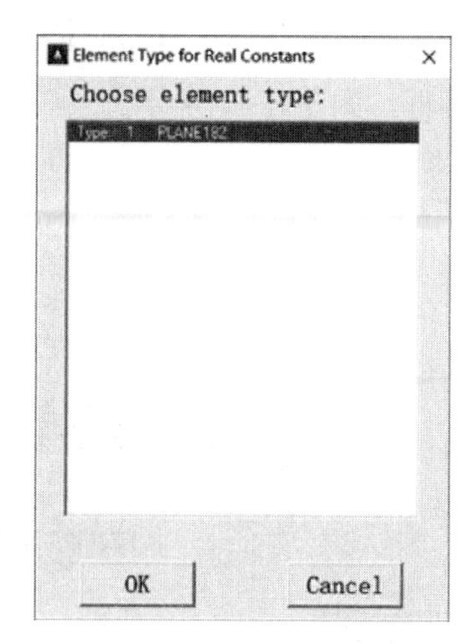

图6-83 “Element Type for Real Constants”对话框

3）本例中只定义了PLANE182单元一种单元类型，在已定义的单元类型列表中选择“Type 1 PLANE182”，在弹出的对话框中的“Hourglass stiffness factor HGSTF”文本框中输入4，将沙漏刚度比例因子设置为4。

4）单击“OK”按钮，关闭对话框，打开该单元类型“Real Constant Set（实常数集）”对话框。

5）单击“OK”按钮，关闭实常数集对话框，返回到“Real Constants”对话框，如图6-84所示。其中显示已经定义了一组实常数。

6）单击“Close”按钮，关闭“Real Constants”对话框。

4. 定义材料属性

接触问题分析中必须定义材料的弹性模量和摩擦系数。具体步骤如下：

1）从主菜单中选择Main Menu：Preprocessor > Material Props > Materia Models命令，打开“Define Material Model Behavior（定义材料模型属性）”窗口，如图6-85所示。

图6-84 “Real Constants”对话框

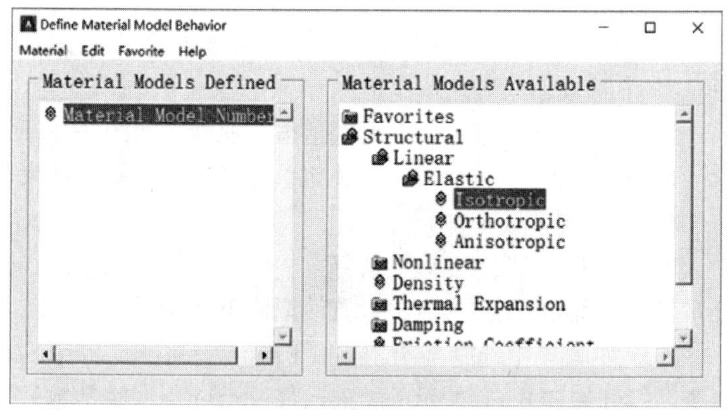

图6-85 “Define Material Model Behavior”窗口

2）依次单击Structural > Linear > Elastic > Isotropic，展开材料属性的树形结构，打开1号材料的弹性模量（EX）和泊松比（PRXY）的定义对话框，如图6-86所示。

3）在对话框的“EX”文本框中输入弹性模量“2.06e11”，在“PRXY”文本框中输入泊松比0.3。

4）单击“OK”按钮，关闭对话框，并返回到“Define Material Model Behavior（定义材料模型属性)”窗口，在左边的列表框中显示出刚刚定义的编号为1的材料属性。

5）依次单击Structural > Friction Coefficient，打开“Friction Coefficient for Material Number1（定义材料摩擦系数)”对话框，如图6-87所示。

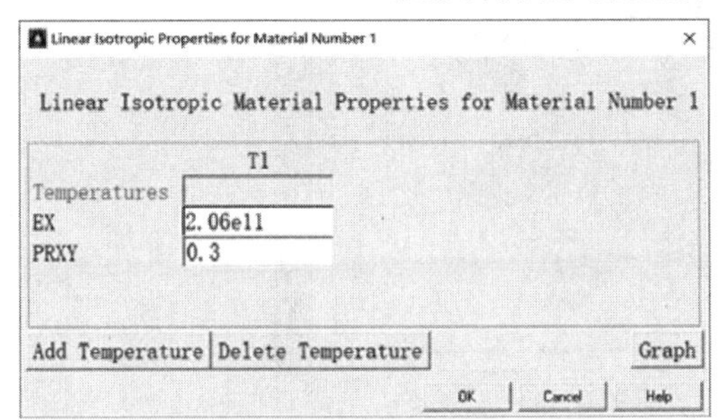

图6-86 “Linear Isotropic Properties for Material Number1”对话框

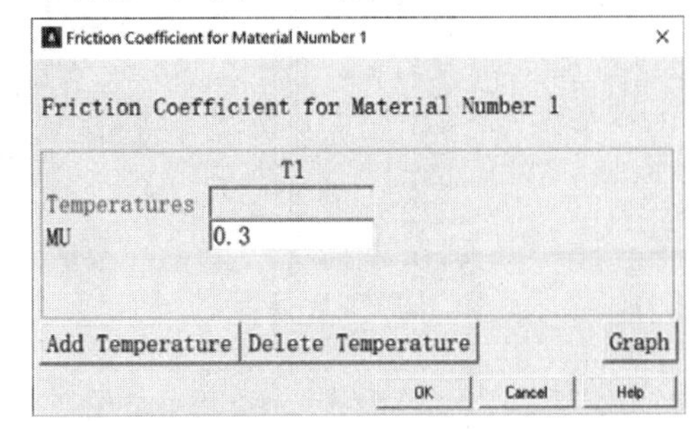

图6-87 “Friction Coefficient for Material Number1”对话框

6）在MU文本框中输入摩擦系数0.3。

7）单击“OK”按钮，关闭对话框，并返回到“Define Material Model Behavior（定义材料模型属性)”窗口，在左边列表框中编号为1的材料属性下方显示出摩擦系数项。

8）在“Define Material Model Behavior”窗口中的菜单中选择Material > Exit命令，或者单击右上角的关闭按钮，退出“Define Material Model Behavior（定义材料模型属性)”窗口，完成对模型材料属性的定义。

5. 建立齿轮面模型

在使用PLANE系列单元时，要求模型必须位于全局XY平面内。默认的工作平面即为全局XY平面，因此可以直接在默认的工作平面内创建齿轮面。

按照5.2节中介绍的方法建立一个齿轮面模型，如图6-88所示。

（1）将激活的坐标系设置为总体直角坐标系。从实用菜单中选择Utility Menu：WorkPlane > Change Active CS to > Global Cartesian命令。

（2）在直角坐标系下复制面。

1）从主菜单中选择Main Menu：Preprocessor > Modeling > Copy > Areas命令。

2）在弹出的如图6-89所示的对话框中单击“Pick All”按钮。

3）ANSYS会提示复制的数量和偏移的坐标，在弹出的对话框中的“Number of copies”文本框中输入2，在“X-offset in active CS”文本框中输入40，如图6-90所示。单击“OK”按钮。

复制面的结果如图6-91所示。

（3）创建局部坐标系。

1）从实用菜单中选择Utility Menu：WorkPlane > Local Coordinate Systems > Create Local CS > At Specified Loc +命令。

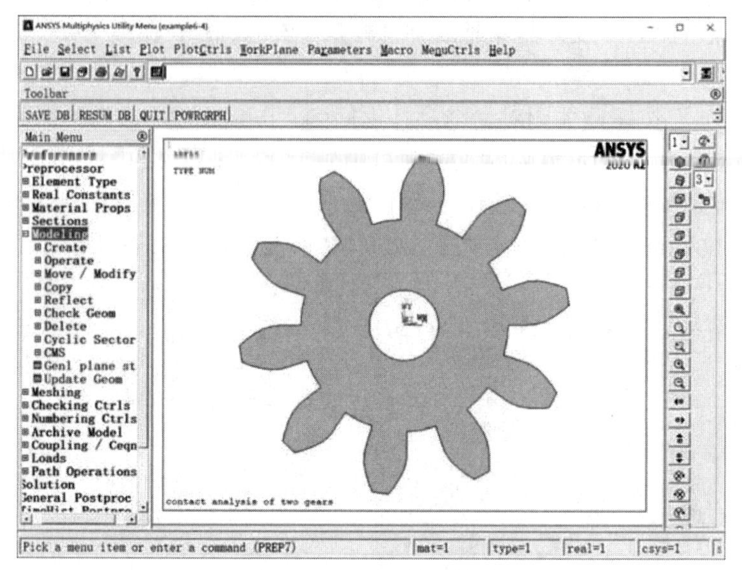

图6-88　建立齿轮面模型

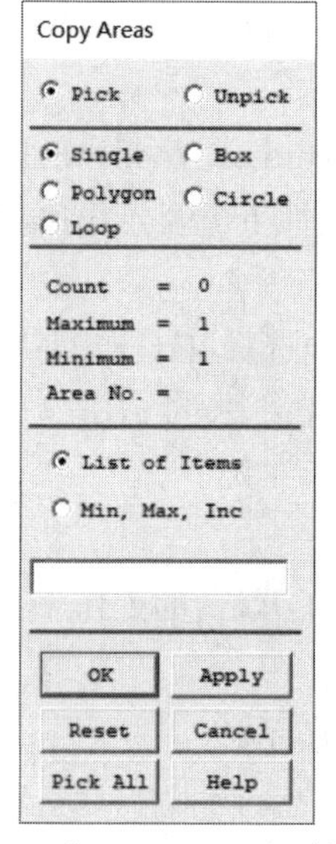

图6-89　“Copy Areas”对话框

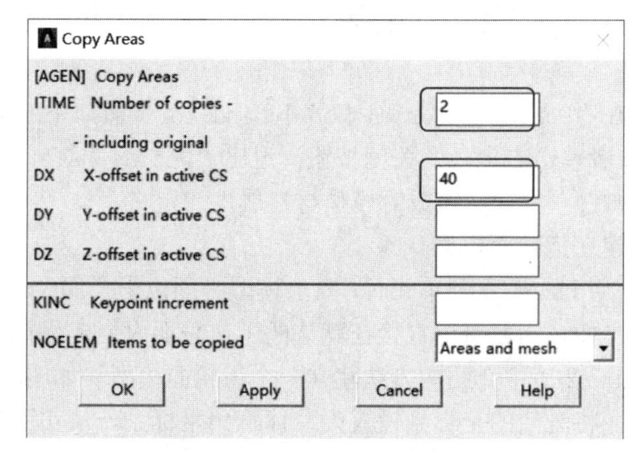

图6-90　“Copy Areas”对话框

2）在弹出的对话框中的“Global Cartesian”文本框中输入“40,0,0”，如图6-92所示。然后单击“OK”按钮，打开“Create Local CS at Specified Location”对话框，如图6-93所示。

3）在“Ref number of new coord sys”文本框中输入11，在“Type of coordinate system”下拉列表中选择“Cylindrical 1”，在“Origin of coord system”文本框中分别输入“40”“0”“0”，如图6-93所示。单击“OK”按钮。

（4）将激活的坐标系设置为局部坐标系。

1）从实用菜单中选择Utility Menu：WorkPlane > Change Active CS to > Specified Coord Sys...命令。

2）在文本框中输入11，单击“OK”按钮，如图6-94所示。

（5）在局部坐标系下复制面。

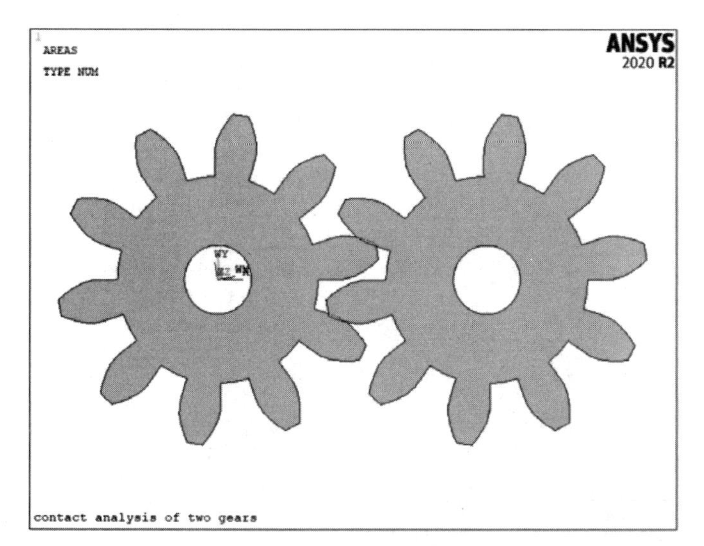

图6-91 复制面的结果

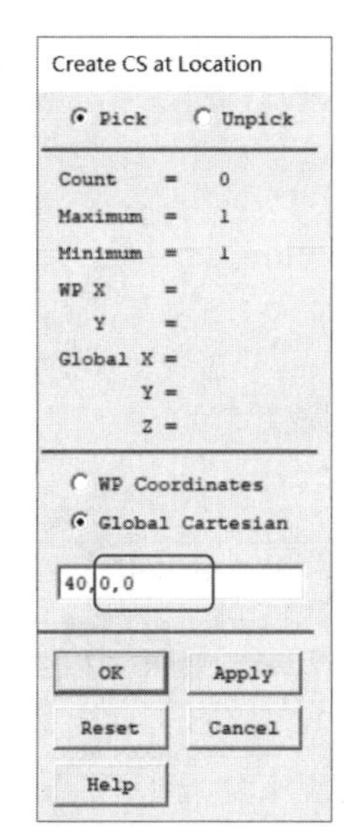

图6-92 “Create CS at Location”对话框

1）从主菜单中选择 Main Menu：Preprocessor > Modeling > Copy > Areas 命令。

2）选择生成的第二个面（右侧的面），单击如图 6-95 所示对话框中“OK”按钮。

3）ANSYS 会提示复制的数量和偏移的坐标，在弹出的对话框中的“Number of copies”文本框中输入 2，删除“X-offset in active CS”中的数值，在“Y-offset in active CS”文本框中输入-1.8，单击“OK”按钮，产生第三个面。

Create Local CS at Specified Location
[LOCAL] Create Local CS at Specified Location
KCN Ref number of new coord sys 11
KCS Type of coordinate system Cylindrical 1
XC,YC,ZC Origin of coord system 40 0 0
THXY Rotation about local Z
THYZ Rotation about local X
THZX Rotation about local Y
Following used only for elliptical and toroidal systems
PAR1 First parameter 1
PAR2 Second parameter 1
OK Apply Cancel Help

图6-93 “Create Local CS at Specified Location”对话框

（6）删除第二个面。

1）从主菜单中选择 Main Menu：Preprocessor > Modeling > Delete > Area and Below 命令。

2）选择第二个面，由于第二个面和第三个面的位置接近，所以 ANSYS 会出现如图 6-96 所示的提示，单击“Prev”或“Next”按钮确保选择正确的面（“Picked Area is 1”）。

3）在提示对话框中单击“OK”按钮。生成的结果如图 6-97 所示。

（7）存储 ANSYS 数据库。单击工具条上的“SAVE_DB”按钮。

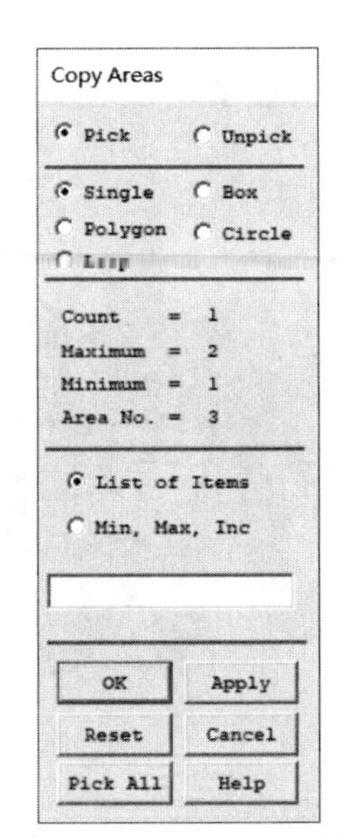

Change Active CS to Specified CS
[CSYS] Change active coordinate system to specified system
KCN Coordinate system number 11
OK Apply Cancel Help

图6-94 “Change Active CS to Specified CS”对话框　　图6-95 “Copy Areas”对话框

6. 对齿面划分网格

本例选用 PLANE182 单元对齿面划分网格。

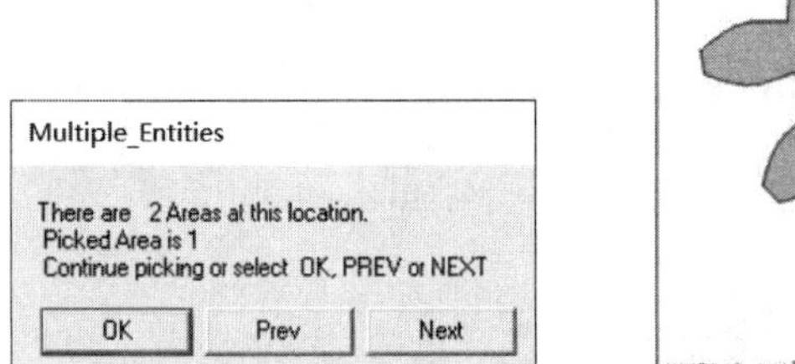

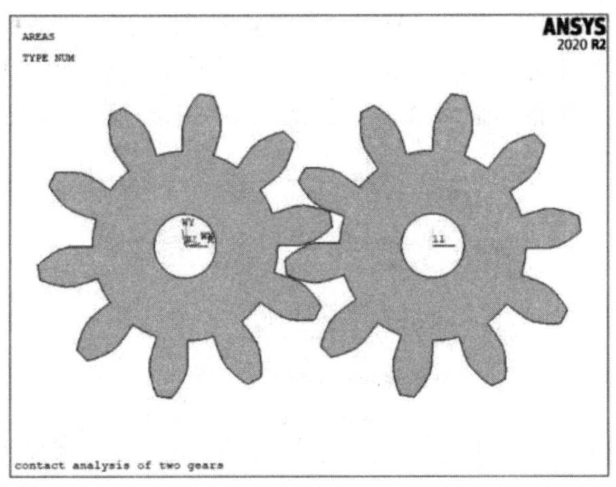

图6-96 “Multiple_Entities”对话框　　图6-97 生成的结果

1）从主菜单中选择 Main Menu：Preprocessor > Meshing > MeshTool 命令，打开“MeshTool（网格工具）”对话框，如图 6-98 所示。

2）选择“Mesh”下拉列表中的 Areas”，单击“Mesh”按钮，打开如图 6-99 所示对话框，要求选择要划分数的面。单击“Pick All”按钮。

3）ANSYS 将对齿面进行网格划分。划分网格对会出现提示，在提示对话框中单击“Close”按钮将其关闭。划分后的面如图 6-100 所示。

4）单击“Close”按钮，关闭“MeshTool”对话框。

7. 定义接触对

1）从实用菜单中选择 Utility Menu：Select > Entities 命令，在弹出的对话框中的下拉列表中选择“Lines”，如图 6-101 所示。单击“Apply”按钮。

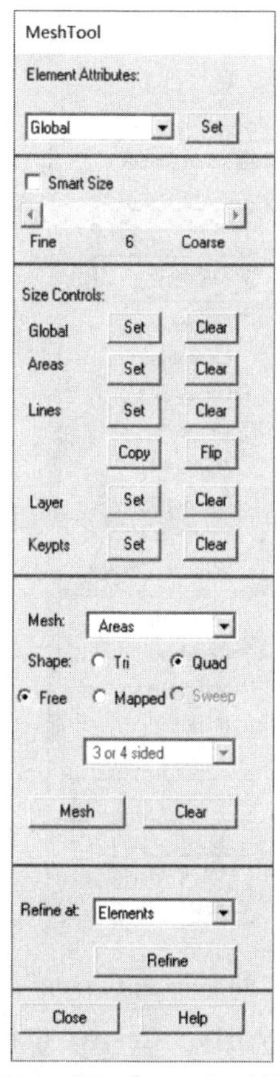

图6-98 “MeshTool”对话框

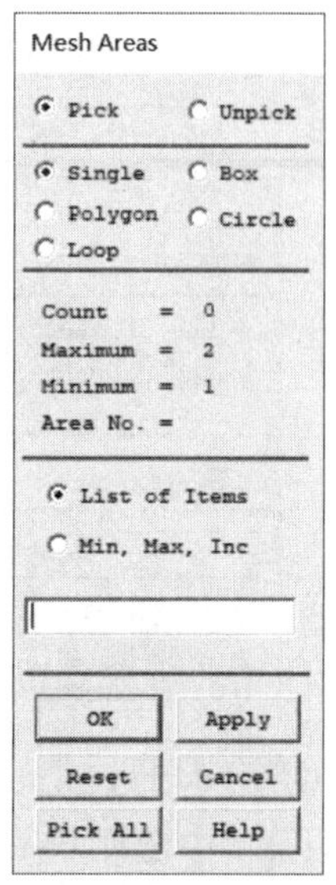

图6-99 “Mesh Areas”对话框

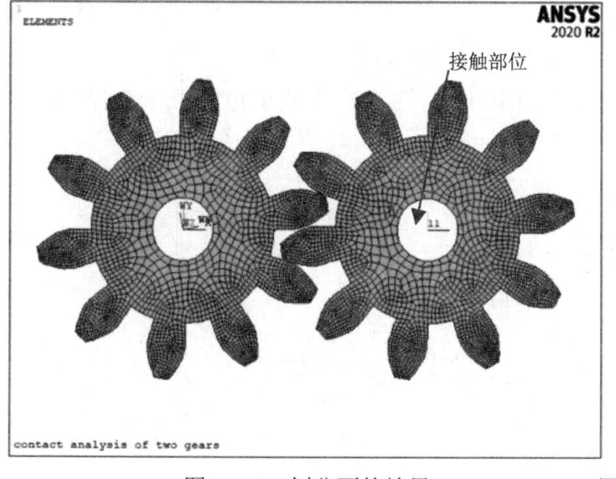

图6-100 划分面的结果

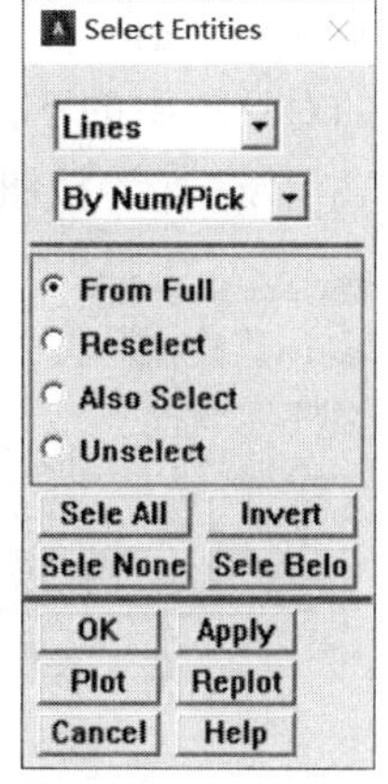

图6-101 “Select Entities”对话框

2）打开“Select lines”对话框，选择如图 6-100 所示右侧齿轮上可能与另一个齿轮相接触的线（序号为 413、414、415、416、417），单击如图 6-102 所示对话框中的“OK”按钮。

3）从实用菜单中选择 Utility Menu：Select > Entities 命令，在弹出的“Select

Entities”对话框中的类型下拉列表中选择“Nodes”，在选择方式下拉列表中选择“Attached to”，在单选按钮列表中选择“Lines，all”，如图6-103所示。单击“OK”按钮。

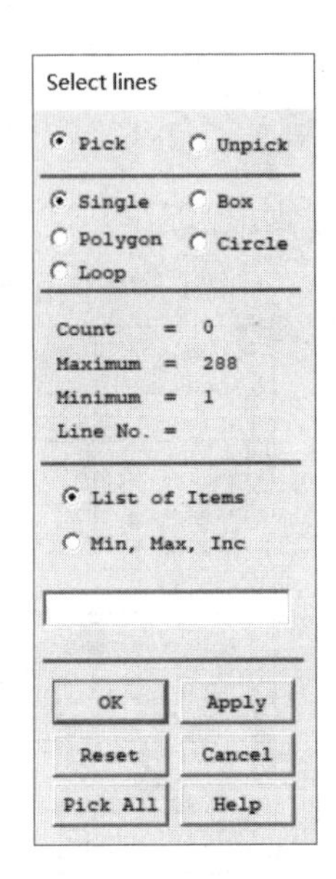

图6-102 “Select Lines”对话框

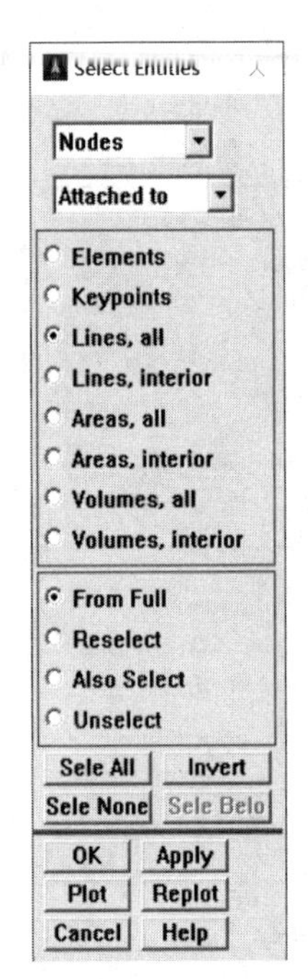

图6-103 “Select Entities”对话框

4)从实用菜单中选择Utility Menu:Select > Comp/Assembly > Create Component...命令，打开“Create Component”对话框，在“Component name”文本框中输入“node 1”，如图6-104所示。

5）单击“OK”按钮。

6）从实用菜单中选择Utility Menu：Select > Entities命令。

7）在弹出的对话框中的下拉列表中选择“Lines”，在选择方式下拉列表中选择“By Num/Pick”，单击“Apply”按钮。

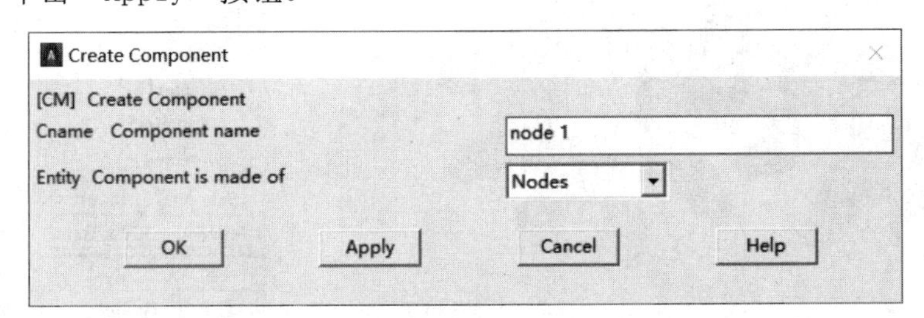

图6-104 “Create Component”对话框

8）打开“Select lines”对话框，选择如图6-100所示左侧齿轮上可能与前一个齿轮相接触的线（序号为13、1、170、22、77），单击“OK”按钮。

9）从实用菜单中选择Utility Menu：Select > Entities命令先选择线，在弹出的对话框中的下拉列表中选择“Nodes”，在选择方式下拉列表中选择“Attached to”，在单选按钮列表中选择“Lines，all”，单击“OK”按钮。

10）从实用菜单中选择 Utility Menu：Select > Comp/Assembly > Create Component...命令，打开“Create Component”对话框，在“Component name”文本框中输入“node 2”，单击“OK”按钮。这样就定义了节点集合。

11）从实用菜单中选择 Utility Menu：Select > Everything 命令。

12）在弹出的窗口中单击工具条中的接触定义向导按钮，如图 6-105 所示。

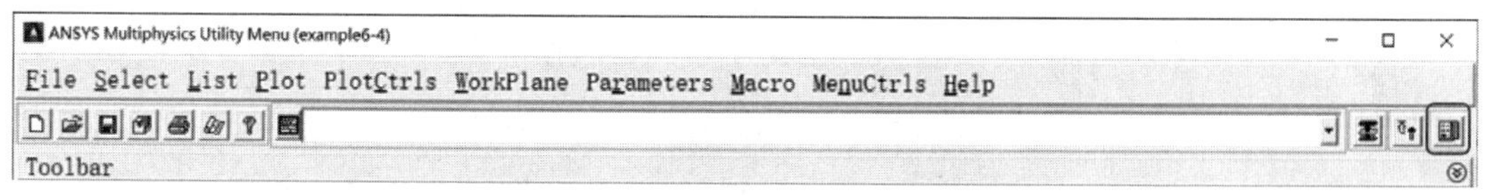

图6-105 单击接触定义向导按钮

13）打开“Pair Based Contact Manager”对话框，如图 6-106 所示。

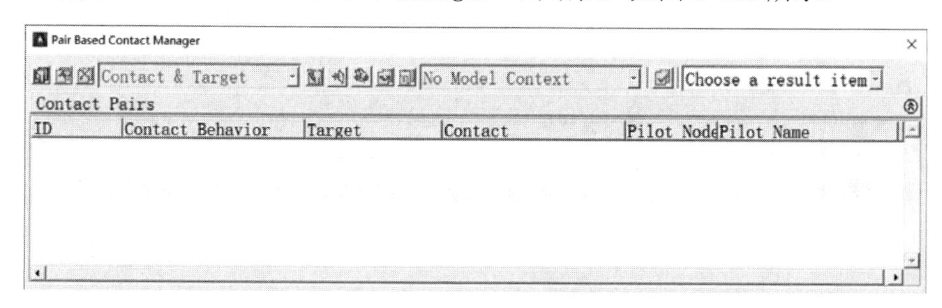

图6-106 “Pair Based Contact Manager”对话框

14）单击选择工具条中的第一项“Contact Wizard（接触向导）”按钮，打开下一步操作的向导，如图 6-107 所示。

15）在窗口中选择“NODE1”，单击“Next”按钮；在窗口中选择“NODE2”，再单击“Next”按钮，如图 6-108 所示。

16）在窗口中单击“Create”按钮，如图 6-109 所示。

17）ANSYS 会提示接触对建立完成，在提示对话框中单击“Finish”按钮。所得的结果如图 6-110 所示。单击右上角的关闭按钮，关闭对话框。

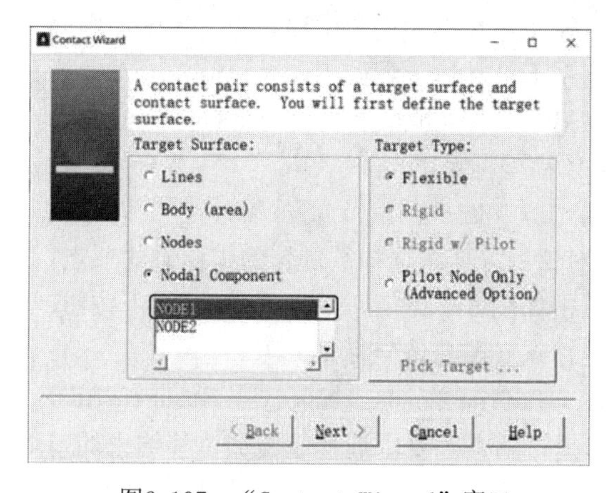

图6-107 “Contact Wizard”窗口

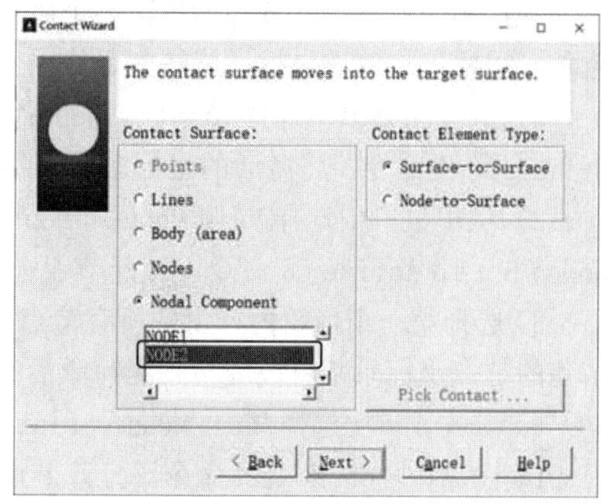

图6-108 “Contact Wizard”窗口

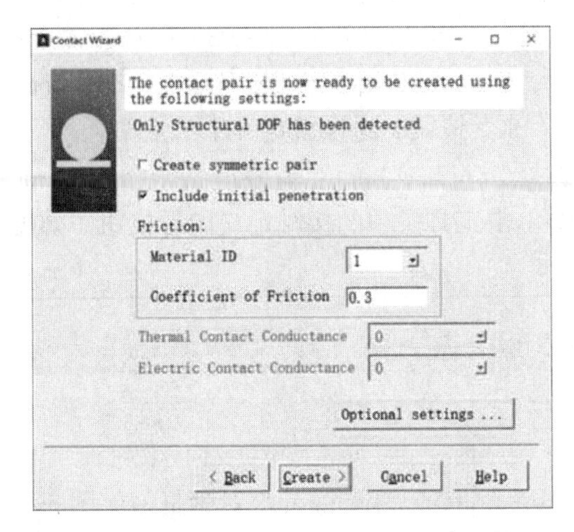

图6-109 “Contact Wizard”窗口

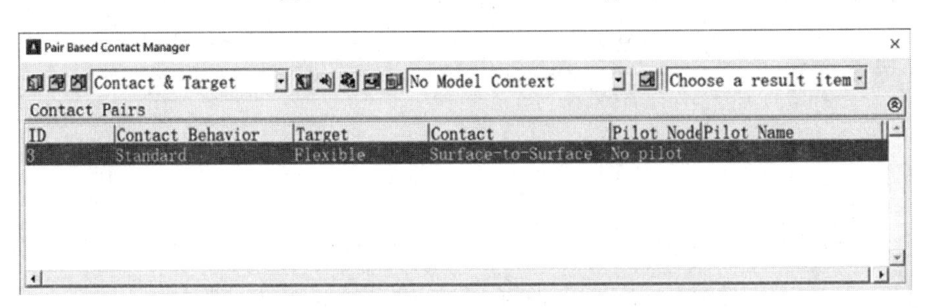

图6-110 “Pair Based Contact Manager”对话框

6.4.3 定义边界条件并求解

建立有限元模型后，即可定义分析类型和施加边界条件及载荷，然后求解。本实例中载荷为第一个齿轮的转角位移，位移边界条件是第一个齿轮内孔边缘节点的径向位移固定，另一个齿轮内孔边缘节点的各个方向位移固定。

1. 施加位移边界

本实例的位移边界条件为将第一个齿轮内径边缘节点的径向位移固定，为施加周向位移，需要先将节点坐标系旋转到总体柱坐标系下。具体步骤如下：

1）从实用菜单中选择Utility Menu：WorkPlane > Change Active CS to > Global Cylindrical命令，将激活的坐标系切换到总体柱坐标系下。

2）从主菜单中选择Main Menu：Preprocessor > Modeling > Move/Modify > Rotate Node CS > To Active CS命令，打开节点选择对话框，要求选择欲旋转的坐标系的节点。

3）选择第一个齿轮内径上的所有节点，单击如图6-111所示对话框中的“OK”按钮，节点的节点坐标系都将被旋转到当前激活的坐标系（即总体坐标系）下。

4）从主菜单中选择Main Menu：Solution > Define Loads > Apply > Structural > Displacement > on Nodes 命令，打开节点选择对话框，要求选择欲施加位移约束的节点。

5）选择第一个齿轮内径上的所有节点，单击“OK”按钮，打开“Apply U,ROT on Nodes

（在节点上施加位移约束）”对话框，如图6-112所示。

6）在列表框中选择“UX”（X方向位移）。此时节点坐标系为柱坐标系，X方向为径向，即施加径向位移约束。

7）单击“OK”按钮，在选定节点上施加指定的位移约束。

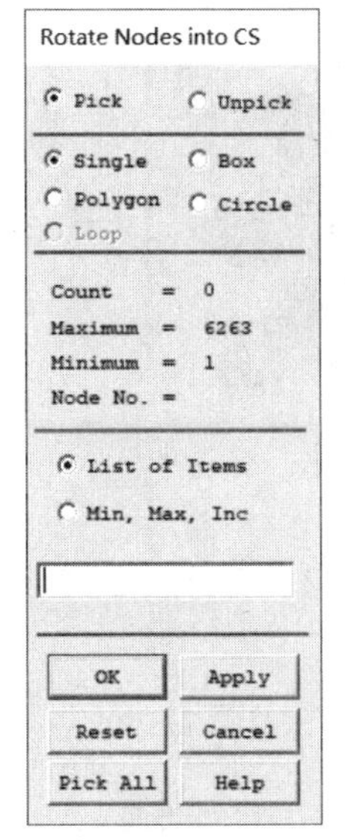

图6-111 “Rotate Nodes into CS”对话框

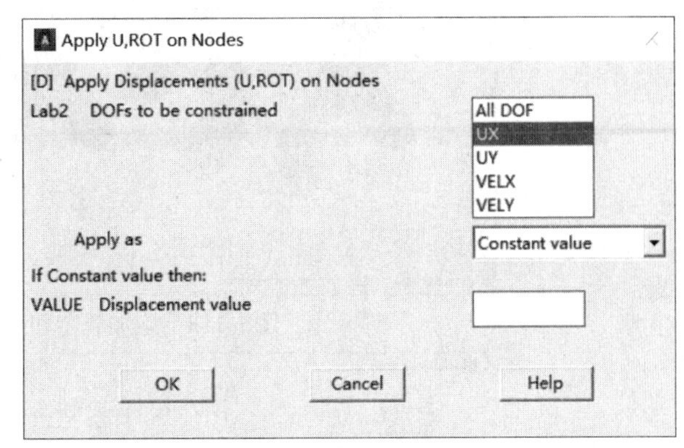

图6-112 “Apply U,ROT on Nodes”对话框

2. 施加第一个齿轮位移载荷及第二个齿轮的位移边界条件并求解

1）从主菜单中选择Main Menu：Solution > Define Loads > Apply > Structural > Displacement >on Nodes命令，打开节点选择对话框，要求选择欲施加位移约束的节点。

2）选择第一个齿轮内径上的所有节点，单击“OK”按钮，打开“Apply U,Rot on Nodes（在节点上施加位移约束）”对话框，如图6-112所示。

3）在列表框中选择“UY”（Y方向位移）。此时节点坐标系为柱坐标系，Y方向为周向，即施加周向位移约束，然后在“Displacement value”文本框中输入-0.2，单击“OK”按钮。

4）将激活的坐标系设置为总体直角坐标系。从实用菜单中选择Utility Menu：WorkPlane > Change Active CS to > Global Cartesian命令。

5）从主菜单中选择Main Menu：Solution > Define Loads > Apply > Structural > Displacement >on Nodes命令，打开节点选择对话框，要求选择欲施加位移约束的节点。

6）选择第二个齿轮内径上的所有节点，单击“OK”按钮，打开“Apply U,ROT on Nodes（在节点上施加位移约束）”对话框。

7）在列表框中选择“All DOF”选项（所有方向位移），施加各个方向位移约束。然后在“Displacement value”文本框中输入0，单击“OK”按钮。所得结果如图6-113所示。

8）单击“SAVE_DB”按钮，保存数据库。

9）从主菜单中选择Main Menu：Solution > Analysis Type > Sol’n Controls命令，打开“Solution Controls（求解控制）”对话框，在“Analysis Options”下拉列表中选择“Large Displacement Static”，在“Time at end of loadstep”文本框中

输入 1，在“Number of substeps”文本框中输入 25，如图 6-114 所示。单击“OK”按钮。

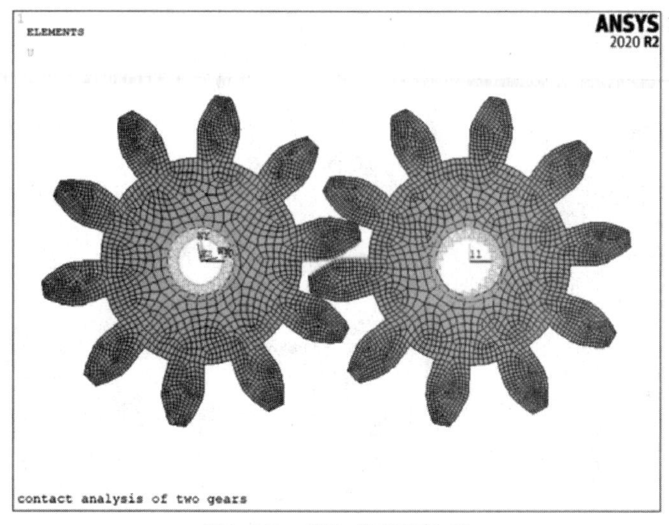

图6-113　施加载荷和边界

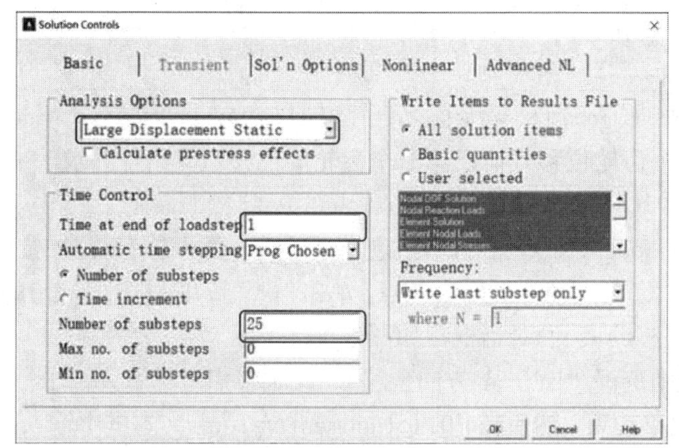

图6-114　“Solution Controls”对话框

10）从主菜单中选择 Main Menu：Solution > Solve > Current LS 命令，打开如图 6-115 所示的确认对话框和状态列表，，要求查看列出的求解选项。

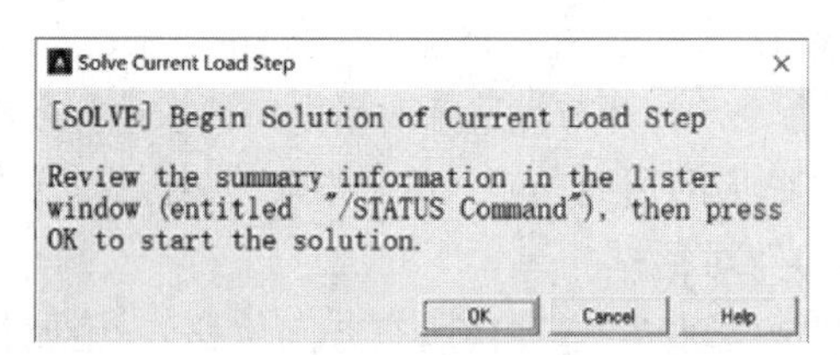

图6-115　“Solve Current Load Step”对话框

11）确认列表中的信息无误后，单击“OK”按钮，开始求解。

12）求解过程中会出现结果收敛与否的图形显示，如图 6-116 所示。

13）求解完成后打开如图 6-117 所示的提示求解完成对话框。

14）单击“Close”按钮，关闭提示求解完成对话框。

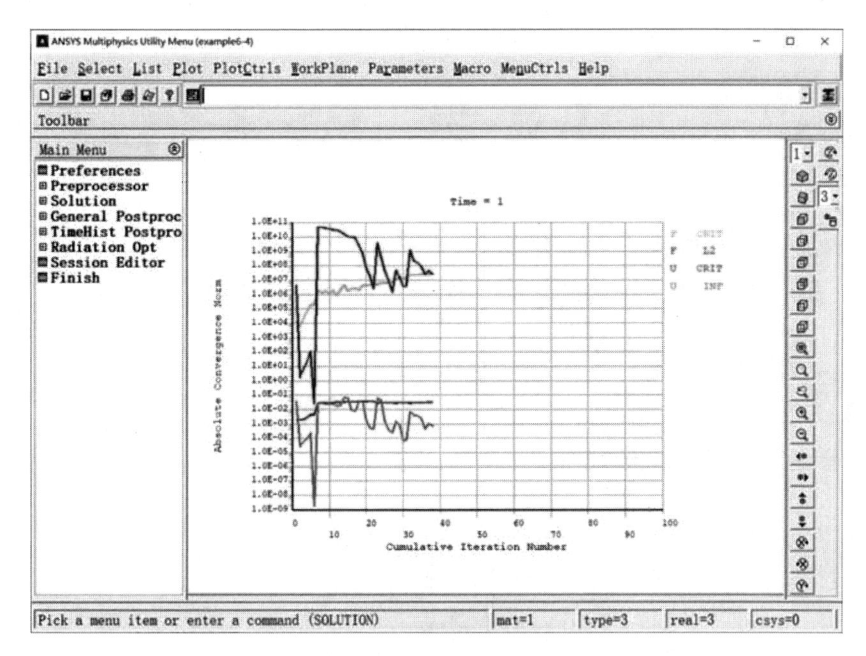

图6-116 结果收敛与否的图形显示

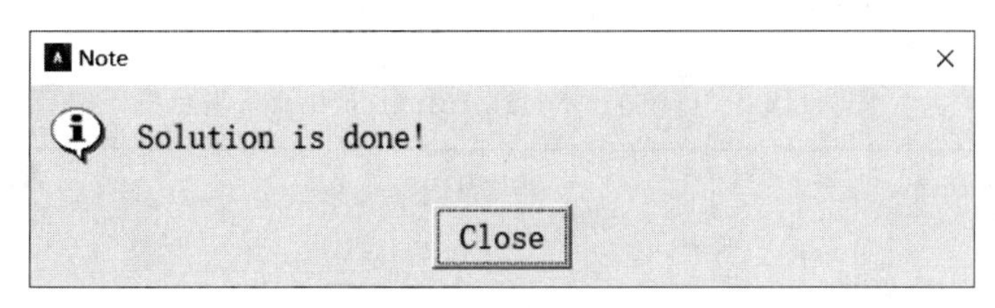

图6-117 “Note”对话框

6.4.4 查看结果

1. 查看 von Mises 等效应力

1）从主菜单中选择 Main Menu：General Postproc > Read Results > Last Set 命令，读入结果。

2）从主菜单中选择 Main Menu：General Postproc > Plot Results > Contour Plot > Nodal Solu 命令，打开“Contour Nodal Solution Data”对话框。

3）在“Item to be contoured”中选择“Stress”选项。

4）选择“von Mises stress”选项，如图 6-118 所示。

5）在“Undisplaced shape key”下拉列表中选择“Deformed shape only”选项。

6）单击“OK”按钮，图形窗口中显示出“von Mises”等效应力分布图，如图 6-119 所示。

2. 查看接触应力

1）从主菜单中选择 Main Menu：General Postproc > Plot Results > Contour Plot > Nodal Solu 命令，打开“Contour Nodal Solution Data ”对话框。

2）在“Item to be contoured”中选择“Contact”选项。

3）选择“Contact pressure”选项，如图 6-120 所示。

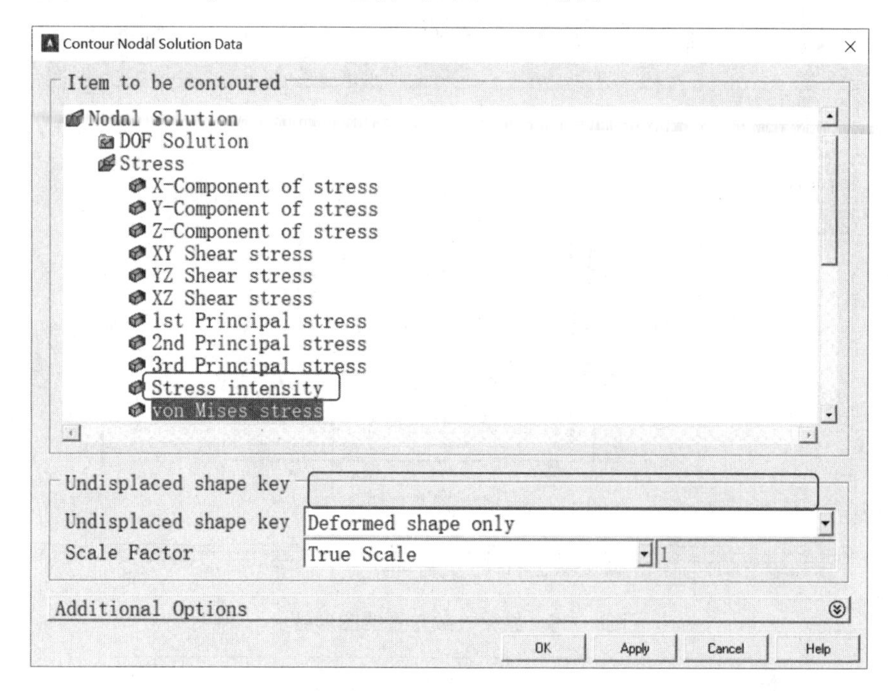

图6-118　“Contour Nodal Solution Data”对话框

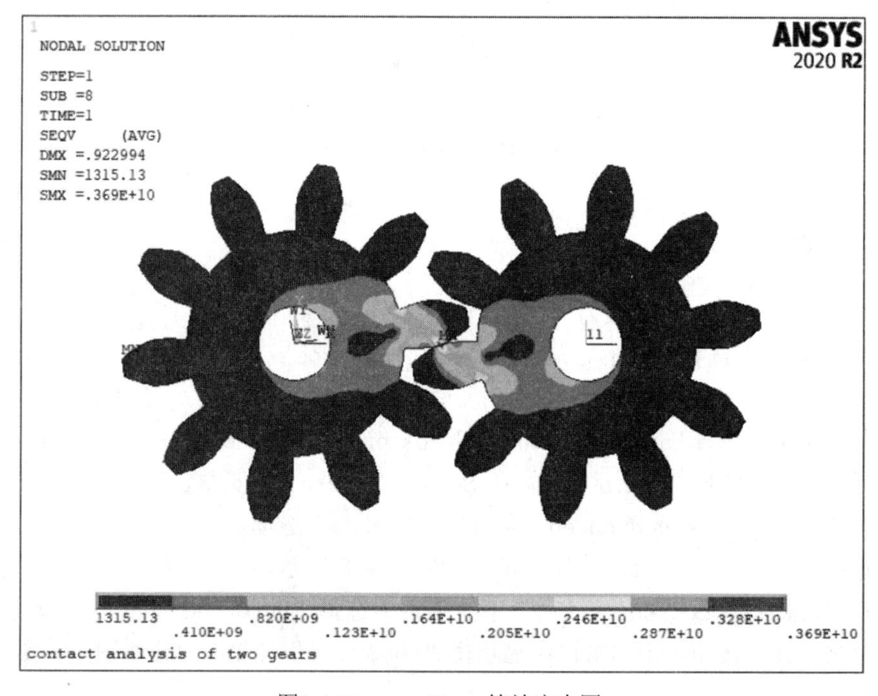

图6-119　von Mises等效应力图

4）在“Undisplaced shape key”下拉列表中选择“Deformed shape only”选项。

5）单击“OK”按钮，图形窗口中显示出“Pressure FRES”等效应力分布图，如图 6-121 所示。

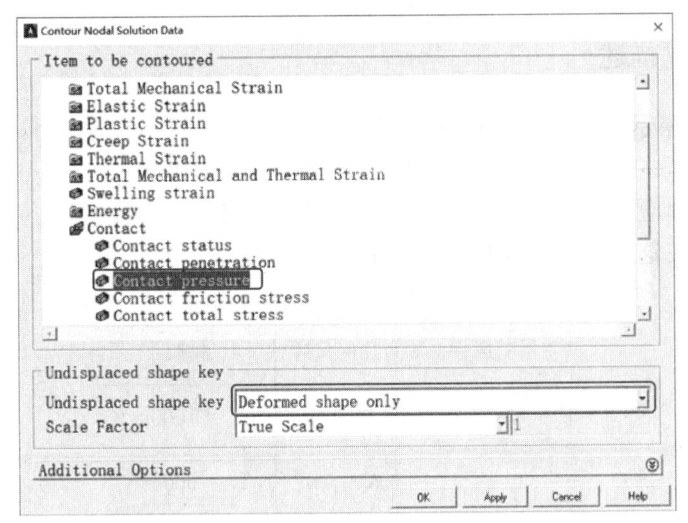

图6-120 “Contour Nodal Solution Data”对话框

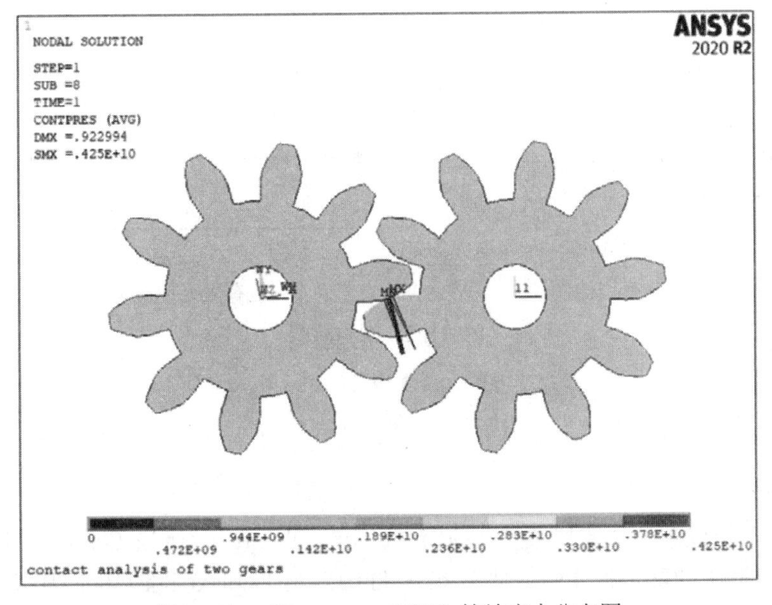

图6-121 “Pressure FRES”等效应力分布图

6.4.5 命令流方式

命令流执行方式这里不做详细介绍，读者可参见电子资料包中的内容。

6.5 非线性蠕变分析实例——螺栓蠕变

本节将通过一个螺栓蠕变的分析实例，详细介绍蠕变分析的过程和技巧。本实例是直接通过结点和单元建立有限元模型。

6.5.1 问题描述

如图 6-122 所示的螺栓长为 l、截面积为 A，受到预应力 σ_0的作用。该螺栓在高温 T_0下放置一段很长的时间 t1 后材料有蠕变效应，其蠕变应变率为 $d\varepsilon/dt = k\sigma^n$，其中 k 为稳态蠕变速率应力系数，n 为稳态蠕变速率应力指数。材料属性、几何尺寸及载荷情况见表 6-2。求在这个应力松弛的过程中螺栓的应力 σ 。

表6-2 材料属性、几何尺寸及载荷情况

材料属性	几何尺寸	载荷
$E = 30\times10^6$psi	l= 10in	σ_0 = 1000psi
n = 7	A = $1in^2$	T_0 = 900° F
$k = 4.8\times10^{-30}$/h		t= 1000h

模型简图　　有限元简图

图6-122 结构简图

6.5.2 建立模型

1. 前处理

1）定义工作标题。从实用菜单中选择 Utility Menu: File > Change Title 命令，在弹出的对话框中的文本框中输入“STRESS RELAXATION OF A BOLT DUE TO CREEP”，如图 6-123 所示。单击“OK”按钮。

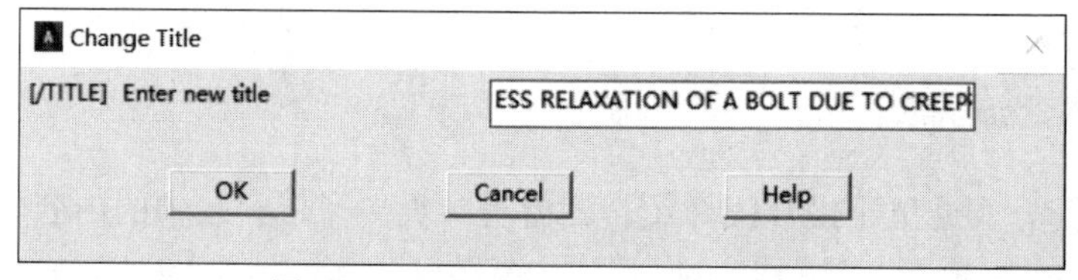

图6-123 “Change Title”对话框

2）定义单元类型。Main Menu: Preprocessor > Element Type > All/Edit/Delete 命令，弹出“Element Types”对话框，单击“Add...”按钮，弹出“Library of Element Types”对话框，如图 6-124 所示，在左边的列表框中单击“Link”，在右边的列表框中单击“3D finit stn 180”，单击“OK”按钮。单击“Element Types”对话框中的“Close”按钮，关闭“Element Types”对话框。

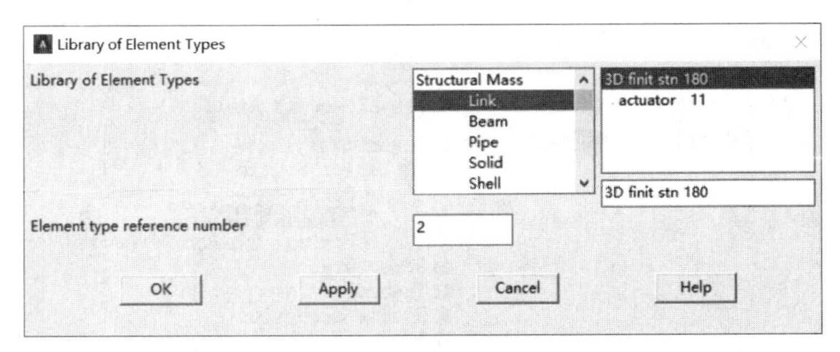

图6-124 “Library of Element Types”对话框

3）定义截面参数。从主菜单中选择Main Menu：Preprocessor > Sections > Link > Add命令，弹出“Add Link Section”对话框，在文本框中输入 1，单击“OK”按钮，弹出如图6-125所示的“Add or Edit Link Section”对话框。在“Section Name”后面输入“Linksec1”，在“Link area”后面的文本框中输入1，单击“OK”按钮。

图6-125 “Add or Edit Link Section”对话框

4）定义线性材料性质。从主菜单中选择Main Menu：Preprocessor > Material Props > Material Models命令，弹出如图6-126所示的“Define Material Model Behavior”窗口，在“Material Models Available”中连续单击Favorites > Linear Static > Linear Isotropic，弹出如图6-127所示的“Linear Isotropic Properties for Material Number 1”对话框，在“EX”后面的文本框中输入“3e7”，在“PRXY”后面的文本框中输入0.3，单击“OK”按钮。

5）定义蠕变材料性质。在“Material Models Available”中连续单击Structural > Nonlinear > Inelastic > Rate Dependent > Creep > Creep only > Mises Potential > Implicit > 1：Strain Hardening (Primary)，如图6-128所示，弹出如图6-129所示的“Creep Table”对话框，在“C1”文本框中输入“4.8e-30”，在“C2” 文本框中输入7，单击“OK”按钮。在“Define Material Model Behavior”窗口中选择菜单路径Material > Exit，或者单击右上角的关闭按钮，退出材料定义窗口。

2. 创建模型

1）定义节点。从主菜单中选择Main Menu：Preprocessor > Modeling > Create > Nodes > In Active CS命令，弹出“Create Nodes in Active Coordinate System”对话框，在“NODE Node number”后面的文本框中输入1，单击“Apply”按钮；继续在“NODE Node number”后面的文本框中输入 2，在“X，Y，Z Location in active CS”后面的文本框中依次输入“10”“0”“0”，如图6-130所示。单击“OK”按钮。

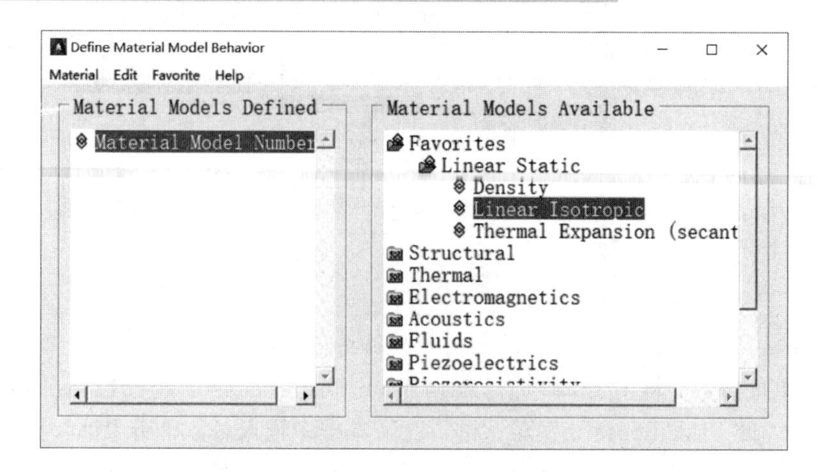

图6-126 “Define Material Model Behavior”窗口

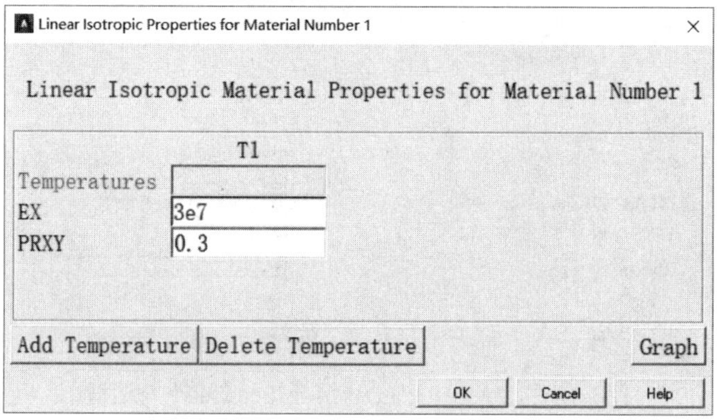

图6-127 “Linear Isotropic Properties for Material Number 1”对话框

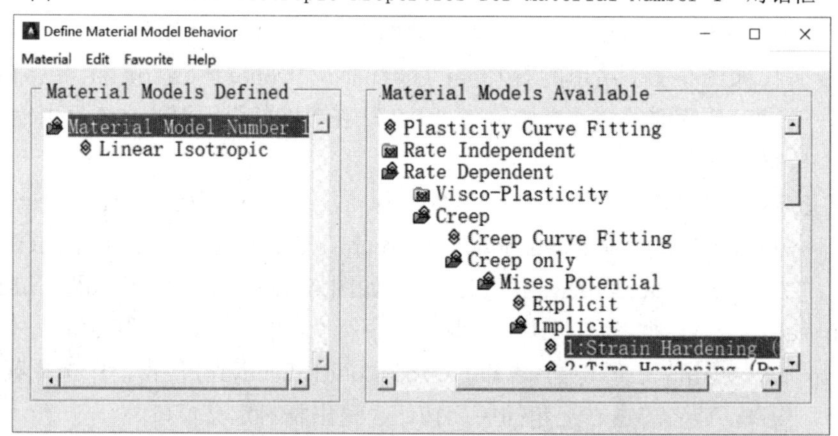

图6-128 “Define Material Model Behavior”窗口

2）定义单元。从主菜单中选择 Main Menu：Preprocessor > Modeling > Create > Elements > Auto Numbered > Thru Nodes，弹出“Elements form Nodes”拾取对话框，在屏幕上单击拾取刚定义的两个节点，单击“OK”按钮，屏幕显示的模型简图如图 6-131 所示。

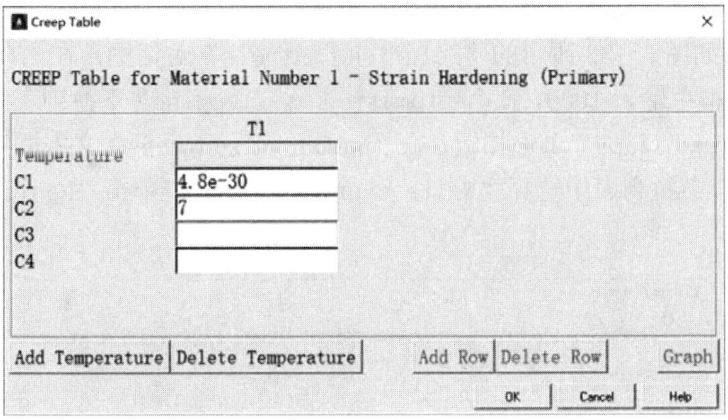

Creep Table
CREEP Table for Material Number 1 - Strain Hardening (Primary)
T1
Temperature
C1
4.8e-30
C2
7
C3
C4
Add Temperature
Delete Temperature
Add Row
Delete Row
Graph
OK
Cancel
Help

图6-129 “Creep Table”对话框

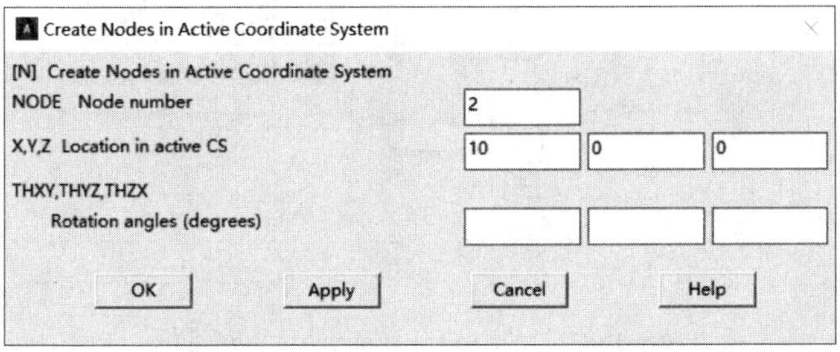

Create Nodes in Active Coordinate System
[N] Create Nodes in Active Coordinate System
NODE Node number
2
X,Y,Z Location in active CS
10
0
0
THXY,THYZ,THZX
Rotation angles (degrees)
OK
Apply
Cancel
Help

图6-130 “Create Nodes in Active Coordinate System”对话框

Y
Z
X
2

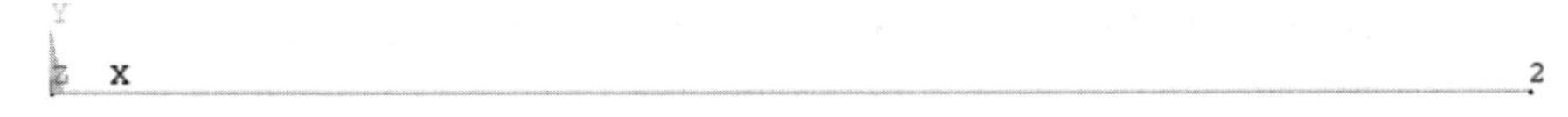

图6-131 模型简图

6.5.3 设置分析并求解

1. 设置求解控制器

1）设定分析类型。从主菜单中选择 Main Menu：Solution > Analysis Type > New Analysis，弹出“New Analysis”对话框，如图 6-132 所示，单击“OK”按钮接受默认设置（Static）。

New Analysis
[ANTYPE] Type of analysis
Static
Modal
Harmonic
Transient
Spectrum
Eigen Buckling
Substructuring/CMS
OK
Cancel
Help

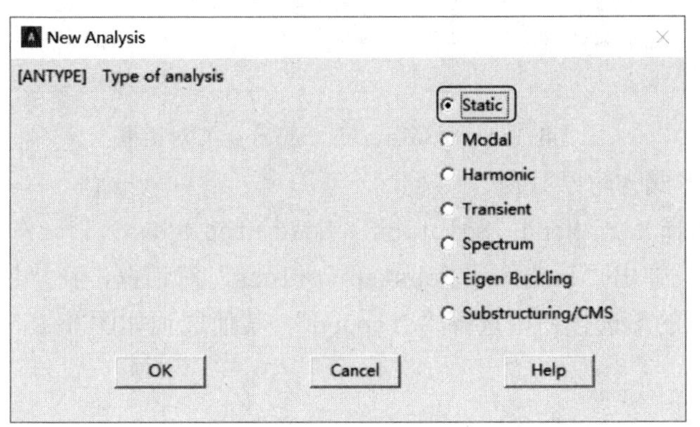

图6-132 “New Analysis”对话框

2）设定分析选项。从主菜单中选择 Main Menu > Solution > Analysis Type > Sol’n Controls，弹出如图 6-133 所示的“Solution Controls”对话框，在“Time at end of loadstep”文本框中输入 1000，在“Automatic time stepping”下拉列表中选择“Off”，选中“Number of substeps”单选按钮，在“Number of substeps”文本框中输入“100”，在“Frequency”下拉列表中选择“Write every substep”。单击“Nonlinear”选项卡标签。

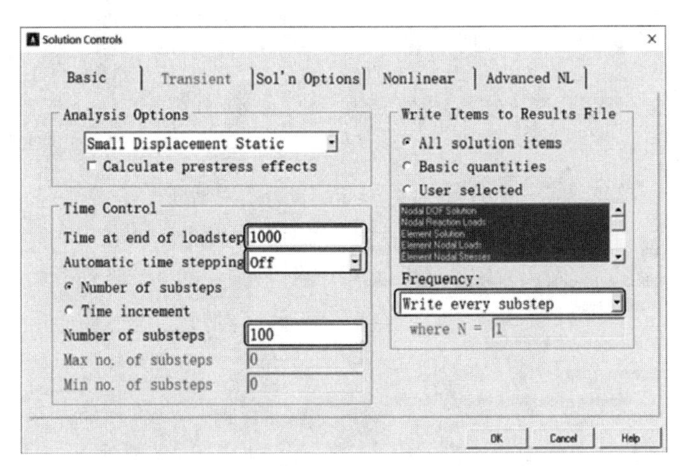

图6-133 “Solution Controls”对话框

3）关闭优化选项。在“Line search”下拉列表中选择“Off”，选中“Include strain rate effect”复选框，如图 6-134 所示，单击“OK”按钮。

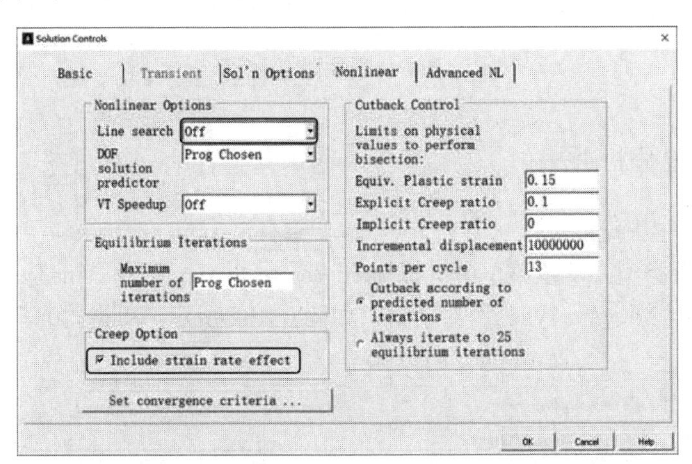

图6-134 “Solution Controls”对话框

2．设置载荷形式为阶跃载荷

从主菜单中选择 Main Menu：Solution > Load Step Opts > Time/ Frequenc > Time and Substps 命令，弹出“Time and Substep Options”对话框，在“[KBC] Stepped or ramped b. c. ”后面的单选按钮中选择“Stepped”，其他选项如图 6-135 所示，然后单击“OK”按钮。

3．加载和求解

1）设置环境温度。从主菜单中选择 Main Menu：Solution > Define Loads > Settings >

Uniform TEMP 命令，弹出“Uniform Temperature”对话框，如图 6-136 所示。在文本框中输入“900”，单击“OK”按钮。

注意

如果在 Main Menu: Solution > Load Step Opts 子菜单中没有找到 Time/ Frequenc 菜单，可以选择菜单路径 Main Menu: Solution > Unabridged menu 命令。

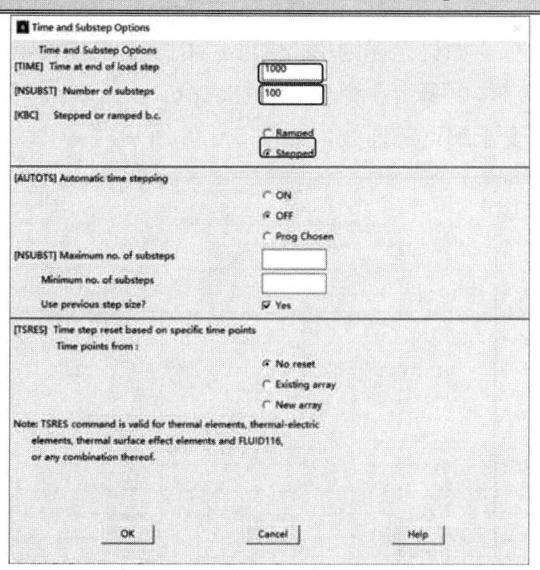

图6-135 “Time and Substep Options”对话框

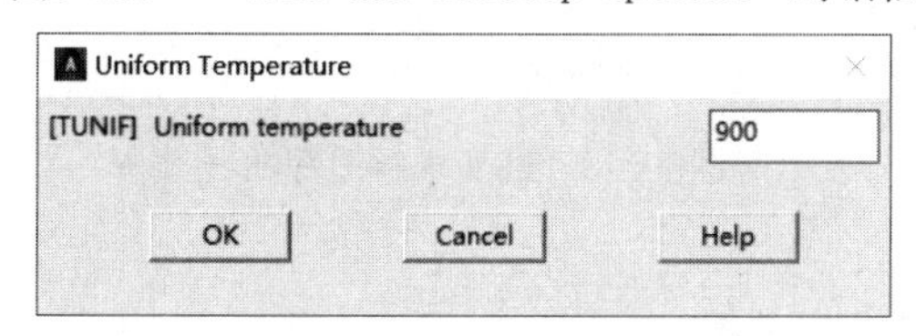

图6-136 “Uniform Temperature”对话框

2）施加位移约束。从主菜单中选择 Main Menu: Solution > Define Loads > Apply > Structural > Displacement > On Nodes 命令，弹出“Apply U, ROT on Nodes”拾取对话框，单击“Pick All”按钮，弹出“Apply U, ROT on Nodes”对话框，如图 6-137 所示。选择“All DOF”，单击“OK”按钮。

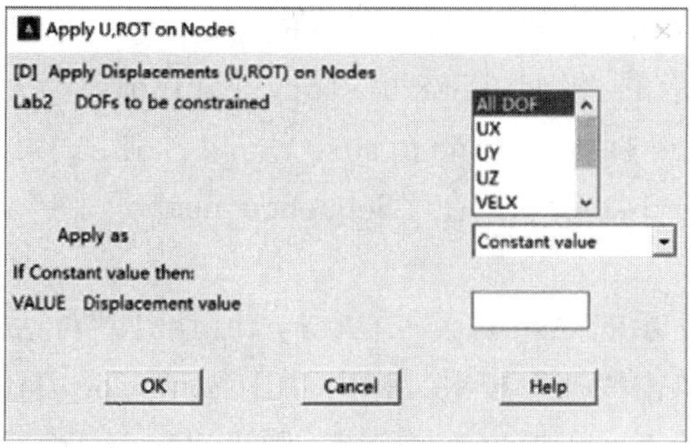

图6-137 “Apply U, ROT on Nodes”对话框

3）施加初始应变。由于“INISTATE”命令没有对应的GUI格式，故无法通过菜单操作。

在输入窗口中输入如下命令

```
INISTATE,SET,DTYP,EPEL          !定义初始输入的数据为应变
INISTATE,DEFI,1,,,,1/30000      !定义单元1的初始应变为1000/30e6
```

4）求解。从主菜单中选择Main Menu：Solution > Solve > Current LS命令，弹出“/STATUS Command”信息提示窗口和“Solve Current Load Step”对话框。仔细浏览信息提示窗口中的信息，如果无误则单击File > Close将其关闭。单击“OK”按钮开始求解。当蠕变求解结束时，屏幕上会弹出销售“Solution is done!”对话框，单击“Close”关闭。此时屏幕显示蠕变求解追踪曲线，如图6-138所示。

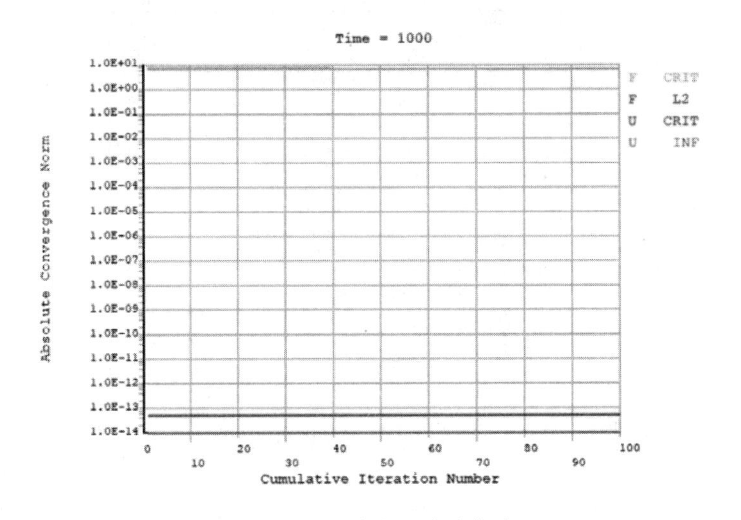

图6-138 蠕变求解追踪曲线

6.5.4 查看结果

1）进入时间历程后处理器。从主菜单中选择Main Menu：TimeHist PostPro命令，弹出如图6-139所示的“Time History Variables-file.rst”对话框，里面已有默认变量时间（TIME）。

2）定义单元应力变量。在图6-139所示的对话框中单击左上角的“Add Data”按钮 ，弹出“Add Time-History Variable”对话框。

3）在图6-140所示的“Add Time-History Variables”对话框中单击Element Solution > Miscellaneous Items > Line stress（LS，1），弹出“Miscellaneous Sequence Number”对话框，如图6-141所示。在“Sequence number LS”后面文本框中输入1，单击“OK”按钮。

4）返回到图6-140所示的“Add Time-History Variable”对话框，在“Variable Name”文本框中输入“SIG”。单击“OK”按钮。弹出“Element for Data”拾取对话框，在图形窗口中用鼠标拾取单元1。单击“OK”按钮，弹出“Node for Data”拾取对话框，用鼠标拾取左面的节点1。然后单击“OK”按钮，打开如图6-142所示的对话框，此时变

量列表里面多了一项“SIG”变量。

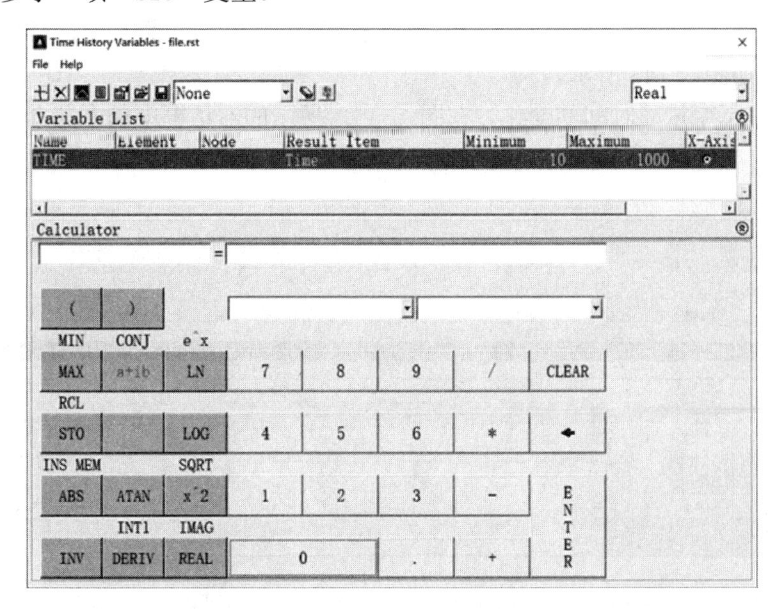

图6-139 “Time History Variables - file.rst”对话框

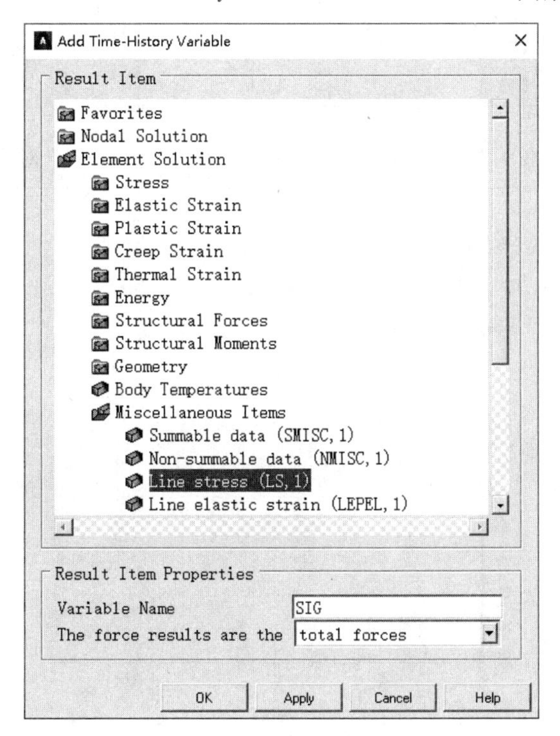

图6-140 “Add Time-History Variable”对话框

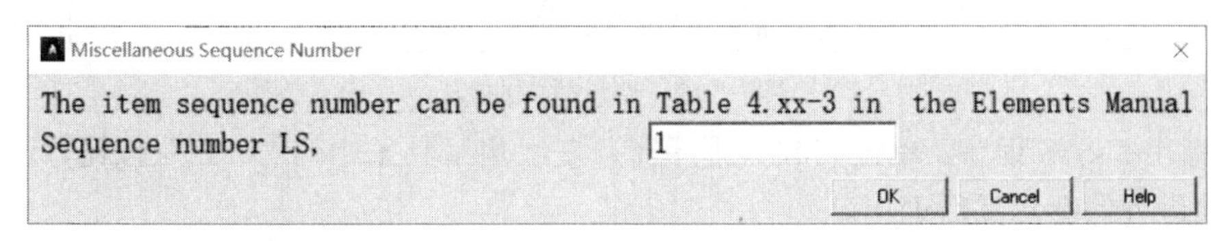

图6-141 “Miscellaneous Sequence Number”对话框

5）绘制变量曲线（以时间 TIME 为横坐标，以自定义的单元应力变量 SIG 为纵坐标）。在图 6-142 所示的对话框中单击左上角的第三个“Graph Data”按钮，屏幕显示出变量时间曲线，如图 6-143 所示。

6）列表显示变量随时间的变化。在图 6-142 所示的对话框中单击左上角的第四个“List Data”按钮，屏幕显示如图 6-144 所示。

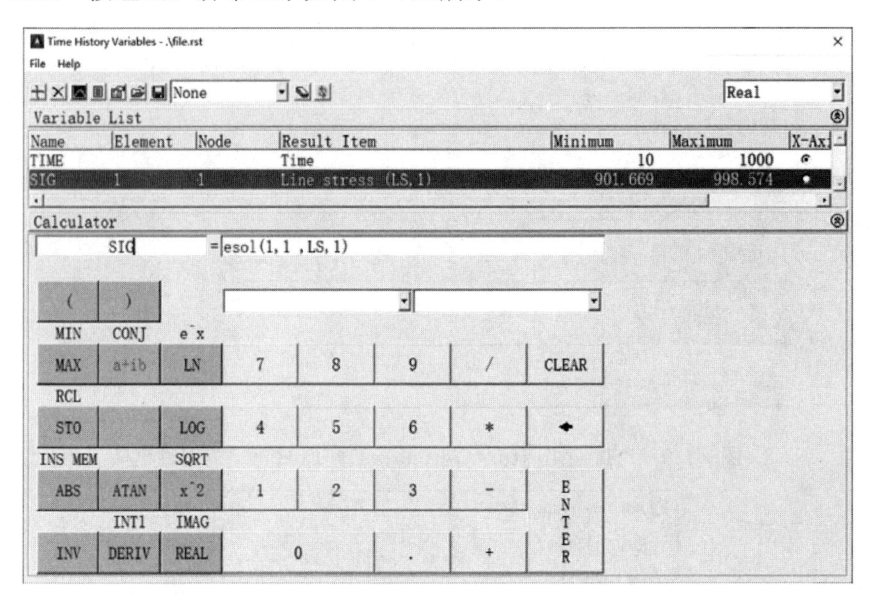

图6-142 “Time History Variables - ./file.rst”对话框(2)

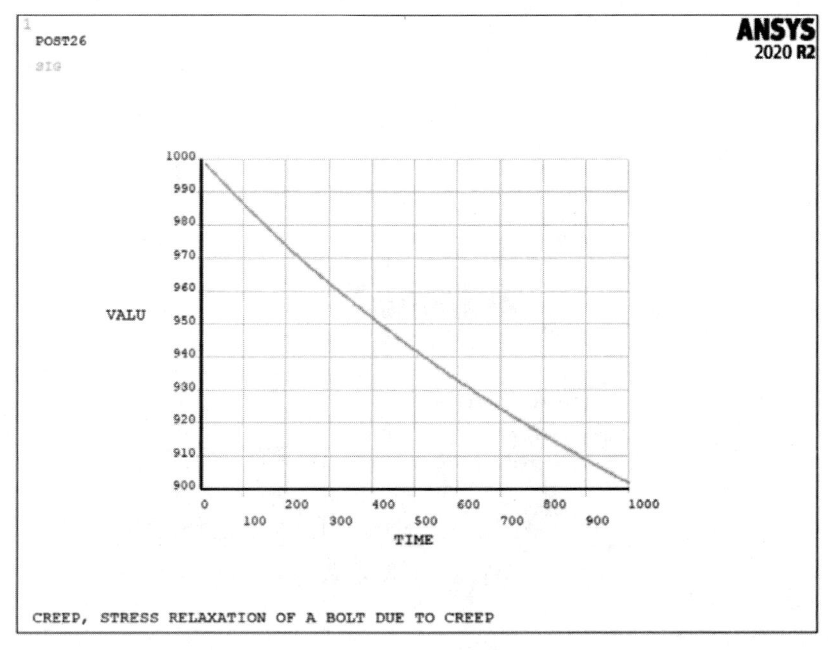

图6-143 变量时间曲线

7）退出 ANSYS 程序。单击 ANSYS 程序窗口左上角工具条中的“QUIT”按钮，选择想保存的项进行保存，然后退出。

```
PRVAR Command
File

 ***** ANSYS POST26 VARIABLE LISTING *****

 TIME          1 LS  1
               SIG
 10.000        990.574
 20.000        997.163
 30.000        995.765
 40.000        994.380
 50.000        993.010
 60.000        991.652
 70.000        990.307
 80.000        988.974
 90.000        987.654
 100.00        986.346
 110.00        985.050
 120.00        983.766
 130.00        982.494
 140.00        981.232
 150.00        979.982
 160.00        978.744
 170.00        977.515
 180.00        976.298
 190.00        975.091
 200.00        973.895

 ***** ANSYS POST26 VARIABLE LISTING *****
```

图6-144 “PRVAR Command”对话框

6.5.5 命令流方式

命令流执行方式这里不做详细介绍，读者可参见电子资料包中的内容。

6.6 接触问题分析实例——深沟球轴承

6.6.1 问题描述

图 6-145 所示为深沟球轴承，材料选择 GCr15 制造，几何参数为:外径 D=35mm，内径 d=10mm，宽度 B=11mm，钢球直径 Dw=6.4mm，接触角 α=0，钢球数量 Z=7。材料参数为弹性模量 E=207000MPa，泊松比 μ=0.3；接触面应力为 3472N。分析深沟球轴承接触面的应力。

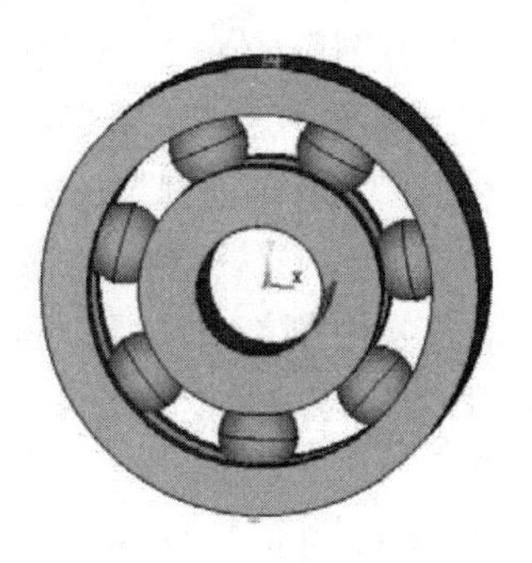

图6-145 深沟球轴承

6.6.2 GUI 方式

1. 建立模型

1）定义工作文件名。从实用菜单中选择 Utility Menu：File > Change Jobname 命令，弹出“ChangeJobname”对话框，在“Enter new jobname”文本框中输入“Bearing”，并将“New Log and error files? ”复选框设置为“Yes”，单击“OK”按钮。

2）设置分析标题。从实用菜单中选择 Utility Menu：File > ChangeTitle 命令，在文本框中输入“Contact Analysis”，单击“OK”按钮。

3）定义单元类型。从主菜单中选择 Main Menu：Preprocessor > Element Type > Add/Edit/Delete 命令，弹出“Element Types”对话框，如图 6-146 所示。单击“Add...”按钮，弹出如图 6-147 所示的“Library of Element Types”对话框，在列表框中单击选择“Solid”和“Brick 8 node 185”，单击“OK”按钮，然后单击“Element Types”对话框中的“Close”按钮将其关闭。

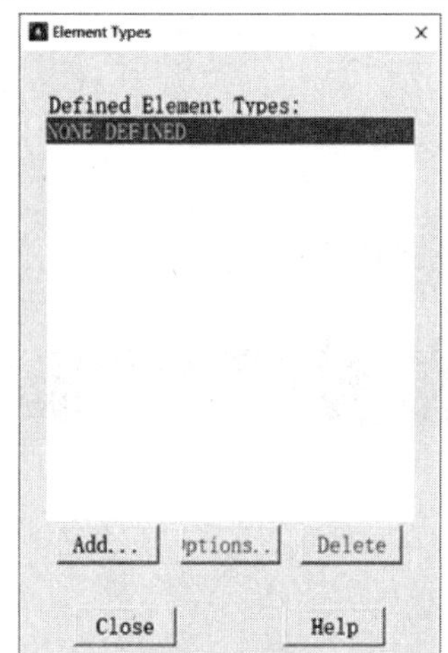

图6-146 “Element Types”对话框

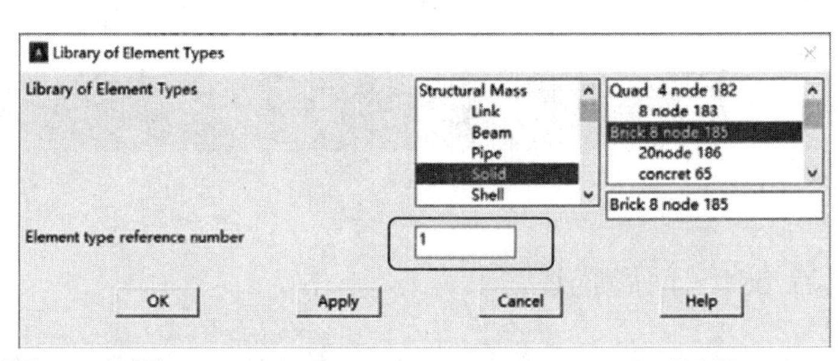

图6-147 “Library of Element Types”对话框

4）定义材料性质。从主菜单中选择 Main Menu：Preprocessor > Material Props > Material Models 命令，弹出如图 6-148 所示的“Define Material Model Behavior”窗口，在“Material Models Available”中连续单击 Structural > Linear > Elastic > Isotropic，弹出如图 6-149 所示的“Linear Isotropic Properties for Material Number1”对话框，在“EX”后面的文本框中输入“2.07e11”，在“PRXY”后面的文本框中输入 0.3，单击“OK”按钮。然后在“Define Material Models Behavior”窗口上的菜单选择 Material > Exit 退出。

5）偏移工作平面到给定位置。从实用菜单中选择 Utility Menu：WorkPlane > Offset WP to > XYZ Locations +命令。在打开的对话框中的文本框中输入“0,0,-5.5”，单击“OK”按钮，如图 6-150 所示。

6）生成外环。从主菜单中选择 Main Menu：Preprocessor > Modeling > Create > Volumes > Cylinder > Hollow Cylinder 命令，弹出如图 6-151 所示的“Hollow Cylinder”对话框，在“WP X”的文本框中输入 0，“WP Y”的文本框中输入 0，“Rad-1”的文本框

中输入17.5，“Rad-2”的文本框中输入13.8，在“Depth”的文本框中输入11，单击“Apply”按钮。

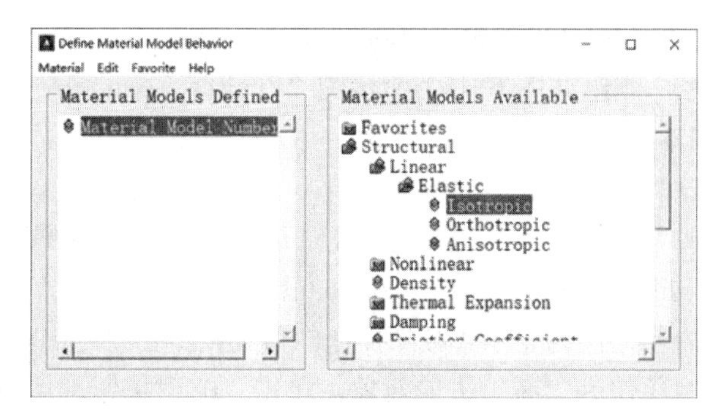

图6-148 “Define Material Model Behavior”窗口

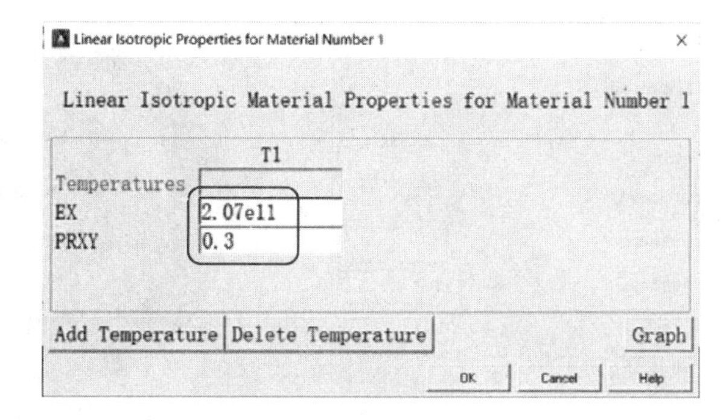

图6-149 “Linear Isotropic Properties for Material Number 1”对话框

7）生成内环。在弹出的“Hollow Cylinder”对话框中的“WP X”的文本框中输入0，“WP Y”的文本框中输入0，“Rad-1”的文本框中输入9.7，“Rad-2”的文本框中输入5，在“Depth”的文本框中输入11，单击“OK”按钮。绘制的结果如图6-152所示。

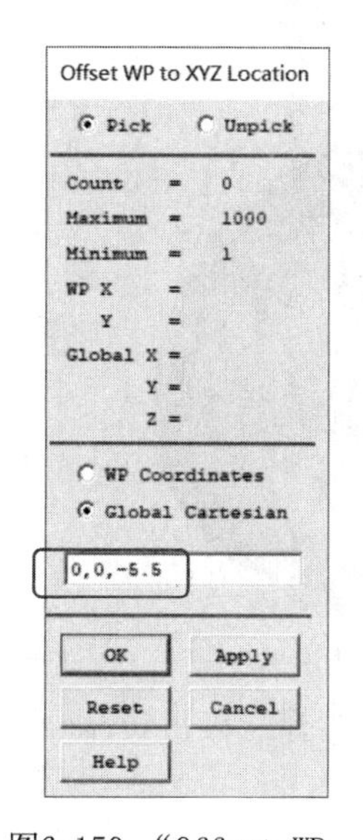

图6-150 “Offset WP to XYZ Location”对话框

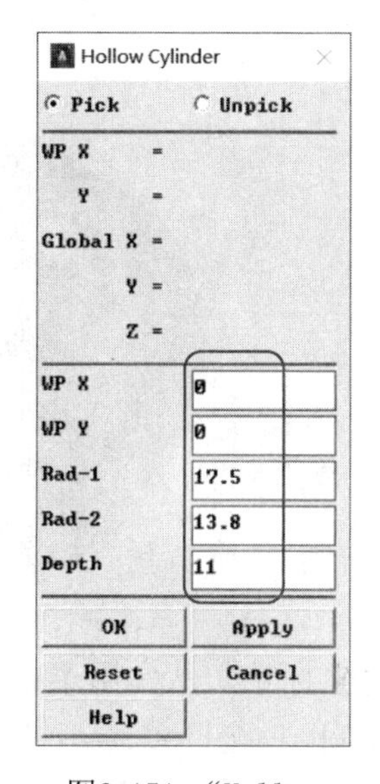

图6-151 “Hollow Cylinder”对话框

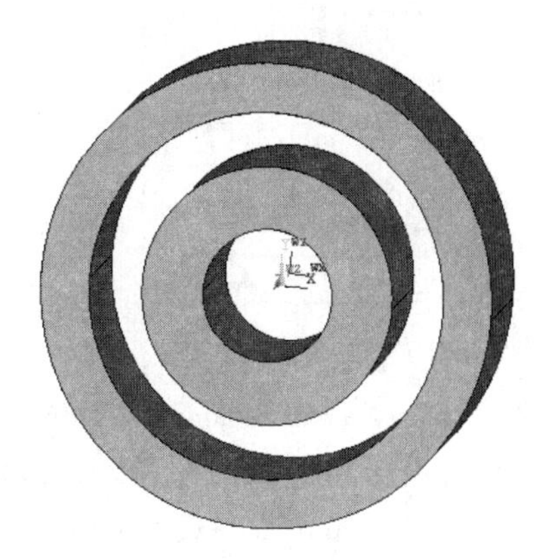

图6-152 内外环模型

8）恢复工作平面到原始位置。从实用菜单中选择 Utility Menu: WorkPlane > Offset WP to > Global Origin。

9）生成圆环。从主菜单中选择 Main Menu: Preprocessor > Modeling > Create > Volumes > Torus 命令，弹出如图 6-153 所示的“Create Torus by Dimensions”对话框，在“RAD1” 的文本框中输入 3.2，“RAD2” 的文本框中输入 0，“RADMAJ” 的文本框中输入 11.75，单击“OK”按钮。

10）从内外环中“减”去圆环生成滚珠轨道。从主菜单中选择 Main Menu: Preprocessor > Modeling > Operate > Booleans > Subtract > Volumes 命令。在图形窗口中拾取外环及内环，作为布尔“减”操作的母体，单击“Apply”按钮。在图形窗口中拾取刚刚建立的圆环作为“减”去的对象，单击“OK”按钮，所得结果如图 6-154 所示。

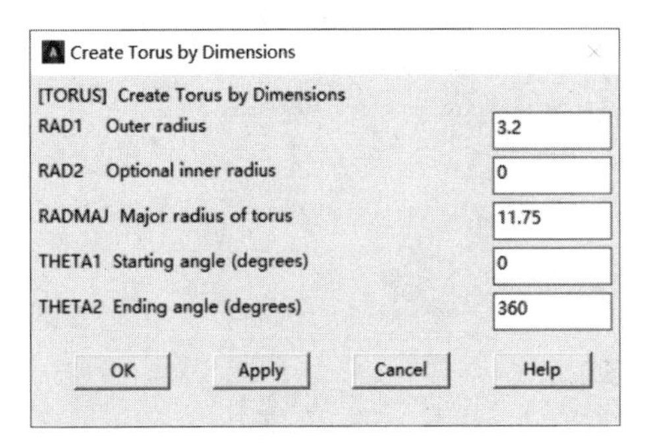

图6-153 “Create Torus by Dimensions”对话框

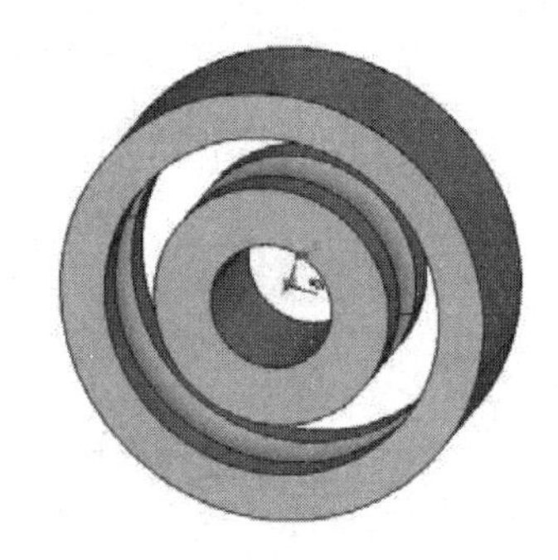

图6-154 生成滚珠轨道

11）生成滚珠。从主菜单中选择 Main Menu: Preprocessor > Modeling > Create > Volumes > Sphere > Solid Sphere 命令，弹出如图 6-155 所示的“Solid Sphere”对话框，在“WP X” 的文本框中输入 0，“WP Y” 的文本框中输入-11.75，“Radius” 的文本框中输入 3.2，单击“OK”按钮，结果如图 6-156 所示。

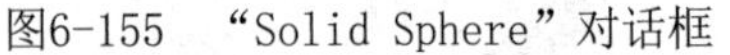

图6-155 “Solid Sphere”对话框

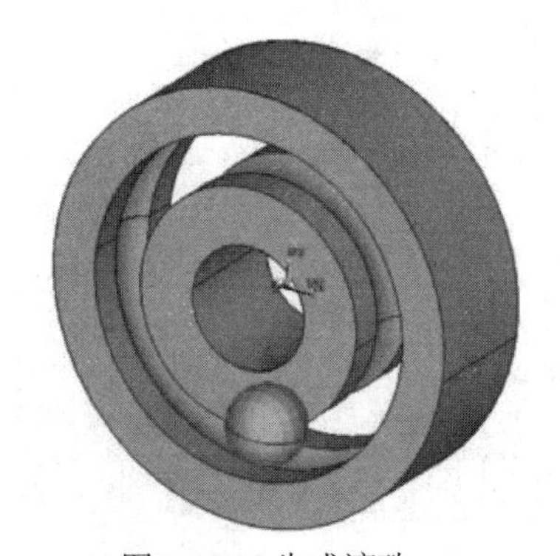

图6-156 生成滚珠

12）将激活的坐标系设置为总体柱坐标系。从实用菜单中选择 Utility Menu: WorkPlane > Change Active CS to > Global Cylindrical 命令。

13）将滚珠沿周向方向复制。从主菜单中选择 Main Menu: Preprocessor > Modeling > Copy > Volumes。选择刚刚建立的滚珠，单击如图 6-157 所示对话框中的“OK”按钮，

ANSYS 会提示复制的数量和偏移的坐标，在“Number of copies”文本框中输入“7”，在“Y-offset in active CS”文本框中输入“51.42857”，如图 6-158 所示。单击“OK”按钮。

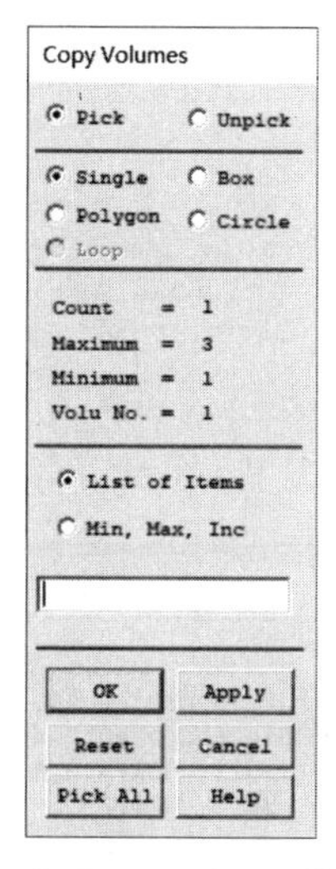

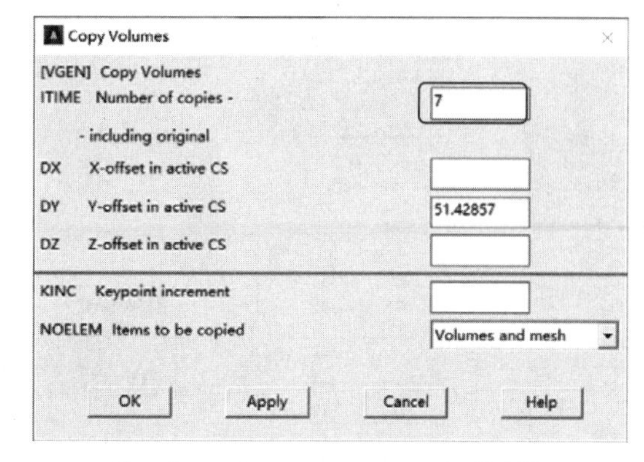

图6-157 “Copy Volumes”对话框　　图6-158 “Copy Volumes”对话框

14）打开体编号显示。从主菜单中选择 Utility Menu：PlotCtrls > Numbering 命令，弹出“Plot Numbering Controls”对话框，设置“VOLU Volume numbers”为“On”，如图 6-159 所示。单击“OK”按钮，结果如图 6-160 所示。

15）保存数据。单击工具条上的“SAVE_DB”按钮。

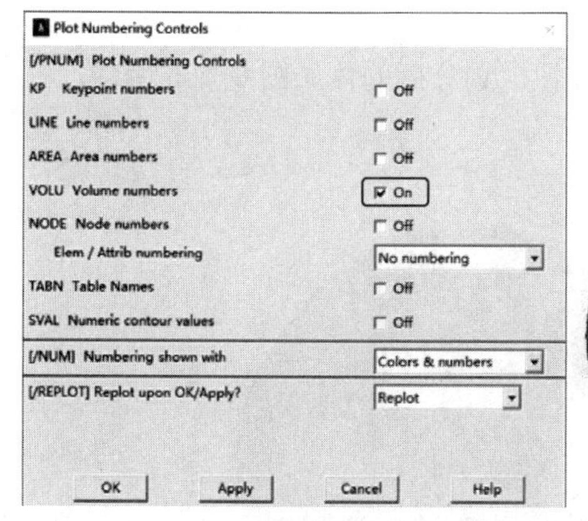

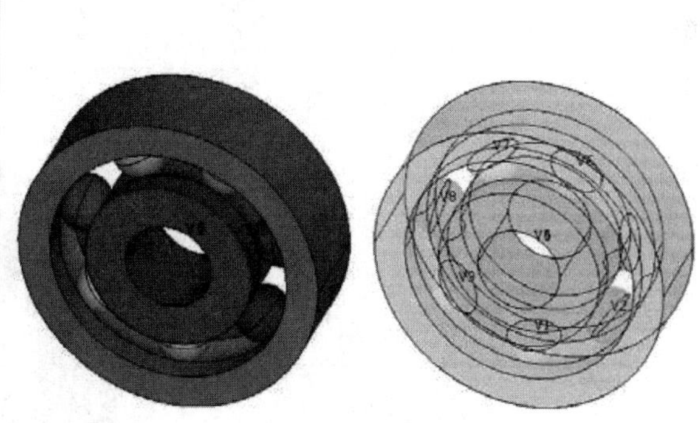

图6-159 “Plot Numbering Controls”对话框　　图6-160 深沟球轴承显示

2. 对轴承划分网格

1）从主菜单中选择 Main Menu：Preprocessor > Meshing > MeshTool 命令，打开“MeshTool（网格工具）”对话框，如图 6-161 所示。

2）在“Shape”中选中“Hex/Wedge”和“Sweep”选项，然后在“Mesh”下拉列表中选择“Volumes”。单击“Sweep”按钮，打开“Volume Sweeping”对话框。在图形窗口中单击选择轴承的内环和外环（体编号为 4、5），单击如图 6-162 所示对话框中的“OK”按钮。

3）ANSYS 将对体进行网格划分。划分过程中 ANSYS 会出现如图 6-163 所示的提示，单击“Close”按钮将其关闭。

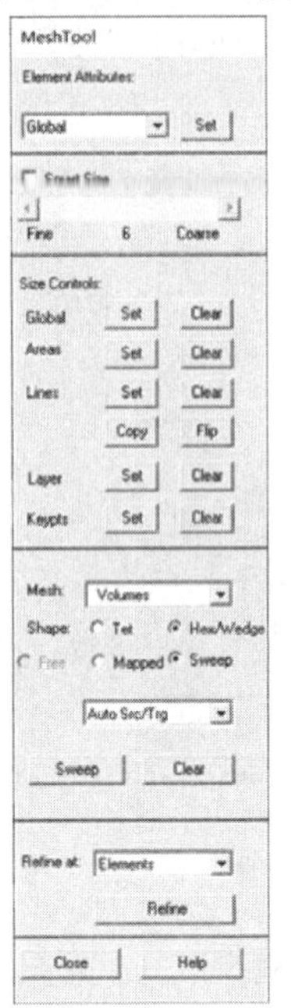

图6-161 “Mesh Tool”对话框

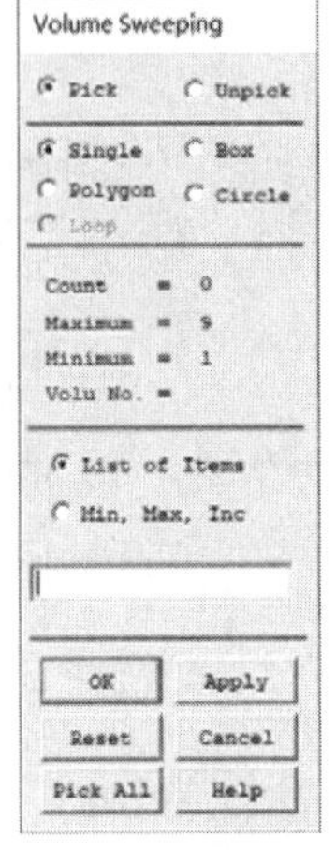

图6-162 “Volume Sweeping”选择对话框

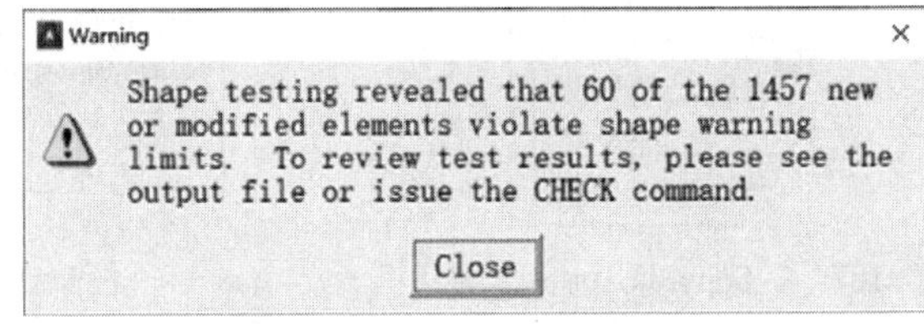

图6-163 “Warning”对话框

4）在“MeshTool（网格工具）”对话框的“Shape”中选中“Tet”和“Free”选项，单击“Mesh”按钮。在图形窗口单击选中7个滚珠，然后单击如图6-164所示对话框中的“OK”按钮。

5）单击“MeshTool”对话框中的“Close”按钮。划分后的体如图6-165所示。

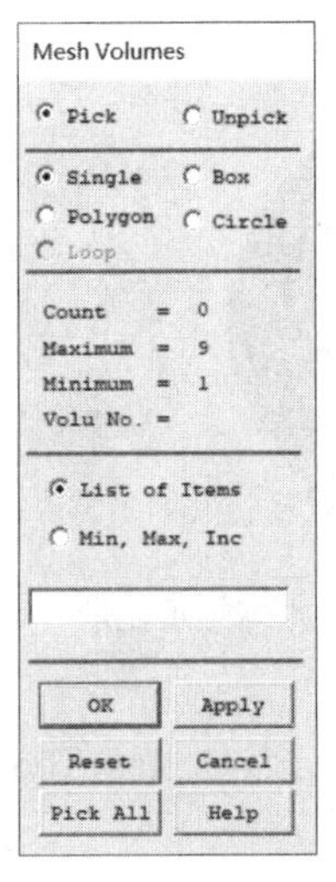

图6-164 “Mesh Volumes”对话框

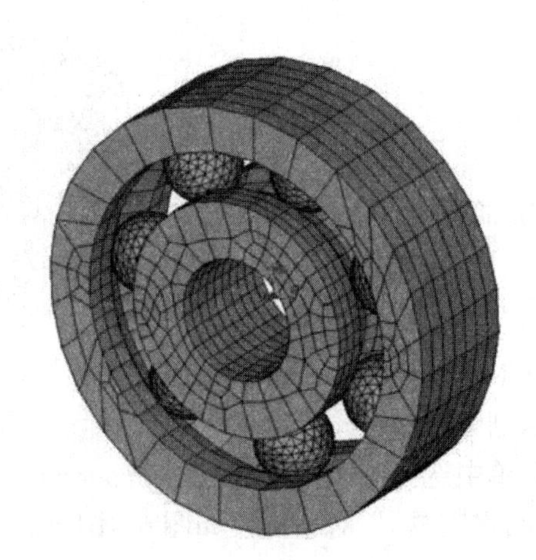

图6-165 划分体

5）保存数据。单击工具条上的“SAVE_DB”按钮。

3. 定义外环与滚珠接触对

1）创建目标面。从主菜单中选择Main Menu: Preprocessor > Modeling > Create > Contact Pair，弹出如图6-166所示的“Pair Based Contact Manager”对话框，单击

“Contact Wizard”按钮，弹出“Contact Wizard”对话框，选择“Areas”单选按钮，其他选项设置如图6-167所示。选择“Pick Target...”按钮，弹出拾取对话框，在图形上依次单击拾取外环的滚珠轨道（面编号为21、22），如图6-168所示。单击“OK”按钮。

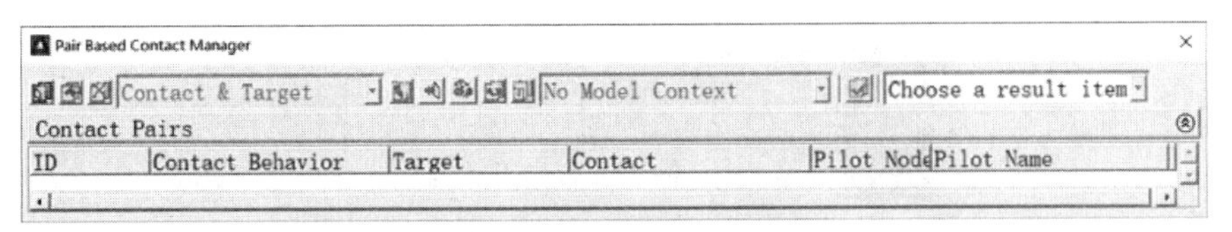

图6-166 “Pair Based Contact Manager”对话框

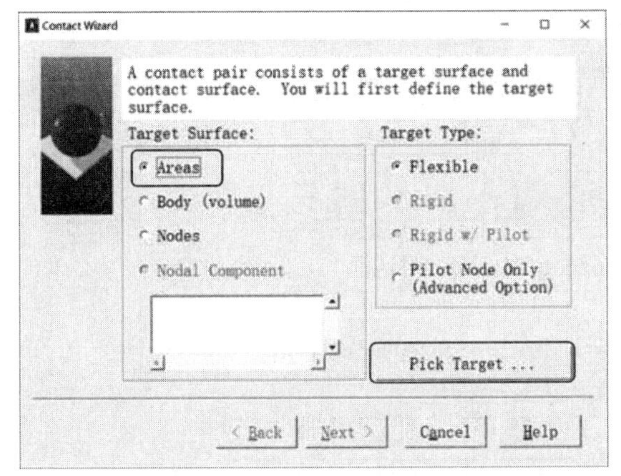

图6-167 “Contact Wizard”对话框

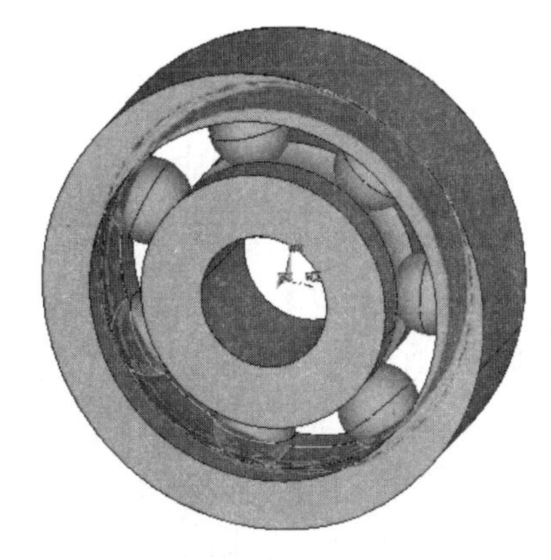

图6-168 选择目标面的显示

2）创建接触面。再次弹出“Contact Wizard”对话框，单击“Next”按钮，弹出如图6-169所示的“Contact Wizard”对话框，选择“Areas”单选按钮，在“Contact Element Type”下面的单选按钮中选中“Surface-to-Surface”，单击“Pick Contact...”按钮，弹出拾取对话框，在图形上依次单击拾取滚珠与外环的接触面（面编号为6、10、14、16、30、32、34），如图6-170所示。单击“OK”按钮，再次弹出“Contact Wizard”对话框，单击“Next”按钮。

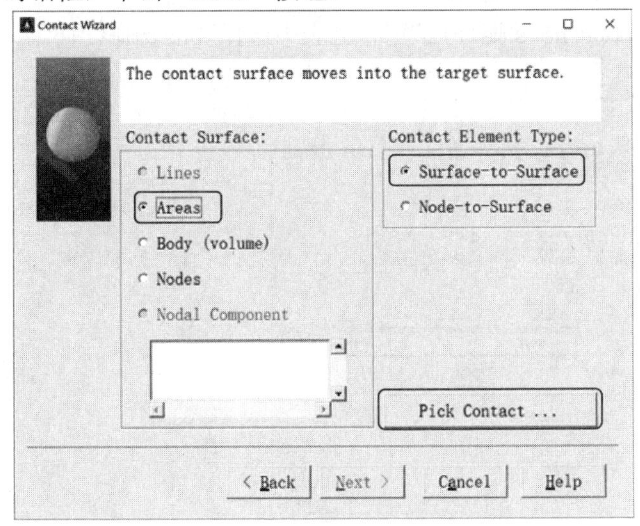

图6-169 “Contact Wizard”对话框

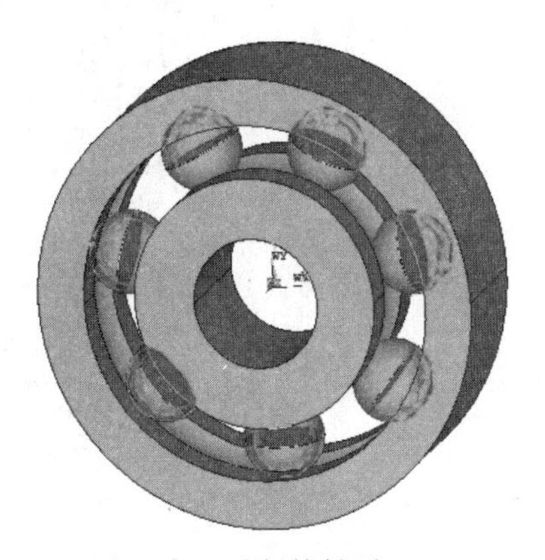

图6-170 选择接触面

3)设置接触面。再次弹出“Contact Wizard”对话框，如图6-171所示。在“Coefficient of Friction”文本框中输入0.2，单击“Optional settings...”按钮，弹出如图6-172所示的对话框，在“Normal Penalty Stiffness”文本框中输入0.1。

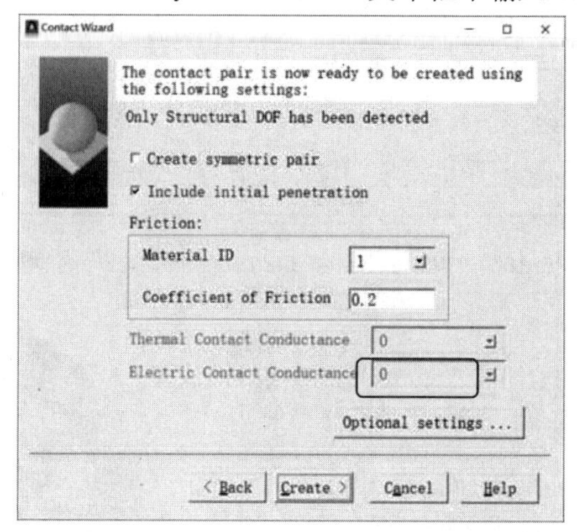

图6-171 “Contact Wizard”对话框

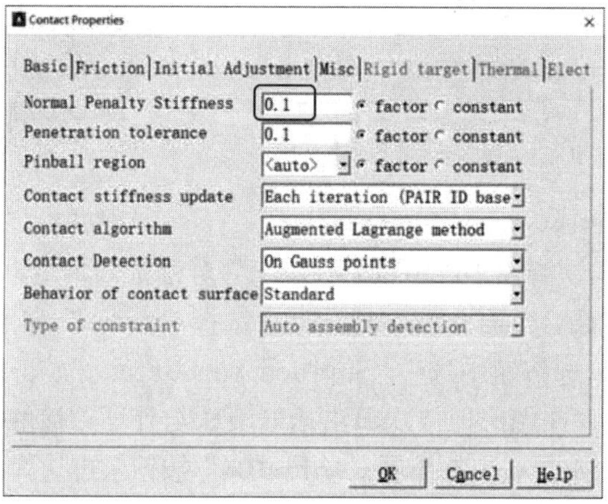

图6-172 “Contact Properties”对话框

4)选择“Friction”选项卡，在“Stiffness matrix”下拉列表中选择“Unsymmetric”，如图6-173所示。

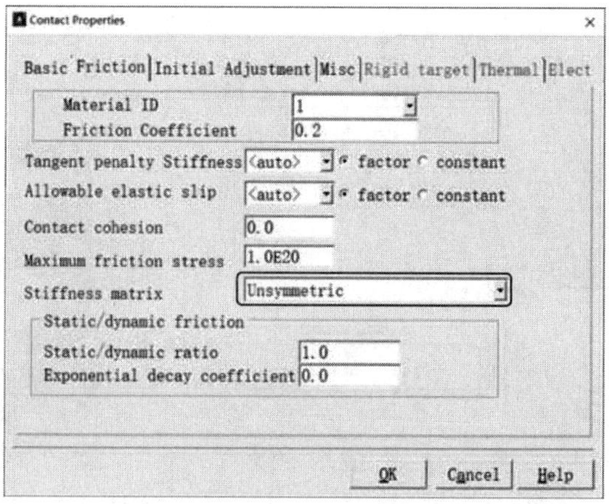

图6-173 “Contact Properties”对话框

5）选择“Initial Adjustment”选项卡，在“Load step number for ramping”后的文本框中输入0，如图6-174所示。单击“OK”按钮。

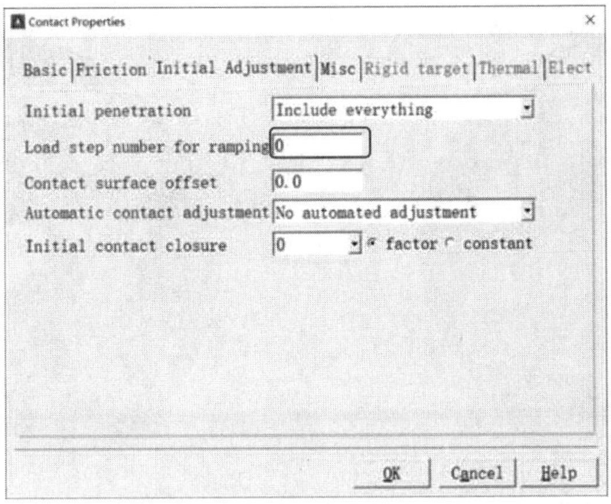

图6-174　“Contact Properties”对话框

6）接触面的生成。返回到“Contact Wizard”对话框，单击“Create”按钮，弹出“Contact Wizard”对话框，如图6-175所示。单击“Finish”按钮，结果如图6-176所示。

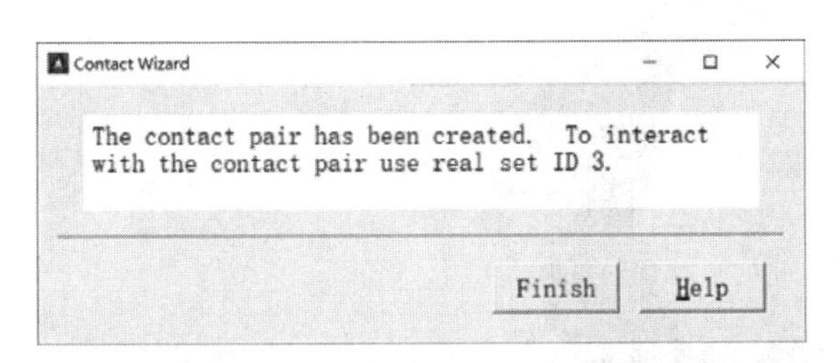

图6-175　“Contact Wizard”对话框

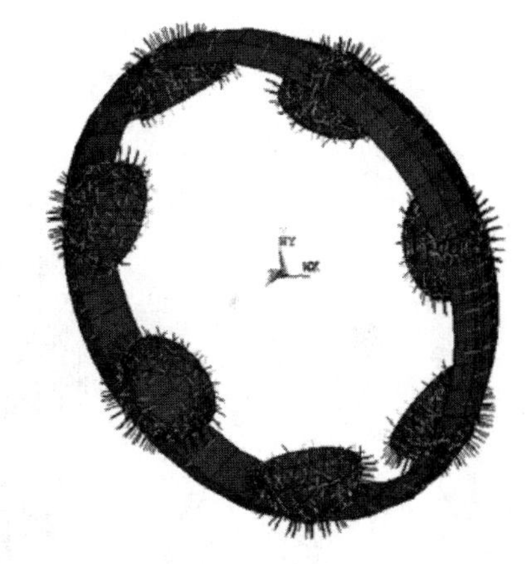

图6-176　生成接触面

4．定义内环与滚珠接触对

1）创建目标面。在“Contact Manager”对话框中单击“Contact Wizard”按钮。弹出“Contact Wizard”对话框，采用默认选项。单击“Pick Target...”按钮，弹出拾取对话框，在图形上单击拾取内环的滚珠轨道（面编号为27、28），如图6-177所示。单击“OK”按钮。

2）创建接触面。弹出“Contact Wizard”对话框，单击“Next”按钮，弹出“Contact Wizard”对话框，在“Contact Element Type”下面的单选按钮中选中“Surface-to-Surface”。单击“Pick Contact...”按钮，弹出拾取对话框，在图形上单击拾取滚珠与内环的接触面（面编号为5、9、13、15、29、31、33），如图6-178所示，单击“OK”按钮，再次弹出“Contact Wizard”按钮，单击“Next”按钮。

3）设置接触面。再次弹出“Contact Wizard”对话框，在“Coefficient of Friction”文本框中输入0.2，单击“Optional settings”按钮，在弹出的对话框中的“Normal

Penalty Stiffness” 文本框中输入 0.1。

4）选择“Friction”选项卡，在“Stiffness matrix”下拉列表中选择“Unsymmetric”。

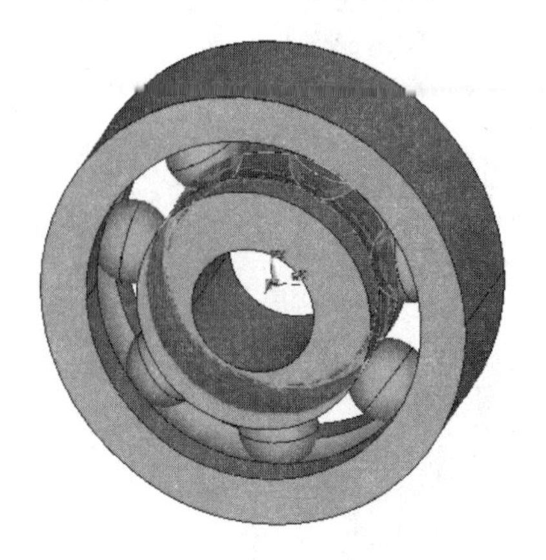

图6-177 选择目标面

图6-178 选择接触面

5）选择“Initial Adjustment”选项卡，在“Load step number for ramping”后的文本框中输入 0。单击“OK”按钮。

6）接触面的生成。返回到“Contact Wizard”对话框，单击“Create”按钮，弹出“Contact Wizard”对话框，单击“Finish”按钮，结果如图 6-179 所示。

7）单击“Pair Based Contact Manager”对话框右上角的关闭按钮退出。

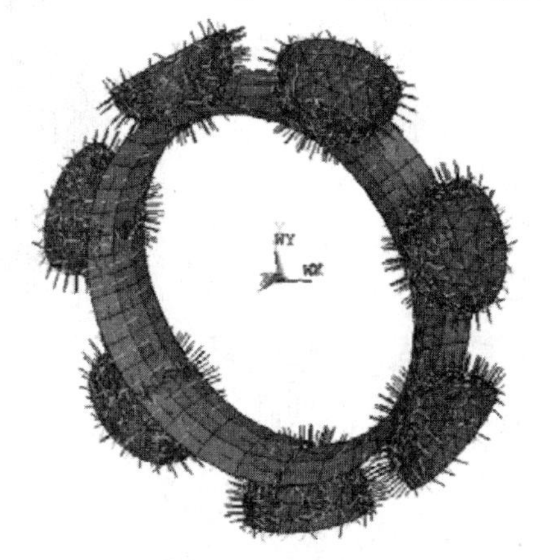

图6-179 生成接触面

5. 施加载荷并求解

1）打开面编号显示。从实用菜单中选择 Utility Menu：PlotCtrls > Numbering，弹出“Plot Numbering Controls”对话框，选中“AREA Area numbers”复选框，设置其为“On”，不勾选“VOLU Volume numbers”复选框，设置其为“Off”，单击“OK”按钮。

2）施加面约束条件。从主菜单中选择 Main Menu： Solution > Define Loads > Apply > Structural > Displacement > On Areas，弹出拾取对话框，在图形上拾取外环的侧面及外表面（面编号为 1、2、3、4）。单击“OK”按钮，弹出如图 6-180 所示的“Apply U, ROT on Areas”对话框，选择“All DOF”选项，然后单击“OK”按钮。

3）施加载荷。从主菜单中选择 Main Menu：Solution > Define Loads > Apply >

Structural > Pressure > On Areas，弹出“Apply PRES on Areas”拾取对话框。拾取最内侧面的下半部分（面编号为 12），如图 6-181 所示。然后单击“OK”按钮，弹出“Apply PRES on areas”对话框，如图 6-182 所示。在“VALUE Load PRES value”文本框中输入 3472，其余采用默认设置，单击“OK”按钮。

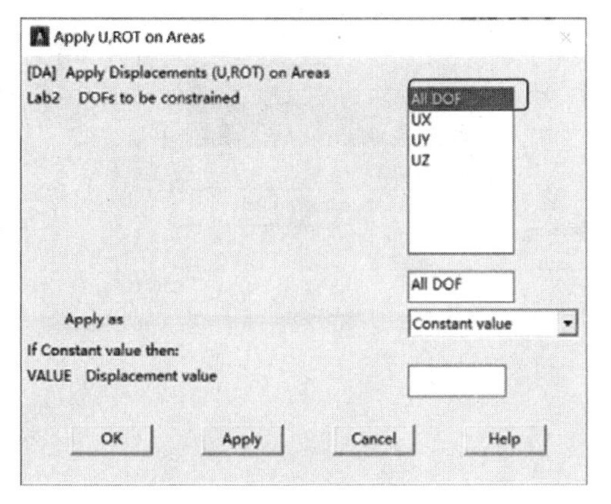

图6-180 “Apply U, ROT on Areas”对话框

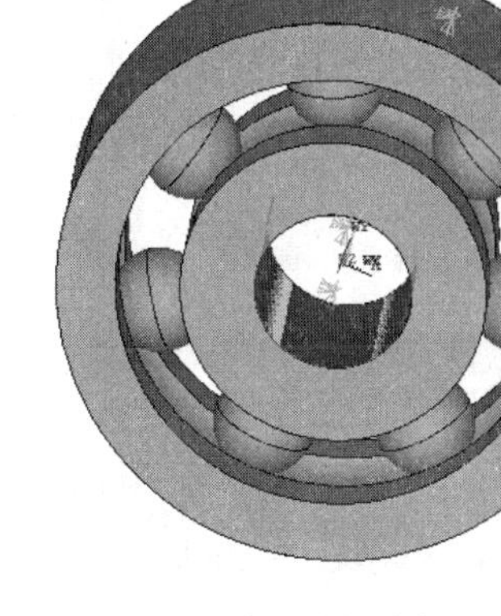

图6-181 选择最内侧面面

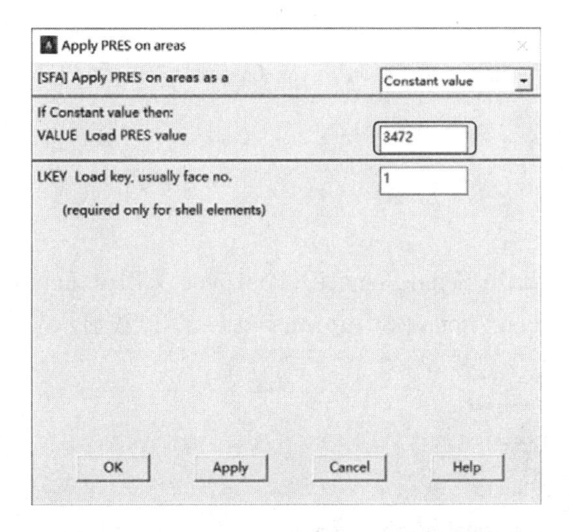

图6-182 “Apply PRES on areas”对话框

4）设定求解选项。从主菜单中选择 Main Menu： Solution > Analysis Type > Sol’n Controls，弹出“Solution Controls”对话框，在“Analysis Options”下拉列表中选择“Large Displacement Static”，在“Time at end of loadstep”文本框中输入 100，在“Automatic time stepping”下拉列表中选择“Off”，在“Number of substeps”文本框中输入 1，如图 6-183 所示，单击“OK”按钮。

5）求解。从主菜单中选择 Main Menu：Solution > Solve > Current LS，弹出“/STATUS Command”信息提示窗口和“Solve Current Load Step”对话框。仔细浏览信息提示窗口中的信息，然后将其关闭，单击“Solve Current Load Step（求解当前载荷步）”对话框中的“OK”按钮开始求解。求解完成后会弹出显示“Solution is done!”对话框，单击“Close”按钮将其关闭。

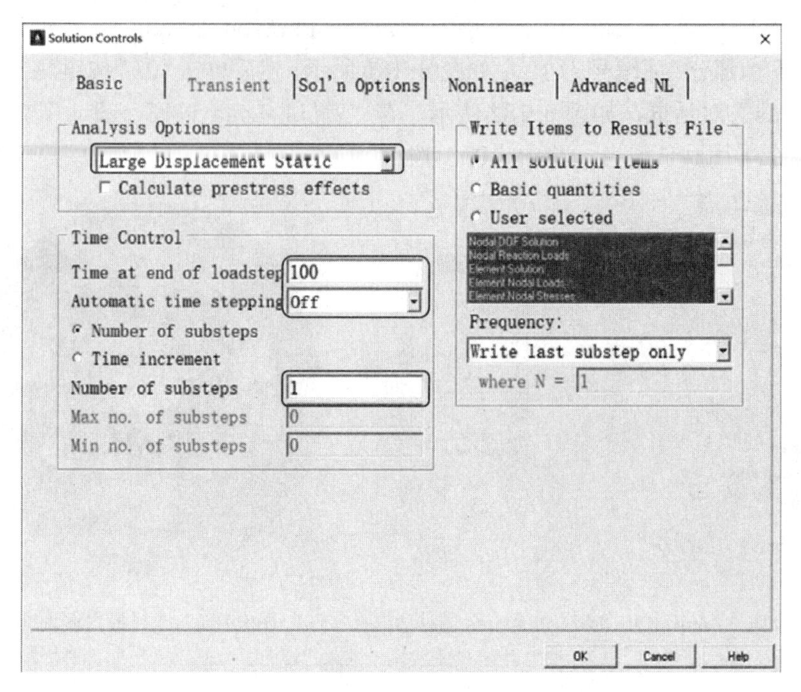

图6-183 “Solution Controls”对话框

6.6.3 查看结果

1. 查看变形

1）从主菜单中选择Main Menu：General Postproc > Plot Result > Contour Plot > Nodal Solu，打开“Contour Nodal Solution Data（等值线显示节点解数据）”对话框，如图6-184所示。

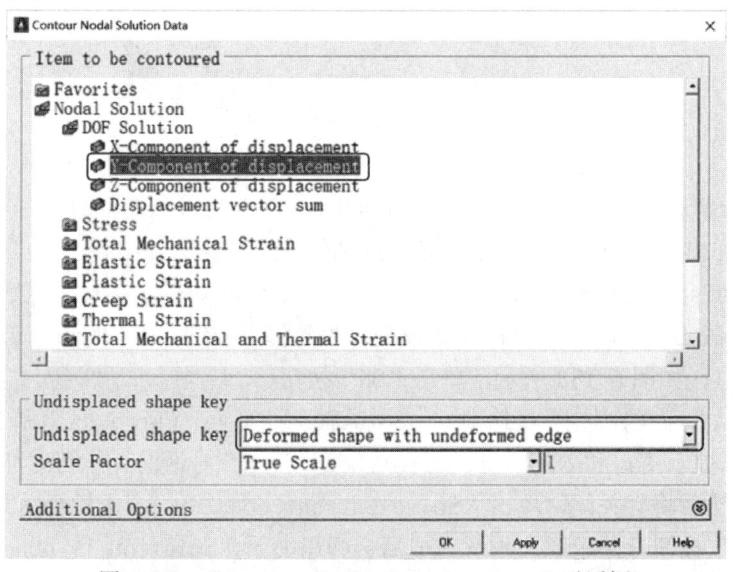

图6-184 “Contour Nodal Solution Data”对话框

2）在“Item to be contoured”（等值线显示结果项）域中选择“DOF solution（自

由度解)”选项。

3) 选择“Y-Component of displacement (Y 向位移)”选项，Y 向位移即为轴承竖直方向的位移。

4) 在“Undisplaced shape key”下拉列表中选择“Deformed shape with undeformed dge (变形后和未变形轮廓线)”选项。

5) 单击“OK”按钮，在图形窗口中显示出 Y 向变形图，包含变形前的轮廓线，如图 6-185 所示。图中下方的色谱表明不同的颜色对应的数值（带符号）。

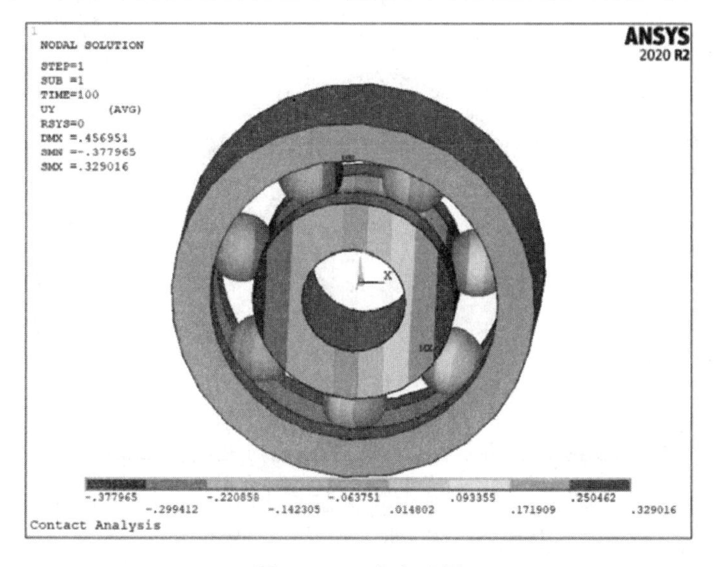

图6-185 Y向变形图

2. 查看应变

1) 从主菜单中选择 Main Menu: General Postproc > Read Results > Last Set 命令，读入结果。

2) 从主菜单中选择 Main Menu: General Postproc > Plot Results > Contour Plot > Nodal Solu 命令，打开“Contour Nodal Solution Data (等值线显示节点解数据)”对话框，如图 6-186 所示。

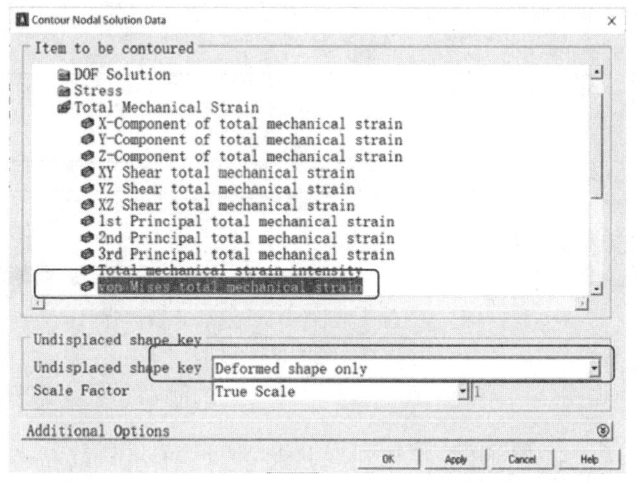

图6-186 “Contour Nodal Solution Data”对话框

3)在“Item to be contoured(等值线显示结果项)”中选择“Total Mechanical Strain（应变)”选项。

4）选择“von Mises total mechanical strain（von Mises 应变)”选项。

5）在“Undisplaced shape key”下拉列表中选择“Doformed shape only“(仅显示变形后模型）选项。

6）单击“OK”按钮，图形窗口中显示出“von Mises”应变分布图，如图 6-187 所示。

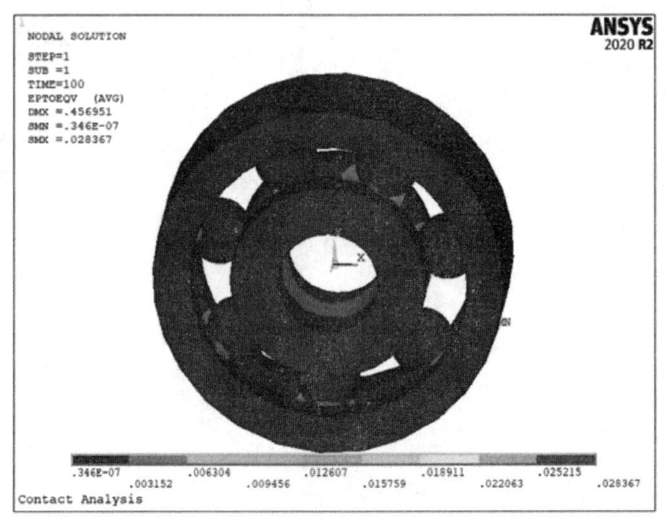

图6-187 “von Mises”应变分布图

3. 动画显示模态形状

1）从实用菜单中选择 Utility Menu: PlotCtrls > Animate > Mode Shape...命令。

2）在弹出的对话框中的左边列表框中选择 “DOF solution”，在右边列表框中选择“Translation UY”，如图 6-188 所示。单击“OK”按钮。

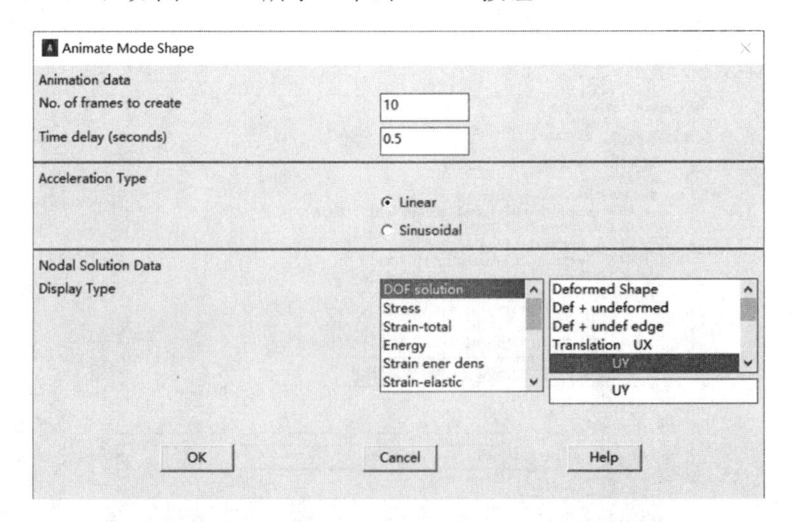

图6-188 “Animate Mode Shape”对话框

ANSYS 将在图形窗口中进行动画显示，如图 6-189 所示。

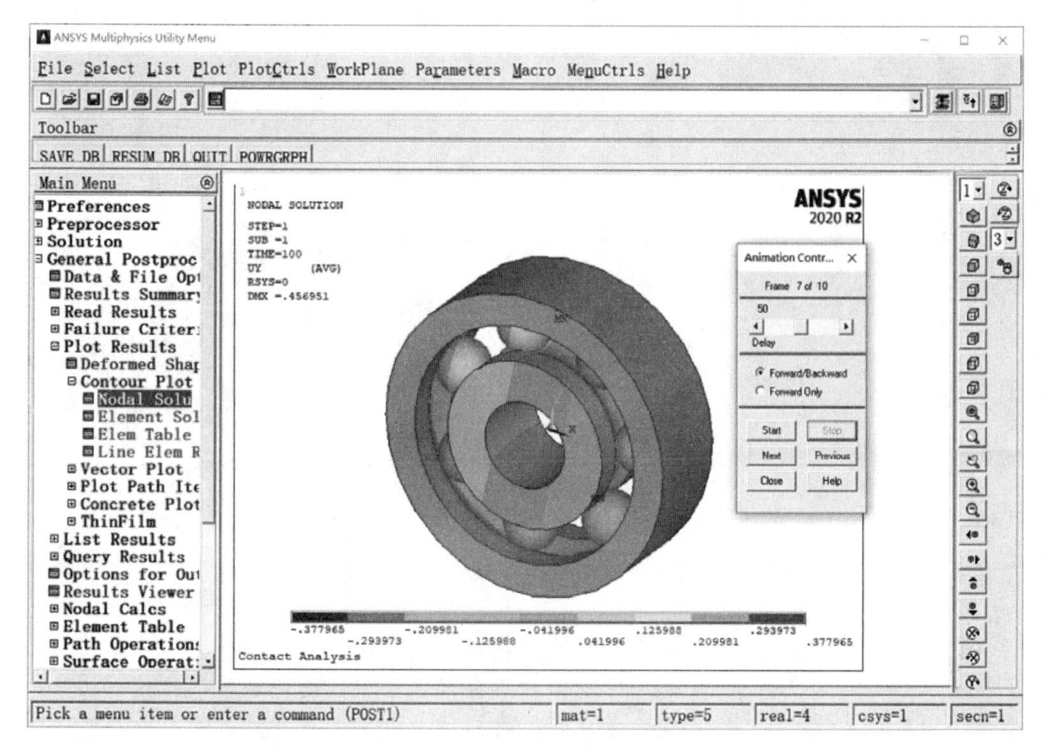

图6-189　动画显示

6.6.4　命令流方式

命令流执行方式这里不做详细介绍，读者可参见电子资料包中的内容。

第7章

动力学分析

在工程结构的设计工作中，动力学设计和动力学分析是必不可少的一部分，几乎现代的所有工程结构都面临着动力学问题，在航空航天、船舶、汽车等行业，动力学问题更加突出，在这些行业中将会接触大量的旋转结构（如轴、轮盘等。

学习要点

- 动力分析介绍
- 结构模态分析
- 谐响应分析
- 瞬态动力学分析
- 响应谱分析

7.1 动力分析介绍

在工程结构的设计工作中，动力学设计和动力学分析是必不可少的一部分，几乎现代的所有工程结构都面临着动力学问题，在航空航天、船舶、汽车等行业，动力学问题更加突出。在这些行业中会使用大量的旋转结构（如轴、轮盘等），这些结构通常在整个机械中占有极其重要的地位，它们的损坏大部分都是由于共振引起较大振动应力造成的，同时由于处于旋转状态，它们所受外界激振力比较复杂，因此更要对这些关键部分进行完整的动力学设计和分析。

7.1.1 动力分析简介

通常动力分析的工作主要由系统的动力特性分析（即求解结构的固有频率和振型）和系统在受到一定载荷时的动力响应分析两部分构成。根据系统的特性，动力分析可分为线性动力分析和非线性动力分析两类。根据载荷随时间变化的关系，动力分析可以分为稳态动力分析和瞬态动力分析。

ANSYS 提供了强大的动力分析工具，可以很方便地处理各类动力分析问题。

7.1.2 动力分析的类型

动力分析的类型可分为：

◆ 模态分析。

◆ 谐响应分析。

◆ 瞬态动力学分析。

◆ 谱分析。

模态分析用于确定设计中的结构或机器部件的振动特性（固有频率和振型）。它也是更详细的动力学分析的起点。

谐响应分析是用于分析持续的周期载荷在结构系统中产生的持续的周期响应（谐响应），以及确定线性结构承受随时间按正弦（简谐）规律变化的载荷时稳态响应的一种技术。这种分析技术只是用于计算结构的稳态受迫振动，发生在激励开始时的瞬态振动不在谐响应分析中考虑。谐响应分析是一种线性分析，但也可以分析有预应力的结构。

瞬态动力分析（也称时间历程分析）是用于确定承受任意随时间变化载荷的结构的动力学响应的一种方法。可以用瞬态动力学分析确定结构在静载荷、瞬态载荷和简谐载荷的随意组合作用下随时间变化的位移、应变、应力及力。载荷和时间的相关性使得惯性力和阻尼作用比较重要。

谱分析是一种将模态分析的结果与一个已知的谱联系起来计算模型的位移和应力的分析技术。谱分析替代时间历程分析，主要用于确定结构对随机载荷或随时间变化载荷（如地震、风载、海洋波浪、喷气发动机推力、火箭发动机振动等）的动力响应情况。

谱是谱值与频率的关系曲线，它反映了时间历程载荷的强度和频率信息。

7.1.3 动力分析基本步骤

由于各类动力分析在求解过程和求解选项上有较大的区别，所以这里将对其基本分析过程分别给予介绍。

1. 模态分析的基本步骤

1）模型的建立。建模过程和其他分析类型类似，但应注意以下两点：

◆ 在模态分析中只有线性行为是有效的。如果指定了非线性单元，则将其作为线性单元来对待。

◆ 材料性质可以是线性的或非线性的、各向同性的或正交各向异性的、恒定的或和温度相关的。在模态分析中必须指定弹性模量 EX（或某种形式的刚度）和密度 DENS（或某种形式的质量），而非线性特性将被忽略。

2）加载并求解。

◆ 进入 ANSYS 求解器。

◆ 指定分析类型和分析选项。

◆ 定义主自由度。

◆ 在模型上加载。

◆ 指定载荷步选项。

◆ 开始求解计算。

◆ 退出 SOLUTION。

3）模态扩展。求解器的输出内容主要是固有频率，固有频率被写到输出文件 Jobname.out 及振型文件 Jobname.mode 中。输出内容中也可以包含缩减的振型和参与因子表，这取决于对分析选项和输出控制的设置。由于振型现在还没有被写到数据库或结果文件中，因此还不能对结果进行后处理。要进行后处理，则还需对模态进行扩展。

从严格意义上讲，“扩展”这个词意味着将缩减解扩展到完整的 DOF 集上。“缩减解”常用主 DOF 表达。而在模态分析中，我们用“扩展”这个词指将振型写入结果文件。也就是说，“扩展模态”不仅适用于 Reduced 模态提取方法得到的缩减振型，而且也适用于其他模态提取方法得到的完整振型。因此，如果想在后处理器中观察振型，必须先将其扩展（也就是将振型写入结果文件）。

模态扩展要求振型文件 Jobname.mode、Jobname.emat、Jobname.esav 及 Jobname.tri（如果采用 Reduced 法）必须存在。数据库中必须包含和解算模态时所用模型相同的分析模型。

扩展模态的方法是：

◆ 再次进入 ANSYS 求解器。

◆ 激活扩展处理及相关选项。

◆ 指定载荷步选项。

◆ 开始扩展处理。

◆ 退出 SOLUTION 处理器。

4）观察结果。模态分析的结果（即模态扩展处理的结果）被写入结构分析结果文件 Jobname.rst。分析结果包括：

◆ 固有频率。

◆ 已扩展的振型。

◆ 相对应力和力分布（如果需要）。

可以在 POST1（即通用后处理器）中观察模态分析的结果。模态分析的一些常用后处理操作将在下面予以介绍。如果要在 POST1 中观察结果，则数据库中必包含和求解相同的模型，而且结果文件 Jobname.rst 必须存在。

观察结果数据的过程是：

◆ 读入合适子步的结果数据。

◆ 执行任何想做的 POST1 操作。

2．谐响应分析的基本步骤

用不同的谐响应分析方法时，进行谐响应分析的过程不尽相同。下面首先介绍用完全法进行谐响应分析的基本步骤，然后再列出用缩减法和模态叠加法时的不同地方。

完全法谐响应分析过程由 3 个主要步骤组成：

1）建模。建模过程和其他分析类型类似，也需要指定文件名和标题，定义单元类型、单元实常数、材料特性以及几何模型，并划分有限元网格。谐响应分析需要注意以下两点：

◆ 谐相应分析是一种线性分析。一些非线性的定义，例如材料的塑性，即使进行了定义也会被忽略。

◆ 也可以对预应力结构进行谐波分析，例如小提琴弦（假设简谐应力远小于预应力）。”

2）加载及求解。

◆ 进入 ANSYS 求解器。

◆ 指定分析类型和分析选项。

◆ 在模型上加载。

◆ 指定载荷步选项。

◆ 开始求解计算。

如果要做时间历程后处理（在 POST26 中），则一个载荷步和另一个载荷步的频率范围时间不能存在重叠。还有一种用于处理多步载荷的方法，它允许将载荷步保存到文件中然后用一个宏进行一次性求解。

3）观察结果。谐响应分析的结果被写入结构分析结果文件 Jobname.rst。文件中包含下述数据：基本数据、节点位移（UX、UY、UZ、ROTX、ROTY、ROTZ）、派生数据、节点和单元应力、应变、单元力和节点反作用力等。所有数据在解所对应的强制频率处按简谐规律变化。

如果在结构中定义了阻尼，响应将与载荷异步。所有结果将是复数形式的，并以实部和虚部存储。如果施加的是异步载荷，同样也会产生复数结果。

可以用 POST26 或 POST1 观察结果。通常的处理顺序是首先用 POST26 找到临界强制频率-模型中所关注的点产生最大位移（或应力）时的频率，然后用 POST1 在这些临界强制频率处处理整个模型。

缩减法谐响应分析。

◆ 建模。

◆ 加载并求得缩减解。

◆ 观察缩减解结果。

◆ 扩展解。

◆ 观察已扩展的解结果。

跟完全法谐响应分析相比，缩减法谐响应分析主要有以下不同：

◆ 在加载的同时需要定义主自由度。主自由度是表征结构力学特性的基本自由度或动力学自由度。在缩减法谐响应动力分析中，要求在施加了力或非零位移的位置处也要设置主自由度。

◆ 缩减法的解只是由主自由度处的位移组成。可处理的只有节点主自由度处的数据。如果想确定非主自由度的位移，或者对应力解感兴趣，就需要对结果进行扩展处理。扩展处理根据缩减解计算出在所有自由度处的位移、应力和力的解。这些计算只对指定的频率和相位解。扩展后的结果观察方法和完全法的基本相同。

模态叠加法谐响应分析。模态叠加法通过对振型（由模态分析得到）乘以因子并求和来计算谐响应。它是 ANSYS/Linear Plus 程序中唯一可用的谐响应分析方法。模态叠加法的分析过程由以下 5 个基本步骤组成：

◆ 建模。

◆ 获取模态分析解。

◆ 获取模态叠加法谐响应分析解。

◆ 扩展模态叠加解。

◆ 观察结果。

3. 瞬态动力学分析的基本步骤

用不同的瞬态动力学分析方法时，进行瞬态动力学分析的过程不尽相同。下面首先介绍用完全法进行瞬态动力学分析的基本步骤，然后再列出用缩减法和模态叠加法时的不同地方。

完全法瞬态动力学分析过程由以下 3 个主要步骤组成：

◆ 建模。

◆ 加载及求解。

◆ 结果后处理。

1）建模。建模过程和其他分析类型类似，但应注意以下几点：

◆ 可以用线性和非线性单元。

◆ 必须指定弹性模量 EX（或某种形式的刚度）和密度 DENS（或某种形式的质量），材料性质可以是线性的或非线性的、各向同性的或正交各向异性的、恒定的或与温度相关的。

◆ 划分网格应当细到足以确定感兴趣的最高振型，要考虑其应力或应变的区域网格应比只考虑位移的区域网格细一些。

◆ 如果想包含非线性，划分网格应当细到能够捕捉到非线性效果，如果对波传播效果感兴趣，划分网格应当细到足以解算出波，基本准则是沿波的传播方向第一波长至少有 20 个单元。

2）加载并求解。

◆ 进入 ANSYS 求解器。

◆ 指定分析类型和分析选项。

◆ 在模型上加载。

◆ 指定载荷步选项。

◆ 保存当前载荷步设置到载荷步文件中。

◆ 开始求解计算。

◆ 退出 SOLUTION 处理器。

3）观察结果。瞬态动力学分析的结果被写入结构分析结果文件 Jobname.rst。文件中包含下述数据：基本数据、节点位移（UX、UY、UZ、ROTX、ROTY、ROTZ）、派生数据、节点和单元应力、应变、单元力和节点反作用力等。所有数据都是时间的函数。

可以用 POST26 或 POST1 观察结果。用 POST26 观察模型中指定点处呈现为时间函数的结果，用 POST1 观察在给定时间点整个模型的结果。

缩减法瞬态动力学分析。

◆ 建模。

◆ 加载并求得缩减解。

◆ 观察缩减解结果。

◆ 扩展解。

◆ 观察已扩展的解结果。

跟完全法瞬态动力学分析相比，缩减法瞬态动力学分析过程应注意的有如下几点：

◆ 不可采用非线性选项；不可用 Restart；可以包含预应力效果，需要预先做静力分析；不能使用求解控制对话框定义缩减法瞬态动力学分析类型和分析设置。

◆ 在加载的同时需要定义主自由度。主自由度是表征结构动力学特性的基本自由度或动力学自由度。缩减法瞬态动力学分析要求在定义了间隙条件、力或非零位移的位置处定义主自由度。

◆ 如果有间隙条件，则指定间隙条件。间隙条件类似于间隙单元，被指定在瞬态动力学分析过程中预期会发生接触的表面之间。ANSYS 软件通过使用一个等效的节点载荷矢量表示在间隙关闭时会产生的间隙力。间隙条件只能指定在两个主节点之间或主节点和基础之间。

◆ 在缩减法瞬态动力学分析中只可加位移、力和平移加速度（如重力）。如果模型中包含指定在采用旋转地点坐标系的节点处的主自由度，则不允许有加速度载荷，且力和非零位移只能加在主自由度处。

模态叠加法瞬态动力学分析。模态叠加法通过对模态分析得到振型（特征值）乘以因子并求和来计算结构的响应。模态叠加法的分析过程由以下 5 个基本步骤组成：

◆ 建模。

◆ 获取模态分析解。

◆ 获取模态叠加法瞬态分析解。

◆ 扩展模态叠加解。

◆ 观察结果。

4．谱分析的基本步骤

ANSYS 中的谱分析共有 3 种类型：响应谱分析（包含单点响应谱（SPRS）分析、多点响应谱（MPRS）分析）、动力设计分析方法（DDAM）、功率谱密度（PSD）。下面先以响应谱分析中的单点响应谱（SPRS）分析为例讲解进行谱分析的基本步骤，然后列举其他谱分析的不同点。单点响应谱（MPRS）分析基本步骤如下。

（1）建模。建模过程和其他类型的分析类似，但应注意以下 4 点：

◆ 在谱分析中只有线性行为是有效的。如果指定了非线性单元，将作为线性的来对待。

◆ 如果含有接触单元，那么它们的刚度始终是初始刚度，不再改变。

◆ 材料性质可以是线性的、各向同性的或正交各向异性的、恒定的或和温度相关的。必须定义弹性模量 EX（或某种形式的刚度）和密度 DENS（或某种形式的质量）。非线性属性（如果定义）将被忽略。

◆ 可以使用阻尼比、材料阻尼和/或比例阻尼来定义阻尼。

（2）获得模态解。结构的模态解（自然频率和振型）是计算谱解必须的。这里必须注意以下几点：

◆ 只能用子空间法（Subspace）、分块兰索斯法（Blact Lanczos）和凝聚法提取模态。非对称法、阻尼法、PowerDynamic 法对下一步谱分析是无效的。

◆ 所提取的模态数应足以表征在感兴趣的频率范围内结构所具有的响应。

◆ 扩展所有的模态。

◆ 一旦有材料相关的阻尼则必须在模态分析中定义。

◆ 必须在施加激励谱的位置添加自由度约束。

◆ 求解结束后退出 SOLUTION 处理器。

（3）获得谱解。

◆ 进入 ANSYS 求解器。

◆ 指定分析类型和分析选项。

◆ 指定合并模态的方法。

◆ 指定载荷步选项。

◆ 开始求解计算。

◆ 退出 SOLUTION。

（4）观察结果。单点响应谱分析的结果以 POST1 命令的形式写入 Jobname.mcom（模态合并）文件中，这些命令依据（模态合并方法指定的）某种方式合并最大模态响应，最终计算出结构的总响应。总响应包括总的位移（或总速度、或总加速度）以及在模态扩展过程中得到的结果——总应力（或总应力速度，或总应力加速度）、总应变（或总应变速度，或总应变加速度）、总的反作用力（或总反作用力速度，或总反作用力加速度）。

其方法是：

◆ 读入 Jobname.mcom 文件。

◆ 显示结果。

下面介绍其他谱分析与单点谱（SPRS）分析的不同之处。

（1）多点响应谱（MPRS）分析。多点响应谱（MPRS）分析在以下几点与单点谱（SPRS）分析是不一样的：

◆ 选用 MPRS 作为谱分析类型。

◆ 各谱之间不能定义任何程度的相关性（即假定各谱之间不是相关的）。

◆ 只计算相对于基础力的相对结果，不计算绝对结果。

◆ 除了 PSDCOM 的模态合并方法外，其他所有模态合并方法都可以选用。

◆ 多点响应谱分析的结果是以 POST1 的命令格式写入到 Jobname.mcom（模态合并）文件中。这些命令以及某种方式合并到最大的模态响应，最终计算出结构的总响应。总响应包括总位移，如果在模态扩展过程中要求有这些结果，那么还包括总应力、总应变和总的反作用力。

(2)动力设计分析方法(DDAM)。动力设计分析方法(DDAM)在以下几点与单点谱(SPRS)分析是不一样的。

◆ 选 DDAM 而不是 SPRS 作为谱分析类型。

◆ 使用 ADDAM 和 VDDAM 命令，而不是使用 SVTYPE、SV 和 FREQ 等命令来定义谱值及其类型。使用 SED 命令指定激励的总方向。

◆ NRL 求和法是最适用的模态合并法。模态合并处理方法与单点响应谱分析时是一样的。模态合并要求指定阻尼。

◆ 执行 ADDAM 和 VDDAM 命令时已经指定阻尼，在求解中也就无须定义阻尼。如果定义阻尼，只将其用于模态合并中，在求解过程中将被忽略。

(3) 功率谱密度 (PSD)。功率谱密度 (PSD) 用于随机振动分析，其中响应的瞬时幅值只能通过概率分布函数来指定。功率谱密度 (PSD) 的分析过程与单点谱分析过程的前两步（建模、求得模态解）相同，其他三步完全不同，功率谱密度 (PSD) 的分析步骤如下：

◆ 建立模型。
◆ 求得模态解。
◆ 求得谱解。
◆ 合并模态。
◆ 观察结果。

7.2 结构模态分析实例——齿轮结构

模态分析是用来确定结构的振动特性的一种技术，通过它可以确定自然频率、振型和振型参与系数（即在特定方向上某个振型在多大程度上参与了振动）。模态分析是所有动力学分析类型的最基础内容。

进行模态分析有许多好处，如可以使结构设计避免共振或以特定频率进行振动（如扬声器）；使工程师认识到结构对于不同类型的动力载荷是如何响应的，有助于在其他动力分析中估算求解控制参数（如时间步长）。由于结构的振动特性决定结构对于各种动力载荷的响应情况，所以在准备进行其他动力学分析之前首先要进行模态分析。

在 ANSYS 中有以下几种提取模态的方法：

◆ Block Lanczos 法。
◆ 子空间法。
◆ PowerDynamics 法。
◆ 缩减法。
◆ 不对称法。
◆ 阻尼法。

使用何种模态提取方法主要取决于模型大小（相对于计算机的计算能力而言）和具体的应用场合。

本节将通过对齿轮进行模态分析，来介绍 ANSYS 的模态分析过程。

7.2.1 分析问题

齿轮结构的工作状态是变化的，即动态的。齿轮实体如图 7-1 所示。

标准齿轮

齿顶直径：48mm

齿底直径：40mm

齿数：10

厚度：8mm，中间厚：3mm

弹性模量：2.06e11Pa

密度：7.8e3kg/m^3

图7-1 齿轮实体

7.2.2 建立模型

建立模型包括设置分析文件名和标题、定义单元类型和实常数、定义材料属性、建立几何模型、划分有限元网格。

1. 设置分析文件名和标题

在进行一个新的有限元分析时，通常需要修改数据库名，并在图形输出窗口中定义一个标题来说明当前进行的工作内容。另外，对于不同的分析范畴（结构分析、热分析、流体分析、电磁场分析等），ANSYS 所用的主菜单的内容不尽相同，为此，需要在分析开始时选定分析内容的范畴，以便 ANSYS 显示出与其相对应的菜单选项。

1）从实用菜单中选择 Utility Menu：File > Change Jobname 命令，将打开“Change Jobname(修改文件名)”对话框，如图 7-2 所示。

2）在“Enter new jobname（输入新的文件名）”文本框中输入“example7-2”，设置本分析实例的数据库文件名。

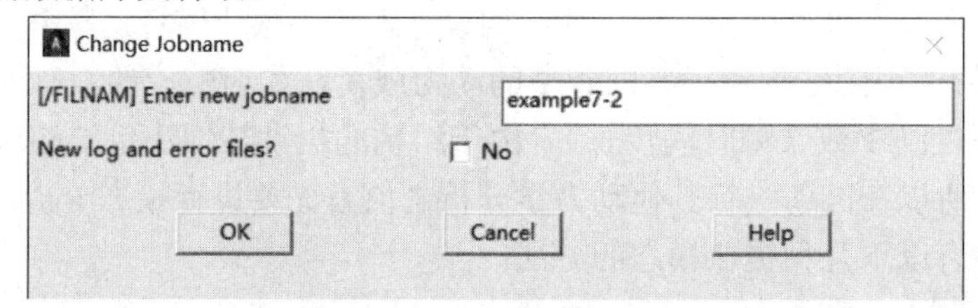

图7-2 “Change Jobname”对话框

3）单击“OK”按钮，完成数据库文件名的设置。

4）从实用菜单中选择 Utility Menu：File > Change Title 命令，打开“Change Title（修改标题）”对话框，如图 7-3 所示。

5）在“Enter new title（输入新标题）”文本框中输入“dynamic analysis of a gear”，设置本分析实例的标题名。

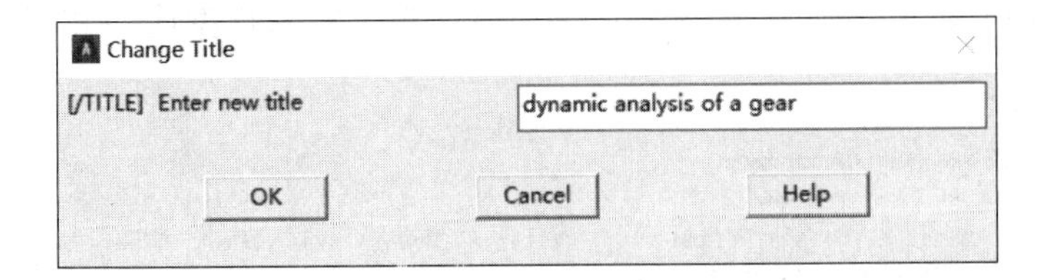

图7-3 “Change Title”对话框

6）单击“OK”按钮，完成对标题名的设置。

7）从实用菜单中选择 Utility Menu：Plot > Replot 命令，设置的标题“dynamic analysis of a gear”将显示在图形窗口的左下角。

8）从主菜单中选择 Main Menu：Preference 命令，打开“Preference of GUI Filtering（菜单过滤参数选择）”对话框，选中“Structural”复选框，单击“OK”按钮确定。

2. 定义单元类型

在进行有限元分析时，首先应根据分析问题的几何结构、分析类型和所分析的问题精度要求等选定适合的单元类型。本例选用 20 节点三维单元 SOLID186。

1）从主菜单中选择 Main Menu：Preprocessor > Element Types > Add/Edit/Delete 命令，打开“Element Typesn（单元类型）”对话框。

2）单击“OK”按钮，打开“Library of Element Types(单元类型库)”对话框，如图 7-4 所示。

3）在左边的列表框中选择“Solid”选项，选择实体单元类型。

4）在右边的列表框中选择“20node 186”选项，选择 20 节点三维单元“SOLID 186”。

5）单击“OK”按钮，添加“SOLID 186”单元，并关闭对话框，同时返回到步骤 1 打开的对话框，如图 7-5 所示。

6）单击“Close”按钮，关闭对话框，结束单元类型的添加。

3. 定义实常数

本实例中选用三维 SOLID 186 单元，不需要设置其厚度实常数。

4. 定义材料属性

惯性力的静力分析中必须定义材料的弹性模量和密度。具体步骤如下：

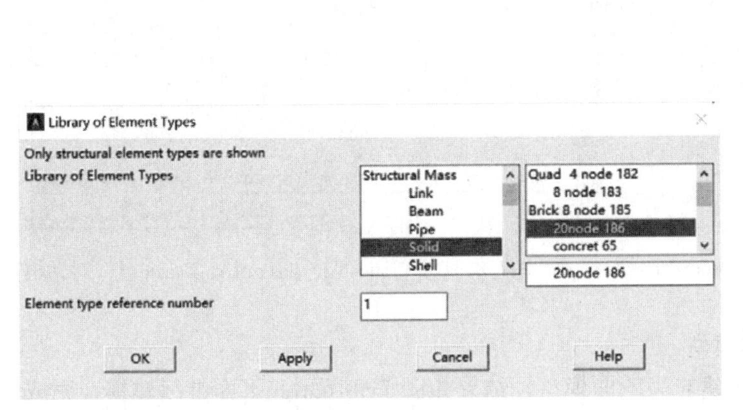

图7-4 “Library of Element Types”对话框

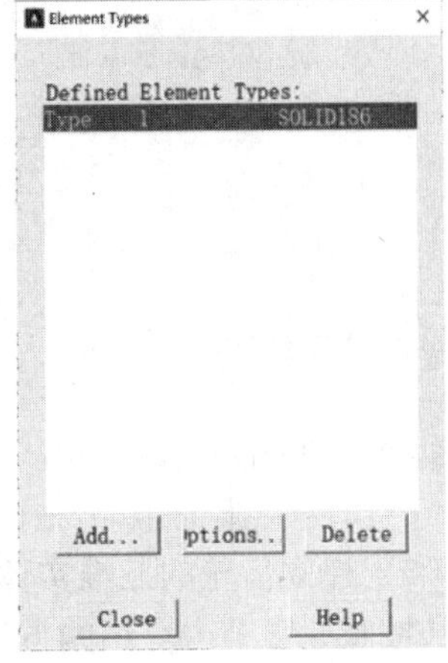

图7-5 “Element Types”对话框

1）从主菜单中选择 Main Menu：Preprocessor > Material Props > Materia Model

命令，打开“Define Material Model Behavior（定义材料模型属性)”窗口，如图 7-6 所示。

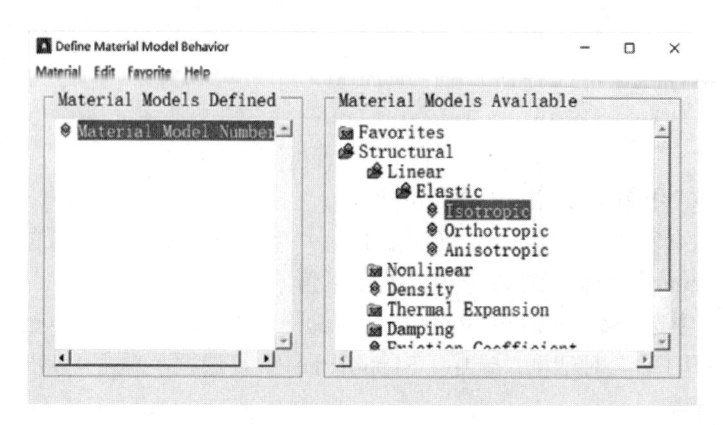

图7-6 “Define Material Model Behavior”窗口

2）在右边列表框中依次单击 Structural > Linear > Elastic > Isotropic，展开材料属性的树形结构，打开 1 号材料的弹性模量（EX）和泊松比（PRXY）的定义对话框，如图 7-7 所示。

3）在对话框的“EX”文本框中输入弹性模量“2.06e11”，在“PRXY”文本框中输入泊松比 0.3。

4）单击“OK”按钮，关闭对话框，并返回到“Define Material Model Behavior”窗口，在左边的列表框中显示出刚刚定义的编号为 1 的材料属性。

5）在右边列表框中依次单击 Structural > Density，打开如图 7-8 所示的对话框。

6）在“DENS”文本框中输入密度数值“7.8e3”。

7）单击“OK”按钮，关闭对话框，并返回到“Define Material Model Behavior”窗口，在左边列表框编号为 1 的材料属性下方显示出密度项。

8）在“Define Material Model Behavior”窗口的菜单中选择 Material > Exit 命令，或者单击右上角的关闭按钮，退出该窗口，完成对模型材料属性的定义。

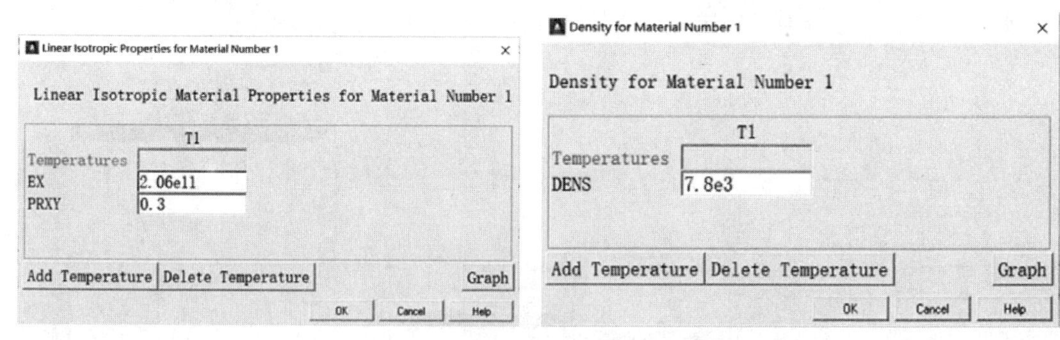

图7-7 “Linear Isotropic Properties for Matcrial Number1”对话框

图7-8 “Define for Material Number1”对话框

5. 建立齿轮的三维实体模型

按照 5.2 节中介绍的方法建立齿轮面模型，结果如图 7-9 所示。下面继续建模，完成三维的齿轮模型。

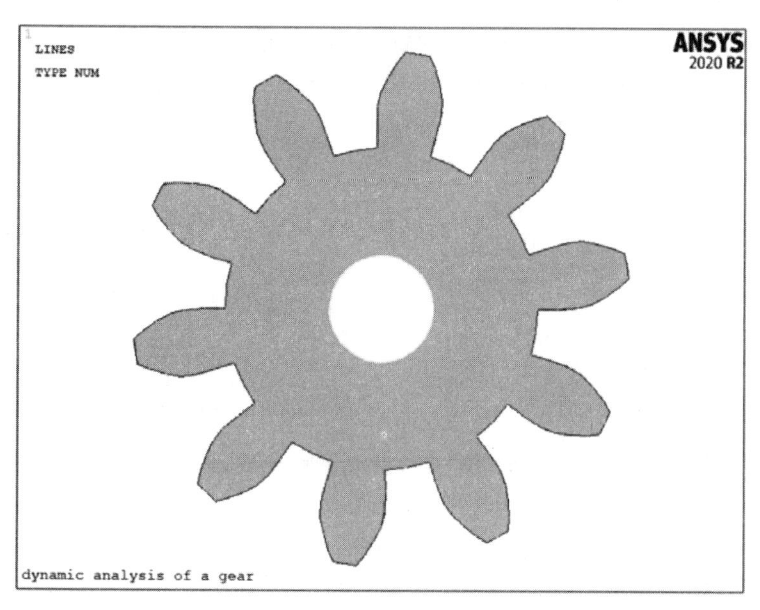

图7-9 建立齿轮面模型

（1）用当前定义的面创建体。

1）从主菜单中选择 Main Menu： Preprocessor > Modeling > Operate > Extrude > Areas > Along Normal 命令。

2）选择创建体的面，单击如图 7-10 所示对话框中的“OK”按钮。

3）打开“Extrude Area along Normal”对话框，在“Length of extrusion”文本框中输入 8，如图 7-11 所示。

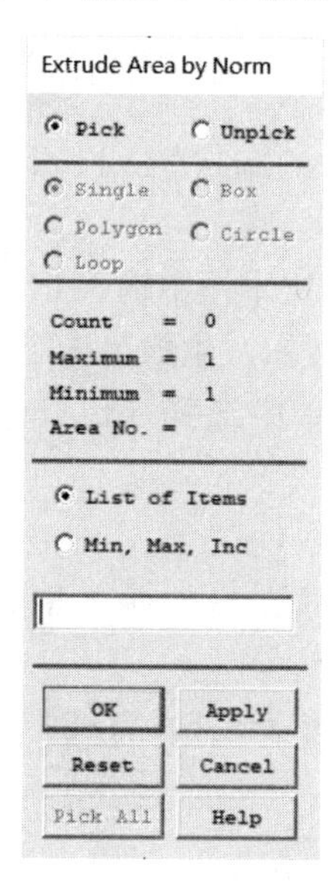

图7-10 “Extrude Area by Norm”对话框

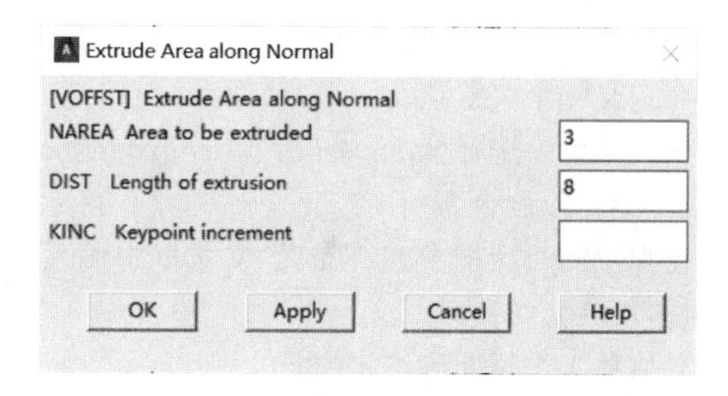

图7-11 “Extrude Area along Normal”对话框

（2）创建圆柱体。

1）从主菜单中选择 Main Menu：Preprocessor > Modeling > Create > Volumes > Cylinder > Solid Cylinder 命令。

2）在弹出的对话框中的“WP X”文本框中输入 0，“WP Y” 文本框中输入 0，“Radius”

文本框中输入 12，“Depth” 文本框中输入 2.5，如图 7-12 所示。单击“OK”按钮，生成圆柱体。

（3）偏移工作平面。

1）从实用菜单中选择 Utility Menu： WorkPlane > Offset WP to >XYZ Locations + 命令。

2）在弹出的对话框中的“Global Cartesion”文本框中输入“0,0,8”，如图 7-13 所示。单击“OK”按钮。

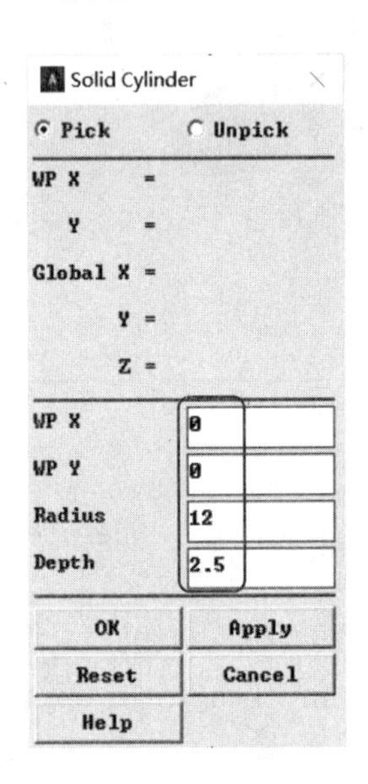

图7-12 “Solid Cylinder”对话框

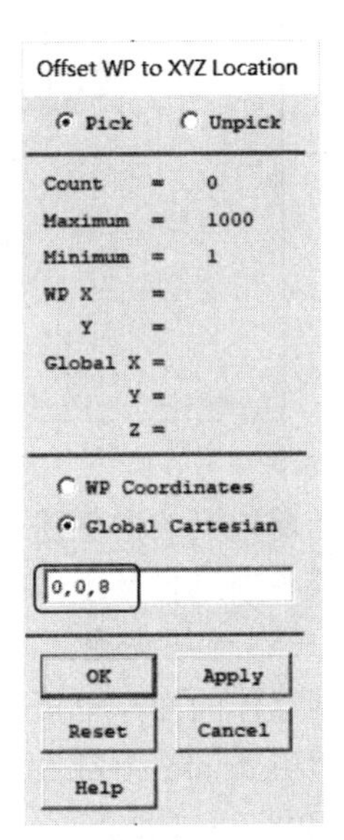

图7-13 “Offset WP to XYZ Location”对话框

（4）创建另一个圆柱体。

1）从主菜单中选择 Main Menu：Preprocessor > Create > Volumes > Cylinder > Solid Cylinder 命令。

2）在弹出的对话框中的“WP X” 文本框中输入 0，“WP Y” 文本框中输入 0，“Radius” 文本框中输入 12，“Depth” 文本框中输入-2.5，单击“OK”按钮，生成另一个圆柱体。

（5）将激活的坐标系设置为总体柱坐标系。从实用菜单中选择 Utility Menu：WorkPlane > Change Active CS to > Global Cylindrical。

（6）定义一个关键点。

1）从主菜单中选择 Main Menu： Preprocessor > Modeling > Create > Keypoints > In Active CS ... 命令。

2）在弹出的对话框中的“NPT”文本框中输入 10000，设置 X=8.5，Y=-5，如图 7-14 所示。单击“OK”按钮。

（7）偏移工作平面到给定位置。

1）从实用菜单中选择 Utility Menu： WorkPlane > Offset WP to > Keypoints + 命令。

2）在图形窗口选择刚刚建立的关键点，单击“OK”按钮。

（8）将激活的坐标系设置为工作平面坐标系。从实用菜单中选择 Utility Menu：WorkPlane > Change Active CS to > Working Plane 命令。

（9）创建一个圆柱体。

1）从主菜单中选择 Main Menu：Preprocessor > Modeling > Create > Volumes > Cylinder > Solid Cylinder 命令。

2）在弹出的对话框中的“WP X”文本框中输入 0，“WP Y”文本框中输入 0，“Radius”文本框中输入 2，“Depth”文本框中输入 8，单击“OK”按钮，生成另一个圆柱体。

（10）从齿轮体中“减”去 3 个圆柱体。

1）从主菜单中选择 Main Menu：Preprocessor > Modeling > Operate > Booleans > Subtract > Volumes 命令。

2）拾取齿轮体，作为布尔“减”操作的母体，单击如图 7-15 所示对话框中的“Apply”按钮。

3）拾取刚刚建立的 3 个圆柱体作为“减”去的对象，单击“OK”按钮。

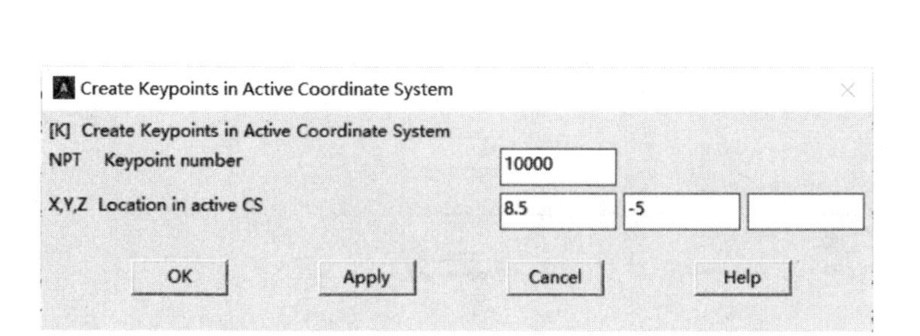

图7-14 “Create Keypoints in Active Coordinate System”对话框

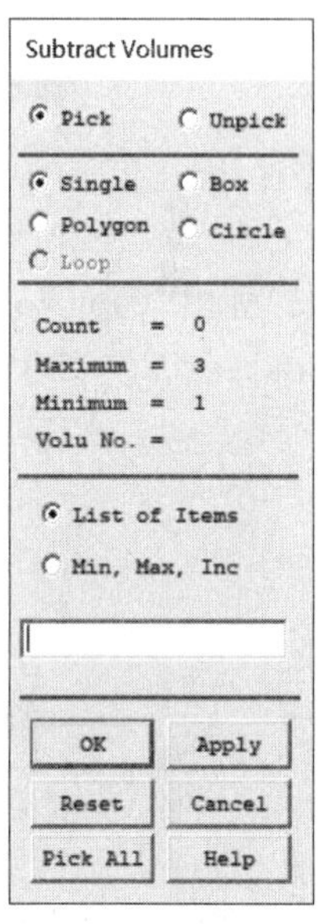

图7-15 “Subtract Volumes”对话框

（11）从实用菜单中选择 Utility Menu：Plot > Volumes 命令，所得结果如图 7-16 所示。

（12）创建一个圆柱体

1）从主菜单中选择 Main Menu：Preprocessor > Create > Cylinder > Solid Cylinder 命令。

2）在弹出的对话框中的“WP X”文本框中输入 0，“WP Y”文本框中输入 0，“Radius”文本框中输入 2，“Depth”文本框中输入 8，单击“OK”按钮，生成一个圆柱体。

（13）将激活的坐标系设置为总体柱坐标系。从实用菜单中选择 Utility Menu：WorkPlane > Change Active CS to > Global Cylindrical 命令。

（14）将小圆柱体沿周向方向复制。

1）从主菜单中选择 Main Menu：Preprocessor > Modeling > Copy > Volumes 命令。

2）选择刚刚建立的小圆柱体，然后单击如图 7-17 所示对话框中的“OK”按钮。

图7-16　体相减的结果

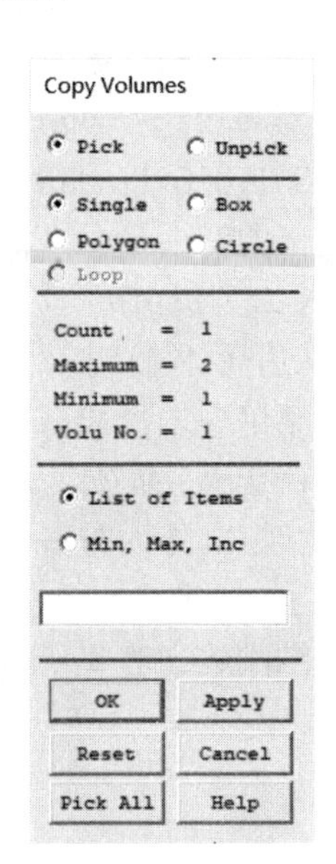

图7-17　“Copy Volumes”对话框

3)弹出“Copy Volumes”对话框，在“Number of copies”文本框中输入 10，在“Y-offset in active CS”文本框中输入“36”，如图 7-18 所示。单击“OK”按钮。

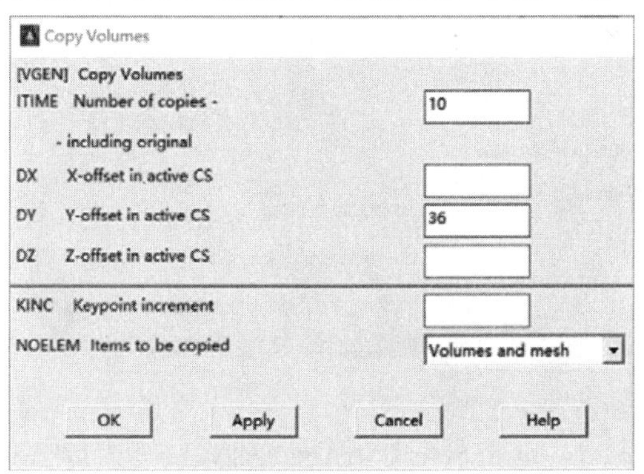

图7-18　“Copy Volumes”对话框

（15）从齿轮体中“减”去 10 个圆柱体。

1）从主菜单中选择 Main Menu： Preprocessor > Modeling > Operate > Booleans > Subtract > Volumes 命令。

2）拾取齿轮体，作为布尔“减”操作的母体，单击“Apply”按钮。

3）拾取刚刚建立的 10 个圆柱体作为“减”去的对象，单击“OK”按钮。

（16）从实用菜单中选择 Utility Menu：Plot > Volumes。创建的三维齿轮模型如图 7-19 所示。

（17）存储数据库。单击工具条上的“SAVE_DB”按钮，保存数据。

6. 对齿轮体进行划分网格

本例选用 SOLID 186 单元对齿轮体划分网格。

1）从主菜单中选择 Main menu：Preprocessor > Meshing > MeshTool 命令，打开“MeshTool（网格工具)”对话框，如图 7-20 所示。

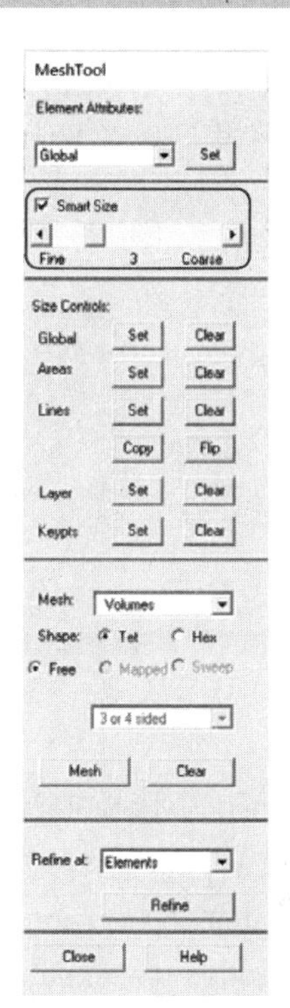

图7-19　创建的三维齿轮模型　　　图7-20　“MeshTool（网格工具）”对话框

2）勾选“Smart Size”，将滑标设置为3，单击“Mesh”按钮，打开“Mesh Volumes”对话框，如图7-21所示。单击“Pick All”按钮，网格划分后的结果如图7-22所示。

3）单击“Close”按钮，将“MeshTool（网格工具）”对话框关闭。

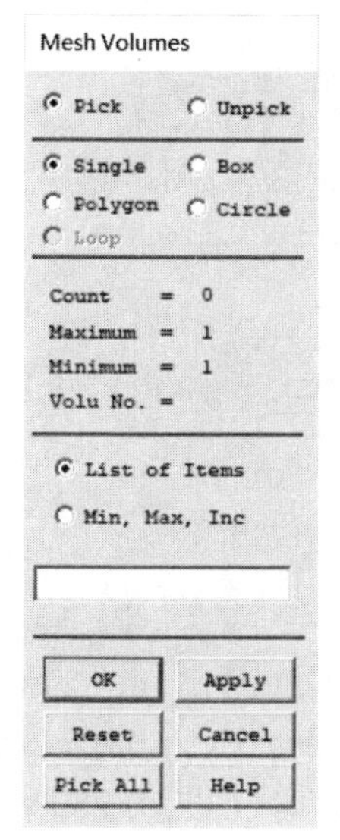

图7-21　“Mesh Volumes”对话框　　　图7-22　网格划分的结果

7.2.3　进行模态设置、定义边界条件并求解

在进行模态分析时，建立有限元模型后，即可进行模态分析设置，施加边界条件，进行求解，进行模态扩展设置，进行扩展求解。

1. 进行模态分析设置

1）从主菜单中选择 Main Menu：Solution > Analysis Type > New Analysis 命令，打开“New Analysis”对话框，要求选择分析的种类，选择“Modal”， 如图 7-23 所示。单击“OK”按钮。

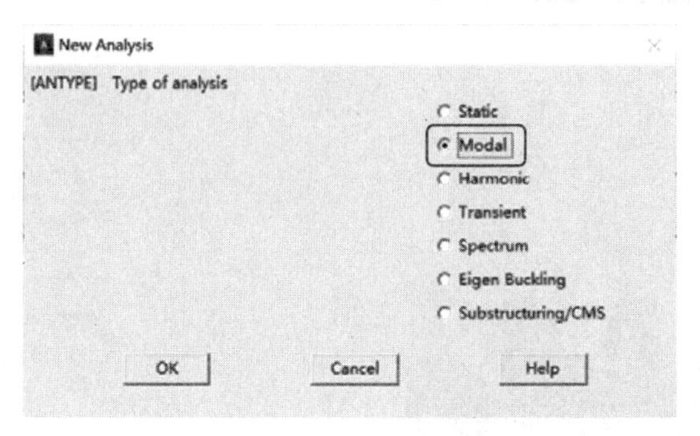

图7-23 “New Analysis”对话框

2）从主菜单中选择 Main Menu：Solution > Analysis Type > Analysis Options 命令，打开“Modal Analysis”对话框，要求进行模态分析设置，选择“Block Lanczos”，在“No. of modes to extract”文本框中输入 15，将“Expand mode shapes”设置为“Yes”，在“No. of modes to expand”文本框中输入 15，如图 7-24 所示。单击“OK”按钮。

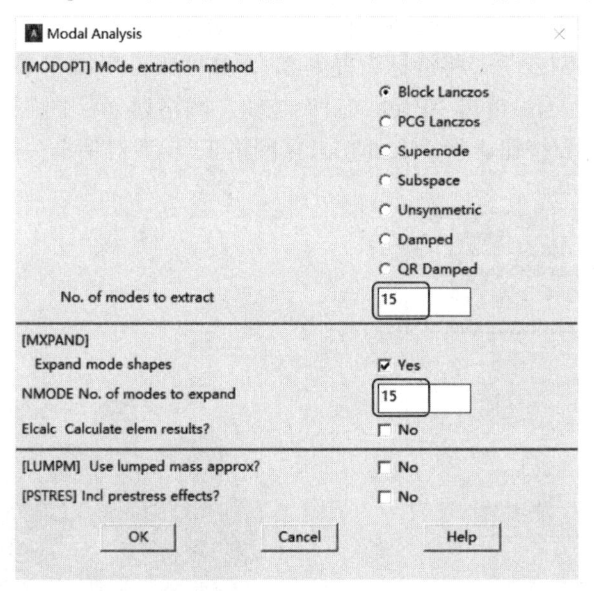

图7-24 “Modal Analysis”对话框

3）打开“Block Lanczos Method”对话框，在“Start Freq (initial shift) ”文本框中输入 0，在“End Frequency”文本框中输入 100000，如图 7-25 所示。单击“OK”按钮。

2. 施加边界条件

1）从主菜单中选择 Main Menu：Solution > Define Loads > Apply > Structural > Displacement > on Keypoints 命令，打开如图 7-26 所示的对话框，要求选择欲施加位移约束的关键点，选择内孔径上的一个关键点，如 321 号关键点，单击“OK”按钮。

2）打开如图 7-27 所示的对话框，在列表框中选择“All DOF”选项，单击“OK”按钮。

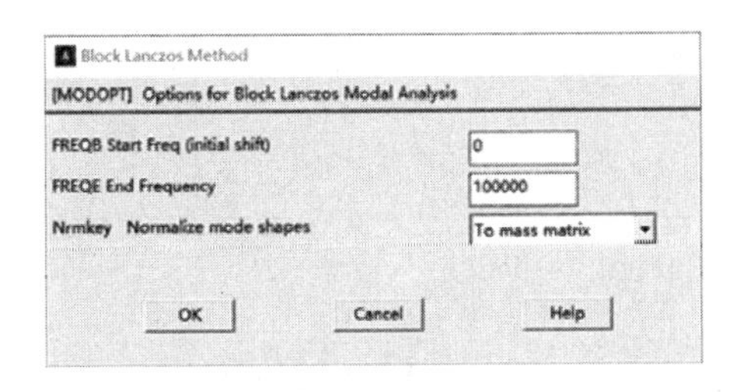

图7-25 “Block Lanczos Method”对话框

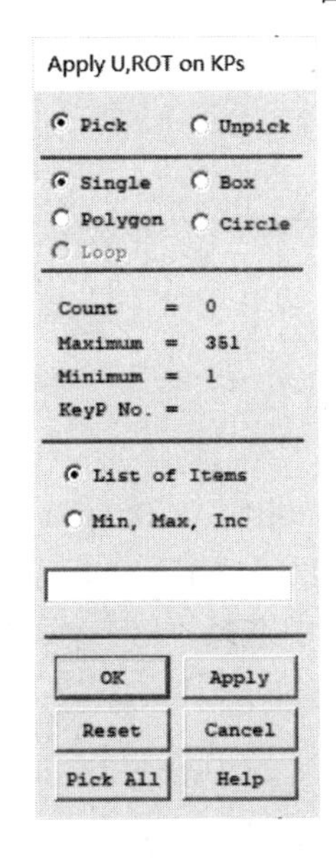

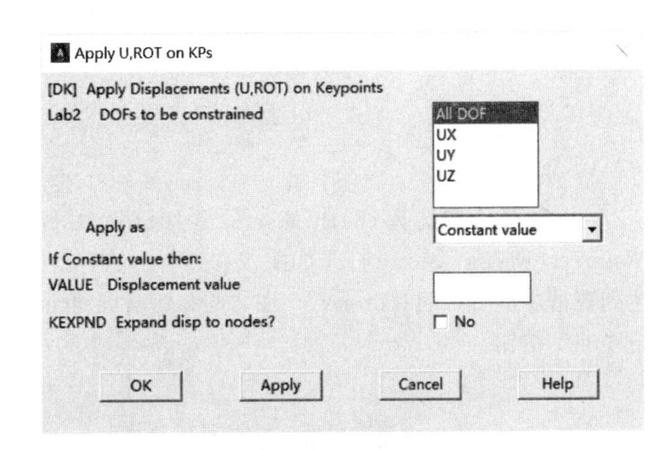

图7-26 “Apply U,ROT on KPs”对话框　　图7-27 “Apply U,ROT On KPs”对话框

3．进行求解

1）从主菜单中选择 Main Menu：Solution > Solve > Current LS 命令，打开如图 7-28 所示的确认对话框和状态列表，要求查看列出的求解选项。

2）确认列表中的信息无误后，单击“OK”按钮，开始求解。

3）ANSYS 会显示求解过程中的状态，如图 7-29 所示。

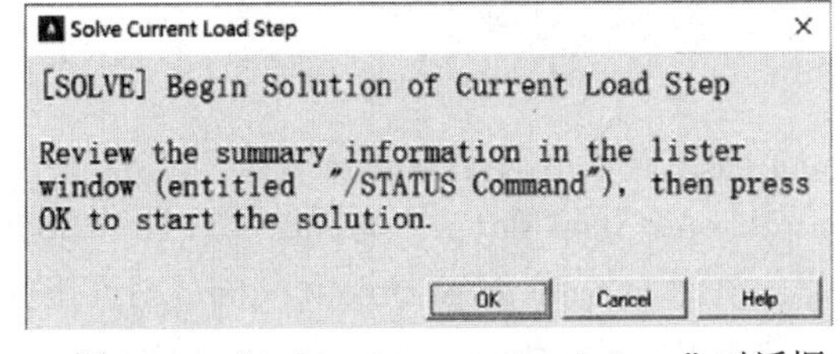

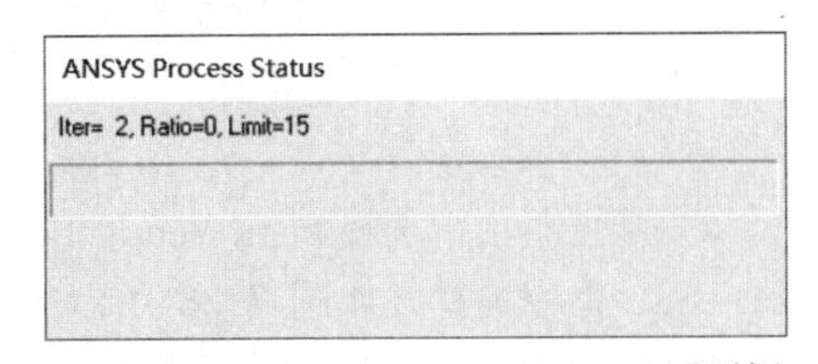

图7-28 “Solve Current Load Step”对话框　　图7-29 “ANSYS Process Status”对话框

4）求解完成后打开如图 7-30 所示的提示求解结束对话框。

5）单击“Close”按钮，关闭提示求解结束对话框。

6）从主菜单中选择 Main Menu：Finish 命令。

4．进行模态扩展设置

1）重新进入求解器，从主菜单中选择 Main Menu：Solution > Load Step Opts > ExpansionPass > Single Expand > Expand modes 命令，打开“Expand Modes”对话框，要求进行模态扩展设置，在“No. of modes to expand”文本框中输入 15，在“Frequency range”文本框中输入 0、100000，将“Calculate elem results？”设置为“Yes”，如图 7-31 所示。单击“OK”按钮。

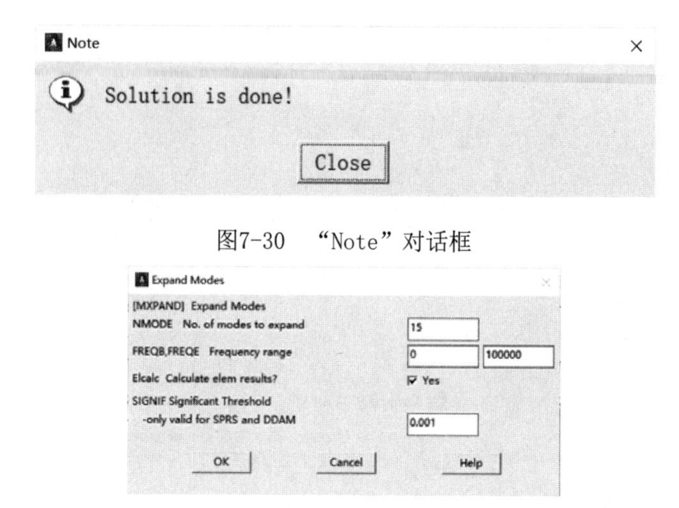

图7-30 “Note”对话框

图7-31 “Expand Modes”设置对话框

2）从主菜单中选择 Main Menu：Solution > Load Step Opts > Output Ctrls > DB/Results Files 命令，打开如图 7-32 所示的对话框，在“Item to be controlled”下拉列表框中选择“All items”，在“File write frequency”中选择“Every substep”，单击“OK”按钮。

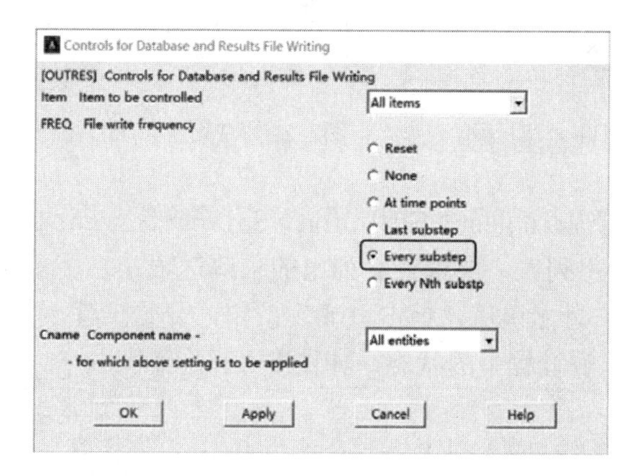

图7-32 “Controls for Database and Results File Writing”对话框

3）从主菜单中选择 Main Menu：Solution > Load Step Opts > Output Ctrls > Solu Printout 命令，打开如图 7-33 所示的对话框，在“Item for printout control”下拉列表框中选择“All items”，在“Print frequency”中选择“Every substep”，单击“OK”按钮。

5. 进行扩展求解

1）从主菜单中选择 Main Menu：Solution > Solve > Current LS 命令。

2）打开确认对话框和状态列表，要求查看列出的求解选项。

3）确认列表中的信息无误后，单击“OK”按钮，开始求解。

4）求解完成后打开提示求解结束对话框，单击“Close”按钮，关闭提示求解结束对话框。

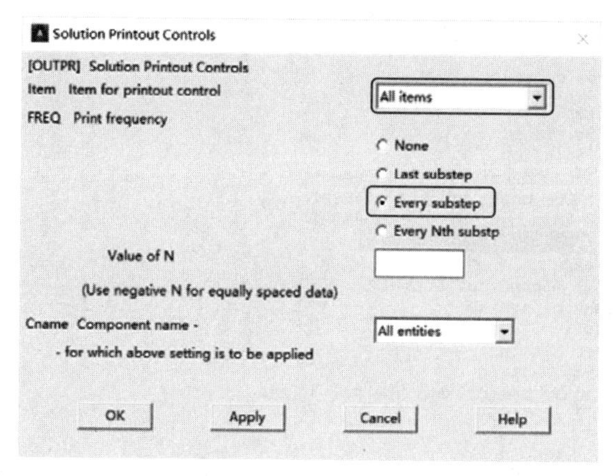

图7-33 “Solution printout Controls”对话框

7.2.4 查看结果

求解完成后，就可以利用ANSYS软件生成的结果文件(静力分析对应的是Jobname.RST)进行后处理。静力分析通常通过POST1后处理器处理和显示大多数感兴趣的结果数据。

1. 列表显示分析的结果

1）从主菜单中选择 Main Menu: General Postproc > Results Summary 命令，打开“SET，LIST Command”对话框，其中列表显示出分析的结果，如图7-34所示。

SET,LIST Command

File

***** INDEX OF DATA SETS ON RESULTS FILE *****

SET	TIME/FREQ	LOAD STEP	SUBSTEP	CUMULATIVE
1	0.0000	1	1	1
2	0.40249E-05	1	2	2
3	0.12613E-04	1	3	3
4	2.9333	1	4	4
5	4.5243	1	5	5
6	4.0518	1	6	6
7	8.1844	1	7	7
8	8.2024	1	8	8
9	17.124	1	9	9
10	17.164	1	10	10
11	18.355	1	11	11
12	18.458	1	12	12
13	19.877	1	13	13
14	23.298	1	14	14
15	23.361	1	15	15

图7-34 “SET，LIST Command”对话框

2）读取一个载荷步的结果，从主菜单中选择 Main Menu: General Postproc > Read Results > Last Set 命令。

2. 查看总变形

1）从主菜单中选择 Main Menu: General Postproc > Plot Result > Contour Plot > Nodal Solu 命令，打开“Contour Nodal Solution Data（等值线显示节点解数据）”对话框，如图7-35所示。

2）在“Item to be contoured（等值线显示结果项）”中选择“DOF solution（自由度解）”选项。

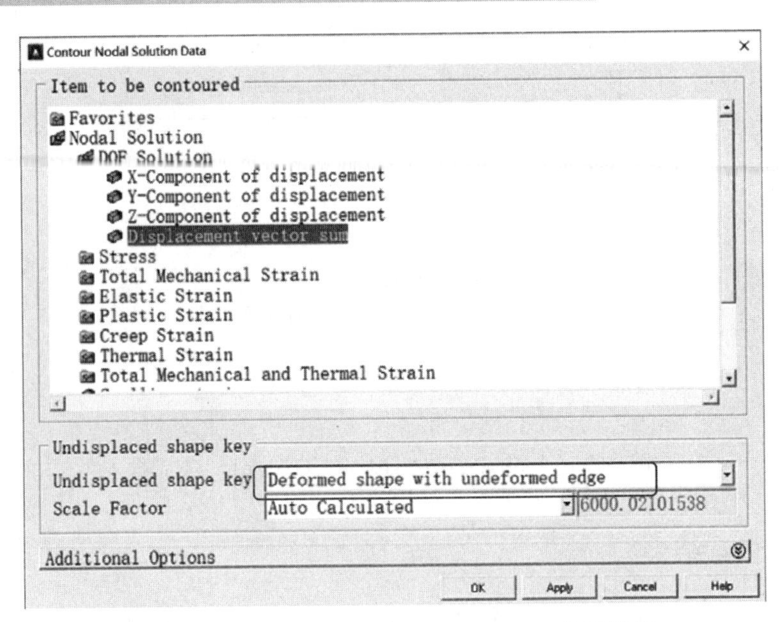

图7-35 “Contour Nodal Solution Data”对话框

3）选择“Displacement vector sum（总位移）”选项。

4）在“Undisplaced shape key”下拉列表中选择“Deformed shape with undeformed edge（变形后和未变形轮廓线）”选项。

5）单击“OK”按钮，在图形窗口中显示出变形图，包含变形前的轮廓线，如图 7-36 所示。图中下方的色谱表明不同的颜色对应的数值（带符号）。

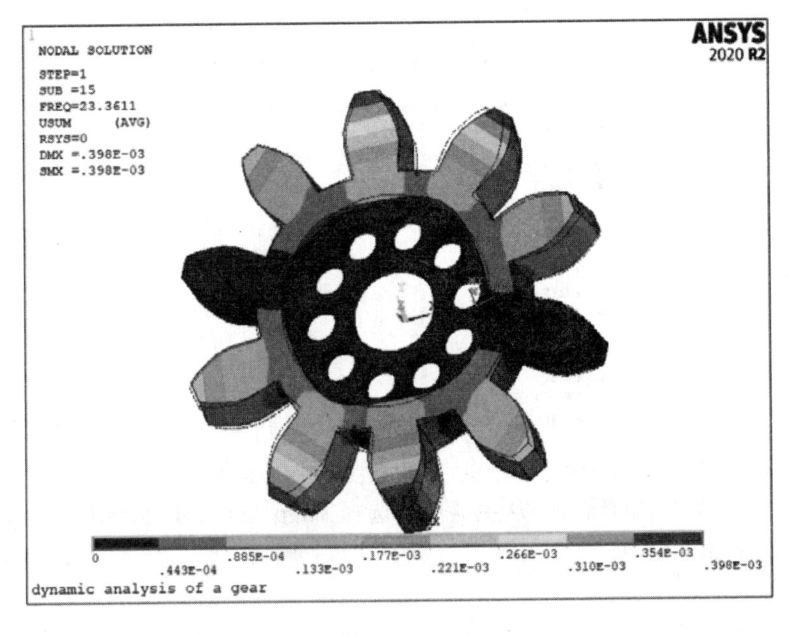

图7-36 总变形图

3. 查看 von Mises 应力

1）从主菜单中选择 Main Menu: General Postproc > Plot Results > Contour Plot > Nodal Solu 命令，打开“Contour Nodal Solution Data（等值线显示节点解数据）”对话框，如图 7-37 所示。

2）在“Item to be contoured”域中选择“stress”选项。

3）选择“von Mises Stress”选项。

4）在“Undisplaced shape key”下拉列表中选择“Deformed shape only”选项。

5）单击“OK”按钮，图形窗口中显示出“von Mises”等效应力分布图，如图 7-38 所示。

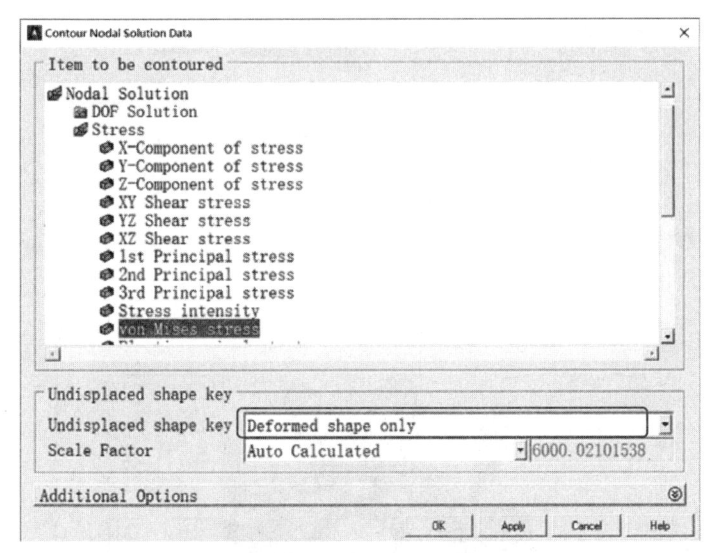

图7-37　“Contour Nodal Solution Data”对话框

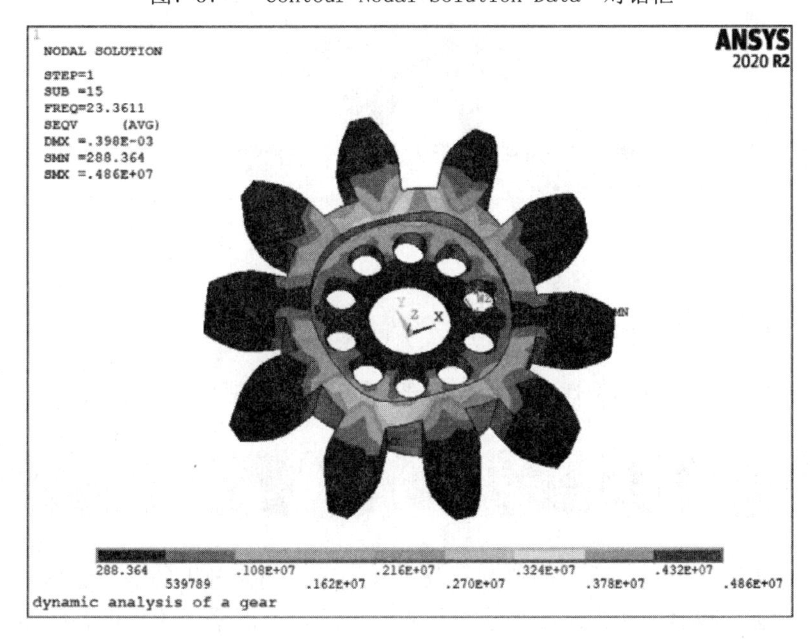

图7-38　“von Mises”等效应力分布图

4. 动画显示模态形状

1）从实用菜单中选择 Utility Menu：PlotCtrls > Animate > Mode Shape ... 命令。

2）在弹出的对话框中的左边列表框中选择“DOF solution”，在右边列表框中选择“USUM”，如图 7-39 所示。单击“OK”按钮，动画显示如图 7-40 所示。

3）要停止播放变形动画，单击“Stop”按钮。

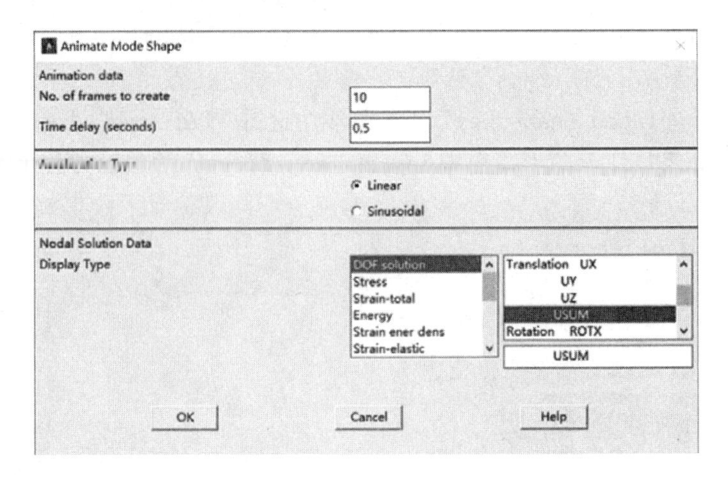

图7-39 “Animate Mode Shape”对话框

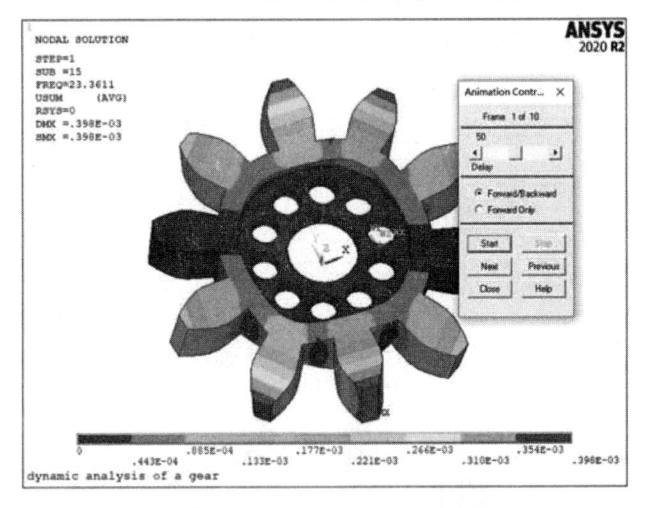

图7-40 动画显示

7.2.5 命令流方式

命令流执行方式这里不做详细介绍，读者可参见电子资料包中的内容。

7.3 谐响应分析实例——弹簧质子

本实例将通过一个弹簧质子的谐响应分析来阐述谐响应分析的基本过程和步骤。谐响应分析有完全法、减缩法和模态叠加法 3 种求解方法，本例采用的是模态叠加法（如果要采用其他两种方法，步骤也一样）。

7.3.1 问题描述

已知一个质量弹簧系统（见图 7-41）受到幅值为 F_0、频率范围为 0.1～1.0Hz 的谐波载荷作用，求其固有频率和位移响应。材料属性和载荷数值见表 7-1。

表7-1 材料属性和载荷数值

材料属性	载荷
k1 = 6N/m	F_0 = 50N
k2 = 16N/m	
m1 = m2 = 2kg	

7.3.2 建模及划分网格

1）定义工作标题。Utility Menu：File > Change Title，弹出“Change Title”对话框，输入“HARMONIC RESPONSE OF A SPRING-MASS SYSTEM”，如图 7-42 所示，然后单击“OK”按钮。

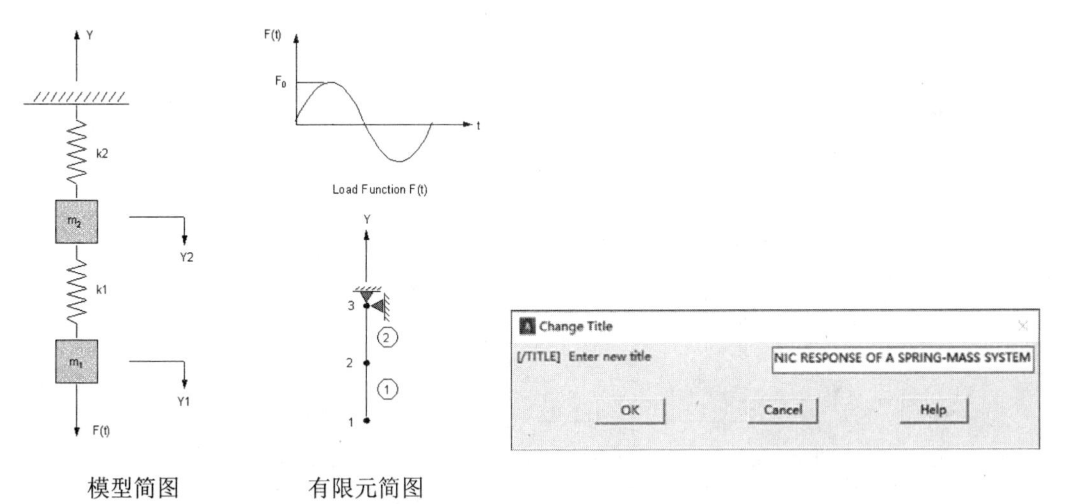

图7-41 弹簧简图

图7-42 “Change Title”对话框

2）定义单元类型。从实用菜单中选择 Main Menu：Preprocessor > Element Type > Add/Edit/Delete 命令，弹出“Element Types”对话框，如图 7-43 所示。单击“Add...”按钮，弹出“Library of Element Types”对话框，在左面列表框中选择“Combination”，在右面的列表框中选中“Combination 40”，如图 7-44 所示。单击“OK”按钮，回到图 7-43 所示的对话框。

3）定义单元选项。在图 7-43 所示的对话框中单击“Options”按钮，在弹出的对话框中的“Element degree(s) of freedom K3”后面的下拉列表中选择“UY”，如图 7-45 所示。单击“OK”按钮，回到图 7-43 所示的“Element Types”对话框，单击“Close”按钮，关闭该对话框。

4）定义第一种实常数。从主菜单中选择 Main Menu：Preprocessor > Real Constants > Add/Edit/ Delete 命令，弹出“Real Constants”对话框，如图 7-46 所示。单击“Add”按钮，弹出“Element Type for Real Constants”对话框，如图 7-47 所示。

5）在图 7-47 所示的对话框中单击选取“Type 1 COMBIN40”，单击“OK”按钮。弹出“Real Constants Set Number1，for COMBIN40”对话框，在“Spring constant K1”文

本框中输入6，在“Mass M”文本框中输入2，如图7-48所示。单击“Apply”按钮。

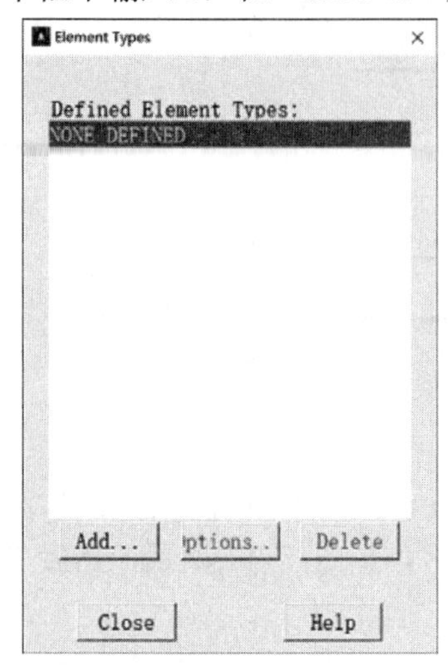

图7-43 “Element Types”对话框

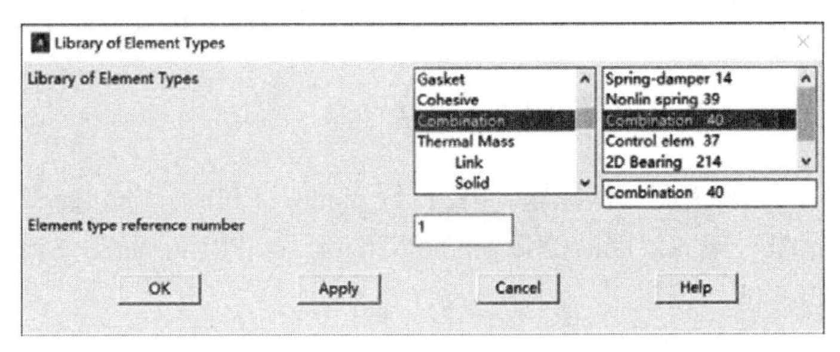

图7-44 “Library of Element Types”对话框

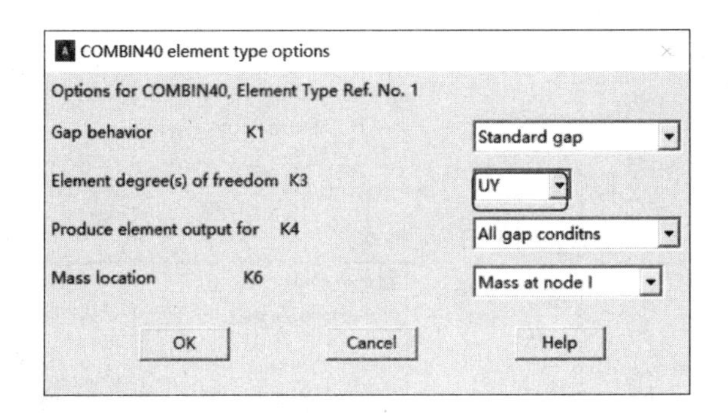

图7-45 “COMBIN40 element type options”对话框

图7-46 “Real Constants”对话框

图7-47 “Element Type for Real Constants”对话框

6)在弹出的对话框中的“Real Constant Set No.”文本框中输入2，在“Spring constant K1”文本框中输入16，在“Mass M”文本框中输入2，如图7-49所示，单击“OK”按钮。接着单击“Real Constants”对话框中的“Close”按钮关闭该对话框，退出实常数定义。

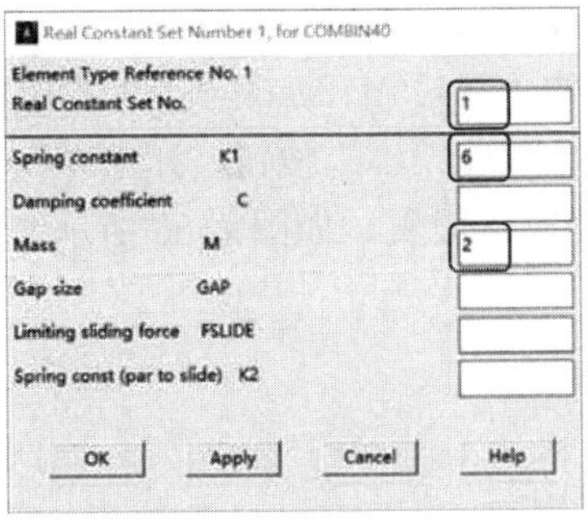

图7-48 “Real Constants Set Number 1, for COMBIN40”对话框

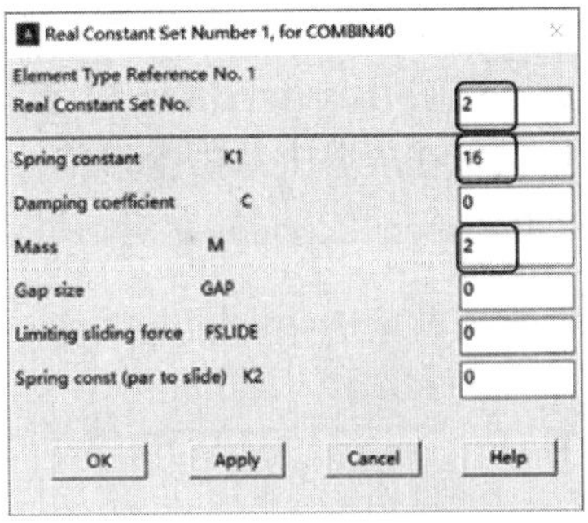

图7-49 “Real Constants Set Number 1, for COMBIN40”对话框

7）创建节点。从主菜单中选择Main Menu：Preprocessor > Modeling > Create > Nodes > In Active CS，弹出“Create Nodes in Active Coordinate System”对话框。在“NODE Node number”文本框中输入1，如图7-50所示，在“X, Y, Z　Location in active CS”文本框中分别输入“0”“0”“0”（0的输入可以省略），单击“Apply”按钮。

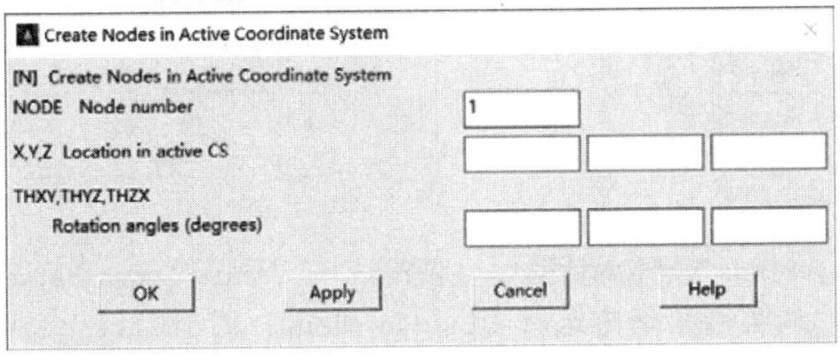

图7-50 “Create Nodes in Active Coordinate System”对话框

8）在“Create Nodes in Active Coordinate System”对话框中的“NODE Node number”文本框中输入3，在“X, Y, Z　Location in active CS”文本框中分别输入“0”“2”“0”，单击“OK”按钮。

9）打开节点编号显示控制。从实用菜单中选择Utility Menu：PlotCtrls > Numbering，弹出“Plot Numbering Controls”对话框，单击“NODE Node numbers”复选框，设置其为“On”，如图7-51所示。单击“OK”按钮。

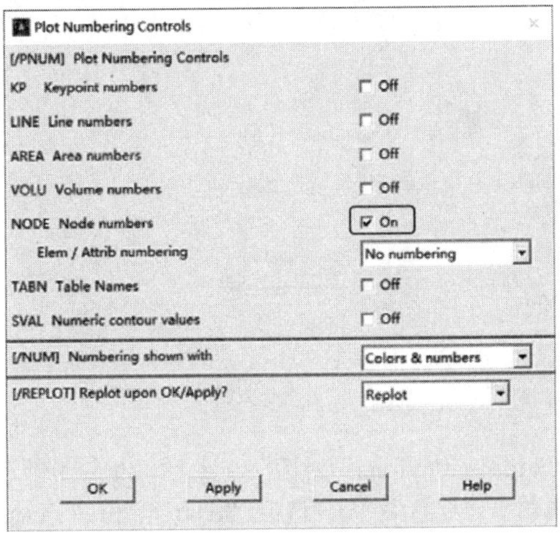

图7-51 “Plot Numbering Controls”对话框

10）插入新节点。从主菜单中选择 Main Menu: Preprocessor > Modeling > Create > Nodes > Fill between Nds 命令，弹出如图 7-52 所示的“Fill between Nds”拾取对话框，用鼠标在屏幕上单击拾取编号为 1 和 3 的两个节点，单击“OK”按钮，弹出“Create Nodes Between 2 Nodes”对话框。单击“OK”按钮采用默认设置，如图 7-53 所示。

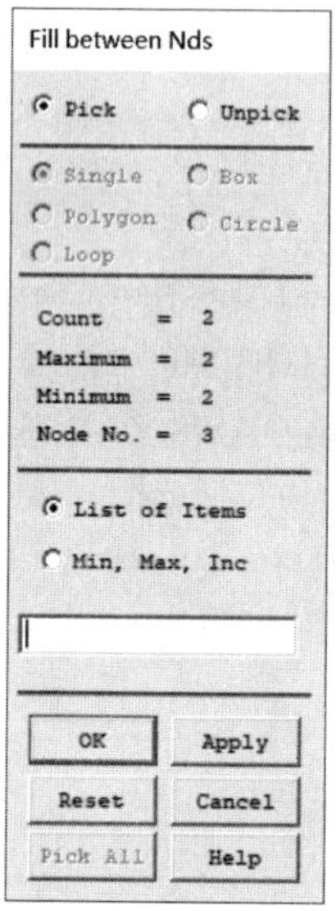

图7-52 “Fill between Nds”拾取对话框 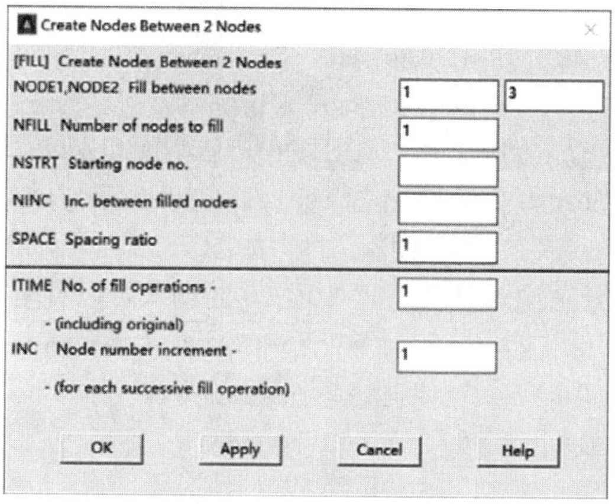　　图7-53 “Create Nodes Between 2 Nodes”对话框

11）显示结点。从实用菜单中选择 Utility Menu: PlotCtrls > Window Controls > Window Options 命令，在弹出的对话框中的“[/TRIAD] Location of triad”下拉列表中选择“At top left”，设置对话框如图 7-54 所示。单击“OK”按钮关闭该对话框，此时屏幕显示如图 7-55 所示。

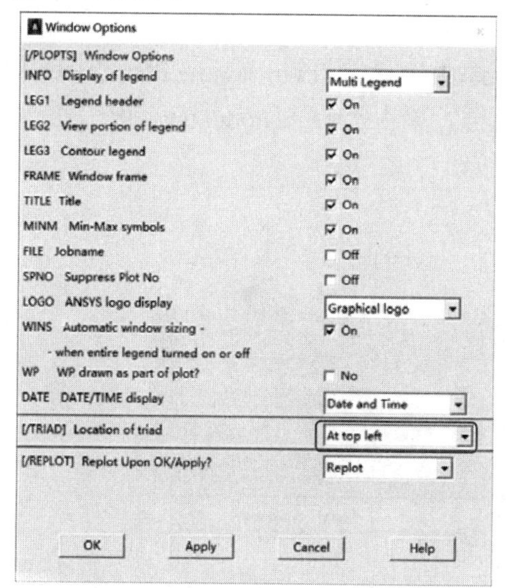

图7-54 “Window Options”对话框 　　图7-55 节点显示

12）定义复合单元属性。从主菜单中选择 Main Menu: Preprocessor > Modeling > Create > Elements > Elem Attributes 命令，弹出“Elements Attributes”对话框，在“[TYPE] Element type number”下拉列表框中选择“1 COMBIN40”，在“[REAL] Real constant set number”下拉列表中选择 1，如图 7-56 所示。

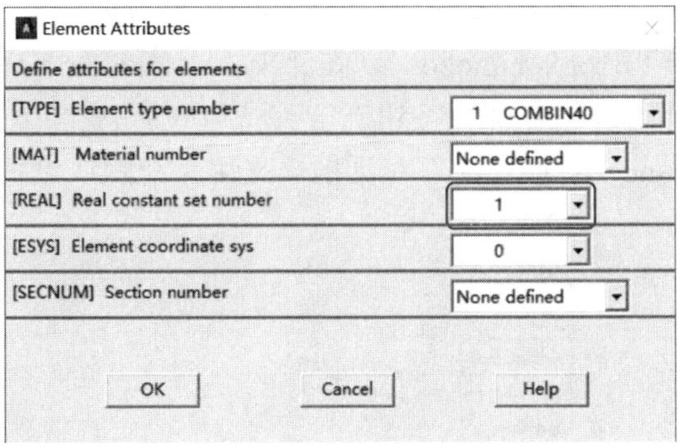

图7-56 “Elements Attributes”对话框

13）创建复合单元。从主菜单中选择 Main Menu：Preprocessor > Modeling > Create > Elements > Auto Numbered > Thru Nodes 命令，弹出“Elements from Nodes”拾取对话框。用鼠标在屏幕上拾取编号为 1 和 2 的节点，单击“OK”按钮，在节点 1 和节点 2 之间生成一条直线。

14）定义复合单元属性。从主菜单中选择 Main Menu：Preprocessor > Modeling > Create > Elements > Elem Attributes 命令，弹出“Elements Attributes”对话框，在“[TYPE] Element type number”下拉列表中选择“1 COMBIN40”，在“[REAL] Real constant set number”下拉列表中选择“2”，单击“OK”按钮。

15）创建复合单元。从主菜单中选择 Main Menu：Preprocessor > Modeling > Create > Elements > Auto Numbered > Thru Nodes 命令，弹出“Elements from Nodes”拾取对话框。用鼠标在屏幕上拾取编号为 2 和 3 的节点。单击“OK”按钮，在节点 2 和节点 3 之间生成一条直线。生成的单元模型如图 7-57 所示。

7.3.3 模态分析

1）定义求解类型。从主菜单中选择 Main Menu：Solution > Analysis Type > New Analysis 命令，弹出“New Analysis”对话框，选中“Modal”，如图 7-58 所示，单击“OK”按钮。

图7-57 单元模型

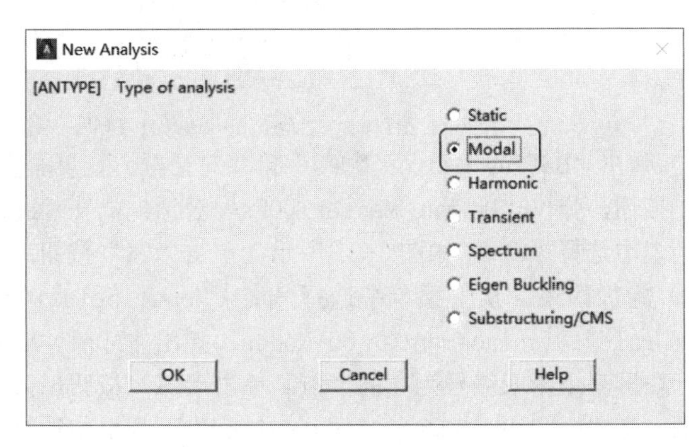

图7-58 “New Analysis”对话框

2）设置求解选项。从主菜单中选择 Main Menu：Solution > Analysis Type > Analysis Options 命令，弹出“Modal Analysis”对话框，在“[MODOPT] Mode extraction method”后面的单选按钮中选择“Block Lanczos”，在“No. of modes to extract”文本框中输入“2”，如图 7-59 所示。单击“OK”按钮。

3）弹出“Block Lanczos Method”对话框，采用系统默认设置，如图 7-60 所示。单击“OK”按钮。

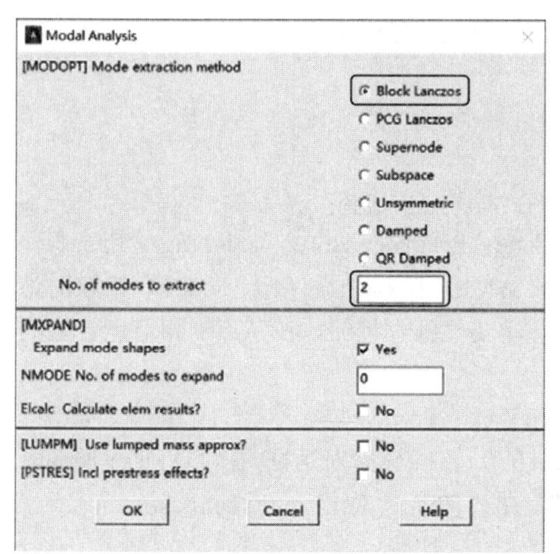

图7-59 “Modal Analysis”对话框

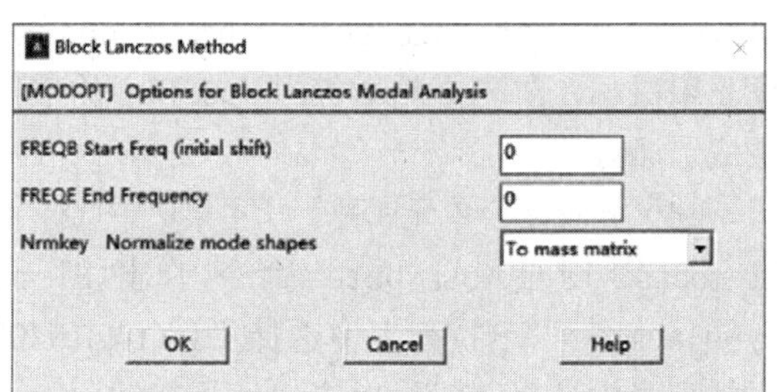

图7-60 “Block Lanczos Method”对话框

4）定义主自由度。从主菜单中选择 Main Menu：Preprocessor > Modeling > CMS > CMS Interface > Define 命令，弹出“Define Master DOFs”拾取对话框，在屏幕上拾取编号为 1 的节点，单击“OK”按钮，弹出“Define Master DOFs”对话框，在“Lab1 1st degree of freedom”下拉列表中选择“UY”，如图 7-61 所示，单击“Apply”按钮。

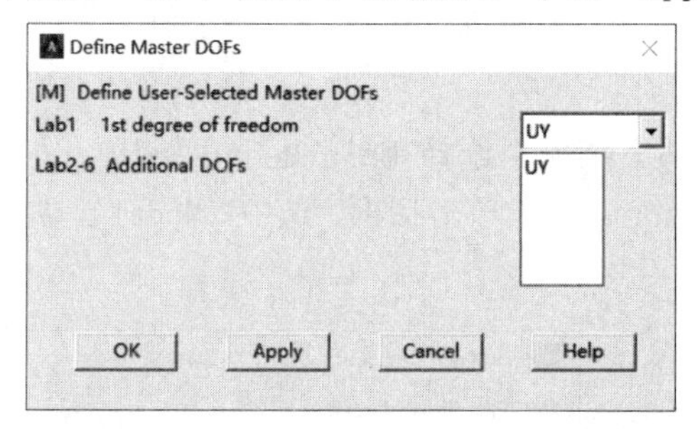

图7-61 “Define Master DOFs”对话框

5）弹出“Define Master DOFs”拾取对话框，在屏幕上拾取编号为 2 的节点，单击“OK”按钮，弹出“Define Master DOFs”对话框，在“Lab1 1st degree of freedom”下拉列表中选择“UY”，如图 7-61 所示，单击“OK”按钮。

6）施加约束。从主菜单中选择 Main Menu：Solution > Define Loads > Apply > Structural > Displacement > On Nodes，弹出“Apply U,ROT on Nodes”拾取对话框，用鼠标在屏幕上拾取编号为 3 的节点。单击“OK”按钮，弹出“Apply U,ROT on Nodes”对话框，在“Lab2 DOFs to be constrained”列表框中选择“All DOF”，如图 7-62 所示。单击“OK”按钮。

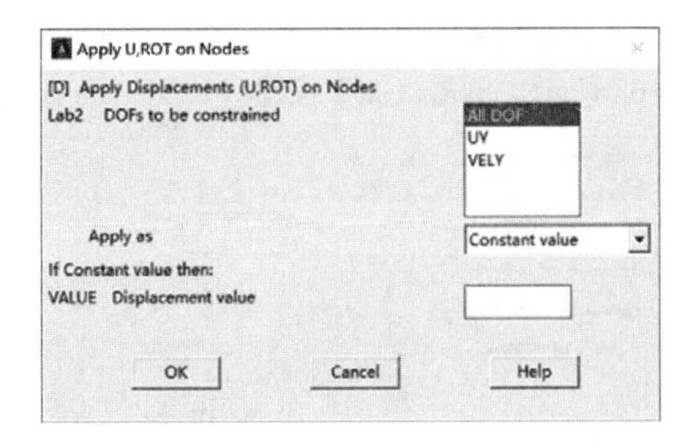

图7-62 “Apply U,ROT on Nodes”对话框

7）模态分析求解。从主菜单中选择 Main Menu：Solution > Solve > Current LS，弹出“/STATUS Command”信息提示栏和“Solve Current Load Step”对话框。浏览信息提示栏中的信息，如果无误则单击 File > Close 将其关闭。单击“Solve Current Load Step”对话框中的“OK”按钮，开始求解。求解完毕后会弹出显示“Solution is done!”的提示框，单击“Close”按钮关闭即可。

8）退出求解器。从主菜单中选择 Main Menu：Finish 命令。

7.3.4 谐响应分析

1）定义求解类型。Main Menu：Solution > Analysis Type > New Analysis 命令。弹出“New Analysis”对话框，选中“Harmonic”，如图 7-63 所示。单击“OK”按钮。

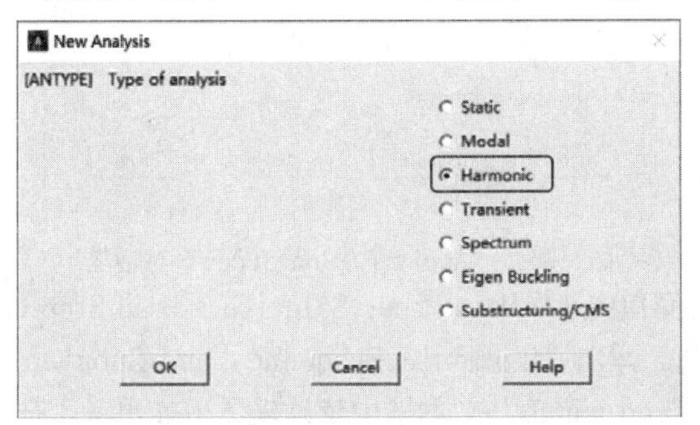

图7-63 “New Analysis”对话框

2）设置求解选项。从主菜单中选择 Main Menu：Solution > Analysis Type > Analysis Options 命令，弹出“Harmonic Analysis”对话框，在“[HROPT] Solution method”下拉列表中选择“Mode Superpos’n”，如图 7-64 所示，单击“OK”按钮。

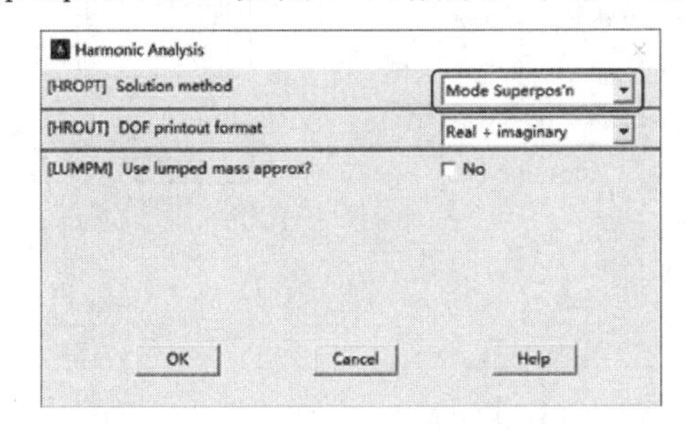

图7-64 “Harmonic Analysis”对话框

3）弹出“Mode Sup Harmonic Analysis”对话框，在“[HROPT] Maximum mode number”文本框中输入 2，如图 7-65 所示，单击“OK”按钮。

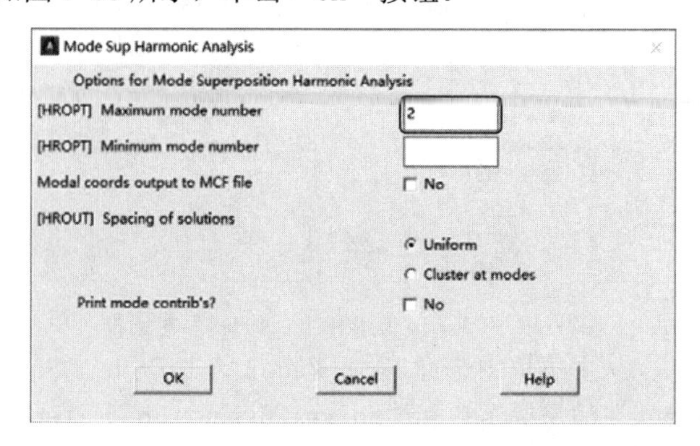

图7-65 “Mode Sup Harmonic Analysis”对话框

4）施加集中载荷。从主菜单中选择 Main Menu：Solution > Define Loads > Apply > Structural > Force/Moment > On Nodes 命令，弹出“Apply F/M on Nodes”拾取对话框，在屏幕上拾取编号为 1 的节点。单击“OK”按钮，弹出“Apply F/M on Nodes”对话框，在“Lab Direction of force/mom”下拉列表中选择“FY”，在“VALUE Real part of force/mom”文本框中输入 50，如图 7-66 所示。单击“OK”按钮。

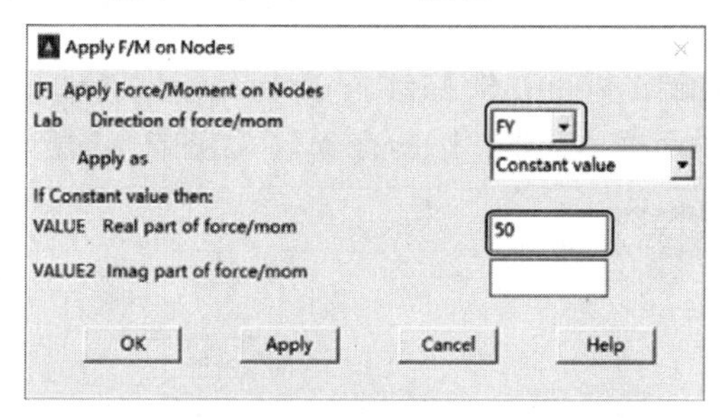

图7-66 “Apply F/M on Nodes”对话框

5）设置载荷。从主菜单中选择 Main Menu：Solution > Load Step Opts > Time/ Frequenc > Freq and Substps 命令，弹出“Harmonic Frequency and Substep Options”对话框，在“[HARFRQ] Harmonic freq range”文本框中依次输入 0.1 和 1，在“[NSUBST] Number of substeps”文本框中输入 50，在“[KBC] Stepped or ramped b.c.”后面单击选择“Stepped”，如图 7-67 所示。单击“OK”按钮。

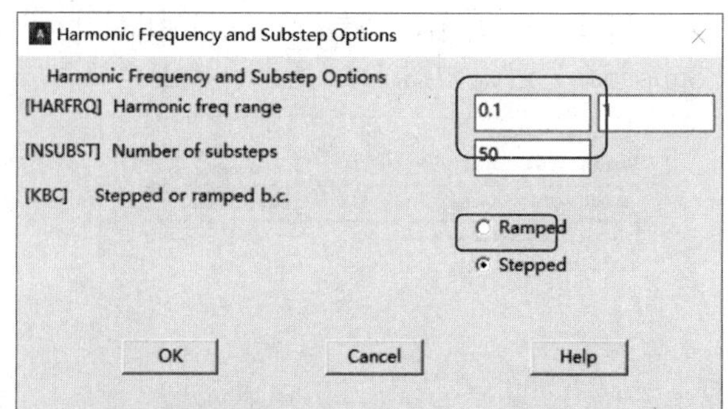

图7-67 “Harmonic Frequency and Substep Options”对话框

6）设置输出选项。从主菜单中选择 Main Menu：Solution > Load Step Opts > Output

Ctrls > DB/Results File 命令，弹出“Controls for Database and Results File Writing”对话框，在“FREQ File write frequency”后面单击选中“Every substep”，如图 7-68 所示。单击“OK”按钮。

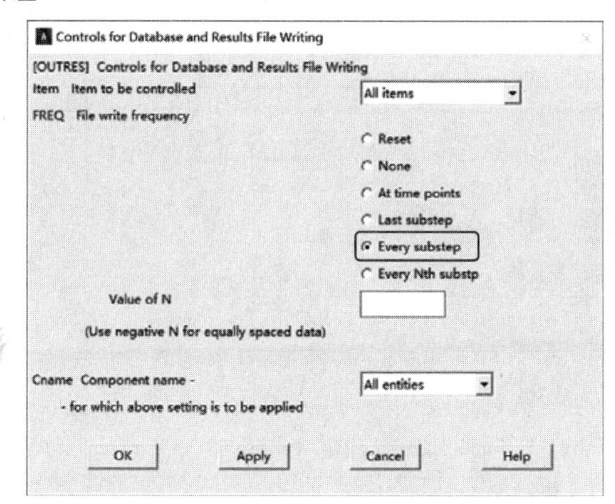

图7-68 “Controls for Database and Results File Writing”对话框

7）谐响应分析求解。从主菜单中选择 Main Menu：Solution > Solve > Current LS 命令，弹出“/STATUS Command”信息提示栏和“Solve Current Load Step”对话框。浏览信息提示栏中的信息，如果无误则单击 File > Close 将其关闭。单击“Solve Current Load Step”对话框中的“OK”按钮，开始求解。求解完毕后会弹出显示“Solution is done!”的对话框，单击“Close”按钮关闭即可。

8）退出求解器。从主菜单中选择 Main Menu：Finish。

7.3.5 观察结果

1）进入时间历程后处理器。从主菜单中选择 Main Menu：TimeHist Postpro 命令，弹出如图 7-69 所示的“Time History Variables－file.rfrq”对话框，可以看到已有默认变量频率（FREQ）。

2）定义位移变量 UY_1。在图 7-69 所示的对话框中单击左上角的按钮，弹出“Add Time-History Variables”对话框，连续单击 Nodal Solution > DOF Solution > Y-Component of displacement，在“Variable Name”对话框中输入“UY_1”，如图 7-70 所示。单击“OK”按钮。

3）弹出“Node for Data”拾取对话框，如图 7-71 所示。在文本框中输入 1，单击“OK”按钮，返回到“Time History Variables”对话框，此时变量列表里面多了一项“UY_1”变量。

4）定义位移变量 UY_2。在图 7-69 所示的对话框中单击左上角的按钮，弹出“Add Time-History Variables”对话框，连续单击 Nodal Solution > DOF Solution > Y-Component of displacement，如图 7-70 所示，在“Variable Name”文本框中输入“UY_2”，单击“OK”按钮。

5）弹出“Node for Data”拾取对话框，如图 7-71 所示，在文本框中输入 2，单击“OK”按钮，返回到“Time History Variables”对话框，此时变量列表里面多了一项“UY_2”

变量，如图 7-72 所示。

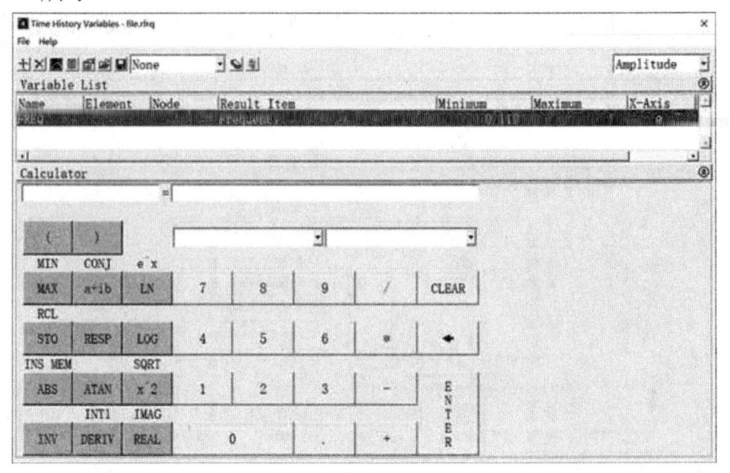

图7-69 “Time History Variables—file.rfrq”对话框

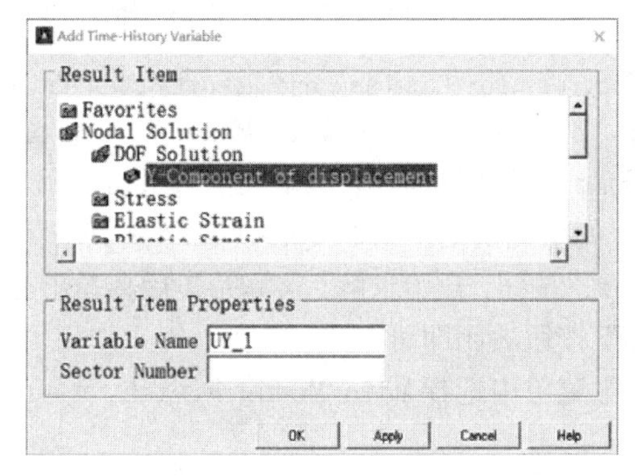

图7-70 “Add Time-History Variable”对话框

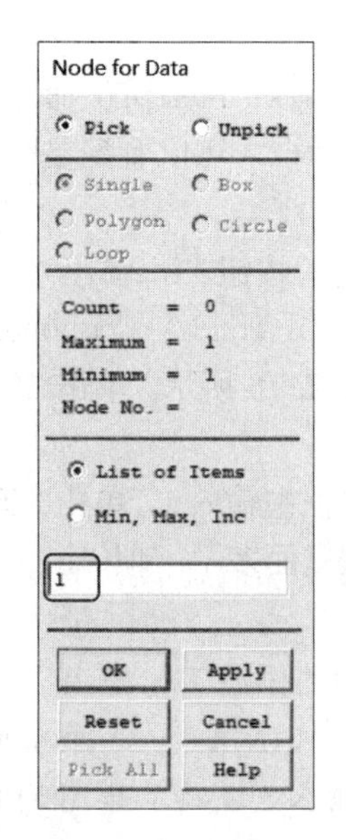

图7-71 “Node for Data”拾取对话框

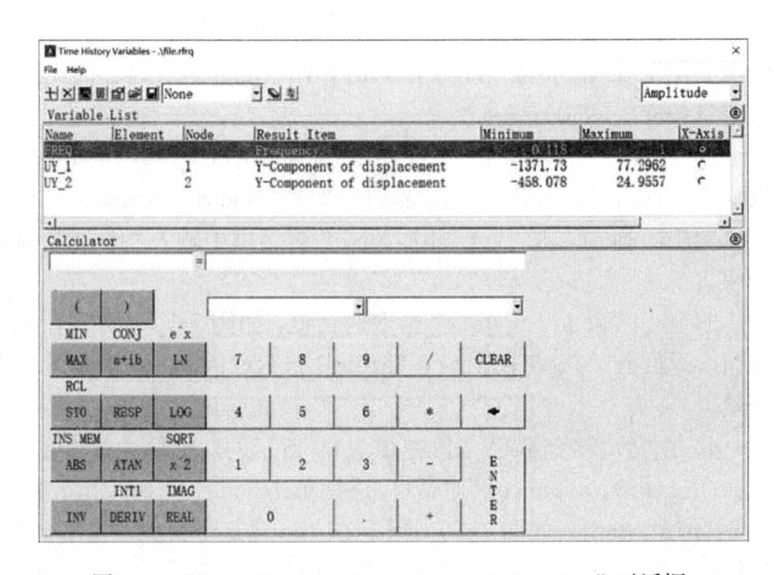

图7-72 “Time History Variables-.\file.rfrq”对话框

6）单击“Time History Variables”对话框左上角的 File > Close，关闭对话框。

7）设置坐标1。从实用菜单中选择 Utility Menu:PlotCtrls > Style > Graphs > Modify Grid 命令，弹出“Grid Modifications for Graph Plots”对话框，在“[/GRID] Type of grid”后面的下拉列表中选择“X and Y lines”，如图 7-73 所示，单击“OK”按钮。

8）设置坐标2。从实用菜单中选择 Utility Menu:PlotCtrls > Style > Graphs > Modify Axes 命令，弹出“Axes Modifications for Graph Plots”对话框，在“[/AXLAB] Y-axis label”文本框中输入“DISP”，如图 7-74 所示，单击“OK”按钮。

9）绘制变量时程图。从主菜单中选择 Main Menu: TimeHist Postpro > Graph Variables 命令，弹出“Graph Time-History Variables”对话框，在“NVAR1”文本框中输入 2，在“NVAR2”文本框中输入 3，如图 7-75 所示。单击“OK”按钮，屏幕上显示出变量时程图，如图 7-76 所示。

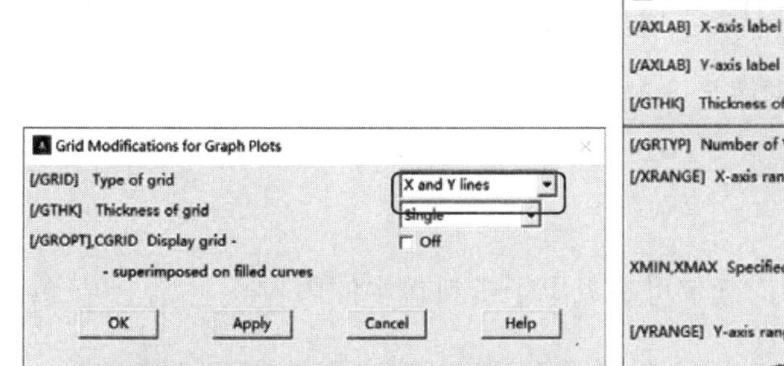

图7-73 “Grid Modifications for Graph Plots”对话框

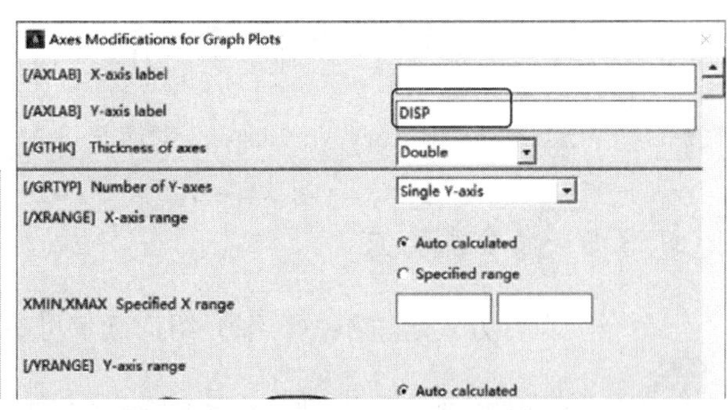

图7-74 “Axes Modifications for Graph Plots”对话框

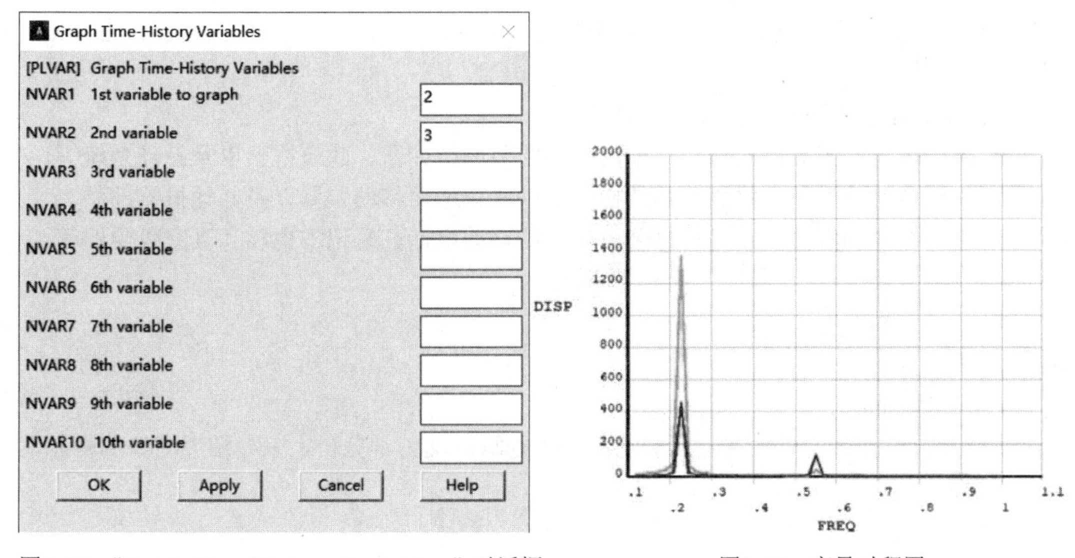

图7-75 “Graph Time-History Variables”对话框

图7-76 变量时程图

10）列表显示变量。从主菜单中选择 Main Menu: TimeHist Postpro > List Variables 命令，弹出“List Time-History Variables”对话框，在“NVAR1”文本框中输入 2，在“NVAR2”文本框中输入 3，如图 7-77 所示。单击“OK”按钮，屏幕显示如图 7-78 所示。

11）退出 ANSYS。在工具条中单击“Quit”按钮，选择要保存的项后单击“OK”按钮。

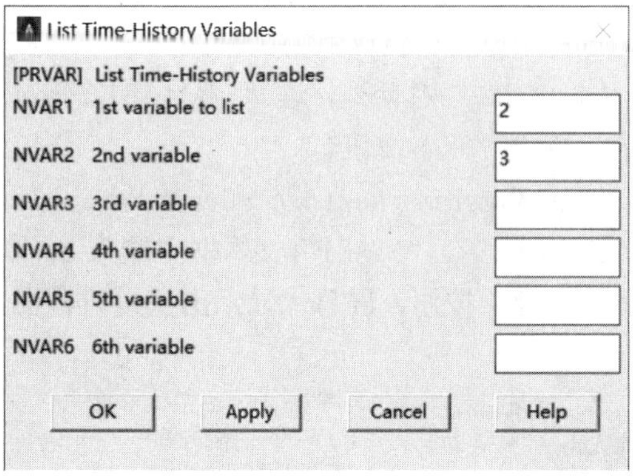

List Time-History Variables

[PRVAR] List Time-History Variables

NVAR1 1st variable to list 2

NVAR2 2nd variable 3

NVAR3 3rd variable

NVAR4 4th variable

NVAR5 5th variable

NVAR6 6th variable

OK Apply Cancel Help

图7-77 “List Time-History Variables”对话框

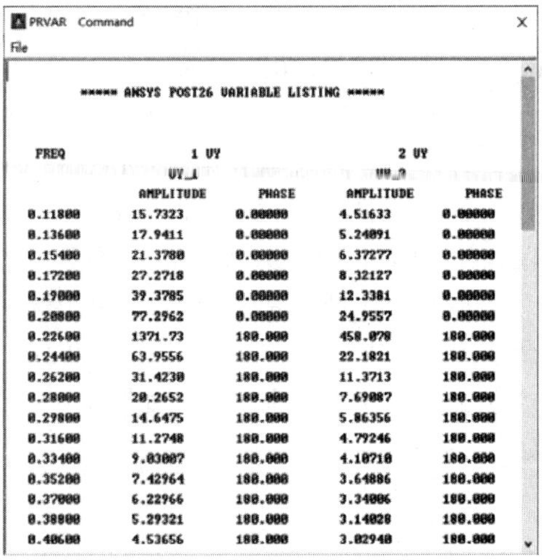

PRVAR Command

File

***** ANSYS POST26 VARIABLE LISTING *****

FREQ	1 UY UY_1 AMPLITUDE	PHASE	2 UY UY_2 AMPLITUDE	PHASE
0.11800	15.7323	0.00000	4.51633	0.00000
0.13600	17.9411	0.00000	5.24091	0.00000
0.15400	21.3780	0.00000	6.37277	0.00000
0.17200	27.2718	0.00000	8.32127	0.00000
0.19000	39.3785	0.00000	12.3381	0.00000
0.20800	77.2962	0.00000	24.9557	0.00000
0.22600	1371.73	180.000	458.078	180.000
0.24400	63.9556	180.000	22.1821	180.000
0.26200	31.4230	180.000	11.3713	180.000
0.28000	20.2652	180.000	7.69087	180.000
0.29800	14.6475	180.000	5.86356	180.000
0.31600	11.2748	180.000	4.79246	180.000
0.33400	9.03007	180.000	4.10710	180.000
0.35200	7.42964	180.000	3.64886	180.000
0.37000	6.22966	180.000	3.34006	180.000
0.38800	5.29321	180.000	3.14028	180.000
0.40600	4.53656	180.000	3.02940	180.000

图7-78 “PRVAR Command””对话框

7.3.6 命令流方式

命令流执行方式这里不做详细介绍，读者可参见电子资料包中的内容。

7.4 瞬态动力学分析实例——振动系统

瞬态动力学分析是确定随时间变化载荷（如爆炸）作用下结构响应的技术。它的输入数据是作为时间函数的载荷，输出数据是随时间变化的位移和其他的导出量，如应力和应变。

瞬态动力学分析可以应用在以下设计中：

- 承受各种冲击载荷的结构，如汽车中的门和缓冲器、建筑框架以及悬挂系统等。
- 承受各种随时间变化载荷的结构，如桥梁、地面移动装置以及其他机器部件。
- 承受撞击和颠簸的家庭和办公设备，如移动电话、笔记本电脑和真空吸尘器等。

瞬态动力学分析主要考虑的问题如下：

- 运动方程。
- 求解方法。
- 积分时间步长。

本节通过对弹簧、质量、阻尼振动系统进行瞬态动力学分析，来介绍 ANSYS 的瞬态动力分析过程。

7.4.1 分析问题

如图 7-79 所示，振动系统由 4 个子系统组成，将质量块移动一定的距离 Δ 然后释放，计算振动系统的瞬态响应情况，比较不同阻尼下系统的运动情况，并与理论计算值相比较，见表 7-2。

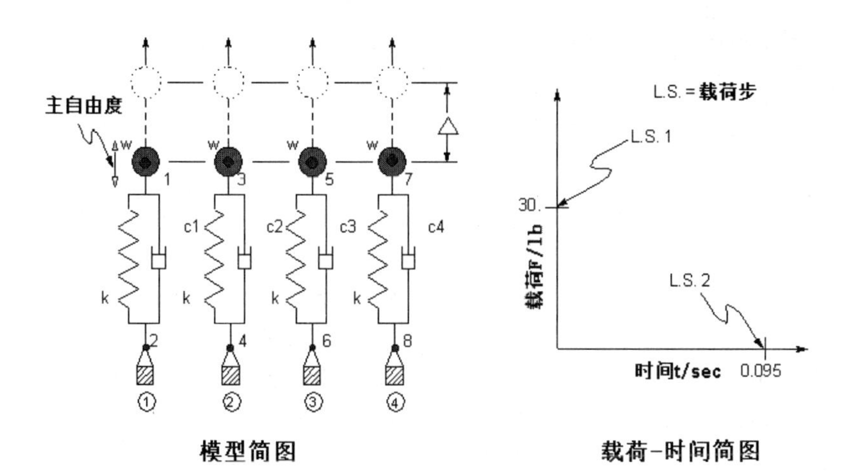

图7-79 振动系统和载荷

表7-2 不同阻尼下的计算值

t=0.09 秒（sec）	理论值	ANSYS 计算值	ANSYS 计算值与理论值的比率
位移 u(阻尼比 ξ=2.0)	0.47420	0.47637	1.005
位移 u(阻尼比 ξ=1.0)	0.18998	0.19245	1.013
位移 u(阻尼比 ξ=0.2)	-0.52108	-0.51951	0.997
位移 u(阻尼比 ξ=0.0)	-0.99688	-0.99498	0.998

系统①的阻尼比：ξ=2.0

系统②的阻尼比：ξ=1.0(临界)

系统③的阻尼比：ξ=0.2

系统④的阻尼比：ξ=0.0(无阻尼)

7.4.2 建立模型

1．设置分析文件名和标题

1）从实用菜单中选择 Utility Menu：File > Change Jobname 命令，打开“Change Jobname(修改文件名)”对话框，如图 7-80 所示。

2）在“Enter new jobname（输入新的文件名）”文本框中输入“example7-4”，为设置分析实例的数据库文件名。

3）单击“OK”按钮，完成文件名的设置。

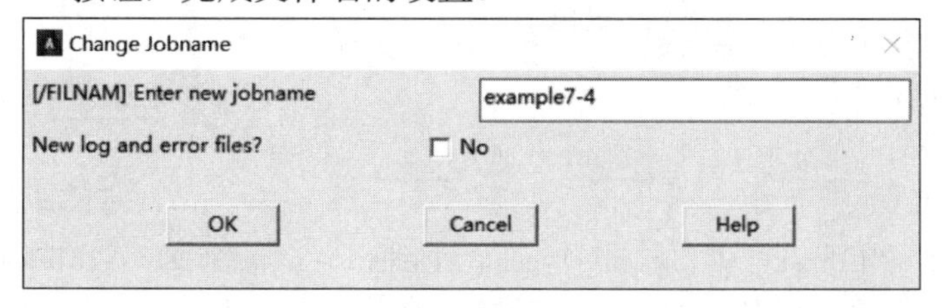

图7-80 “Change Jobname”对话框

4）从实用菜单中选择 Utility Menu：File > Change Title 命令，打开“Change Title（修改标题）”对话框，如图 7-81 所示。

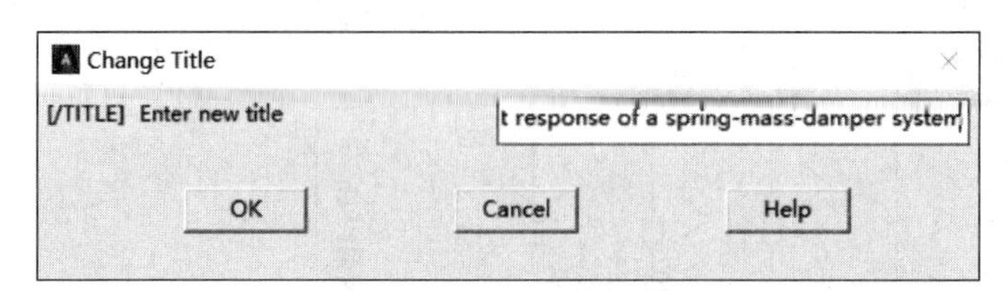

图7-81 “Change Title”对话框

5）在“Enter new title（输入新标题）”文本框中输入“transient response of a spring-mass-damper system”，设置本分析实例的标题名。

6）单击“OK”按钮，完成对标题名的设置。

7）从实用菜单中选择 Utility Menu：Plot > Replot 命令，设置的标题“transient response of a spring-mass-damper system”将显示在图形窗口的左下角。

8）从主菜单中选择 Main Menu：Preference 命令，打开“Preference of GUI Filtering（菜单过滤参数选择）”对话框，选中“Structural”复选框，单击“OK”按钮确定。

2. 定义单元类型

本例选用复合单元 Combination 40。

1）从主菜单中选择 Main Menu：Preprocessor > Element Type > Add/Edit/Delete 命令，打开“Element Type（单元类型）”对话框。

2）单击“OK”按钮，打开“Library of Element Types(单元类型库)”对话框，如图 7-82 所示。

3）在左边的列表框中选择 Combination 选项，选择复合单元类型。

4）在右边的列表框中选择 Combination 40 选项，选择复合单元 Combination 40。

5）单击“OK”按钮，添加 Combination 40 单元，并关闭对话框，同时返回到步骤 1）打开的对话框，如图 7-83 所示。

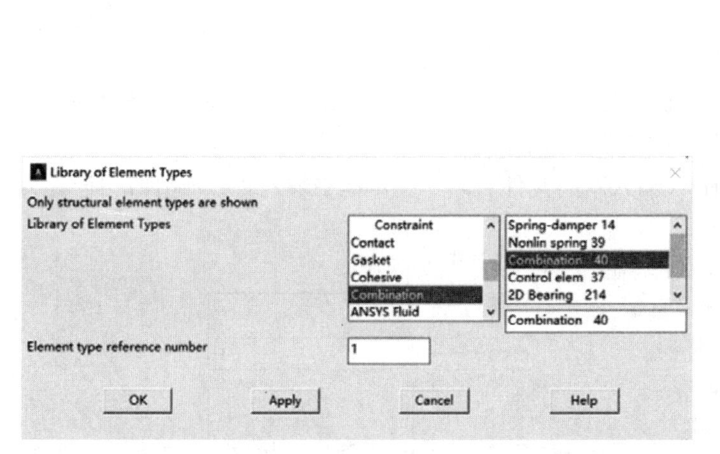

图7-82 “Library of Element Types”对话框

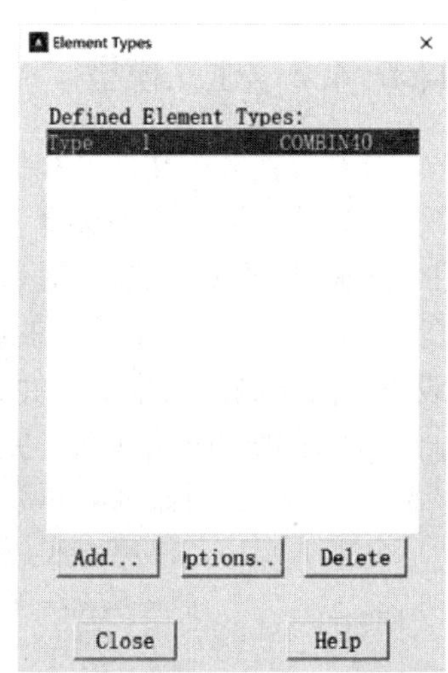

图7-83 “Element Types”对话框

6）在对话框中单击“Options...”按钮，打开如图 7-84 所示的“COMBIN40 element type options（单元选项设置）”对话框，对“Combination 40”单元进行设置，使其可

用于计算模型中的问题。

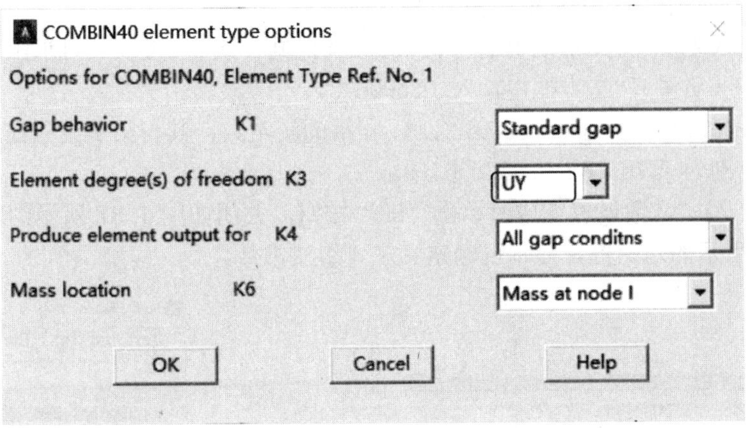

图7-84 “COMBIN40 element type options”对话框

7）在“Element degree(s) of freedom K3（单元自由度）”下拉列表框中选择“UY”选项。

8）单击“OK”按钮，关闭对话框，返回到如图 7-83 所示的对话框。

9）单击“Close”按钮，关闭对话框，结束单元类型的添加。

3. 定义实常数

本实例中选用复合单元 Combination 40，需要设置其实常数。

1）从主菜单中选择 Main Menu：Preprocessor > Real Constants > Add/Edit/Delete 命令，打开如图 7-85 所示的“Real Constants（实常数）”对话框。

2）单击“Add”按钮，打开如图 7-86 所示的“Element Type for Real Constants（实常数单元类型）”对话框，要求选择欲定义实常数的单元类型。

图7-85 “Real Constants”对话框

图7-86 “Element Type for Real Constants”对话框

3）本例中定义了一种单元类型，在已定义的单元类型列表中选择“Type 1 Combination 40”，将为复合单元 Combination 40 类型定义实常数。

4）单击“OK”按钮，打开该单元类型“Real Constant Set Number 1, for COMBIN40（实常数集）”对话框，如图 7-87 所示。

5）在“Real Constant Set No.（编号）”文本框中输入 1，设置第一组实常数。

6）在“K1（刚度）”文本框中输入 30。

7）在“C（阻尼）”文本框中输入 3.52636（根据公式 $C=2\xi km^{0.5}$ 可求阻尼）。

8）在“M（质量）”文本框中输入.02590673。

9）单击“Apply”按钮，设置第 2、3、4 组的实常数，其与第 1 组只在“C（阻尼）”处有区别，分别为 1.76318、0.352636、0。

10）第 4 组实常数设置完成时单击“OK”按钮，关闭如图 7-87 所示的对话框，返回到如图 7-88 所示的对话框，显示已经定义了 4 组实常数。

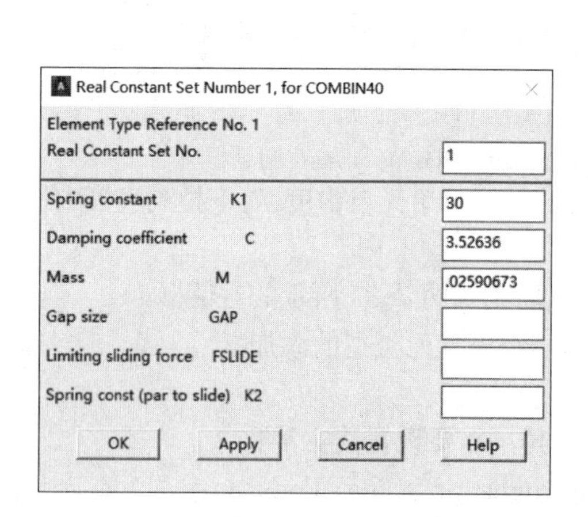

图7-87 “Real Constant Set Number 1, for COMBIN40”对话框

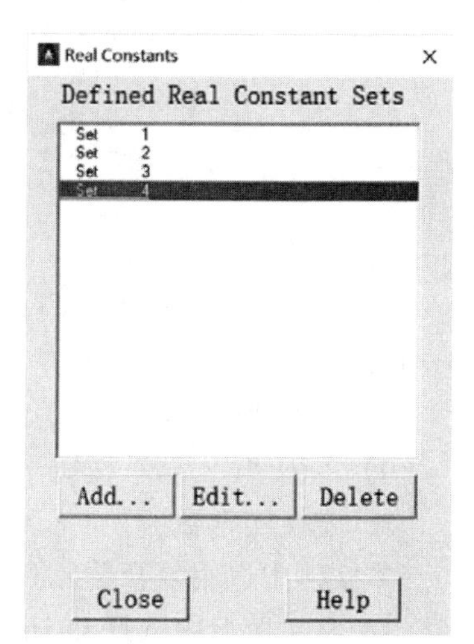

图7-88 “Real Constants”对话框

11）单击“Close”按钮，关闭对话框。

4. 定义材料属性

本例中不涉及应力应变的计算，采用的单元是复合单元，不用设置材料属性。

5. 建立弹簧、质量、阻尼振动系统模型

（1）定义两个节点 1 和 8。

1）从主菜单中选择 Main Menu: Preprocessor > Modeling > Create > Nodes > In Active CS 命令，打开“Create Nodes in Active Coordinate System”对话框。

2）在“Node number”文本框中输入 1，如图 7-89 所示。单击“Apply”按钮。

3）在“Node number”文本框中输入 8，单击“OK”按钮。

（2）定义其他节点 2～7。

1）从主菜单中选择 Main Menu: Preprocessor > Modeling > Create > Nodes > Fill between Nds 命令，“ Fill between Nds”对话框。

2）在文本框中输入 1,8（注意逗号要在英文状态下输入），如图 7-90 所示。单击“OK”按钮。

3）打开“Create Nodes Between 2 Nodes”对话框，如图 7-91 所示。单击“OK”按钮。

（3）定义一个单元。

1）从主菜单中选择 Main Menu: Preprocessor > Modeling > Create > Elements > Auto Numbered > Thru Nodes 命令。打开“Elements from Nodes”对话框。

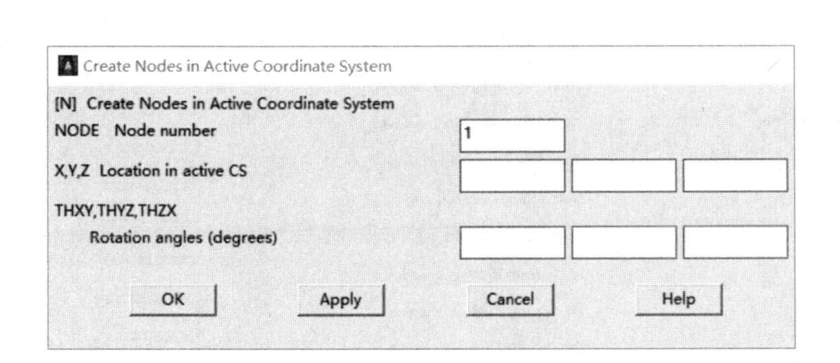

图7-89 “Create Nodes in Active Coordinate System”对话框

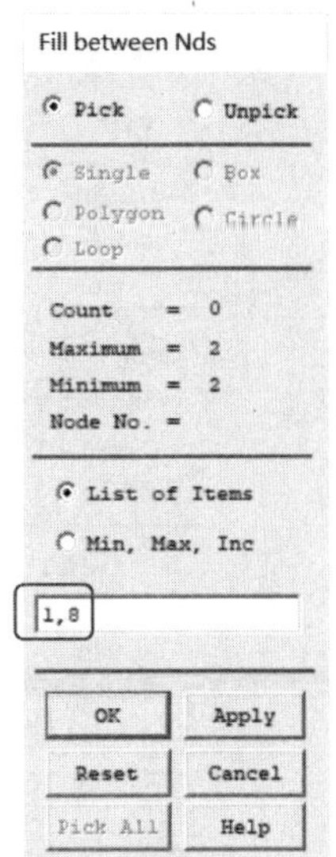

图7-90 “Fill between Nds”对话框

2）在文本框中输入 1,2（注意逗号要在英文状态下输入），如图 7-92 所示。单击“OK”按钮，用节点 1 和节点 2 创建一个单元。

（4）创建其他单元。

1）从主菜单中选择 Main Menu：Preprocessor > Modeling > Copy > Elements > Auto Numbered 命令。打开“Copy Elems Auto－Num”对话框。

Create Nodes Between 2 Nodes
[FILL] Create Nodes Between 2 Nodes
NODE1,NODE2 Fill between nodes 1 8
NFILL Number of nodes to fill 6
NSTRT Starting node no.
NINC Inc. between filled nodes
SPACE Spacing ratio 1
ITIME No. of fill operations - 1
- (including original)
INC Node number increment - 1
- (for each successive fill operation)
OK Apply Cancel Help

图7-91 “Create Nodes Between 2 Nodes”对话框

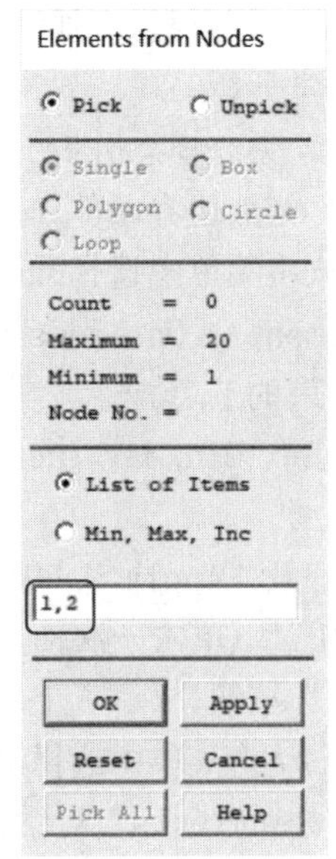

图7-92 “Elements from Nodes”对话框

2）在文本框中输入 1，选择第一个单元，如图 7-93 所示。单击“OK”按钮。

3）在打开的对话框中的“Total number of copies”文本框中输入 4，“Node number increment”文本框中输入 2，“Real constant no. incr”文本框中输入 1，如图 7-94 所示。单击“OK”按钮。

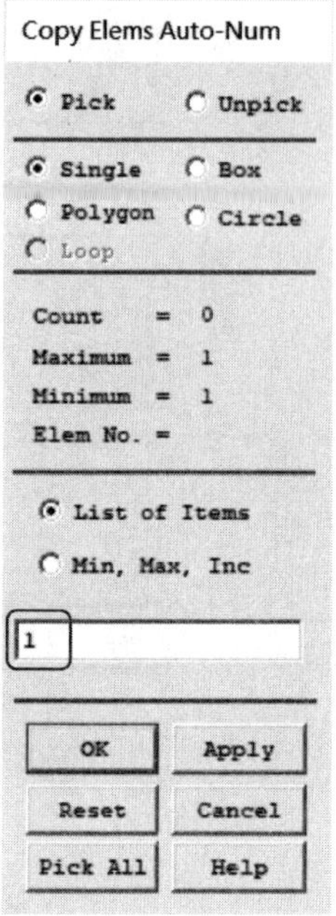

图7-93 “Copy Elems Auto-Num”对话框

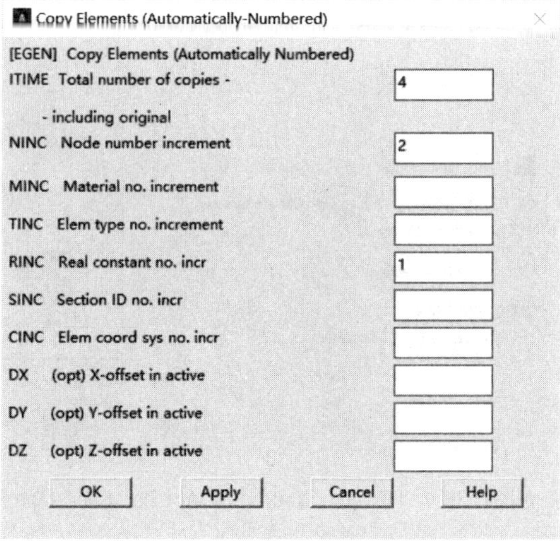

图7-94 “Copy Elements (Automatically-Numbered)”对话框

7.4.3 进行瞬态动力分析设置、定义边界条件并求解

本实例采用模态叠加法进行瞬态动力学分析，需要首先对系统进行模态分析，再进行瞬态动力学分析。

1. 振动系统模态分析

（1）施加边界条件。

1）从主菜单中选择 Main Menu：Solution > Define Loads > Apply > Structural > Displacement > On Nodes 命令，打开“Apply U,ROT On Nodes”对话框，要求选择欲施加位移约束的节点。

2）选择“Min,Max,Inc”选项，在文本框中输入“2,8,2”，如图 7-95 所示。单击“OK”按钮。

3）打开“Apply U,ROT on Nodes”对话框，在“DOFs to be constrained”列表框中选择“UY”(单击一次使其高亮显示，并确认其他选项未被高亮显示)，如图 7-96 所示。单击“OK”按钮。

（2）从主菜单中选择 Main Menu：Solution > Analysis Type > New Analysis 命令，打开“New Analysis”对话框，要求选择分析的种类，选择“Modal”， 如图 7-97 所示。单击“OK”按钮。

（3）从主菜单中选择 Main Menu：Solution > Analysis Type > Analysis Options 命令，打开“Modal Analysis”对话框，要求进行模态分析设置。选择“QR Damped”，在“No. of modes to extract”文本框中输入 4，将“Expand mode shapes”设置为“Yes”，在“No. of modes to expand”文本框中输入 4，将“Calculate elem results? ”设置为“Yes”，

如图 7-98 所示。单击“OK”按钮。

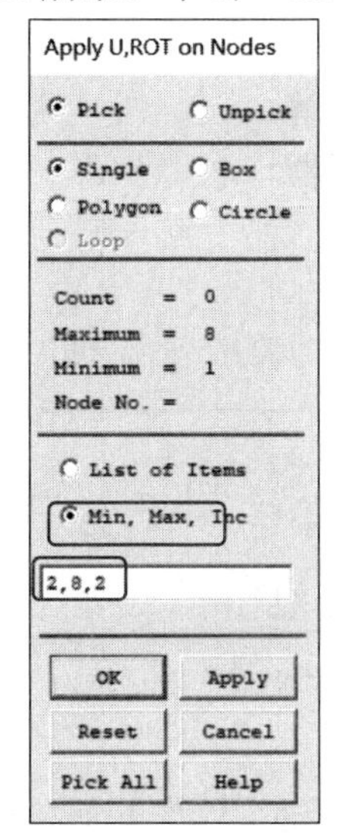

图 7-95 “Apply U,ROT on Nodes”对话框

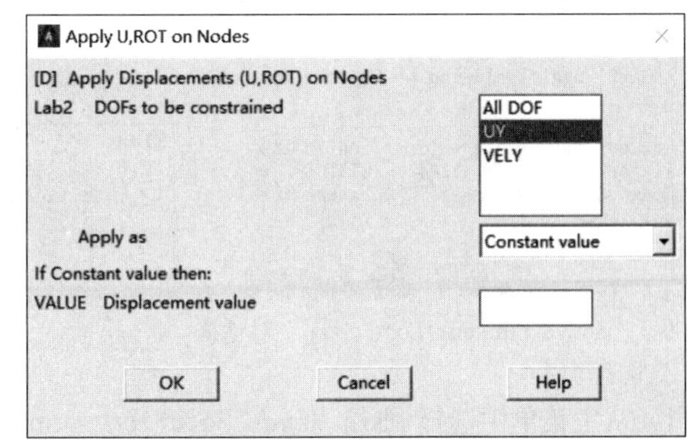

图 7-96 “Apply U,ROT on Nodes”对话框

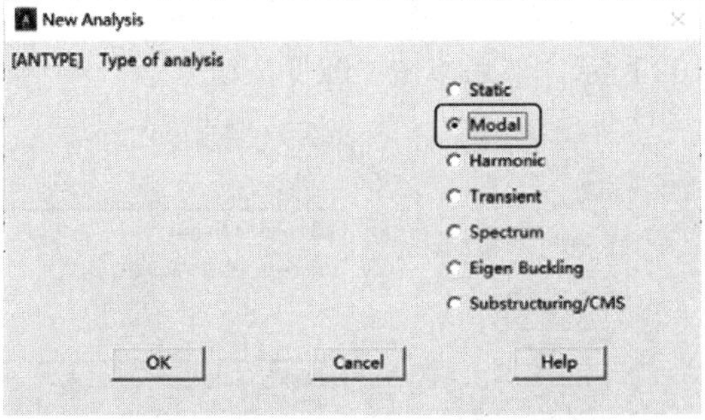

图7-97 “New Analysis”对话框

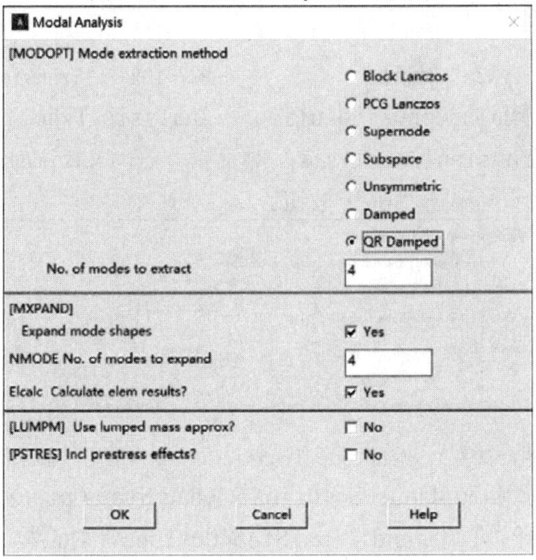

图7-98 “Modal Analysis”设置对话框

（4）在打开的“Block Lanczos Method”对话框中单击“Cancel”按钮，采用默认的参数设置，将其关闭。

（5）从主菜单中选择 Main Menu：Solution > Solve > Current LS 命令，打开如图 7-99 所示的确认对话框和状态列表，要求查看列出的求解选项。

（6）确认列表中的信息无误后，单击“OK”按钮，开始求解。

（7）求解完成后打开如图 7-100 所示的提示求解结束对话框。

（8）退出求解器。从主菜单中选择 Main Menu：Finish。

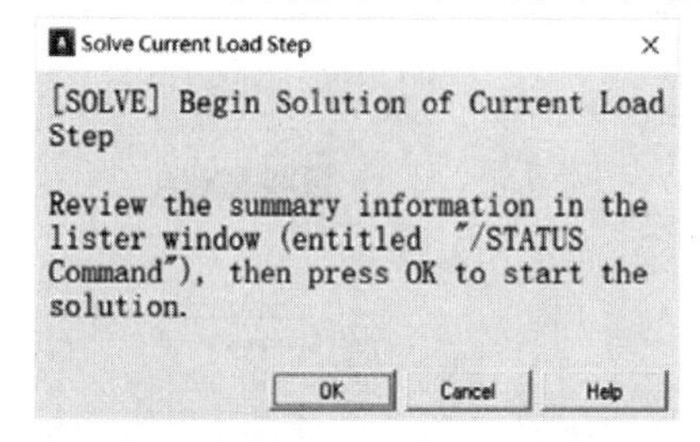

图7-99 “Solve Current Load Step”对话框

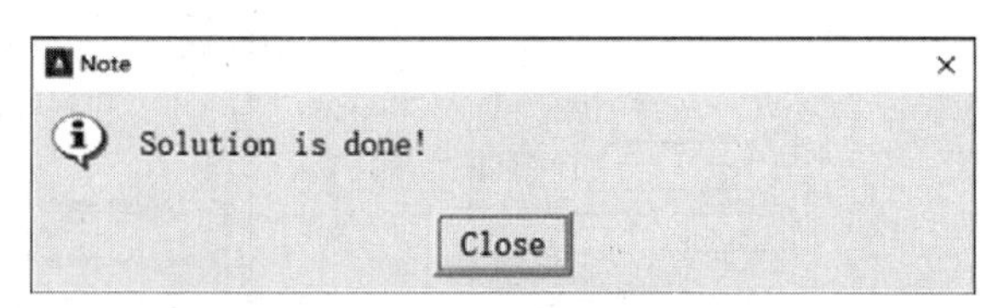

图7-100 “Note”对话框

2. 瞬态分析

1）从主菜单中选择 Main Menu：Solution > Analysis Type > New Analysis，打开“New Analysis”对话框，选中“Transient”，如图 7-101 所示。单击“OK”按钮。

2）弹出“Transient Analysis”对话框，在“Solution method”中选择“Mode Superpos' n”单选按钮，如图 7-102 所示。然后单击“OK”按钮。

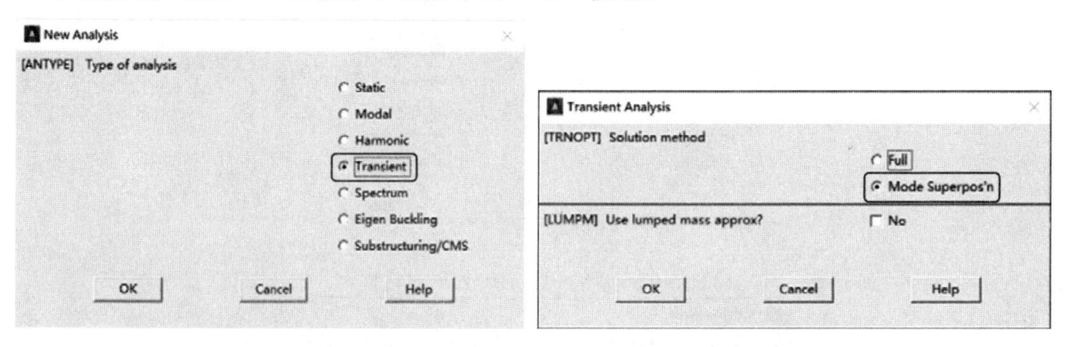

图7-101 “New Analysis”对话框

图7-102 “Transient Analysis”对话框

3）从主菜单中选择Main Menu：Solution > Analysis Type > Analysis Options 命令，弹出“Mode Sup Transient Analysis”对话框，在“Maximum mode number”文本框中输入4，如图7-103所示。单击“OK”按钮。

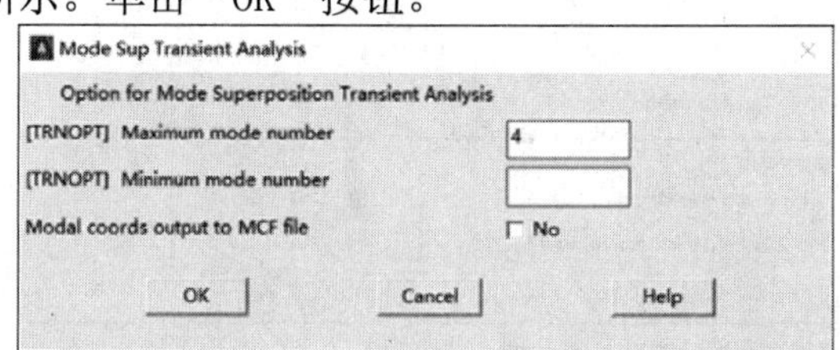

图7-103 “Mode Sup Transient Analysis”对话框

4）从主菜单中选择 Main Menu：Solution > Load Step Opts > Time/Frequenc > Time - Time Step 命令，打开“Time and Time Step Options”对话框，如图 7-104 所示。

5）在“Time at end of load step”文本框中输入“1e-3”，在“Time step size”文本框中输入“1e-3”，在“Stepped or ramped b.c.”选择“Stepped”单选按钮，单击“OK”按钮。

6）从主菜单中选择 Main Menu：Solution > Load Step Opts > Output Ctrls > Solu Printout 命令，弹出“Solution Printout Controls”对话框，如图 7-105 所示。

7）在“Item for printout control”下拉列表框中选择“Nodal DOF solu”选项，在“Print Frequency”中选择“Every Nth substp”选项，在“Value of N”文本框中输入 1，单击“OK”按钮。

8）从主菜单中选择 Main Menu： Solution > Load Step Opts > Output Ctrls > DB/Results File 命令。

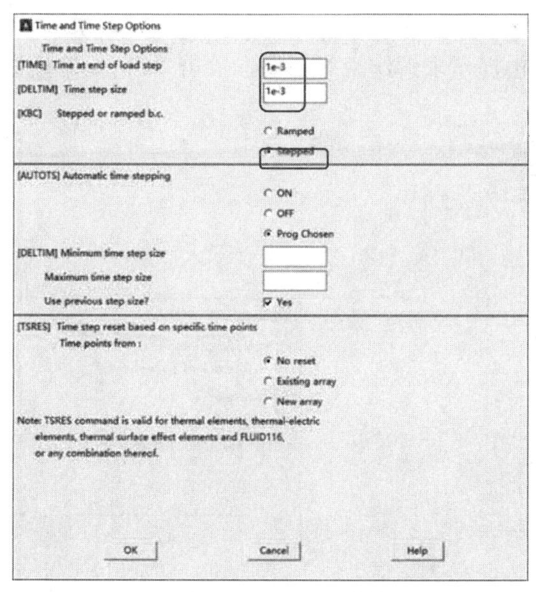

图7-104 “Time and Time Step Options”对话框

9）打开“Controls for Database and Results File Writing（数据输出控制）”对话框，在“Item to be controlled”下拉列表框中选择“Nodal DOF solu”选项，在“File write Frequency”中选择“Every Nth substp”选项，在“Value of N”文本框中输入1，如图7-106所示。单击“OK”按钮。

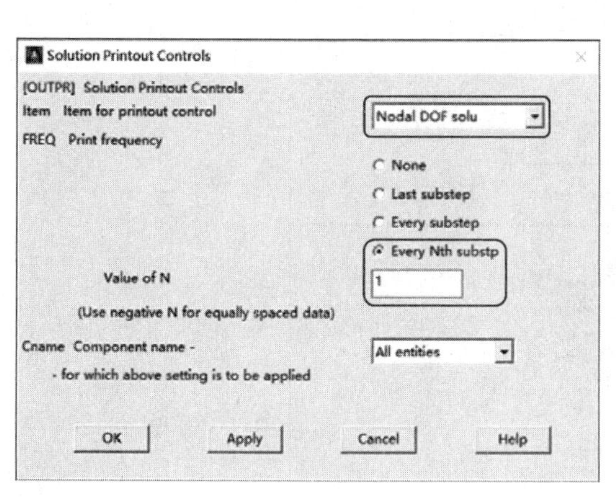

图7-105 “Solution Printout Controls”对话框

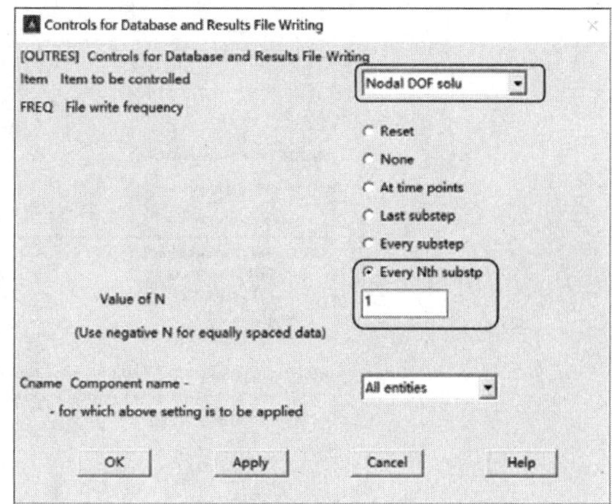

图7-106 “Controls for Database and Results File Writing”对话框

10）从主菜单中选择 Main Menu：Solution > Define Loads > Apply > Structure >

Force/Moment > On Nodes 命令。打开“Apply F/M on Nodes”对话框。

11）选择“Min,Max,Inc”选项，在文本框中输入“1,7,2”，如图 7-107 所示。单击“OK”按钮。

12）在打开的对话框中的“Direction of force/mom”下拉列表框中选择“FY”，在“Force/moment value”文本框中输入 30，如图 7-108 所示。单击“OK”按钮。

13）从主菜单中选择 Main Menu：Solution > Solve > Current LS 命令，打开一个确认对话框和状态列表，要求查看列出的求解选项。

14）确认列表中的信息无误后，单击“OK”按钮，开始求解。

15）求解完成后弹出提示求解结束对话框，单击“Close”按钮将其关闭。

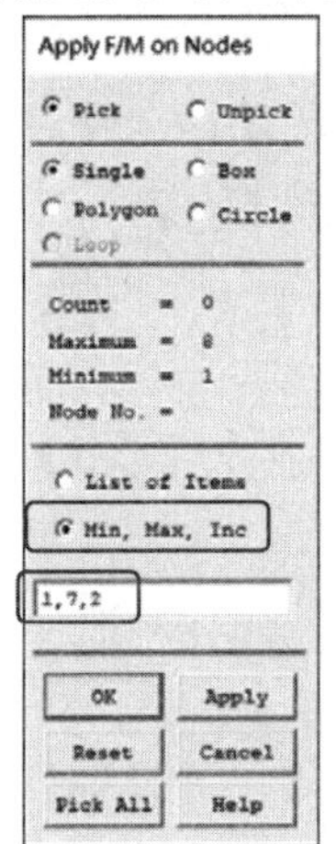

图7-107 “Apply F/M on Nodes”对话框

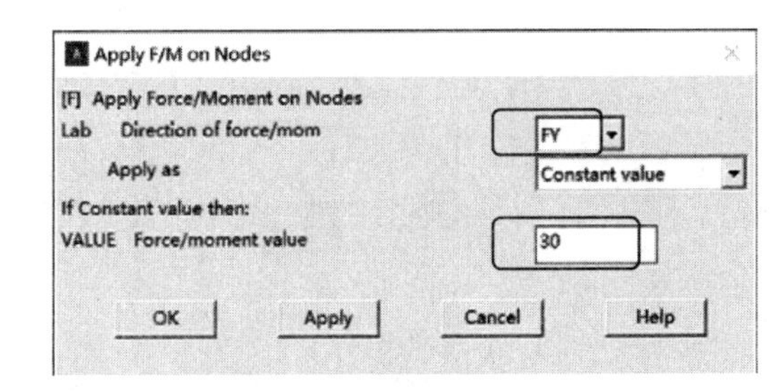

图7-108 “Apply F/M On Nodes”对话框

16）从主菜单中选择 Main Menu：Solution > Load Step Opts > Time/Frequenc > Time - Time Step 命令，打开“Time and Time Step Options”对话框，如图 7-109 所示。

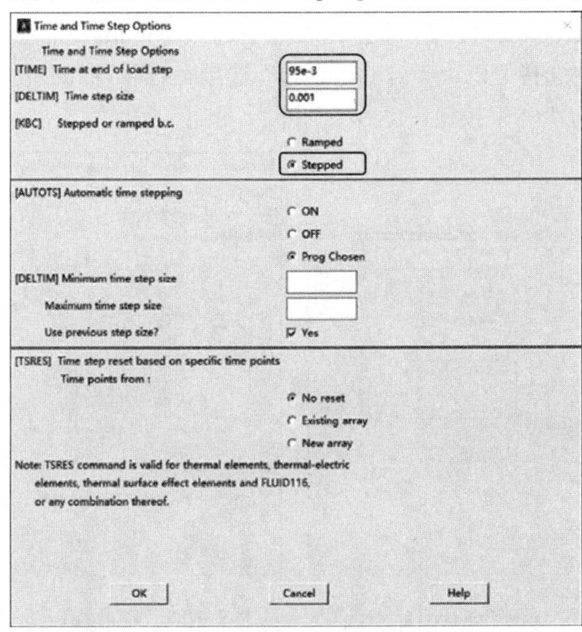

图7-109 “Time and Time Step Options”对话框

17）在“Time at end of load step”文本框中输入“95e-3”，单击“OK”按钮。

18）从主菜单中选择 Main Menu：Solution >Define Loads > Apply > Structure > Force/Moment > On Nodes 命令，打开“Apply F/M on Nodes”对话框。

19）激活“Min,Max,Inc”选项，在文本框中输入“1,7,2”，单击“OK”按钮。

20）弹出“Apply F/M on Nodes”对话框，在“Direction of force/mom”下拉列表框中选择“FY”，在“Force/moment value”文本框中输入0，单击“OK”按钮。

21）从主菜单中选择 Main Menu：Solution > Solve > Current LS 命令。

22）打开确认对话框和状态列表，要求查看列出的求解选项。

23）确认列表中的信息无误后，单击“OK”按钮，开始求解。

24）求解完成后弹出提示求解结束对话框，单击“Close”按钮，关闭提示求解结束对话框。

7.4.4 查看结果

1. POST26 观察结果（节点1、3、5、7的位移时间历程结果）的曲线

1）从主菜单中选择 Main Menu：TimeHist Postpro，打开“Time History Variables-example7-4.rdsp”对话框，如图7-110所示。

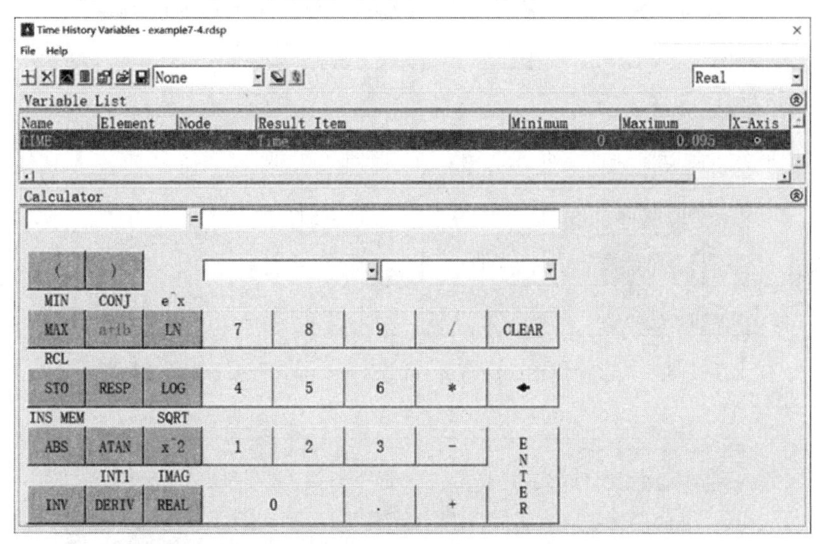

图7-110 “Time History Variables-example7-4.rdsp”对话框

2）单击“十”按钮，打开“Add Time-History Variable”对话框，如图7-111所示。

3）单击选择 Nodal Solution > DOF Solution > Y-component of displacement，单击“OK”按钮，打开“Node for Data”拾取对话框，如图7-112所示。

4）在文本框中输入1，单击“OK”按钮。

5）重复步骤2）～4），用同样的方法分别选择节点3、5、7，结果如图7-113所示。

6）按住Ctrl键，在列表框中依次单击各个变量，选中所有变量，如图7-114所示。

7）单击按钮，在图形窗口中显示出该变量随时间的变化曲线，如图7-115所示。

2. POST26 观察结果列表显示

在“Time-History Variables”对话框中单击按钮，进行列表显示，变量与频率的列表如图7-116所示。

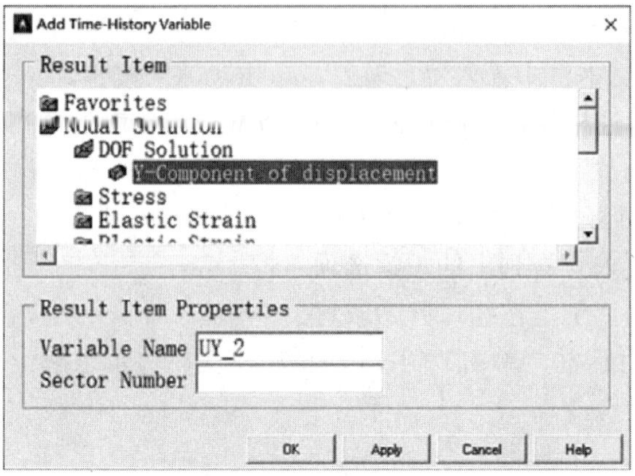

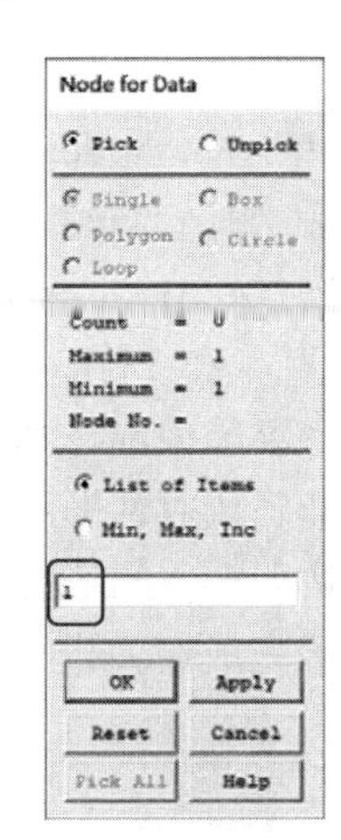

图7-111 “Add Time-History Variable”对话框　　图7-112 “Node for Data”拾取对话框

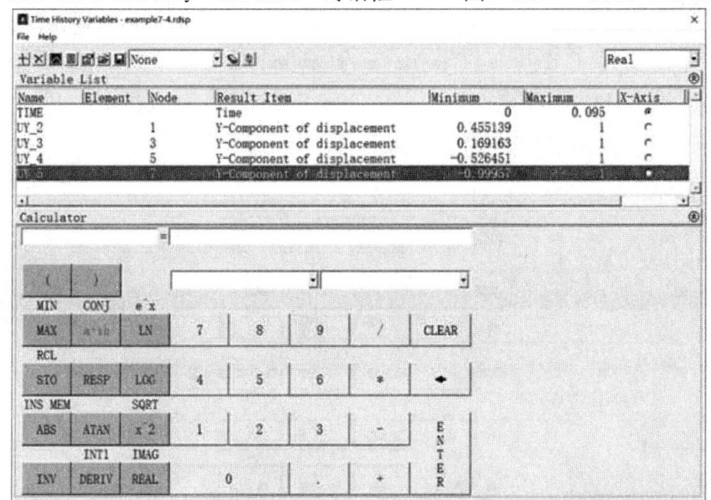

图7-113 “Time History Variables-example7-4.rdsp”对话框

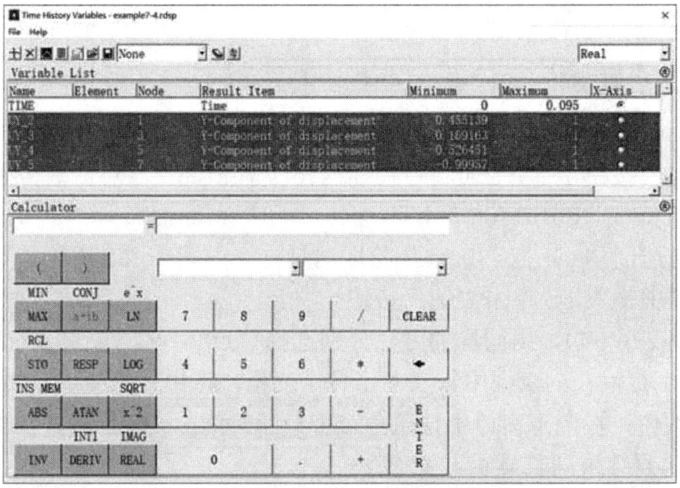

图7-114 “Time History Variables-example7-4.rdsp”对话框

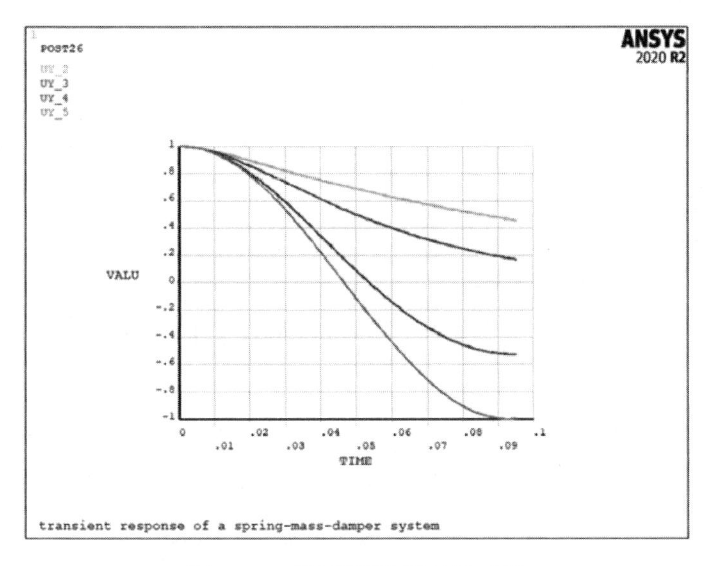

图7-115　变量随时间的变化曲线

PRVAR Command

File

===== ANSYS POST26 VARIABLE LISTING =====

TIME	1 UY UY_2	3 UY UY_3	5 UY UY_4	7 UY UY_5
0.0000	1.00000	1.00000	1.00000	1.00000
0.10000E-02	0.999726	0.999717	0.999710	0.999708
0.20000E-02	0.998673	0.998611	0.998558	0.998545
0.30000E-02	0.996672	0.996461	0.996275	0.996225
0.40000E-02	0.993846	0.993336	0.992876	0.992753
0.50000E-02	0.990383	0.989305	0.988382	0.988132
0.60000E-02	0.986139	0.984433	0.982813	0.982366
0.70000E-02	0.981437	0.978779	0.976188	0.975463
0.80000E-02	0.976270	0.972401	0.968531	0.967431
0.90000E-02	0.970704	0.965355	0.959864	0.958280
0.10000E-01	0.964795	0.957691	0.950210	0.948018
0.11000E-01	0.958593	0.949460	0.939595	0.936660
0.12000E-01	0.952143	0.940708	0.928042	0.924217
0.13000E-01	0.945482	0.931479	0.915579	0.910704
0.14000E-01	0.938646	0.921814	0.902232	0.896137
0.15000E-01	0.931663	0.911754	0.888027	0.880533

图7-116　“PRVAR Command”对话框

7.4.5　命令流方式

命令流执行方式这里不做详细介绍，读者可参见电子资料包中的内容。

7.5　谱分析实例——平板结构

谱分析是模态分析的扩展，用于计算结构对地震及其他随机激励的响应。在进行下述设计时要用到谱分析：

- 建筑物框架及桥梁。
- 太空船部件。
- 飞机部件。

谱分析的一种代替方法是进行瞬态分析，但是瞬态分析很难应用于地震等随时间无规律变化载荷的分析。在瞬态分析中，为了捕捉载荷，时间步长必须取得很小，因而费时且费用昂贵。

谱分析的关键问题包括以下几方面：

- 频谱的定义。
- 响应谱如何用于计算结构对激励的响应。
- 参与系数。
- 模态系数。
- 模态组合。

本节将通过对平板结构进行谱分析，来介绍ANSYS的谱分析过程。

7.5.1 分析问题

平板结构的4个顶点采用简支，结构和载荷如图7-117和图7-118所示。

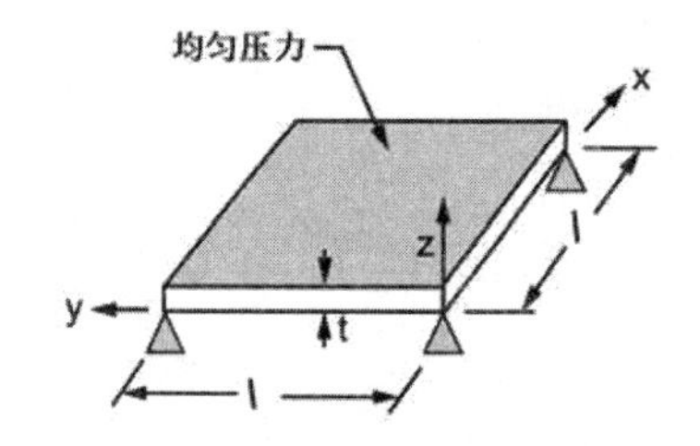

图7-117 平板结构

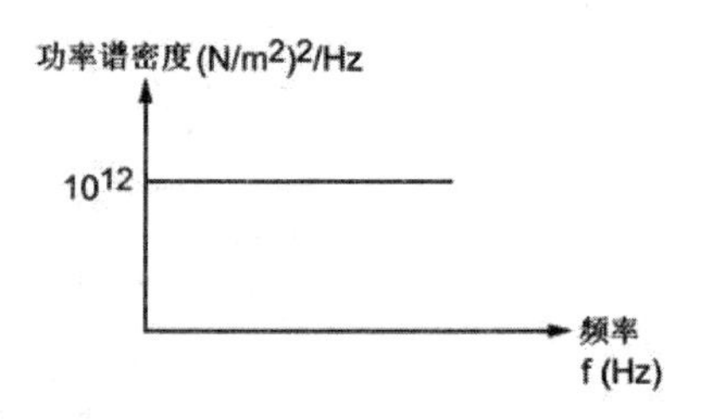

图7-118 载荷

弹性模量：E = 200×10^9 N/m^2

泊松比：μ = 0.3

密度：$8000kg/m^3$

线胀系数：$1\times10^{-6}℃^{-1}$

厚度：t = 1.0 m

宽度：l= 10 m

载荷：PSD = 10^6 $(N/m^2)^2$ /Hz

阻尼（Damping）：δ = 2%

7.5.2 建立模型

1）定义工作文件名。从实用菜单中选择 Utility Menu：File > Change Jobname 命令，在弹出的“ChangeJobname”对话框，在“Enter new jobname”文本框中输入“example7-5”，并将“New Log and error files? ”设置为“Yes”，单击“OK”按钮。

2）定义工作标题：从实用菜单中选择 Utility Menu：File > ChangeTitle，输入文字“dynamic load effect on simply-supported thick square plate”，如图7-119所示，单击“OK”按钮。

3）定义单元类型。从主菜单中选择 Main Menu：Preprocessor > Element Type > Add/Edit/Delete 命令，弹出“Element Types”对话框，如图7-120所示。单击“Add”按钮，弹出“Library of Element Types”对话框，在左面列表框中选择“Structural”及其下的“Shell”，在右面的列表框中选择“8node 281”，如图7-121所示。单击“OK”

按钮，回到“Element Types”对话框，单击“Close”按钮将其关闭。

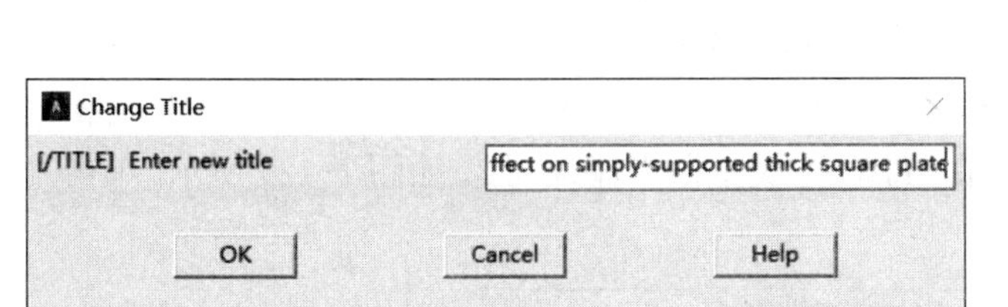

图7-119　“Change Title”对话框　　图7-120　“Element Types”对话框

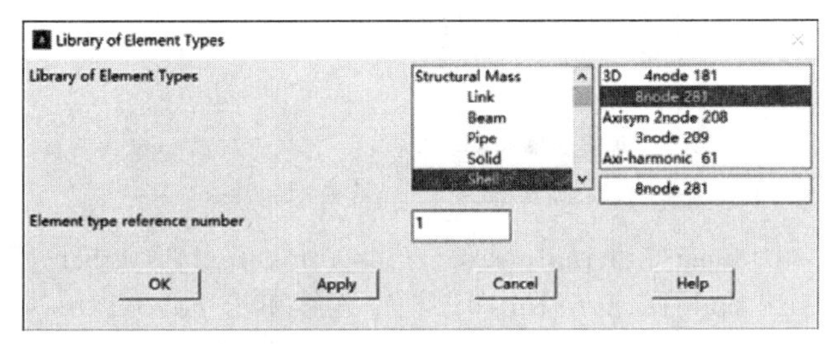

图7-121　“Library of Element Types”对话框

4）定义材料性质。从主菜单中选择 Main Menu：Preprocessor > Material Props > Material Models 命令，弹出“Define Material Model Behavior”窗口，如图 7-122 所示。

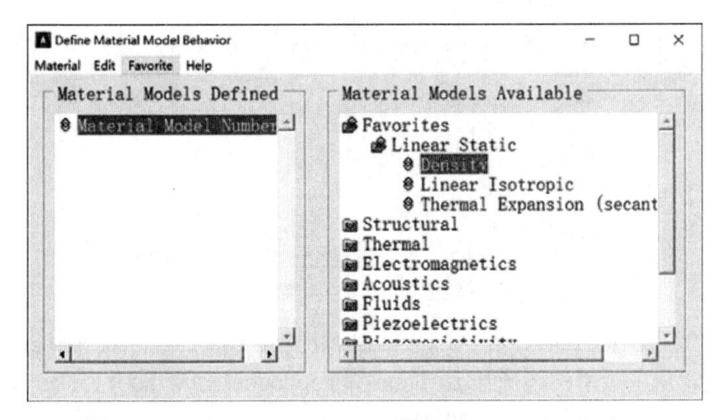

图7-122　“Define Material Model Behavior”窗口

5）在“Material Models Available”栏中连续单击 Favorites > Linear Static > Density，弹出“Density for Material Number 1”对话框，在“DENS”文本框中输入 8000，如图 7-123 所示。单击“OK”按钮。

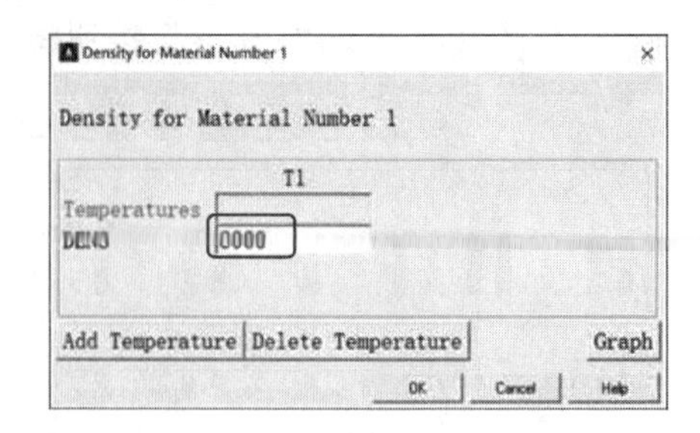

图7-123 “Density for Material Number 1”对话框

6)在“Material Models Available”栏中连续单击Favorites > Linear Static > Linear Isotropic，弹出“Linear Isotropic Properties for Material Number 1”对话框，在“EX”文本框中输入“2e11”，在“PRXY”文本框中输入0.3，如图7-124所示。单击“OK”按钮。

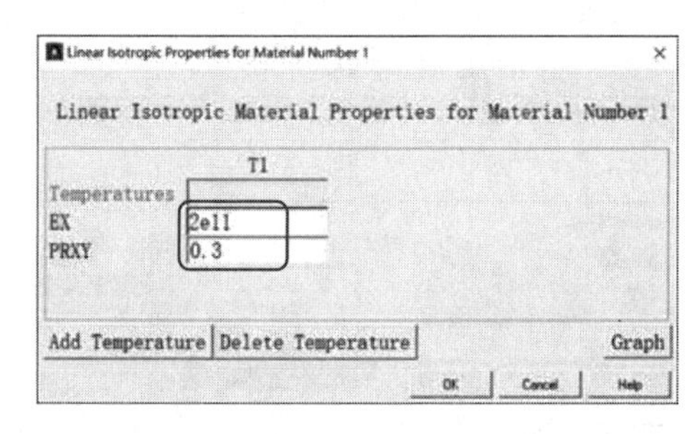

图7-124 “Linear Isotropic Properties for Material Number 1”对话框

7）在“Material Models Available”栏中连续单击Favorites > Linear Static > Thermal Expansion (Secant-iso)，弹出“Thermal Expansion Secant Coefficient for Material Number 1”对话框，在“ALPX” 文本框中输入“1e-6”，如图7-125所示。单击“OK”按钮，完成材料定义后的结果如图7-126所示。在“Define Material Model Behavior”窗口中，选择菜单路径Material > Exit，退出材料定义窗口。

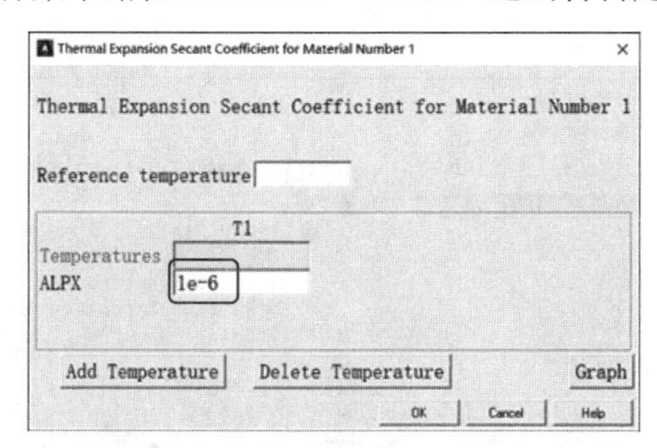

图7-125 “Thermal Expansion Secant Coefficient for Material Number 1”对话框

8）定义厚度。从主菜单中选择Main Menu：Preprocessor > Sections > Shell > Lay-up > Add / Edit 命令，在弹出的对话框中设置“Thickness”为1、“Integration Pts”为5，如图7-127所示。单击“OK”按钮。

9）创建节点。从主菜单中选择Main Menu：Preprocessor > Modeling > Create > Nodes > In Active CS命令，弹出“Create Nodes in Active Coordinate System”对话框。在“NODE Node number”后面的文本框中输入1，在“X,Y,Z Location in active CS”后面的文本

框中分别输入“0”“0”“0”(0的输入可以省略)，如图7-128所示。单击“Apply”按钮。

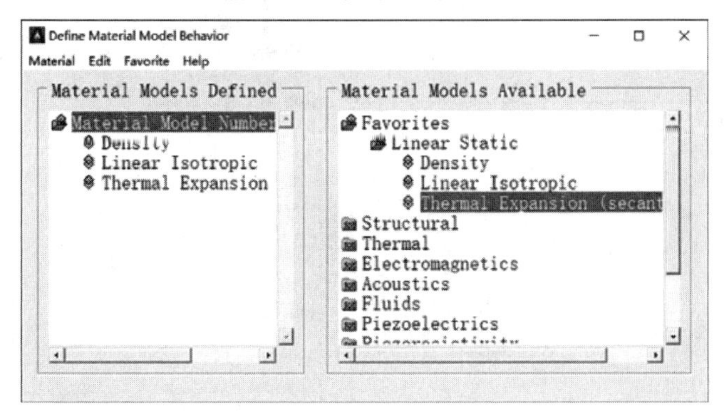

图7-126 “Define Material Model Behavior”窗口

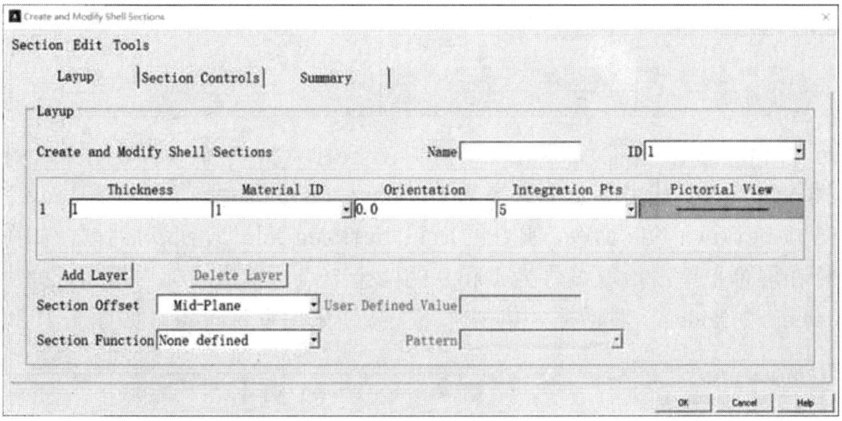

图7-127 “Create and Modify Shell Sections”对话框

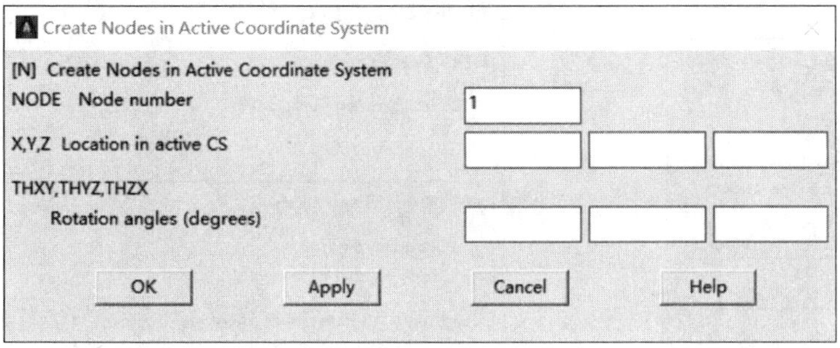

图7-128 “Create Nodes in Active Coordinate System”对话框

10）在“Create Nodes in Active Coordinate System”对话框中的“NODE Node number”后面的文本框中输入9，在“X, Y, Z Location in active CS”后面的文本框中分别输入“0”“10”“0”，单击“OK”按钮。

11）打开节点编号显示控制。从实用菜单中选择Utility Menu: PlotCtrls > Numbering命令，弹出“Plot Numbering Controls”对话框，设置“NODE Node numbers”为“On”，如图7-129所示。单击“OK”按钮。

12）选择菜单路径。从实用菜单中选择Utility Menu：PlotCtrls > Window Controls > Window Options命令，弹出“Window Options”对话框，在“ [/TRIAD] Location of triad”后面的下拉列表中选择“Not shown”，如图7-130所示。单击“OK”按钮，关闭该对话框。

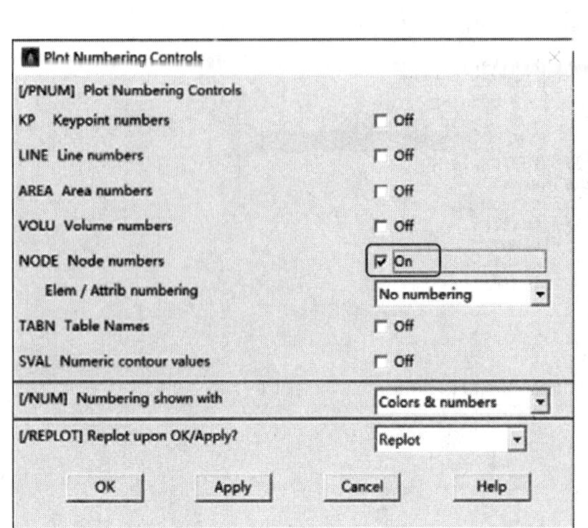

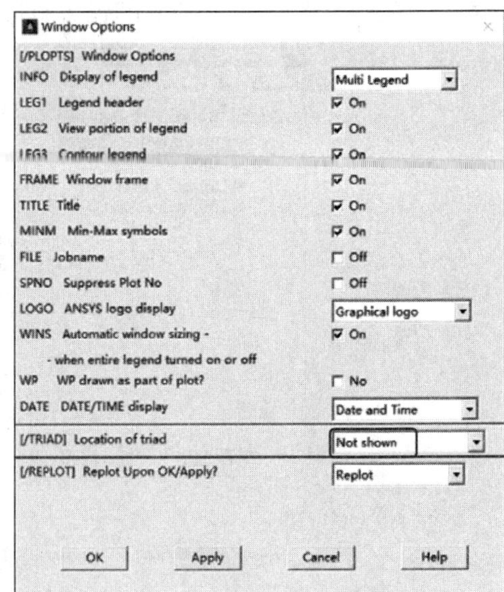

图7-129 “Plot Numbering Controls”对话框　　图7-130 “Window Options”对话框

13）插入新节点。从主菜单中选择 Main Menu：Preprocessor > Modeling > Create > Nodes > Fill between Nds 命令，弹出“Fill between Nds”拾取对话框，如图 7-131 所示。用鼠标在屏幕上单击拾取编号为 1 和 9 的两个节点，单击“OK”按钮，弹出“Create Nodes Between 2 Nodes”对话框。单击“OK”按钮采用默认设置，如图 7-132 所示。

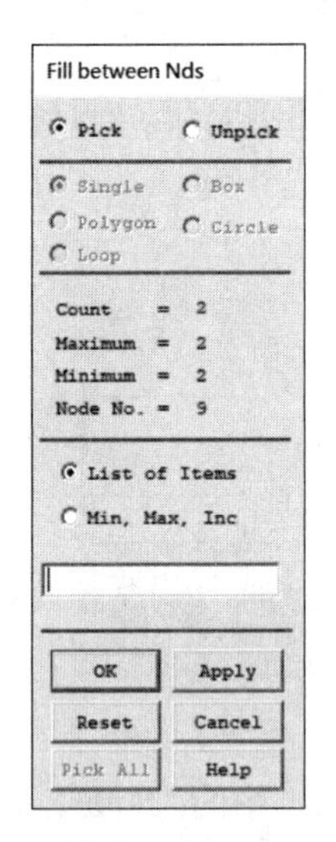

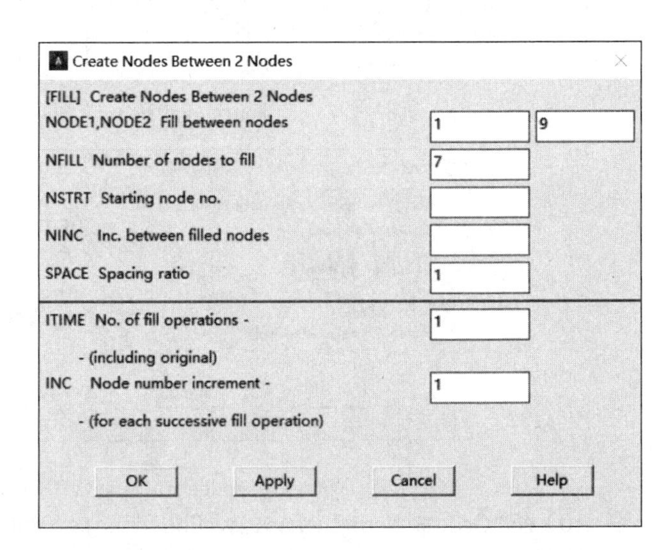

图7-131 “Fill between Nds”拾取对话框　　图7-132 “Create Nodes Between 2 Nodes”对话框

14）复制节点组。从主菜单中选择 Main Menu：Preprocessor > Modeling > Copy > Nodes > Copy 命令，弹出“Copy nodes”拾取对话框，如图 7-133 所示，选择“Box”选项，然后在屏幕上框选编号为 1～9 的节点（即现在的所有节点），单击“OK”按钮。

15）弹出“Copy nodes”对话框，在“ITIME Total number of copies”后面输入 5，在“DX X-offset in active CS”文本框中输入 2.5，在“INC Node number increment”文本框中输入 40，如图 7-134 所示。单击“OK”按钮，屏幕显示如图 7-135 所示。

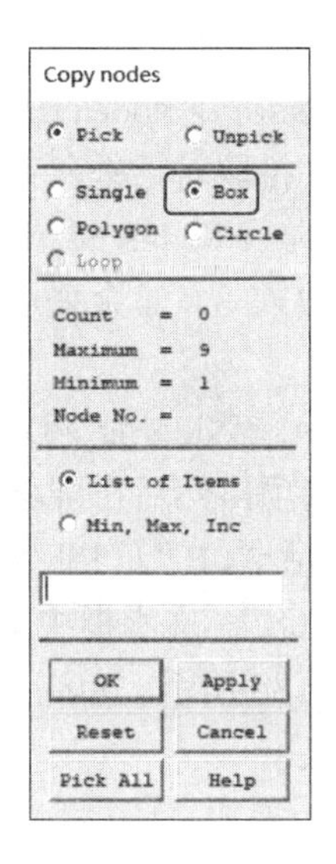

图7-133　“Copy nodes”拾取对话框

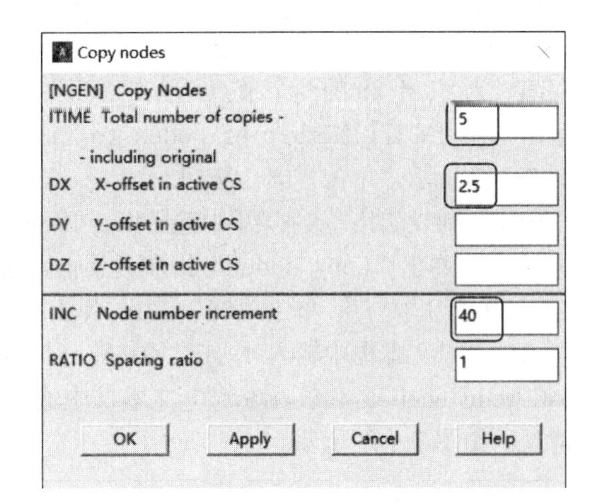

图7-134　“Copy nodes”对话框

9	49	89	129	169
8	48	88	128	168
7	47	87	127	167
6	46	86	126	166
5	45	85	125	165
4	44	84	124	164
3	43	83	123	163
2	42	82	122	162
1	41	81	121	161

图7-135　显示第一次复制的节点组

16）创建节点。从主菜单中选择Main Menu：Preprocessor > Modeling > Create > Nodes > In Active CS命令，弹出“Create Nodes in Active Coordinate System”对话框，在“NODE Node number”后面的文本框中输入21，在“X,Y,Z　Location in active CS”后面的文本框中分别输入1.25，如图7-136所示，单击“Apply”按钮。

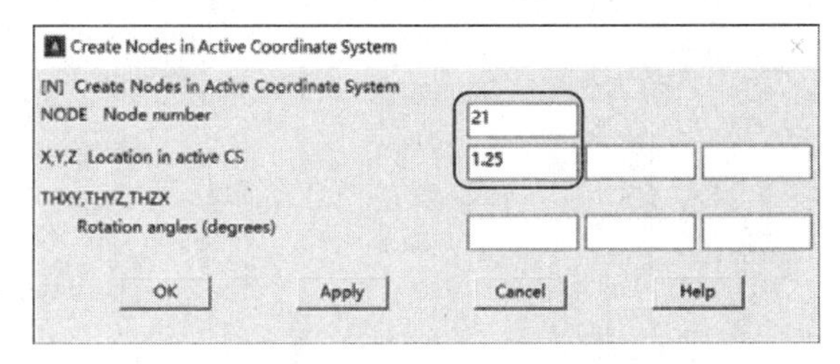

图7-136　“Create Nodes in Active Coordinate System”对话框

17）在“Create Nodes in Active Coordinate System”对话框中的“NODE Node number”后面的文本框中输入29，在“X,Y,Z　Location in active CS”后面的文本框中分别输入

“1.25”“10”“0”，单击“OK”按钮。

18）插入新节点。从主菜单中选择 Main Menu：Preprocessor > Modeling > Create > Nodes > Fill between Nds 命令，弹出“Fill between Nds”拾取对话框。在屏幕上单击拾取编号为 21 和 29 的两个节点，单击“OK”按钮，弹出“Create Nodes Between 2 Nodes”对话框。在“NFILL Number of nodes to fill” 文本框中输入 3，其余采用默认设置，如图 7-137 所示。单击“OK”按钮。

19）复制节点组：从主菜单中选择 Main Menu：Preprocessor > Modeling > Copy > Nodes > Copy 命令，弹出“Copy nodes”拾取对话框，选择“Box”选项，然后在屏幕上框选编号为 21～29 的 9 个节点. 单击“OK”按钮。弹出“Copy nodes”对话框，在“ITIME Total number of copies” 文本框中输入 4，在“DX X-offset in active CS” 文本框中输入 2.5，在“INC Node number increment” 文本框中输入 40，如图 7-138 所示。单击“OK”按钮，屏幕显示如图 7-139 所示。

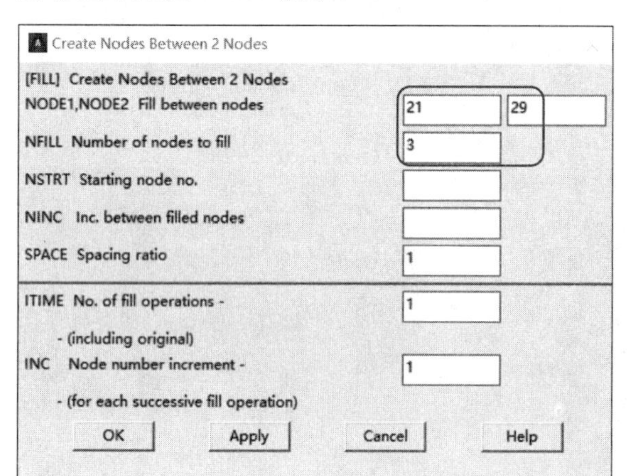

图7-137 “Create Nodes Between 2 Nodes”对话框

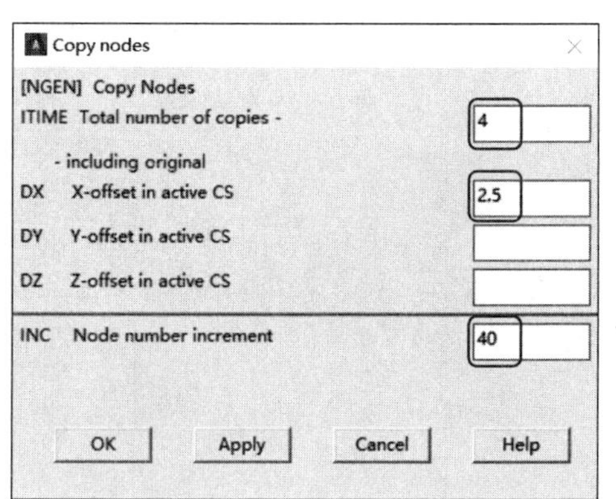

图7-138 “Copy nodes”对话框

9 29 49 69 89 109 129 149 169

8 48 88 128 168

7 27 47 67 87 107 127 147 167

6 46 86 126 166

5 25 45 65 85 105 125 145 165

4 44 84 124 164

3 23 43 63 83 103 123 143 163

2 42 82 122 162

1 21 41 61 81 101 121 141 161

图7-139 显示第二次复制的节点组

20）创建单元：从主菜单中选择 Main Menu：Preprocessor > Modeling > Create >

Elements > User Numbered > Thru Nodes 命令，弹出“Create Elems User-Num”对话框，采用默认设置，如图 7-140 所示。单击“OK”按钮。弹出“Create Elems User-Num”拾取对话框，如图 7-141 所示，在屏幕上依次拾取编号为 1、41、43、3，21、42、23、2 的节点，单击“OK”按钮，屏幕显示如图 7-142 所示。

注意

创建单元时一定要注意选择节点的顺序，先依次选择 4 个边节点，然后依次选择 4 个中间节点。

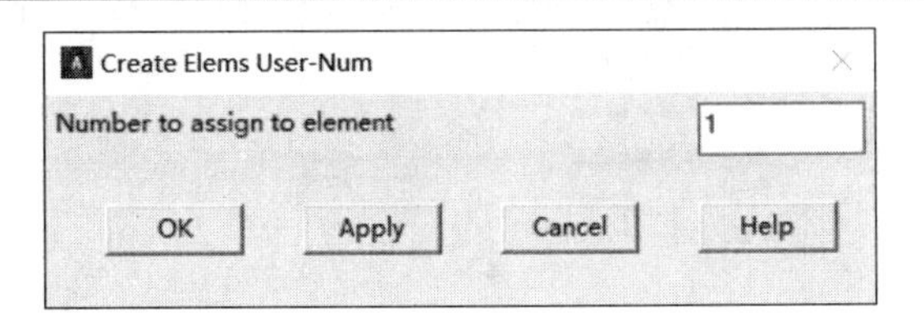

图7-140 “Create Elems User-Num”对话框

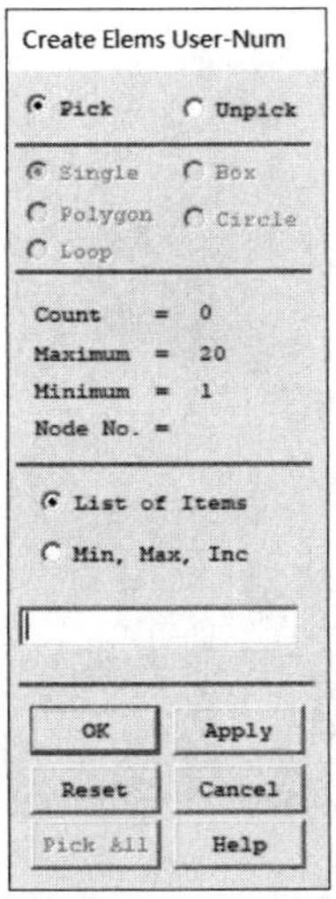

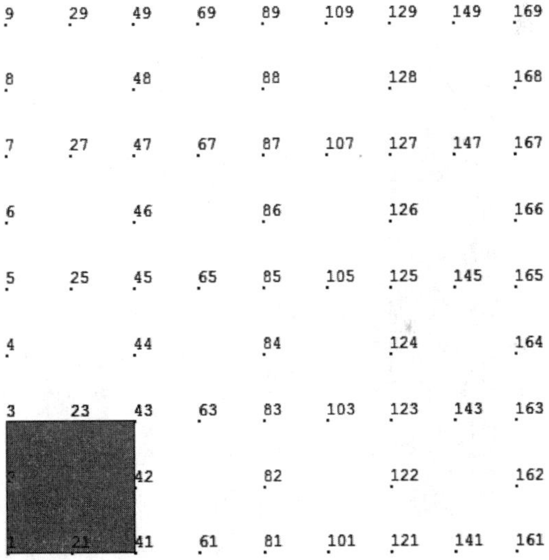

图7-141 “Create Elems User-Num”拾取对话框

图7-142 创建第一个单元

21）复制单元。从主菜单中选择Main Menu：Preprocessor > Modeling > Copy > Elements > Auto Numbered 命令，弹出“Copy Element Auto-num”拾取对话框，在屏幕上单击拾取刚创建的单元，单击“OK”按钮，弹出“Copy Elements (Automatically- Numbered)”对话框，在“ITIME Total number of copies” 文本框中输入 4，在“NINC Node number increment” 文本框中输入 2，如图 7-143 所示。单击“OK”按钮，屏幕显示如图 7-144 所示。

22）复制单元。从主菜单中选择Main Menu：Preprocessor > Modeling > Copy > Elements > Auto Numbered 命令，弹出“Copy Element Auto-num”拾取对话框，用鼠标在屏幕上单击拾取屏幕上的所有单元（共 4 个），单击“OK”按钮，弹出“Copy Elements (Automatically-Numbered)”对话框，在“ITIME Total number of copies” 文本框中输入 4，在“NINC Node number increment” 文本框中输入 40，单击“OK”按钮，屏幕

显示如图 7-145 所示。

Copy Elements (Automatically-Numbered)
[EGEN] Copy Elements (Automatically Numbered)
ITIME Total number of copies - 4
- including original
NINC Node number increment 2
MINC Material no. increment
TINC Elem type no. increment
RINC Real constant no. incr
SINC Section ID no. incr
CINC Elem coord sys no. incr
DX (opt) X-offset in active
DY (opt) Y-offset in active
DZ (opt) Z-offset in active
OK Apply Cancel Help

图7-143 “Copy Elements (Automatically-Numbered)”对话框

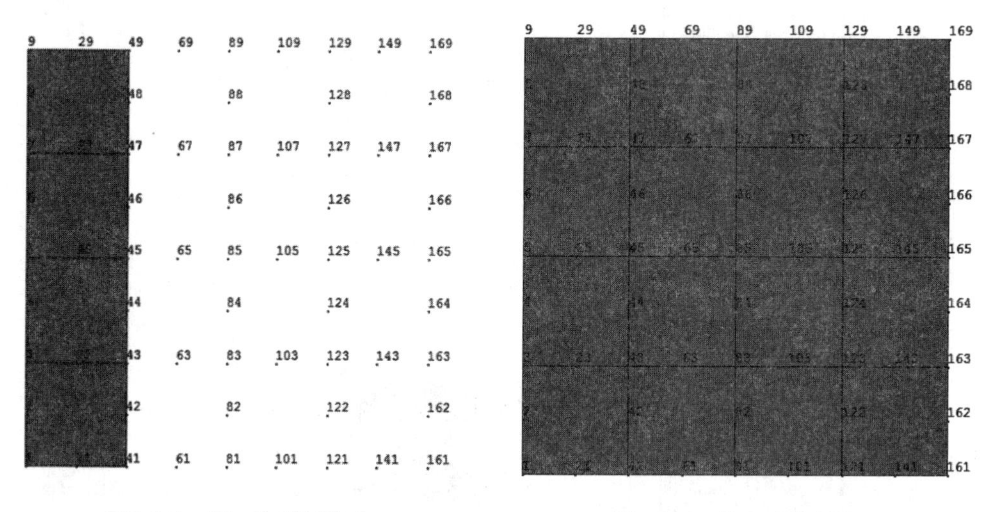

图7-144 第一次复制单元　　　　图7-145 第二次复制单元

7.5.3 定义边界条件并求解

1. 模态分析

1)设置分析类型。从主菜单中选择 Main Menu: Solution > Unabridged Menu > Analysis Type > New Analysis 命令，弹出“New Analysis”对话框，在“[ANTYPE] Type of analysis”中选择“Modal”项，如图 7-146 所示。单击“OK”按钮。

2) 设置分析选项。从主菜单中选择 Main Menu: Solution > Analysis Type > Analysis Options 命令，弹出如图 7-147 所示的“Modal Analysis”对话框，在“[MODOPT] Mode extraction method”中选择“PCG Lanczos”选项，在“No. of modes to extract” 文本框中输入 2，在“NMODE No. of modes to expand” 文本框中输入 2，在“Elcalc Calculate elem results? ” 后面单击“Yes”，其余采用默认设置，然后单击“OK”按钮，

New Analysis
[ANTYPE] Type of analysis
Static
Modal
Harmonic
Transient
Spectrum
Eigen Buckling
Substructuring/CMS
OK
Cancel
Help

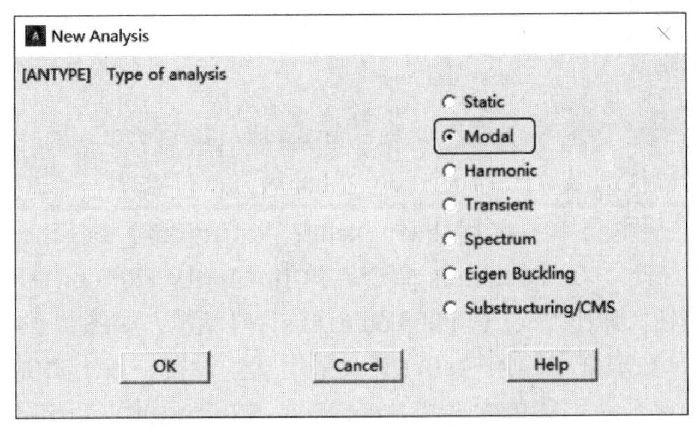

图7-146 “New Analysis”对话框

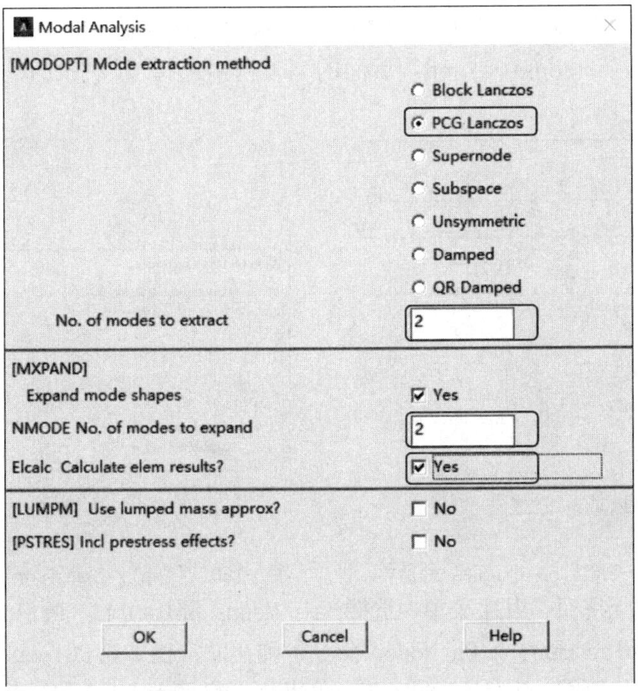

Modal Analysis
[MODOPT] Mode extraction method
Block Lanczos
PCG Lanczos
Supernode
Subspace
Unsymmetric
Damped
QR Damped
No. of modes to extract
2
[MXPAND]
Expand mode shapes
Yes
NMODE No. of modes to expand
2
Elcalc Calculate elem results?
Yes
[LUMPM] Use lumped mass approx?
No
[PSTRES] Incl prestress effects?
No
OK
Cancel
Help

图7-147 “Modal Analysis”对话框

3）弹出“PCG Lanczos Model Analysis”对话框，如图7-148所示。单击“Cancel”按钮，不对其进行参数设置。

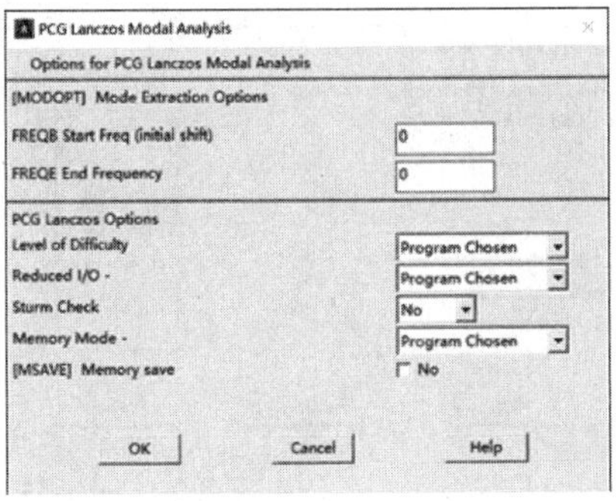

PCG Lanczos Modal Analysis
Options for PCG Lanczos Modal Analysis
[MODOPT] Mode Extraction Options
FREQB Start Freq (initial shift)
0
FREQE End Frequency
0
PCG Lanczos Options
Level of Difficulty
Program Chosen
Reduced I/O -
Program Chosen
Sturm Check
No
Memory Mode -
Program Chosen
[MSAVE] Memory save
No
OK
Cancel
Help

图7-148 “PCG Lanczos Model Analysis”对话框

注意

如果在“Analysis Type”下没有找到“Analysis Options”命令，可以选择菜单路径：从主菜单中选择Main Menu：Solution > Unabridged menu。

4）施加载荷。从主菜单中选择 Main Menu：Solution > Define Loads > Apply > Structural > Pressure > On Elements 命令，弹出“Apply PRES on elems”拾取对话框。单击“Pick All”按钮，弹出“Apply PRES on elems”对话框，如图 7-149 所示。在“VALUE Load PRES value” 文本框中输入-1e6，其余采用默认设置，单击“OK”按钮。

5）定义面内约束。从主菜单中选择 Main Menu：Solution > Define Loads > Apply > Structural > Displacement > On Nodes 命令，弹出“Apply U,ROT on Nodes”拾取对话框。单击“Pick All”按钮，弹出如图 7-150 所示的“Apply U,ROT on Nodes”对话框，在“Lab2 DOFs to be constrained”后面的列表框中选择“UX”“UY”“ROTZ”选项，单击“OK”按钮。

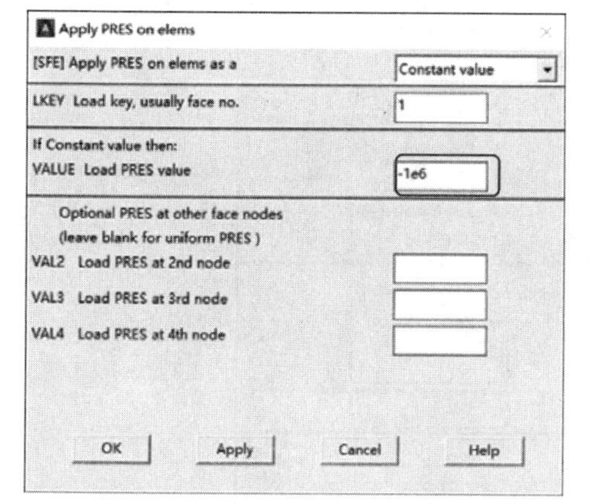

图7-149 “Apply PRES on elems”对话框

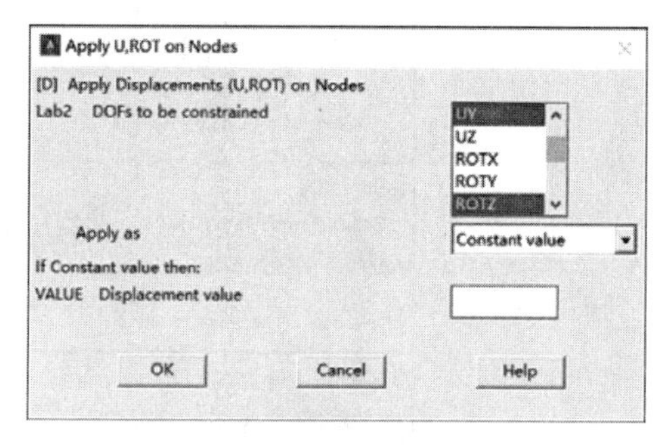

图7-150 “Apply U,ROT on Nodes”对话框

6）定义左右边界条件。从主菜单中选择Main Menu：Solution > Define Loads > Apply > Structural > Displacement > On Nodes 命令，弹出“Apply U,ROT on Nodes”拾取对话框。在屏幕上单击拾取左边和右边的节点（左边节点编号为 1～9，右边节点编号为 161～169），单击“OK”按钮，弹出如图 7-151 所示的“Apply U,ROT on Nodes”对话框，在“Lab2 DOFs to be constrained”后面的列表框中单击选择“UZ”“ROTX”两个选项，单击“OK”按钮。

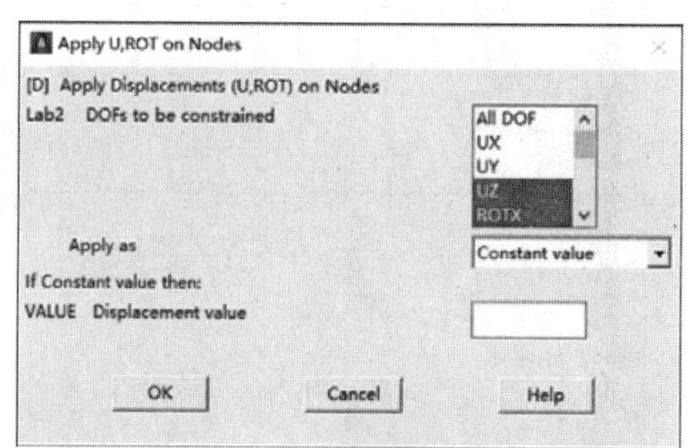

图7-151 “Apply U,ROT on Nodes”对话框

7）定义上下边界条件。从主菜单中选择Main Menu：Solution > Define Loads > Apply >

Structural > Displacement > On Nodes 命令，弹出“Apply U, ROT on Nodes”拾取对话框。用鼠标在屏幕上单击拾取上边界和下边界的节点（上边界节点编号为：9、29、49、69、89、109、129、149、169；下边界节点编号为：1、21、41、61、81、101、121、141、161），单击“OK”按钮，弹出如图 7-152 所示的“Apply U, ROT on Nodes”对话框，在“Lab2 DOFs to be constrained”后面的列表框中选择“UZ”“ROTY”两个选项，单击“OK”按钮。

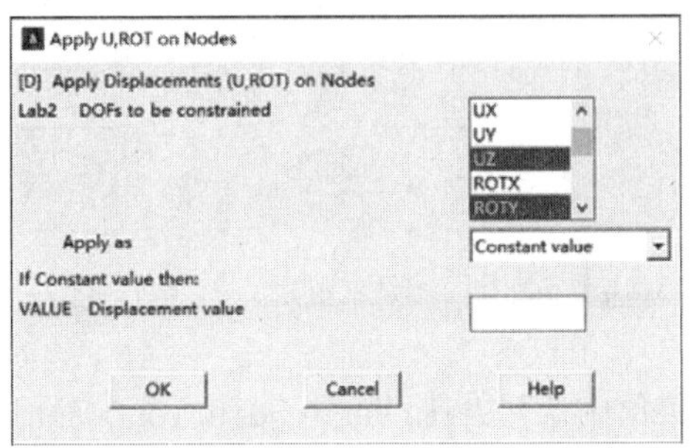

图7-152 “Apply U, ROT on Nodes”对话框

8）模态分析求解。Main Menu > Solution > Solve > Current LS 命令，弹出“/STATUS Command”信息提示窗口和“Solve Current Load Step”对话框，仔细浏览信息提示窗口中的信息，如果无误则单击 File > Close 将其关闭。单击“OK”按钮开始求解。当求解结束时，屏幕上会弹出显示“Solution is done!”的对话框，单击“Close”按钮，将其关闭。

9）定义比例参数。从实用菜单中选择 Utility Menu：Parameters > Get Scalar Data 命令，弹出“Get Scalar Data”对话框，在“Type of data to be retrieved”后面的左边列表框中选择“Result data”，在右边列表框中选择“Model results”，如图 7-153 所示。单击“OK”按钮。

10）弹出 “Get Model Results”对话框，如图 7-154 所示。在“Name of parameter to be defined” 文本框中输入“F”，在“Mode number N” 文本框中输入 1，在“Modal data to retrieved”后面的列表中选择“Frequency FREQ”，单击“OK”按钮。

11）查看比例参数。从实用菜单中选择 Utility Menu：Parameters > Scalar Parameters 命令，弹出“Scalar Parameters”对话框，如图 7-155 所示。单击“Close”按钮，将其关闭。

12）退出求解器。从主菜单中选择 Main Menu：Finish 命令。

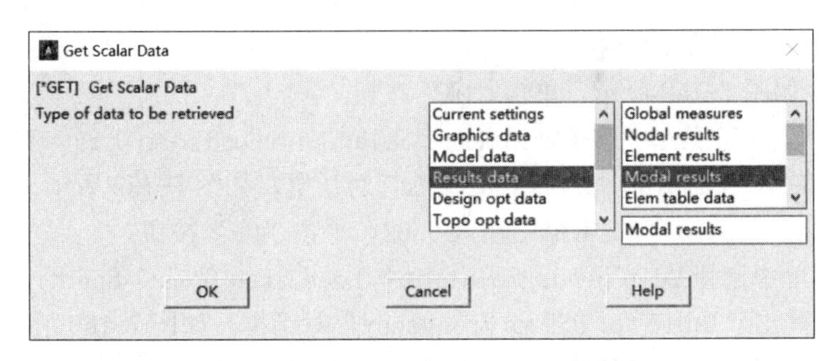

图7-153 “Get Scalar Data”对话框

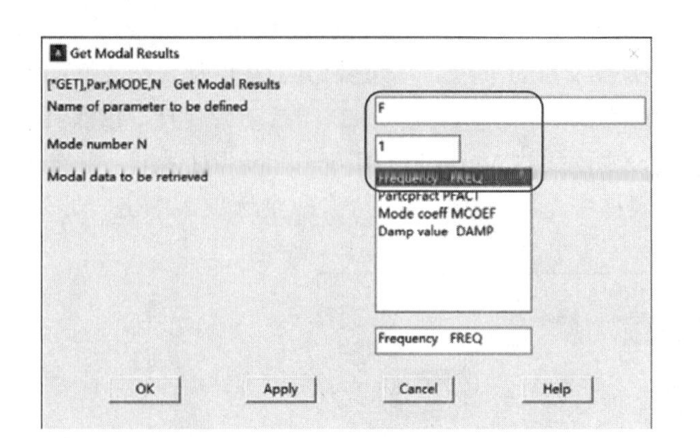

图7-154 “Get Model Results”对话框

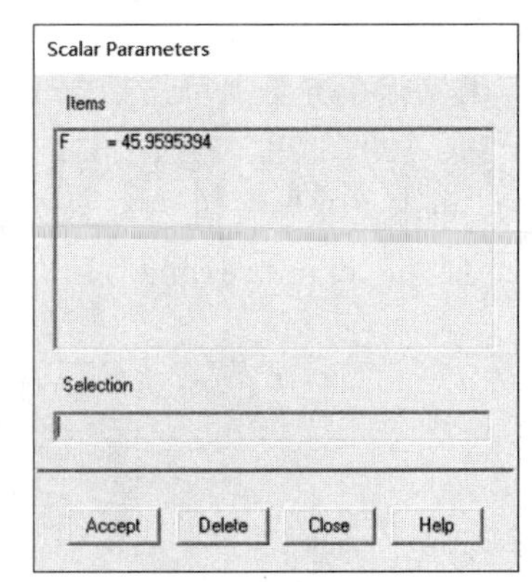

图7-155 “Scalar Parameters”对话框

2. 谱分析

1)定义谱分析。从主菜单中选择 Main Menu: Solution > Analysis Type > New Analysis 命令，打开如图 7-156 所示的“New Analysis”对话框，在“Type of analysis”后面选择“Spectrum”选项，单击“OK”按钮。

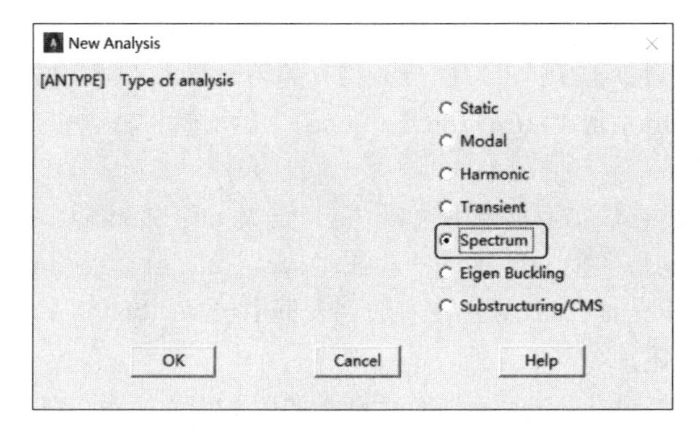

图7-156 “New Analysis”对话框

2)设置谱分析选项。从主菜单中选择 Main Menu: Solution > Analysis Type > Analysis Options 命令，弹出“Spectrum Analysis”对话框，如图 7-157 所示，在“Sptype Type of spectrum”后面选择“P.S.D”，在“NMODE No. of modes for solu” 文本框中输入 2，设置“Elcalc Calculate elem stresses?”为“On”，单击“OK”按钮。

3）设置 PSD 分析。从主菜单中选择 Main Menu: Solution > Load Step Opts > Spectrum > PSD > Settings 命令，弹出“Settings for PSD Analysis”对话框，在“[PSDUNIT] Type of response spct”后面的下拉列表中选择“Pressure spct”，在“Table number” 文本框中输入 1，如图 7-158 所示。单击“OK”按钮。

4）定义阻尼。从主菜单中选择 Main Menu: Solution > Load Step Opts > Time/Frequenc > Damping 命令，弹出“Damping Specifications”对话框，如图 7-159 所示。在“[DMPRAT] Constant damping ratio” 文本框中输入 0.02，单击“OK”按钮。

5）从主菜单中选择 Main Menu: Solution > Load Step Opts > Spectrum > PSD > PSD vs Freq 命令，弹出“Table for PSD vs Frequency”对话框，如图 7-160 所示，在“Table number to be defined” 文本框中输入 1，单击“OK”按钮。

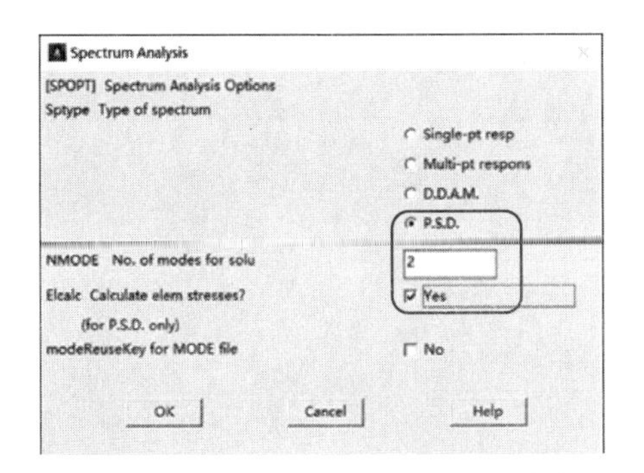

图7-157 “Spectrum Analysis”对话框

Settings for PSD Analysis
Settings for PSD Analysis
[PSDUNIT] Type of response spct Pressure spct
Table number 1
GVALUE
- valid only for Accel (g**2/Hz)
[SED] Excitation direction in global Cartesian
SEDX, SEDY, SEDZ 0 0 1
Component name of excited nodes None
OK Cancel Help

图7-158 “Settings for PSD Analysis”对话框

Damping Specifications
Damping Specifications
[ALPHAD] Mass matrix multiplier 0
[BETAD] Stif. matrix multiplier 0
[DMPRAT] Constant damping ratio 0.02
[MDAMP] Modal Damping
STLOC Starting location N 1
V1 Damping ratio for mode N
V2 Damping ratio for mode N+1
V3 Damping ratio for mode N+2
V4 Damping ratio for mode N+3
V5 Damping ratio for mode N+4
V6 Damping ratio for mode N+5
OK Cancel Help

图7-159 “Damping Specifications”对话框

Table for PSD vs Frequency
[PSDVAL] [PSDFRQ] PSD vs Frequency Table
Table number to be defined 1
OK Cancel Help

图7-160 “Table for PSD vs Frequency”对话框

6）弹出“PSD vs Frequency Table”对话框，如图7-161所示。在“FREQ1, PSD1” 文本框中依次输入“1”“1”，在“FREQ2, PSD2” 文本框中依次输入“80”“1”，单击“OK”按钮。

7）去除载荷。从主菜单中选择 Main Menu：Solution > Define Loads > Delete > Structural > Pressure > On Elements 命令，弹出“Delete PRES on Elems”拾取对话框，单击“All”按钮，弹出如图7-162所示的“Delete PRES on Elems”对话框，采用默认设置，单击“OK”按钮。

8）设置载荷比例因子。从主菜单中选择 Main Menu：Solution > Define Loads > Apply > Load Vector > For PSD 命令，弹出“Apply Load Vector for Power Spectral Density”对话框，在“FACT Scale factor” 文本框中输入1，如图7-163所示。单击“OK”按钮。弹出警告对话框，如图7-164所示，单击“Close”按钮将其关闭。

9）计算参与因子。从主菜单中选择 Main Menu：Solution > Load Step Opts > Spectrum > PSD > Calculate PF 命令，弹出“Calculate Participation Factors”对话框，在“TBLNO Table no. of PSD table” 文本框中输入1，在“Excit Base or nodal excitation”后面的下拉列表中选择“Nodal excitation”，如图7-165所示。单击“OK”按钮，弹出显示“Solution is done!”的对话框，如图7-166所示，单击“Close”按钮将其关闭。

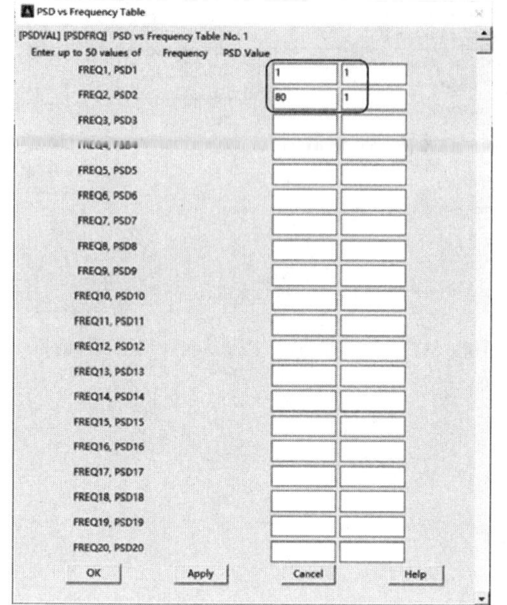

图7-161 “PSD vs Frequency Table”对话框

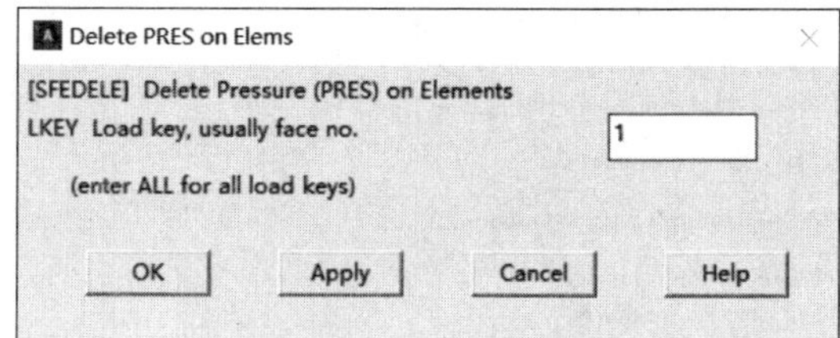

图7-162 “Delete PRES on Elems”对话框

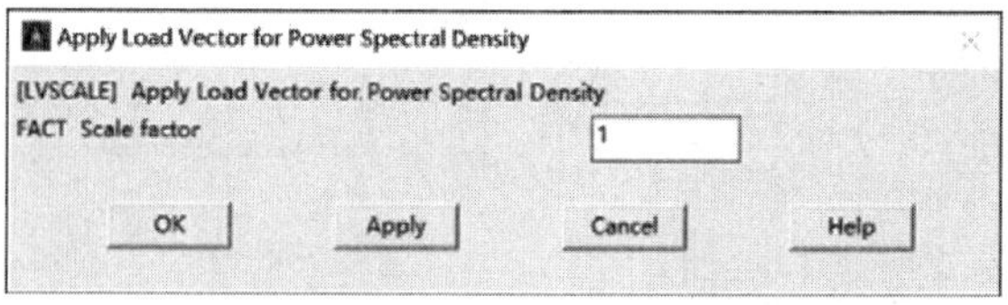

图7-163 “Apply Load Vector for Power Spectral Density”对话框

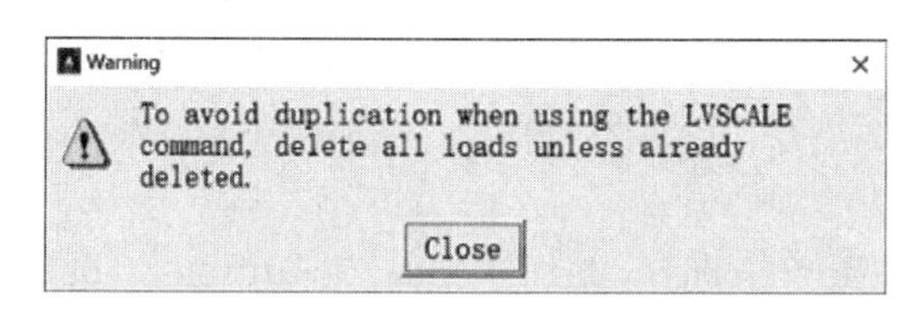

图7-164 “Warning”对话框

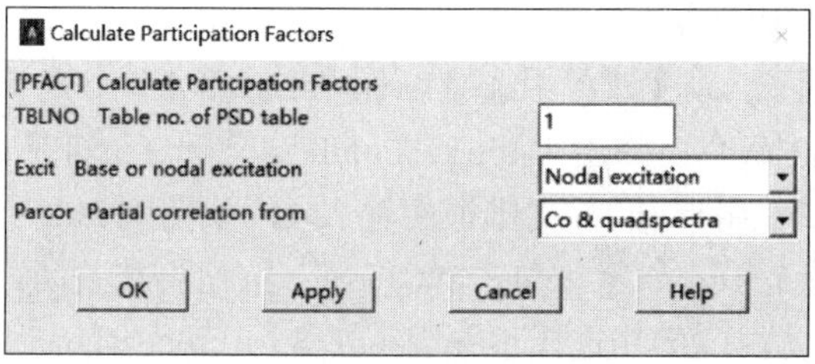

图7-165 “Calculate Participation Factors”对话框

10）设置结果输出。从主菜单中选择Main Menu：Solution > Load Step Opts > Spectrum > PSD > Calc Controls 命令，弹出“PSD Calculation Controls”对话框，如图 7-167 所示。在“Displacement solution (DISP)”后面的下拉列表中选择“Relative to base”。其余采用默认选项，单击“OK”按钮。

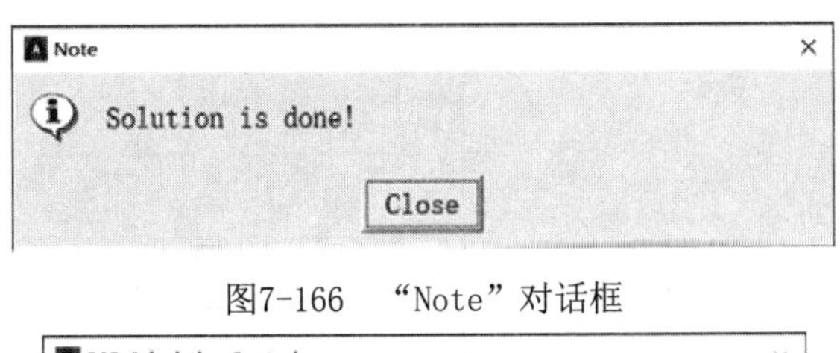

图7-166 “Note”对话框

PSD Calculation Controls
[PSDRES] PSD Calculation Controls
Displacement solution (DISP) Relative to base
Velocity solution (VELO) Do not calculate
Acceleration solution (ACEL) Do not calculate
OK Cancel Help

图7-167 “PSD Calculation Controls”对话框

11）设置合并模态。从主菜单中选择 Main Menu：Solution > Load Step Opts > Spectrum > PSD > Mode Combine 命令，弹出“PSD Combination Method”对话框，如图7-168所示，采用默认设置。单击“OK”按钮。

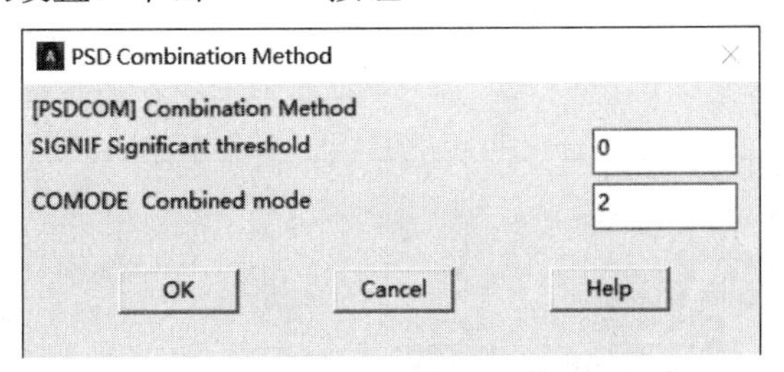

图7-168 “PSD Combination Method”对话框

12）谱分析求解。从主菜单中选择 Main Menu：Solution > Solve > Current LS 命令，弹出“/STATUS Command”信息提示窗口和“Solve Current Load Step”对话框。仔细浏览信息提示窗口中的信息，如果无误则单击 File > Close 将其关闭。单击“OK”按钮，开始求解。当求解结束时，屏幕上会弹出显示“Solution is done!”的提示框，单击“Close”按钮将其关闭。

13）退出求解器。从主菜单中选择 Main Menu：Finish 命令。

7.5.4 查看结果

1. POST1 后处理

1）读入子步结果。从主菜单中选择 Main Menu：General Postproc > Read Results > By Pick 命令，弹出如图7-169所示的对话框，，选择“Set”为3的项，单击“Read”按钮，然后单击“Close”按钮将其关闭。

2）设置视角系数。从实用菜单中选择 Utility Menu：PlotCtrls > View Settings > Viewing Direction 命令，弹出“Viewing Direction”对话框，如图7-170所示。在“WN Window number”后面的下拉列表中选择“Window 1”，在“[/VIEW] View direction”后面的文本框中依次输入“2”“3”“4”，单击“OK”按钮。

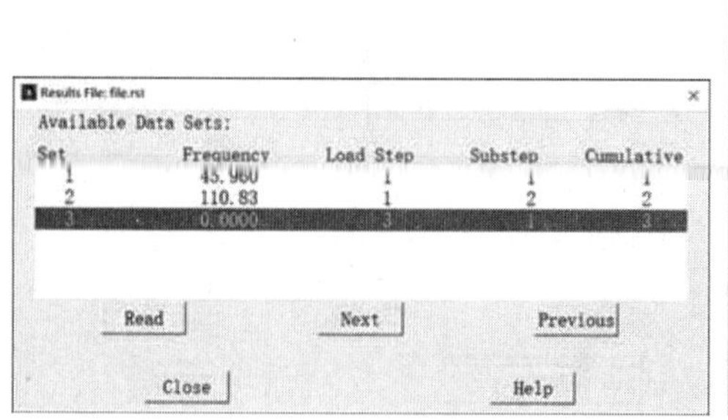

图7-169 “Results File:file.rst”对话框

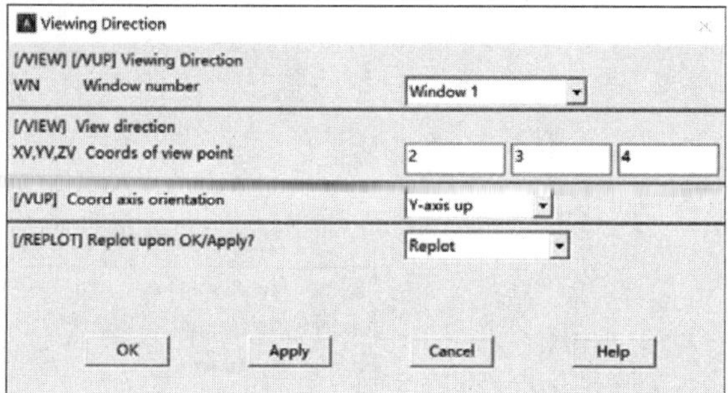

图7-170 “Viewing Direction”对话框

3）关闭节点编号显示控制：从实用菜单中选择Utility Menu：PlotCtrls > Numbering命令，弹出“Plot Numbering Controls”对话框，设置“NODE Node numbers”为“Off”，单击“OK”按钮。

4）绘图显示。从主菜单中选择Main Menu：General Postproc > Plot Results > Contour Plot > Nodal Solu命令，弹出“Contour Nodal Solution Data”对话框，如图7-171所示。在“Nodal Solution”中选择“DOF Solution”，然后选择“Z-Component of displacement”，其余采用默认设置，单击“OK”按钮，屏幕显示Z向位移云图，如图7-172所示。

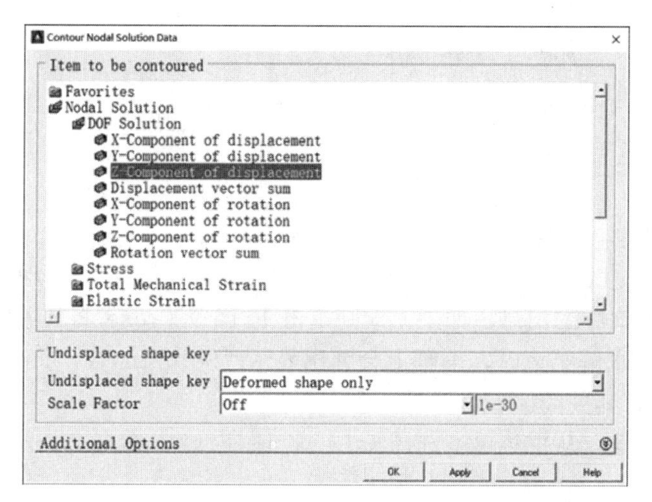

图7-171 “Contour Nodal Solution Data”对话框

5）列表显示。从主菜单中选择Main Menu：General Postproc > List Results > Nodal Solution命令，弹出“List Nodal Solution”对话框，如图7-173所示，在“Nodal Solution”中选择“DOF solution”，然后选择“Z-Component of displacement”，单击“OK”按钮，屏幕上弹出列表显示对话框。

6）退出后处理器。从主菜单中选择Main Menu：Finish命令。

2. 谐响应分析

1）定义求解类型。从主菜单中选择Main Menu：Solution > Analysis Type > New Analysis命令，弹出“New Analysis”对话框，选择“Harmonic”选项，如图7-174所示。单击“OK”按钮。

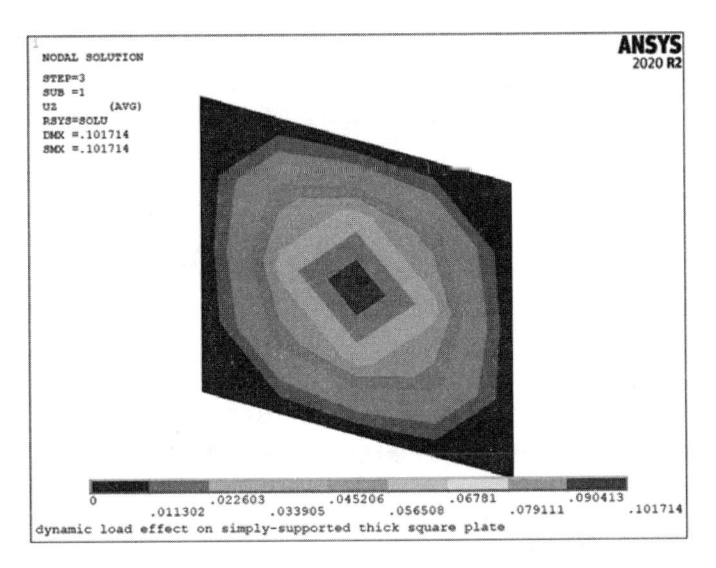

图7-172 Z向位移云图显示

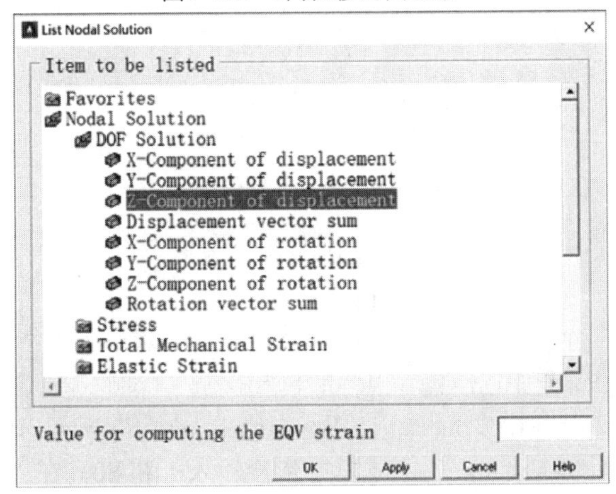

图7-173 “List Nodal Solution”对话框

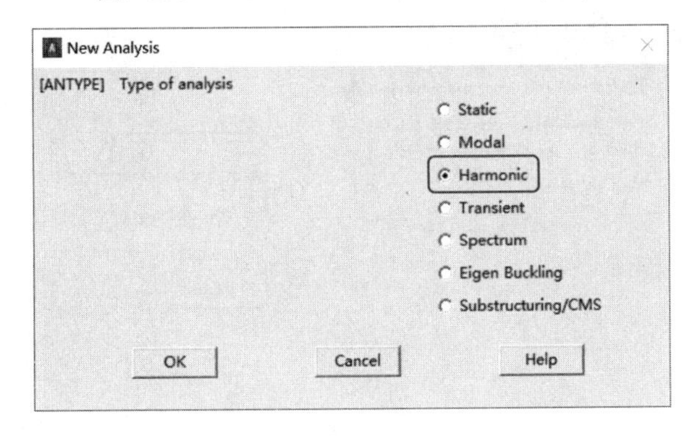

图7-174 “New Analysis”对话框

2）设置求解选项。从主菜单中选择 Main Menu：Solution > Analysis Type > Analysis Options 命令，弹出“Harmonic Analysis”对话框，在“[HROPT] Solution method”后面的下拉列表中选择“Mode Superpos’n”，在“[HROUT] DOF printout format”后面的下拉列表中选择“Amplitud+phase”，如图 7-175 所示。单击“OK”按钮。

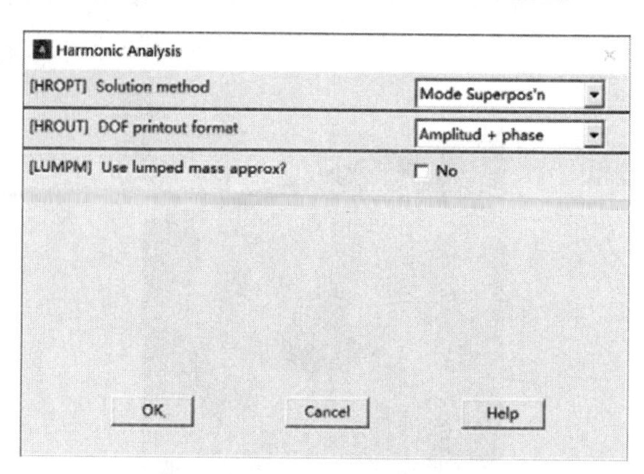

图7-175 “Harmonic Analysis”对话框

3）弹出“Mode Sup Harmonic Analysis”对话框，如图7-176所示。采用默认设置，单击“OK”按钮。

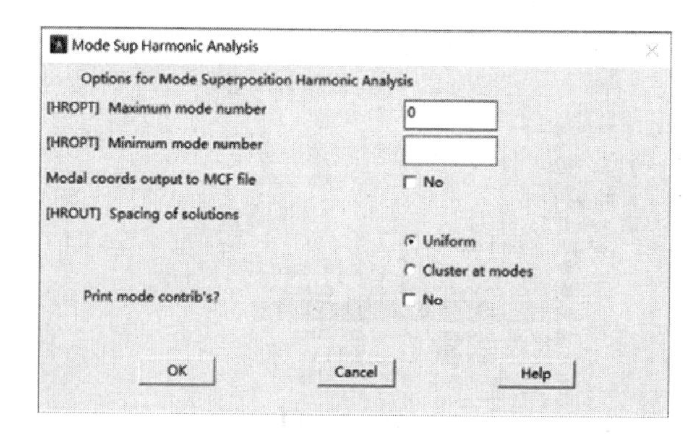

图7-176 “Mode Sup Harmonic Analysis”对话框

4）设置载荷。从主菜单中选择Main Menu：Solution > Load Step Opts > Time/Frequenc > Freq and Substps命令，弹出“Harmonic Frequency and Substep Options”对话框，在“[HARFRQ] Harmonic freq range”文本框中依次输入1和80，在“[NSUBST] Number of substeps”文本框中输入10，在“[KBC] Stepped or ramped b.c.”后面选择“Stepped”选项，如图7-177所示。单击“OK”按钮。

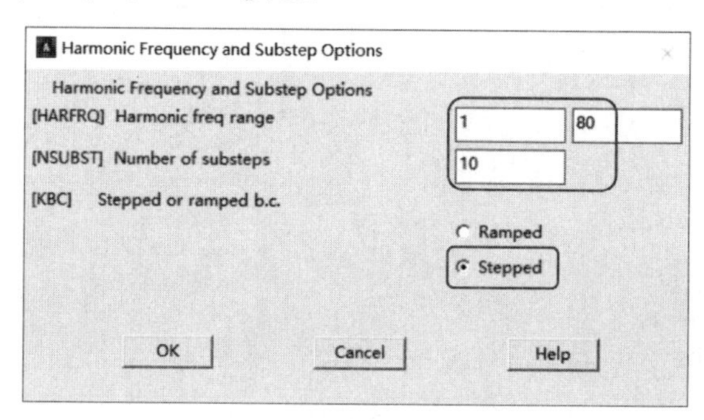

图7-177 “Harmonic Frequency and Substep Options”对话框

5）设置阻尼。从主菜单中选择Main Menu：Solution > Load Step Opts > Time/Frequenc > Damping命令，弹出“Damping Specifications”对话框，在“[DMPRAT] Constant damping ratio” 文本框中输入0.02，如图7-178所示，单击“OK”按钮。

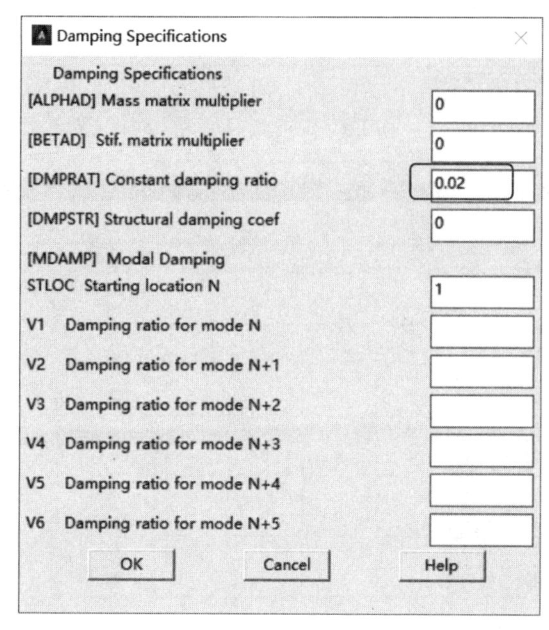

图 7-178 “Damping Specifications”对话框

6）谐响应分析求解。从主菜单中选择 Main Menu：Solution > Solve > Current LS 命令，弹出“/STATUS Command”信息提示栏和“Solve Current Load Step”对话框。浏览信息提示栏中的信息，如果无误则单击 File > Close 将其关闭。单击“Solve Current Load Step”对话框中的“OK”按钮，开始求解。

7）存储数据库。单击工具条中的“SAVE_DB”按钮，保存数据。

8）退出求解器。从主菜单中选择 Main Menu：Finish 命令。

3. POST26 后处理

1）进入时间历程后处理。从主菜单中选择 Main Menu：TimeHist Postpro 命令，弹出如图 7-179 所示的“Spectrum Usage”对话框，采用默认设置，单击“OK”按钮，弹出如图 7-180 所示的对话框，里面已有默认变量时间（TIME）。

2）读入结果。单击“Time History Variables ”对话框中的菜单 File > Open Results，弹出如图 7-181 所示的对话框，在相应的路径下选择“example7-5.rfrq”文件，单击“打开”按钮，弹出如图 7-182 所示的对话框，选择模型数据文件“example7-5.db”。弹出如图 7-179 所示的“Spectrum Usage”对话框，采用默认设置。单击“OK”按钮，回到“Time History Variables”对话框。可以看到，此时的默认变量已经由“TIME”变为“FREQ”。

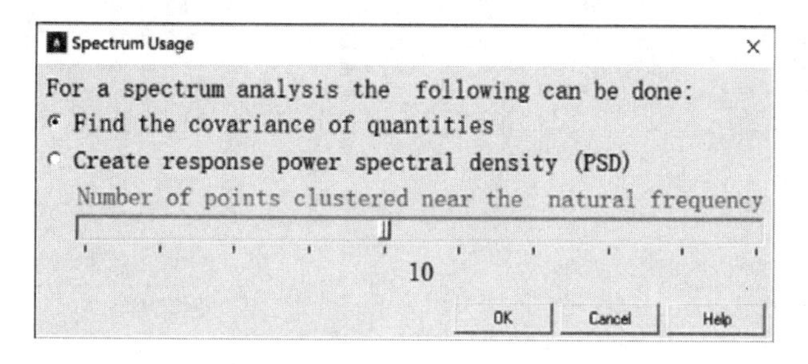

图7-179 “Spectrum Usage”对话框

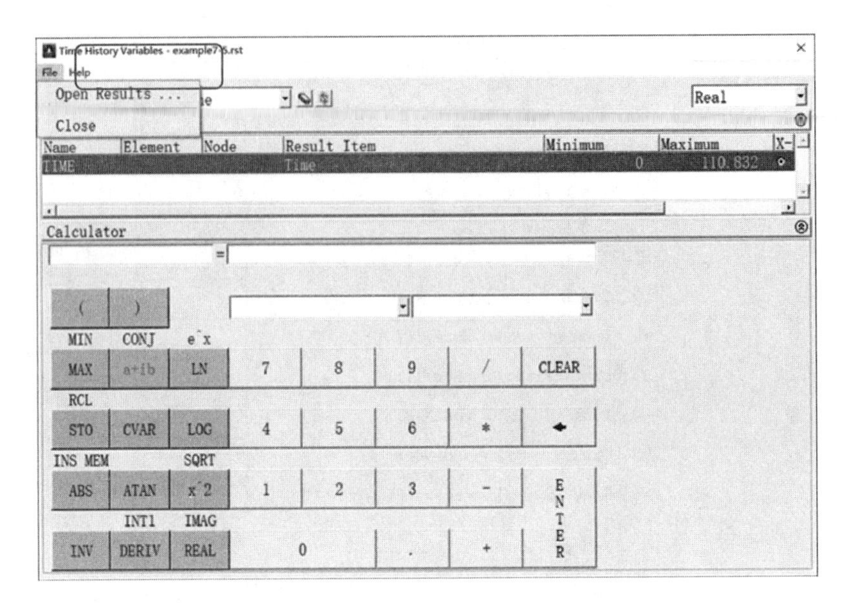

图7-180 “Time History Variables-example7-5.rst”对话框(1)

注意

在读取结果时，“相应的路径”是指工作文件存放的地址，读取的文件扩展名是 rfrq，文件名是工作名（Jobname）。

3）定义位移变量 UZ。在“Time History Variables”对话框中单击左上角的按钮，弹出“Add Time-History Variable”对话框，连续单击 Nodal Solution > DOF Solution > Z-Component of displacement，在“Variable Name” 文本框中输入“UZ_2”，如图 7-183 所示。单击“OK”按钮。

4）弹出“Node for Data”拾取对话框，在文本框中输入 85，如图 7-184 所示。单击“OK”按钮。返回到“Time History Variables”对话框，此时变量列表里面多了一项“UZ_2”变量，如图 7-185 所示。

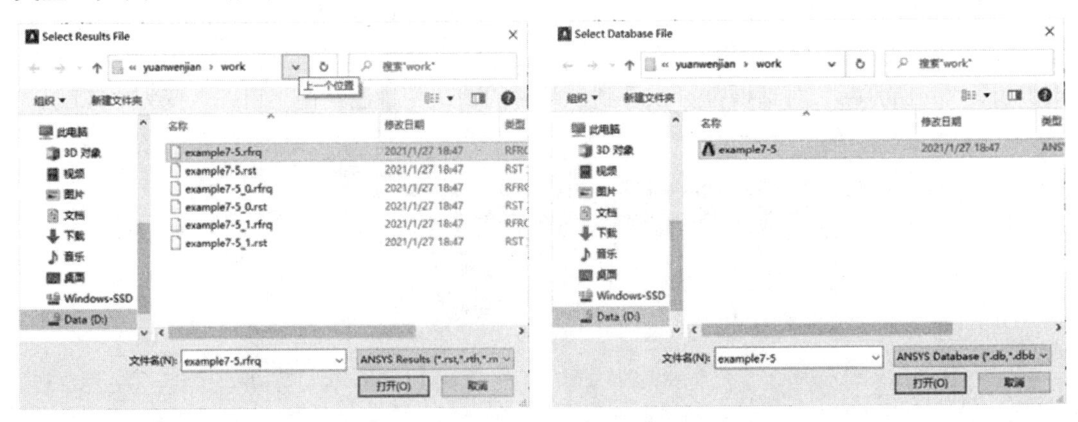

图7-181 “Select Results File”对话框

图7-182 “Select Database File”对话框

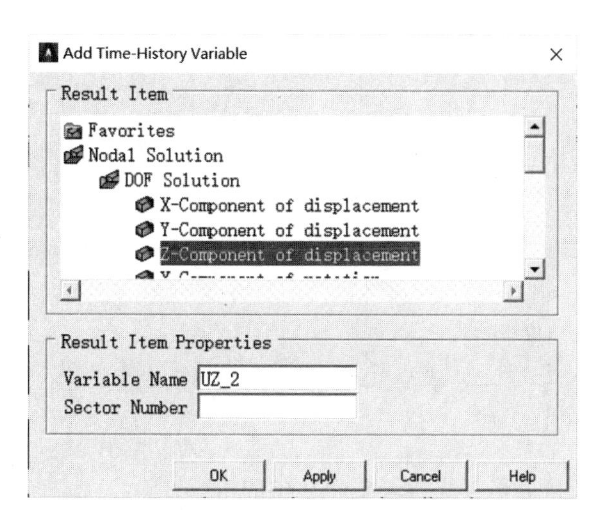

图7-183 “Add Time-History Variable”对话框

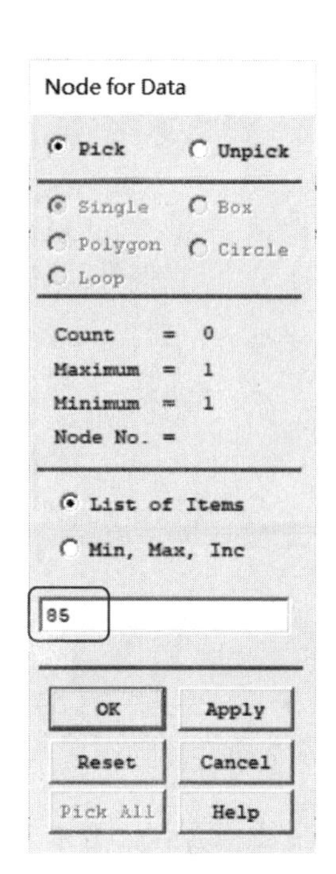

图7-184 “Node for Data”拾取对话框

5）绘制位移频率曲线。在“Time History Variables ”对话框左上角单击第三个按钮，屏幕显示出位移频率曲线如图 7-186 所示。

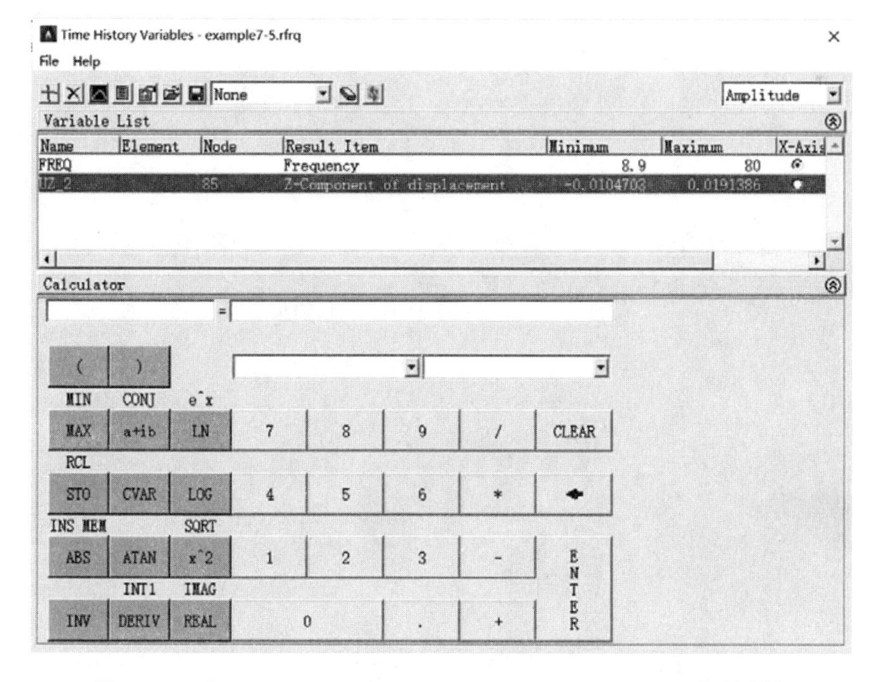

图7-185 “Time History Variables-example7-5.rfrq”对话框(2)

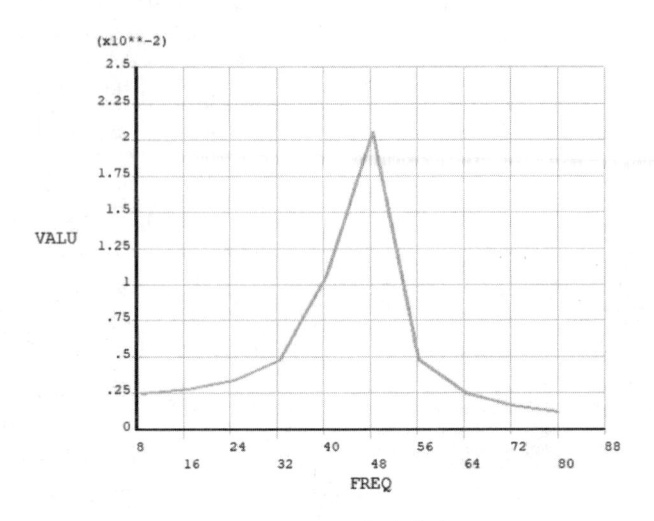

图7-186　位移频率曲线

7.5.5　命令流方式

命令流执行方式这里不做详细介绍，读者可参见电子资料包中的内容。

第 8 章

热分析

热分析可以用于计算一个系统或部件的温度分布及其他热物理参数，如热量的获取或损失、热梯度、热流密度（热通量）等。热分析在许多工程应用（如内燃机、涡轮机、换热器、管路系统、电子元件等）中都扮演着重要角色。

- 热分析介绍
- 稳态热分析实例
- 瞬态热分析实例
- 热辐射分析实例

8.1 热分析介绍

8.1.1 热分析的类型

◆ 稳态传热：系统的温度场不随时间变化。

◆ 瞬态传热：系统的温度场随时间明显变化。

◆ 耦合分析：指在有限元分析的过程中考虑了两种或者多种工程学科（物理场）的交叉作用和相互影响（耦合）。例如，压电分析考虑了结构和电场的相互作用，它主要解决由于所施加的位移载荷引起的电压分布问题，反之亦然。耦合分析的种类还包括热-应力耦合分析、热-电耦合分析、流体-结构耦合分析、磁-热耦合分析和磁-结构耦合分析等。

8.1.2 热分析的基本过程

1. 建模

建模的步骤包括确定文件名、标题和单元；进入PREP7前处理，定义单元类型，设定单元选项；定义单元实常数；定义材料热性能参数，对于稳态传热，一般只需定义热导率，它可以是恒定的，也可以随温度变化；创建几何模型并划分网格。

2. 施加载荷计算

1）定义分析类型。确定进行新的热分析，还是继续上一次分析，如增加边界条件等。

2）施加载荷。可以直接在实体模型或单元模型上施加5种载荷(边界条件)。

◆ 恒定的温度：通常作为自由度约束施加于温度已知的边界上。

◆ 热流率：热流率作为节点集中载荷，主要用于线单元模型中(通常线单元模型不能施加对流或热流密度载荷)，如果输入的值为正，则代表热流流入节点，即单元获取热量。如果温度与热流率同时施加在一节点上，则ANSYS读取温度值进行计算。

◆ 对流：对流边界条件作为面载荷施加于实体的外表面，计算与流体的热交换，它仅可施加于实体和壳模型上。对于线模型，可以通过对流线单元LINK34考虑对流。

◆ 热流密度：热流密度也是一种面载荷。当通过单位面积的热流率已知或通过FLOTRAN CFD计算得到时，可以在模型相应的外表面施加热流密度。如果输入的值为正，代表热流流入单元。热流密度也仅适用于实体和壳单元。热流密度与对流可以施加在同一外表面，但ANSYS仅读取最后施加的面载荷进行计算。

◆ 生热率：生热率作为体载荷施加于单元上，可以模拟化学反应生热或电流生热。它的单位是单位体积的热流率。

3）确定载荷步选项。对于一个热分析，可以确定普通选项、非线性选项以及输出控制。

◆ 普通选项：包括3个选项。①时间选项：对于稳态热分析，时间选项并没有实际的物理意义，但它提供了一个方便的设置载荷步和载荷子步的方法。②每载荷步中子步的数量或时间步大小选项：对于非线性分析，每一载荷步需要多个子步。③递进或阶跃选项：如果定义阶跃(Stepped)选项，载荷值在这个载荷步内保持不变；如果为递进(Ramped)选项，则载荷值由上一载荷步值到本载荷步值随每一子步线性变化。

◆ 非线性选项：包括6个选项。①迭代次数，设置每一子步允许的最多的迭代次数。默认值为25（这个数值对大多数热分析问题足够）。②自动时间步长：对于非线性问题，可以自动设定子步间载荷的增长，保证求解的稳定性和准确性。③收敛误差：可根据温度、热流率等检验热分析的收敛性。④求解结束选项：确定如果在规定的迭代次数内达不到收敛，ANSYS可以停止求解或到下一载荷步继续求解。⑤线性搜索：可使ANSYS用Newton-Raphson方法进行线性搜索。⑥预测矫正：可激活每一子步第一次迭代对自由度求解的预测矫正。

◆ 输出控制：控制打印输出，可将任何结果数据输出到*.out文件中。控制结果文件*.rth的内容。

4）确定分析选项。

选择求解器：可选择求解器中的一个进行求解。

5）求解。

3. 后处理

ANSYS将热分析的结果写入*.rth文件。它包含如下数据：

◆ 基本数据：节点温度。

◆ 导出数据：节点及单元的热流密度、节点及单元的热梯度、单元热流率、节点的反作用热流率及其他。

可以通过如下3种方式查看结果：

◆ 彩色云图显示。

◆ 矢量图显示。

◆ 列表显示。

8.2 稳态热分析的实例——换热管

本实例将分析一个换热器中带管板结构的换热管的温度分布和应力分布。

8.2.1 分析问题

图8-1所示为某单程换热器中的一根换热管和与其相连的两端管板结构，壳程介质为蒸汽，管程介质为液体操作介质，换热管材料为不锈钢，线胀系数为16.56×10^{-6}℃$^{-1}$，泊松比为0.3，弹性模量为1.72×10^{5}MPa，热导率为15.1W/(m·℃)；管板材料也为不锈钢，线胀系数为17.79×10^{-6}℃$^{-1}$，泊松比为0.3，弹性模量为1.73×10^{5}MPa，热导率为15.1 W/(m·℃)。壳程蒸汽温度为250℃，对流换热系数为3000W/（m^2·℃），壳程压力为8.1MPa；管程液体温度为200℃，对流换热系数为426W/（m^2·℃），管程压力为5.7MPa。

换热管内径为 0.01295m，外径为 0.01905m，管板厚度为 0.05m，长度为 0.5m，半部分管板长和宽均为 0.013m。

本实例为了说明计算过程以及看清楚结构的实际情况，只取了一段换热管及其两端的管板结构，实际换热器的换热管要比本实例中的长得多，但是分析的方法是相同的。

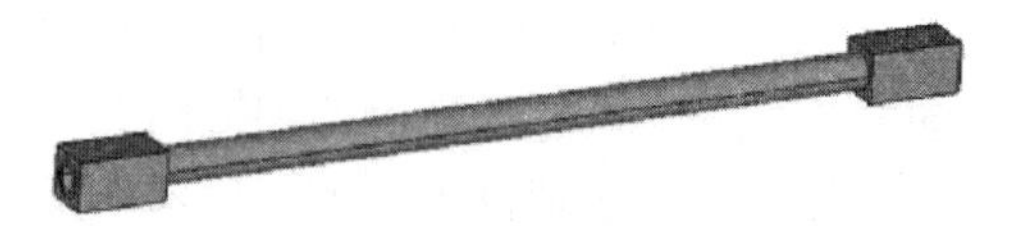

图8-1 换热管及管板结构

根据结构的对称性，分析时取 1/4 长度建立有限元模型进行研究即可。

8.2.2 建立模型

1. 定义工作文件名及文件标题

1）定义工作文件名。从实用菜单中选择 Utility Menu： File > Change Jobname 命令，弹出“Change Jobname”对话框，在文本框中输入文件名“Pipe_thermal”，如图 8-2 所示。单击“OK”按钮。

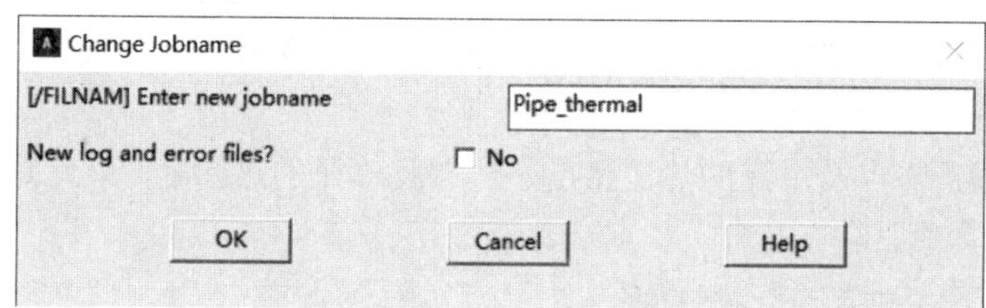

图8-2 “Change Jobname”对话框

2）定义工作标题。从实用菜单中选择 Utility Menu： File > Change Title 命令，弹出“Change Title”对话框，在文本框中输入“Temperature Distribution in heat-exchange pipe”，如图 8-3 所示。单击“OK”按钮。

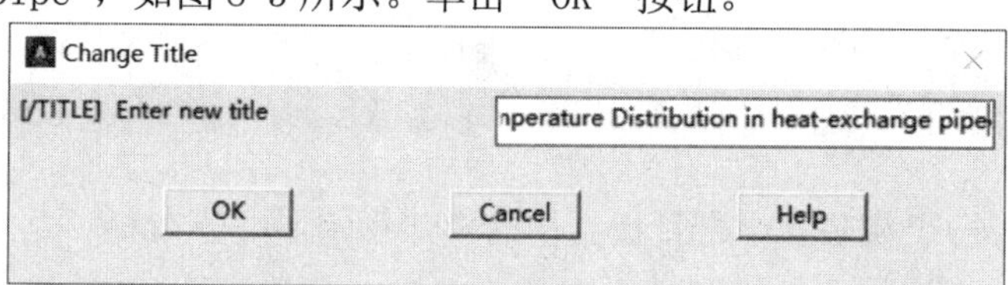

图8-3 “Change Title”对话框

3）关闭坐标符号的显示。从实用菜单中选择 Utility Menu： PlotCtrls > Window Controls > Window Options 命令，弹出“Window Options”对话框。在“Location of triad”下拉列表中选择“Not shown”选项，单击“OK”按钮。

2. 定义单元类型及材料属性

1）定义单元类型。从主菜单中选择 Main Menu: Preprocessor > Element Type > Add/Edit/Delete 命令，弹出“Element Types”对话框，单击“Add”按钮，弹出“Library of Element Types”对话框，在左、右列表框中分别选择“Solid”和“20node 90”选项，如图 8-4 所示。单击“OK”按钮。单击“Close”按钮，关闭“Element Types”对话框。

2）设置材料属性。从主菜单中选择 Main Menu： Preprocessor > Material Props > Material Models 命令，弹出如图 8-5 所示的“Define Material Model Behavior（定义材料属性)”窗口。

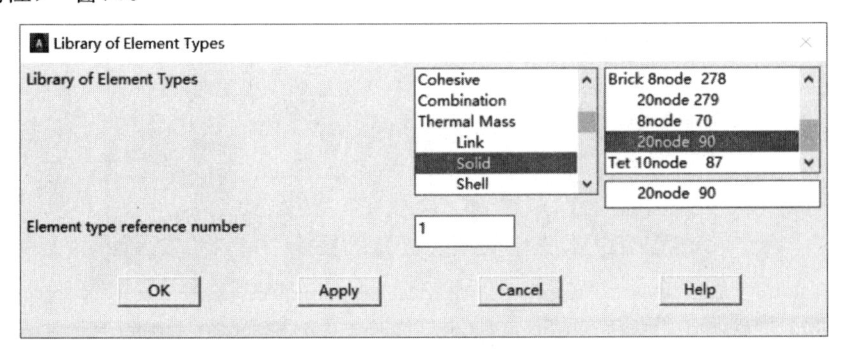

图8-4 “Library of Element Types”对话框

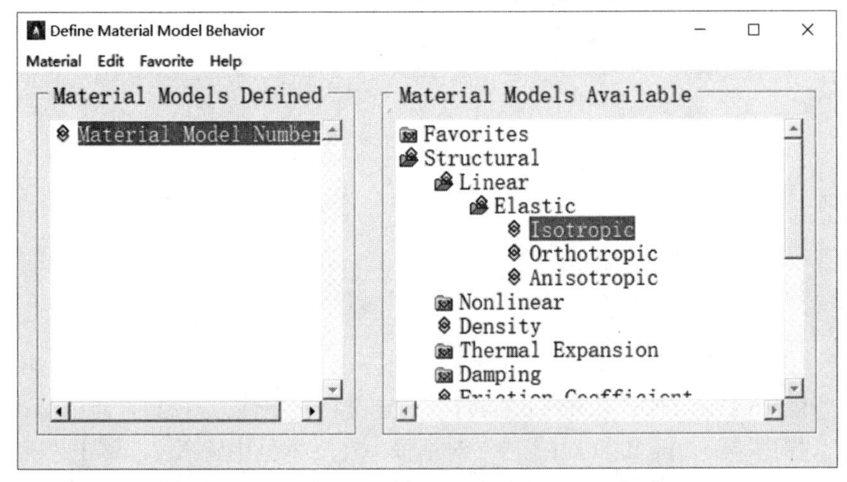

图8-5 “Define Material Model Behavior”窗口

在“Material Model Available”栏中连续单击 Structural > Linear > Elastic > Isotropic，弹出“Linear Isotropic Properties for Material Number 1”对话框，如图 8-6 所示，在“EX”文本框中输入“1.73e11”，在“PRXY”文本框中输入“0.3”，单击“OK”按钮；然后再次连续单击 Structural > Thermal Expansion > Secant Coefficient > Isotropic，弹出如图 8-7 所示的对话框，在“ALPX”文本框中输入“17.79e-6”，单击“OK”按钮；再次连续单击 Thermal>Conductivity>Isotropic，弹出“Conductivity for Material Number 1”对话框，如图 8-8 所示，在“KXX”文本框中输入“15.1”，单击“OK”按钮。这样就完成了对材料 1（设定为管板材料）属性的设置。

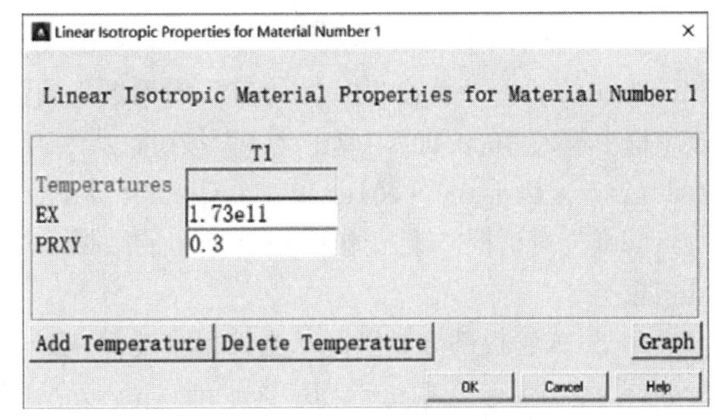

图8-6 “Linear Isotropic Properties for Material Number 1”对话框

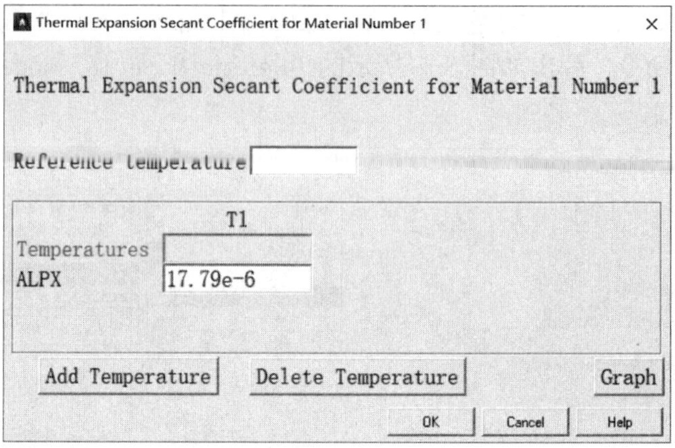

图8-7 Thermal Expansion Secant Coefficient for Material Number 1”对话框

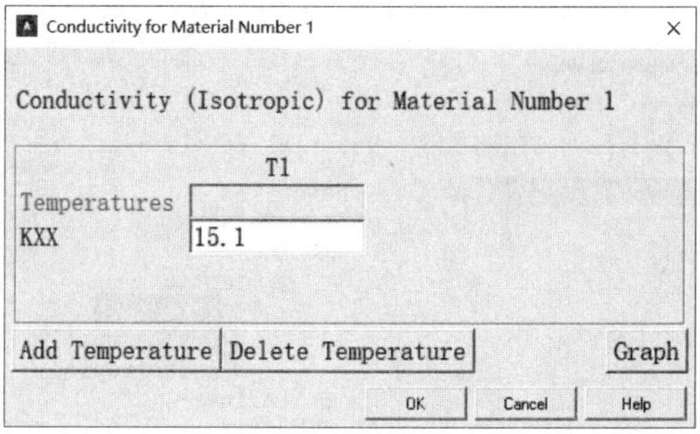

图8-8 “Conductivity for Material Number 1”对话框

回到“Define Material Model Behavior（定义材料属性）”窗口，单击 Material > New Model，弹出“Define Material ID”对话框，在文本框中输入 2，单击“OK”按钮。按照上面的方法完成对材料 2（设定为换热管材料）的设置。材料 2 的参数如下：“EX”为“1.72e11”、“PRXY”为 0.3、“ALPX”为“16.56e-6”、“KXX”为 15.1。

选择菜单 Material > Exit，退出“Define Material Model Behavior”窗口。

3. 建立几何模型

1）显示工作平面。从实用菜单中选择 Utility Menu：WorkPlane > Display Working Plane 命令。

2）创建 1/4 换热管。从实用菜单中选择 Utility Menu：WorkPlane > Offset WP by Increments 命令，弹出“Offset WP”对话框，如图 8-9 所示。在“XY，YZ，ZX Angles”文本框中输入“0,0,90”，单击“OK”按钮。从主菜单中选择 Main Menu：Preprocessor > Modeling > Create > Volumes > Cylinder > Partial Cylinder 命令，弹出“Partial Cylinder”对话框，输入如图 8-10 所示的数据，然后单击“OK”按钮，生成 1/4 换热管几何模型。

3）生成管板部分模型。从主菜单中选择 Main Menu：Preprocessor > Modeling > Create > Volumes > Block > By Dimensions 命令，弹出“Create Block by Dimensions”对话框。输入如图 8-11 所示的数据，单击“OK”按钮，生成管板左端几何模型。从主菜单中选择 Main Menu： Preprocessor > Modeling > Copy > Volumes 命令，弹出“Copy

Volumes”拾取对话框，如图8-12所示。拾取刚刚生成的管板左端模型，单击“OK”按钮，弹出“Copy Volumes”对话框，如图8-13所示。在“DX”文本框中输入0.45，单击“OK”按钮，结果如图8-14所示。

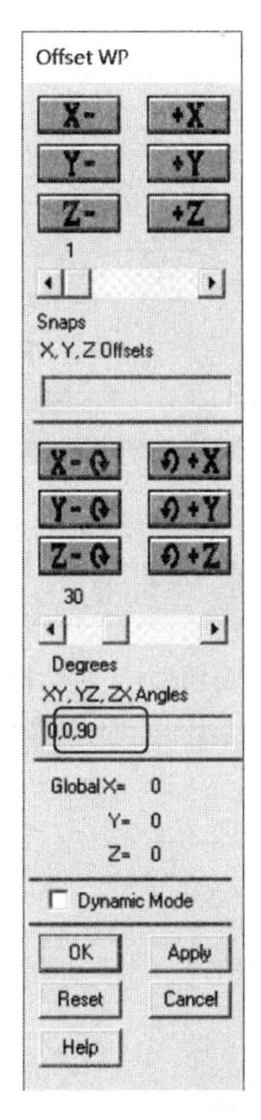

图8-9 “Offset WP”对话框

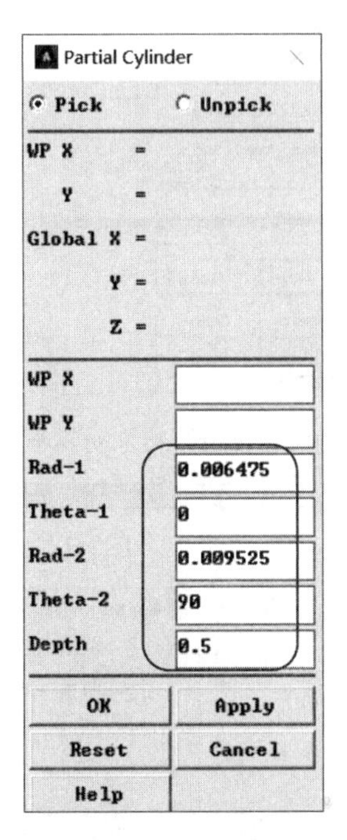

图8-10 “Partial Cylinder”对话框

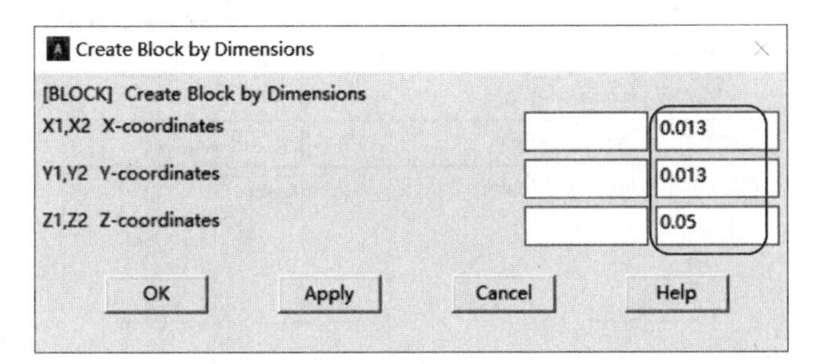

图8-11 “Create Block by Dimensions”对话框

4）体布尔操作。从主菜单中选择Main Menu：Preprocessor > Modeling > Operate > Booleans > Overlap > Volumes命令，弹出“Overlap Volumes”对话框，单击“Pick All”按钮。

5）打开体编号控制。从实用菜单中选择Utility Menu：PlotCtrls > Numbering命令，弹出“Plot Numbering Controls”对话框，如图8-15所示。数值“Volume numbers”为“On”，单击“OK”按钮。

6）删除多余的体。从主菜单中选择Main Menu：Preprocessor > Modeling > Delete > Volume and Below命令，弹出“Delete Volume & Below”对话框，拾取编号为4和5

的体，单击“OK”按钮，结果如图 8-16 所示。

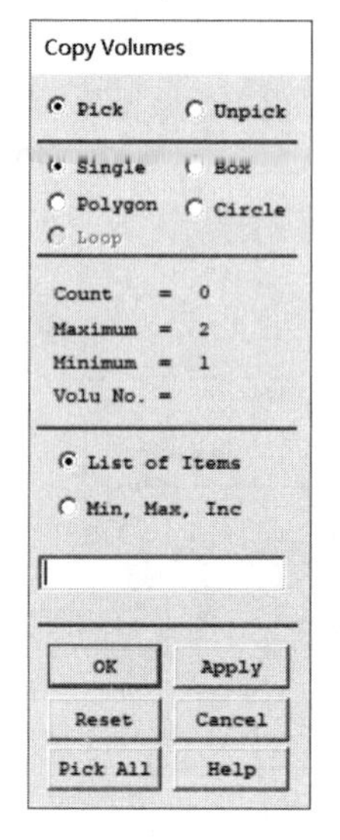

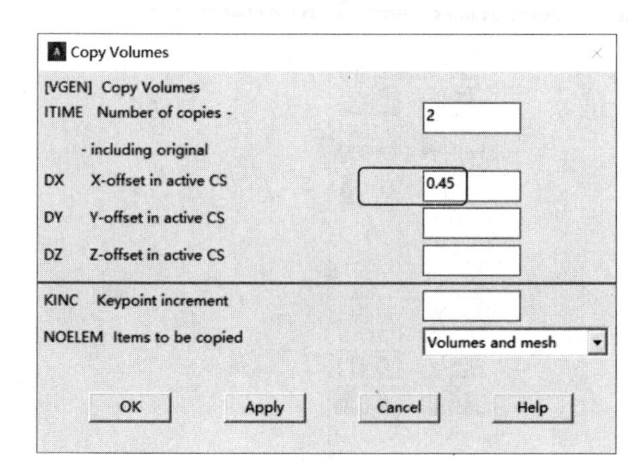

图8-12 “Copy Volumes”拾取对话框

图8-13 “Copy Volumes”对话框

图8-14 生成的换热管和两端管板（部分）

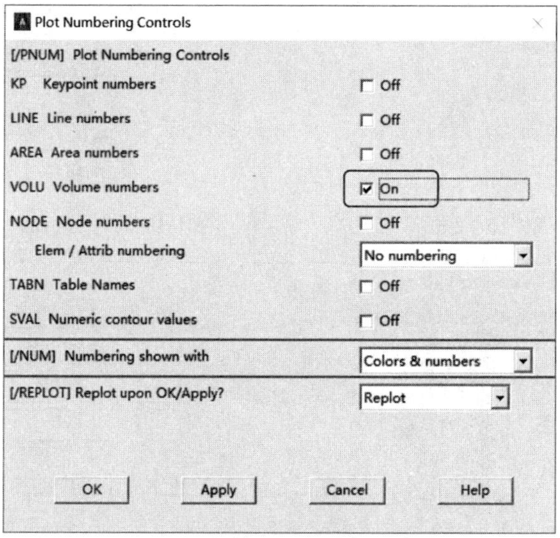

图8-15 “Plot Numbering Controls”对话框

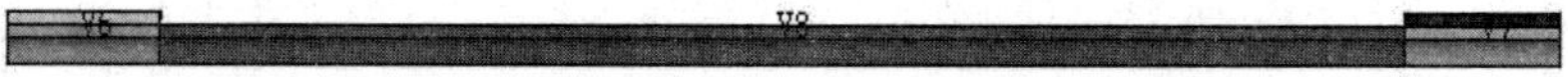

图8-16 生成的换热管和管板部分的几何模型

4. 生成有限元模型

1）打开线、面编号控制。从实用菜单中选择 Utility Menu：PlotCtrls > Numbering 命令，弹出如图 8-15 所示的对话框，数值“Line numbers”和“Area numbers”为“On”，单击“OK”按钮。

2）打开“MeshTool”对话框。从主菜单中选择 Main Menu：Preprocessor > Meshing > MeshTool 命令，弹出“MeshTool”对话框，如图 8-17 所示。利用这个对话框可以对几

何模型进行划分网格操作。

3）单击“MeshTool”对话框右上角的“Set”按钮，弹出如图 8-18 所示的“Meshing Attributes”对话框。在“MAT”下拉列表中选择 1，表示给材料（本例中为管板部分）划分网格，把材料 1 的属性赋予管板部分。单击“Meshing Attributes”对话框中的“OK”按钮，关闭此对话框。

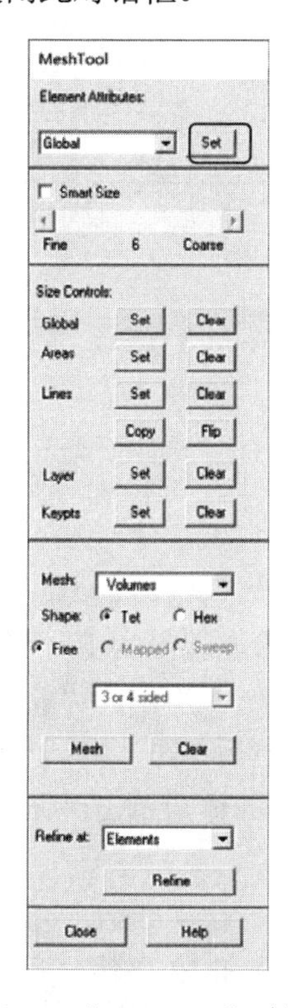

图8-17 “MeshTool”对话框

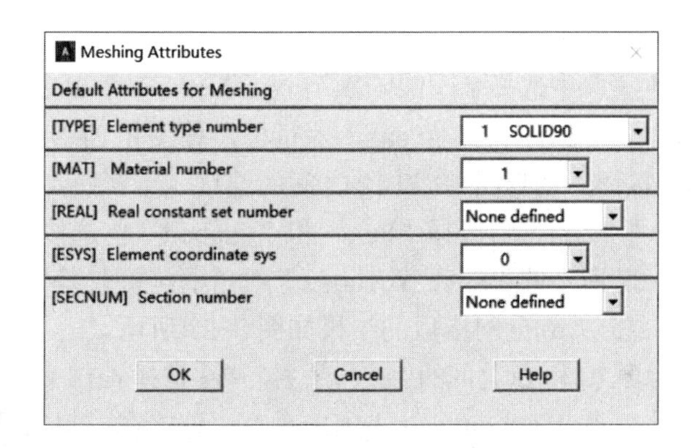

图8-18 “Meshing Attributes”对话框

4）单击“MeshTool”对话框“Size Controls”下面“Lines”后面的“Set”按钮，弹出“Element Size on Picked Lines”对话框，如图 8-19 所示。通过单击视图控制栏中的“Dynamic Model Mode”按钮，可局部放大模型管板左端部分结构以方便拾取。用鼠标拾取编号为 14、15、18、19 的线，单击“Element Size on Picked Lines”对话框中的“OK”按钮，弹出如图 8-20 所示的对话框。

5）在“Element Sizes on Picked Lines”对话框中的“NDIV”文本框中输入 10，即把所选择的线划分为 10 份。单击“Apply”按钮，弹出图 8-19 所示的“Element Size on Picked Lines”对话框，拾取编号为 65、66、67、68 的线，单击“OK”按钮，再次弹出图 8-20 所示的“Element Sizes on Picked Lines”对话框，在“NDIV”文本框中输入 5，单击“Apply”按钮，再次弹出图 8-19 所示的“Element Size on Picked Lines”对话框，拾取编号为 4、55 的线。单击“OK”按钮，弹出图 8-20 所示的“Element Sizes on Picked Lines”对话框，在“NDIV”一栏输入“20”，单击“Apply”按钮，再次弹出图 8-19 所示的“Element Size on Picked Lines”对话框，拾取编号为 22、23、24、51、53 的线，单击“OK”按钮，弹出图 8-20 所示的“Element Sizes on Picked Lines”对话框，在“NDIV”文本框中输入 20。单击“OK”按钮。

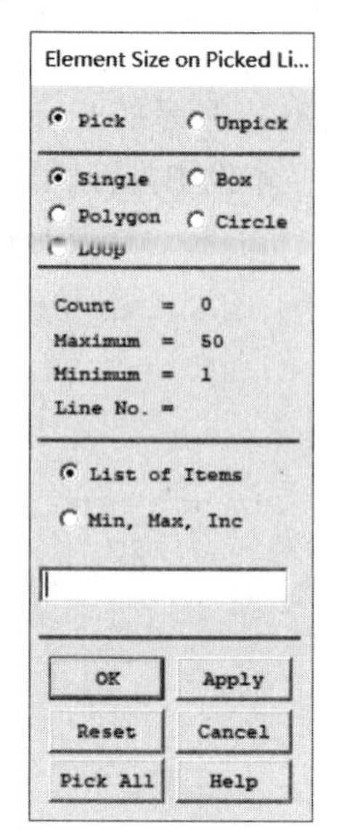

图8-19 “Element Size on Picked Lines”对话框

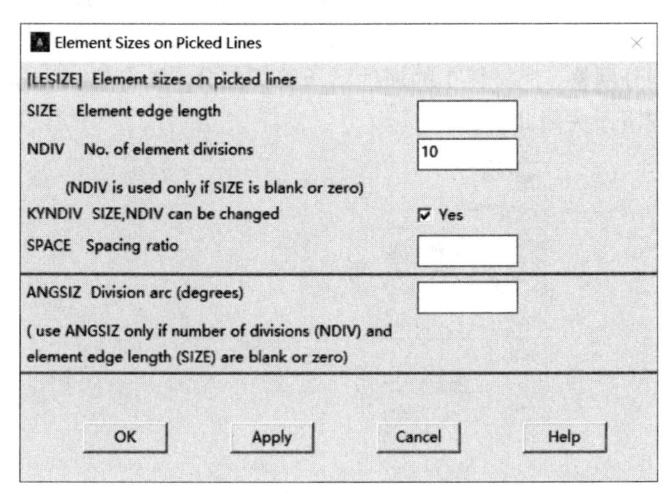

图8-20 “Element Sizes On Picked Lines”对话框

6）从主菜单中选择Main Menu：Preprocessor > Meshing > Concatenate > Areas命令，弹出“Concatenate Areas”对话框，如图8-21所示。拾取编号为10、12的面，单击“OK”按钮，创建面10和12之间的连接。重新回到如图8-17所示的“MeshTool”对话框，在“Shape”中选择“Hex”和“Mapped”单选按钮，然后单击“Mesh”按钮，弹出如图8-22所示的“Mesh Volumes”对话框。拾取编号为9的体，单击“OK”按钮。左端管板（部分）划分网格后的结果如图8-23所示。

7）删除面10和12之间的连接。从主菜单中选择Main Menu：Preprocessor > Meshing > Concatenate > Del Concats > Areas命令，连接在一起的面10和12自然分开。

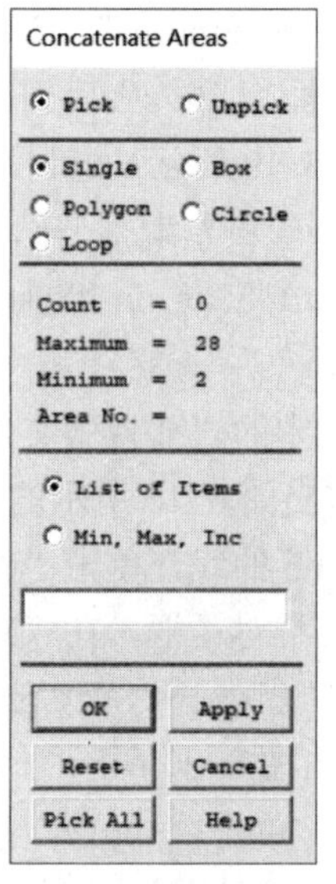

图8-21 “Concatenate Areas”对话框

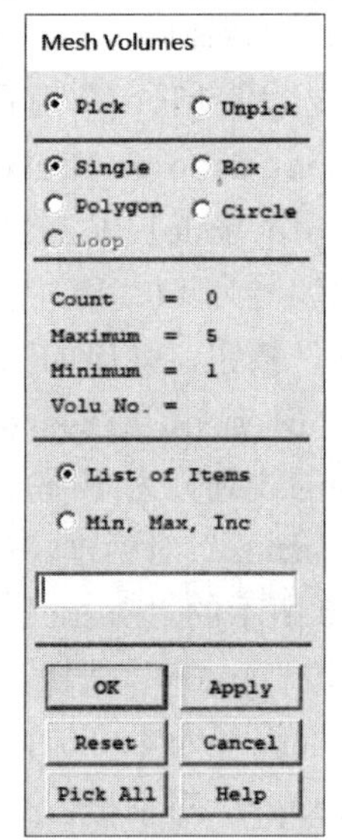

图8-22 “Mesh Volumes”对话框

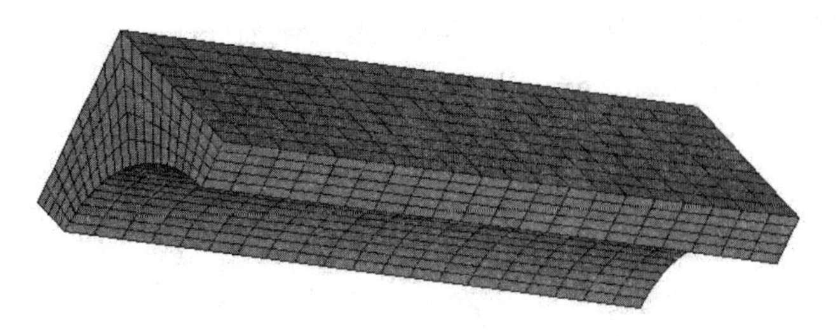

图8-23 划分左端管板（部分）网格

8）划分右端管板（部分）网格。从实用菜单中选择 Utility Menu：Plot > Volumes 命令，显示体。重复上面的操作，给编号为 10 的体进行网格划分。将编号为 26、27、30、31 的线分为 10 份，将编号为 69、70、71、72 的线分为 5 份，将编号为 5、58 的线分为 20 份，将编号为 34、35、36、56、57 的线分为 20 份，将编号为 16、18 的面通过“Concatenate Areas”命令粘贴在一起，对编号为 10 的体（即右端管板部分）划分网格。注意：划分完这部分网格后要删除面 16 和 18 之间的连接。

9）划分换热管模型网格。从实用菜单中选择 Utility Menu：Plot > Volumes 命令，显示体。

10）回到“MeshTool”对话框，单击右上角的“Set”按钮，弹出“Meshing Attributes”对话框。在“MAT”下拉列表中选择 2，如图 8-24 所示，表示给材料 2 划分网格，把材料 2 的参数赋予换热管。

11）选择编号为 6～8 的体。从实用菜单中选择 Utility Menu：Select > Entities 命令，弹出“Select Entities”对话框，按图 8-25 所示进行设置，单击“OK”按钮，弹出“Select volumes”拾取对话框，拾取编号为 6～8 的体，单击“Select volumes”拾取对话框中的“OK”按钮。从实用菜单中选择 Utility Menu：Select > Entities 命令，弹出“Select Entities”对话框，按图 8-26a 所示进行设置，然后单击“Apply”按钮，再按图 8-26b 所示进行设置，单击“OK”按钮。参照前面的方法，把编号为 42、43、49、50 的线分为 20 份，把编号为 1、3、6、8、52、54、59、60 的线分为 4 份，把编号为 61、62、63、64 的线分为 80 份。网格划分完毕后的有限元模型如图 8-27 所示。

Meshing Attributes

Default Attributes for Meshing

[TYPE] Element type number	1 SOLID90
[MAT] Material number	2
[REAL] Real constant set number	None defined
[ESYS] Element coordinate sys	0
[SECNUM] Section number	None defined

OK Cancel Help

图8-24 “Meshing Attributes”对话框

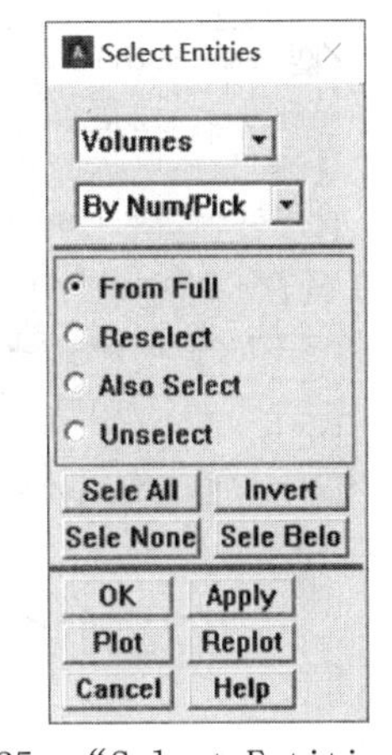

图8-25 “Select Entities”对话框

12）进行合并以及压缩编号。从实用菜单中选择 Utility Menu：Select > Everything

命令，然后从主菜单中选择 Main Menu: Preprocessor > Numbering Ctrls > Merge Items 命令，弹出“Merge Coincident or Equivalently Defined Items”对话框，如图 8-28 所示。在“Label”下拉列表中选择“All”选项，单击“OK”按钮。从主菜单中选择 Main Menu: Preprocessor > Numbering Ctrls > Compress Numbers 命令，弹出“Compress Numbers”对话框，如图 8-29 所示。在“Label”下拉列表中选择“All”选项，单击“OK”按钮。

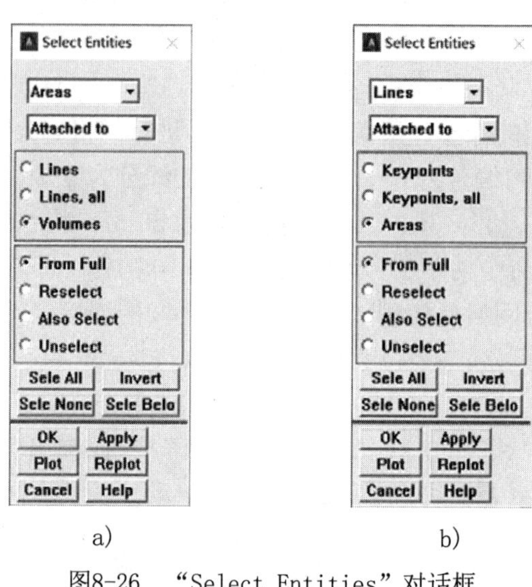

图8-26 “Select Entities”对话框

图8-27 网格划分完毕的有限元模型

13）关闭“MeshTool”对话框。单击“MeshTool”对话框上的“Close”按钮即可。

14）选择所有网格划分结果并保存。从实用菜单中选择 Utility Menu: Select > Everything 命令，然后从实用菜单中选择 Utility Menu: File > Save as 命令，在弹出的对话框中的“Save Database to”下面的文本框中输入“Pipe_thermal_Mesh.db”，单击“OK”按钮。

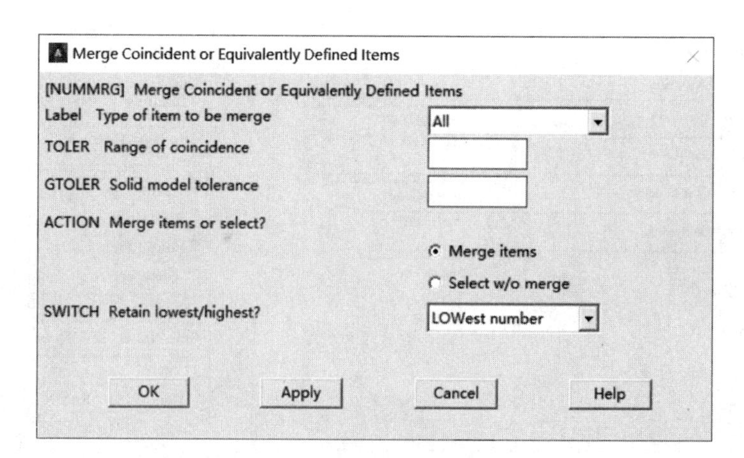

图8-28 “Merge Coincident or Equivalently Defined Items”对话框

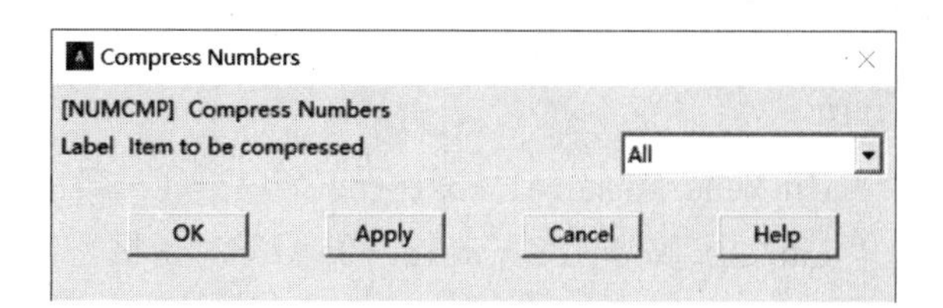

图8-29 “Compress Numbers”对话框

8.2.3 定义边界条件并求解

1. 加载

1）施加管程对流载荷。从主菜单中选择Main Menu：Solution > Define Loads > Apply > Thermal > Convection > On Areas 命令，弹出拾取对话框，在图形窗口上拾取编号为A23、A1、A7、A17、A8、A2、A27 的面，单击“OK”按钮，弹出“Apply CONV on areas”对话框，如图 8-30 所示，在“VALI”后面的文本框中输入 426，在“VAL2I”后面的文本框中输入 200，单击“OK”按钮。

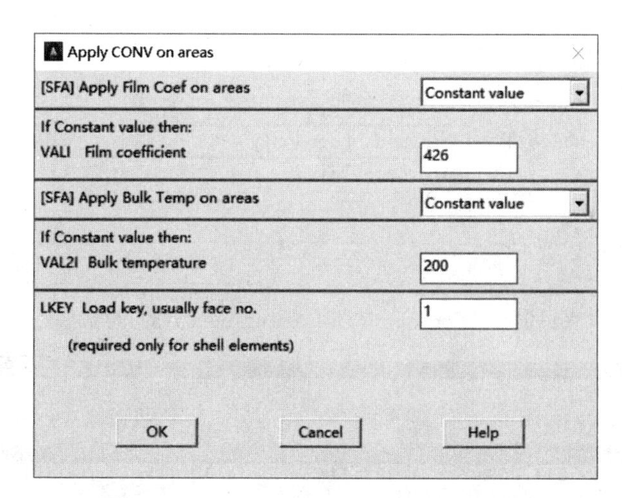

图8-30 “Apply CONV on areas”对话框

2）重复此命令，在图形上拾取编号为A20、A24、A28 的面，单击“OK”按钮，在“VALI”后面的文本框中输入 3000，在“VAL2I”后面的文本框中输入 250，单击“OK”按钮。

2. 求解

1）从主菜单中选择 Main Menu：Solution > Solve > Current LS 命令，弹出一个信息提示窗口和“Solve Current Load Step”对话框。浏览信息提示窗口的内容，如果无误就单击 File > Close 将其关闭，再单击对话框上的“OK”按钮，进行求解。当求解结束后，会弹出显示“Solution is done!”的对话框，单击“Close”按钮将其关闭。

2）保存结果文件。从实用菜单中选择 Utility Menu：File > Save as... 命令，在弹出的对话框中的“Save Database to”下面的文本框中输入“Pipe_thermal_Result.db”，单击“OK”按钮。

8.2.4 查看结果

1. 绘制温度分布云图

1）从主菜单中选择Main Menu：General Postproc > Plot Results > Contour Plot > Nodal Solu命令，弹出“Contour Nodal Solution Data”对话框，如图8-31所示。

2）选择Nodal Solution > DOF Solution > Nodal Temperature，单击“OK”按钮，生成的温度分布云图如图8-32所示。

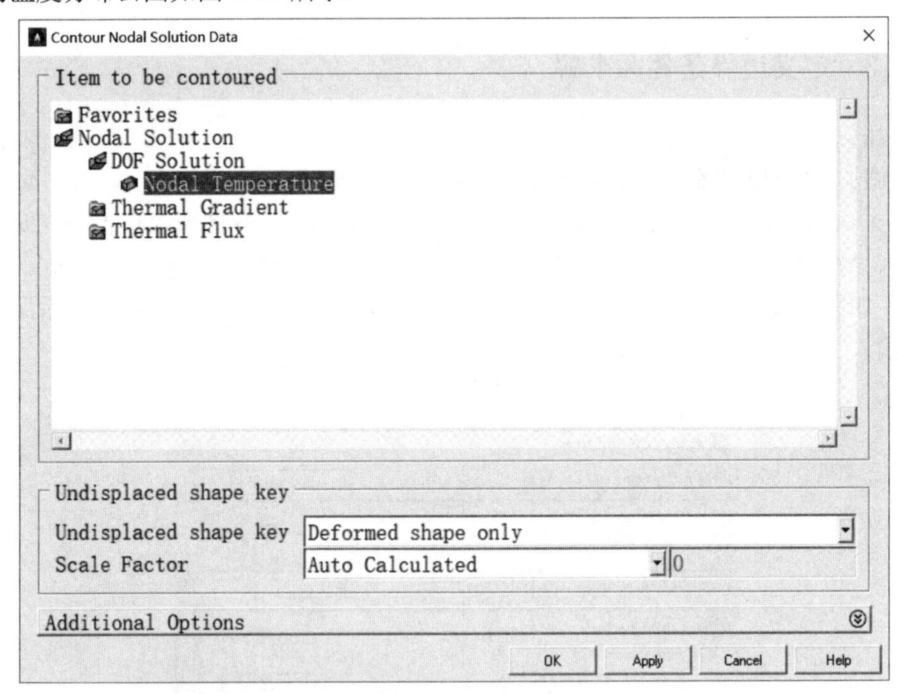

图8-31 “Contour Nodal Solution Data”对话框

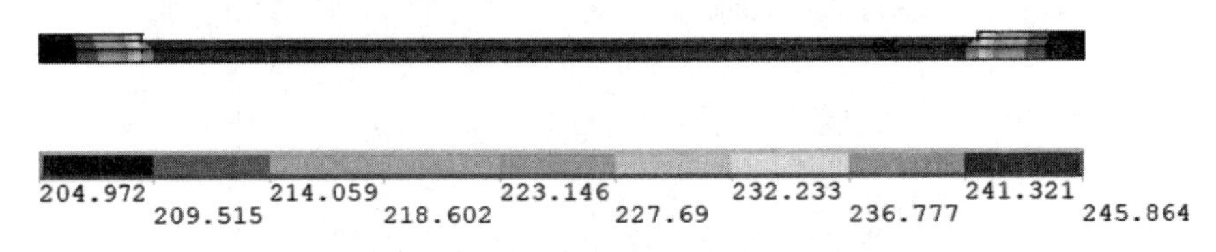

图8-32 生成温度分布云图

2. 绘制温度梯度分布云图

1）从主菜单中选择 Main Menu：General Postproc > Read Results > Last Set 命令，读入结果。

2）从主菜单中选择Main Menu：General Postproc > Plot Results > Contour Plot > Nodal Solu命令，弹出“Contour Nodal Solution Data”对话框。

3）选择Nodal Solution > Thermal Gradient > Thermal gradient vector sum，单击“OK”按钮，生成的温度梯度分布云图如图8-33所示。

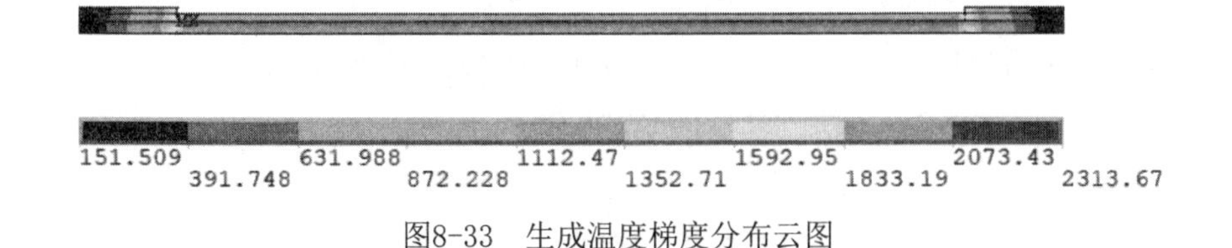

图8-33 生成温度梯度分布云图

8.2.5 命令流方式

命令流执行方式这里不做详细介绍，读者可参见电子资料包中的内容。

8.3 瞬态热分析实例——钢球淬火

本实例将分析一个钢球结构在淬火过程中随时间改变的温度场分布。

8.3.1 分析问题

一个直径为0.2m、温度为500℃的钢球突然放入温度为0℃的水中，对流传热系数为650W/（m^2·℃）。计算1min后钢球的温度场分布和球心温度随时间的变化规律。钢球材料性能参数如下：弹性模量为220GPa、泊松比为0.28、密度为7800kg/m^3、线胀系数为1.3×10^{-6}℃$^{-1}$、热导率为70W/（m·℃）、比热容为448J/（kg·℃）。

8.3.2 建立模型

1. 定义工作文件名及文件标题

1）定义工作文件名。从实用菜单中选择Utility Menu：File > Change Jobname命令，弹出“Change Jobname”对话框。在文本框中输入文件名“Ball_thermal”，单击“OK”按钮。

2）定义工作标题。从实用菜单中选择Utility Menu：File > Change Title命令，弹出“Change Title”对话框。在文本框中输入“Cooling of a steel ball”，单击“OK”按钮。

3）关闭坐标符号的显示。从实用菜单中选择Utility Menu：PlotCtrls > Window Controls > Window Options命令，弹出“Window Options”对话框。在“Location of triad”下拉列表中选择“Not Shown”选项，单击“OK”按钮。

2. 定义单元类型及材料属性

1）定义单元类型及单元特性。从主菜单中选择Main Menu：Preprocessor > Element Type > Add/Edit/Delete命令，弹出“Element Types”对话框，如图8-34所示。

单击“Add”按钮，弹出“Library of Element Types”对话框，如图8-35所示。在左、右列表框中分别选择“Solid”和“Quad 4node 55”选项，单击“OK”按钮。

单击“Element Types”对话框中的“Options”按钮，弹出如图8-36所示的“PLANE55

element type options”对话框，在“K3”下拉列表中选择“Axisymmetric”选项，单击“OK”按钮，然后单击“Element Types”对话框中的“Close”按钮，关闭对话框。

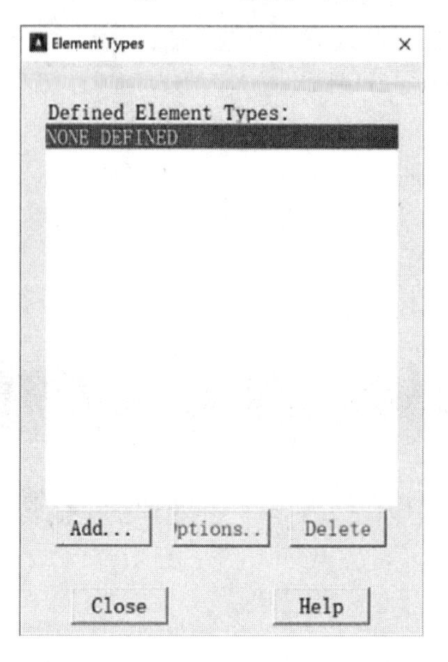

图8-34 “Element Types”对话框

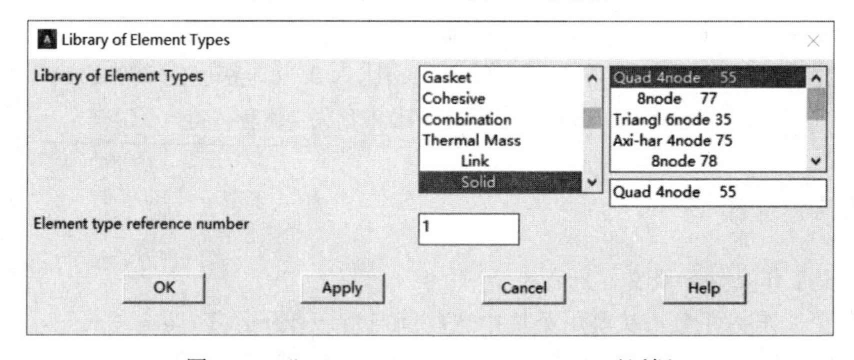

图8-35 “Library of Element Types”对话框

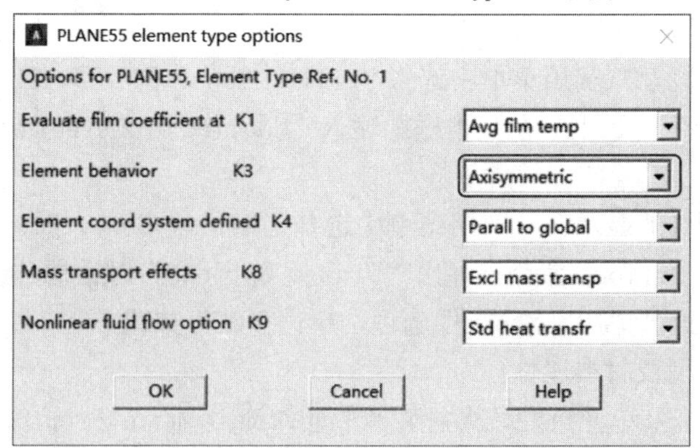

图8-36 “PLANE55 element type options”对话框

2）设置材料属性。从主菜单中选择Main Menu：Preprocessor > Material Props > Material Models命令，弹出“Define Material Model Behavior”窗口，如图8-37所示。

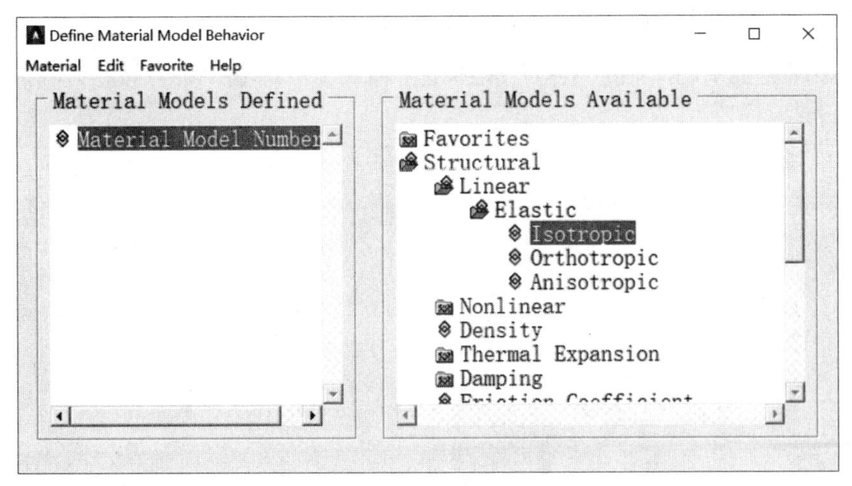

图8-37 “Define Material Model Behavior”窗口

在“Material Model Available”下面的选项中连续单击 Structural > Linear > Elastic > Isotropic，弹出“Linear Isotropic Properties for Material 1”对话框，如图 8-38 所示，在“EX”文本框中输入“2.2E11”，在“PRXY”文本框中输入“0.28”，单击“OK”按钮；然后再次连续单击 Structural > Density，弹出“Density for Material Number 1”对话框，如图 8-39 所示，在“DENS”一栏中输入“7800”，单击“OK”按钮；再连续单击 Structural > Thermal Expansion > Secant Coefficient > Isotropic，弹出如图 8-40 所示的对话框，在“ALPX”文本框中输入“1.3E-6”，单击“OK”按钮；然后再次连续单击 Thermal > Conductivity > Isotropic 命令，弹出“Conductivity for Material Number 1”对话框，如图 8-41 所示，在“KXX”文本框中输入“70”，单击“OK”按钮；连续单击 Thermal > Specific Heat，弹出如图 8-42 所示的“Specific Heat for Material Number 1”对话框，在“C”文本框中输入 448，单击“OK”按钮。再次回到图 8-37 所示的对话框，选择“Material”下拉菜单中的“Exit”命令，关闭该对话框。

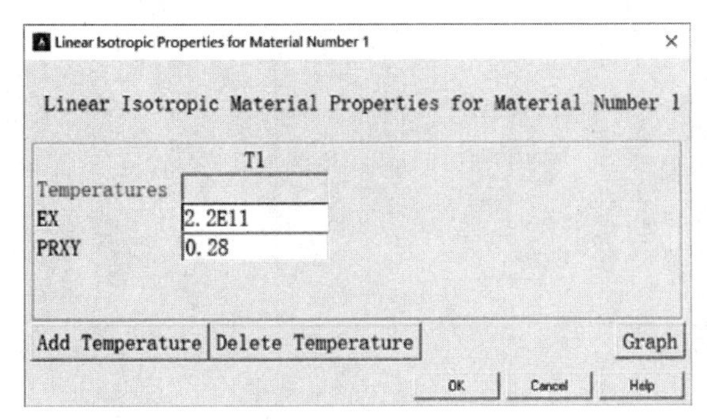

图8-38 “Linear Isotropic Properties for Material Number1”对话框

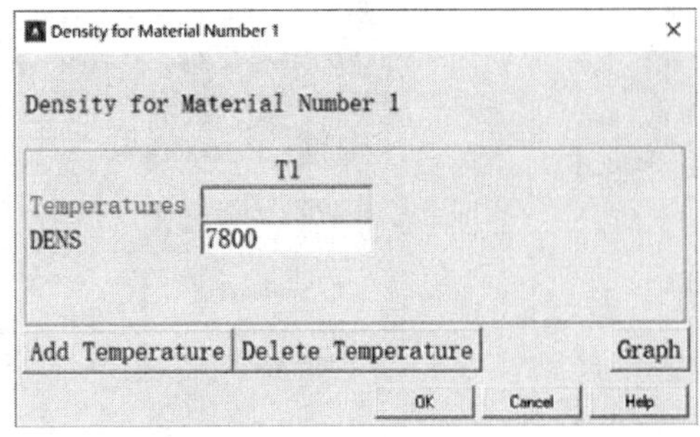

图8-39 “Density for Material Number 1”对话框

3. 建立几何模型并且划分网格，生成有限元模型

1）建立 1/4 圆面。从主菜单中选择 Main Menu: Preprocessor > Modeling > Create > Areas > Circle > By Dimensions 命令，弹出“Circular Area by Dimensions”对话框，按图 8-43 所示输入数据，单击“OK”按钮。

2）划分网格。从主菜单中选择 Main Menu：Preprocessor > Meshing > Size Cntrls >

ManualSize > Lines > All Lines 命令，弹出“Element Sizes on All Selected Lines”对话框，如图 8-44 所示，在“NDIV”文本框中输入 20，单击“OK”按钮。

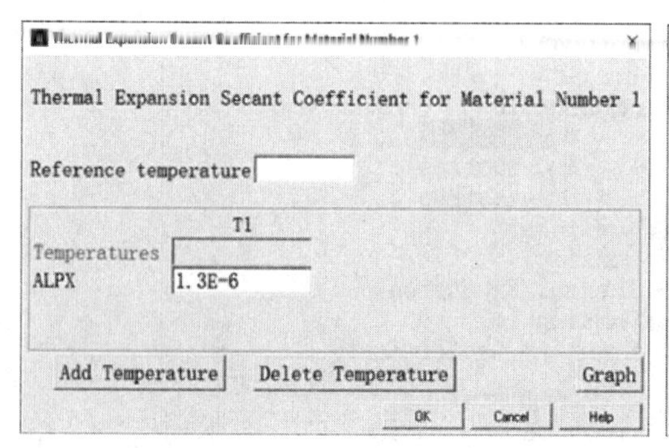

图8-40 “Thermal Expansion Secant Coefficient for Material Number 1”对话框

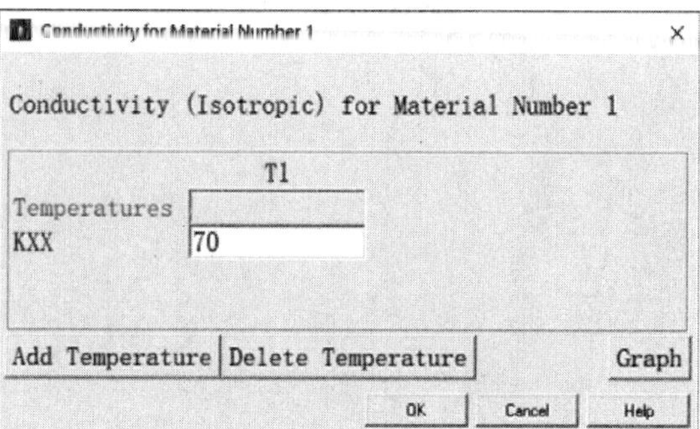

图8-41 “Conductivity for Material Number 1”对话框

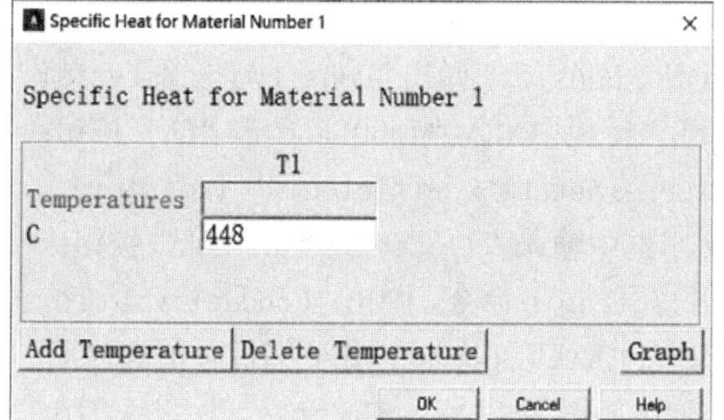

图8-42 “Specific Heat for Material Number 1”对话框

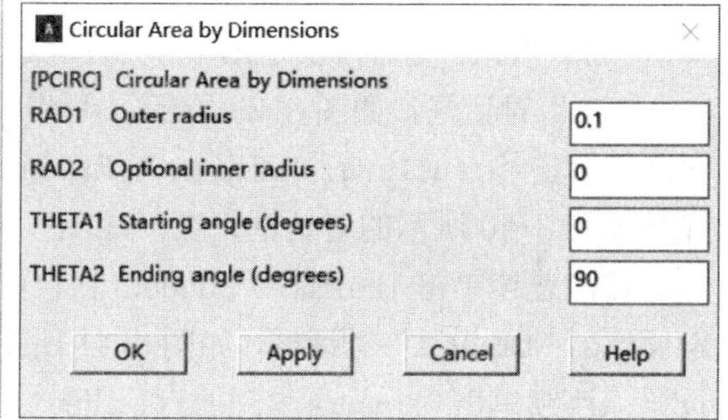

图8-43 “Circular Area by Dimensions”对话框

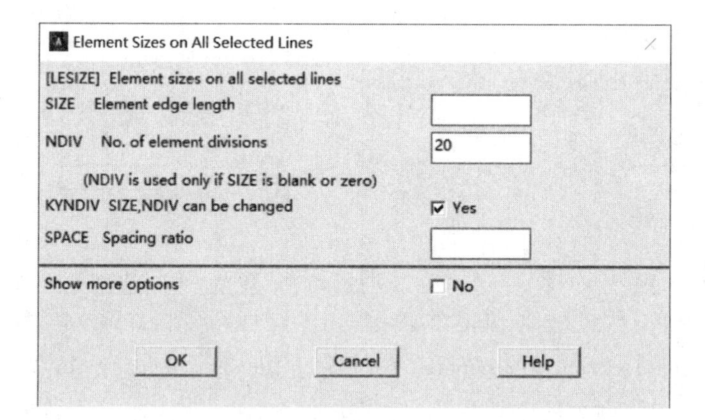

图8-44 “Element Sizes on All Selected Lines”对话框

从主菜单中选择 Main Menu: Preprocessor > Meshing > Mesh > Areas > Free 命令，弹出“Mesh Areas”拾取对话框，选取步骤 1）建立的 1/4 圆面，单击“OK”按钮。

3）从实用菜单中选择 Utility Menu: Plot > Elements 命令，生成网格划分完毕的有限元模型，如图 8-45 所示。

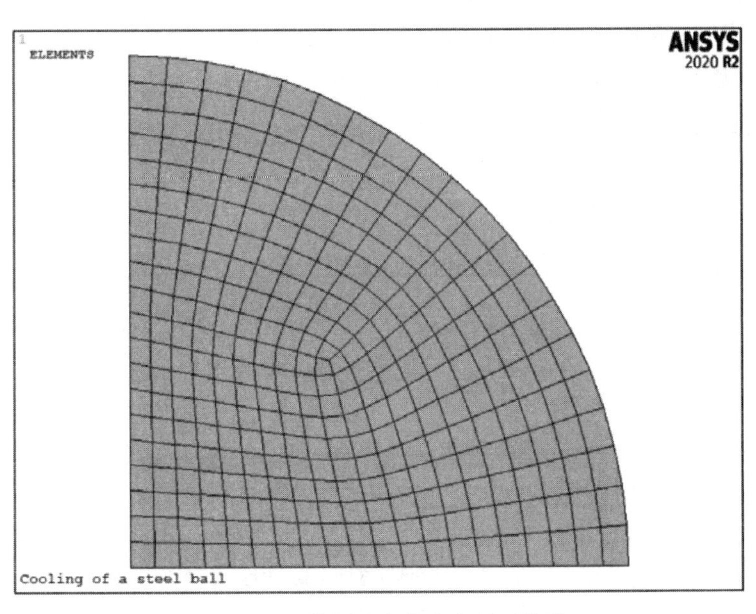

图8-45 网格划分完毕的有限元模型

8.3.3 定义边界条件并求解

1. 设定分析类型

1）从主菜单中选择 Main Menu: Solution > Analysis Type > New Analysis 命令，弹出“New Analysis”对话框，如图 8-46 所示，选择“Transient”单选按钮，单击“OK”按钮。

2）弹出“Transient Analysis”对话框，如图 8-47 所示，单击“OK”按钮将其关闭。

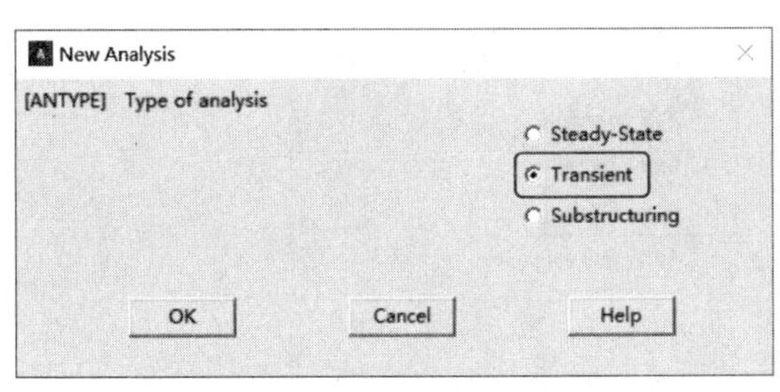

图8-46 “New Analysis”对话框

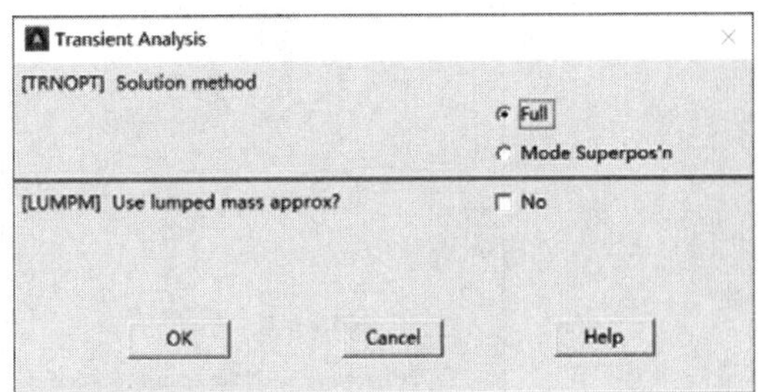

图8-47 “Transient Analysis”对话框

2. 设定载荷步、载荷子步

从主菜单中选择 Main Menu: Solution > Load Step Opts > Time/Frequenc > Time-Time Step 命令，弹出“Time and Time Step Options”对话框，按照图 8-48 所示输入数据，单击“OK”按钮。

3. 输出控制

从主菜单中选择 Main Menu: Solution > Load Step Opts > Output Ctrls > DB/Results File 命令，弹出“Controls for Database and Results File Writing”

对话框，参照图 8-49 所示进行设置，然后单击“OK”按钮。

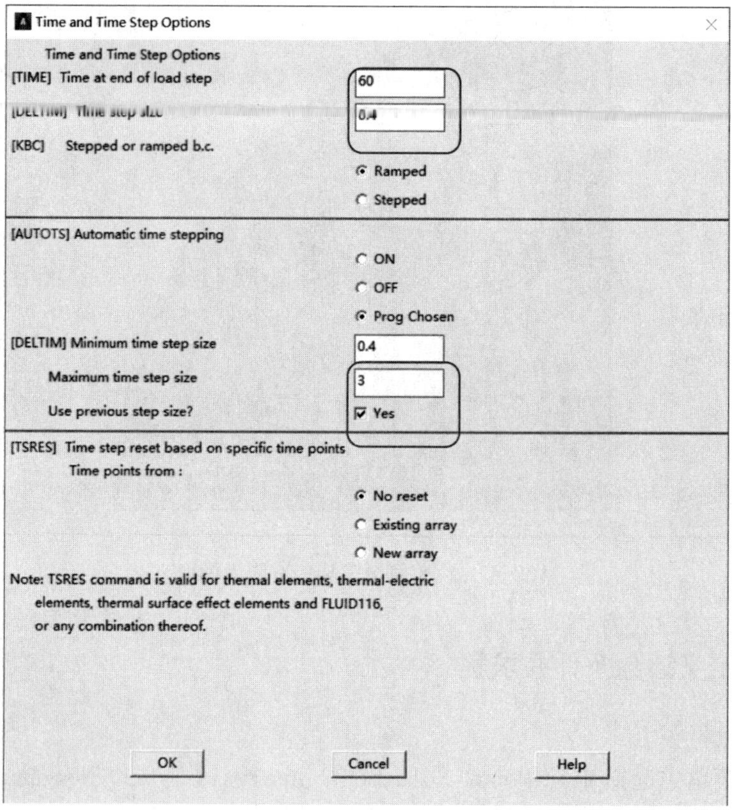

图8-48 “Time and Time Step Options”对话框

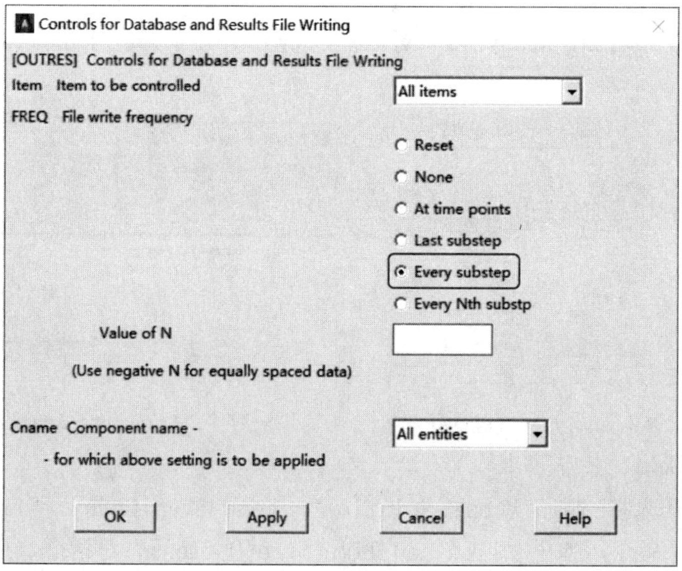

图8-49 “Controls for Database and Results File Writing”对话框

4. 打开线编号

从实用菜单中选择 Utility Menu: PlotCtrls > Numbering 命令，在打开的对话框中选择“Line numbers”复选框，单击“OK”按钮。

5. 施加温度载荷

1）从主菜单中选择 Main Menu：Solution > Define Loads > Apply > Thermal > Temperature > Uniform Temp 命令，弹出“Uniform Temperature”对话框，如图 8-50 所示，在输入栏里输入 500，单击“OK”按钮。

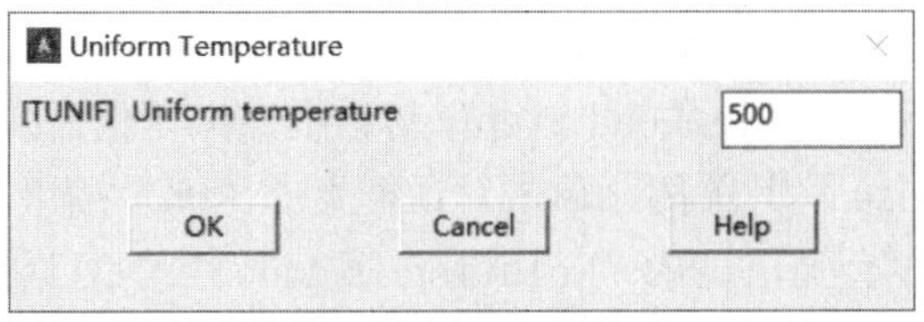

图8-50 “Uniform Temperature”对话框

2）从实用菜单中选择 Utility Menu：Select > Entities 命令，弹出“Select Entities”对话框，在第 1 个下拉列表框中选择“Lines”选项，在第 2 个下拉列表框中选择“By Num/Pick”选项，然后单击“OK”按钮，弹出“Select Lines”的拾取对话框，拾取编号为 1 的线或者在拾取对话框文本框中输入 1，单击“OK”按钮。

3）从实用菜单中选择 Utility Menu：Select > Entities 命令，再次弹出“Select Entities”对话框，按照图 8-51 所示进行设置，然后单击“OK”按钮。

6. 给钢球外壁施加对流及温度载荷

1）从主菜单中选择 Main Menu：Solution > Define Loads > Apply > Thermal > Convection > On Nodes 命令，弹出“Apply CONV on Nodes”拾取对话框，单击“Pick All”按钮，弹出“Apply CONV on nodes”对话框，按图 8-52 所示进行设置，在“VALI Film coefficient”文本框中输入 650，在“VAL2I Bulk temperature”文本框中输入 0，单击“OK”按钮。

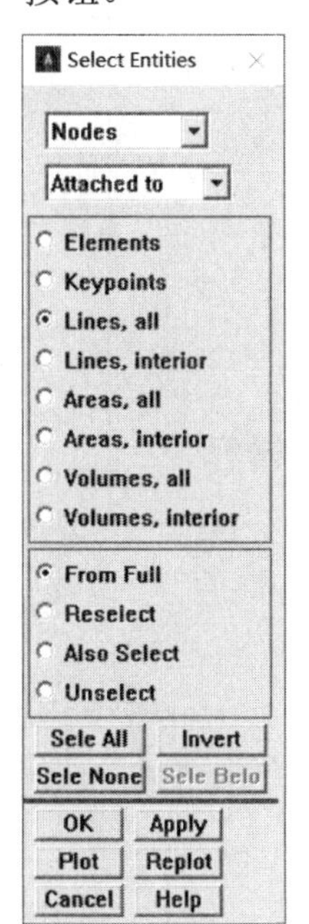

图8-51 “Select Entities”对话框

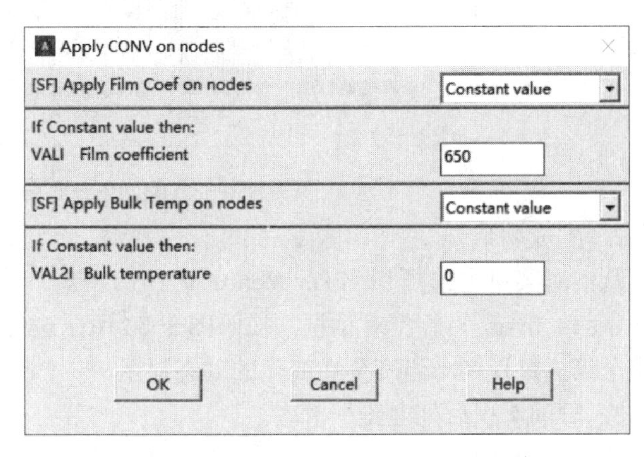

图8-52 “Apply CONV on nodes”对话框

2）从实用菜单中选择 Utility Menu：Select > Everything 命令。

7. 保存模型

从实用菜单中选择 Utility Menu：File > Save as 命令，弹出“Save DataBase”对话框，在“Save Database to”文本框中输入“Ball_thermal.db”，保存求解结果，单击“OK”按钮。

8．求解计算

1）从主菜单中选择 Main Menu：Solution > Solve > Current LS 命令，弹出一个信息提示窗口和“Solve Current Load Step”对话框。浏览信息提示窗口的内容，如果无误就单击 File > Close 将其关闭，单击对话框上的“OK”按钮，进行求解。

2）当求解结束后，会弹出显示“Solution is done！”的对话框，单击“Close”按钮将其关闭。

8.3.4 查看结果

1．温度场分布

从主菜单中选择 Main Menu：General Postproc > Plot Results > Contour Plot > Nodal Solu 命令，弹出“Contour Nodal Solution Data”对话框。选择 Nodal Solution > DOF Solution > Nodal Temperature，单击“OK”按钮，计算结果的温度场分布云图如图 8-53 所示。

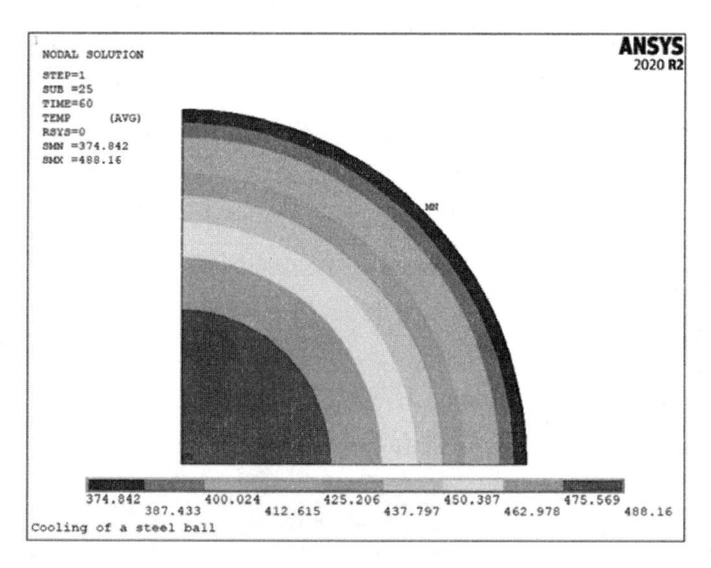

图8-53　温度场分布云图

2．生成动画

从实用菜单中选择 Utility Menu：PlotCtrls > Animate > Over Time 命令，弹出“Animate Over Time”对话框，按照图 8-54 所示进行设置，单击“OK”按钮，可以得到整个淬火过程钢球温度分布变化的动态显示。

3．时间历程后处理器

从主菜单中选择 Main Menu：TimeHist Postpro 命令，弹出“Time History Variables-Ball_thermal.rth”对话框，直接单击右上角的关闭按钮将其关闭即可。按照 6.5 节中的方法，也可以使用此对话框查看球心的温度随时间的变化情况。

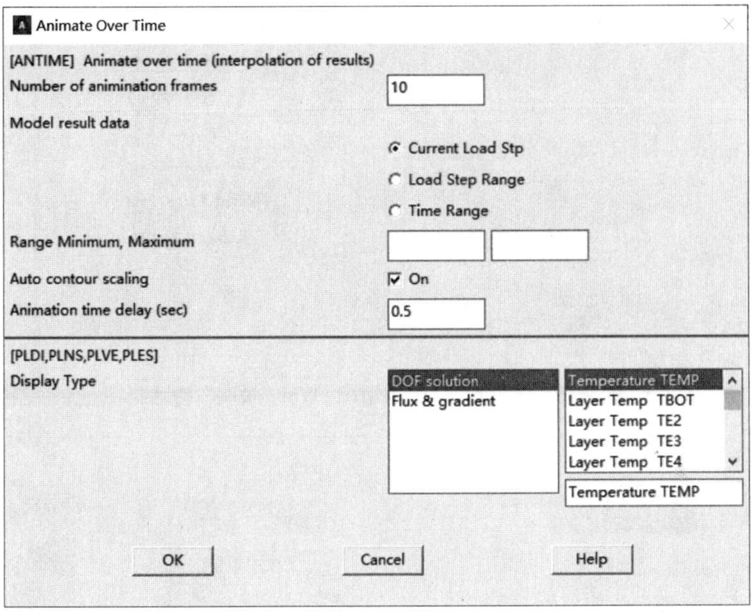

图8-54 “Animate Over Time”对话框

定义分析变量。从实用菜单中选择 Utility Menu：Plot > Elements 命令，显示单元。从主菜单中选择 Main Menu：TimeHist Postpro > Define Variables 命令，弹出“Defined Time-History Variables”对话框，如图 8-55 所示。

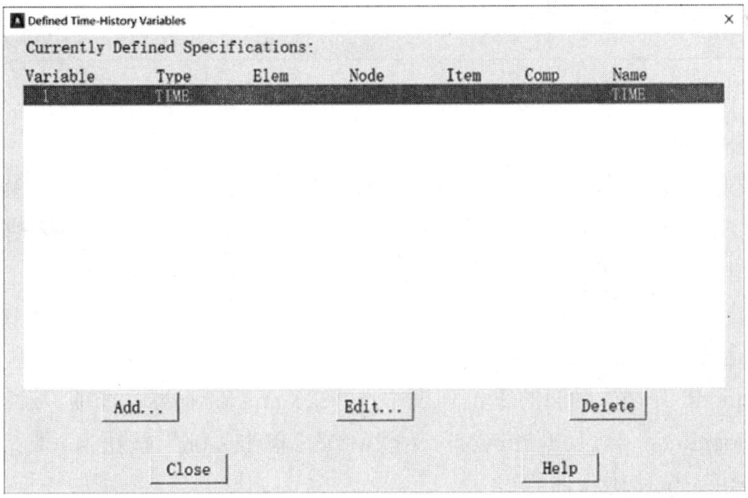

图8-55 “Defined Time-History Variables”对话框

单击“Add”按钮，弹出“Add Time-History Variable”对话框，如图 8-56 所示，在对话框中选择“Nodal DOF result”选项，单击“OK”按钮，弹出“Define Nodal Data”对话框，在图形窗口拾取钢球模型中心节点，即两条边线相交的点（节点编号为 22），单击“OK”按钮；弹出“Define Nodal Data”对话框，如图 8-57 所示，单击“OK”按钮，然后再单击“Close”按钮关闭图 8-55 所示的对话框。

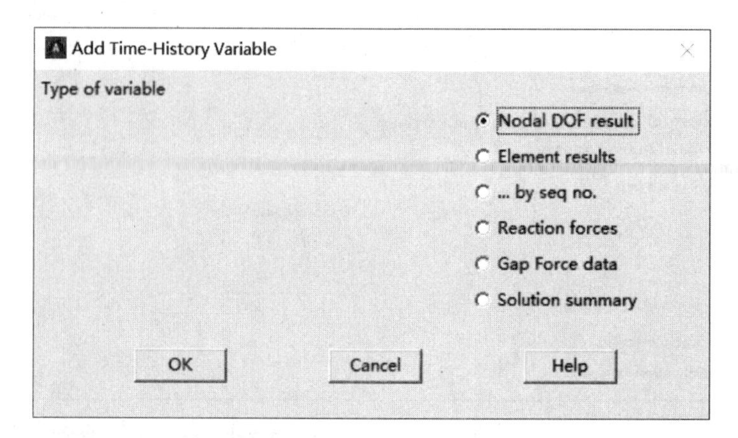

图8-56 “Add Time-History Variable”对话框

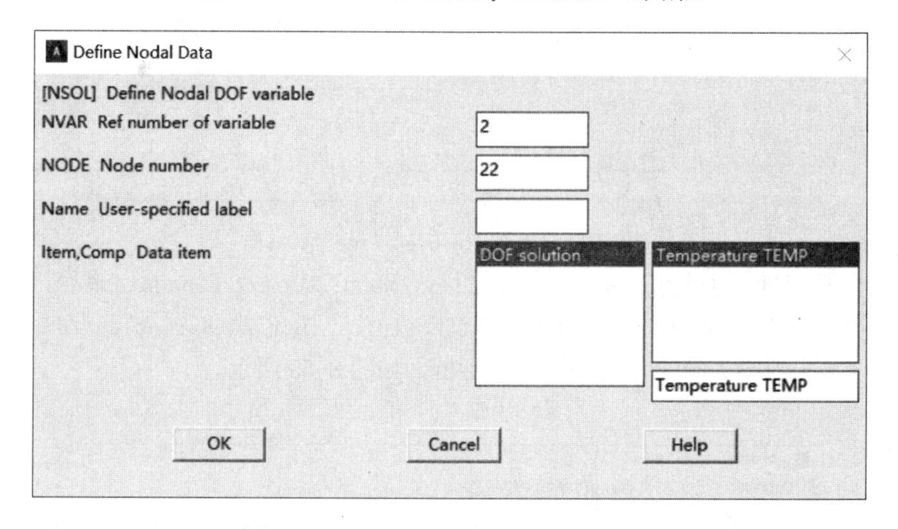

图8-57 “Define Nodal Data”对话框

4. 图形输出设置

从实用菜单中选择 Utility Menu：PlotCtrls > Style > Graphs > Modify Axes 命令，弹出“Axes Modifications for Graph Plots”对话框。定义坐标轴名称，参照图 8-58 所示进行设置，然后单击“OK”按钮。

设定曲线图的网格线。从实用菜单中选择 Utility Menu：PlotCtrls > Style > Graphs > Modify Grid 命令，弹出“Grid Modifications for Graph Plots”对话框，如图 8-59 所示，在“Type of Grid”后面的下拉列表中选择“X and Y lines”选项，设置“Display gridsuperimposed on filled curves”为“Off”，单击“OK”按钮。

5. 观察载荷-位移历程曲线

从主菜单中选择 Main Menu：TimeHist Postpro > Graph Variables 命令，弹出“Graph Time-History Variables”对话框，在“NVAR1”后面的文本框中输入 2，如图 8-60 所示。单击“OK”按钮，钢球球心的温度-时间历程曲线显示在图形窗口上，如图 8-61 所示。

退出 ANSYS。从实用菜单中选择 Utility Menu：File > Exit 命令，弹出“Exitfrom ANSYS”对话框，选择“Quit-No Save.”选项，单击“OK”按钮，关闭 ANSYS。

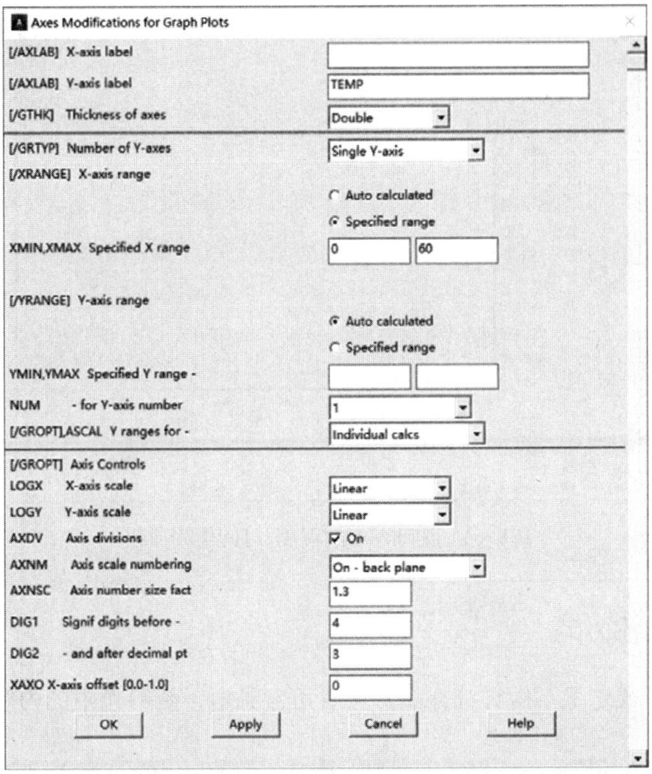

Axes Modifications for Graph Plots
[/AXLAB] X-axis label
[/AXLAB] Y-axis label TEMP
[/GTHK] Thickness of axes Double
[/GRTYP] Number of Y-axes Single Y-axis
[/XRANGE] X-axis range
Auto calculated
Specified range
XMIN,XMAX Specified X range 0 60
[/YRANGE] Y-axis range
Auto calculated
Specified range
YMIN,YMAX Specified Y range -
NUM - for Y-axis number 1
[/GROPT],ASCAL Y ranges for - Individual calcs
[/GROPT] Axis Controls
LOGX X-axis scale Linear
LOGY Y-axis scale Linear
AXDV Axis divisions On
AXNM Axis scale numbering On - back plane
AXNSC Axis number size fact 1.3
DIG1 Signif digits before - 4
DIG2 - and after decimal pt 3
XAXO X-axis offset [0.0-1.0] 0
OK Apply Cancel Help

图8-58 “Axes Modifications for Graph Plots”对话框

Grid Modifications for Graph Plots
[/GRID] Type of grid X and Y lines
[/GTHK] Thickness of grid Single
[/GROPT],CGRID Display grid - Off
- superimposed on filled curves
OK Apply Cancel Help

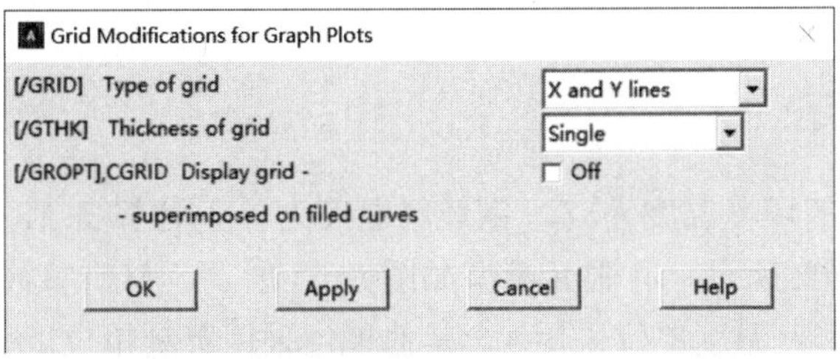

图8-59 “Grid Modifications for Graph Plots”对话框

Graph Time-History Variables
[PLVAR] Graph Time-History Variables
NVAR1 1st variable to graph 2
NVAR2 2nd variable
NVAR3 3rd variable
NVAR4 4th variable
NVAR5 5th variable
NVAR6 6th variable
NVAR7 7th variable
NVAR8 8th variable
NVAR9 9th variable
NVAR10 10th variable
OK Apply Cancel Help

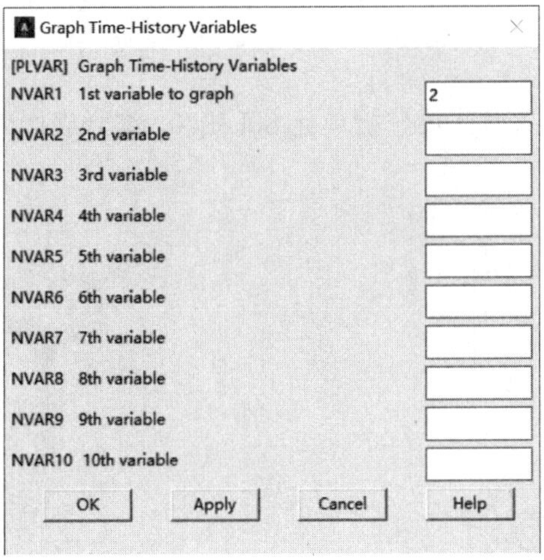

图8-60 “Graph Time-History Variables”对话框

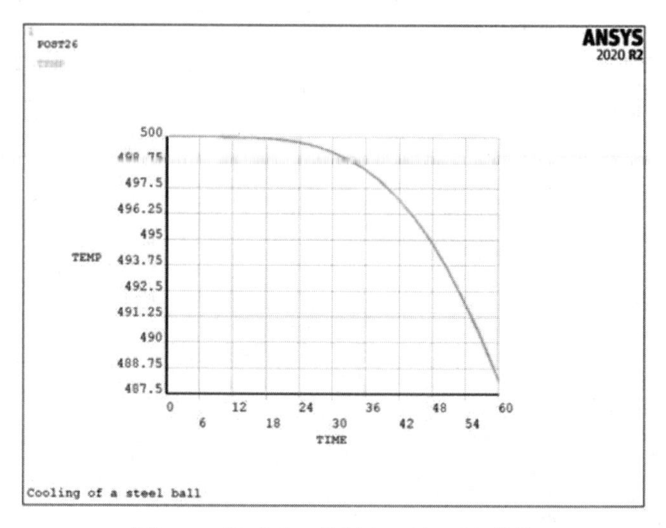

图8-61　钢球球心的温度-时间历程曲线

8.3.5　命令流方式

命令流执行方式这里不做详细介绍，读者可参见电子资料包中的内容。

8.4 热辐射分析实例——长方体形坯料空冷过程分析

8.4.1　问题描述

一长方形钢坯料的环境温度为 T_E，钢坯料温度为 T_B，计算 3.7h 后钢坯料的温度分布。几何模型如图 8-62 所示，有限元模型如图 8-63 所示，材料参数、几何尺寸、温度载荷见表 8-1。分析时，温度单位采用 K，其他单位采用英制单位。

8.4.2　问题分析

本例采用三维 8 节点六面体热分析单元 SOLID70，结合表面效应单元 SURF152，进行瞬态热辐射的有限元分析。

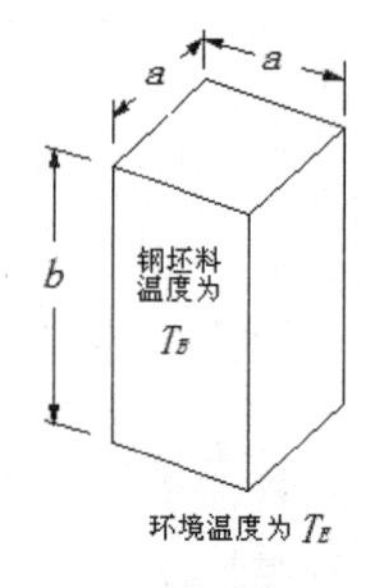

图8-62　几何模型

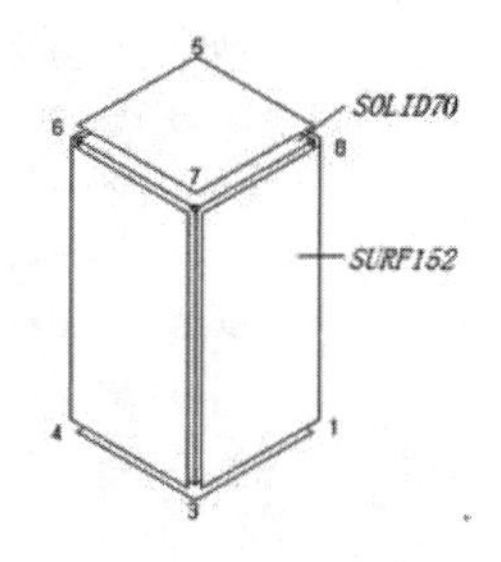

图8-63　有限元模型

表8-1 钢坯料的材料参数、几何尺寸及温度载荷表

材料参数					几何参数		温度载荷	
热导率/[Btu/(ft·s·K)]	密度/(lb/ft^3)	比热容/[Btu/(lb·K)]	辐射率	斯忒藩-波耳兹曼常数[Btu/(h·ft^2·K)]	a/ft	b/ft	T_E/K	T_B/K
10000	487.5	0.11	1	0.1712e-8	2	4	530	2000

8.4.3 GUI 操作步骤

1. 定义分析文件名

从实用菜单中选择 Utility Menu：File > Change Jobname 命令，在弹出的对话框中输入“Example8-4”，单击“OK”按钮。

2. 定义单元类型

1）选择热分析实体单元。从主菜单中选择 Main Menu：Preprocessor > Element Type > Add/Edit/Delete 命令，弹出“Element Types”对话框，单击“Add...”按钮，弹出“Library of Element Types”对话框，在左、右列表框中分别选择“Thermal Solid”和“Brick 8node 70”选项，选择8节点三维六面体单元，单击“Apply”按钮。

2）选择表面效应单元。在左、右列表框中分别选择“Surface Effect”和“3Dthermal152”选项，如图8-64所示，单击“OK”按钮。在“Element Types”对话框中选中“Type 2 SURF152”单元，单击“Options”按钮，弹出如图8-65所示的对话框，在“K4”下拉列表中选择“Exclude”，在“K5” 下拉列表中选择“Include 1 node”，在“K9” 下拉列表中选择“Real const FORMF”，然后单击“OK”按钮。单击“Close”按钮，关闭“Element Types”对话框。

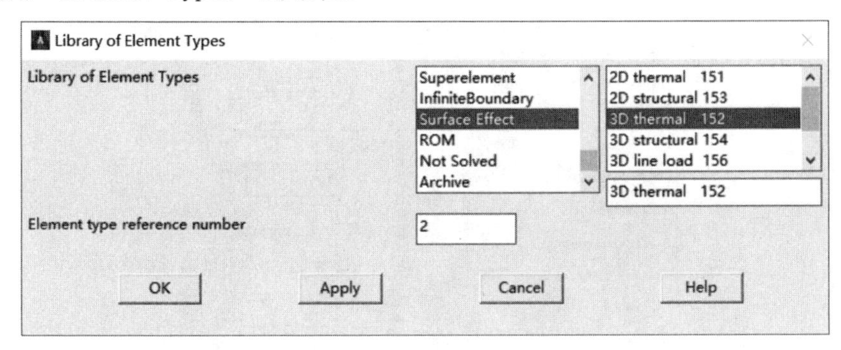

图8-64 “Library of Element Types”对话框

3. 定义实常数

从主菜单中选择 Main Menu：Preprocessor > Real Constants > Add/Edit/Delete 命令，在弹出的“Real Constants”对话框中单击“Add”按钮，然后选择“Type 2 SURF152”单元，单击“OK”按钮，弹出如图8-66所示的对话框，在“Real Constant Set No.”文本框中输入2，在“FORMF” 文本框中输入1，在“SBCONST” 文本框中输入“1.712e-9”，单击“OK”按钮。单击“Close”按钮，关闭“Real Constants”对话框。

4. 定义材料属性

（1）定义钢坯料材料属性。

1）定义热导率。从主菜单中选择 Main Menu：Preprocessor > Material Props > Material Models 命令，弹出“Define Material Model Behavior”窗口，在右边列表框中选择 Thermal > Conductivity > Isotropic，在弹出的对话框中的“KXX”文本框中输入热导率为10000，单击“OK”按钮。

2）定义材料的比热容。在右边列表框中选择 Thermal > Specific Heat，在弹出的对话框中的“C”文本框中输入比热容0.11，单击“OK”按钮。

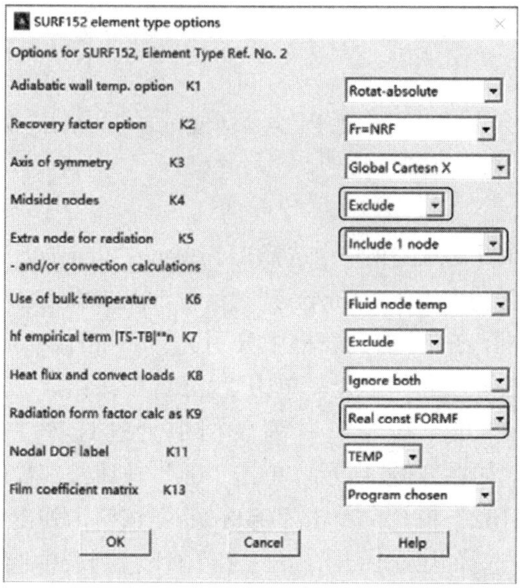

图8-65　“SURF152 element type Options”对话框

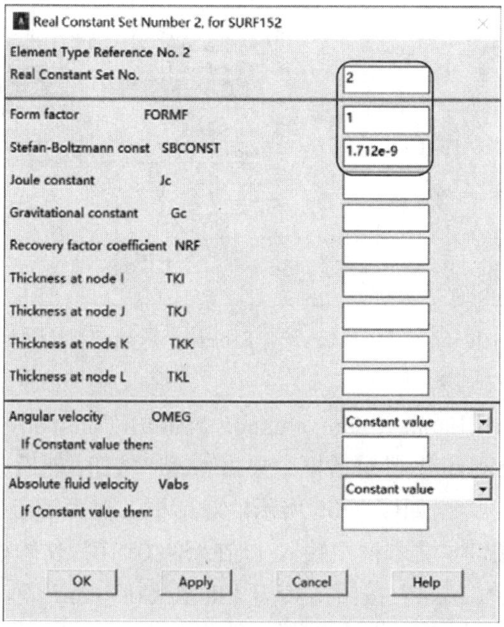

图8-66　“Real Constant Set Number2, for SURF152”对话框

3）定义材料的密度。在右边列表框中选择 Thermal > Density，在弹出的对话框中

的“DENS”文本框中输入 487.5，单击“OK”按钮。

（2）定义表面效应热辐射参数。在“Define Material Model Behavior”窗口中单击菜单 Material > New Model，在弹出的对话框中单击“OK”按钮，默认选中材料模型 2，在右边列表框中选择 Thermal > Emissivity，在弹出的对话框“EMIS”文本框中输入 1，单击“OK”按钮。选择“Material”下拉菜单中的“Exit”命令，关闭“Define Material Model Behavior”窗口。

5. 建立几何模型

从主菜单中选择 Main Menu：Preprocessor > Modeling > Create > Volumes > Block > By Dimensions 命令，在弹出的对话框中设置 X1、X2、Y1、Y2、Z1、Z2 分别为 0、2、0、2、0、4，单击“OK”按钮，建立三维几何模型。

6. 设定网格密度

从主菜单中选择 Main Menu：Preprocessor > Meshing > Size Cntrls > ManualSize > Global > Size 命令，在弹出的对话框中的“NDIV”文本框中输入 1，单击“OK”按钮。

7. 划分网格

从主菜单中选择 Main Menu：Preprocessor > Meshing > Mesh > Volumes > Mapped > 4 to 6 sided 命令，单击“Pick All”按钮。

8. 建立表面效应单元

1）设置单元属性。从主菜单中选择 Main Menu：Preprocessor > Modeling > Create > Elements > Element Attributes 命令，弹出如图 8-67 所示的对话框，在“TYPE”“MAT”“REAL”下拉列表中均选择 2，单击“OK”按钮。

2）建立空间辐射节点。从主菜单中选择 Main Menu：Preprocessor > Modeling > Create > Nodes > In Active CS 命令，在弹出的对话框中的“NODE”文本框中输入 100，“X，Y，Z”文本框中输入“5” “5” “5”，“THXY”“THYZ”“THZX” 文本框中输入“0” “0” “0”，单击“OK”按钮。；

3）建立表面效应单元。从主菜单中选择 Main Menu：Preprocessor > Modeling > Create > Elements > Surf/Contact > Surf Effect > Generl Surface > Extra Node 命令，在弹出的对话框中选择“Min，Max，Inc”单选按钮，在文本框内输入“1,8,1”后按 Enter 键，如图 8-68 所示。单击“OK”按钮；弹出“Pick Extra Nodes”对话框，选择“Min，Max，Inc”单选按钮，在文本框内输入 100 后按 Enter 键，单击“OK”按钮。建立的有限元模型如图 8-68 所示。

9. 施加温度载荷

1）施加空间温度载荷。从主菜单中选择 Main Menu：Solution > Define Loads > Apply > Thermal > Temperature > on Nodes 命令，弹出“Apply TEMP on Nodes”对话框，选择 100 号节点，单击“OK”按钮，弹出如图 8-69 所示的对话框，在“Lab2”列表框中选择“TEMP”，在“VALUE”文本框中输入 530，单击“OK”按钮。

2）施加钢坯料温度载荷。从主菜单中选择 Main Menu ：Solution > Define Loads > Apply > Thermal > Temperature > Uniform Temperature 命令，在弹出的对话框中的文本框中输入 2000，如图 8-70 所示，单击“OK”按钮。

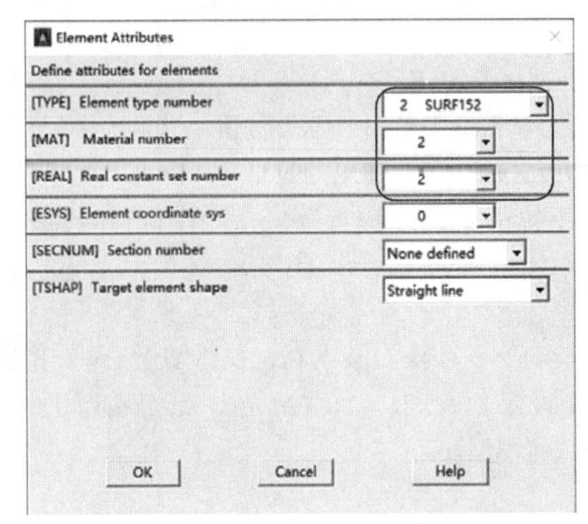

图8-67 “Element Attributes”对话框

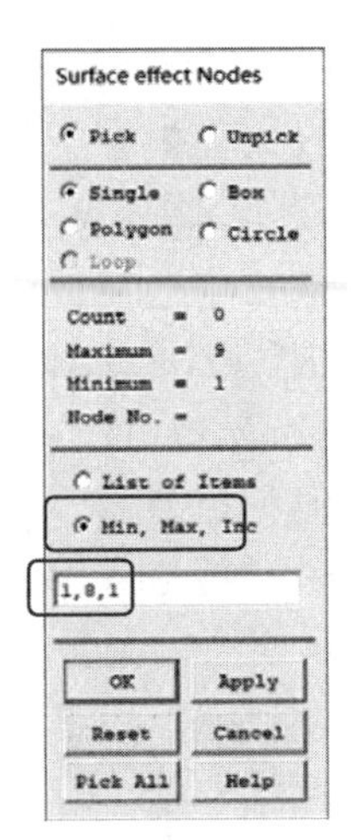

图8-68 “Surface effect Nodes”对话框

图8-68 有限元模型

10. 设置求解选项

1）从主菜单中选择Main Menu：Solution > Analysis Type > New Analysis命令，在弹出的对话框中选择“Transient”选项，单击“OK”按钮，弹出“Transient Analysis”对话框，采用默认设置，单击“OK”按钮，关闭对话框。

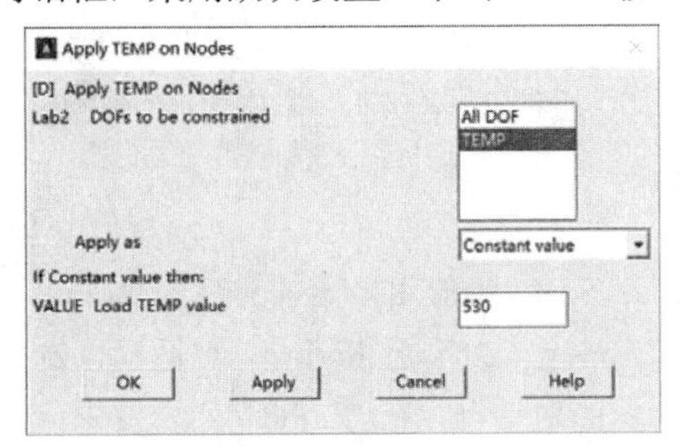

图8-69 “Apply TEMP on Nodes”对话框

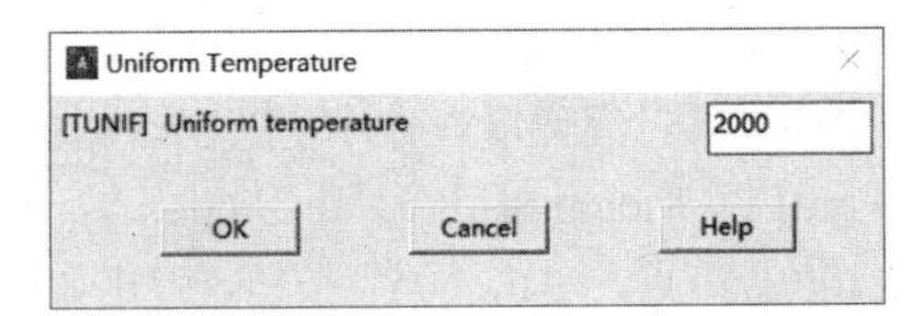

图8-70 “Uniform Temperature”对话框

2）从主菜单中选择Main Menu：Solution > Load Step Opts > Time/Frequenc > Time-Time Step命令，弹出如图8-71所示的对话框，在“TIME”文本框中输入3.7，“DELTIM”文本框中输入0.005，在“KBC”文本框中选择“Stepped”，在“AUTOTS”中选择“ON”，设置“Use previous step size”为“No”，然后单击“OK”按钮。

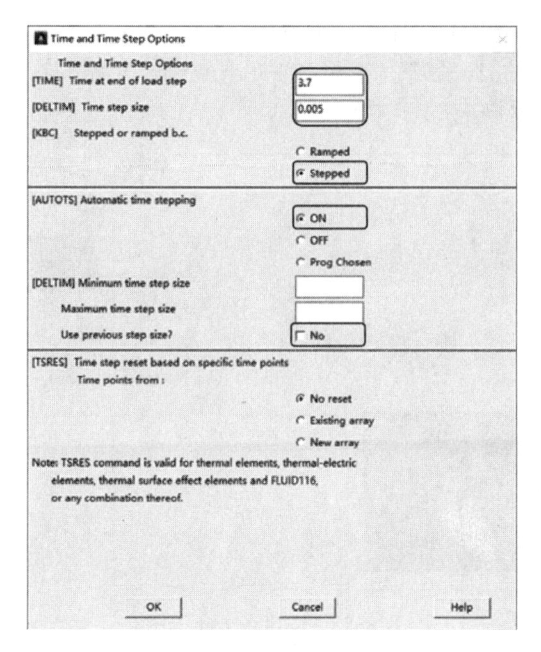

图8-71 “Time and Time Step Options”对话框

3）从主菜单中选择 Main Menu：Solution > Analysis Type > Sol’n Controls 命令，弹出如图 8-72 所示的对话框，在“Frequency”中选择“Write every substep”，单击“OK”按钮。

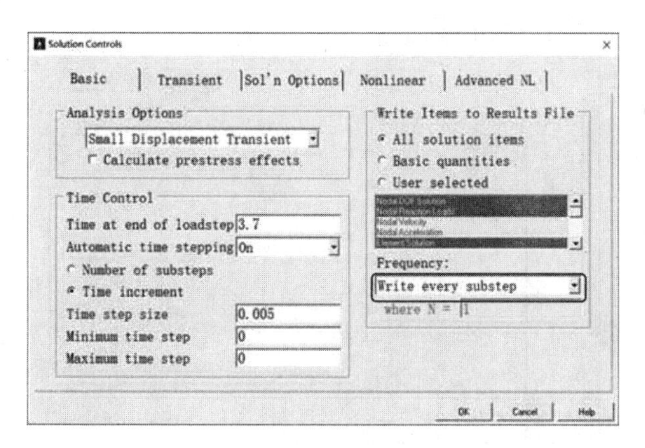

图8-72 “Solution Controls”对话框

11. 存盘

从实用菜单中选择 Utility Menu：Select > Everything 命令，单击工具条上的 SAVE_DB 按钮。

12. 求解

从主菜单中选择 Main Menu：Solution > Solve > Current LS 命令，进行计算。

13. 显示温度场分布云图

从实用菜单中选择 Utility Menu： PlotCtrls > Window Controls > Window Options 命令，在弹出的对话框中的“INFO”中选择“Legend ON”，单击“OK”按钮。从主菜单中选择 Main Menu：General Postproc > Read Results > Last Set 命令，读最后一个

子步的分析结果。从主菜单中选择 Main Menu：General Postproc > Plot Results > Contour Plot > Nodal Solu 命令，选择 DOF Solution > Nodal Temperature，生成的温度场分布云图如图 8-73 所示。

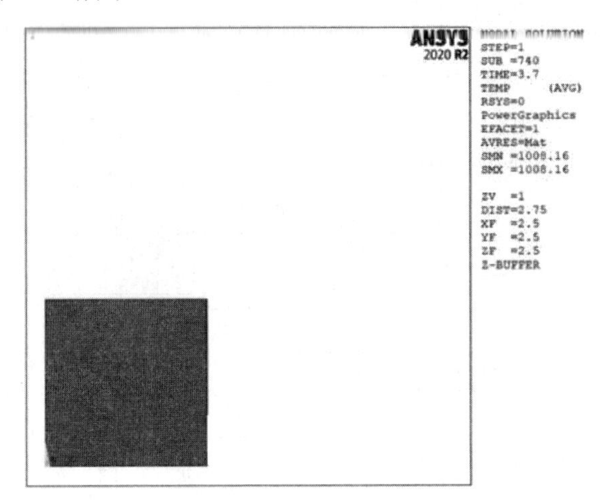

图8-73 温度场分布云图

14. 显示钢坯料 1 号节点温度随时间变化曲线图

从主菜单中选择 Main Menu：TimeHist Postpro 命令，在弹出的对话框中单击按钮，在弹出的对话框中单击 Nodal Solution > DOF Solution > Nodal Temperature。单击“OK”按钮。在弹出的对话框中选择“Min，Max，Inc”，在文本框中输入 1 后按 Enter 键确认。单击“OK”按钮，再单击按钮，曲线如图 8-74 所示。

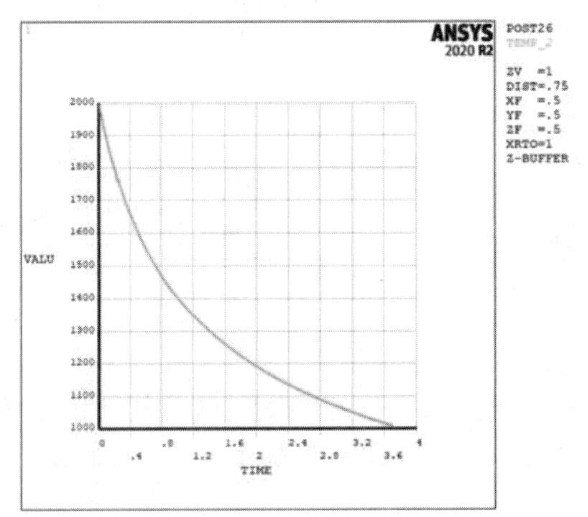

图8-74 钢坯料1号节点温度随时间变化曲线

15. 退出 ANSYS

单击工具条中的“QUIT”按钮，选择“Quit - No Save!”选项，单击“OK”按钮。

8.4.4 命令流方式

命令流执行方式这里不做详细介绍，读者可参见电子资料包中的内容。

第 9 章

参数化与单元的生和死

ANSYS 除了基本的分析功能外，还有许多高级的分析功能，如参数化设计语言、单元的生和死。

- 参数化设计语言
- 参数化设计语言实例
- 单元的生与死
- 单元的生与死实例

9.1 参数化设计语言

9.1.1 参数化设计语言介绍

进行有限元分析的标准过程包括：定义模型及其载荷、求解和解释结果。如果求解结果表明有必要修改设计，那么就必须改变模型的几何形状并重复上述步骤，如果模型较复杂或修改较多，则这个过程可能很烦琐和费时。

ANSYS 参数化设计语言（APDL）用建立智能分析的手段为用户提供了自动完成上述循环的功能，也就是说程序的输入可设定为根据指定的函数、变量以及选出的分析标准做决定。APDL 允许复杂的数据输入，使用户实际上对任何设计或分析属性有控制权，如尺寸、材料、载荷、约束位置和网格密度等。APDL 扩展了传统有限元分析的能力，并扩充了更高级运算，包括灵敏度研究、零件库参数化建模、设计参数及设计优化。

9.1.2 参数化设计语言的功能

所有全局控制特性允许按需求改变该程序以满足特定的建模和分析需要。通过精心计划，能创建一个高度完善的控制方案。该方案将在特定的应用范围内使程序发挥最大效率。下面具体介绍 APDL 的成分和功能。

1．参数

APDL 允许用户通过指定或程序计算给变量（参数）赋值，在 ANSYS 运行中的任一时刻都能定义参数。另外，可将参数保存在一个文件中供以后的 ANSYS 运行过程或其他运行和报告使用。参数性能提供了对程序进行控制和简化数据输入的有效方法。

参数可以定义成常数值，也可以用参数表达式的当前值定义，甚至可以是一个字符串。例如，用户可以用命令 PI=3.14159 定义参数 PI，这个参数一旦定义，在此之后任何的参数域若使用 PI，本程序就会用 3.14159 替代。通过条件检测也能定义常数参数。例如，命令 A=B<5.7 表示如果 B 小于 5.7 程序就把 B 的当前值赋给 A，否则，A 就等于 5.7。

2．数组参数

工程分析所需要和所产生的数据类型有时用表格形式表示更易理解。ANSYS 数组参数的功能使这类数据的处理很便利。

有 3 种类型的数组参数：第一类由简单整理成表格形式的离散数据组成。第二类就是通常所说的表式数组参数表，也是由整理成表格形式的数据组成，然而这种参数类型允许在两个指定的表格项间进行线性插值，另外表式数组参数可以用非整数数值作为行和列的下标，这些特性使表式数组参数表成为数据输入和结果处理的有力工具。第三类数组参数是字符串，由文字组成。

使用数组参数能简化数据输入。例如，随时间变化的力函数可用表式数组，这样数据点输入最少，ANSYS 程序能计算出未定义时间点的力值。数据输入方面的应用还有响应频谱曲线、应力-应变曲线和材料温度曲线等。

3．表达式和函数

另一个与数组参数有关的特性是矢量和矩阵运算的能力。矢量运算（用于列矢量）包括加、减、点积、矢积及许多其他运算；矩阵运算包括矩阵乘法、转置计算及联立方程求解。在 ANSYS 运行中的任何时刻，数组参数（以及其他参数）能以 FOTRAN 实数的形式写入文件，写出的文件可用于 ANSYS 的其他应用及计算报告的编写。

4．分支和循环

智能分析需要一个决定作用的框架，利用分支和循环性把这个框架提供给 ANSYS 程序。循环使用户避免了冗长的命令重复，而分支为用户提供了控制程序全局和指导程序完成分析的能力。

分支利用传统的 FORTRAN GO 和 IF 语句引导程序按非连续顺序读取命令。GO 命令批示程序转到用户标定的输入行，IF 命令是条件转移语言，只有当满足给定的条件时，该命令才批示程序转到另一行。ELSE 语句也有效，它批示程序根据现行的条件执行几个动作中的一个，IF 命令可以包含用户指定的或 ANSYS 计算出的参数做评估条件。最简单的分析命令：GO 指引程序转到特定的标记而不执行中间部分的命令。最常见的分支结构为 IF——THEN——ELSE，使用*IF、*ELSE IF 和*ENDIF。

分支命令能引导程序根据实际模型或分析做决定，该命令允许带参数，且允许部分输入值随计算出的某些量值改变。

循环通过典型的 DO 循环指令实现，这个指令表示程序重复一串命令，循环的次数由计算器或其他循环的控制器来控制，控制器完全根据给定条件的状态决定程序是继续循环还是退出循环。

5．重复功能和缩写

重复功能通过去除命令串中不必要的重复简化命令输入。在一个输入序列中输入重复命令*REPEAT 时，程序立即将前面的命令重复执行指定的次数。被重复的命令执行起来就像输入的一样，每重复一次，命令变量就会增加。这些功能可大大简化程序模型构造，在模型开发中可以用重复功能产生节点、关键点、线段、边界条件及其他模型属性。

缩写能用于简化命令输入，一旦一个缩写定义好，就能在命令输入流的任何地方使用。

6．宏

宏是一系列保存在一个文件中并能在ANSYS运行中的任何时间执行的ANSYS命令集。宏文件可用系统编辑器或在 ANSYS 程序内部建立，它可以包括 APDL 特性的任何内容，像参数、重复功能、分支等。

在 ANSYS 内部建立宏时，可指定复制程序命令集到一个特定的文件，当宏被建立时它们自动地存储在目录中，在此后数据输入过程的任意时刻，都能批示程序使用宏文件的命令序列。

在分析中，宏可被重复任意多次并可嵌套多达 10 层。一个分析中使用宏的数目没有限制，每个宏同样能用于其他分析。常用的宏可成组地放入宏库文件，并能单独在任何 ANSYS 中运行使用。宏最显而易见的用法之一是简化重复的数据输入。例如，在对模型表面的几个建立网格需要相同的建立网格命令时，一般的做法是在建模中对每个孔都重复建立网格所必需的一串命令，而如果建立一个网格命令的宏，则当每个孔要建立网格时，用户批示程序使用宏文件即可。其他类型的应用也是可免去重复的命令输入。

在宏内普遍使用的一个APDL特性命令(而且可以用于任何读入ANSYS的文件)是*MSG命令，该命令允许将参数和用户提供的信息写入用户可控制的有格式的输出文件，这些信息可以是一个简单的注释、一个警告、一个错误信息，甚至是一个致命的错误信息(后面两项可能引起运行中止)，这就允许用户在ANSYS内部创建特定的报告或产生可用外部程序读出的有格式的输出文件。

宏带参数是宏更复杂的应用，并且功能也更强，这一功能允许在分析内部建立输入子程序。宏可被看作用户定义的命令。当输入一个ANSYS程序不认识的命令名时，在目录结构中将建立一个检查序列，如果发现了相同名字的宏，那么它就会被执行。用户可指定宏文件的路径名，为使宏能用于任何ANSYS运行中，可以把常用的宏成组放入单独的目录中。

ANSYS程序提供了几个预先写好的宏，如自适应网格划分宏命令、动画宏命令等。

7. 用户子程序

虽然不能严格地把用户子程序考虑为APDL的一部分，但是用户子程序功能允许用户在程序内部扩充专用算法，从而增加了程序的灵活性。ANSYS 程序的开放式结构允许用户写个FORTRAN子程序并把它与ANSYS代码程序连接在一起。可用的用户子程序包括：

- 用户定义的命令，增强ANSYS能力。
- 用户构造的单元，一旦定义好就可以同其他ANSYS单元一样使用。
- 替换100层复合壳和实体单元（SHELL99和SOLID46）的失效准则。
- 用户自定义蠕变和材料膨胀方程。
- 定义塑性材料行为准则等。

9.2 参数化设计语言实例——悬臂梁

本节将通过一个悬臂梁的实例来介绍参数化设计语言的使用。

9.2.1 分析问题

假设悬臂梁如图9-1所示，在有限元模型中，梁的长度小于0.5m时划分为5个单元，0.5～1m时时划分为10个单元，1～1.5m时划分为15个单元。

建立模型包括设置分析文件名和标题、定义单元类型和实常数、定义材料属性、建立几何模型、划分有限元网格。

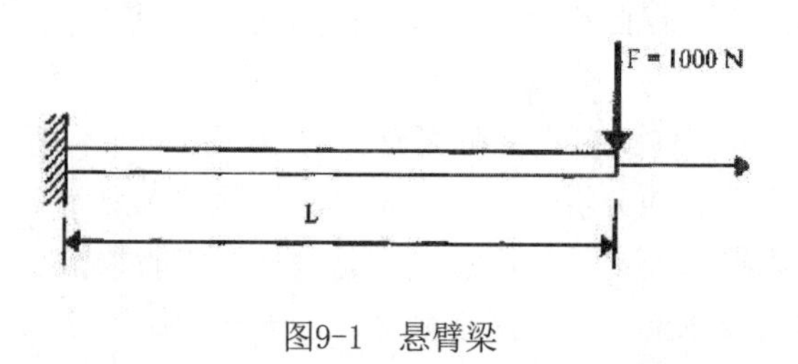

图9-1　悬臂梁

9.2.2 建立模型

1. 设定分析作业名和标题

在进行一个新的有限元分析时，通常需要修改数据库名，并在图形输出窗口中定义一个标题来说明当前进行的工作内容。另外，对于不同的分析范畴（结构分析、热分析、流体分析、电磁场分析等），ANSYS所用的主菜单的内容不尽相同，为此，需要在分析开始时选定分析内容的范畴，以便ANSYS显示出与其相对应的菜单选项。

1）从实用菜单中选择Utility Menu：File > Change Jobname命令，将打开“Change Jobname(修改文件名)”对话框，如图9-2所示。

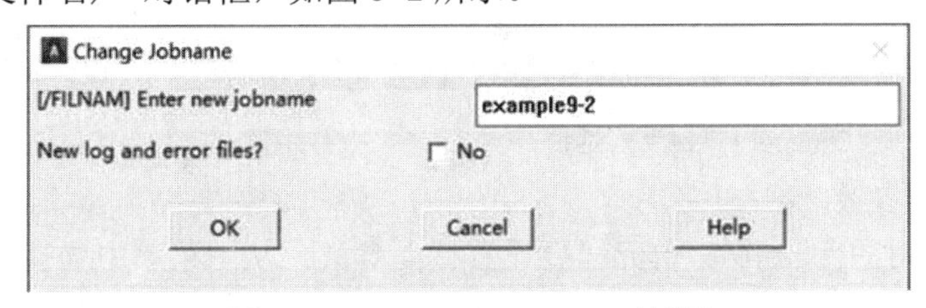

图9-2 “Change Jobname”对话框

2）在“Enter new jobname（输入新的文件名）”文本框中输入文字“example9-2”，设置本分析实例的数据库文件名。

3）单击“OK”按钮，完成数据库文件名的设置。

4）从实用菜单中选择Utility Menu：File > Change Title命令，打开“Change Title（修改标题）”对话框，如图9-3所示。

5）在“Enter new title（输入新标题）”文本框中输入“the use of APDL on beam”，设置本分析实例的标题名。

6）单击“OK”按钮，完成对标题名的设置。

7）从实用菜单中选择Utility Menu：Plot > Replot命令，指定的标题“the use of APDL on beam”将显示在图形窗口的左下角。

8)从主菜单中选择Main Menu:Preference命令,打开“Preference of GUI Filtering（菜单过滤参数选择）”对话框，选中“Structural”复选框，单击“OK”按钮确定。

2. 定义参数

从实用菜单中选择Utility Menu：Parameters > Scalar Parameters…命令，在弹出的对话框中的“Selection”下面的文本框内输入“AR=2e-4”，单击“Accept”按钮。采用同样方法，将其他参数依次输入，结果如图9-4所示。输入完成后，单击“Close”按钮关闭对话框。

3. 定义单元类型

本例选用Beam188单元作为分析的有限元类型。从主菜单中选择Main Menu：Preprocessor > Element Type > Add/Edit/Delete命令，弹出“Element Types”对话框。单击“Add...”按钮，弹出“Library of Element Types”对话框，在左、右列表框中分别选择“Beam”和“2node 188”选项，如图9-5所示。单击“OK”按钮，返回“Element Types”对话框。单击“Close”按钮将其关闭。

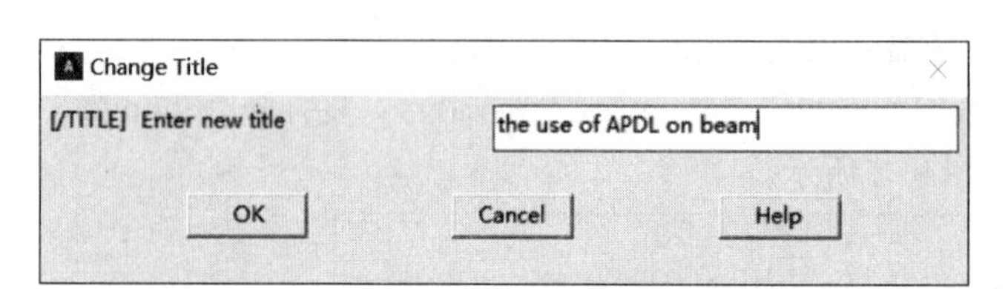

图9-3 “Change Title”对话框

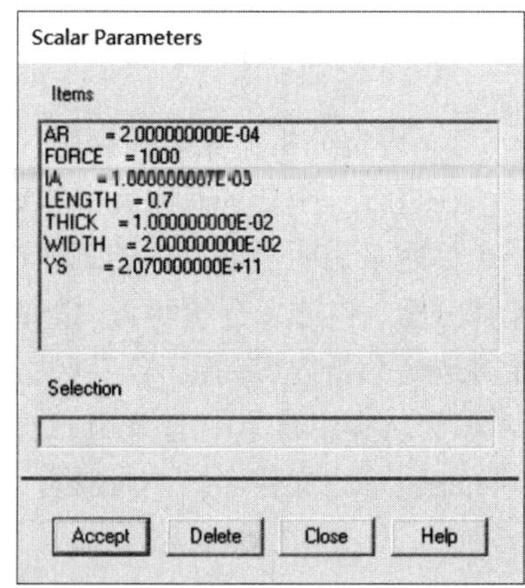

图9-4 “Scalar Parameters”对话框

4．定义截面参数

本实例中选用的 Beam188 单元需要设置截面参数。从主菜单中选择 Main Menu：Preprocessor > Sections > Beam > Common Sections 命令，弹出“Beam Tool”对话框，在“Name”文本框中输入“B1”，在“B 文本框”中输入“WIDTH”，在“H”文本框中输入“THICK”，如图 9-6 所示。单击“OK”按钮。

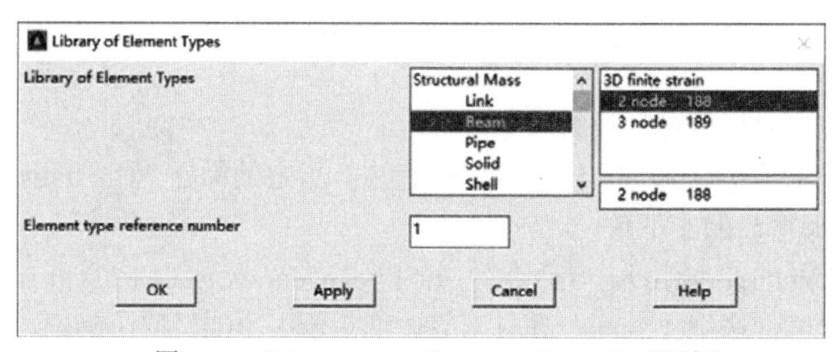

图9-5 “Library of Element Types”对话框

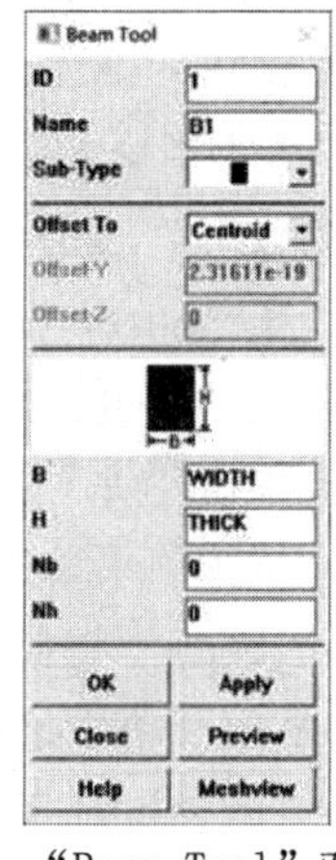

图9-6 “Beam Tool”对话框

5．定义材料属性

惯性力的静力分析必须定义材料的弹性模量和密度。具体步骤如下：

1）从主菜单中选择 Main Menu：Preprocessor > Material Props > Materia Models 命令，打开“Define Material Model Behavior（定义材料模型属性）”窗口，如图 9-7 所示。

2）在右边列表框中依次单击 Structural > Linear > Elastic > Isotropic，展开材料属性的树形结构，打开 1 号材料的弹性模量（EX）和泊松比（PRXY）的定义对话框，如图 9-8 所示。

3）在对话框的“EX”文本框中输入弹性模量“ys”，在“PRXY”文本框中输入泊松比 0.3。

4）单击“OK”按钮，关闭对话框，并返回到“Define Material Model Behavior

（定义材料模型属性）”窗口，在左边列表框中显示出刚刚定义的编号为1的材料属性。

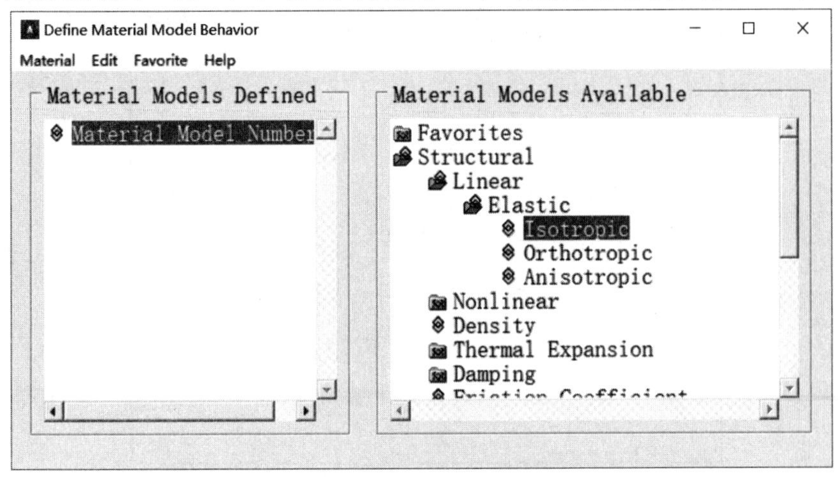

图9-7 “Define Material Model Behavior”窗口

Linear Isotropic Properties for Material Number 1

Linear Isotropic Material Properties for Material Number 1

	T1
Temperatures	
EX	ys
PRXY	0.3

Add Temperature　Delete Temperature　Graph

OK　Cancel　Help

图9-8 “Linear Isotropic Properties for Material Number1”对话框

5）在“Define Material Model Behavior”窗口中的菜单选择 Material > Exit 命令，或者单击右上角的关闭按钮，退出“Define Material Model Behavior（定义材料模型属性）”窗口，完成对模型材料属性的定义。

6．生成节点

1）在梦里窗口中输入以下命令：

```
N,6,LENGTH
  *ELSEIF,LENGTH,LE,1,THEN
N,11,LENGTH
  *ELSEIF,LENGTH,LE,1.5,THEN
N,16,LENGTH
*ENDIF
FILL
```

2）生成的节点如图9-9所示。本例中的参数“LENGTH”为0.7，所以创建了11个节点，划分为10个单元。

3）在命令窗口中输入以下命令，进行网格划分：

```
*GET,FNODE,NODE,0,NUM,MAX
E,1,2
*REPEAT,FNODE-1,1,1
```

```
FINISH
```

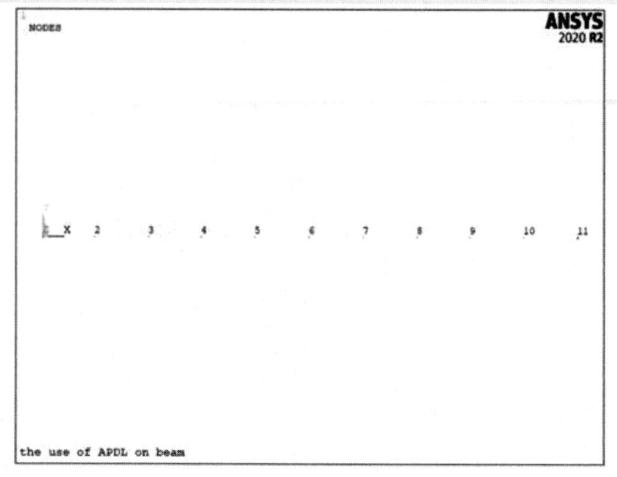

图9-9　生成节点

结果如图 9-10 所示。

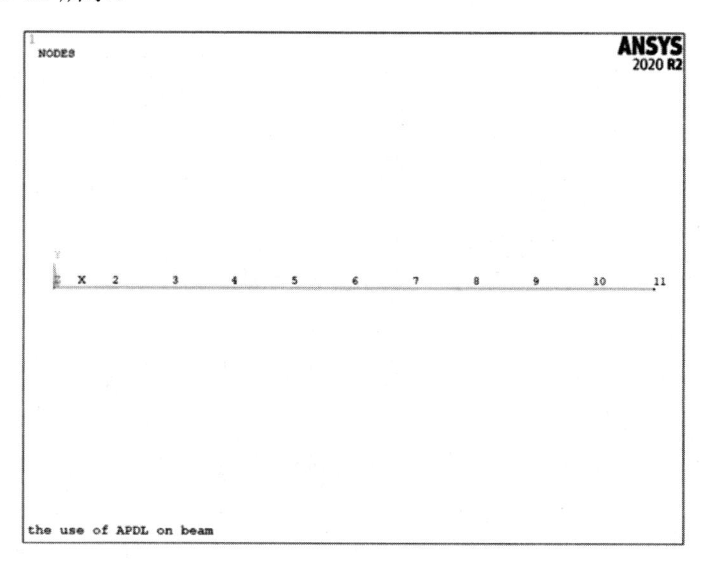

图9-10　划分网格

9.2.3　定义边界条件并求解

1. 定义边界条件

1）从主菜单中选择 Main Menu：Solution > Define Loads > Apply > Structural > Displacement > on Nodes 命令，打开如图 9-11 所示的对话框，要求选择欲施加位移约束的节点。

2）在图形区域中选取第一个节点（节点号为 1），单击“OK”按钮，打开“Apply U,ROT on Nodes”对话框。

3）选择“All DOF”选项，如图 9-12 所示，即对所有的自由度进行约束。

4）单击“OK”按钮，ANSYS 在选定节点上施加指定的位移约束，如图 9-13 所示。

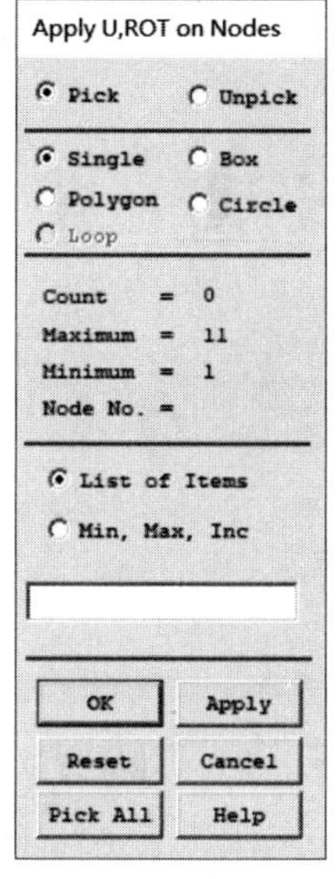

图9-11 “Apply U,ROT on Nodes”对话框

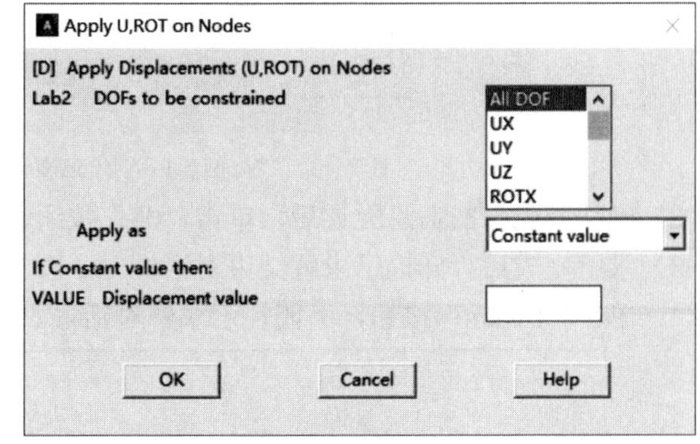

图9-12 “Apply U,Rot on Nodes”对话框

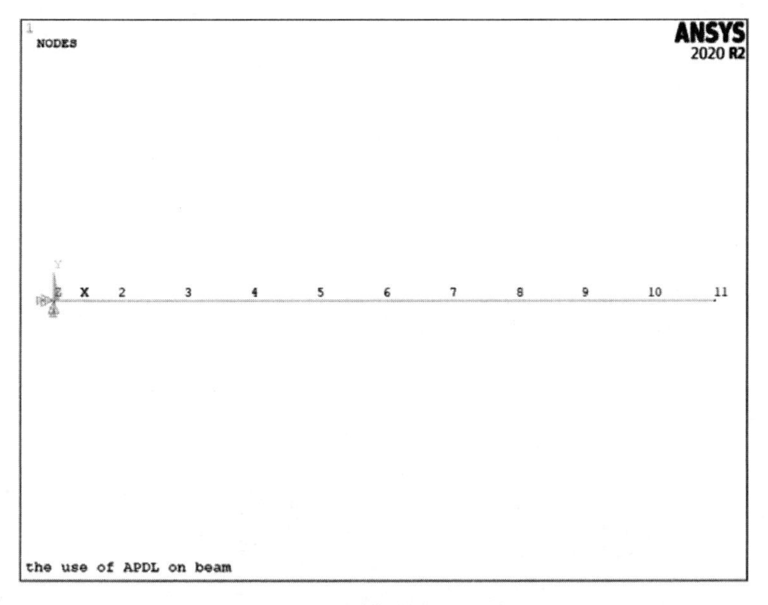

图9-13 施加的位移约束

5）从主菜单中选择 Main Menu：Solution > Define Loads > Apply > Structural > Force / Moment > on Nodes 命令，打开节点选择对话框，要求选择欲施加位移约束的节点。

6）选择第 11 个节点（节点号为 11），单击“OK”按钮，打开“Apply F / M on Nodes（在节点上施加力载荷）”对话框，在“Direction of force/mom”下拉列表中选择“FY”，在“VALUE”文本框中输入“-FORCE”，如图 9-14 所示。

7）单击“OK”按钮，ANSYS 在选定节点上施加指定的力载荷，如图 9-15 所示。

2．求解

1）从主菜单中选择 Main Menu：Solution > Solve > Current LS 命令，打开一个确认对话框和状态列表，要求查看列出的求解选项。

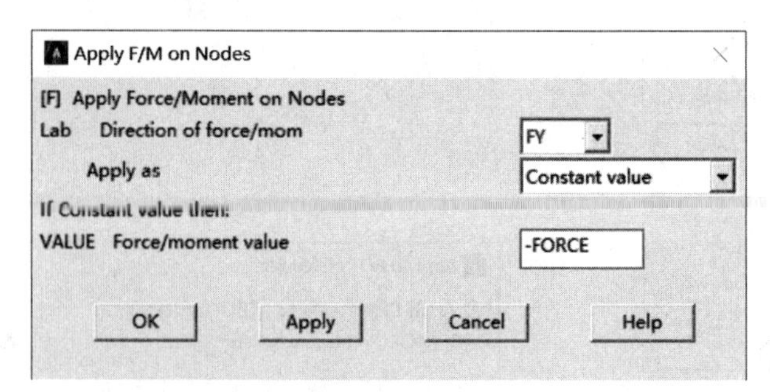

图9-14 “Apply F / M on Nodes”对话框

2）确认列表中的信息无误后，单击“OK”按钮，开始求解。

3）求解完成后打开提示求解结束对话框。

4）单击“Close”按钮，关闭提示求解对话框。

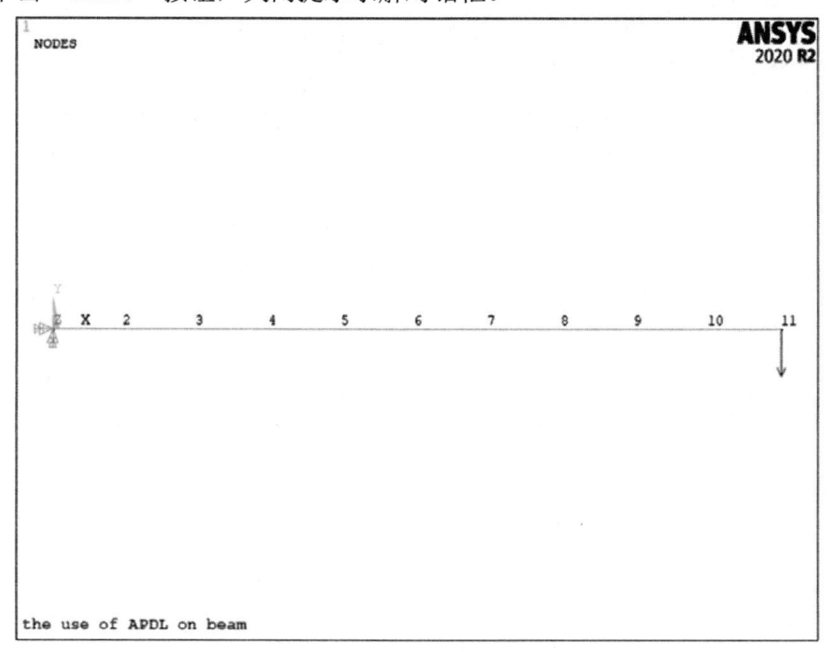

图9-15 施加力载荷

9.2.4 查看结果

1）从主菜单中选择Main Menu：General Postproc > Plot Result > Contour Plot > Nodal Solu命令，打开“Contour Nodal Solution Data（等值线显示节点解数据）”对话框，如图9-16所示。

2）在“Item to be contoured（等值线显示结果项）”下面的“Nodal Solution”中选择“DOF solution（自由度解）”选项。

3）选择“Y-Component of displacement（Y向位移）”选项。

4）在“Undisplaced shape key”下拉列表中选择“Deformed shape with undeformed edge（变形后和未变形轮廓线）”选项。

5）单击“OK”按钮，在图形窗口中显示出Y向变形图，包含变形前的轮廓线，如图9-17

所示。

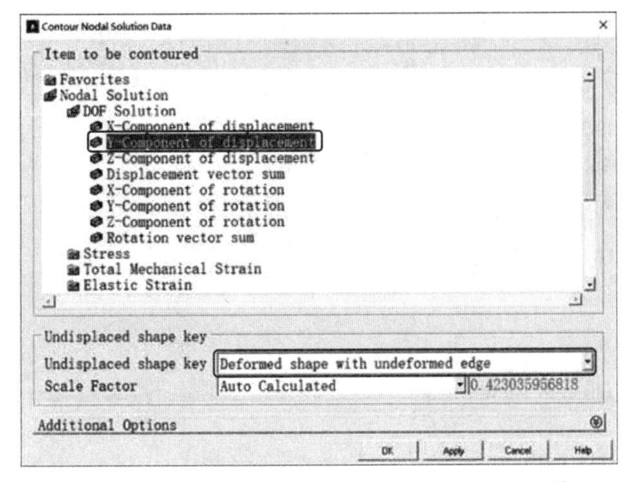

图9-16 “Contour Nodal Solution Data”对话框

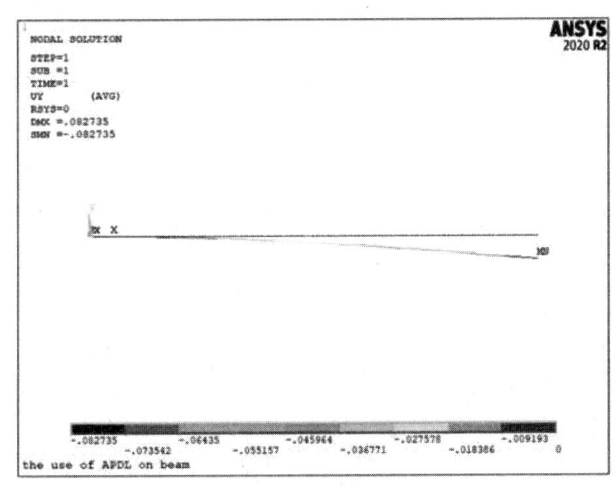

图9-17 Y向变形图

9.2.5 命令流方式

本实例的命令流如下：

```
/FILNAME,example9-2,0
/TITLE,the use of APDL on beam
/REPLOT
/PREP7
AR=2E-4
FORCE=1000
IA=1.66666666667E-9
LENGTH=0.7
THICK=1E-2
WIDTH=2E-2
YS=2.07E11
```

```
! 定义单元类型
ET,1,BEAM188
! 定义截面
SECTYPE,1,BEAM,RECT,B1,0
SECOFFSET,CENT
SECDATA,WIDTH,THICK,0,0,0,0,0,0,0,0,0,0
! 定义材料属性
MP,EX,1,YS
MP,PRXY,1,0.3
! 创建模型
N,1,0,0
*IF,LENGTH,LE,0.5,THEN
N,6,LENGTH
*ELSEIF,LENGTH,LE,1,THEN
N,11,LENGTH
*ELSEIF,LENGTH,LE,1.5,THEN
N,16,LENGTH
*ENDIF
FILL
! 划分网格
*GET,FNODE,NODE,0,NUM,MAX
E,1,2
*REPEAT,FNODE-1,1,1
FINISH
!定义边界条件
/SOLU
D,1,,,,,,ALL,,,,,
F,FNODE,FY,-FORCE
! 求解
SOLVE
FINISH
! 查看结果
/POST1
PLNSOL,U,Y,2,1
FINISH
```

9.3 单元的生和死

如果模型中加入（或删除）材料，模型中相应的单元就“存在”（或“消亡”）。单元生死选项就用于在这种情况下杀死或重新激活选择的单元。

9.3.1 单元的生和死介绍

单元生死选项主要用于钻孔（如开矿和挖通道等）、建筑物施工过程（如桥的建筑过程）、顺序组装（如分层的计算机芯片组装）以及根据单元位置来激活和不激活它们的应用中。单元生死功能只适用于 ANSYS/Multiphysics、ANSYS/ Mechanical 和 ANSYS/Structural 产品。另外，单元生死功能只适用于具有生与死的能力单元（见表9-1）。

表9-1 具有生与死的能力单元

BEAM188	LINK180	PLANE183	REINF265	SOLID231	SOLID87
BEAM189	LINK31	PLANE230	SHELL131	SOLID232	SOLID90
COMBI214	LINK33	PLANE233	SHELL132	SOLID236	SOLID96
COMBIN14	LINK34	PLANE238	SHELL157	SOLID237	SOLID97
CONTA171	LINK68	PLANE25	SHELL181	SOLID239	SOLID98
CONTA172	MASS21	PLANE35	SHELL208	SOLID240	SOLSH190
CONTA173	MASS71	PLANE53	SHELL209	SOLID272	SURF151
CONTA174	MATRIX27	PLANE55	SHELL281	SOLID273	SURF152
CONTA175	MPC184	PLANE75	SHELL41	SOLID278	SURF153
CONTA176	PIPE288	PLANE77	SOLID122	SOLID279	SURF154
CONTA177	PIPE289	PLANE78	SOLID123	SOLID285	SURF159
ELBOW290	PLANE121	PLANE83	SOLID185	SOLID5	TARGE169
FOLLW201	PLANE13	REINF263	SOLID186	SOLID65	TARGE170
LINK11	PLANE182	REINF264	SOLID187	SOLID70	

在一些情况下，单元的生死状态可以根据 ANSYS 的计算数值（如温度、应力、应变等）来决定。可以用 ETABLE 命令和 ESEL 命令来确定选择的单元的相关数据，也可以改变单元的状态（溶和、固结、俘获等）。本过程对于由相变引起的模型效应（如焊接过程中原不生效的熔融材料变为生效的模型体的一部分）、失效扩展和其他一些分析过程中的单元变化是有效的。

9.3.2 单元的生和死方法

要激活“单元死”的效果，ANSYS 程序并不是将“杀死”的单元从模型中删除，而是将其刚度（或传导，或其他分析特性）矩阵乘以一个很小的因子（ESTIF）。因子默认值为 1.0e-6，可以赋予其他数值。死单元的单元载荷将为 0，从而不对载荷矢量生效（但仍然在单元载荷的列表中出现）。同样，死单元的质量、阻尼、比热容和其他类似效果也设为 0 值。死单元的质量和能量将不包括在模型求解结果中。单元的应变在“杀死”的同时也将设为 0。

与激活“单元死”的过程相似，如果单元“出生”，也不是将其加到模型中，而是重新激活它们。用户必须在 PREP7 中生成所有单元，包括后面要被激活的单元。在求解器中不能生成新的单元。要“加入”一个单元，可先杀死它，然后在合适的载荷步中重新激活它。

当一个单元被重新激活时，其刚度、质量、单元载荷等将恢复其原始的数值。重新激活的单元没有应变记录（也无热量存储等）。但是，初应变以实参形式输入的不为单元生死选项所影响，而且除非是打开了大变形选项（NLGEOM,ON），一些单元类型将以它们以前的几何特性恢复（大变形效果有时用来得到合理的结果）。单元在被激活后的第一个求解过程中如果其承受热量体载荷，同样可以有热应变[等于 a*(T-TREF)]。

9.3.3 单元的生和死步骤

可以在大多数静态和非线性瞬态分析中使用单元生死，其基本过程与相应的分析过程是一致的。对于其他分析来说，这一过程主要包括以下几步。

1．建模

在 PREP7 中生成所有单元，包括那些只有在以后载荷步中才激活的单元。在 PREP7 外不能生成新的单元。

2．施加载荷并求解

1）定义第一个载荷步。在第一个载荷步中，用户必须选择分析类型和所有的分析选项。

在结构分析中，应打开大变形效果。

对于所有单元生死应用，在第一个载荷步中应设置牛顿-拉夫森选项，因为程序不能预知 EKILL 命令出现在后面的载荷步中。

2）杀死“EKILL”所有要加入到后续载荷步中的单元。

单元在载荷步的第一个子步被杀死（或激活），然后在整个载荷步中保持该状态。要注意保证使用默认的矩阵缩减因子不会引起一些问题。有些情况下要考虑用严格的缩减因子。

不与任何激活的单元相连的节点将“漂移”，或具有浮动的自由度数值。在一些情况下，用户可能想约束不被激活的自由度（D、CP 等）以减少要求解的方程的数目，并防止出现位置错误。约束非激活自由度，对重新激活的单元在有特定的温度等时很有影响，因为在重新激活单元时要删除这些人为的约束。同时要删除非激活自由度的节点载荷（也就是不与任意激活的单元相连的节点）。同样，必须在重新激活的自由度上施加新的节点载荷。

3）后继载荷步。在后继载荷步中，可以随意杀死或重新激活单元。要注意的是，要正确地施加和删除约束和节点载荷。

3．查看结果

对于大多数情况来说，在对包含不激活或重新激活的单元操作时应按照标准的过程来做。但是必须清楚的是，“杀死”的单元仍在模型中，尽管对刚度（传导）矩阵的贡献可以忽略。因此，它们将包括在单元显示、输出列表等操作中。例如，不激活的单元在节点结果平均时将“污染”结果。整个不激活单元的输出应当被忽略，因为很多项带来的效果都很小。建议在单元显示和其他后处理操作前用选择功能将不激活的单元挑出选择集。

4. 使用 ANSYS 结果控制单元生死

在许多时候，用户并不清楚杀死和重新激活单元的确切位置。例如，要在热分析中“杀死”熔融的单元（在模型中移去熔化的材料），事先不会知道这些单元的位置，用户必须根据 ANSYS 计算出的温度确定这些单元。当决定杀死或重新激活单元依靠 ANSYS 计算结果（如温度、应力、应变等）时，用户可以使用命令识别并选择关键单元。

用户可以杀死或重新激活选择的单元（也可以用 ANSYS APDL 语言编写宏以完成这些操作）。

对杀死或重新激活单元的进一步说明：

◆ 不活动的自由度上不能施加约束方程（CE、CEINTF 等）。不活动的自由度在节点不与活动的单元相连时出现。

◆ 可以通过先杀死然后重新激活单元的方法做应力松弛（如退火）操作。

◆ 在非线性分析中，注意不要因为杀死或重新激活单元引起奇异性（如结构分析中的尖角）或刚度突变，这样会使得收敛困难。

◆ 在有单元生死的分析中打开（FULL）牛顿-拉夫森方法的适应下降选项，将得到好的结果。

◆ 可以通过一个参数值来指示单元生死状态。该参数可以用于 APDL 逻辑分支（*IF 等），或其他要控制单元生死的应用场合中。

◆ 可以通过改变材料特性来杀死或重新激活单元（MPCHG ）。但是在这个过程中要特别小心，软件保护系统和限制使得“杀死”的单元在求解器中改变材料特性时将不生效（单元集中载荷不能自动删除，应变、质量、比热等也不能删除）。不当的使用“MPCHG”命令将带来许多问题。例如，如果将单元的刚度缩减到近于 0，而保留其质量，在有加速度和惯性载荷的问题中将产生奇异性。

◆ 一个 MPCHG 的应用是在建立模型时涉及“出生”单元的应变历程的情况下。使用 MPCHG 可以得到单元在变形的节点构造中的初始应变。

◆ 在单元生死中不能用多载荷步求解（LSWRITE），因为不激活或重新激活的单元状态将不写入载荷步文件。有多个载荷步的生死单元分析应该用一系列的“SOLVE”命令来做。

9.4 单元的生和死实例——等截面杆

本节将通过一个具体的实例来说明单元生死的应用方法和步骤。

9.4.1 分析问题

问题描述：等截面杆两端固定，承受均匀的温度载荷时将其中间 1/3 段移去，过程是将其应变自由化并移去均匀温度。分析其热应力和应变情况。材料特性和几何模型参数如图 9-18 所示。

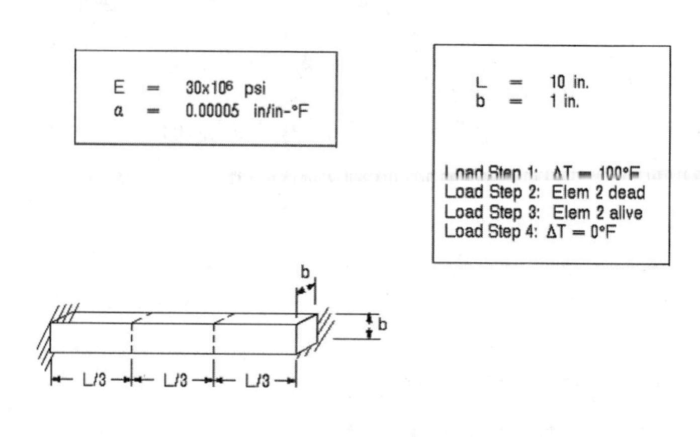

图9-18 材料特性和几何模型参数

建立模型包括设置分析文件名和标题、定义单元类型和截面参数、定义材料属性、建立几何模型、划分有限元网格。

9.4.2 建立模型

1. 设置分析文件名和标题

1）从实用菜单中选择 Utility Menu：File > Change Jobname 命令，打开“Change Jobname(修改文件名)”对话框，如图 9-19 所示。

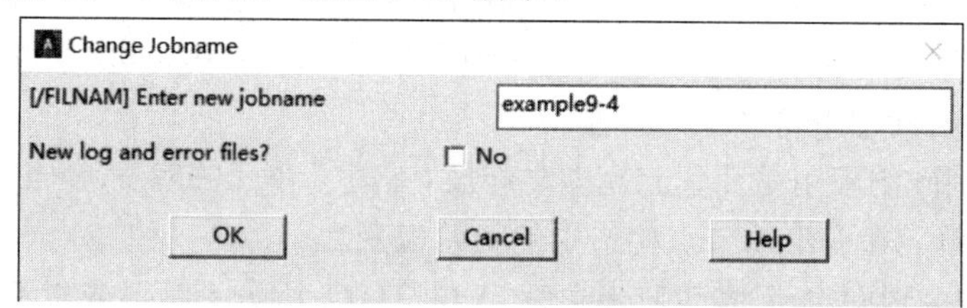

图9-19 “Change Jobname”对话框

2）在“Enter new jobname（输入新的文件名）”文本框中输入“example9-4”，设置本分析实例的数据库文件名。

3）单击“OK”按钮，完成文件名的设置。

4）从实用菜单中选择 Utility Menu：File > Change Title 命令，打开“Change Title（修改标题）”对话框，如图 9-20 所示。

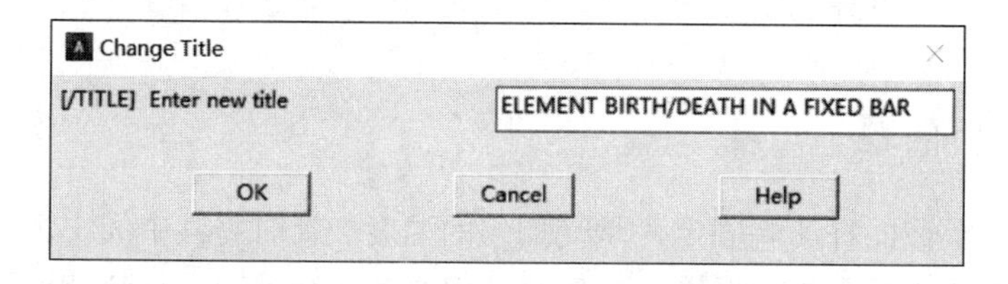

图9-20 “Change Title”对话框

5）在“Enter new title（输入新标题）”文本框中输入“ELEMENT BIRTH/DEATH IN

A FIXED BAR”，设置本分析实例的标题名。

6）单击“OK”按钮，完成对标题名的设置。

7）从实用菜单中选择 Utility Menu：Plot > Replot 命令，指设置的标题“ELEMENT BIRTH/DEATH IN A FIXED BAR”将显示在图形窗口的左下角。

2. 定义单元类型

在进行有限元分析时，首先应根据分析问题的几何结构、分析类型和所分析的问题精度要求等选定适合的单元类型。本例选用 2 节点单元 3D LINK180。

1）从主菜单中选择 Main Menu：Preprocessor > Element Type > Add/Edit/Delete 命令，打开“Element Types（单元类型）”对话框。

2）单击“Add…”按钮，打开“Library of Element Types(单元类型库)”对话框，如图 9-21 所示。

3）在左边的列表框中选择“Link”选项，选择实体单元类型。

4）在右边的列表框中选择“3D finit stn 180”选项，选择 2 节点单元 LINK180。

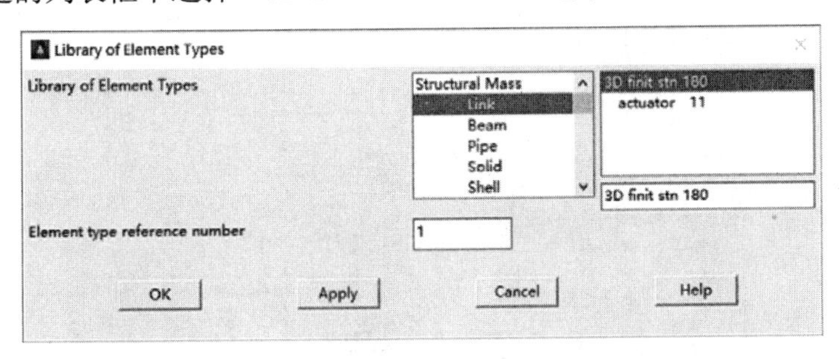

图9-21 “Library of Element Types”对话框

5）单击“OK”按钮，添加 LINK180 单元，并关闭对话框，同时返回到步骤 1）打开的对话框，如图 9-22 所示。

6）单击“Close”按钮，关闭对话框，结束单元类型的添加。

3. 定义截面参数

本实例选用 3D LINK180 单元，需要设置其截面参数。

1）从主菜单中选择 Main Menu：Preprocessor > Sections > Link > Add 命令，打开如图 9-23 所示的“Add Link Section”对话框，在“Add Link Section with ID”后的文本框内输入 1。

2）单击“OK”按钮，打开如图 9-24 所示的“Add or Edit Link Section”对话框，要求定义截面参数。

3）在“Section Name”后的文本框内输入“L1”，在“Link area”后的文本框内输入 1。

4）单击“OK”按钮，关闭“Add or Edit Link Section”对话框。

4. 定义材料属性

热膨胀静力分析必须定义材料的弹性模量、线胀系数和参考温度。具体步骤如下：

1）从主菜单中选择 Main Menu：Preprocessor > Material Props > Material Models 命令，打开“Define Material Model Behavior（定义材料模型属性）”窗口，如图 9-25 所示。

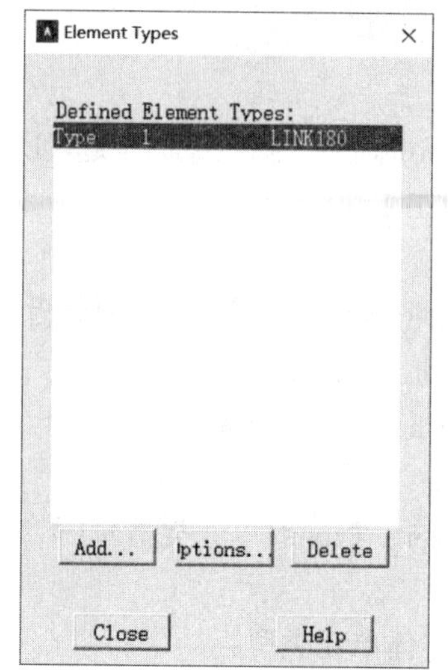

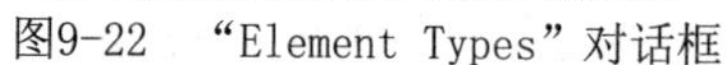
图9-22 “Element Types”对话框

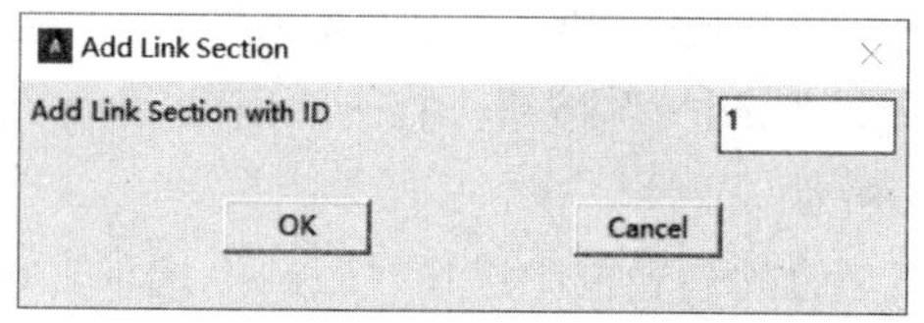

图9-23 “Add Link Section”对话框

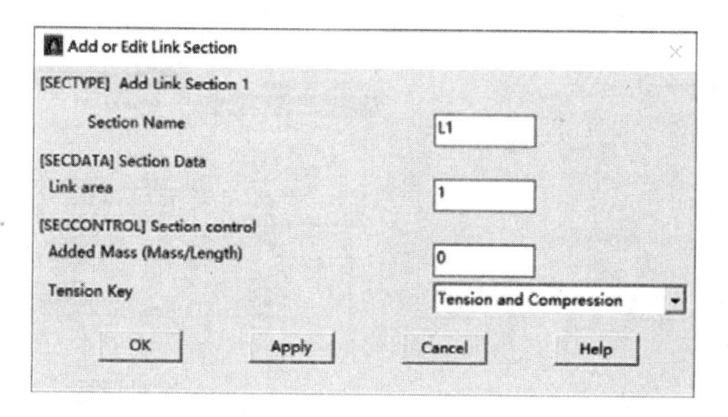

图9-24 “Add or Edit Link Section”对话框

2）在右边列表框中依次单击Structural > Linear > Elastic > Isotropic，展开材料属性的树形结构，打开1号材料的弹性模量（EX）和泊松比（PRXY）的定义对话框，如图9-26所示。

3）在对话框的“EX”文本框中输入弹性模量“30E6”。

4）单击“OK”按钮，关闭对话框，并返回到“Define Material Model Behavior（定义材料模型属性)”窗口，在左边的列表框中显示出刚刚定义的编号为1的材料属性。

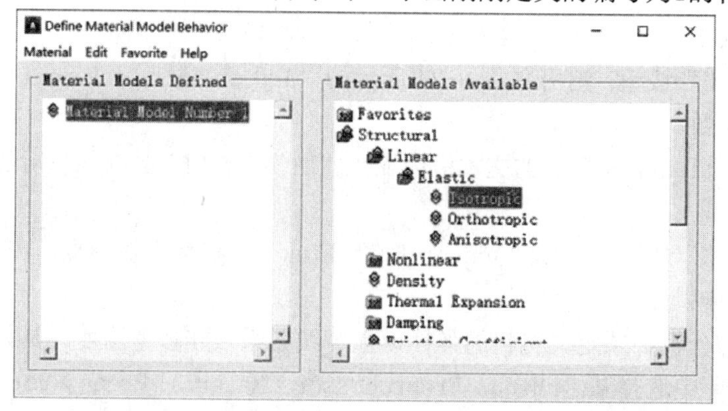

图9-25 “Define Material Model Behavior”窗口

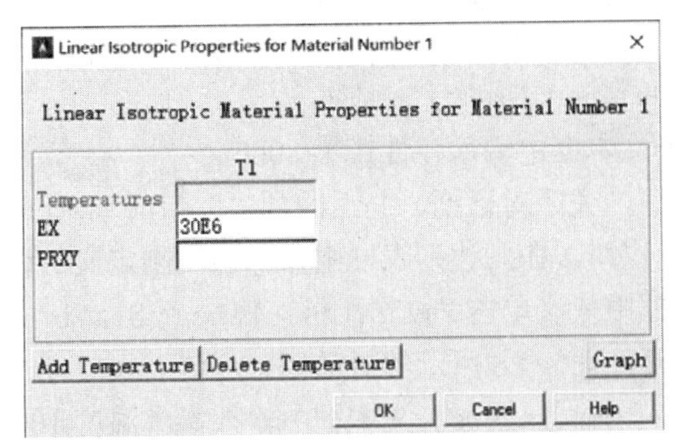

图9-26　“Linear Isotropic Properties for Material Number1”对话框

5）在右边的列表框中依次单击 Favorites > Linear Static > Thermal Expansion (secant-iso)，如图 9-27 所示。打开如图 9-28 所示对话框。

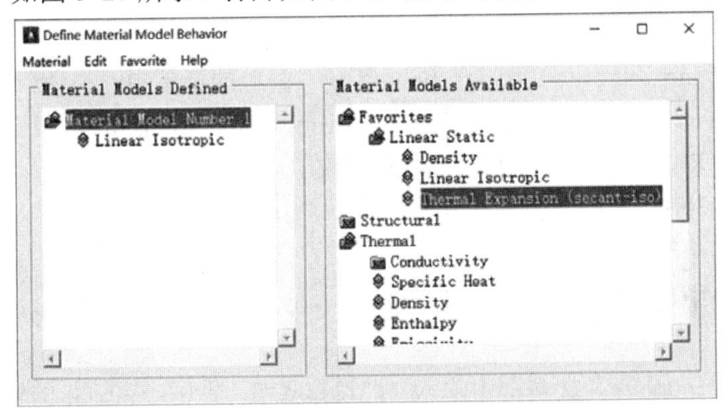

图9-27　“Define Material Model Behavior”对话框

6）在“ALPX”文本框中输入线胀系数 0.00005，如图 9-28 所示。

7）单击“OK”按钮，关闭对话框，并返回到“Define Material Model Behavior（定义材料模型属性）”窗口，在左边列表框中的编号为 1 的材料属性下方显示出线胀系数项。

8）在“Define Material Model Behavior”窗口的菜单中选择 Material > New Model 命令，在弹出的对话框中的文本框中输入 2，如图 9-29 所示。

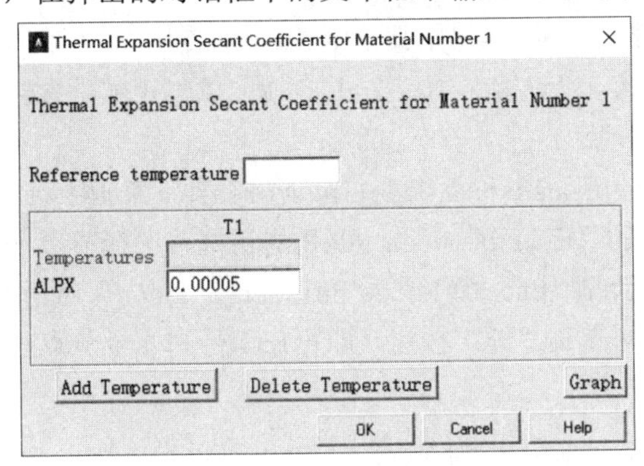

图9-28　“Thermal Expansion Secant

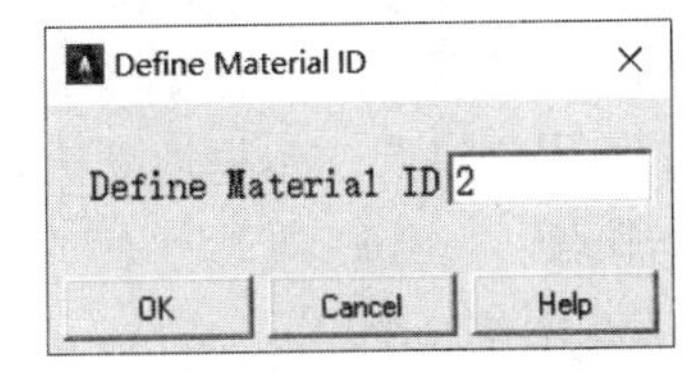

图9-29　“Define Material ID”对话框

9）在右边的列表框中依次单击 Structural > Linear > Elastic > Isotropic，展开材料属性的树形结构，打开 2 号材料的弹性模量“EX”和泊松比“PRXY”的定义对话框。

Coefficient for Material Number1”对话框

10）在对话框的 EX 文本框中输入弹性模量 30E6。

11）单击“OK”按钮，关闭对话框，并返回到“Define Material Model Behavior（定义材料模型属性）”窗口，在左边列表框中显示出刚刚定义的编号为 2 的材料属性。

12）在右边的列表框中依次单击 Favorites > Linear Static > Thermal Expansion (secant-iso)命令，打开如图 9-28 所示的对话框。

13）在“Reference temperature”文本框中输入参考温度 100。

14）在“ALPX”文本框中输入线胀系数 0.00005。

15）单击“OK”按钮，关闭对话框，并返回到“Define Material Model Behavior（定义材料模型属性）”窗口，在在左边列表框中的编号为 2 的材料属性下方显示出线胀系数项。

16）在“Define Material Model Behavior”窗口的菜单中选择 Material > Exit 命令，或者单击右上角的关闭按钮，退出“Define Material Model Behavior（定义材料模型属性）”窗口，完成对模型材料属性的定义。

5. 建立梁的模型

（1）定义两个节点。

1）从主菜单中选择 Main Menu： Preprocessor > Modeling > Create > Nodes > In Active CS 命令。

2）在“Node number”文本框中输入 1，设置 X=0、Y=0、Z=0（0 的输入可省略），如图 9-30 所示，单击“Apply”按钮。

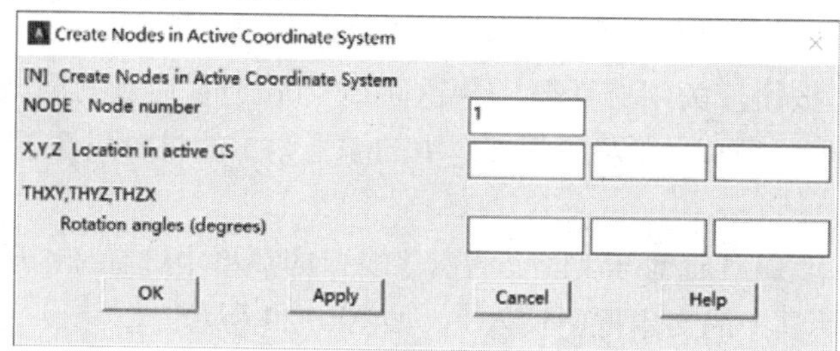

图9-30 “Create Nodes in Active Coordinate System”对话框

3）在“Node number”文本框中输入 4，设置 X=10、Y=0、Z=0，单击“OK”按钮。创建第 1 和第 4 节点。

4）从主菜单中选择 Main Menu： Preprocessor > Modeling > Create > Nodes > Fill between Nds 命令，弹出如图 9-31 所示的“Fill between Nds”对话框，选择节点 1 和 4，单击“OK”按钮；弹出如图 9-32 所示的“Create Nodes Between 2 Nodes”对话框，可以看到“NFILL”文本框内默认为 2，再单击“OK”按钮，即可在 1 号和 4 号节点间填充两个节点。

（2）创建一个单元。

1）从主菜单中选择 Main Menu： Preprocessor > Modeling > Create > Elements > Auto Numbered > Thru Nodes 命令。

2）ANSYS 会提示选择创建单元的节点，选择 1、2 号节点。

3）单击如图 9-33 所示对话框中的“OK”按钮。

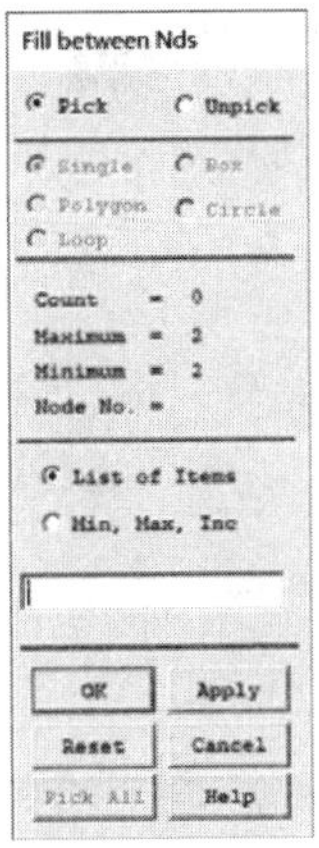

图9-31 “Fill between Nds”对话框 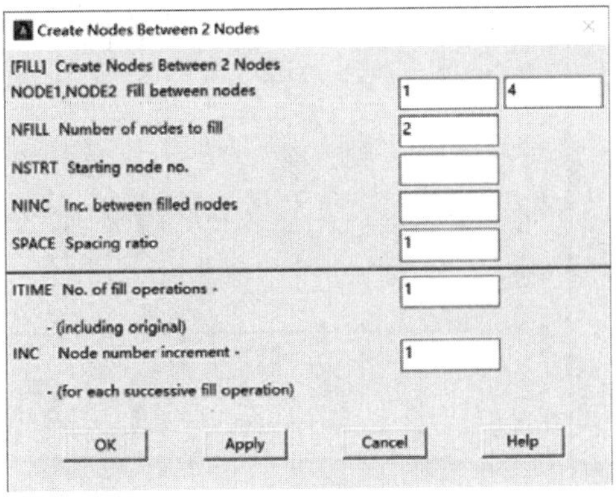　　图9-32 “Create Nodes Between 2 Nodes”对话框

（3）沿 X 轴方向复制单元。

1）从主菜单中选择 Main Menu：Preprocessor > Modeling > Copy > Elements > Auto Numbered 命令。

2）选择刚刚建立的单元，单击“OK”按钮。

3）ANSYS 会提示选择复制的数量和偏移的坐标，在“Totalnumber of copies”文本框中输入 3，在“Node number increment”文本框中输入 1，如图 9-34 所示。单击“OK”按钮.

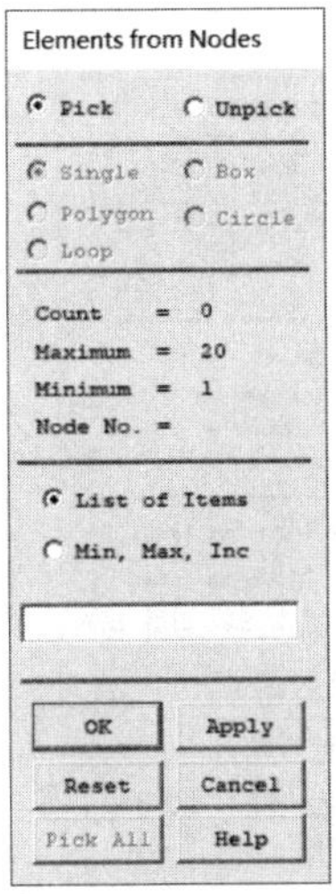

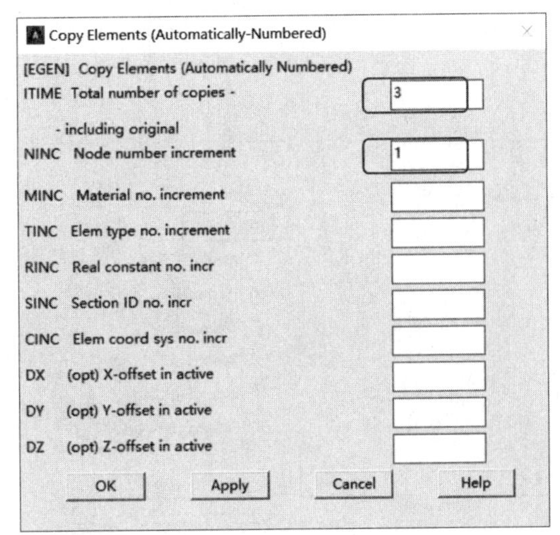

图9-33 “Elements from Nodes”对话框　　图9-34 “Copy Elements（Automatically-Numbered）”对话框

所得结果如图 9-35 所示。

6. 定义边界条件、定义单元的生和死及求解

1）从主菜单中选择 Main Menu：Solution > unabridged Menu 命令，将”“ Solution”下的菜单全部展开。

2）从主菜单中选择 Main Menu：Solution > Analysis Type > New Analysis 命令，打开“New Analysis”对话框，要求选择分析的种类，选择“Static”，如图 9-36 所示。

单击“OK”按钮。

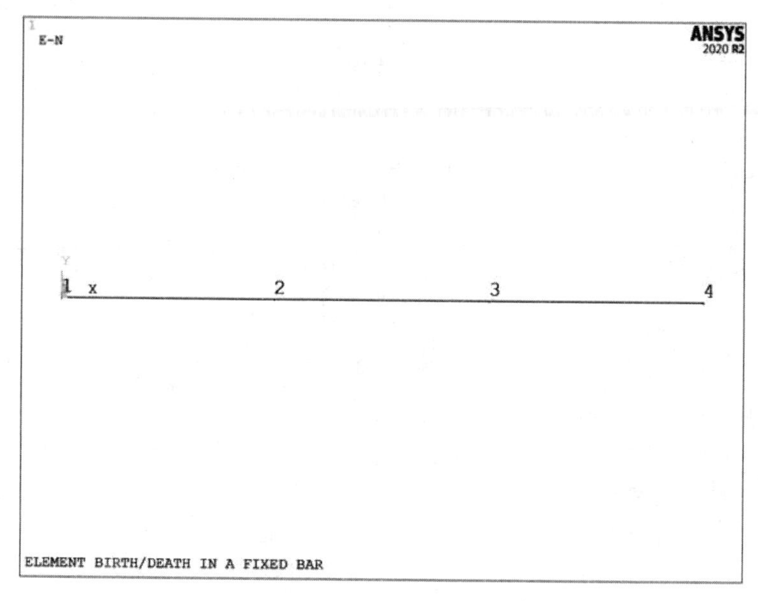

图9-35 创建单元的结果

3）从主菜单中选择 Main Menu：Solution > Define Loads > Apply > Structural > Displacement > On Nodes 命令。

4）打开节点选择对话框，要求选择欲施加位移约束的节点，选择节点 1 和 4，如图 9-37 所示。单击“OK”按钮。

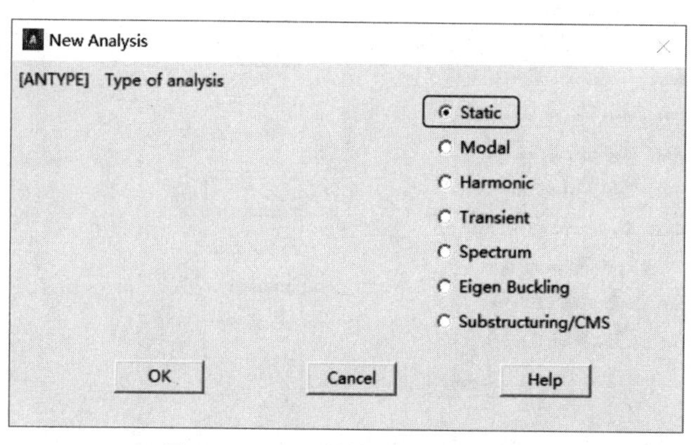

图9-36 “New Analysis”对话框

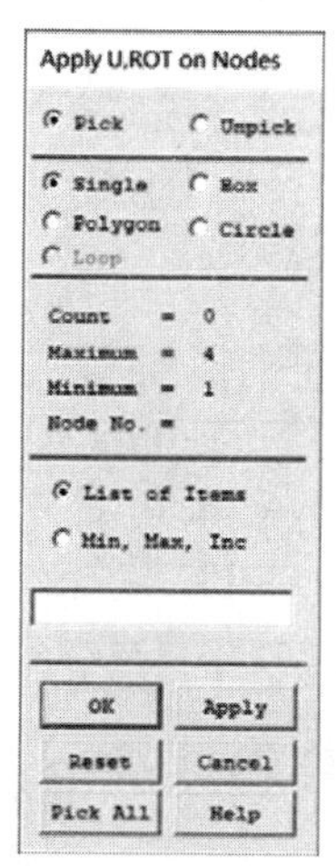

图9-37 “Apply U,ROT on Nodes”对话框

5）打开“Apply U,ROT on Nodes”对话框，在列表框中选择“All DOF”，如图 9-38 所示。单击“OK”按钮。

6）从主菜单中选择 Main Menu：Solution > Define Loads > Settings > Reference Temp 命令。

7）在打开的对话框中的文本框中输入 0，如图 9-39 所示。单击“OK”按钮。

8）从主菜单中选择 Main Menu：Solution > Define Loads > Apply > Structural > Temperature > Uniform Temp 命令。

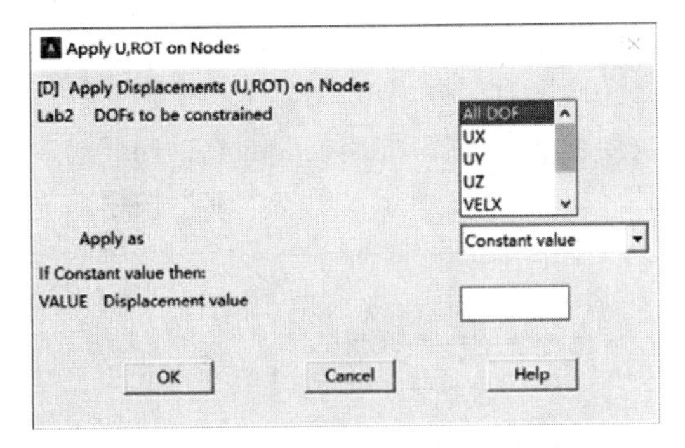

图9-38 “Apply U,ROT on Nodes”对话框

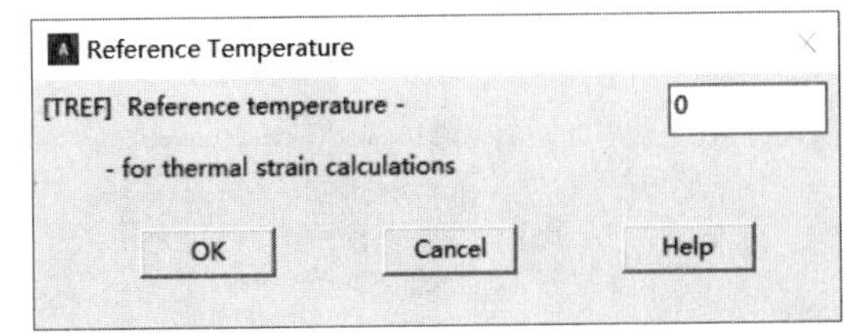

图9-39 “Reference Temperature”对话框

9）在打开的对话框中的文本框中输入100，如图9-40所示。单击“OK”按钮。

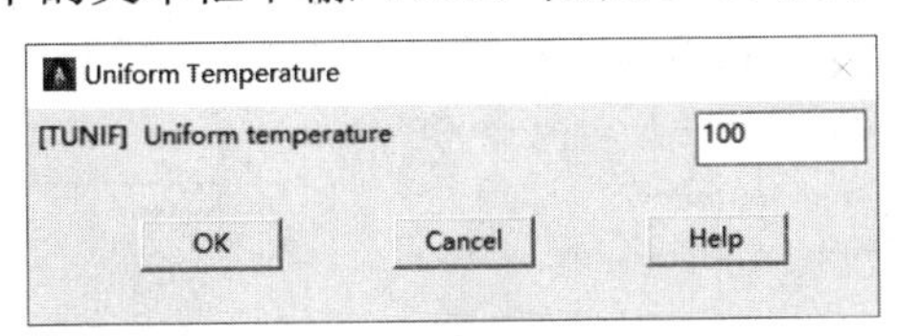

图9-40 “Uniform Temperature”对话框

10）从主菜单中选择Main Menu：Solution > Analysis Type > New Analysis命令，选择“Static”单选按钮。

11）从主菜单中选择Main Menu：Solution > Analysis Type > Analysis Options命令，打开“Solution printout Controls”对话框。

12）在“[NROPT]Newton-Raphson option”下拉列表框中选择“Full N-R”选项，将“[PIVCHECK]Pivots Check”选项设置为“On”，其他设置如图9-41所示，然后单击“OK”按钮。

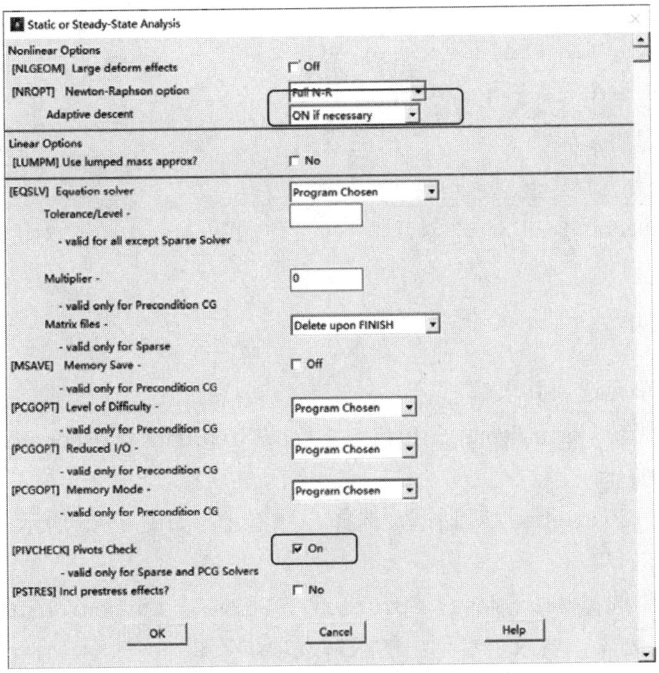

图9-41 “Static or Steady-State Analysis”对话框

13）从主菜单中选择 Main Menu：Solution > Load Step Opts > Output Ctrls > Solu Printout 命令，打开“Solution printout Controls”对话框。

14）在“Item for printout control”下拉列表框中选择“Basic quantities”，在“Print frequency”中选择“Every substep”，如图 9-42 所示。单击“OK”按钮。

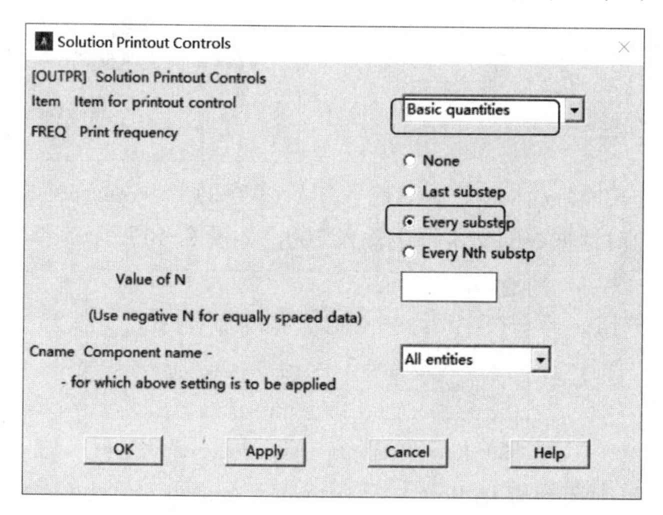

图9-42 “Solution printout Controls”对话框

15）从主菜单中选择 Main Menu：Solution > Solve > Current LS 命令，打开如图 9-43 所示的确认对话框和状态列表，要求查看列出的求解选项。

16）确认列表中的信息无误后，单击“OK”按钮，开始求解。

17）求解完成后打开如图 9-44 所示的提示求解结束对话框。

18）单击“Close”按钮，关闭提示求解结束对话框。

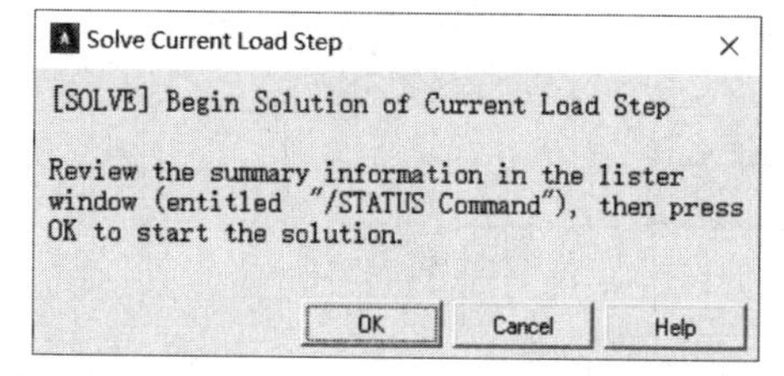

图9-43 “Solve Current Load Step”对话框

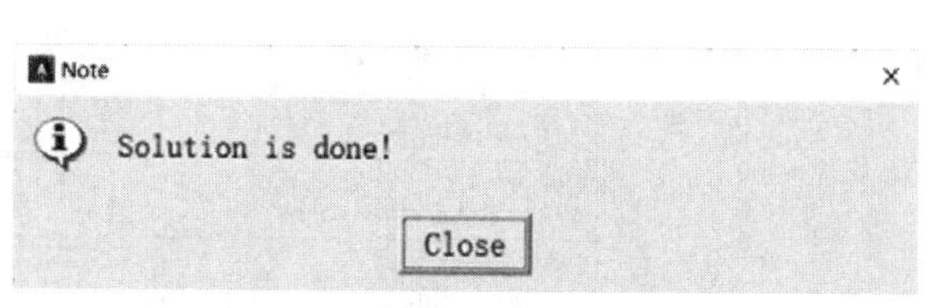

图9-44 “Note”对话框

9.4.3 关闭单元

1. 设置关闭单元选项并求解

1）从主菜单中选择 Main Menu：Solution > Load Step Opts > Other > Birth & Death > Kill Elements 命令。

2）打开“Kill Elements”对话框，选择 2 号单元，如图 9-45 所示。单击“OK”按钮。

3）从主菜单中选择 Main Menu：Solution > Solve > Current LS 命令，打开一个确认对话框和状态列表，要求查看列出的求解选项。

4）确认列表中的信息无误后，单击“OK”按钮，开始求解。

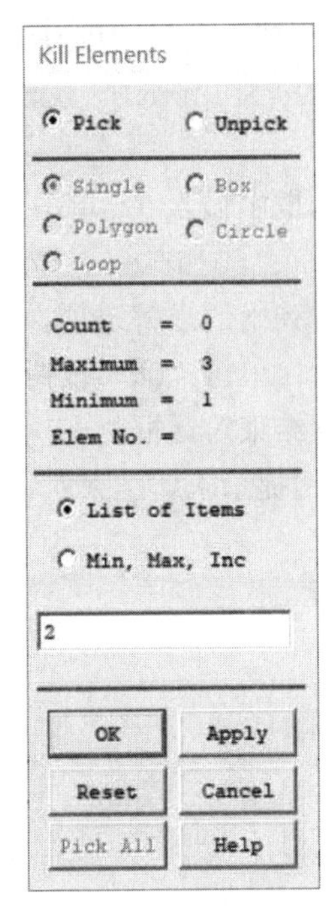

图9-45 “Kill Elements”对话框

5）求解完成后打开提示求解结束对话框。

6）单击“Close”按钮，关闭提示求解结束对话框。

7）从主菜单中选择Main Menu：Solution > Load Step Opts > Other > Birth & Death > Activate Elem 命令。

8）打开“Kill Elements”对话框，同样选择2号单元。

9）从主菜单中选择Main Menu：Solution > Load Step Opts > Other > Change Mat Props > Change Mat Num 命令，打开“Change Material Number”对话框。

10）在“New material number”文本框中输入2，在“Element no. to be modified”文本框中输入2，如图9-46所示。单击“OK”按钮。

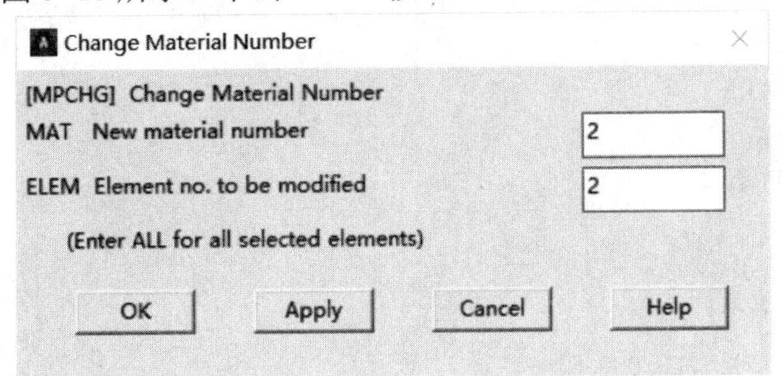

图9-46 “Change Material Number”对话框

11）从主菜单中选择Main Menu：Solution > Solve > Current LS命令，打开一个确认对话框和状态列表，要求查看列出的求解选项。

12）确认列表中的信息无误后，单击“OK”按钮，开始求解。

13）求解完成后打开提示求解结束对话框。

14）单击“Close”按钮，关闭提示求解结束对话框。

15）从主菜单中选择 Main Menu：Solution > Define Loads > Apply > Structural > Temperature > Uniform Temp 命令。

16）在打开的对话框中的文本框中输入 0，单击“OK”按钮。

17）从主菜单中选择 Main Menu：Solution > Solve > Current LS 命令，打开一个确认对话框和状态列表，要求查看列出的求解选项。

18）确认列表中的信息无误后，单击“OK”按钮，开始求解。

19）求解完成后打开提示求解结束对话框。

20）单击“Close”按钮，关闭提示求解结束对话框。

2. 查看结果（略）

9.4.4 命令流方式

本实例的命令流如下：

```
!设定分析文件名
/FILNAME,example9-4,0
!设定标题
/TITLE,ELEMENT BIRTH/DEATH IN A FIXED BAR
! Replot
/REPLOT
!定义单元类型
/PREP7
ET,1,LINK180
!定义截面参数
SECTYPE,1,LINK, ,L1
SECDATA,1,
SECCONTROL,0,0
!定义材料属性
MPTEMP,,,,,,,,
MPTEMP,1,0
MPDATA,EX,1,,30E6
MPDATA,PRXY,1,,
MPTEMP,,,,,,,,
MPTEMP,1,0
UIMP,1,REFT,,,
MPDATA,ALPX,1,,0.00005
MPTEMP,,,,,,,,
MPTEMP,1,0
MPDATA,EX,2,,30E6
MPDATA,PRXY,2,,
MPTEMP,,,,,,,,
MPTEMP,1,0
```

```
UIMP,2,REFT,,,100
MPDATA,ALPX,2,,0.00005
!定义两个节点
N,1,,,,,,,
N,4,10,,,,,,
FILL,1,4,2, , ,1,1,1,
! 创建一个单元
FLST,2,2,1
FITEM,2,1
FITEM,2,2
E,P51X
!沿X轴方向复制单元
FLST,4,1,2,ORDE,1
FITEM,4,1
EGEN,3,1,P51X, , , , , , , , , , ,
!定义边界条件、定义单元的生和死及求解
FINISH
/SOL
ANTYPE,0
FLST,2,2,1,ORDE,2
FITEM,2,1
FITEM,2,4
/GO
D,P51X, , , , , ,ALL, , , , ,
TREF,0,
TUNIF,100,
ANTYPE,0
NLGEOM,0
NROPT,FULL, ,
LUMPM,0
EQSLV, , ,0, ,DELE
MSAVE,0
PCGOPT,0, ,AUTO, , ,AUTO
PIVCHECK,1
PSTRESS,0
TOFFST,0,
OUTPR,BASIC,ALL,
/STATUS,SOLU
SOLVE
EKILL,        2
/STATUS,SOLU
SOLVE
EALIVE,        2
MPCHG,2,2,
```

```
/STATUS, SOLU
SOLVE
TUNIF, 0,
/STATUS, SOLU
SOLVE
FINISH
! /EXIT, ALL
```

第10章 子模型

本章主要介绍有关子模型的高级分析。

- 子模型简介
- 子模型实例

10.1 子模型简介

在分析问题时，如果用户关注的区域的网格太稀疏以至于不能得到满意的结果，而这些区域之外的网格密度已经足够细，则可以使用子模型。

10.1.1 子模型概述

子模型是得到模型部分区域中更加精确解的有限元技术。在有限元分析中往往出现这种情况，即对于用户关由于的区域，如应力集中区域，网格太稀疏，不能得到满意的结果，而这些区域之外的网格密度已经足够细，此时就可以使用到子模型。轮毂和轮辐的子模型如图 10-1 所示。

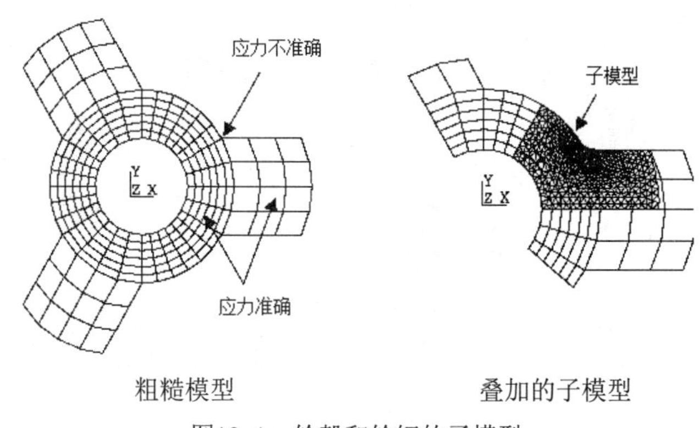

图10-1 轮毂和轮辐的子模型

10.1.2 子模型方法

要得到指定区域较精确的解，可以采取两种办法：一是用较细的网格重新划分并分析整个模型，二是只在关注的区域细化网格并对其进行分析。显而易见，方法一需要耗费大量的时间。方法二即为子模型技术。

子模型方法又称为切割边界位移法或特定边界位移法。切割边界就是子模型从整个较粗糙的模型分割开的边界。整体模型切割边界的计算位移值即为子模型的边界条件。

子模型基于圣维南原理，即实际分布载荷被等效载荷代替以后，应力和应变只在载荷施加的位置附近有改变。这说明只有在载荷集中位置才有应力集中效应，如果子模型的位置远离应力集中位置，则子模型内就可以得到较精确的结果。

ANSYS 程序并不限制子模型分析必须为结构（应力）分析。子模型也可以有效地应用于其他分析中，如在电磁分析中可以用子模型计算感兴趣区域的电磁力。

除了能求得模型某部分的精确解以外，子模型技术还有几个优点：

- ◆ 减少甚至取消有限元实体模型中所需的复杂的传递区域。
- ◆ 使用户可以在感兴趣的区域对不同的设计（如不同的圆角半径）进行分析。
- ◆ 帮助用户证明网格划分是否足够细。

使用子模型的一些限制如下：

◆ 只对体单元和壳单元有效。

◆切割边界应远离应力集中区域。用户必须验证是否满足这个要求。

10.1.3 子模型过程

1．生成并分析较粗糙的模型

这个步骤是对整体建模并分析。这里为了方便区分原始模型，将其称为粗糙模型，但这并不表示模型的网格划分必须是粗糙的，而是说模型的网格划分相对子模型的网格较粗糙。

分析类型可以是静态的，也可以是瞬态的。下面列出了其他的一些要注意的方面。

◆ 文件名。粗糙模型和子模型应该使用不同的文件名，这样可以保证文件不被覆盖。而且在切割边界插值时可以方便地指出粗糙模型的文件。

◆ 单元类型。子模型技术只能使用块单元和壳单元。分析模型中可以有其他单元类型（如梁单元作为加强筋），但切割边界只能经过块和壳单元。

一种特殊的子模型技术（称为壳到体子模型技术）允许用户用壳单元建立粗糙模型，用三维块单元建立子模型。

◆ 建模。在很多情况下，粗糙模型不需要包含局部的细节（如倒角等），如图 10-2 所示。但是，有限元网格必须细化到足以得到较合理的位移解。这一点很重要，因为子模型的结果是根据切割边界的位移解插值得到的。

◆ 文件。结果文件（Jobname.RST、Jobname.RMG 等）和数据库文件（Jobname.DB，包含几何模型）在粗糙模型分析中是需要的。在生成子模型前应存储数据库文件。

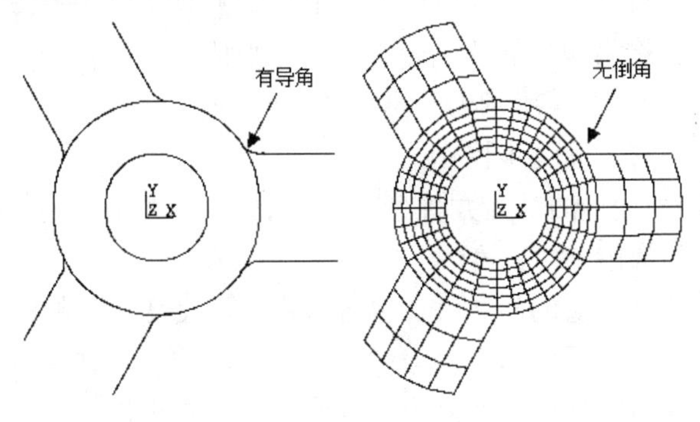

实际模型　　　　粗糙模型

图10-2　粗糙模型可以不包括一些细节部分

2．生成子模型

子模型是完全依靠粗糙模型的。因此在初始分析后的第一步就是在初始状态清除数据库（另一种方法是退出并重新进入 ANSYS）。注意，应另外设置一个文件名，以防止粗糙模型文件被覆盖。然后进入 PREP7 并建立子模型。应该注意下列几点：

◆ 使用与粗糙模型中同样的单元类型。同时应指定相同的单元实参（如壳厚）和材料特性。

◆ 子模型的位置（相对全局坐标原点）应与粗糙模型的相应部分相同，如图 10-3 所示。

◆ 指定合适的节点旋转位移。切割边界节点的旋转角在插值步骤写入节点文件时不应改变（见 3. 生成切割边界插值）。

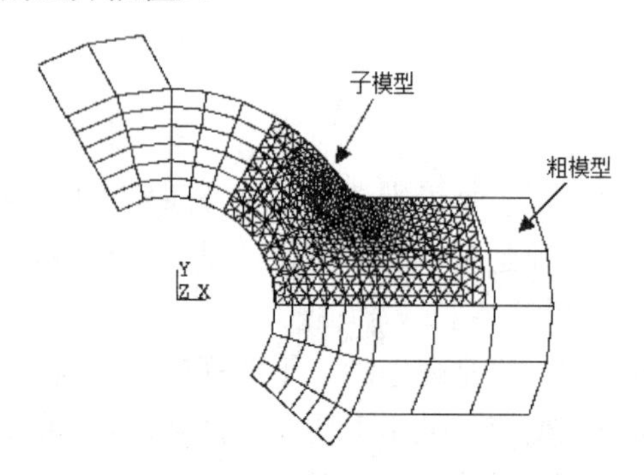

图10-3　叠加在粗糙模型上的子模型

注意

节点旋转角会因为施加节点约束、传递线上约束或面上约束等操作而改变，同样也会为更加明显的操作（如 NROTAT 和 NMODIF 等）改变。

◆ 粗糙模型中节点旋转角的出现或默认并不影响子模型。

◆ 子模型的载荷和边界条件将在后面两步中施加。

3．生成切割边界插值

本步是子模型的关键步骤。在用户定义了切割边界的节点后，可用 ANSYS 程序粗糙模型结果插值方法计算这些点上的自由度数值（位移等）。对于子模型切割边界上的所有节点，用粗糙模型网格中相应的单元确定自由度数值，然后将这些数值用单元形状功能插值到切割边界上。图 10-4 所示为子模型切割边界示意图。

在切割边界插值中有下面几步操作：

1）指定子模型切割边界的节点并将其写入一个文件（默认为 Jobname.NODE）。可以在 PREP7 中选择切割边界的节点。

在这里讨论一下温度插值的问题。在包含特性随温度变化的材料的分析中，或热应力耦合分析中，粗糙模型和子模型中的温度分布是相同的。在这种情况下，必须将粗糙模型的温度插值到子模型中的所有节点上。需要完成这步操作，要选择子模型中所有节点并写入另外一个文件，使用 NWRITE,Filename,Ext 命令。注意：必须另外指定一个文件名，否则切割边界节点文件将被覆盖。步骤 7 中说明了关于温度插值的命令。

2）重新选择所有节点并将数据库存入 Jobname.DB，然后退出 PREP7。必须将数据库写入文件，因为在后面子模型分析中要使用到。

3）要进行切割边界插值（和温度插值），数据库中必须包含粗糙模型的几何特征。

4）进入 POST1，即通用后处理器。插值只能在 POST1 中进行。

5）指定粗糙模型结果文件。

6）读入结果文件中相应的数据。

7）开始切割边界插值。

默认状态下，CBDOF 命令假定切割边界节点在文件 Jobname.NODE 中。ANSYS 程序将计算切割边界的 DOF 数值并用 D 命令的形式写入文件 Jobname.CBDO。

用“用 BFINT 命令（GUI 路径 Main Menu> General Postproc> Submodeling> Interp Body）做温度插值，但要保证文件包含所有子模型节点。

温度插值以 BF 命令的格式写入文件 Jobname.BFIN。

8）所有的插值任务完成后，退出 POST1[FINISH]并读入子模型数据库。

4．分析子模型

指定分析类型和分析选项，加入插值的 DOF 数值（和温度数值），施加其他的载荷和边界条件，指定载荷步选项，并对子模型求解。

1）进入求解器。

2）定义分析类型（一般为静态）和分析选项。

要施加切割边界自由度约束，可读入 CBDOF 命令生成的由 D 命令组成的文件。

要施加温度插值，可读入 BFINT 命令生成的由 BF 命令组成的文件。

如果数据有实部和虚部，先读入实部数据文件，确定自由度约束数值和（/或）节点体载荷是否计算，然后读入虚部数据文件。

注意

在执行 DCUM 和 BFCUM 命令时要先将其初始状态设置为初始值。

重要的一点是要将粗糙模型上所有载荷和边界条件复制到子模型上。比如对称边界条件、面载荷、惯性载荷（如重量）、集中载荷等，如图 10-5 所示。

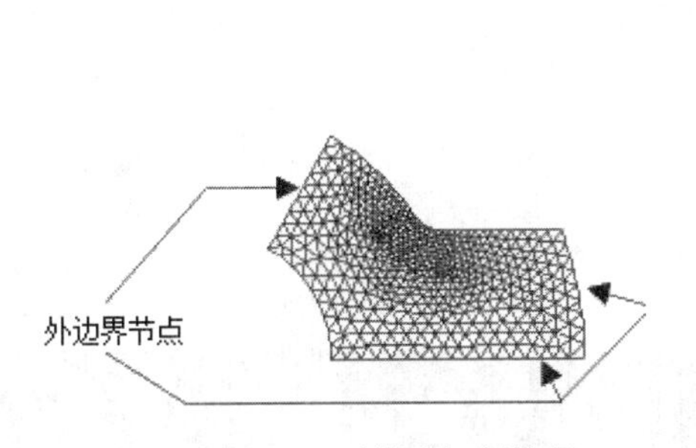

图10-4　子模型切割边界

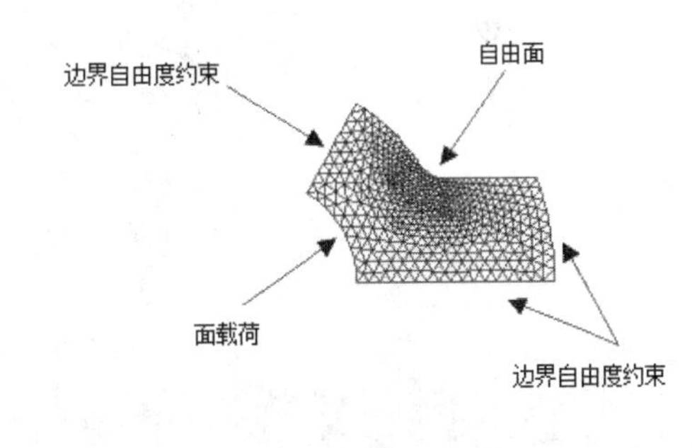

图10-5　子模型的载荷

3）指定载荷步选项（如输出控制）并开始计算。

4）在求解完成后，退出求解器。[FINISH]子模型分析的数据流向（无温度插值）如图 10-6 所示。

5．验证切割边界和应力集中位置的距离是否足够

最后一步是验证子模型切割边界是否远离应力集中部分。可以通过比较切割边界上的结果（应力、磁通密度等）与粗糙模型相应位置的结果是否一致来验证。如果结果符合，证明切割边界的选取是正确的。如果不符合，就要重新定义离感兴趣部分更远一些的切割边界，重新生成和计算子模型。

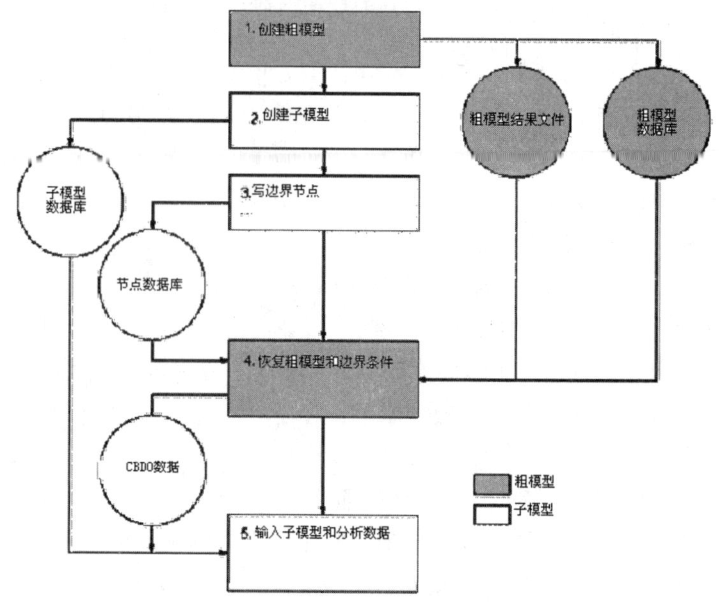

图10-6　子模型分析（无温度插值）的数据流向

一个比较结果的有效方法是使用云图显示，如图 10-7 所示。

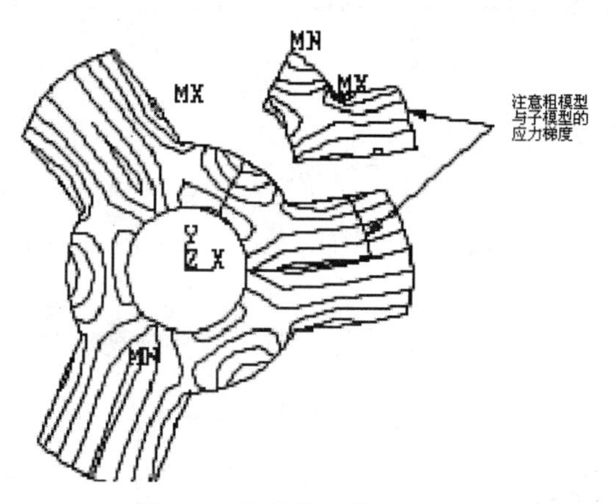

图10-7　比较结果的云图显示

10.2 子模型实例——带孔方板

本节将通过一个实例来说明子模型应用的具体方法和步骤。

10.2.1　分析问题

问题描述：

如图 10-8 所示，一块带孔的方板两边受到均布载荷拉力 P 的作用。试采用子模型的方法确定中心孔的最大应力。

几何参数：L=12in，d=1in，t=1in。

材料参数：弹性模量 E=30×10⁶psi，泊松比 ν=0.3。

载荷：P=1000psi。

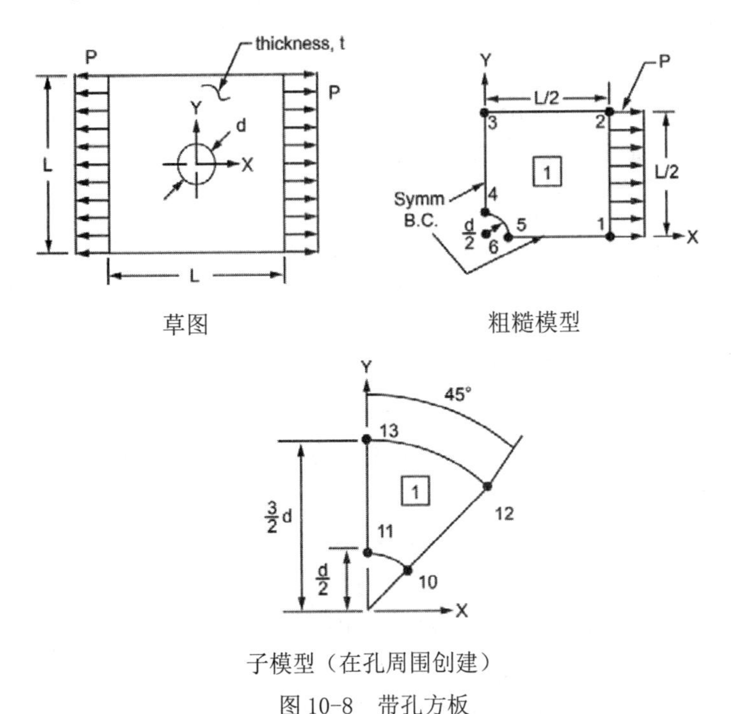

草图　　粗糙模型

子模型（在孔周围创建）

图 10-8　带孔方板

由于此模型沿 X 轴和 Y 轴对称，所以可简化模型处理，只建立四分之一模型即可。可以在通用后处理器 POST1 中，通过切割边界插值的命令（CBDOF），在如图 10-8 所示粗糙模型的基础上，在孔的周围生成更细化的网格以及边界条件。

10.2.2　建立并分析粗糙模型

1．设定分析文件名和标题

在进行一个新的有限元分析时，通常需要修改数据库名，并在图形输出窗口中定义一个标题来说明当前进行的工作内容。另外，对于不同的分析范畴（结构分析、热分析、流体分析、电磁场分析等），ANSYS 所用的主菜单的内容不尽相同，为此，需要在分析开始时选定分析内容的范畴，以便 ANSYS 显示出与其相对应的菜单选项。

1）从实用菜单中选择 Utility Menu：File > Change Jobname 命令，打开“Change Jobname(修改文件名)”对话框，如图 10-9 所示。

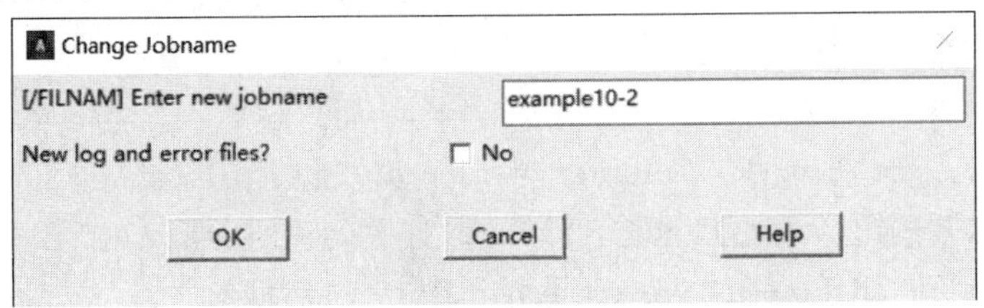

图10-9　“Change Jobname”对话框

2）在“Enter new jobname（输入新的文件名）”文本框中输入“example10-2”，设

置本分析实例的数据库文件名。

3）单击“OK”按钮，完成数据库文件名的设置。

4）从实用菜单中选择 Utility Menu：File > Change Title 命令，打开“Change Title（修改标题）”对话框，如图 10-10 所示。

5）在“Enter new title（输入新标题）”文本框中输入“STRESS CONCENTRATION AT A HOLE IN A PLATE”，设置本分析实例的标题名。

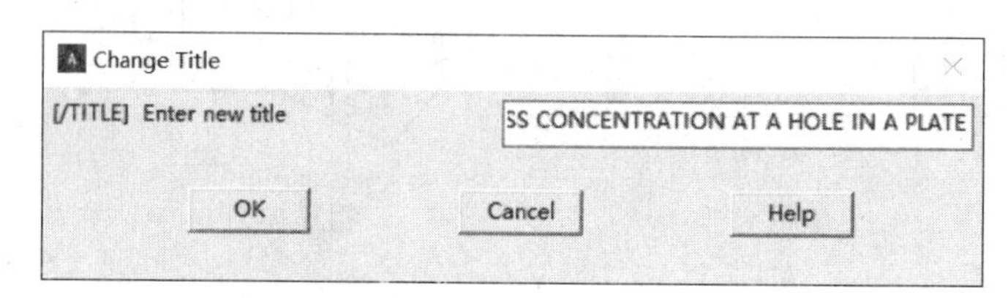

图10-10 “Change Title”对话框

6）单击“OK”按钮，完成对标题名的设置。

7）从实用菜单中选择 Utility Menu：Plot > Replot 命令，指定的标题“STRESS CONCENTRATION AT A HOLE IN A PLATE”将显示在图形窗口的左下角。

8）从主菜单中选择 Main Menu：Preference 命令，打开“Preference of GUI Filtering（菜单过滤参数选择）”对话框，选中“Structural”复选框，单击“OK”按钮确定。

2. 定义单元类型

在进行有限元分析时，首先应根据分析问题的几何结构、分析类型和所分析的问题精度要求等，选定适合的单元类型。本例中选用 8 节点平面单元 PLANE183。

1）从主菜单中选择 Main Menu：Preprocessor > Element Type > Add/Edit/Delete 命令，打开“Element Types（单元类型）”对话框。

2）单击“Add...”按钮，打开“Library of Element Types（单元类型库）”对话框，如图 10-11 所示。

3）在左边的列表框中选择“Solid”选项，选择实体单元类型。

4）在右边的列表框中选择“8node 183”选项，选择 8 节点平面单元 PLANE183。

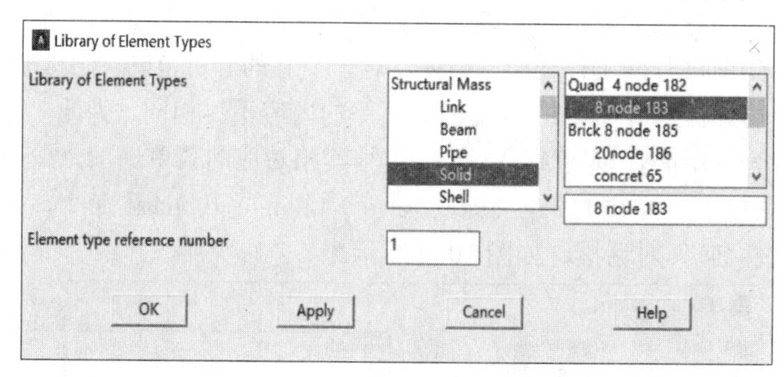

图10-11 “Library of Element Types”对话框

5）单击“OK”按钮，添加 PLANE183 单元，并关闭“Library of Element Types”对话框，同时返回到“Element Types（单元类型）”对话框。

6）单击“Close”按钮，关闭“Element Types（单元类型）”对话框，结束单元类型的添加。

3．定义材料属性

本例的静力分析必须定义材料的弹性模量和泊松比。具体步骤如下：

1）从主菜单中选择 Main Menu：Preprocessor > Material Props > Material Models 命令，打开“Define Material Model Behavior（定义材料模型属性）”窗口，如图 10-12 所示。

2）在右边列表框中依次单击 Structural > Linear > Elastic > Isotropic，展开材料属性的树形结构。打开 1 号材料的弹性模量“EX”和泊松比“PRXY”的定义对话框，如图 10-13 所示。

3）在对话框的“EX”文本框中输入弹性模量“30E6”，在“PRXY”文本框中输入泊松比 0.3。

4）单击“OK”按钮，关闭对话框。

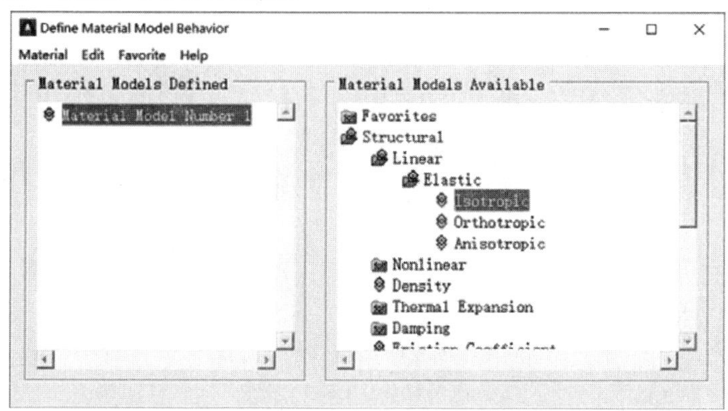

图10-12 “Define Material Model Behavior”窗口

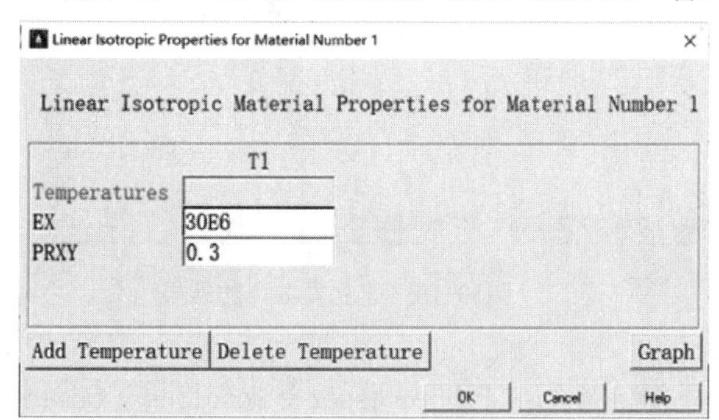

图10-13 “Linear Isotropic Properties for Material Number1”对话框

5）在“Define Material Model Behavior”窗口的菜单中选择Material > Exit命令，或者单击右上角的关闭按钮，退出“Define Material Model Behavior（定义材料模型属性）”窗口，完成对材料模型属性的定义。

4．建立模型

（1）定义关键点。

1）从主菜单中选择 Main Menu： Preprocessor > Modeling > Create > Keypoints > In Active CS 命令，弹出“Create Keypoints in Active Coordinate System”对话框。

2）在“Keypoint number”文本框中输入 1，设置 X=6、Y=0、Z=0（0 的输入可省略），如图 10-14 所示。单击“Apply”按钮。

3）建立其余的关键点。按照步骤 2）建立其余的关键点，将其编号分别设置为 2、3、4、5、6，其坐标分别为（6，6）、（0，6）、（0，0.5）、（0.5，0）、（0，0）。建立关键点 6 时，单击“OK”按钮，所得的结果如图 10-15 所示。

Create Keypoints in Active Coordinate System

[K] Create Keypoints in Active Coordinate System

NPT Keypoint number 1

X,Y,Z Location in active CS 6

OK Apply Cancel Help

图10-14 “Create Keypoints in Active Coordinate System”对话框

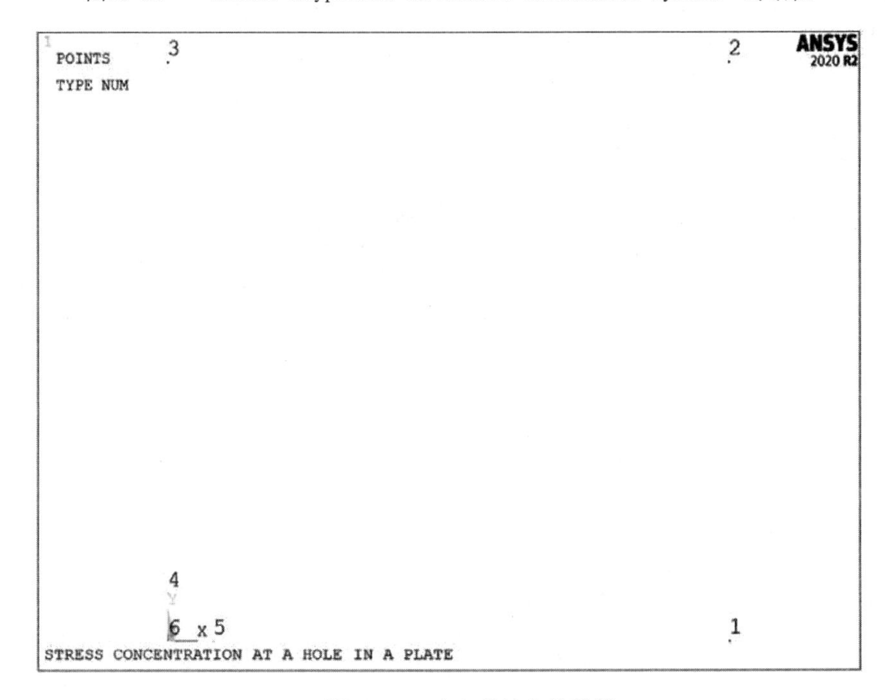

图10-15 建立关键点的结果

（2）创建线。

1）从主菜单中选择 Main Menu： Preprocessor > Modeling > Create > Lines > Lines > Straight Line 命令，弹出如图 10-16 所示的对话框。

2）分别拾取关键点 1 和 2、2 和 3、3 和 4，然后单击“OK”按钮。

3）从主菜单中选择 Preprocessor > Modeling > Create > Lines > Arcs > By End KPs & Rad 命令，弹出如图 10-17 所示对话框。

4）分别拾取关键点 4 和 5，单击“OK”按钮；拾取关键点 6，然后单击“OK”按钮，弹出如图 10-18 所示的对话框。

5）在“Radius of the arc”文本框中输入 0.5，单击“OK”按钮。

6）从主菜单中选择 Main Menu： Preprocessor > Modeling > Create > Lines > Lines > Straight Line 命令，分别拾取关键点 5 和 1，然后单击“OK”按钮，所得的结果如图 10-19 所示。

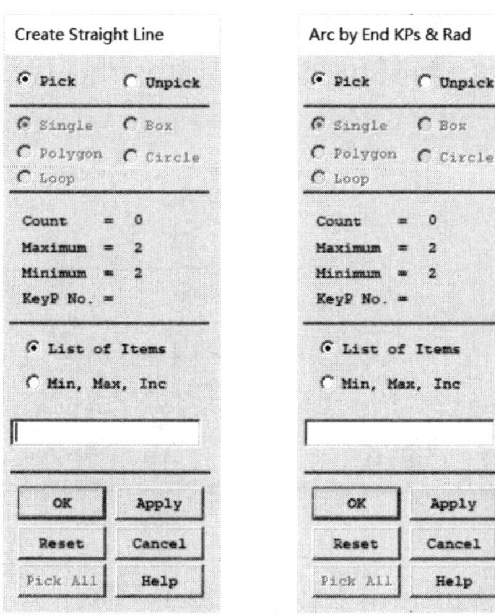

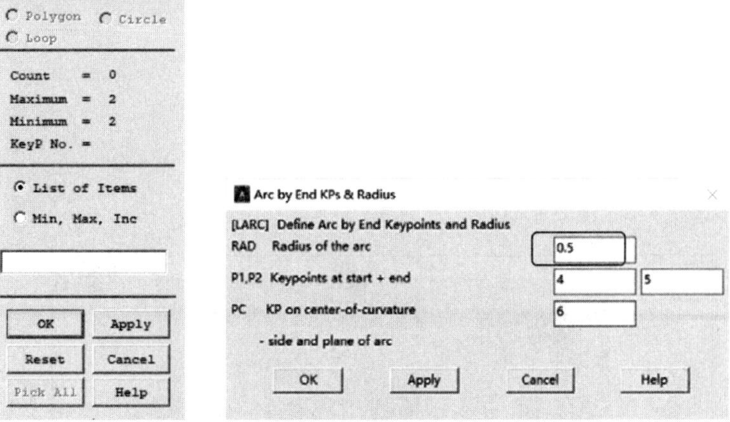

图 10-16 “Create Straight Line”对话框　　图 10-17 “Arc by End KPs & Rad”对话框　　图 10-18 “Arc by End KPs & Radius”对话框

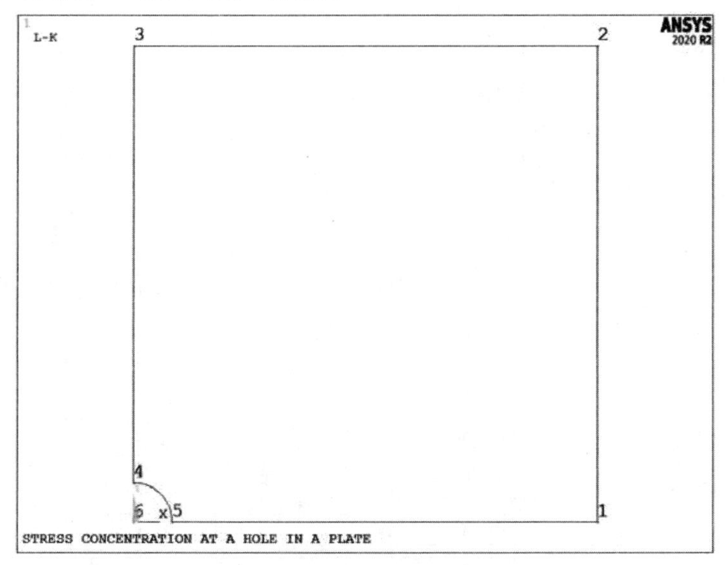

图 10-19 建立线

（3）用当前定义的所有线创建一个面。从主菜单中选择 Main Menu： Preprocessor > Modeling > Create > Areas > Arbitrary > By Lines 命令，弹出“Create Area by Lines”对话框，依次选取线 1、2、3、4、5，单击“OK”按钮，所得的结果如图 10-20 所示。

5. 对方板划分网格

选用 PLANE183 单元对方板划分网格。具体步骤如下：

1）从主菜单中选择 Main Menu：Preprocessor > Meshing > MeshTool 命令，打开“Mesh Tool（网格工具）”对话框，如图 10-21 所示。

2）单击“Line”后面的“Set”按钮，弹出如 10-22 所示的“Element Size on Picked Lines”对话框，要求选择定义单元划分数的线。

3）在文本框内输入 3，单击“Apply”按钮，ANSYS 会弹出线划分控制的信息。在打开的对话框中的“No. of element divisions（划分单元的份数）”文本框中输入 4，在“Spacing ratio（间隔比例）”文本框内输入 0.25，如图 10-23 所示。单击“Apply”按钮。

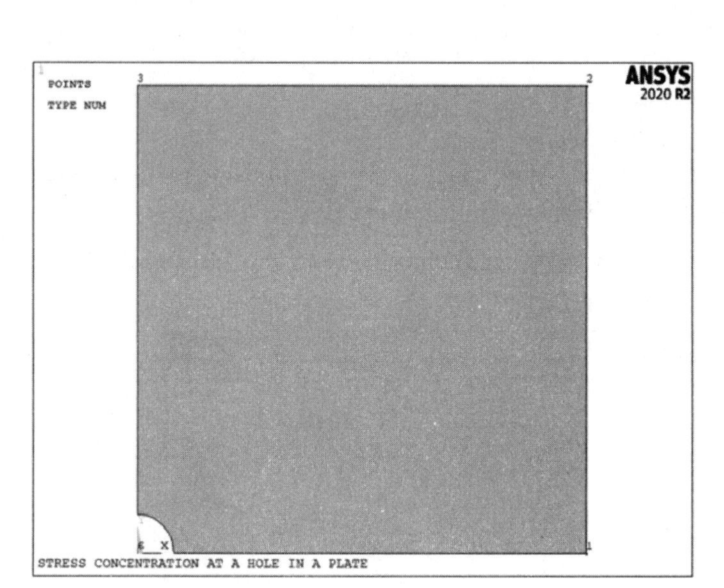

图10-20　建立面的结果

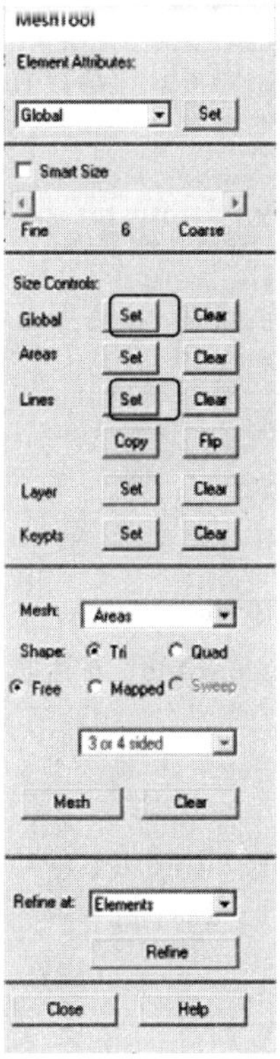

图10-21　“Mesh Tool”对话框

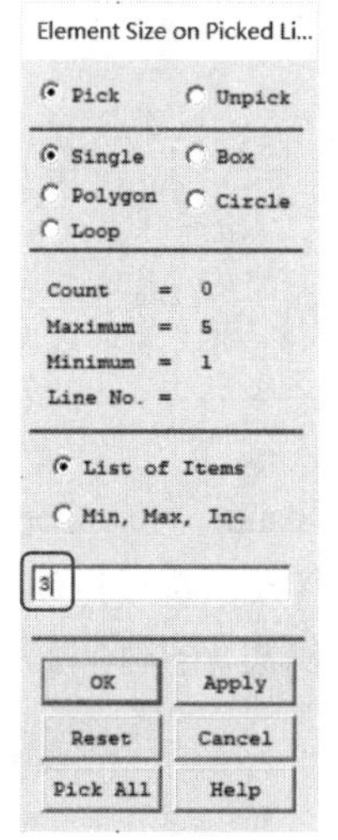

图10-22　“Element Size on Picked Lines”对话框

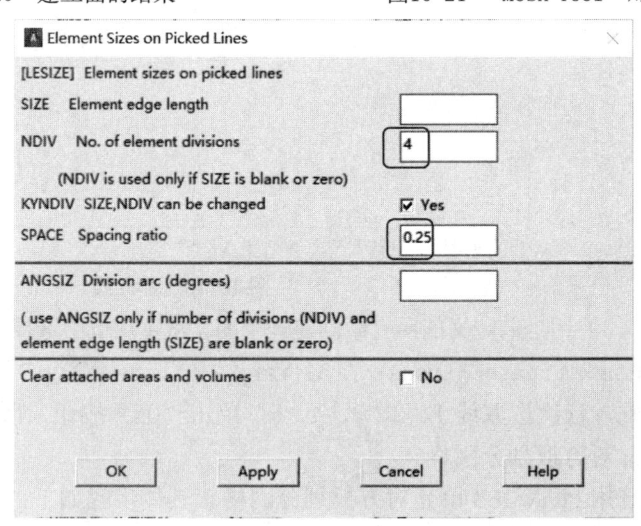

图10-23　“Element Size on Picked Lines”对话框

4）按照步骤 3)，将线 4 划分单元的份数设置为 6，删除间隔比例；将线 5 划分单元份数设置为 4，间隔比例设置为 4。然后单击“OK”按钮关闭对话框。

5）单击“Global”后面的“Set”按钮，弹出如图 10-24 所示的“Global Element

Sizes”对话框，在“No. of element divisions”文本框内输入4，单击“OK”按钮。

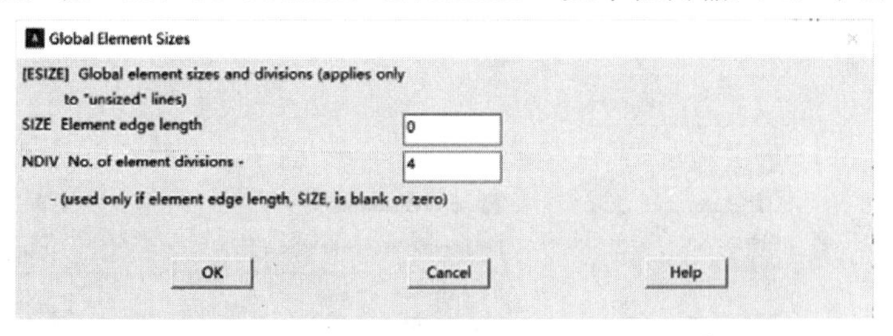

图10-24　“Global Element Sizes”对话框

6）选择“Mesh”下拉列表中的“Areas”，在“Shape”中选择“Tri”和“Free”单选按钮，如图10-21所示，然后单击“Mesh”按钮，打开面选择对话框，要求选择要划分数的面。单击如图10-25所示对话框中的“Pick All”按钮。

7）ANSYS将对面进行网格划分，划分后的面如图10-26所示。

8）单击“Mesh Tool（网格工具）”对话框中的“Close”按钮，将其关闭。

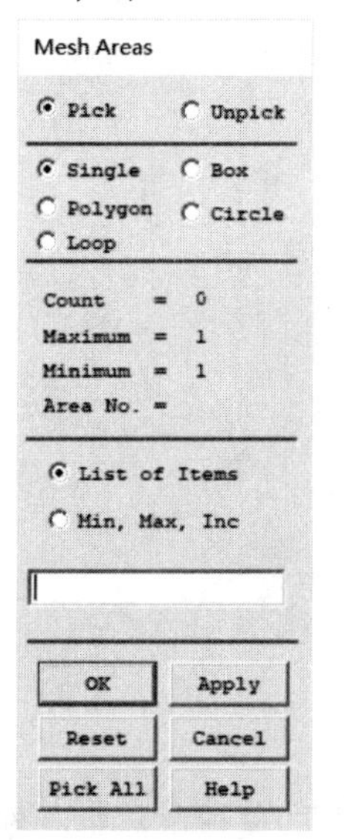

图10-25　“Mesh Areas”对话框

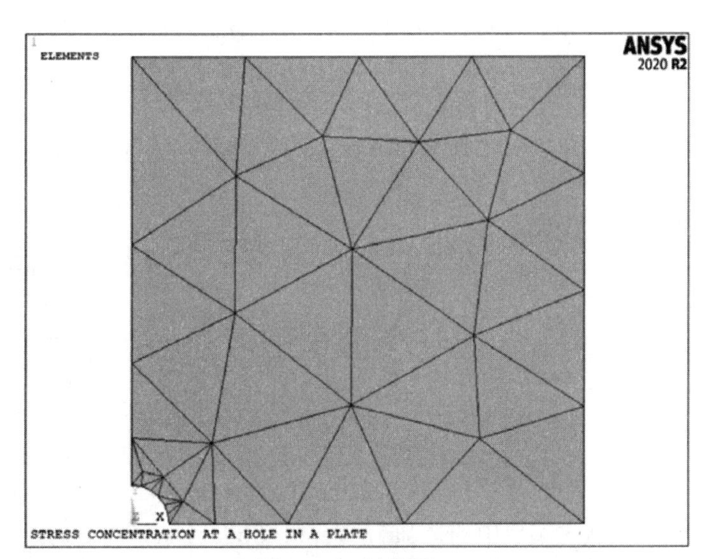

图10-26　划分面

6. 定义边界条件、加载及求解

1）从主菜单中选择Main Menu：Solution > Define Loads > Apply > Structural > Displacement > Symmetry B.C. > On Lines命令。

2）打开线选择对话框，选取3号和5号线，单击如图10-27所示对话框中的“OK”按钮。

3）从主菜单中选择Main Menu：Solution > Define Loads > Apply > Structural > Pressure > On Lines命令。

4）打开线选择对话框，选取1号线，单击如图10-28所示对话框中的“OK”按钮，。

5）打开“Apply PRES on lines”对话框，在“Load PRES value”文本框内输入-1000，单击如图10-29所示“OK”按钮。

6）从主菜单中选择Main Menu：Solution > Analysis Type > New Analysis 命令，打开“New Analysis”对话框，要求选择分析的种类，选择“Static”，如图10-30所示。

单击“OK”按钮。

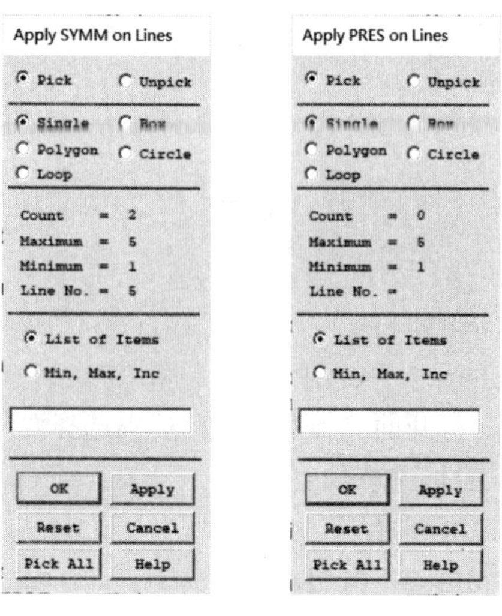

图10-27 “Apply SYMM on lines”对话框

图10-28 “Apply PRES on Lines”对话框

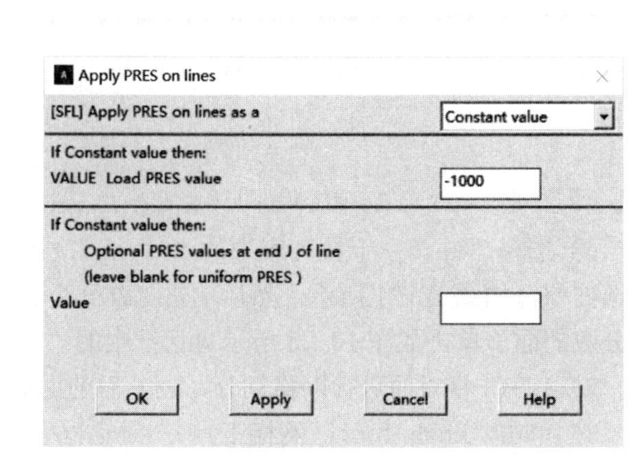

图10-29 “Apply PRES on lines”对话框

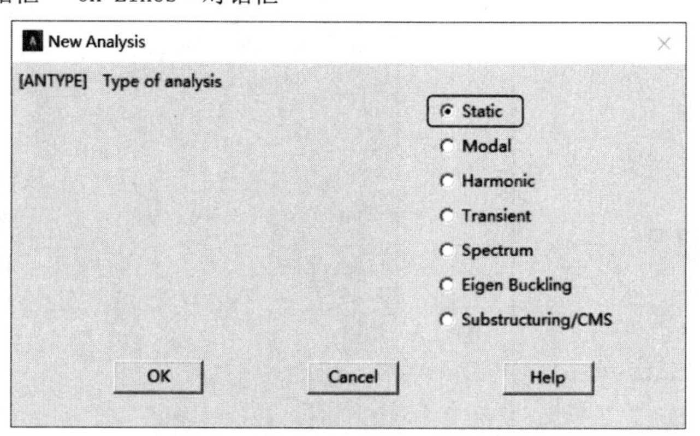

图10-30 “New Analysis”设置对话框

7）从主菜单中选择Main Menu：Solution > Solve > Current LS命令，打开如图10-31所示的确认对话框和状态列表，要求查看列出的求解选项。

8）确认列表中的信息无误后，单击“OK”按钮，开始求解。

9）求解完成后打开如图10-32所示的提示求解结束对话框。

10）单击“Close”按钮，关闭提示求解结束对话框。

11）单击工具条上的“SAVE_DB”按钮，存储数据库文件。

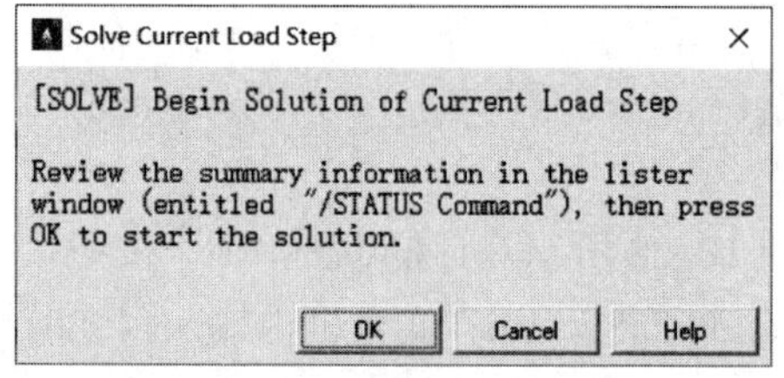

图10-31 “Solve Current Load Step”对话框

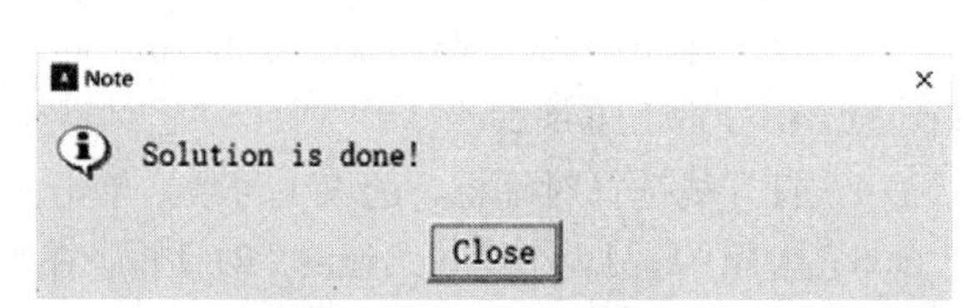

图10-32 “Note”对话框

7. 查看结果

1）将坐标系设置为总体柱坐标系。从实用菜单中选择Utility Menu： WorkPlane >

Change Active CS to > Global Cylindrical命令。

2）从主菜单中选择Main Menu：General Postproc > Read Results > Last Set命令，读入结果。

3）从主菜单中选择Main Menu：General Postproc > List Results > Sorted Listing > Sort Nodes命令，弹出如图10-33所示的“Sort Nodes”对话框。

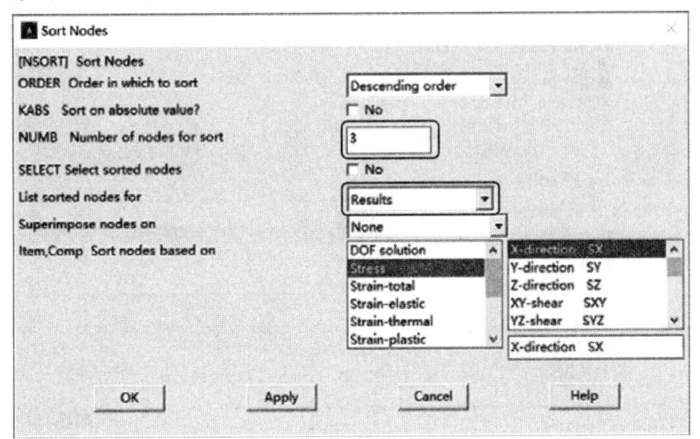

图10-33 “Sort Nodes”对话框

4）在“Number of nodes for sort”文本框内输入3，仅列出应力最大的前3个点；在“List sorted nodes for”下拉列表中选择“Results”选项，按结果排序；在“Sort nodes based on”的左边列表框中选择“Stress（应力）”选项，右边列表框中选择“X-direction SX”选项，选择径向应力，然后单击“OK”按钮，结果如图10-34所示。

PRNSOL Command

File

```
***** POST1 NODAL STRESS LISTING *****

LOAD STEP=     1  SUBSTEP=     1
 TIME=    1.0000      LOAD CASE=   0

THE FOLLOWING X,Y,Z VALUES ARE IN GLOBAL COORDINATES

  NODE     SX          SY          SZ          SXY         SYZ         SXZ
    10   2721.5      259.95      0.0000     -100.95      0.0000      0.0000
    20   2391.5      325.10      0.0000     -631.61      0.0000      0.0000
    30   1607.0      449.93      0.0000     -805.45      0.0000      0.0000

MINIMUM VALUES
NODE        30          10          10          30          10          10
VALUE   1607.0      259.95      0.0000     -805.45      0.0000      0.0000

MAXIMUM VALUES
NODE        10          30          10          10          10          10
VALUE   2721.5      449.93      0.0000     -100.95      0.0000      0.0000
```

图10-34 “PRNSOL Command”对话框

5）从主菜单中选择Main Menu：General Postproc > Plot Results > Contour Plot > Element Solu命令，弹出“Contour Element Solution Data（等值线显示单元解数据）”对话框，如图10-35所示。

6）在“Item to be contoured（等值线显示结果项）”中选择“Stress（应力）”选项，接着选择“X-Component of stress（X方向应力）”选项；在“Undisplaced shape key”下拉列表中选择“Deformed shape only（仅显示变形后模型）”选项；然后单击“OK”按钮，图形窗口中显示出X方向（径向）应力分布图，如图10-36所示。

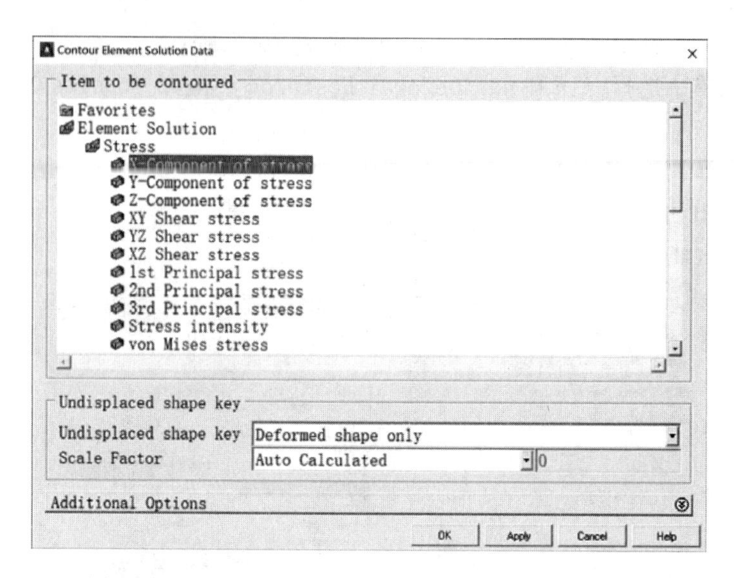

图10-35 “Contour Element Solution Data”对话框

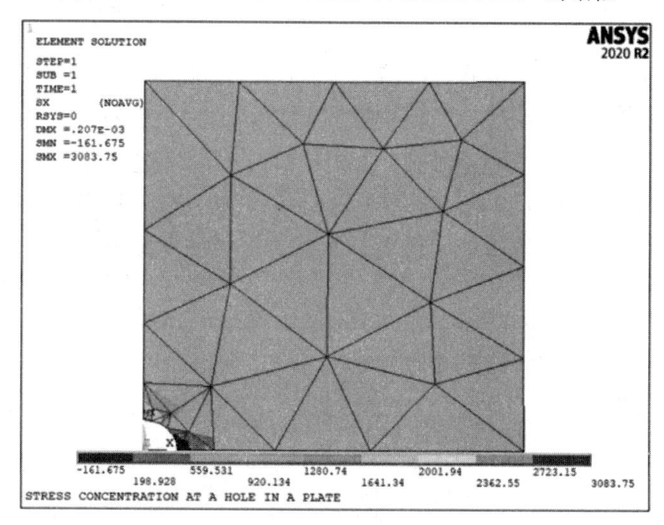

图10-36 径向应力分布图

可以看出，径向应力最大处（图10-36中的MX标记处）的应力变化梯度较大，下面使用子模型的方法做进一步的分析。

10.2.3 建立并分析子模型

1．生成子模型

（1）设定分析文件名和标题。

1）在初始状态清除数据库。从实用菜单中选择 Utility Menu：File > Clear & Start New 命令，弹出如图 10-37 所示的对话框，选择“Do not read file”选项，然后单击“OK”按钮。

2）从实用菜单中选择 Utility Menu：File > Change Jobname 命令，打开“Change Jobname(修改文件名)”对话框，在“Enter new jobname（输入新的文件名）”文本框中

输入“submodel”，然后单击“OK”按钮。

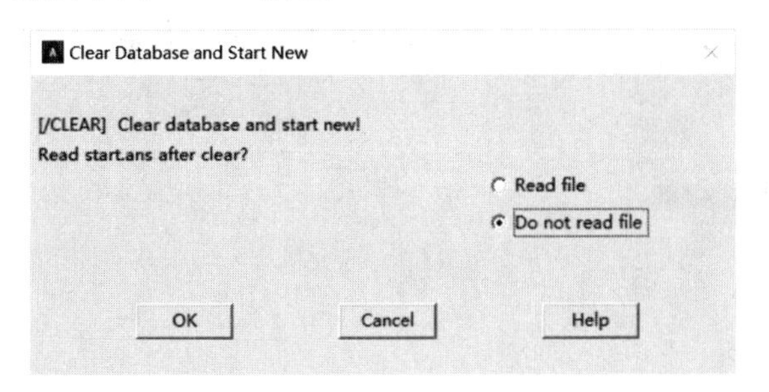

图10-37 “Clear Database and Start New”对话框

3）从实用菜单中选择Utility Menu: File > Change Title命令，打开“Change Title（修改标题）”对话框，在“Enter new title（输入新标题）”文本框中输入“STRESS CONCENTRATION AT A HOLE IN A PLATE”，然后单击“OK”按钮。

4）从主菜单中选择Main Menu:Preference命令，打开“Preference of GUI Filtering（菜单过滤参数选择）”对话框，选中“Structural”复选框，单击“OK”按钮确定。

（2）定义单元类型。

子模型中选用4节点平面单元PLANE182。

1）从主菜单中选择Main Menu: Preprocessor > Element Type > Add/Edit/Delete命令，打开“Element Types（单元类型）”对话框。

2）单击“Add...”按钮，打开“Library of Element Types(单元类型库)”对话框，如图10-38所示。

3）在左边的列表框中选择“Solid”选项，选择实体单元类型。

4）在右边的列表框中选择“Quad 4 node 182”选项，选择4节点平面单元PLANE182。

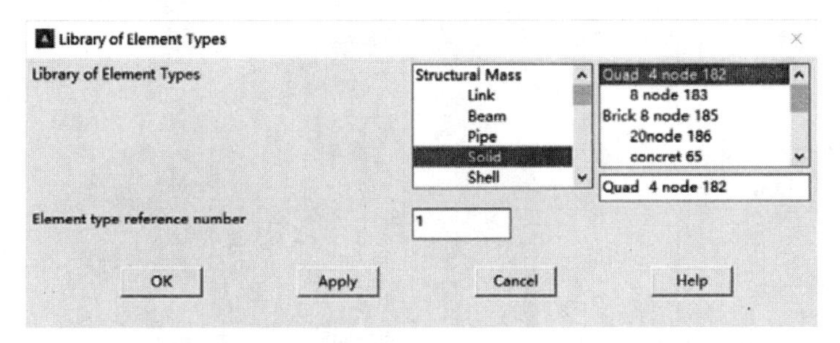

图10-38 “Library of Element Types”对话框

5）单击“OK”按钮，添加PLANE182单元，并关闭“Library of Element Types（单元类型库)”对话框，同时返回到步骤1）打开的对话框，如图10-39所示。

6）单击“Options”按钮，弹出“PLANE182 element type options（PLANE182单元类型选项)”对话框，在“K1”下拉列表中选择“Enhanced Strain”选项，如图10-40所示，然后单击“OK”按钮，返回到“Element Types（单元类型)”对话框。

7）单击“Close”按钮，关闭对话框，结束单元类型的添加。

（3）定义材料属性。按照10.2.2节中的方法，定义材料的弹性模量为“30E6”，泊松比为0.3。

（4）建立模型。

1）将激活的坐标系设置为总体柱坐标系。从实用菜单中选择 Utility Menu：WorkPlane > Change Active CS to > Global Cylindrical 命令。

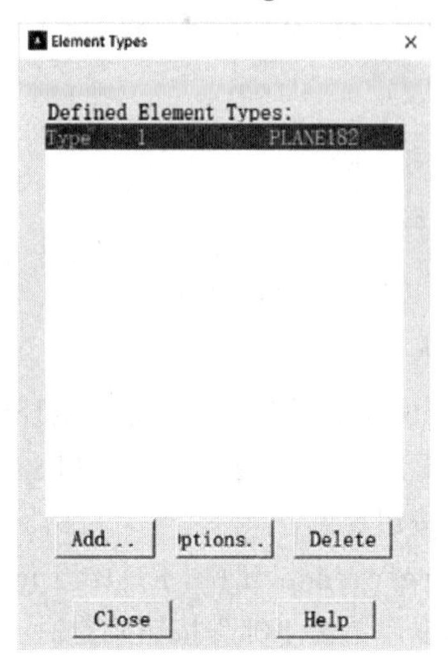

图 10-39 “Element Types”对话框

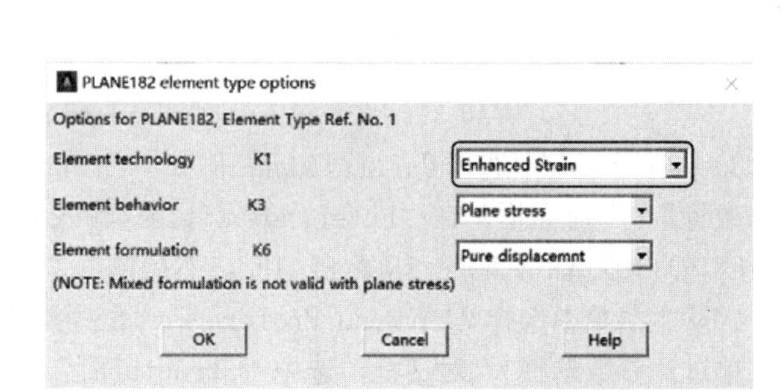

图 10-40 “PLANE182 element type options”对话框

2）定义关键点。按照 10.2.2 节中的方法建立关键点，将其编号分别设置为 10、11、12、13，其坐标分别为（0.5，45）、（0.5，90）、（1.5，45）、（1.5，90）。

3）建立面。从主菜单中选择 Main Menu：Preprocessor > Modeling > Create > Areas > Arbitrary > Through KPs 命令，弹出如图 10-41 所示的“Create Area thru KPs”对话框，依次拾取点 10、12、13、11，单击“OK”按钮，所得的结果如图 10-42 所示。

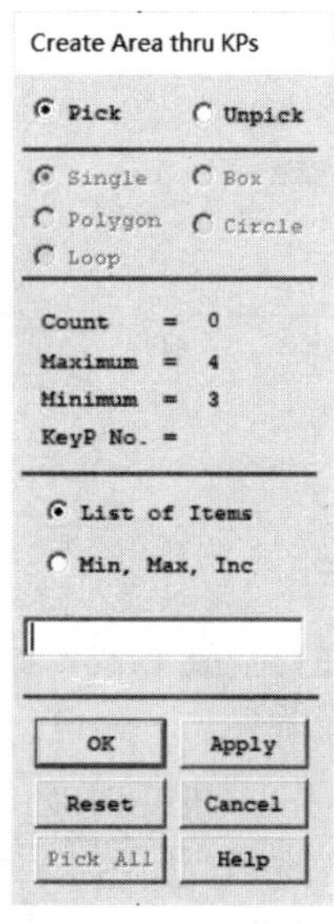

图 10-41 “Create Area Thru KPs”对话框

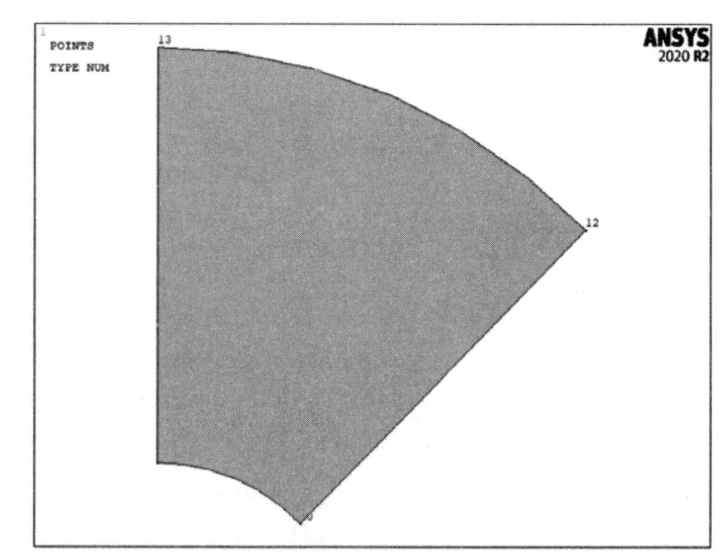

图 10-42 建立面的结果

（5）划分网格。

1）从主菜单中选择 Main Menu：Preprocessor > Meshing > MeshTool 命令，弹出如图 10-43 所示的对话框。

2)单击“Global”后面的“Set”按钮，弹出如图 10-44 所示的“Global Element Sizes”对话框，在“No. of element divisions”文本框内输入 8，单击“OK”按钮。

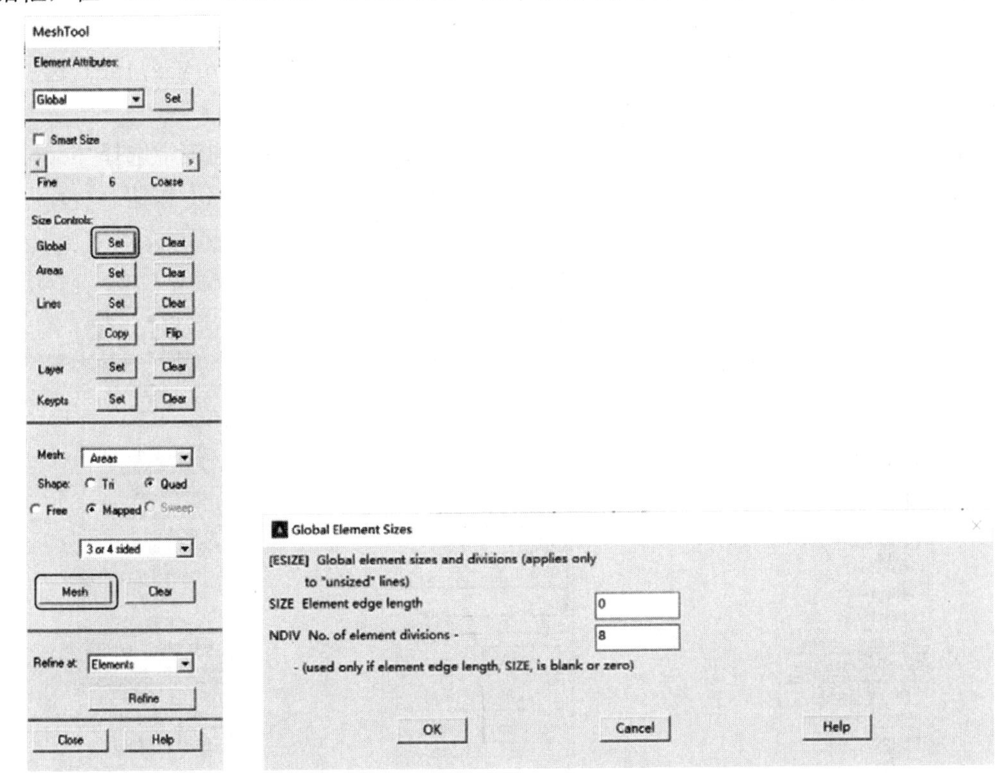

图10-43 “MeshTool”对话框　　　　图10-44 “Global Element Sizes”对话框

3）选择“Mesh”下拉列表中的“Areas”，在“Shape”中选择“Quad”和“Mapped”单选按钮，如图 10-43 所示，然后单击“Mesh”按钮，打开面选择对话框，要求选择要划分数的面。选取面 1，单击“OK”按钮，划分后的网格如图 10-45 所示。

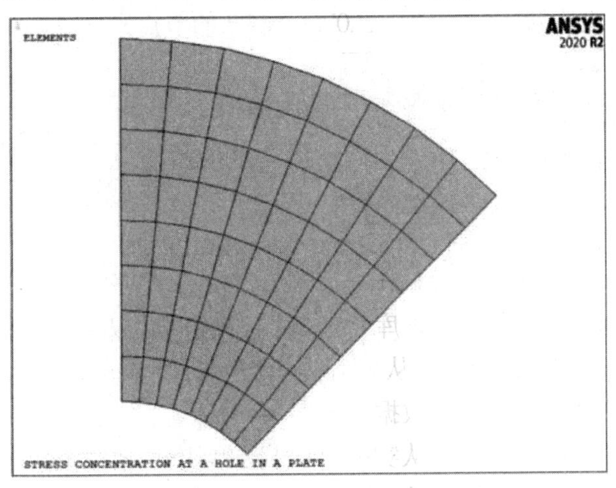

图 10-45　对面划分网格

4）单击“MeshTool”对话框中的“Close”按钮，将其关闭。

2. 生成切割边界插值

（1）指定子模型切割边界的节点并将其写入 SUBMODEL.NODE 文件。

1）从实用菜单中选择 Utility Menu： Select > Entities... 命令，弹出如图 10-46 所示的“Select Entities”对话框，在上面两个下拉列表框中分别选择“Lines”和“By Num/Pick”选项，单击“Apply”按钮。

2）弹出如图 10-47 所示的“Select lines”对话框，选择“Min, Max, Inc”选项，在文本框内输入“1,2”，单击“OK”按钮。

3）返回到如图 10-48 所示的“Select Entities”对话框，在下拉列表中选择“Nodes”、“Attached to”选项，选中“Lines, all”单选按钮，然后单击“OK”按钮。

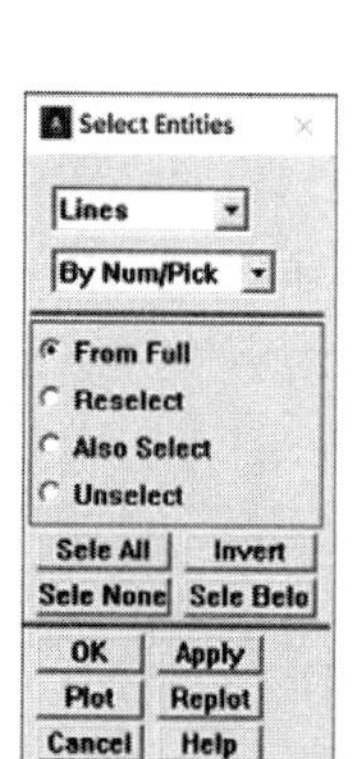

图 10-46 “Select Entities”对话框

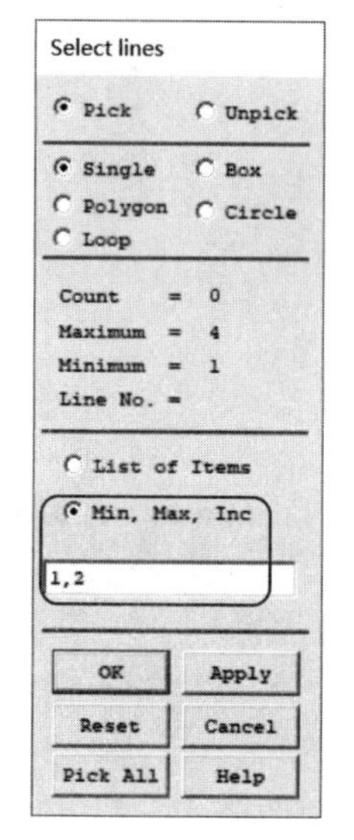

图 10-47 “Select lines”对话框

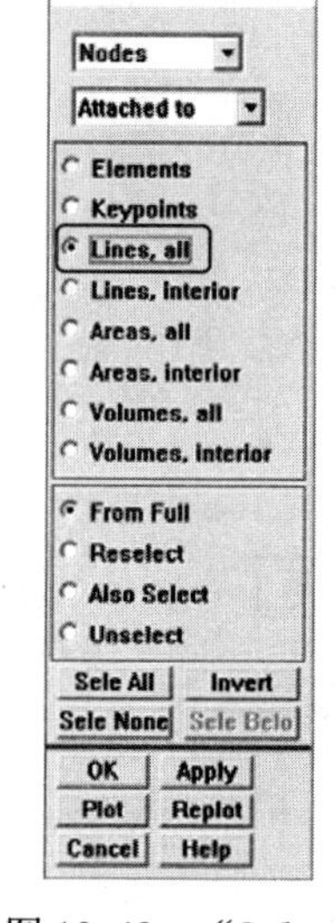

图 10-48 “Select Entities”对话框

4）从主菜单中选择 Main Menu：Preprocessor > Modeling > Create > Nodes > Write Node File 命令，弹出如图 10-49 所示的“Write Nodes to File”对话框，单击“OK”按钮，在工作目录中生成默认文件名 SUBMODEL.NODE 的节点文件。

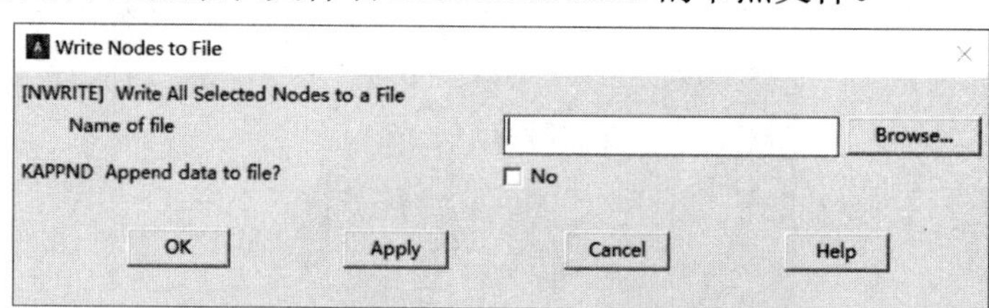

图 10-49 “Write Nodes to File”对话框

（2）重新选择所有节点并将数据库存入 SUBMODEL.DB。从实用菜单中选择 Utility Menu： Select > Everything 命令，从主菜单中选择 Main Menu：Finish 命令，然后单击工具条中的“SAVE_DB”按钮，将数据库保存。

（3）导入粗糙模型的数据库。从实用菜单中选择 Utility Menu： File > Resume from... 命令，弹出如图 10-50 所示的“Resume Database”对话框，选择前面保存的粗糙模型的数据库文件 example10-2.db，单击“OK”按钮，将数据库导入。

（4）读入粗糙模型结果文件中相应的数据。从主菜单中选择 Main Menu：General Postproc > Data & File Opts 命令，弹出如图 10-51 所示的对话框，单击“...”浏览按钮，在“打开”对话框中选择“example10-2.rst”文件，然后单击“打开”按钮返回“Data and File Options”对话框，单击“OK”按钮，读入粗糙模型结果文件中的相应数据。

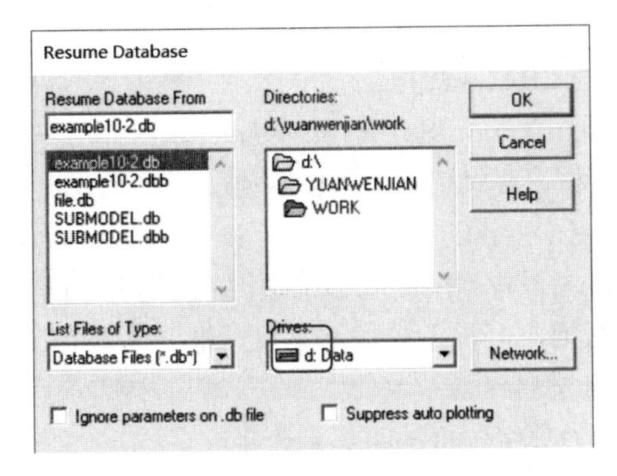

图 10-50 “Resume Database”对话框

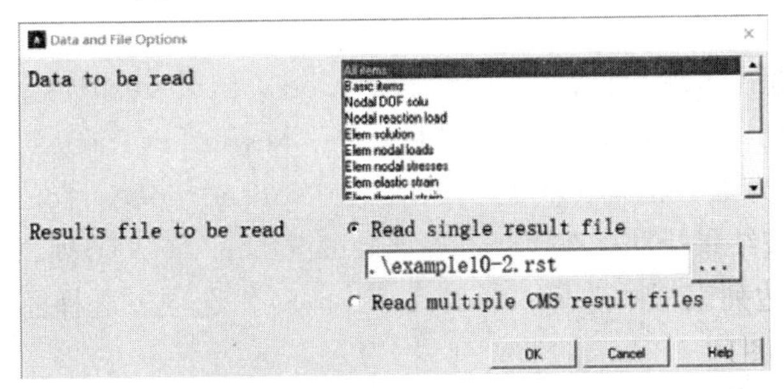

图 10-51 “Data and File Options”对话框

（5）切割边界插值。从主菜单中选择 Main Menu：General Postproc > Submodeling > Interpolate DOF 命令，弹出如图 10-52 所示的“Interpolate DOF Data to Submodel Cut-Boundary Nodes”对话框，采用默认设置，单击“OK”按钮，即可在工作目录下生成“SUBMODEL.CBDO”文件。

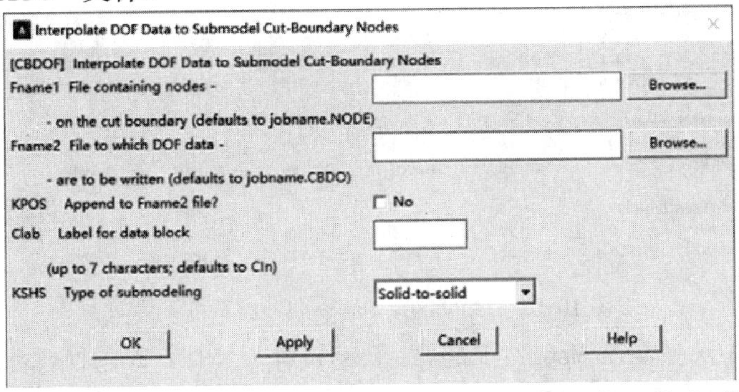

图 10-52 “Interpolate DOF Data to Submodel Cut-Boundary Nodes”对话框

（6）退出 POST1 并读入子模型数据库。从主菜单中选择 Main Menu：Finish 命令，从实用菜单中选择 Utility Menu： File > Resume Jobname.db...命令，读入子模型数据库。

3. 分析子模型

1）加入插值的 DOF 数值。从主菜单中选择 Main Menu：Preprocessor，进入/PREP7

程序；从实用菜单中选择 Utility Menu：File > Read Input from...命令，在弹出的对话框中选择刚创建的“SUBMODEL.CBDO”文件，然后单击“OK”按钮。

2）施加载荷和边界条件。从主菜单中选择 Main Menu：Solution > Define Loads > Apply > Structural > Displacement > Symmetry B.C. > On Lines 命令，打开线选择对话框，选取 3 号线，单击“OK”按钮。

3）从主菜单中选择 Main Menu：Solution > Analysis Type > New Analysis 命令，打开“New Analysis”对话框，要求选择分析的种类。选择“Static”，单击“OK”按钮。

4）从主菜单中选择 Main Menu：Solution > Solve > Current LS 命令，打开一个确认对话框和状态列表，要求查看列出的求解选项。确认列表中的信息无误后，单击“OK”按钮，开始求解。求解完成后打开提示求解结束对话框，单击“Close”按钮，关闭提示求解结束对话框。

4．验证切割边界和应力集中位置的距离是否足够

1）从主菜单中选择Main Menu：General Postproc > Read Results > Last Set命令，读入结果。

2）从主菜单中选择Main Menu：General Postproc > List Results > Sorted Listing > Sort Nodes命令，弹出“Sort Nodes”对话框，在“Number of nodes for sort”文本框内输入3，仅列出应力最大的前3个点；在“List sorted nodes for”下拉列表中选择“Results”选项，按结果排序；在“Sort nodes based on”的左边列表框中选择“Stress（应力）”选项，右边列表框中选择“X-direction SX”选项，选择径向应力。然后单击“OK”按钮，弹出如图10-53所示的结果列表。

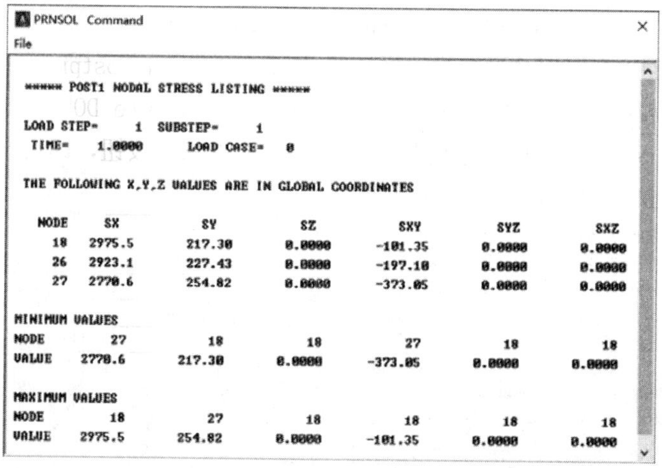

```
PRNSOL Command
File

 ***** POST1 NODAL STRESS LISTING *****

 LOAD STEP=     1  SUBSTEP=     1
  TIME=    1.0000      LOAD CASE=   0

 THE FOLLOWING X,Y,Z VALUES ARE IN GLOBAL COORDINATES

    NODE     SX          SY          SZ          SXY         SYZ         SXZ
      18   2975.5      217.30      0.0000     -101.35      0.0000      0.0000
      26   2923.1      227.43      0.0000     -197.10      0.0000      0.0000
      27   2770.6      254.82      0.0000     -373.05      0.0000      0.0000

 MINIMUM VALUES
 NODE          27          18          18          27          18          18
 VALUE     2770.6      217.30      0.0000     -373.05      0.0000      0.0000

 MAXIMUM VALUES
 NODE          18          27          18          18          18          18
 VALUE     2975.5      254.82      0.0000     -101.35      0.0000      0.0000
```

图 10-53 “PRNSOL Command”对话框

3）从主菜单中选择Main Menu：General Postproc > Plot Results > Contour Plot > Element Solu命令，弹出“Contour Element Solution Data（等值线显示单元解数据）”对话框，在“Item to be contoured（等值线显示结果项）”中选择“Stress（应力）”选项，接着选择“X-Component of stress（X方向应力）”选项；在“Undisplaced shape key”下拉列表中选择“Deformed shape only（仅显示变形后模型）”选项；然后单击“OK”按钮，图形窗口中显示出X方向（径向）应力分布图，如图10-54所示。

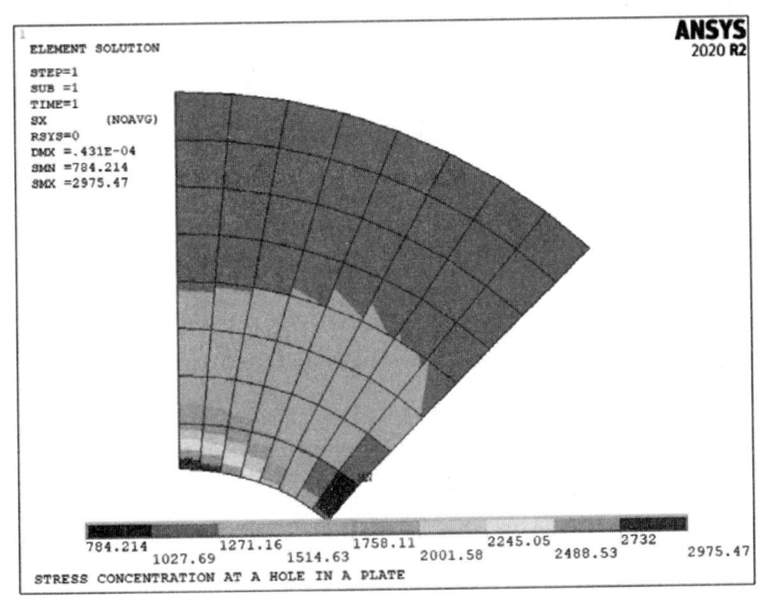

图10-54 径向应力分布图

通过查看子模型的计算结果，可以看出径向应力最大处的应力梯度变化得到改善，子模型网格密度合理。通过对比粗糙模型和子模型的计算结果，切割边界和应力集中位置的距离也已足够。

10.2.4 命令流方式

命令流执行方式这里不做详细介绍，读者可参见电子资料包中的内容。